本书获评海军院校优秀教材

U0169859

通信对抗原理

主　编　陈　旗
副主编　满　欣　林　茜　周达华　马丛珊

西安电子科技大学出版社

内 容 简 介

本书分为通信基础篇(前3章)和通信对抗篇(后7章)两部分,共10章,内容分别为通信的基本概念,常见信号的调制方式,编码、扩频与多址接入技术,通信对抗概述,通信对抗侦察搜索截获原理,通信对抗侦察信号分析处理,通信对抗测向与定位原理,通信干扰原理,特殊通信系统的侦察干扰原理,通信对抗效果分析原理。

本书不仅对通信原理、通信对抗基本原理进行了较为详细的讨论,而且力求反映通信对抗技术发展的新水平。内容由浅入深,循序渐进,便于读者对通信对抗的理解和掌握。

本书可供大专院校电子工程、信息对抗技术、通信工程等专业教学使用,也可作为在电子对抗领域从事通信对抗技术研究工作的科研人员的参考用书。

图书在版编目(CIP)数据

通信对抗原理 / 陈旗主编. —西安:西安电子科技大学出版社,2021.1
(2024.1重印)
ISBN 978 - 7 - 5606 - 5655 - 7

Ⅰ. ① 通… Ⅱ. ① 陈… Ⅲ. ① 通信对抗—高等学校—教材
Ⅳ. ① TN975

中国版本图书馆 CIP 数据核字(2020)第 078948 号

策　　划　杨丕勇
责任编辑　王　斌　杨丕勇
出版发行　西安电子科技大学出版社(西安市太白南路2号)
电　　话　(029)88202421　88201467　　　邮　编　710071
网　　址　www. xduph. com　　　　　电子邮箱　xdupfxb001@163.com
经　　销　新华书店
印刷单位　陕西博文印务有限责任公司
版　　次　2021 年 1 月第 1 版　2024 年 1 月第 4 次印刷
开　　本　787 毫米×1092 毫米　1/16　印张 25
字　　数　596 千字
定　　价　65.00 元
ISBN 978 - 7 - 5606 - 5655 - 7/TN

XDUP 5957001 - 4

前　　言

随着电子技术在军事上的广泛应用，信息对抗已成为现代战争的重要作战手段，夺取战场上的制电磁权、制信息权已成为影响战争胜负的重要因素。旨在侦察、干扰破坏敌方通信和保护己方通信的通信对抗，是信息对抗的重要组成部分，在信息对抗中占据越来越重要的地位。为适应国内高等院校信息对抗技术专业人才培养的需要，我们在总结通信对抗技术研究成果的基础上，汲取了国内外专家和同行的研究成果，完成了本书的编写工作。

本书分为通信基础篇和通信对抗篇两部分，重点介绍常见信号的调制方式、通信对抗侦察搜索截获、信号分析原理与各类通信信号的干扰原理以及通信对抗效果分析原理，共分为 10 章。前 3 章为通信基础篇。其中第 1 章为通信的基本概念，主要介绍了通信系统的基本模型；第 2 章为常见信号的调制方式，主要介绍了常见信号的调制、解调方式及抗噪声性能；第 3 章为编码、扩频与多址接入技术，主要介绍了常见的编码方式、扩频通信基本原理以及多址接入技术。后 7 章为通信对抗篇。其中第 4 章为通信对抗概述，主要介绍了通信对抗基本概念、通信对抗系统组成以及通信对抗技术的发展与应用情况；第 5 章为通信对抗侦察搜索截获原理，着重对通信对抗侦察系统中频率测量相关的接收机进行介绍，包括搜索接收机、信道化接收机、数字化接收机等内容；第 6 章为通信对抗侦察信号分析处理，主要包括分析接收机的工作原理、通信信号参数的测量分析、通信信号调制方式识别和通信信号解调及网络分析技术原理等内容；第 7 章为通信对抗测向与定位原理，主要包括测向天线、振幅法测向、相位法测向、时差法测向、阵列测向和通信辐射源定位等技术；第 8 章为通信干扰原理，主要包括瞄准式干扰和拦阻式干扰、对模拟通信信号的干扰技术、对数字通信信号的干扰等内容；第 9 章为特殊通信系统的侦察干扰原理，主要包括直接序列扩频通信侦察干扰原理、跳频通信侦察干扰原理、其他扩频通信侦察干扰原理、数据链通信侦察干扰原理以及卫星通信侦察干扰原理；第 10 章为通信对抗效果分析原理，主要包括电波传播衰减及路径损耗估算、侦察作用距离、通信干扰方程和通信干扰效果监视与评估。本书对通信对抗的基本概念、基本原理和技术做了较为详细的讨论，力求反映通信对抗技术发展的新水平，内容由浅入深，通俗易懂。

通信对抗原理技术发展极为迅速。本书在系统阐述通信对抗基本原理知识的基础上，增加了特殊通信系统的侦察干扰原理等知识，力求反映当前通信对抗技术的新进展。教学活动中，根据各方的反馈意见，增加了数据链解调解码、链路结构与网络拓扑结构分析和通信对抗效果分析等原理知识。

本书由陈旗、满欣、林茜、周达华、马丛珊等同志编著。满欣、易茂祥、郑瑞华、赵利、陈倩等同志对全书进行了修改或整理，海军工程大学组织了对本书的保密审查、审定工作。参加审阅的同志，对本书提出了许多宝贵修改意见。本书的编写得到了国防科技大学电子对抗学院、中国电子科技集团第三十六研究所等相关单位以及海军工程大学机关教务处的关心、指导和大力支持。在此，对参加审阅及给予关心、支持与帮助的单位和同志表示诚挚的感谢。

由于编者水平和经验所限，本书在内容选取、原理阐述等方面难免会有不妥之处，恳请广大读者批评指正。

编　者
2020 年 1 月

目　　录

第一部分　通信基础篇

第 1 章　通信的基本概念

通信的任务是克服距离上的障碍而迅速准确地传递信息。随着科学技术的发展，对信息传递、存储和处理的要求越来越高，携带信息的消息种类也越来越多，因而通信必然随之迅速发展。其他领域科学技术的发展为通信技术发展提供了有力的支持，而通信技术的发展又反过来促进了其他技术的发展。

为了传送消息，通常必须通过末端设备将消息变为电信号。这种电信号通常可按其代表消息的参数的取值方式分为两大类：一类是模拟信号，又称为连续信号，例如电话机的送话器输出的语言信号，它们的电压（或电流）取值为时间的连续函数；另一类是数字信号，又称为离散信号，例如电报数字和文字、雷达数据等，它们的取值仅为有限个离散的数值。通常我们把传输模拟信号的系统称为模拟通信系统，把传输数字信号的系统称为数字通信系统。

1.1　无线通信系统模型

在人类的各种活动中经常需要了解客观事物的状态，而客观事物状态的变化就产生了信息。因此，信息的传递是社会活动中不可缺少的重要一环。人们用语言、文字或图画来表达信息，也可以用收发双方约定的编码来表达信息。但是这些语言、文字、图像、编码等本身不是信息而被称为消息，信息就包含在消息之中。

由于消息的物理性状多种多样，并且一般不便于直接向远方传输，因此需要把传输的消息通过某种设备先变成电信号。这种电信号随所要传递的消息变化。根据在信道上传输电信号的波形、特征不同，可将信号分为模拟通信与数字通信。通信的目的是为了传输信息，无线通信系统就是将信息从信源通过无线信道传输到一个或多个目的地的过程，基本的通信系统模型分别如图 1-1-1 和图 1-1-2 所示。其中，图 1-1-1 为单向通信系统模型，常用于广播、电视；图 1-1-2 为双向通信系统模型，常用于移动通信。

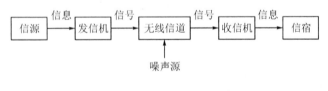

图 1-1-1　单向通信系统模型

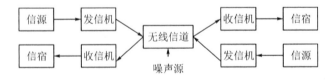

图 1-1-2　双向通信系统模型

在图 1-1-1 和图 1-1-2 中，信息源（简称信源）的作用是把各种消息转换成原始电信号,主要有语音、音乐、图像和计算机数据四种信源。信源可分为模拟信源和数字信源。发信机(发射机)的作用是产生适合在信道中传输的信号。

无线信道的作用是将来自发送设备的信号通过自由空间的电磁波传送到接收端。噪声源集中表示分布于通信系统中各处的噪声。收信机(接收机)的作用是从受到减损的接收信号中正确恢复出原始电信号。信宿的作用是把原始电信号还原成相应的消息,如扬声器等。

在电磁场中,磁场的任何变化会产生电场,电场的任何变化也会产生磁场。交变的电磁场不仅可能存在于电荷、电流或导体的周围,而且能够脱离其产生的波源向远处传播,这种在空间以一定速度传播的交变电磁场,就称为电磁波。无线电技术中使用的这一段电磁波通常称为无线电波。

无线电按频率高低划分的称为频段,按波长划分的称为波段。表 1-1-1 给出了无线电波的波段。各个频段无线电波的应用范围也有所不同,表 1-1-2 给出了不同频段无线电波的主要应用。

表 1-1-1　无线电波的波段

段号	频段名称	频段范围 (含上限不含下限)	波段名称		波长范围 (含上限不含下限)
1	甚低频(VLF)	3~30 kHz	甚长波		10~100 km
2	低频(LF)	30~300 kHz	长波		1~10 km
3	中频(MF)	300~3000 kHz	中波		100~1000 m
4	高频(HF)	3~30 MHz	短波		10~100 m
5	甚高频(VHF)	30~300 MHz	米波		1~10 m
6	特高频(UHF)	300~3000 MHz	分米波	微波	10~100 cm
7	超高频(SHF)	3~30 GHz	厘米波		1~10 cm
8	极高频(EHF)	30~300 GHz	毫米波		1~10 mm
9	至高频(THF)	300~3000 GHz	亚毫米波		0.1~1 mm

表 1-1-2　无线电波的主要应用

波段(频段)名称	应用范围
甚长波(甚低频)	潜艇通信、海上导航
长波(低频)	大气层内中等距离通信、地下岩层通信、海上导航
中波(中频)	广播、海上导航
短波(高频)	远距离短波通信、短波广播
超短波(甚高频)	电离层散射通信(30~60 MHz)、流星余迹通信(30~100 MHz)、人造电离层通信(30~144 MHz)、大气层内外空间飞行体(飞机、导弹、卫星)的通信、大气层内电视雷达导航
分米波(特高频)	对流层散射通信(700~1000 MHz)、小容量(8~12 路)微波接力通信(352~420 MHz)、中容量(120 路)微波接力通信(1700~2400 MHz)、移动通信

续表

波段(频段)名称	应用范围
厘米波(超高频)	大容量(2500 路、6000 路)微波接力通信(3600～4200 MHz，5850～8500 MHz)、数字通信、卫星通信、波导通信
毫米波(极高频)	穿入大气层的通信

频率从 3 千赫兹(甚至更低)到 3000 吉赫兹左右，对应波长从 100 千米到 0.1 毫米左右的频谱范围内的电磁波，称为无线电波。电波旅行不依靠电线，也不像声波那样，必须依靠空气媒质传播，有些电波能够在地球表面传播，有些电波能够在空间直线传播，也能够从大气层上空反射传播，有些电波甚至能穿透大气层，飞向遥远的宇宙空间。发信(发射)天线或自然辐射源所辐射的无线电波，通过自然条件下的媒质到达收信(接收)天线的过程，就称为无线电波的传播。无线电波的传播方式有：

(1) 地波传播。它是指沿地球表面传播无线电波，一般用于中波、长波通信，如图 1-1-3 所示。

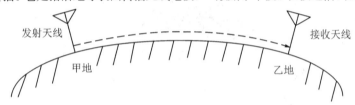

图 1-1-3　无线电波的地波传播

(2) 天波传播。地球大气层的高度约为 100 km 处存在着电离层。无线电波进入电离层时其方向会发生改变。因为电离层折射效应的积累，电波的入射方向会连续改变，最终会"拐"回地面，电离层如同一面镜子会反射无线电波。我们把这种经电离层反射而折回地面的无线电波称为天波，即电离层波。天波传播一般用于短波、长波通信，如图 1-1-4 所示。

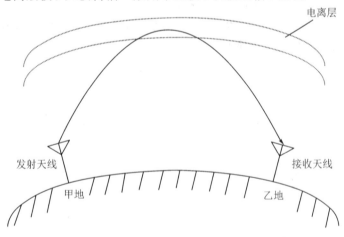

图 1-1-4　无线电波的天波传播

(3) 空间波传播。由发射天线直接到达接收点的电波，被称为直射波。有一部分电波是通过地面或其他障碍物反射到达接收点的，被称为反射波。直射波和反射波合称为空间波，空间波传播一般用于电视广播、微波中继、移动通信，如图1-1-5所示。

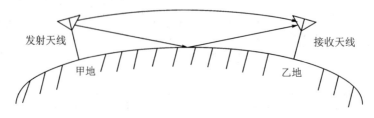

图1-1-5　无线电波的空间波传播

（4）散射波传播。当大气层或电离层出现不均匀团块时，无线电波有可能被这些不均匀媒质向四面八方折射和散射，使一部分能量到达接收点，这就是散射波。散射波传播一般用于波长较短的通信，如图1-1-6所示。

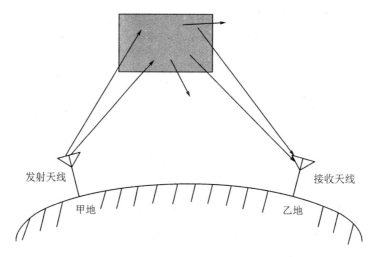

图1-1-6　无线电波的散射波传播

（5）地空传播（又称为地-空视距传播）。穿透电离层的直射传播称为地空传播。卫星通信和卫星直播使用的就是地空传播方式，如图1-1-7所示。

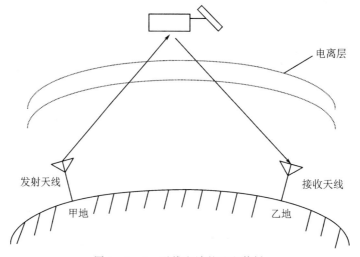

图1-1-7　无线电波的地空传播

通信方式是指通信双方（或多方）之间的工作形式和信号传输方式，它是通信各方在通信实施之前必须首先确定的问题。根据不同的标准，通信方式有多种分类方法。

1．按通信对象的数量分类

按通信对象数量的不同，通信方式可分为点与点通信（即通信是在两个对象之间进行）、点到多点通信（一个对象和多个对象之间的通信）和多点到多点通信三种（多个对象和多个对象之间的通信）。

2．按消息传送方向与时间分类

对于点与点之间的通信，在进行双向通信时，通信双方都要有发送和接收设备，并需要各自的传输媒介。这就涉及通信方式与信道共享问题。如果通信双方共用一个信道，就必须用频率或时间分割的办法来共享信道。所以按消息传送方向与时间的不同，任意两点之间的通信方式可分为单工通信、半双工通信和全双工通信。

1）单工通信（单向通信）

单工通信是指消息只能单方向传输，不能进行与此相反方向传送的工作方式，如图 1-1-8(a)所示。遥控、无线电广播、电视以及将计算机的信息向打印机输出等都属于这种通信方式。

2）半双工通信（双向交替通信）

半双工通信是指通信双方都能收、发消息，但不能同时进行收和发的工作方式，如图 1-1-8(b)所示。其典型应用就是使用同一载波频率的无线电对讲机。

3）全双工通信（双工通信或双向同时通信）

全双工通信是指通信双方可以同时进行发送和接收消息的工作方式，如图 1-1-8(c)所示。电话通信、计算机之间的信息交换以及利用光波的光纤通信都属于这种通信方式。

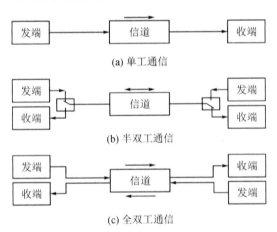

图 1-1-8 通信方式示意图

3．按数字信号传输顺序分类

在数字通信中，按照数字信号传输的顺序，可分为串行传输与并行传输两种（如图 1-1-9所示）：串行传输是将代表消息的数字信号码元序列按时间顺序一个接一个地在信道中传输；并行传输是指将代表消息的数字码元序列分割成两路或两路以上的数字信号序列在信道中传输。远距离数字通信通常都采用串行传输方式，因为这种方式只需占用一条通道。

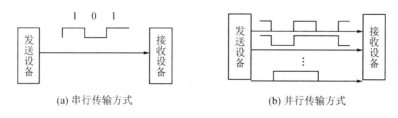

　　　　(a) 串行传输方式　　　　　　　　　　　　(b) 并行传输方式

图 1-1-9　串行传输方式和并行传输方式

1.2　无线信道模型与信道容量

1.2.1　无线信道模型

　　通信就是信息的传递或交换。代表消息的电信号从信源传递到信宿所要通过的各种物理媒介都可以称之为信道。信号的传输媒质一般称为狭义信道。无线信道的电磁信号沿自由空间传输，如长波、中波、短波、微波有较宽的频段。而从传递信息的角度来看，可以把媒质及有关变换装置都看成是信道，即广义信道。广义信道按照其包含的功能，可以划分为调制信道与编码信道，如图 1-2-1 所示。

　　调制信道是指图 1-2-1 中调制器输出端到解调器输入端的部分。其特性如图 1-2-2 所示。从调制和解调的角度来看，调制器输出端到解调器输入端的所有变换装置及传输媒介，不论其过程如何，只不过是对已调信号进行某种变换。我们只需要关心变换的最终结果，关心信号的失真情况及噪声对信号的影响。已调信号的瞬时值是连续变化的，故调制信道也称为连续信道，甚至称为模拟信道。信道总输出为

$$e_o(t) = f[e_i(t)] + n(t) \qquad\qquad (1-2-1)$$

其中，$n(t)$ 为加性噪声干扰且与 $e_i(t)$ 相互独立；$e_i(t)$ 为输入的已调信号；$f[e_i(t)]$ 表示已调信号通过网络所发生的(时变)线性变换。若设 $f[e_i(t)] = k(t)e_i(t)$，则

$$e_o(t) = k(t)e_i(t) + n(t) \qquad\qquad (1-2-2)$$

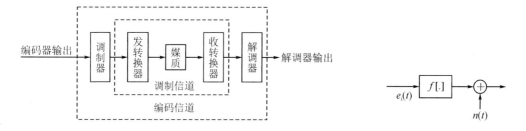

　　　　图 1-2-1　调制信道与编码信道　　　　　　　　图 1-2-2　调制信道特性

　　信道的作用相当于对输入信号乘了一个系数 $k(t)$，式(1-2-2)为调制信号的一般数学模型。$f[e_i(t)]$ 具有线性失真、非线性失真、损耗、时变特性等性质。工程上应使非线性失真足够小。$k(t)$ 只有当有信号输入时才起作用，通常称为乘性干扰。乘性干扰主要是指网络

传输对信号的不同频率成分造成不一致的影响，而使信号失真，这种失真有幅度－频率失真和相位—频率失真两种，又分别被称为幅频畸变和相频畸变。

有些信道的 $k(t)$ 恒定或基本不随时间变化，这类信道称为恒参信道，如中长波地波传播、超短波及微波视距传播、卫星中继、光纤及光波视距传播等。恒参信道的幅频畸变和相频畸变可以采用和 $k(t)$ 具有互补特性的电路网络来补偿网络特性的不一致，这个工作叫做均衡。针对幅频畸变采取的补偿叫做幅频均衡，针对相频畸变采取的补偿叫做相频均衡。

有些信道的 $k(t)$ 随时间做快速变化，这类信道称为随参信道，如短波电离层反射、超短波流星余迹散射、超短波及微波对流层散射、超短波电离层散射、超短波超视距绕射等。随参信道对信号传输的影响有多径效应和衰落（对信号的衰耗和传输延时随时间而变化），最常采取的技术是分集接收，有空间分集、频率分集、角度分集和极化分集。

$n(t)$ 在传输信道中，其最主要的噪声是叠加在信号上面的噪声——加性噪声。不论信号存在与否，$n(t)$ 始终随机存在且干扰有用信号，加性噪声是独立存在的，与 $e_i(t)$ 无关。噪声的主要来源有人为因素、自然因素、内部因素。

加性噪声按性质可分为单频噪声（时间长，强度大，频谱单一，有陷波）、脉冲噪声（强度大，频谱宽，时间短，可限幅）、起伏噪声（时间长，频谱宽，但难消除）。

噪声严重影响通信质量，对于模拟通信，它使得信噪比下降；对于数字通信，它使得误码率上升。信噪比是衡量信道性能的一个重要指标，表示为 $S/N=P_S/P_N$，其中 P_S 和 P_N 分别代表信号和噪声的有效功率，常用分贝表示。人耳的感觉与声音功率与以 10 为底的对数成正比。采用功率增益 10 为一个单位（贝尔，Bel）。功率增益为 1000 倍时为 3 Bel，一般用分贝表示，即 0.1 Bel 等于 1 dB。增大 1 倍即为增加 3 dB。增大 100 倍即为增加 20 dB。

在数字通信系统中，如果我们仅限于讨论编码和译码，一般采用编码信道的概念，即从编码器输出到译码器输入的部分。一般把编码信道看成是一种数字信道，编码信道对信号的影响是一种数字序列的变换，即把一种数字序列变成另一种数字序列。这一部分对信号的影响可以用一个对数字序列进行变换的方框来加以概括。输入、输出都是数字信号，我们关心的是误码率而不是信号失真情况，但误码（又称为错码）与调制信道有关，在无调制解调器时，误码由收、发滤波器设计不当以及 $n(t)$ 等因素引起。编码信道模型可以用数字的转移概率来描述，如图 1－2－3 所示。在该模型中，把 $P(0/0)$、$P(1/0)$、$P(0/1)$、$P(1/1)$ 称为信道转移概率。以 $P(1/0)$ 为例，其含义是"经信道传输，把 0 转移为 1 的概率"，这是一种错误转移概率。编码信道是无记忆的信道，即前、后码元发生的错误是互相独立的。

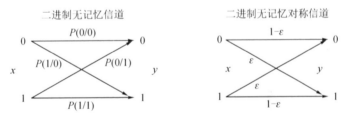

图 1－2－3　编码信道特性

转移概率矩阵为

$$\boldsymbol{P}(y_j/x_i) = \begin{bmatrix} P(0/0) & P(1/0) \\ P(0/1) & P(1/1) \end{bmatrix} \qquad \boldsymbol{P}(y_j/x_i) = \begin{bmatrix} 1-\varepsilon & \varepsilon \\ \varepsilon & 1-\varepsilon \end{bmatrix}$$

$$P_e = P(0) \times P(1/0) \times P(1) \times P(0/1) \qquad P_e = \varepsilon \times [P(0) + P(1)] = \varepsilon$$

在无线通信中,信道是对无线通信中发送端和接收端之间通路的一种形象比喻。对于无线电波而言,它从发送端传送到接收端,其间并没有一个有形的连接,它的传播路径也有可能不只一条,但是我们为了形象地描述发送端与接收端之间的工作,想象两者之间有一个看不见的衔接通路,把这条衔接通路称为信道。信道具有一定的频率带宽,正如公路有一定的宽度一样。

1.2.2　信道容量

信道容量是指信道在单位时间内所能传送的最大信息量,即指信道的最大传信率,单位是比特每秒(bit/s),也可简写为 b/s,或写为 bps。信道有模拟信道和离散信道之分,信道容量也有模拟信道容量和离散信道容量之分。

模拟信道的信道容量可以根据香农(Shannon)定理来计算。香农定理指出:在信号平均功率受限的加性高斯白噪声信道中,信道的极限信息传输速率即信道容量

$$C_t = B\mathrm{lb}\left(1 + \frac{S}{N}\right) \quad (\text{b/s}) \tag{1-2-3}$$

式中,S 为信号的平均功率(W);N 为噪声的功率(W);B 为带宽(Hz)。

设噪声单边功率谱密度为 n_0,则 $N = n_0 B$,故式(1-2-3)可以改写为

$$C_t = B\mathrm{lb}\left(1 + \frac{S}{n_0 B}\right) \quad (\text{b/s}) \tag{1-2-4}$$

由式(1-2-4)可见,连续信道的容量 C_t 与信道带宽 B、信号功率 S 及噪声功率谱密度 n_0 三个因素有关。

离散信道的容量有两种不同的度量单位:一种是每个符号能够传输的平均信息量最大值 C;另一种是单位时间(s)内能够传输的平均信息量最大值 C_t。两种度量单位之间可以互换。

从信息量的概念得知,发送 x_i 时收到 y_i 所获得的信息量等于发送 x_i 前接收端对 x_i 的不确定程度(即 x_i 的信息量)减去收到 y_i 后接收端对 x_i 的不确定程度,即

发送 x_i 时收到 y_i 所获得的信息量 $= -\mathrm{lb}P(x_i) - [-\mathrm{lb}P(x_i/y_i)]$ \qquad (1-2-5)

对所有的 x_i 和 y_i 取统计平均值,得出收到一个符号时获得的平均信息量,即

$$\text{平均信息量／符号} = -\sum_{i=1}^{n} P(x_i)\mathrm{lb}P(x_i) - \left[-\sum_{j=1}^{m} P(y_j)\sum_{i=1}^{n} P(x_i/y_j)\mathrm{lb}P(x_i/y_j)\right]$$

$$= H(x) - H(x/y) \tag{1-2-6}$$

式中,$H(x) = -\displaystyle\sum_{i=1}^{n} P(x_i)\mathrm{lb}P(x_i)$,为每个发送符号 x_i 的平均信息量,称为信源的熵。

$H(x/y) = -\displaystyle\sum_{j=1}^{m} P(y_j)\sum_{i=1}^{n} P(x_i/y_j)\mathrm{lb}P(x_i/y_j)$,为接收 y_j 符号已知后,发送符号 x_i 的平均信息量。由式(1-2-6)可见,收到一个符号的平均信息量只有 $H(x) - H(x/y)$,而发送符号的信息量原为 $H(x)$,缺少的部分 $H(x/y)$ 就是传输错误所引起的损失。

对于二进制信源的熵，设发送"1"的概率 $P(1)=\alpha$，则发送"0"的概率 $P(0)=1-\alpha$。当 α 从 0 变到 1 时，信源的熵 $H(\alpha)$ 可以表示为

$$H(\alpha)=-\alpha\mathrm{lb}\alpha-(1-\alpha)\mathrm{lb}(1-\alpha) \tag{1-2-7}$$

无噪声信道模型如图 1-2-4 所示。其中发送符号和接收符号有一一对应关系，$P(x_i/y_j)=0$；$H(x/y)=0$。因为，平均信息量/符号 $=H(x)-H(x/y)$。所以在无噪声条件下，从接收一个符号获得的平均信息量为 $H(x)$。而原来在有噪声条件下，从一个符号获得的平均信息量为 $[H(x)-H(x/y)]$。这再次说明 $H(x/y)$ 即为因噪声而损失的平均信息量。

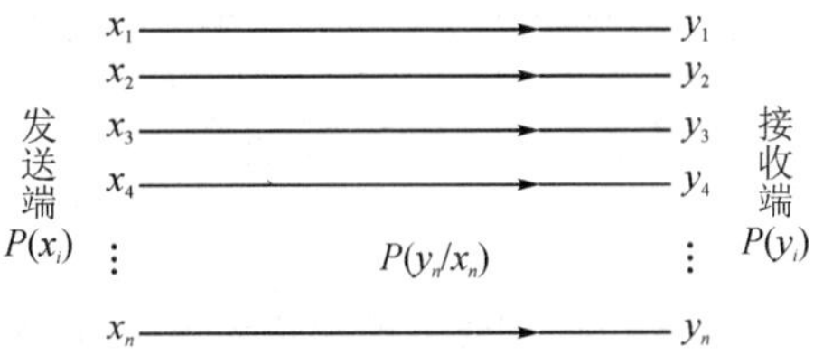

图 1-2-4　无噪声信道模型

每个符号能够传输的平均信息量最大值定义为信道容量 C，即

$$C=\max_{P(x)}[H(x)-H(x/y)] \quad (\mathrm{b/s}) \tag{1-2-8}$$

当信道中的噪声极大时，$H(x/y)=H(x)$，这时 $C=0$，即信道容量为 0。容量 C_t 的定义为

$$C_t=\max_{P(x)}\{r[H(x)-H(x/y)]\} \quad (\mathrm{b/s}) \tag{1-2-9}$$

式中，r 为单位时间内信道传输的符号数。

1.3　模拟通信系统模型与数字通信系统模型

1.3.1　模拟信号和数字信号

模拟信号是指代表消息的信号及其参数随着消息连续变化的信号。其参量连续，但在时间上则可以连续也可以不连续。连续的含义是在某一取值范围内可以取无限多个数值，且此范围内的任一数值（依概率）都可能被取到。例如，连续变化的语音信号、电视图像信号以及许多物理量信号都是模拟信号；又如，脉冲幅度调制（PAM）、脉冲相位调制等时间上不连续的信号也都是模拟信号。模拟信号的示意图如图 1-3-1 所示。

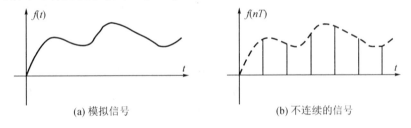

(a) 模拟信号　　　　　　　　　　　　　(b) 不连续的信号

图 1-3-1　模拟信号的示意图

凡某一参量只能取有限个数值的信号，我们称之为数字信号。例如，早期的电报信号、电传机送出的脉冲信号、数据信号、计算机输入/输出信号、脉冲编码调制的数字电话信号、数字化电视或图像信号等都是数字信号，其示意图如图 1-3-2 所示。信号的幅度被限制在有限个数值之内，并且时间上不连续，均可称为数字信号。

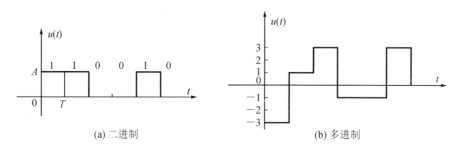

(a) 二进制　　　　　　　　　　(b) 多进制

图 1-3-2　数字信号的示意图

需要说明的是,模拟信号有时也称为连续信号,因为模拟信号的某一参量可以连续变化(可以取无限多个值)。数字信号有时也称为离散信号,因为数字信号代表消息的参量的取值是离散的。

1.3.2　模拟通信系统与数字通信系统

通信是借助于电信号的传递来实现的,因而根据代表消息的电信号的不同,可将通信划分为模拟通信与数字通信两类。利用模拟信号作为载体来传递信息的通信方式称为模拟通信,传输模拟信号的通道称为模拟信道。利用数字信号作为载体来传递信息的通信方式称为数字通信,传输数字信号的通道称为数字信道。消息的传输,是通过将消息寄托在电信号某一参量上实现的,如连续波的幅度、频率和相位,以及脉冲波的幅度、宽度和位置。利用模拟信号传输信息的系统称为模拟通信系统,其模型如图 1-3-3 所示。利用数字信号传输信息的通信系统称为数字通信系统,其模型如图 1-3-4 所示。

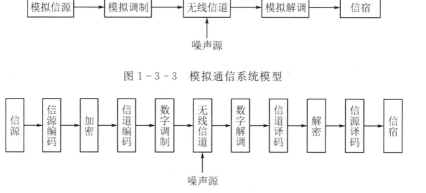

图 1-3-3　模拟通信系统模型

图 1-3-4　数字通信系统模型

在如图 1-3-3 所示的模拟通信系统模型中,存在两种重要的变换:第一种是在模拟信源和信宿端实现的连续消息与原始电信号(又称为基带信号)之间的转换。基带信号是指频谱从零频附近开始的信号。第二种是在模拟调制和模拟解调端完成的基带信号与已调信号(带通信号)的转换。模拟调制是指把模拟基带信号的频谱搬移到高频处,形成适合在无线信道中传输的带通信号,如双边带抑制载波调幅(DSB-SCAM)、调幅(AM)、单边带(SSB)调制、相位(PM)调制和频率(FM)调制等。模拟通信系统分为模拟基带传输和模拟带通传输。模拟基带传输主要涉及电路方面的知识,没有太多通信原理的知识。模拟带通传输的研究重点是调制与解调原理以及噪声对信号输出的影响。

需要指出的是,模拟信号并非一定要在模拟通信系统中才能传输,任何模拟信号都可经模/数(A/D)转换为数字信号后在数字信道中传输。数字电话通信就是模拟信号数字化传输的典型例子。同样,数字信号也可在模拟信道中传输,只要加上相应的数字终端设备(DTE)。典型例子是计算机数据通过调制解调器(Modem)在模拟用户线上传输。

在如图 1-3-4 所示的数字通信系统模型中,信源编码与译码的目的是提高信息传输的有效性以及完成模/数转换。信道编码与译码的目的是增强抗干扰能力。加密与解密的目的是保证所传信息的安全。数字调制与解调的目的是形成适合在信道中传输的带通信号。基本的数字调制方式有振幅键控(ASK)、频移键控(FSK)、绝对相移键控(PSK)、差分相移键控(DPSK)。同步的目的是使收发两端的信号在时间上保持步调一致。

以数字信号形式传输的通信方式称为数字通信,但在数字通信系统中也可以传输连续消息。若为模拟信源,通过模/数转换后,以数字形式传送,仍为数字通信。数字通信研究的基本问题有模/数转换、抗扰编码与译码、数字调制与解调、保密问题、噪声问题、同步问题等。

数字通信的优点是抗噪声性能好且噪声不积累;易于加密处理且保密性好;传输差错可控;重量轻,易于集成,使通信设备微型化;便于现代数字信号处理技术对数字信号进行处理、变换、存储;便于将来自不同信源的信号综合到一起传输。数字通信的缺点是需要较大的传输带宽且对同步要求高。

1.4　通信系统的性能指标

通信系统的任务是快速、准确地传递信息,因此评价通信系统的主要性能指标是有效性和可靠性。有效性是指传输一定信息量时所占用的信道资源(频带宽度和时间间隔),也就是传输的"速度"问题。可靠性是指接收信息的准确程度,也就是传输的"质量"问题。有效性和可靠性两者既相互矛盾又相互联系。

对模拟通信系统来讲,有效性可用有效传输频带来度量。如果传输的信息相同,传输时间也相同,则有效性只与频谱带宽有关。即频谱带宽越窄,有效性越好;反之,频谱带宽越宽,有效性越差。可靠性可用接收端最终输出信噪比来度量。信噪比高,信息失真越小,可靠性越高;反之,信噪比越低,信息失真越大,可靠性越低。

对数字通信系统来讲,有效性用传输速率和频带利用率来衡量。其分述如下:

(1) 码元传输速率(简称为码元速率)R_B 是单位时间(每秒)内传送的码元数目,单位为波特(Baud),简记为 B。T 为码元持续时间,单位为秒(s)。码元速率可表示为

$$R_B = \frac{1}{T} \quad (B) \tag{1-4-1}$$

(2) 信息传输速率(简称为信息速率)R_b 是单位时间内传递的平均信息量或比特数,单位为比特/秒,即 b/s。码元速率和信息速率的关系为

$$R_b = R_B \text{lb} M \quad (b/s) \tag{1-4-2}$$

或

$$R_B = \frac{R_b}{\text{lb} M} \quad (B) \tag{1-4-3}$$

对于二进制数字信号 $M=2$，码元速率和信息速率在数量上相等。对于多进制，例如在八进制($M=8$)中，若码元速率为 1200 B，则信息速率为 3600 b/s。

（3）频带利用率为单位带宽（1 Hz）内的传输速率，即

$$\eta = \frac{R_{B}}{B} \quad \text{(B/Hz)} \tag{1-4-4}$$

或

$$\eta_{b} = \frac{R_{b}}{B} \quad \text{((b/s)/Hz)} \tag{1-4-5}$$

对数字通信系统来讲，可靠性用差错率来衡量。差错率常用误码率和误信率来表示。

（1）误码率 P_{e} 是指错误接收的码元数在传输总码元数中所占的比例，更确切地说，误码率是码元在传输系统中被传错的概率，即

$$P_{e} = \frac{\text{错误接收的码元数}}{\text{传输总码元数}} \tag{1-4-6}$$

（2）误信率 P_{b} 又称为误比特率，它是指错误接收的比特数在传输总比特数中所占的比例，即

$$P_{b} = \frac{\text{错误接收的比特数}}{\text{传输总比特数}} \tag{1-4-7}$$

显然，在二进制中，有

$$P_{b} = P_{e} \tag{1-4-8}$$

思　考　题

1. 什么是数字信号？什么是模拟信号？两者的根本区别是什么？

2. 什么是数字通信？数字通信的优缺点有哪些？

3. 通信系统的主要性能指标有哪些？

4. 什么是码元速率？什么是信息速率？二者的关系如何？

5. 某信息源由 A、B、C、D 这四个符号组成，设每个符号独立出现，其出现的概率分别为 1/4、1/4、3/16、5/16。试求该信息源中每个符号的信息量。

6. 设一个信息源由 64 个不同的符号组成，其中，16 个符号的出现概率均为 1/32，其余 48 个符号出现的概率为 1/96，若此信息源每秒发出 1000 个独立的符号，试求该信息源的平均信息速率。

7. 设一个信息源输出四进制等概率信号，其码元宽度为 125 μs。试求码元速率和信息速率。

8. 信息源的符号集由 A、B、C、D 和 E 组成，设每一符号独立 1/4 出现，其出现概率为 1/4、1/8、1/8、3/16 和 5/16。试求该信息源符号的平均信息量。

9. 国际莫尔斯电码用点和划的序列发送英文字母，点用持续 1 个单位的电流脉冲表示，划用持续 3 个单位的电流脉冲表示，并且划出现的概率是点出现的概率的 1/3。要求：（1）计算点和划的信息量；（2）计算点和划的平均信息量。

10. 对于二进制数字信号，每秒钟传输 300 个码元，请问此传码率 R_{B} 等于多少？若数字信号 0 和 1 出现是独立等概率的，那么传信率 R_{b} 等于多少？

第 2 章　常见信号的调制方式

2.1　模拟通信系统

在无线信道中，基带信号直接发出去是很困难的，必须搬移到高频率的载波上去才能被传输。所谓调制，是指在发送端将要传送的信号附加在高频振荡信号上，也就是使高频振荡信号的某一个或几个参数随基带信号的变化而变化。其中要发送的基带信号又称为"调制信号"；高频振荡信号又称为"被调制信号"。发部分是将基带信号调制到载波上去，收部分是将基带信号从载波上解调下来。最常见的载波就是正弦波，它有三个参数：振幅、频率、相位，对这三个参数进行的调制就是调幅、调频、调相三种基本调制方式。调幅就是已调波的振幅包络与调制信号对应，它的频谱仅仅位置发生变化，而频谱结构不变，因而又称为频谱搬移，它属于线性调制；调频就是已调波的瞬时频率随调制信号成比例变化；调相就是已调波的瞬时相位随调制信号成比例变化。调频和调相统称为角度调制。

调制的主要作用有三个：一是将基带信号转化成利于在信道中传输的信号；二是改善信号传输的性能（如 FM 具有较好的信噪比性能）；三是可实现信道复用，提高频带利用率。调制可分为正弦波调制和脉冲调制两类，其中正弦波调制可分为模拟调制和数字调制两类，而模拟调制又可分为调幅和调角两类。

2.1.1　幅度调制原理及抗噪声性能

幅度调制是用调制信号去控制高频正弦载波的幅度，使其按调制信号的规律变化的过程。幅度调制器的一般模型如图 2-1-1 所示。

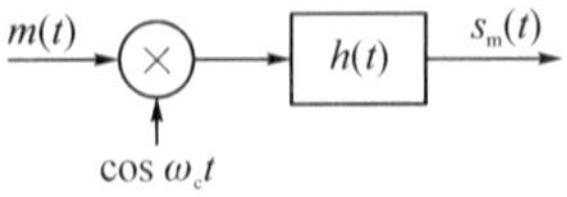

图 2-1-1　幅度调制器的一般模型

图中，$m(t)$ 为调制信号，$s_m(t)$ 为已调信号，则已调信号的时域和频域一般表达式分别为

$$s_m(t) = [m(t)\cos\omega_c t] * h(t) \tag{2-1-1}$$

$$S_m(\omega) = \frac{1}{2}[M(\omega + \omega_c) + M(\omega - \omega_c)]H(\omega) \tag{2-1-2}$$

式中，$M(\omega)$ 为调制信号 $m(t)$ 的频谱，$H(\omega) \Leftrightarrow h(t)$；$\omega_c$ 为载波角频率。

由以上表达式可知，对于幅度调制信号，在波形上，它的幅度随基带信号规律而变化；在频谱结构上，它的频谱完全是基带信号频谱在频域内的简单搬移。由于这种搬移是线性的，因此幅度调制通常又称为线性调制，幅度调制系统也称为线性调制系统。

在如图 2-1-1 所示的一般模型中，适当选择滤波器的特性 $H(\omega)$，便可得到各种幅度调制信号，例如，常规双边带调幅（AM）、抑制载波双边带（DSB-SC）调制、单边带（SSB）调制和残留边带（VSB）调制等信号。

1. 常规双边带调幅（AM）

1）AM 信号的表达式及特性

在图 2-1-1 中，若假设滤波器为全通网络（$H(\omega)=1$），调制信号 $m(t)$ 叠加直流 A_0 后再与载波相乘，则输出的信号就是常规双边带调幅（AM）信号。AM 调制器的模型如图 2-1-2 所示。

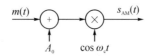

图 2-1-2　AM 调制器的模型

AM 信号的时域和频域表达式分别为

$$s_{AM}(t)=[A_0+m(t)]\cos\omega_c t = A_0\cos\omega_c t + m(t)\cos\omega_c t \tag{2-1-3}$$

$$S_{AM}(\omega)=\pi A_0[\delta(\omega+\omega_c)+\delta(\omega-\omega_c)]+\frac{1}{2}[M(\omega+\omega_c)+M(\omega-\omega_c)] \tag{2-1-4}$$

式中，A_0 为外加的直流分量；$m(t)$ 可以是确知信号，也可以是随机信号，但通常认为其平均值为 0，即 $\overline{m(t)}=0$。

AM 信号的典型波形和频谱分别如图 2-1-3(a)、(b)所示，图中假定调制信号 $m(t)$ 的上限频率为 ω_H。显然，调制信号 $m(t)$ 的带宽 $B_m=f_H$。

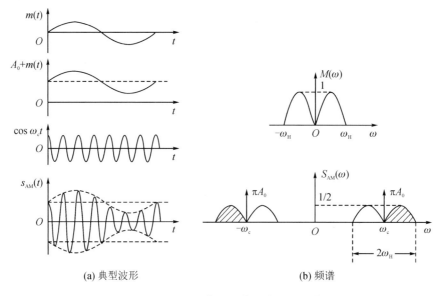

(a) 典型波形　　　　　　　　　　　　(b) 频谱

图 2-1-3　AM 信号的典型波形和频谱

由图 2-1-3(a)可见，AM 信号波形的包络与输入基带信号 $m(t)$ 成正比，故用包络检波法很容易恢复原始调制信号。但是为了保证在包络检波时不发生失真，必须满足 $A_0 \geqslant |m(t)|_{max}$，否则将出现过调幅现象而带来失真。

AM 信号的频谱 $s_{AM}(t)$ 是由载频分量和上、下两个边带组成(通常称频谱中画斜线的部分为上边带,不画斜线的部分为下边带)。上边带的频谱与原调制信号的频谱结构相同,下边带是上边带的镜像。显然,无论是上边带还是下边带,都含有原调制信号的完整信息。故 AM 信号是带有载波的双边带信号,它的带宽为基带信号带宽的两倍,即

$$B_{AM} = 2B_m = 2f_H \tag{2-1-5}$$

式中,B_m 为调制信号 $m(t)$ 的带宽;f_H 为调制信号的最高频率。

当 $m(t)$ 为确知信号时,$m(t)$ 的功率为

$$P_{AM} = \overline{s_{AM}^2(t)} = \overline{[A_0 + m(t)]^2 \cos^2 \omega_c t}$$
$$= \overline{A_0^2 \cos^2 \omega_c t} + \overline{m^2(t) \cos^2 \omega_c t} + \overline{2A_0 m(t) \cos^2 \omega_c t} \tag{2-1-6}$$

若 $\overline{m(t)} = 0$,则

$$P_{AM} = \frac{A_0^2}{2} + \frac{\overline{m^2(t)}}{2} = P_c + P_s$$

式中,$P_c = A_0^2/2$ 为载波功率;$P_s = \overline{m^2(t)}/2$ 为边带功率。

由上述可见,AM 信号的总功率包括载波功率和边带功率两部分。只有边带功率才与调制信号有关,载波分量并不携带信息。有用功率(用于传输有用信息的边带功率)占信号总功率的比例称为调制效率,即

$$\eta_{AM} = \frac{P_s}{P_{AM}} = \frac{\overline{m^2(t)}}{A_0^2 + \overline{m^2(t)}} \tag{2-1-7}$$

当 $m(t) = A_m \cos \omega_m t$ 时,$\overline{m^2(t)} = A_m^2/2$,代入式(2-1-7),可得

$$\eta_{AM} = \frac{\overline{m^2(t)}}{A_0^2 + \overline{m^2(t)}} = \frac{A_m^2}{2A_0^2 + A_m^2}$$

当 $|m(t)|_{max} = A_0$ 时(100% 调制),调制效率最高,这时有

$$\eta_{max} = \frac{1}{3}$$

2) AM 信号的解调

调制过程的逆过程叫做解调。AM 信号的解调是把接收到的已调信号 $s_{AM}(t)$ 还原为调制信号 $m(t)$。AM 信号的解调方法有两种:相干解调(同步检波法)和非相干解调(包络检波法)。

(1) 相干解调。由 AM 信号的频谱可知,如果将已调信号的频谱搬回到原点位置,即可得到原始的调制信号频谱,从而恢复出原始信号。解调中的频谱搬移同样可用调制时的相乘运算来实现。调幅相干解调的原理框图如图 2-1-4 所示。

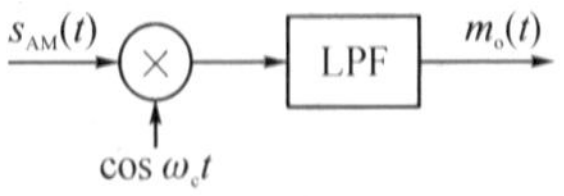

图 2-1-4 调幅相干解调的原理框图

将已调信号乘上一个与调制器同频、同相的载波,可得

$$s_{AM}(t) \cos \omega_c t = [A_0 + m(t)] \cos^2 \omega_c t = \frac{1}{2}[A_0 + m(t)] + \frac{1}{2}[A_0 + m(t)] \cos 2\omega_c t$$

由上式可知,只要用一个低通滤波器,就可以将第一项与第二项分离,无失真地恢复出原

始的调制信号，即

$$m_{\circ}(t) = \frac{1}{2}\big[A_0 + m(t)\big] \qquad (2-1-8)$$

相干解调的关键是必须产生一个与调制器同频、同相的载波。如果同频、同相的条件得不到满足，则会破坏原始信号的恢复。

(2) 非相干解调。由 $s_{AM}(t)$ 的波形可见，AM 信号波形的包络与输入基带信号 $m(t)$ 成正比，故可以用包络检波法恢复原始调制信号。包络检波器由半波或全波整流器和低通滤波器组成，其一般模型如图 2-1-5 所示。

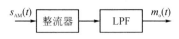

图 2-1-5　包络检波器的一般模型

图 2-1-6 为串联型包络检波器的具体电路及其输出波形，电路由二极管 VD、电阻 R 和电容 C 组成。当 RC 满足条件：

$$\frac{1}{\omega_c} < RC < \frac{1}{\omega_H}$$

时，包络检波器的输出与输入信号的包络十分相近，即

$$m_{\circ}(t) \approx A_0 + m(t) \qquad (2-1-9)$$

在包络检波器的输出信号中，通常含有频率为 ω_c 的波纹，可由 LPF 滤除。

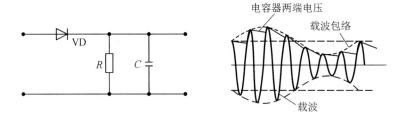

图 2-1-6　串联型包络检波器电路及其输出波形

包络检波法属于非相干解调，其特点是：解调效率高，解调器输出近似为相干解调的两倍；解调电路简单，特别是接收端不需要与发送端信号同频、同相的载波，大大降低实现难度。故几乎所有的调幅（AM）式接收机都采用这种电路。

采用常规双边带幅度调制传输信息的优点是解调电路简单，可采用包络检波法；缺点是调制效率低，载波分量不携带信息，但却占据了大部分功率，这部分功率白白浪费掉。如果抑制载波分量的传送，则可演变出另一种调制方式，即抑制载波的双边带（DSB-SC）调制。

2. 抑制载波的双边带(DSB-SC)调制

1）DSB 信号的表达式及特性

在幅度调制的一般模型中，若假设滤波器为全通网络（$H(\omega)=1$），调制信号 $m(t)$ 中无直流分量，则输出的已调信号就是无载波分量的双边带调制信号，或称为抑制载波的双边带（DSB-SC）调制信号，简称双边带（DSB）信号。

DSB-SC 调制器的模型如图 2-1-7 所示。由此可见 DSB 信号实质上就是基带信号与载波直接相乘，其时域和频域表达式分别为

$$s_{DSB}(t) = m(t)\cos\omega_c t \qquad (2-1-10a)$$

$$S_{\mathrm{DSB}}(\omega) = \frac{1}{2}[M(\omega + \omega_c) + M(\omega - \omega_c)] \tag{2-1-10b}$$

DSB 信号的典型波形和频谱分别如图 2-1-8(a)、(b)所示。

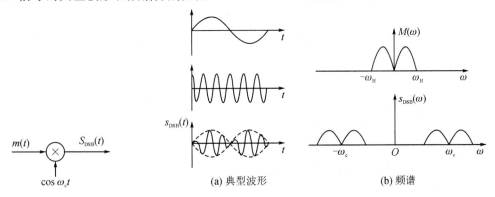

图 2-1-7　DSB-SC 调制器的模型　　　　　　图 2-1-8　DSB 信号的典型波形和频谱

　　除不再含有载频分量离散谱外，DSB 信号的频谱与 AM 信号的完全相同，仍由上下对称的两个边带组成。故 DSB 信号是不带载波的双边带信号，它的带宽与 AM 信号相同，也为基带信号带宽的两倍，即

$$B_{\mathrm{DSB}} = B_{\mathrm{AM}} = 2B_m = 2f_{\mathrm{H}} \tag{2-1-11}$$

　　由于 DSB 信号不含有载波成分，其调制的效率为 100%，信号的功率为

$$P_{\mathrm{DSB}} = \frac{1}{2}\,\overline{m^2(t)}$$

2) DSB 信号的解调

　　DSB 信号的包络不再与 $m(t)$ 成正比，故不能进行包络检波，需采用相干解调。其模型与 AM 信号相干解调时完全相同，如图 2-1-4 所示。此时，乘法器输出为

$$s_{\mathrm{DSB}}(t)\cos\omega_c t = m(t)\cos^2\omega_c t = \frac{1}{2}m(t) + \frac{1}{2}m(t)\cos 2\omega_c t$$

经低通滤波器滤除高次项，可得

$$m_{\mathrm{o}}(t) = \frac{1}{2}m(t) \tag{2-1-12}$$

　　结果即为无失真地恢复出原始电信号。抑制载波的双边带幅度调制的优点是：节省了载波发射功率，调制效率高；调制电路简单，仅用一个乘法器就可实现。其缺点是占用频带宽度比较宽，为基带信号的两倍。

3. 单边带(SSB)调制

　　由于 DSB 信号的上、下两个边带是完全对称的，皆携带了调制信号的全部信息，因此，从信息传输的角度来考虑，仅传输其中一个边带就够了。这就演变出了一种新的调制方式——单边带(SSB)调制。

1) SSB 信号的表达式及特性

　　产生 SSB 信号的方法很多，其中最基本的方法有滤波法和相移法。

　　用滤波法实现 SSB 的原理框图如图 2-1-9 所示。图中的 $H_{\mathrm{SSB}}(\omega)$ 为单边带滤波器。产

生 SSB 信号最直接方法的是，将 $H_{SSB}(\omega)$ 设计成具有理想高通特性 $H_{USB}(\omega)$ 或理想低通特性 $H_{LSB}(\omega)$ 的单边带滤波器，从而只让所需的一个边带通过，而滤除另一个边带。产生上边带信号时 $H_{SSB}(\omega)$ 即为 $H_{USB}(\omega)$，产生下边带信号时 $H_{SSB}(\omega)$ 即为 $H_{LSB}(\omega)$。即

$$H_{SSB}(\omega) = H_{USB}(\omega) = \begin{cases} 1, & |\omega| > \omega_c \\ 0, & |\omega| \leqslant \omega_c \end{cases}$$

$$H_{SSB}(\omega) = H_{LSB}(\omega) = \begin{cases} 1, & |\omega| < \omega_c \\ 0, & |\omega| \geqslant \omega_c \end{cases}$$

显然，SSB 信号的频谱可表示为

$$S_{SSB}(\omega) = S_{DSB}(\omega) \cdot H_{SSB}(\omega) = \frac{1}{2}[M(\omega + \omega_c) + M(\omega - \omega_c)]H_{SSB}(\omega) \qquad (2-1-13)$$

图 2 - 1 - 10 为 SSB 信号上边带频谱图。

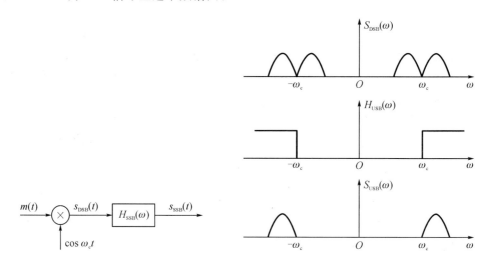

图 2 - 1 - 9　用滤波法实现 SSB 的原理框图　　　　图 2 - 1 - 10　　SSB 信号上边带频谱图

　　从 SSB 信号的调制原理图中可以清楚地看出，SSB 信号的频谱是 DSB 信号频谱的一个边带，其带宽为 DSB 信号的一半，与基带信号带宽相同，即

$$B_{SSB} = \frac{1}{2}B_{DSB} = B_m = f_H \qquad (2-1-14)$$

式中，B_m 为调制信号带宽；f_H 为调制信号的最高频率。用滤波法形成 SSB 信号，原理框图简洁、直观，但存在的一个重要问题是单边带滤波器不易制作。这是因为，理想特性的滤波器是不可能做到的，实际滤波器从通带到阻带总有一个过渡带。滤波器的实现难度与过渡带相对于载频的归一化值有关，过渡带的归一化值越小，分割上、下边带就越难实现。而一般调制信号都具有丰富的低频成分，经过调制后得到的 DSB 信号的上、下边带之间的间隔很窄，要想通过一个边带而滤除另一个，要求单边带滤波器在 f_c 附近具有陡峭的截止特性——很小的过渡带，这就使得滤波器的设计与制作困难，有时甚至难以实现。为此，实际中往往采用多级调制的办法，目的在于降低每一级的过渡带归一化值，减小实现难度。当采用相移法时，若保留上边带，则有

$$s_{\mathrm{USB}}(t) = \frac{1}{2} A_{\mathrm{m}} \cos(\omega_{\mathrm{c}} + \omega_{\mathrm{m}}) t = \frac{1}{2} A_{\mathrm{m}} \cos\omega_{\mathrm{m}} t \cos\omega_{\mathrm{c}} t - \frac{1}{2} A_{\mathrm{m}} \sin\omega_{\mathrm{m}} t \sin\omega_{\mathrm{c}} t \qquad (2-1-15)$$

若保留下边带，则有

$$s_{\mathrm{LSB}}(t) = \frac{1}{2} A_{\mathrm{m}} \cos(\omega_{\mathrm{c}} - \omega_{\mathrm{m}}) t = \frac{1}{2} A_{\mathrm{m}} \cos\omega_{\mathrm{m}} t \cos\omega_{\mathrm{c}} t + \frac{1}{2} A_{\mathrm{m}} \sin\omega_{\mathrm{m}} t \sin\omega_{\mathrm{c}} t \qquad (2-1-16)$$

将式(2-1-15)和式(2-1-16)合并，可得

$$s_{\mathrm{SSB}}(t) = \frac{1}{2} A_{\mathrm{m}} \cos\omega_{\mathrm{m}} t \cos\omega_{\mathrm{c}} t \mp \frac{1}{2} A_{\mathrm{m}} \sin\omega_{\mathrm{m}} t \sin\omega_{\mathrm{c}} t \qquad (2-1-17)$$

式中，"$-$"表示上边带信号；"$+$"表示下边带信号。

由于仅包含一个边带，因此 SSB 信号的功率为 DSB 信号的一半，即

$$P_{\mathrm{SSB}} = \frac{1}{2} P_{\mathrm{DSB}} = \frac{1}{4} \overline{m^2(t)} \qquad (2-1-18)$$

显然，因 SSB 信号不含有载波成分，单边带幅度调制的效率也为 100%。

2) SSB 信号的解调

从 SSB 信号调制原理图中不难看出，SSB 信号的包络不再与调制信号 $m(t)$ 成正比，因此 SSB 信号的解调也不能采用简单的包络检波，需采用相干解调，如图 2-1-11 所示。

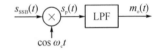

图 2-1-11　SSB 信号的相干解调

此时，乘法器输出为

$$
\begin{aligned}
s_{\mathrm{p}}(t) &= s_{\mathrm{SSB}}(t) \cos\omega_{\mathrm{c}} t = \frac{1}{2} [m(t) \cos\omega_{\mathrm{c}} t \mp \hat{m}(t) \sin\omega_{\mathrm{c}} t] \cos\omega_{\mathrm{c}} t \\
&= \frac{1}{2} m(t) \cos^2\omega_{\mathrm{c}} t \mp \frac{1}{2} \hat{m}(t) \sin\omega_{\mathrm{c}} t \cos\omega_{\mathrm{c}} t \\
&= \frac{1}{4} m(t) + \frac{1}{4} m(t) \cos 2\omega_{\mathrm{c}} t \mp \frac{1}{4} \hat{m}(t) \sin 2\omega_{\mathrm{c}} t
\end{aligned}
$$

经低通滤波后的解调输出为

$$m_{\mathrm{o}}(t) = \frac{1}{4} m(t) \qquad (2-1-19)$$

因而可恢复调制信号。综上所述，单边带幅度调制的优点是：节省了载波发射功率，调制效率高；频带宽度只有双边带的一半，频带利用率提高一倍。其缺点是单边带滤波器实现难度大。

4. 残留边带(VSB)调制

1) VSB 信号的表达式及特性

残留边带调制是介于单边带调制与双边带调制之间的一种调制方式，它既克服了 DSB 信号占用频带宽的问题，又解决了单边带滤波器不易实现的难题。在这种调制方式中，VSB 不像 SSB 那样完全抑制 DSB 信号的一个边带，而是逐渐切割，使其残留一小部分，如图 2-1-12 所示。

　　在残留边带调制中，除了传送一个边带外，还保留了另外一个边带的一部分。对于具有低频及直流分量的调制信号，用滤波法实现单边带调制时所需的过渡带无限陡的理想滤波器在残留边带调制中已不再需要，这就避免了实现上的困难。用滤波法实现 VSB 的原理框图如图 2-1-13 所示。

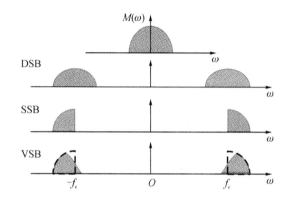

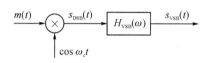

　图 2-1-12　DSB、SSB、VSB 信号频谱　　　　图 2-1-13　用滤波法实现 VSB 的原理框图

　　图 2-1-12 中的 $H_{\text{VSB}}(\omega)$ 为残留边带滤波器，其特性应按残留边带调制的要求来进行设计。为了保证在相干解调时无失真地得到调制信号，残留边带滤波器的传输函数 $H_{\text{VSB}}(\omega)$ 必须满足：

$$H_{\text{VSB}}(\omega + \omega_c) + H_{\text{VSB}}(\omega - \omega_c) = 常数 \quad |\omega| \leqslant \omega_H \qquad (2-1-20)$$

式中，ω_H 为调制信号的截止角频率。残留边带滤波器的传输函数 $H_{\text{VSB}}(\omega)$ 在载频 ω_c 附近必须具有互补对称性，在相干解调时才能无失真地从残留边带信号中恢复所需的调制信号。图 2-1-14 所示的是满足该条件的典型特性：残留部分在上边带时滤波器的传递函数如图 2-1-14(a)所示，残留部分在下边带时滤波器的传递函数如图 2-1-14(b)所示。

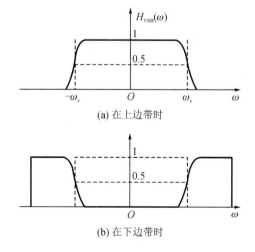

(a) 在上边带时

(b) 在下边带时

图 2-1-14　残留边带滤波器的典型特性

由滤波法可知，VSB 信号的频谱为

$$S_{\text{VSB}}(\omega) = S_{\text{DSB}}(\omega) \cdot H(\omega) = \frac{1}{2}[M(\omega + \omega_c) + M(\omega - \omega_c)]H(\omega) \qquad (2-1-21)$$

2) 残留边带信号的解调

残留边带信号显然不能简单地采用包络检波，而必须采用如图 2 - 1 - 15 所示的相干解调。

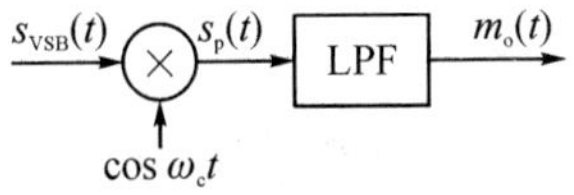

图 2 - 1 - 15　VSB 信号的相干解调

乘法器输出为

$$s_p(t) = s_{\text{VSB}}(t)\cos\omega_c t$$

$$S_p(\omega) = \frac{1}{2}[S_{\text{VSB}}(\omega - \omega_c) + S_{\text{VSB}}(\omega + \omega_c)] \qquad (2-1-22)$$

相应的频域表达式为

$$
\begin{aligned}
S_p(\omega) =& \frac{1}{4}H_{\text{VSB}}(\omega - \omega_c)[M(\omega - 2\omega_c) + M(\omega)] + \\
& \frac{1}{4}H_{\text{VSB}}(\omega + \omega_c)[M(\omega) + M(\omega + 2\omega_c)] \\
=& \frac{1}{4}M(\omega)[H_{\text{VSB}}(\omega - \omega_c) + H_{\text{VSB}}(\omega + \omega_c)] + \\
& \frac{1}{4}[M(\omega - 2\omega_c)H_{\text{VSB}}(\omega - \omega_c) + M(\omega + 2\omega_c)H_{\text{VSB}}(\omega + \omega_c)]
\end{aligned}
$$

$$(2-1-23)$$

经 LPF 滤除上式第二项，可得解调器输出为

$$M_o(\omega) = \frac{1}{4}M(\omega)[H_{\text{VSB}}(\omega - \omega_c) + H_{\text{VSB}}(\omega + \omega_c)] \qquad (2-1-24)$$

由式(2 - 1 - 24)可知，为了保证相干解调的输出无失真地重现调制信号 $m(t)$，必须要求在 $|\omega| \leqslant \omega_H$ 内 $H_{\text{VSB}}(\omega + \omega_c) + H_{\text{VSB}}(\omega - \omega_c) = K$，$K$ 为常数，而这正是残留边带滤波器传输函数要求满足的互补对称条件。若设 $K = 1$，则

$$
\begin{cases}
M_o(\omega) = \dfrac{1}{4}M(\omega) \\[2mm]
m_o(t) = \dfrac{1}{4}m(t)
\end{cases}
\qquad (2-1-25)
$$

由于 VSB 基本性能接近 SSB，而 VSB 中的边带滤波器比 SSB 中的边带滤波器更容易实现，因此 VSB 在广播电视、通信等系统中得到了广泛应用。

5. 线性调制系统的抗噪声性能

1) 通信系统抗噪声性能分析模型

由于加性噪声只对已调信号的接收产生影响，因而调制系统的抗噪声性能可用解调器的抗噪声性能来衡量。分析解调器抗噪声性能的模型如图 2-1-16 所示。

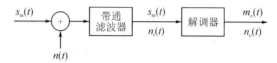

图 2-1-16　分析解调器抗噪声性能的模型

在图 2-1-16 中，$s_{\mathrm{m}}(t)$ 为已调信号；$n(t)$ 为传输过程中叠加的高斯白噪声。带通滤波器的作用是滤除已调信号频带以外的噪声。因此，经过带通滤波器后，到达解调器输入端的信号仍为 $s_{\mathrm{m}}(t)$，而噪声变为窄带高斯噪声 $n_{\mathrm{i}}(t)$。解调器可以是相干解调器或包络检波器，其输出的有用信号为 $m_{\mathrm{o}}(t)$，噪声为 $n_{\mathrm{o}}(t)$。

之所以称 $n_{\mathrm{i}}(t)$ 为窄带高斯噪声，是因为它是由平稳高斯白噪声通过带通滤波器而得到的，而在通信系统中，带通滤波器的带宽一般远小于其中心频率 ω_{o}，为窄带滤波器，$n_{\mathrm{i}}(t)$ 为窄带高斯噪声。$n_{\mathrm{i}}(t)$ 可表示为

$$n_{\mathrm{i}}(t) = n_{\mathrm{c}}(t)\cos\omega_{\mathrm{o}}t - n_{\mathrm{s}}(t)\sin\omega_{\mathrm{o}}t \qquad (2-1-26)$$

其中，窄带高斯噪声 $n_{\mathrm{i}}(t)$ 的同相分量 $n_{\mathrm{c}}(t)$ 和正交分量 $n_{\mathrm{s}}(t)$ 都是高斯变量，它们的均值和方差(平均功率)都与 $n_{\mathrm{i}}(t)$ 的相同，即

$$\overline{n_{\mathrm{c}}(t)} = \overline{n_{\mathrm{s}}(t)} = \overline{n_{\mathrm{i}}(t)} = 0 \qquad (2-1-27)$$

$$\overline{n_{\mathrm{c}}^2(t)} = \overline{n_{\mathrm{s}}^2(t)} = \overline{n_{\mathrm{i}}^2(t)} = N_{\mathrm{i}} \qquad (2-1-28)$$

式中，N_{i} 为解调器的输入噪声功率。若高斯白噪声的双边功率谱密度为 $n_0/2$，带通滤波器的传输特性是高度为 1、单边带宽为 B 理想矩形函数(如图 2-1-17 所示)，则有

$$N_{\mathrm{i}} = n_0 B \qquad (2-1-29)$$

图 2-1-17　带通滤波器传输特性(理想情况)

为了使已调信号无失真地进入解调器，同时又最大限度地抑制噪声，带宽 B 应等于已调信号的带宽。在模拟通信系统中，常用解调器输出信噪比来衡量通信质量的好坏。输出信噪比定义为

$$\frac{S_{\mathrm{o}}}{N_{\mathrm{o}}} = \frac{\text{解调器输出有用信号的平均功率}}{\text{解调器输出噪声的平均功率}} = \frac{\overline{m_{\mathrm{o}}^2(t)}}{\overline{n_{\mathrm{o}}^2(t)}} \qquad (2-1-30)$$

只要解调器输出端有用信号能与噪声分开，则输出信噪比就能确定。输出信噪比既与调制方式有关，也与解调方式有关。因此在已调信号平均功率相同且信道噪声功率谱密度

也相同的条件下，输出信噪比反映了系统的抗噪声性能。

人们还常用信噪比增益 G 作为不同调制方式下解调器抗噪声性能的度量。信噪比增益定义为

$$G = \frac{S_o/N_o}{S_i/N_i} \qquad (2-1-31)$$

信噪比增益也称为调制制度增益。其中，S_i/N_i 为输入信噪比，其定义为

$$\frac{S_i}{N_i} = \frac{\text{解调器输入已调信号的平均功率}}{\text{解调器输入噪声的平均功率}} = \frac{\overline{s_m^2(t)}}{\overline{n_i^2(t)}} \qquad (2-1-32)$$

显然，信噪比增益越高，则解调器的抗噪声性能越好。

下面我们在给定的 $s_m(t)$ 及 n_0 的情况下，推导出各种解调器的输入和输出信噪比，并在此基础上对各种调制系统的抗噪声性能做出评价。

2）线性调制相干解调的抗噪声性能

线性调制相干解调的抗噪声性能分析模型如图 2-1-18 所示。此时，图 2-1-18 中的解调器为同步解调器，由相乘器和 LPF 构成。相干解调属于线性解调，故在解调过程中，输入信号及噪声可分开单独解调。相干解调适用于所有线性调制（DSB、SSB、VSB、AM）信号的解调。

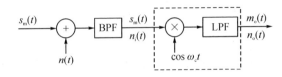

图 2-1-18　线性调制相干解调的抗噪声性能分析模型

（1）DSB 系统的性能：

① 求 S_o——输入信号的解调。对于 DSB 系统，解调器输入信号为

$$s_m(t) = m(t)\cos\omega_c t$$

与相干载波 $\cos\omega_c t$ 相乘后，可得

$$m(t)\cos^2\omega_c t = \frac{1}{2}m(t) + \frac{1}{2}m(t)\cos 2\omega_c t$$

经低通滤波器后，输出信号为

$$m_o(t) = \frac{1}{2}m(t) \qquad (2-1-33)$$

因此，解调器输出端的有用信号功率为

$$S_o = \overline{m_o^2(t)} = \frac{1}{4}\overline{m^2(t)} \qquad (2-1-34)$$

② 求 N_o——输入噪声的解调。在解调 DSB 信号的同时，窄带高斯噪声 $n_i(t)$ 也受到解调。此时，接收机中的带通滤波器的中心频率 ω_0 与调制载波 ω_c 相同。因此，解调器输入端的噪声 $n_i(t)$ 可表示为

$$n_i(t) = n_c(t)\cos\omega_c t - n_s(t)\sin\omega_c t \qquad (2-1-35)$$

它与相干载波 $\cos\omega_c t$ 相乘后，可得

$$n_i(t)\cos\omega_c t = [n_c(t)\cos\omega_c t - n_s(t)\sin\omega_c t]\cos\omega_c t$$

$$= \frac{1}{2}n_c(t) + \frac{1}{2}[n_c(t)\cos 2\omega_c t - n_s(t)\sin 2\omega_c t] \qquad (2-1-36)$$

经低通滤波器后，解调器最终的输出噪声为

$$n_o(t) = \frac{1}{2}n_c(t) \qquad (2-1-37)$$

故输出噪声功率为

$$N_o = \overline{n_o^2(t)} = \frac{1}{4}\overline{n_c^2(t)} \qquad (2-1-38)$$

根据式(2-1-28)和式(2-1-29)，则有

$$N_o = \frac{1}{4}\overline{n_i^2(t)} = \frac{1}{4}N_i = \frac{1}{4}n_0 B \qquad (2-1-39)$$

式中，$B=2f_H$，为 DSB 信号带宽。

③ 求 S_i。解调器输入信号平均功率为

$$S_i = \overline{s_m^2(t)} = \overline{[m(t)\cos\omega_c t]^2} = \frac{1}{2}\overline{m^2(t)} \qquad (2-1-40)$$

综上所述，由式(2-1-40)和式(2-1-29)，可得解调器的输入信噪比为

$$\frac{S_i}{N_i} = \frac{\frac{1}{2}\overline{m^2(t)}}{n_0 B} \qquad (2-1-41)$$

又根据式(2-1-34)和式(2-1-39)，可得解调器的输出信噪比为

$$\frac{S_o}{N_o} = \frac{\frac{1}{4}\overline{m^2(t)}}{\frac{1}{4}N_i} = \frac{\overline{m^2(t)}}{n_0 B} \qquad (2-1-42)$$

因此调制制度增益为

$$G_{DSB} = \frac{S_o/N_o}{S_i/N_i} = 2 \qquad (2-1-43)$$

由此可见，DSB 系统的制度增益为 2。这说明 DSB 信号的解调器使信噪比改善了一倍。这是因为采用同步解调，把噪声中的正交分量 $n_s(t)$ 抑制掉了，从而使噪声功率减半。

（2）SSB 系统的性能：

① 求 S_o——输入信号的解调。对于 SSB 系统，解调器输入信号为

$$s_m(t) = \frac{1}{2}m(t)\cos\omega_c t \mp \frac{1}{2}\hat{m}(t)\sin\omega_c t$$

与相干载波 $\cos\omega_c t$ 相乘，并经低通滤波器滤除高频成分后，得解调器输出信号为

$$m_o(t) = \frac{1}{4}m(t) \qquad (2-1-44)$$

因此，解调器输出信号功率为

$$S_o = \overline{m_o^2(t)} = \frac{1}{16}\overline{m^2(t)} \qquad (2-1-45)$$

② 求 N_o——输入噪声的解调。由于 SSB 信号的解调器与 DSB 信号的相同，故计算 SSB 信号输入及输出信噪比的方法也相同。由式(2-1-39)可得

$$N_o = \frac{1}{4} \overline{n_i^2(t)} = \frac{1}{4} N_i = \frac{1}{4} n_0 B \qquad (2-1-46)$$

式中，$B = f_H$，为 SSB 信号带宽。

③ 求 S_i。解调器输入信号平均功率为

$$S_i = \overline{s_m^2(t)} = \overline{\left[\frac{1}{2}m(t)\cos\omega_c t \mp \frac{1}{2}\hat{m}(t)\sin\omega_c t\right]^2} = \frac{1}{8}\left[\overline{m^2(t)} + \overline{\hat{m}^2(t)}\right]$$

因为 $\hat{m}(t)$ 与 $m(t)$ 的所有频率分量仅相位不同，而幅度相同，所以两者具有相同的平均功率。由此，上式变成

$$S_i = \frac{1}{4} \overline{m^2(t)} \qquad (2-1-47)$$

于是，由式(2-1-47)和式(2-1-29)，可得解调器的输入信噪比为

$$\frac{S_i}{N_i} = \frac{\frac{1}{4}\overline{m^2(t)}}{n_0 B} = \frac{\overline{m^2(t)}}{4n_0 B} \qquad (2-1-48)$$

由式(2-1-45)和式(2-1-46)，可得解调器的输出信噪比为

$$\frac{S_o}{N_o} = \frac{\frac{1}{16}\overline{m^2(t)}}{\frac{1}{4}n_0 B} = \frac{\overline{m^2(t)}}{4n_0 B} \qquad (2-1-49)$$

因此调制制度增益为

$$G_{SSB} = \frac{S_o/N_o}{S_i/N_i} = 1 \qquad (2-1-50)$$

由此可见，SSB 系统的制度增益为 1。这说明 SSB 信号的解调器对信噪比没有改善。这是因为在 SSB 系统中，信号和噪声具有相同的表示形式，所以在相干解调过程中，信号和噪声的正交分量均被抑制掉，故信噪比不会得到改善。比较式(2-1-43)和式(2-1-50)可见，DSB 解调器的调制制度增益是 SSB 的两倍。但不能因此就说双边带系统的抗噪声性能优于单边带系统。因为 DSB 所需带宽为 SSB 的两倍，因而在输入噪声功率谱密度相同的情况下，DSB 解调器的输入噪声功率将是 SSB 的两倍。由此不难看出，如果解调器的输入噪声功率谱密度 n_0 相同，则输入信号的功率 S_i 也相等，有

$$\left(\frac{S_o}{N_o}\right)_{DSB} = G_{DSB}\left(\frac{S_i}{N_i}\right)_{DSB} = 2 \cdot \left(\frac{S_i}{N_i}\right)_{DSB} = 2 \cdot \frac{S_i}{n_0 B_{DSB}} = \frac{S_i}{n_0 f_H}$$

$$\left(\frac{S_o}{N_o}\right)_{SSB} = G_{SSB}\left(\frac{S_i}{N_i}\right)_{SSB} = 1 \cdot \left(\frac{S_i}{N_i}\right)_{SSB} = \frac{S_i}{n_0 B_{SSB}} = \frac{S_i}{n_0 f_H}$$

由此可见，在相同的噪声背景和相同的输入信号功率条件下，DSB 和 SSB 在解调器输出端的信噪比是相等的。也就是说，从抗噪声的观点，SSB 和 DSB 是相同的，但 SSB 所占有的频带仅为 DSB 的一半。

（3）VSB 系统的性能。VSB 系统的抗噪声性能的分析方法与上面类似。但是，由于所

采用的残留边带滤波器的频率特性形状可能不同，所以难以确定抗噪声性能的一般计算公式。然而，在残留边带滤波器滚降范围不大的情况下，可将 VSB 信号近似看成 SSB 信号，即

$$s_{\text{VSB}}(t) \approx s_{\text{SSB}}(t)$$

在这种情况下，VSB 系统的抗噪声性能与 SSB 系统相同。

3）常规调幅包络检波的抗噪声性能

AM 信号可采用相干解调或包络检波。在相干解调时，AM 系统的性能分析方法与前面介绍的双边带的相同。在实际中，AM 信号常用简单的包络检波法解调，接收系统模型如图 2-1-19 所示。包络检波属于非线性解调，信号与噪声无法分开处理。

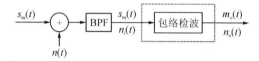

图 2-1-19　AM 包络检波的抗噪声性能分析模型

对于 AM 系统，解调器输入信号为

$$s_{\text{m}}(t) = [A_0 + m(t)]\cos\omega_{\text{c}}t$$

式中，A_0 为外加的直流分量；$m(t)$ 为调制信号。这里仍假设 $m(t)$ 的均值为 0，并且 $A_0 \geqslant |m(t)|_{\max}$。解调器的输入噪声为

$$n_{\text{i}}(t) = n_{\text{c}}(t)\cos\omega_{\text{c}}t - n_{\text{s}}(t)\sin\omega_{\text{c}}t$$

显然，解调器输入的信号功率 S_{i} 和噪声功率 N_{i} 分别为

$$S_{\text{i}} = \overline{s_{\text{m}}^2(t)} = \frac{A_0^2}{2} + \frac{\overline{m^2(t)}}{2} \tag{2-1-51}$$

$$N_{\text{i}} = \overline{n_{\text{i}}^2(t)} = n_0 B \tag{2-1-52}$$

式中，$B = 2f_{\text{H}}$，为 AM 信号带宽。

据式（2-1-51）和式（2-1-52），可得解调器输入信噪比为

$$\frac{S_{\text{i}}}{N_{\text{i}}} = \frac{A_0^2 + \overline{m^2(t)}}{2n_0 B} \tag{2-1-53}$$

解调器输入是信号加噪声的合成波形，即

$$s_{\text{m}}(t) + n_{\text{i}}(t) = [A_0 + m(t) + n_{\text{c}}(t)]\cos\omega_{\text{c}}t - n_{\text{s}}(t)\sin\omega_{\text{c}}t$$
$$= A(t)\cos[\omega_{\text{c}}t + \psi(t)]$$

其中合成包络为

$$A(t) = \sqrt{[A_0 + m(t) + n_{\text{c}}(t)]^2 + n_{\text{s}}^2(t)} \tag{2-1-54}$$

合成相位为

$$\psi(t) = \arctan\frac{n_{\text{s}}(t)}{A_0 + m(t) + n_{\text{c}}(t)} \tag{2-1-55}$$

理想包络检波器的输出就是 $A(t)$。由以上分析可知，检波器输出中有用信号与噪声无法完全分开，因此，计算输出信噪比是件困难的事。为简化起见，我们考虑以下两种特殊情况。

（1）大信噪比情况。此时输入信号幅度远大于噪声幅度，即

$$[A_0 + m(t)] \gg \sqrt{n_c(t)^2 + n_s^2(t)}$$

因而式(2-1-54)可简化为

$$A(t) = \sqrt{[A_0 + m(t)]^2 + 2[A_0 + m(t)]n_c(t) + n_c^2(t) + n_s^2(t)}$$

$$\approx \sqrt{[A_0 + m(t)]^2 + 2[A_0 + m(t)]n_c(t)}$$

$$= [A_0 + m(t)] \sqrt{1 + \frac{2n_c(t)}{A_0 + m(t)}}$$

$$\approx [A_0 + m(t)]\left[1 + \frac{n_c(t)}{A_0 + m(t)}\right]$$

$$\approx A_0 + m(t) + n_c(t) \tag{2-1-56}$$

这里利用了数学近似公式$(1+x)^{\frac{1}{2}} \approx 1 + \frac{x}{2}$(当$|x| \ll 1$时)。式中，有用信号与噪声清晰地分成两项，因而可分别计算出输出信号功率及噪声功率为

$$S_o = \overline{m^2(t)} \tag{2-1-57}$$

$$N_o = \overline{n_c^2(t)} = \overline{n_i^2(t)} = n_0 B \tag{2-1-58}$$

输出信噪比为

$$\frac{S_o}{N_o} = \frac{\overline{m^2(t)}}{n_0 B} \tag{2-1-59}$$

由式(2-1-43)和式(2-1-50)可得调制制度增益为

$$G_{AM} = \frac{S_o/N_o}{S_i/N_i} = \frac{2\overline{m^2(t)}}{A_0^2 + \overline{m^2(t)}} \tag{2-1-60}$$

由此可以看出，AM 的调制制度增益随A_0的减小而增加。但为了不发生过调制现象，必须有$A_0 \geqslant |m(t)|_{max}$，所以$G_{AM}$总是小于 1。例如，对于 100% 调制(即$A_0 = |m(t)|_{max}$)，并且当$m(t)$是单音正弦信号时，有$\overline{m^2(t)} = A_0^2/2$，此时

$$G_{AM} = \frac{2}{3}$$

这是包络检波器能够得到的最大信噪比改善值。

至此可以证明，在相干解调时，常规调幅的调制制度增益与G_{AM}相同。这说明，对于 AM 系统，在大信噪比时，采用包络检波的性能与相干解调的性能几乎一样。但后者的调制制度增益不受信号与噪声相对幅度假设条件的限制。

(2) 小信噪比情况。此时噪声幅度远大于输入信号幅度，即

$$[A_0 + m(t)] \ll \sqrt{n_c^2(t) + n_s^2(t)}$$

此时，式(2-1-54)可做如下简化，有

$$A(t) = \sqrt{[A_0 + m(t)]^2 + 2[A_0 + m(t)]n_c(t) + n_c^2(t) + n_s^2(t)}$$

$$\approx \sqrt{n_c^2(t) + n_s^2(t) + 2[A_0 + m(t)]n_c(t)}$$

$$= \sqrt{[n_c^2(t) + n_s^2(t)]\left\{1 + \frac{2[A_0 + m(t)]n_c(t)}{n_c^2(t) + n_s^2(t)}\right\}}$$

$$= V(t)\sqrt{1 + \frac{2[A_0 + m(t)]}{V(t)}\cos\theta(t)} \tag{2-1-61}$$

其中

$$V(t) = \sqrt{n_\mathrm{c}^2(t) + n_\mathrm{s}^2(t)}$$

$$\theta(t) = \arctan\left[\frac{n_\mathrm{s}(t)}{n_\mathrm{c}(t)}\right]$$

$V(t)$ 和 $\theta(t)$ 分别表示噪声 $n_\mathrm{i}(t)$ 的包络及相位；$\cos\theta(t) = \dfrac{n_\mathrm{c}(t)}{V(t)}$。因为 $V(t) \geqslant A_0 + m(t)$，再次利用数学近似式 $(1+x)^{\frac{1}{2}} \approx 1 + \dfrac{x}{2}$（当 $|x| \ll 1$ 时），式(2-1-61)可进一步表示为

$$A(t) \approx V(t) + [A_0 + m(t)]\cos\theta(t)$$

由以上分析可知，小信噪比时调制信号 $m(t)$ 无法与噪声分开，包络 $A(t)$ 中不存在单独的信号项 $m(t)$，只有受到 $\cos\theta(t)$ 调制的信号项 $m(t)\cos\theta(t)$。由于 $\cos\theta(t)$ 是一个随机噪声，因而，有用信号 $m(t)$ 被噪声所扰乱，致使 $m(t)\cos\theta(t)$ 只能被看成是噪声。在这种情况下，输出信噪比不是按比例地随着输入信噪比下降，而是急剧恶化。通常把这种现象称为门限效应。开始出现门限效应的输入信噪比称为门限值（简称门限）。

需要指出的是，在用同步检波法解调各种线性调制信号时，由于解调过程可视为信号与噪声分别解调，故解调器输出端总是单独存在有用信号的。因而，同步解调器不存在门限效应，由此可得出结论：在大信噪比情况下，AM 信号包络检波器的性能几乎与同步检波器相同；但随着信噪比的减小，包络检波器将在一个特定输入信噪比值上出现门限效应。一旦出现了门限效应，解调器的输出信噪比将急剧变坏。

2.1.2　角度调制(非线性调制)原理

角度调制与线性调制不同，已调信号频谱不再是原调制信号频谱的线性搬移，而是频谱的非线性变换，会产生与频谱搬移不同的新的频率成分，故又称为非线性调制。

角度调制可分为频率调制(FM)和相位调制(PM)，即载波的幅度保持不变，而载波的频率或相位随基带信号变化的调制方式。

1. 角度调制的基本概念

角度调制信号的一般表达式为

$$s_\mathrm{m}(t) = A\cos[\omega_\mathrm{c}t + \varphi(t)] \tag{2-1-62}$$

式中，A 为载波的恒定振幅；$[\omega_\mathrm{c}t + \varphi(t)]$ 是信号的瞬时相位，$\varphi(t)$ 称为相对于载波相位 $\omega_\mathrm{c}t$ 的瞬时相位偏移；$\dfrac{\mathrm{d}[\omega_\mathrm{c}t + \varphi(t)]}{\mathrm{d}t}$ 为信号的瞬时频率；$\dfrac{\mathrm{d}\varphi(t)}{\mathrm{d}t}$ 为信号相对于载频 ω_c 的瞬时频偏。

相位调制为

$$s_\mathrm{PM}(t) = A\cos[\omega_\mathrm{c}t + K_\mathrm{P}m(t)] \tag{2-1-63}$$

频率调制为

$$s_\mathrm{FM}(t) = A\cos\left[\omega_\mathrm{c}t + K_\mathrm{F}\int_{-\infty}^{t} m(\tau)\mathrm{d}\tau\right] \tag{2-1-64}$$

FM 和 PM 非常相似,如果预先不知道调制信号的具体形式,则无法判断已调信号是调频信号还是调相信号。如果将调制信号先微分,而后进行调频,则得到的是调相信号,如图 2-1-20(b)所示。如果将调制信号先积分,而后进行调相,则得到的是调频信号,如图 2-1-21(b)所示。

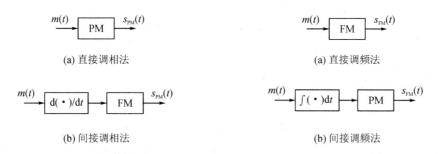

图 2-1-20　直接调相法和间接调相法　　　图 2-1-21　直接调频法和间接调频法

图 2-1-20(b)所示的产生调相信号的方法称为间接调相法,图 2-1-21(b)所示的产生调频信号的方法称为间接调频法。相对而言,图 2-1-20(a)所示的产生调相信号的方法称为直接调相法,图 2-1-21(a)所示的产生调频信号的方法称为直接调频法。由于实际相位调制器的调节范围不可能超出(-π,π),因而直接调相和间接调频的方法仅适用于相位偏移和频率偏移不大的窄带调制情形,而直接调频和间接调相则适用于宽带调制情形。

从以上分析可见,调频与调相并无本质区别,两者之间可以互换。鉴于在实际应用中多采用 FM 信号,下面集中讨论频率调制。

2. 窄带调频与宽带调频

根据调制后载波瞬时相位偏移的大小,可将频率调制分为宽带调频(WBFM)与窄带调频(NBFM)。宽带与窄带调制的区分并无严格的界限,但通常认为由调频所引起的最大瞬时相位偏移远小于 30°,即

$$\left| K_{F}\int_{-\infty}^{t} m(\tau)d\tau \right|_{max} \ll \frac{\pi}{6} \qquad (2-1-65)$$

称为窄带调频;否则,称为宽带调频。

1) 窄带调频(NBFM)

为方便起见,无妨假设正弦载波的振幅 $A=1$,则由式(2-1-64),即调频信号的一般表达式,可得

$$s_{FM}(t) = \cos\left[\omega_{c}t + K_{F}\int_{-\infty}^{t} m(t)dt\right]$$

$$= \cos\omega_{c}t\cos\left[K_{F}\int_{-\infty}^{t} m(t)dt\right] - \sin\omega_{c}t\sin\left[K_{F}\int_{-\infty}^{t} m(t)dt\right] \qquad (2-1-66)$$

当满足式(2-1-65),即在窄带调频时,有近似式

$$\cos\left[K_{\mathrm{F}}\int_{-\infty}^{t}m(t)\mathrm{d}t\right]\approx 1$$

$$\sin\left[K_{\mathrm{F}}\int_{-\infty}^{t}m(t)\mathrm{d}t\right]\approx K_{\mathrm{F}}\int_{-\infty}^{t}m(t)\mathrm{d}t$$

于是式(2-1-66)可简化为

$$s_{\mathrm{NBFM}}(t)\approx\cos\omega_{\mathrm{c}}t-\left[K_{\mathrm{F}}\int_{-\infty}^{t}m(t)\mathrm{d}t\right]\sin\omega_{\mathrm{c}}t \qquad (2-1-67)$$

利用傅里叶变换公式，有

$$m(t)\Leftrightarrow M(\omega)$$

$$\cos\omega_{\mathrm{c}}t\Leftrightarrow\pi[\delta(\omega+\omega_{\mathrm{c}})+\delta(\omega-\omega_{\mathrm{c}})]$$

$$\sin\omega_{\mathrm{c}}t\Leftrightarrow\mathrm{j}\pi[\delta(\omega+\omega_{\mathrm{c}})-\delta(\omega-\omega_{\mathrm{c}})]$$

$$\int_{-\infty}^{t}m(t)\mathrm{d}t\Leftrightarrow\frac{M(\omega)}{\mathrm{j}\omega},\quad(\text{设 }m(t)\text{ 的均值为 }0)$$

$$\left[\int_{-\infty}^{t}m(t)\mathrm{d}t\right]\sin\omega_{\mathrm{c}}t\Leftrightarrow\frac{1}{2}\left[\frac{M(\omega+\omega_{\mathrm{c}})}{\omega+\omega_{\mathrm{c}}}-\frac{M(\omega-\omega_{\mathrm{c}})}{\omega-\omega_{\mathrm{c}}}\right]$$

可得 NBFM 信号的频域表达式为

$$S_{\mathrm{NBFM}}(\omega)=\pi[\delta(\omega+\omega_{\mathrm{c}})+\delta(\omega-\omega_{\mathrm{c}})]-\frac{K_{\mathrm{F}}}{2}\left[\frac{M(\omega+\omega_{\mathrm{c}})}{\omega+\omega_{\mathrm{c}}}-\frac{M(\omega-\omega_{\mathrm{c}})}{\omega-\omega_{\mathrm{c}}}\right]$$

$$(2-1-68)$$

将式(2-1-68)与 AM 信号的频谱：

$$S_{\mathrm{AM}}(\omega)=\pi A_{0}[\delta(\omega+\omega_{\mathrm{c}})+\delta(\omega-\omega_{\mathrm{c}})]+\frac{1}{2}[M(\omega+\omega_{\mathrm{c}})+M(\omega-\omega_{\mathrm{c}})]$$

进行比较，可以清楚地看出两种调制的相似性和不同之处。两者都含有一个载波和位于 $\pm\omega_{\mathrm{c}}$ 处的两个边带，所以它们的带宽相同，即

$$B_{\mathrm{NBFM}}=B_{\mathrm{AM}}=2B_{\mathrm{m}}=2f_{\mathrm{H}} \qquad (2-1-69)$$

式中，$B_{\mathrm{m}}=2f_{\mathrm{H}}$ 为调制信号 $m(t)$ 的带宽，f_{H} 为调制信号的最高频率。不同的是，NBFM 的正、负频率分量分别乘了因式 $\dfrac{1}{\omega-\omega_{\mathrm{c}}}$ 和 $\dfrac{1}{\omega+\omega_{\mathrm{c}}}$，并且负频率分量与正频率分量反相。正是上述差别，造成了 NBFM 与 AM 的本质差别。

下面讨论单音调制的特殊情况。设调制信号为

$$m(t)=A_{\mathrm{m}}\cos\omega_{\mathrm{m}}t$$

则 NBFM 信号为

$$s_{\mathrm{NBFM}}(t)\approx\cos\omega_{\mathrm{c}}t-\left[K_{\mathrm{F}}\int_{-\infty}^{t}m(t)\mathrm{d}t\right]\sin\omega_{\mathrm{c}}t$$

$$=\cos\omega_{\mathrm{c}}t-A_{\mathrm{m}}K_{\mathrm{F}}\frac{1}{\omega_{\mathrm{m}}}\sin\omega_{\mathrm{m}}t\sin\omega_{\mathrm{c}}t$$

$$=\cos\omega_{\mathrm{c}}t+\frac{A_{\mathrm{m}}K_{\mathrm{F}}}{2\omega_{\mathrm{m}}}[\cos(\omega_{\mathrm{c}}+\omega_{\mathrm{m}})t-\cos(\omega_{\mathrm{c}}-\omega_{\mathrm{m}})t]$$

AM 信号为

$$s_{AM}(t) = (1 + A_m\cos\omega_m t)\cos\omega_c t$$

$$= \cos\omega_c t + \frac{A_m}{2}[\cos(\omega_c + \omega_m)t + \cos(\omega_c - \omega_m)t]$$

单音调制的 AM 信号与 NBFM 信号的频谱如图 2 - 1 - 22 所示。

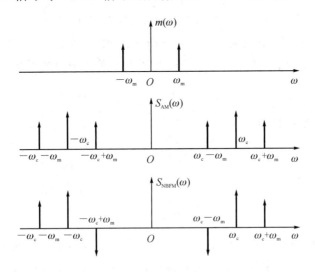

图 2 - 1 - 22　单音调制的 AM 信号与 NBFM 信号的频谱

2）宽带调频（WBFM）

单音调频信号（即单音调制的 FM 信号）的时域表达式为

$$s_{FM}(t) = A\cos\left[\omega_c t + K_F\int_{-\infty}^{t} m(t)\mathrm{d}t\right]$$

$$= A\cos\left[\omega_c t + K_F A_m\int_{-\infty}^{t}\cos\omega_m t\mathrm{d}t\right]$$

$$= A\cos\left[\omega_c t + \frac{K_F A_m}{\omega_m}\sin\omega_m t\right]$$

$$= A\cos[\omega_c t + m_f\sin\omega_m t] \qquad (2-1-70)$$

展开成如下级数形式，即

$$s_{FM}(t) = A\sum_{n=-\infty}^{\infty} J_n(m_f)\cos(\omega_c + n\omega_m)t$$

傅里叶变换即为频谱，有

$$S_{FM}(\omega) = \pi A\sum_{n=-\infty}^{\infty} J_n(m_f)[\delta(\omega - \omega_c - n\omega_m) + \delta(\omega + \omega_c + n\omega_m)]$$

调制指数为

$$m_f = \frac{K_F A_m}{\omega_m} = \frac{\Delta\omega}{\omega_m} \qquad (2-1-71)$$

由于调频信号的频谱包含无穷多个频率分量，因此理论上调频信号的带宽为无限宽。然而实际上各次边频幅度（正比于 $J_n(m_f)$）随着 n 的增大而减小，因此只要取适当的 n 值，

使边频分量小到可以忽略的程度，调频信号可以近似认为具有有限频谱。一个广泛用来计算调频波频带宽度的公式为

$$B_{FM} = 2(m_f + 1)f_m = 2(\Delta f + f_m) \qquad (2-1-72)$$

式中，Δf 为最大频率偏移。

式 $(2-1-72)$ 通常称为卡森公式。在卡森公式中，边频分量取到 $(m_f + 1)$ 次，计算表明大于 $(m_f + 1)$ 次的边频分量，其幅度小于未调载波幅度的 10%。

单音调频信号可以分解为无穷多对边频分量之和，根据 $s_{FM}(t)$ 的级数展开形式，由帕斯瓦尔定理可知，调频信号的平均功率等于它所包含的各分量的平均功率之和，即

$$P_{FM} = \overline{s_{FM}^2(t)} = \frac{A^2}{2} \sum_{n=-\infty}^{\infty} J_n^2(m_f)$$

根据贝塞尔函数的性质，有

$$\sum_{n=-\infty}^{\infty} J_n^2(m_f) = 1$$

故

$$P_{FM} = \frac{A^2}{2} \qquad (2-1-73)$$

以上讨论是单音调频信号的情况。对于多音或其他任意信号调制的调频波的频谱分析极其复杂。经验表明，对卡森公式做适当修改，即可得到任意限带信号调制时调频信号带宽的估算公式，即

$$B_{FM} = 2(D+1)f_m$$

式中，f_m 是调制信号 $m(t)$ 的最高频率；$D = \Delta f / f_m$ 为频偏比；$\Delta f = K_F |m(t)|_{max}$ 是最大频率偏移。在实际应用中，当 $D > 2$ 时，用 $B_{FM} = 2(D+1)f_m$ 计算调频带宽更符合实际情况。

2.1.3　各种模拟调制系统的比较

1. 各种模拟调制方式总结

假定所有调制系统在接收机输入端具有相等的信号功率，并且加性噪声都是均值为 0、双边功率谱密度为 $n_0/2$ 的高斯白噪声，基带信号带宽为 f_m，所有系统都满足：

$$\begin{cases} \overline{m(t)} = 0 \\ \overline{m^2(t)} = \dfrac{1}{2} \\ |m(t)|_{max} = 1 \end{cases}$$

例如，$m(t)$ 为正弦型信号。综合前面的分析，可总结各种模拟调制方式的信号带宽、制度增益、输出信噪比、设备（调制与解调）复杂程度、主要应用等，如表 $2-1-1$ 所示。表中还进一步假设了 AM 为 100% 调制。

表 2 - 1 - 1　各种模拟调制方式总结

调制方式	信号带宽	制度增益	S_o/N_o	设备复杂度	主要应用
DSB	$2f_\text{m}$	2	$\dfrac{S_\text{i}}{n_0 f_\text{m}}$	中等：要求相干解调，常与 DSB 信号一起传输一个小导频	点对点的专用通信，低带宽信号多路复用系统
SSB	f_m	1	$\dfrac{S_\text{i}}{n_0 f_\text{m}}$	较大：要求相干解调，调制器也较复杂	短波无线电广播，话音频分多路通信
VSB	略大于 f_m	近似 SSB	近似 SSB	较大：要求相干解调，调制器需要对称滤波	数据传输；商用电视广播
AM	$2f_\text{m}$	$\dfrac{2}{3}$	$\dfrac{1}{3}\dfrac{S_\text{i}}{n_0 f_\text{m}}$	较小：调制与解调（包络检波）简单	中短波无线电广播
FM	$2(m_\text{f}+1)f_\text{m}$	$3m_\text{f}^2(m_\text{f}+1)$	$\dfrac{2}{3}m_\text{f}^2\dfrac{S_\text{i}}{n_0 f_\text{m}}$	中等：调制器较复杂，解调器较简单	微波中继、超短波小功率电台（窄带）；卫星通信、调频立体声广播（宽带）

2. 各种模拟调制方式性能比较

　　就抗噪声性能而言，WBFM 最好，DSB、SSB、VSB 次之，AM 最差。NBFM 与 AM 接近。就频带利用率而言，SSB 最好，VSB 与 SSB 接近，DSB、AM、NBFM 次之，WBFM 最差。FM 的调频指数越大，抗噪声性能越好，但占据带宽越宽，频带利用率越低。

3. 各种模拟调制方式的特点与应用

　　AM 调制的优点是接收设备简单；缺点是功率利用率低，抗干扰能力差，信号带宽较宽，频带利用率不高。因此，AM 调制用于通信质量要求不高的场合，目前主要用在中波和短波的调幅广播中。

　　DSB 调制的优点是功率利用率高，但带宽与 AM 相同，频带利用率不高，接收要求同步解调，设备较复杂。只用于点对点的专用通信及低带宽信号多路复用系统。

　　SSB 调制的优点是功率利用率和频带利用率都较高，抗干扰能力和抗选择性衰落能力均优于 AM，而带宽只有 AM 的一半；缺点是发送和接收设备都复杂。SSB 调制普遍应用在频带比较拥挤的场合，如短波波段的无线电广播和频分多路复用系统中。

　　VSB 调制的性能与 SSB 相当，原则上也需要同步解调，但在某些 VSB 系统中，附加一个足够大的载波，形成（VSB＋C）合成信号，就可以用包络检波法进行解调。这种（VSB＋C）的方式综合了 AM、SSB 和 DSB 三者的优点。所以 VSB 在数据传输、商用电视广播等领域得到广泛使用。

　　FM 信号的幅度恒定不变，这使得它对非线性器件不甚敏感，给 FM 带来了抗快衰落能力。利用自动增益控制和带通限幅还可以消除快衰落造成的幅度变化效应。这些特点使得 NBFM 对微波中继系统颇具吸引力。WBFM 的抗干扰能力强，可以实现带宽与信噪比的互换，因而 WBFM 广泛应用于长距离高质量的通信系统中，如空间和卫星通信、调频立体声广播、短波电台等。WBFM 的缺点是频带利用率低，存在门限效应。因此在接收信号弱、干扰大的情况下宜采用 NBFM，这就是小型通信机常采用 NBFM 的原因。

2.1.4 频分复用(FDM)

"复用"是一种将若干个彼此独立的信号，合并为一个可在同一信道上同时传输的复合信号的方法。例如，传输的语音信号的频谱一般在 300 Hz～3400 Hz 内，为了使若干个这种信号能在同一信道上传输，可以把它们的频谱调制到不同的频段，合并在一起而不致相互影响，并能在接收端彼此分离开来。

三种基本的多路复用方式有：频分复用(FDM)、时分复用(TDM)和码分复用(CDM)。按频率区分信号的方式称为频分复用，按时间区分信号的方式称为时分复用，而按扩频码区分信号的方式称为码分复用。这里我们先讨论频分复用。

频分复用的目的在于提高频带利用率。通常，在通信系统中，信道所能提供的带宽往往要比传送一路信号所需的带宽宽得多。因此，一个信道只传输一路信号是非常浪费的。为了充分利用信道的带宽，因而提出了信道的频分复用问题。图 2-1-23 给出了一个频分复用电话系统的组成框图。图中，复用的信号共有 n 路，每路信号首先通过低通滤波器(LPF)，以限制各路信号的最高频率 f_m。为简单起见，无妨设各路的 f_m 都相等。例如，若各路都是话音信号，则每路信号的最高频率皆为 3400 Hz。然后，各路信号通过各自的调制器进行频谱搬移。调制器的电路一般是相同的，但所用的载波频率不同。调制的方式原则上可任意选择，但最常用的是单边带调制，因为它最节省频带。因此，图中的调制器由相乘器和边带滤波器(SBF)构成。在选择载频时，既应考虑到边带频谱的宽度，还应留有一定的邻路间隔防护频带 f_g，以防止邻路信号之间相互干扰，即

$$f_{c(i+1)} = f_{ci} + (f_m + f_g)$$

式中，f_{ci} 和 $f_{c(i+1)}$ 分别为第 i 路和第 $i+1$ 路的载波频率。显然，邻路间隔防护频带越大，对边带滤波器的技术要求越低。但这时占用的总频带要加宽，这对提高信道复用率不利。因此，实际中应尽量提高边带滤波技术，以使 f_g 尽量缩小。目前，按 ITU-T 的标准，邻路间隔防护频带应为 900 Hz。

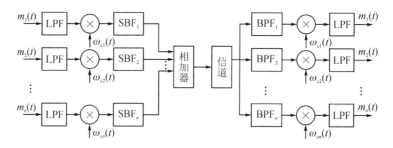

图 2-1-23　频分复用电话系统的组成框图

经过调制的各路信号，在频率位置上就被分开了。因此，可以通过相加器将它们合并成适合信道内传输的频分复用信号，其频谱结构如图 2-1-24 所示。图中，各路信号具有

相同的 f_m，但它们的频谱结构可能不同。n 路单边带信号的总频带宽度为

$$B_n = nf_m + (n-1)f_g = (n-1)(f_m + f_g) + f_m$$
$$= (n-1)B_1 + f_m \qquad (2-1-74)$$

式中，$B_1 = f_m + f_g$，为一路信号占用的带宽。

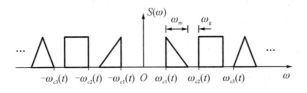

图 2-1-24 频分复用信号的频谱结构

合并后的复用信号，原则上可以在信道中传输，但有时为了更好地利用信道的传输特性，还可以再进行一次调制。在接收端，可利用相应的带通滤波器(BPF)来区分开各路信号的频谱。然后，再通过各自的相干解调器便可恢复各路调制信号。频分复用系统的最大优点是信道复用率高，容许复用的路数多，分路也很方便。因此，它成为目前模拟通信中最主要的一种复用方式。特别是在有线和微波通信系统中应用十分广泛。频分复用系统的主要缺点是设备生产比较复杂，会因滤波器件特性不够理想和信道内存在非线性而产生邻路干扰。

2.1.5 模拟信号数字化技术

数字通信与模拟通信相比，有许多的优点。现代通信系统的重要标志是在信源信号、传输系统、交换系统等诸多环节实现数字化。近几十年来，数字通信一直处在飞速发展时期。现代通信的数字化技术已经使传统的通信方式发生了根本性的改变。它不仅为军事通信领域提供了高效、可靠、保密的通信指挥手段，而且在社会信息化过程中提供了大容量、高速率、多媒体和灵活方便的通信手段。通信的数字化技术贯穿于几乎通信的整个过程。然而，信源既有模拟的也有数字的，要实现全数字化，就必须把模拟信号转化为数字信号。脉冲编码调制就是把时间连续、取值连续的模拟信号变换成时间离散、取值离散的数字信号后在信道中传输。这个数字化过程包括抽样、量化、编码三个处理步骤。

抽样是对模拟信号进行时间上周期性取值，把时间连续信号变成时间离散信号。我们要求经过抽样的信号包含原信号中的信息，即能无失真地恢复成原模拟信号。量化是把经抽样得到的瞬时值进行幅度上的离散化，即指定一组规定的电平，把瞬时抽样值用最接近的电平值表示。编码是用二进制码元表示每个有固定电平的量化值。实际上量化往往是在编码过程中同时完成的。通过脉冲编码调制(PCM)的方式把模拟信号进行数字化，是目前世界各国采用的一种主要方式，并且已被 ITU-T 建议为当今数字传输与综合业务数字网(ISDN)的标准接口信号。

1. 抽样

所谓抽样，是指在时间连续的信号中取出"样品"，该"样品"称为抽样值，即时间上的离散化。如果取出的抽样值足够多，这些抽样值序列即可代表连续信号。到底取多少抽样值由"抽样定理"决定。为了使分析简单起见，假定模拟信号的频带为 $0 \sim f_m$，$F(t)$ 为模拟信号，$S(t)$ 为抽样脉冲信号，它是脉宽为 τ 的矩形窄脉冲，周期为 T_s，幅度为 1。

已抽样信号 $F_s(t) = F(t)S(t)$。根据信号分析理论，周期性矩形脉冲的频谱除有基频成分 f_s 外，还含有 f_s 的谐波成分。因此抽样脉冲 $S(t)$ 可用指数形式的付氏级数表示，由此可见，一个频带受限的模拟信号经过抽样之后得到的抽样信号不仅保存了原信号 $F(t)$ 的频谱，还在频率轴上每隔 ω_s 其频谱周期性地重复出现，但其频谱幅度随着系数 S_n 的减小而减小。当 $f_s < 2f_m$ 时，$F_s(t)$ 的频谱将出现两相邻边带有部分重叠的情况。这时将无法用滤波器取出不受干扰的原信号频谱，这称为"折叠失真"。至此，我们可以清楚地看到，为了避免折叠噪声，对频带为 $0 \sim f_m$ 的话音信号的抽样频率 f_s 必须满足 $f_s - f_m \geq f_m$ 或 $f_s \geq 2f_m$，即 $T_s \leq \dfrac{1}{2f_m}$，也即"设一个频带限制在 $0 \sim f_m$ 的模拟信号 $F(t)$，如果以不小于每秒 $2f_m$ 次的速率对 $F(t)$ 进行等间隔抽样，则 $F(t)$ 将被所得到的抽样值序列完全确定"。这就是著名的抽样定理。最小抽样频率 $f_{smin} = 2f_m$，称为奈奎斯特(Nyquist)速率。理想低通是一种物理不可实现的电路，在实用中往往采用具有一定过渡带的低通滤波器来恢复信号。这时对抽样频率的要求就要高于 $2f_m$，使 $F_s(t)$ 的频谱中留出空隙（称为防卫带）。例如，语音信号的最高频率被限制在 3400 Hz，抽样频率 f_s 实际上是采用 8000 Hz，即 $T_s = 1/f_s = 125\mu s$。在这种情况下，防卫带 $f_s - 2f_m = 1200$ Hz。

虽然 f_s 越高对防止频谱重叠越有利，但 f_s 高了将使总的数码率增高，使有效性降低。因此现在国际上对单路语音信号的抽样频率规定为 8000 Hz。

2. 量化

量化就是幅度上的离散化，其功能是将幅度取值连续的抽样值序列，采用近似的方法，变换为只有有限个电平的量化信号。为此要将信号的幅度分成许多量度单元，一个量度单元称为一个量化级，落在这个量化级内的任意幅度值都用同一个值来表示，这就是量化。

量化是幅度的离散化，即用有限个离散的值来表示连续变化的抽样值，这个表示必然是近似的。在量化时，总是把被量化值（即抽样值）分成一个个小区间，然后对落在每个区间内的抽样值看成是一致的情况，最终把它们用规定的电平表示，如图 2-1-25 所示。

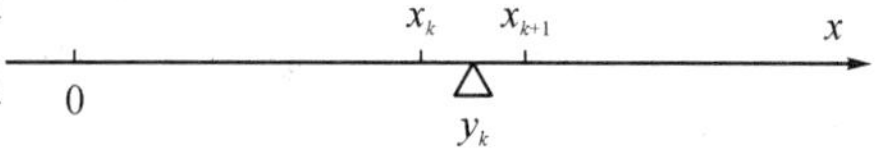

在实际工作中，最准确的是四舍五入法，也是通信中采用的方法。对整个量化区间，量化级的选取至关重要。一种选法为所有区间在 $(-V, V)$ 内均匀分段，称为均匀量化；若所有区间在 $(-V, V)$ 内不均匀

图 2-1-25 量化示意图

分段，称为非均匀量化。对于话音通信，一般采用先把整个正值范围划分成大小不等的 8 个大段，每段再均匀地划分成 16 个小段。每个小段作为一个量化级。故 $(-V, V)$ 之间划分成了大小不等的 256 个量化级。

输入和输出信号之间的差别，等效于在接收信号中加入了一个噪声，在通信传输中一样影响通信质量。因此量化误差对通信质量的影响称为量化噪声。常用量化噪声功率 N_q 来衡量。

3. 编码

模拟信号经抽样量化后，还需要进行编码处理，才能使离散的抽样值形成更适宜的二进制数字信号。编码形式有多种，例如，低速编码和高速编码；线性编码和非线性编码；逐次反馈型、级联型和混合型等。由于二元码除用电路容易实现外，还可以经受较高的噪声

电平的干扰并易于再生，因此在 PCM 中一般采用二元码。由于每一位二元码只能表示两个数值 0 和 1，所以一般用 n 个码元的不同组合来表示 $N = 2^n$ 个不同数值。例如，用 3 位二元码可有 000、001、010、011、100、101、110、111，共 $2^3 = 8$ 种组合，从而可表示 8 个不同的电平值。其中，每一种组合就叫做一个码字。令量化级数 5 为 N，则 n 即应为编码位数。显然，编码位数 n 越多，N 就越大，在相同的编码范围（$-V \sim V$）内，量化级间隔就越小，于是信噪比越大，通信质量越好。但是，编码位数的增加会受到两方面的制约：一是 n 越多，量化级间隔就越小，对编码电路精度的要求也越高；二是 n 越多，数码率就越高，占用的信道带宽就越高，这就降低了有效性。因此编码位数应根据通信质量要求适当选取。一般在点对点之间通信或短距离通信，采用 7 位码已基本能满足质量要求。而对于干线远程的全网通信，一般要经过多次转接，要有较高的质量要求，目前国际上多采用 8 位码。市内电话通信也是长途通信的一个组成部分，所以市内中继采用 PCM 设备也应选用 8 位码。把量化后的所有量化级，按其量化电平的大小次序排列起来，并列出各对应的码字，这种对应关系的整体就称为码型。PCM 系统中常用的码型有自然二进制码、折叠二进制码和循环码（又称为格雷码）。

2.2　数字基带传输系统

数字信号有两种传输方式：一种是基带传输方式；另一种是调制传输（或称为带通传输）。基带传输适合于近距离、有线信道中传输，如计算机局域网。数字带通传输频谱离开零点，适合于远距离、有线和无线信道传输。

研究数字基带传输系统是因为近程数据通信系统中广泛采用，基带传输方式也有迅速发展的趋势，同时基带传输中包含带通传输的许多基本问题。任何一个采用线性调制的带通传输系统，可以等效为一个基带传输系统来研究。数字基带信号可以来自计算机、电传机等终端数据的各种数字信号，也可以来自模拟信号经数字化处理后的脉冲编码（PCM）信号等。它是未经载波信号调制而直接传输的信号，其所占据的频谱从零频或较低频开始。

2.2.1　数字基带信号及其频谱特性

1. 数字基带信号的常用码型

数字基带信号是数字信息的波形表示形式，它可以用不同的电平或脉冲来表示相应的消息代码。数字基带信号（以下简称基带信号）的类型有很多。以矩形脉冲为例，介绍几种基本的基带信号波形。

1）单极性波形

我们平常所说的单极性波形是指单极性不归零波形，如图 2 - 2 - 1(a)所示。它用高电平代表二进制符号（数字信息）"1"；低电平代表"0"，在一个码元时隙 T 内电平维持不变。单极性波的优点是码型简单。缺点是有直流成分，因此不适用于有线信道，同时判决电平取接收到的高电平。

2）双极性波形

双极性不归零波形（双极性波形）如图 2 - 2 - 1(b)所示。它用正电平代表二进制符号"1"；负电平代表"0"，在整个码元时隙 T 内电平维持不变。双极性波的优点是当二进制符号序列中的"1"和"0"等概出现时，序列中无直流分量，同时判决电平为 0 电平，容易设置且稳定，抗噪声性能好，同时无接地问题。缺点是序列中不含位同步信息。

3）单极性归零波形（Return to Zero，RZ）

单极性归零波形如图 2-2-1(c)所示。它代表二进制符号"1"的高电平在整个码元时隙 T 持续一段时间后要回到 0 电平，如果高电平持续时间 τ 为码元时隙 T 的一半，则称之为 50％占空比的单极性波形。它的优点是单极性归零码中含有位同步信息，容易提取位同步信息。它的缺点是同单极性码。

4）双极性归零波形

双极性归零波形如图 2-2-1(d)所示。它代表二进制符号"1"和"0"的正、负电平在整个码元时隙 T 持续一段时间之后都要回到 0 电平，同单极性归零码一样，也可用占空比来表示。它的优缺点与双极性不归零波形相同，但应用时只要在接收端加一级整流电路就可将序列变换为单极性归零码，相当于包含了位同步信息。

5）差分波形（相对码波形）

在差分码中，二进制符号"1"和"0"分别对应着相邻码元电平符号的"变"与"不变"，如图 2-2-1(e)所示。对于差分码的码型，其高、低电平不再与二进制符号"1"和"0"直接对应，所以即使当接收端收到的码元极性与发送端完全相反时也能正确判决，应用很广。在数字调制中被用来解决相移键控中"1"和"0"极性倒 π 问题。

6）多电平波形

多电平波形的一个脉冲对应多个二进制码元，如图 2-2-1(f)所示。它的特点是提高了数据传输速率。

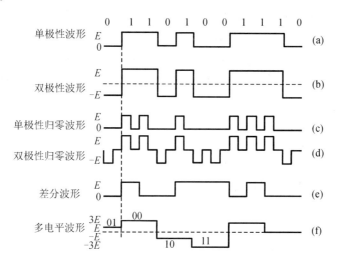

图 2-2-1　几种基本的基带信号波形

数字基带信号实际上是一个随机信号（即随机脉冲序列），记作 $s(t)$，表示码元的单个脉冲的波形并非一定是矩形，如图 2-2-2 所示。若表示各码元的波形相同而电平取值不同，则数字基带信号可表示为

$$s(t) = \sum_{n=-\infty}^{\infty} a_n g(t - nT_s) \tag{2-2-1}$$

式中，a_n 为第 n 个码元所对应的电平值；T_s 为码元持续时间；$g(t)$ 为某种脉冲波形。

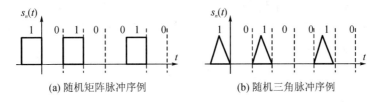

(a) 随机矩阵脉冲序例　　　　　　　　　(b) 随机三角脉冲序例

图 2 - 2 - 2　随机脉冲序列

在一般情况下，数字基带信号可表示为一随机脉冲序列，即

$$s(t) = \sum_{n=-\infty}^{\infty} s_n(t) \tag{2-2-2}$$

其中，$s_n(t)$ 可以有 n 种不同的脉冲波形。

2. 基带信号的频谱特性

在实际通信中，被传送的信息是收信者事先未知的，因此数字基带信号是随机的脉冲序列。由于随机信号不能用确定的时间函数表示，也就没有确定的频谱函数，因此只能从统计数学的角度，用功率谱来描述它的频域特性。

二进制随机脉冲序列的功率谱一般包含连续谱和离散谱两部分：① 连续谱总是存在，通过连续谱在频谱上的分布，可以看出信号功率在频率上的分布情况，从而确定传输数字信号的带宽。② 离散谱却不一定存在，它与脉冲波形及出现的概率有关。而离散谱的存在与否关系到能否从脉冲序列中直接提取位定时信号，因此，离散谱的存在非常重要。如果一个二进制随机脉冲序列的功率谱中没有离散谱，则要设法变换基带信号波形（码型）使功率谱中出现离散部分，以利于位定时信号的提取。可以任意假设二进制随机序列，"1" 码的基本波形为 $g_1(t)$，"0" 码的基本波形为 $g_2(t)$，宽度为 T_s。为了在作图上有区分，$g_1(t)$ 为三角形波，$g_2(t)$ 为半圆形波，如图 2 - 2 - 3 所示。但在实际中，$g_1(t)$、$g_2(t)$ 可以是任意形状的脉冲。

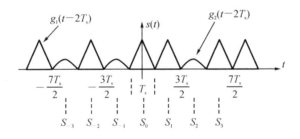

图 2 - 2 - 3　二进制随机脉冲序列示意图

信号序列可写为

$$s(t) = \sum_{n=-\infty}^{\infty} s_n(t) = \begin{cases} g_1(t-nT_s), & \text{概率为 } P \\ g_2(t-nT_s), & \text{概率为 } 1-P \end{cases} \tag{2-2-3}$$

式中，$g_1(t)$ 代表符号 "0" 以概率 P 出现；$g_2(t)$ 代表符号 "1" 以概率 $1-P$ 出现。$g_1(t)$、$g_2(t)$ 可为任意脉冲波形，互为统计独立。T_s 为码元宽度。

随机信号不可能画出确切波形，只能画出其中某一实现，分析方法不能像确知信号那样，由傅里叶变换来求频谱。对于随机信号，平均功率是有限可测的物理量，因此平均功率谱是描述随机信号频谱特征的基本量。数字基带信号的频谱特性可由功率谱密度来描述，功率谱的原始定义为

$$P_s(f) = \lim_{T \to \infty} \frac{E \mid S(f) \mid^2}{T} \qquad (2-2-4)$$

反映了某一频率下信号具有的统计平均值功率。

由此可证，数字基带信号 $s(t)$ 的功率谱密度（二进制随机脉冲序列的功率谱密度）为

$$P_s(f) = P_u(f) + P_v(f) = f_s P(1-P) \mid G_1(f) - G_2(f) \mid^2 +$$

$$\sum_{n=-\infty}^{\infty} \mid f_s P[G_1(mf_s) + (1-P)G_2(mf_s)] \mid^2 \delta(f - mf_s) \qquad (2-2-5)$$

式中

$$G_1(mf_s) = \int_{-\infty}^{\infty} g_1(t) e^{-j2\pi mf_s t} dt \qquad g_1(t) \Leftrightarrow G_1(mf_s)$$

$$G_2(mf_s) = \int_{-\infty}^{\infty} g_2(t) e^{-j2\pi mf_s t} dt \qquad g_2(t) \Leftrightarrow G_2(mf_s)$$

同理

$$G_1(f) = \int_{-\infty}^{\infty} g_1(t) e^{-j2\pi ft} dt \qquad g_1(t) \Leftrightarrow G_1(f)$$

$$G_2(f) = \int_{-\infty}^{\infty} g_2(t) e^{-j2\pi ft} dt \qquad g_2(t) \Leftrightarrow G_2(f)$$

其中，$f_s = 1/T_s$，为码元周期 T_s 的倒数；$P_u(f)$ 和 $P_v(f)$ 分别代表交变波 $u(t)$ 和稳态波 $v(t)$ 的功率谱，并且有 $s(t) = u(t) + v(t)$。数字基带信号 $s(t)$ 的单边功率谱密度可写为

$$P_s(f) = 2f_s P(1-P) \mid G_1(f) - G_2(f) \mid^2 + f_s^2 \mid PG_1(0) + (1-P)G_2(0) \mid^2 \delta(f) +$$

$$2f_s^2 \sum_{m=1}^{\infty} \mid PG_1(mf_s) + (1-P)G_2(mf_s) \mid^2 \delta(f - mf_s), f \geqslant 0 \qquad (2-2-6)$$

由式（2-2-6）可见，二进制随机脉冲序列的功率谱 $P_s(f)$ 可能包含连续谱（第一项）和离散谱（第二项）。连续谱总是存在的，这是因为代表数据信息的 $g_1(t)$ 和 $g_2(t)$ 波形不能完全相同，故有 $G_1(f) \neq G_2(f)$。谱的形状取决于 $g_1(t)$ 和 $g_2(t)$ 的频谱以及出现的概率 P。离散谱是否存在，取决于 $g_1(t)$ 和 $g_2(t)$ 的波形及其出现的概率 P。在一般情况下，它也总是存在的，但对于双极性信号 $g_1(t) = -g_2(t) = g(t)$，并且当概率 $P = 1/2$（等概）时，则没有离散分量 $\delta(f - mf_s)$。根据离散谱可以确定随机序列是否有直流分量和定时分量。

2.2.2　基带传输和常用码型

在实际基带传输系统中，并不是所有基带电波形都能在信道中传输。例如，含有丰富直流和低频成分的基带信号就不适宜在信道中传输，因为它有可能造成信号的畸变。对各种数字信息的要求，就是能够将原始信息码编制成适合于传输用的码型，即传输码。传输码的结构应具有以下主要特性：

（1）不含直流，并且直流分量尽可能少。

（2）含有丰富的定时信息，以利于提取定时信号。

（3）功率谱主瓣窄，以节省传输频带。

（4）不受信息源统计特性的影响，即能适应信息源的变化。

（5）具有内在的检错能力。

（6）编译码简单，以降低通信延时和成本。

满足以上特性的传输码种类很多，下面介绍常用的几种。

1. AMI 码（Alternate Mark Inversion Code，信号交替反转码）

AMI 码是一种将信息码 0（空号）和 1（传号）按一定规则编码的码。其编码规则是：$0 \rightarrow 0$，1 交替变换为 $+1$、-1，通常脉冲宽度为码元周期的一半，形成三元的双极性归零码，例如：

信息码：　1　　0　　0　　1　　1　　0　　0　　0　　1　　1　　1

AMI 码：$+1$　0　　0　-1　$+1$　0　　0　　0　-1　$+1$　-1

AMI 码基带信号正、负脉冲交替，"0"电位保持不变，因此没有直流成分，全波整流后即为单极性 RZ 码。对于 AMI 码，当原信号出现长串连"0"码时，信号的电平长时间不跳变，造成提取定时信号的困难。解决连"0"码问题的有效方法是采用 HDB 码。

2. HDB3 码（High Density Bipolar of Order 3 Code，三阶高密度双极性码）

HDB3 码是 AMI 码的一种改进型。它的改进目的是为了保持 AMI 码的优点而克服其缺点，使连"0"码的个数不超过 3 个。其编码规则是：

（1）检查信息码中"0"码的个数。当连"0"码的个数小于等于 3 个时，HDB3 码与 AMI 码一样，$+1$ 与 -1 交替。

（2）当连"0"码的个数超过 3 个时，将每 4 个连"0"码化作一小节，定义为 B00V，称为破坏节，其中，V 称为破坏脉冲，而 B 称为调节脉冲。

（3）V 与前一个相邻的非"0"脉冲的极性相同（这破坏了极性交替的规则，因此 V 称为破坏脉冲），并且要求相邻的 V 之间极性必须交替。V 的取值为 $+1$ 或 -1。

（4）B 的取值可选 0、$+1$ 或 -1，以使 V 同时满足规则（3）中的两个要求。

（5）V 后面的传号极性要交替。例如：

信息码：　　1000　　　0　　　1000　　　0　　1　　1000　　　　0　　000　　0　　1　　1

AMI 码：-1000　　　0　　$+1000$　　　0　-1　$+1000$　　　0　　000　　0　-1　$+1$

HDB3 码：-1000　$-V$　$+1000$　$+V$　-1　$+1-B00$　$-V$　$+B00$　$+V$　-1　$+1$

HDB3 码编码复杂，但译码简单。V 是表示破坏极性交替规律的传号，V 是破坏点，译码时，找到破坏点，断定 V 及前 3 个码必是连"0"码，从而恢复 4 个连"0"码，再将 -1 变成 $+1$，便可得到原始信息码。

HDB3 码除了保持 AMI 码的优点外，还增加了使长串连"0"码的个数减少到至多 3 个的优点，而不管信息源的统计特性如何。这对于定时信号的恢复是十分有利的。HDB3 码是目前使用最广泛的码型。HDB3 码和 AMI 码统称为 1B1T 码（B 表示二进制码元，T 表示三进制码元）。

3. 双相码(Biphase Code)

双相码(也称为曼彻斯特码,即 Manchester 码)是用一个周期 T_s 内的负、正对称方波表示"0",即用"01"表示"0";而其反相的正、负对称方波表示"1",即用"10"表示"1"。这种码是一种双极性的 NRZ 码,正、负电平各占一半,因而不存在直流分量。因为双相码在每个码元时间间隔的中心都存在电平跳变,所以有丰富的位定时信息。双相码适用于数据终端设备在短距离上的传输,在本地数据网中采用该码作为传输码,最高信息速率可达 10 Mb/s。这种码常被用于以太网中。例如:

消息码: 1 1 0 0 1 0 1
双相码: 10 10 01 01 10 01 10

4. 密勒码(Miller Code)

密勒码(也称为延迟调制码),其编码规则为"1"用码元中心点出现跃变来表示,即用"10"或"01"表示"1"。"0"码有两种情况:当有单个"0"码时,在码元持续时间内不出现电平跃变,并且与相邻码元的边界处也不跃变;当有连"0"码时,在两个"0"码的边界处出现电平跃变,即"00""11"交替。这样,当两个"1"之间有一个"0"时,则在第一个"1"的码元中心与第二个"1"的码元中心之间无电平跳变,此时密勒码中出现最大脉冲宽度,即两个码元周期 $2T_s$。由此可知,该码不会出现多于 4 个连"0"码的情况,这个性质可用于检错。

5. CMI 码(Coded Mark Inversion Code,传号反转码)

与数字双相码类似,传号反转码是一种二进制的双极性不归零码。在 CMI 码中,在每一个 T_s 内,"1"交替地用"00"和"11"两位码表示,而"0"则固定地用"01"表示。CMI 码没有直流分量,有频繁的波形跳变,这个特点便于恢复定时信号。而且"10"为禁用码组,不会出现 3 个以上的连"0"码,这个规律可用来进行宏观检测。

2.2.3　数字基带信号传输与码间串扰

1. 数字基带信号传输系统的组成

数字基带信号传输系统的基本结构如图 2-2-4 所示。图中,发送滤波器(信道信号形成器)用于对经过码型编码后的基带信号(传输码)压缩,产生适合信道传输的基带波形。信道是传输基带信号的媒质。信号在其中传输一般会产生失真。接收滤波器用于接收信道传来的信号,滤除信道噪声和干扰,使输出波形有利于抽样判决。抽样判决器用于对接收滤波器的输出波形进行抽样判决,以恢复或再生基带信号。同步提取是从接收信号中接收位同步信息。

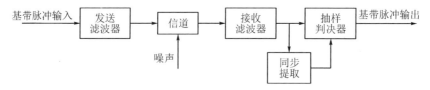

图 2-2-4　数字基带信号传输系统的基本结构

　　图 2-2-5 为基带系统的各点波形示意图。其再生基带信号与输入信号比较，时间上有延迟。第七个码发生了误码。误码是由接收端抽样的错误判决造成的，主要原因是码间串扰和信道的加性噪声。码间串扰是指码之间相互干扰，系统传输总特性不理想，导致前后码元的波形畸变并使前面波形出现很长的拖尾，从而对当前码元的判决造成干扰，其示意图如图 2-2-6 所示。为使基带系统正确传输，必须研究减少码间串扰和加性噪声干扰影响的基带系统。

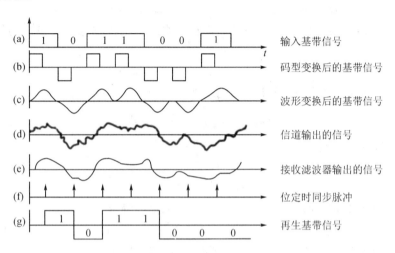

图 2-2-5　基带系统的各点波形示意图

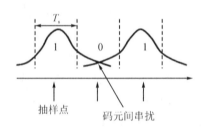

图 2-2-6　码间串扰示意图

2. 数字基带信号传输的定量分析

　　图 2-2-7 为基带信号的传输系统模型。设发送数字基带为

$$d(t) = \sum_{n=-\infty}^{\infty} a_n \delta(t - nT_s) \qquad (2-2-7)$$

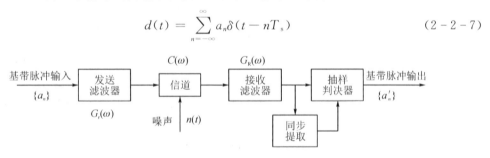

图 2-2-7　基带信号的传输系统模型

式中，a_n 为发送滤波器的输入符号序列，其为随机变量，在二进制的情况下取值为 0、1，或者 -1、$+1$；$d(t)$ 是由时间间隔为 T_s 单位冲激函数 $\delta(t)$ 构成的序列，其中，$\delta(t)$ 的强度则由 a_n 决定。当 $d(t)$ 激励发送滤波器（即信道信号形成器）时，发送滤波器产生的输出信号为

$$s(t) = d(t) * g_T(t) = \sum_{n=-\infty}^{\infty} a_n g_T(t - nT_s) \tag{2-2-8}$$

式中，g_T 为单个 $\delta(t)$ 作用下形成的发送基本波形，即发送滤波器的冲激响应。设 $G_T(\omega)$ 为发送滤波器的传递函数，则 $g_T(t) \Leftrightarrow G_T(\omega)$。发送滤波器至接收滤波器输出的传递特性（总的传输特性）为

$$H(\omega) = G_T(\omega) C(\omega) G_R(\omega) \tag{2-2-9}$$

其中，单个冲激函数 $\delta(t)$ 作用于 $H(\omega)$ 的系统响应为

$$h(t) = \frac{1}{2P} \int_{-\infty}^{\infty} H(\omega) e^{j\omega t} d\omega \tag{2-2-10}$$

因此，接收滤波器的输出信号为

$$r(t) = \sum_{-\infty}^{\infty} a_n h(t - nT_s) + n_R(t) \tag{2-2-11}$$

式中，$n_R(t)$ 为是加性噪声 $n(t)$ 经过接收滤波器后输出的噪声。

$r(t)$ 被送入识别电路后，在每个码元出现最大值时，即在 $(kT_s + t_0)$ 时，对信号 $r(t)$ 采样并判决。t_0 代表发送至接收（经信道）的延时。在 $(kT_s + t_0)$ 时，$r(t)$ 的值为

$$r(kT_s + t_0) = \sum_{n=-\infty}^{\infty} a_n h(kT_s + t_0 - nT_s) + n_R(kT_s + t_0)$$

$$= a_k h(t_0) + \sum_{n=k}^{\infty} a_n h[(k-n)T_s + t_0] + n_R(kT_s + t_0) \tag{2-2-12}$$

式中，第一项 $a_k h(t_0)$ 是第 k 个接收码元波形的抽样值，它是确定 a_k 的依据；第二项（Σ 项）是除第 k 个码元以外的其他码元波形在第 k 个抽样时刻上的总和（代数和），它对当前码元 a_k 的判决起着干扰的作用，所以称之为码间串扰值。

2.2.4　无码间串扰的基带传输特性

1. 消除码间串扰的基本思想

由式（2-2-12）可知，若想消除码间串扰，应使

$$\sum_{n=k} a_n h[(k-n)T_s + t_0] = 0 \tag{2-2-13}$$

由于 a_n 是随机变量，要想通过各项互相抵消使串扰为 0 是不行的。对码间串扰的各项影响来说，前一个码元影响最大。因此让前一个码元波形在到达任一个码元采样判决时刻已衰减到 0，如图 2-2-8(a) 所示。但这种波形不易实现，合理的是采用另一种波形。虽然码元波形在到达 $t_0 + T_s$ 以前没有衰减到 0，但它在 $t_0 + T_s$ 和 $t_0 + 2T_s$ 等码元采样判决时刻正好为 0，如图 2-2-8(b) 所示。又考虑到在实际中，定时采样判决时刻不一定非常准确，如果拖尾太长，定时不准，后面一个码元都要受到前面几个码元的串扰，因此要求拖尾不能太长。这就是消除码间串扰的基本思想。

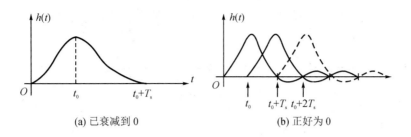

(a) 已衰减到 0　　　　　　　　　(b) 正好为 0

图 2 - 2 - 8　消除码间串扰的基本思想

2. 无码间串扰的条件

如上所述，只要基带传输系统的冲激响应波形 $h(t)$ 仅在本码元的抽样时刻上有最大值，并在其他码元的抽样时刻上均为 0，则可消除码间串扰。也就是说，若对 $h(t)$ 在时刻 $t = kT_s$（这里假设信道和接收滤波器所造成的延时 $t_0 = 0$）抽样，则应有下式成立，即

$$h(kT_s) = \begin{cases} 1, & k = 0 \\ 0, & k \text{ 为其他整数} \end{cases} \tag{2-2-14}$$

式（2-2-14）称为无码间串扰的时域条件。也就是说，若 $h(t)$ 的抽样值除了在 $t = 0$ 时不为 0 外，在其他所有抽样点上均为 0，就不存在码间串扰。

无码间串扰的基带传输总特性 $H(\omega)$ 与系统响应 $h(kT_s)$ 构成傅里叶积分关系，即

$$H(\omega) \Leftrightarrow h(kT_s) = \begin{cases} 1, & k = 0 \\ 0, & k \text{ 为其他整数} \end{cases} \tag{2-2-15}$$

$$h(t) = \frac{1}{2\pi} \int_{-\infty}^{\infty} H(\omega) \mathrm{e}^{\mathrm{j}\omega t} \,\mathrm{d}\omega \tag{2-2-16}$$

能满足无码间串扰的传递函数 $H(\omega)$ 不止一个，例如：

（1）门传递函数的冲激响应：$h(t) = \mathrm{Sa}\left(\dfrac{\pi}{T_s} t\right)$，如图 2-2-9（a）所示。

（2）三角传递函数的冲激响应：$h(t) = \mathrm{Sa}^2\left(\dfrac{\pi}{T_s} t\right)$，如图 2-2-9（b）所示。

（3）宽门传递函数的冲激响应：$h(t) = \mathrm{Sa}\left(\dfrac{m\pi}{T_s} t\right)$，如图 2-2-9（c）所示。

1928 年奈奎斯特提出了一个等效的传递函数，只要满足：

$$H_{\mathrm{eq}}(\omega) = \sum_{i=-\infty}^{\infty} H\left(\omega + \frac{2\pi i}{T_s}\right) = \begin{cases} T_s, & |\omega| \leqslant \dfrac{\pi}{T_s} \\ 0, & |\omega| > \dfrac{\pi}{T_s} \end{cases} \tag{2-2-17}$$

这样的基带系统就能做到无码间串扰，也称为奈奎斯特第一准则。

奈奎斯特第一准则的物理意义：将 $H(\omega)$ 在 ω 轴上以 $2\pi/T_s$ 为时间间隔切开，然后分段沿 ω 轴平移到 $\left(\dfrac{-\pi}{T_s}, \dfrac{\pi}{T_s}\right)$ 区间内，其结果应为一个常数（移动幅度为 $2\pi/T_s$）。即一个实际的 $H(\omega)$ 特性若能等效成一个理想（矩形）低通滤波器，则可实现无码间串扰。

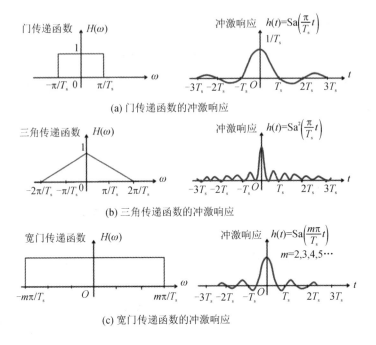

图 2-2-9　能满足无码间串扰的传递函数

3. 无码间串扰的传输特性的设计

满足奈奎斯特第一准则并不是唯一的要求。如何设计或选择满足此准则的 $H(\omega)$ 是我们接下来要讨论的问题。

1）理想低通特性

满足奈奎斯特第一准则的 $H(\omega)$ 有很多种，容易想到的一种极限情况，就是 $H(\omega)$ 为理想低通型，即

$$H(\omega) = \begin{cases} T_s, & |\omega| \leqslant \dfrac{\pi}{T_s} \\ 0, & |\omega| > \dfrac{\pi}{T_s} \end{cases} \qquad (2-2-18)$$

门传递函数如图 2-2-10(a) 所示。它的冲激响应为

$$h(t) = \frac{\sin \dfrac{\pi}{T_s} t}{\dfrac{\pi}{T_s} t} = \mathrm{Sa}\left(\frac{\pi t}{T_s}\right) \qquad (2-2-19)$$

由图 2-2-10(b)可知，$h(t)$ 在 $t = \pm kT_s(k \neq 0)$ 时有周期性零点，当发送序列的时间间隔为 T_s 时，正好巧妙地利用了这些零点。只要接收端在 $t = kT_s$ 的时间点上抽样，就能实现无码间串扰。由此可知，当无串扰传输码元周期为 T_s 的序列时，所需的最小传输带宽为

$$B = \frac{\dfrac{\pi}{T_s}}{2\pi} = \frac{1}{2T_s}$$

这是在抽样值无串扰条件下，基带系统传输所能达到的极限（极小）情况。极限带宽 $1/(2T_s)$

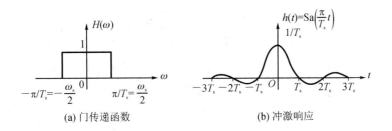

(a) 门传递函数   (b) 冲激响应

图 2-2-10 理想低通传输系统特性

称为奈奎斯特带宽，记为 f_N，即 $f_N = 1/(2T_s)$。数据的最高码元传输速率 $R_B = 1/T_s$，当大于这个速率传输时，会存在码间串扰，这个速率称为奈奎斯特速率，等于 $2f_N$。定义单位频带内的信息传输速率为频带利用率，即

$$\eta = \frac{R_B}{B}$$

则基带系统所能提供的最高频带利用率为

$$\eta = \frac{R_B}{B} = 2 \ (\text{B/Hz})$$

但是，这种特性在物理上是无法实现的，并且 $h(t)$ 的振荡衰减慢，使之对定时精度要求很高。故不能实用。

2）余弦滚降特性

理想低通传输特性在物理上不易实现陡峭的边缘特性。即使能够实现，由于冲激响应 $h(t)$ 的拖尾长，在得不到定时严格的抽样脉冲时，码间干扰可能仍大。为了解决理想低通特性存在的问题，可以使理想低通滤波器特性的边沿缓慢下降，这种现象称为"滚降"。一种常用的滚降特性是奇对称的余弦滚降特性，如图 2-2-11 所示。只要 $H(\omega)$ 在滚降段中心频率处（与奈奎斯特带宽相对应）呈奇对称的振幅特性，就必然可以满足奈奎斯特第一准则，从而实现无码间串扰传输。

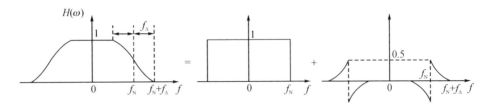

图 2-2-11 奇对称的余弦滚降特性

余弦滚降特性是指传输函数 $H(\omega)$ 用下式表示，即

$$H(\omega) = \begin{cases} T_s & 0 \leqslant |\omega| \leqslant \dfrac{(1-\alpha)\pi}{T_s} \\ \dfrac{T_s}{2}\left[1 + \sin\dfrac{T_s}{2a}\left(\dfrac{\pi}{T_s} - \omega\right)\right] & \dfrac{(1-\alpha)\pi}{T_s} \leqslant |\omega| \leqslant \dfrac{(1+\alpha)\pi}{T_s} \\ 0 & |\omega| \geqslant \dfrac{(1+\alpha)\pi}{T_s} \end{cases} \qquad (2-2-20)$$

相应的 $h(t)$ 为

$$h(t) = \frac{\sin \pi t/T_s}{\pi t/T_s} \cdot \frac{\cos \alpha \pi t/T_s}{1 - 4\alpha^2 t^2/T_s^2} \qquad (2-2-21)$$

式(2-2-20)中，$H(\omega)$ 是以 $f_N = 1/(2T_s)(\omega = \pi/T_s)$ 为中心，具有奇对称振幅特性，振幅以余弦形式滚降；α 为滚降系数，$\alpha = f_\Delta/f_N$，$0 \leqslant \alpha \leqslant 1$。

对于余弦滚降特性，当 $\alpha = 0$、$\alpha = 0.5$、$\alpha = 1$ 时，其传递函数和冲激响应如图 2-2-12 所示。图中给出的是归一化图形。

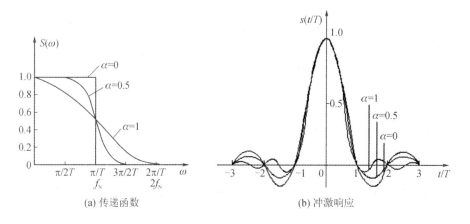

图 2-2-12　余弦滚降特性示例

当 $\alpha = 0$ 时，为理想低通基带系统，随着 α 的增加，两个零点之间的波形振幅变小，但所占频带增加；当 $\alpha = 1$ 时，所占频带的带宽最宽($\omega = 2\pi/T_s$)，是理想系统带宽的两倍，因而频带利用率为 1B/Hz。当 $0 < \alpha < 1$ 时，带宽 $B = f_\Delta + f_N = (1 + \alpha)/2T_s$，频带利用率为

$$\eta = \frac{2}{1 + \alpha} \quad (\text{B/Hz})$$

当 $\alpha = 1$ 时，余弦滚降传输函数为

$$H(\omega) = \begin{cases} \dfrac{T_s}{2}\left(1 + \cos \dfrac{\omega T_s}{2}\right), & |\omega| \leqslant \dfrac{2\pi}{T_s} \\ 0, & |\omega| > \dfrac{2\pi}{T_s} \end{cases}$$

其单位冲激响应为

$$h(t) = \frac{\sin \pi t/T_s}{\pi t/T_s} \cdot \frac{\cos \pi t/T_s}{1 - 4t^2/T_s^2}$$

由于抽样的时刻不可能完全没有时间上的误差，为了减小抽样定时脉冲误差所带来的影响，滚降系数 α 不能太小，通常选择 $\alpha \geqslant 0.2$。

2.2.5　基带传输系统的抗噪声性能

本小节将研究在无码间串扰条件下，由信道噪声引起的误码率。误码是由码间串扰和噪声两方面引起的，同时考虑两方面将使计算非常复杂，为简化起见，通常是在无码间串扰下计算由噪声引起的误码，并且噪声也仅考虑是加性高斯白噪声(经过接收滤波器以后为窄带高斯噪声）。在接收端可能出现两种类型的错误：

(1) 发送"1"码，接收"0"码，发"1"码错判为"0"码，概率记为 $P(0/1)$。

(2) 发送"0"码，接收"1"码，发"0"码错判为"1"码，概率记为 $P(1/0)$。

为计算总的误码率，必须计算出上述两种误码率，误码率的公式为

$$P_e = \frac{\text{错误接收的码元数}}{\text{传输总码元数}}$$

设信道等效加性噪声为高斯白噪声 $n(t)$，其均值为 0，双边功率谱密度为 $n_0/2$。则加到识别电路即接收滤波器上的输入信号噪声 $n_R(t)$ 的均值也为 0，方差为 σ_n。

1. 二进制双极性基带系统

对于二进制双极性信号，假设其在抽样时刻的电平取值为 $+A$ 或 $-A$（分别对应"1"码或"0"码），则在一个码元持续时间内，抽样判决器输入端的（信号和噪声）波形 $x(t)$ 在抽样时刻的取值为

$$x(kT_s) = \begin{cases} A + n_R(kT_s), & \text{发送"1"码时} \\ -A + n_R(kT_s), & \text{发送"0"码时} \end{cases} \tag{2-2-22}$$

根据式 $f(V) = \dfrac{1}{\sqrt{2\pi}\sigma_n} e^{-V^2/2\sigma_n^2}$，当发送"1"码时，$A + n_R(kT_s)$ 的一维概率密度函数为

$$f_1(x) = \frac{1}{\sqrt{2\pi}\sigma_n} \exp\left(-\frac{(x-A)^2}{2\sigma_n^2}\right) \tag{2-2-23}$$

当发送"0"时，$-A + n_R(kT_s)$ 的一维概率密度函数为

$$f_0(x) = \frac{1}{\sqrt{2\pi}\sigma_n} \exp\left(-\frac{(x+A)^2}{2\sigma_n^2}\right) \tag{2-2-24}$$

式(2-2-23)和式(2-2-24)的曲线（即 x 的概率密度曲线）如图 2-2-13 所示。

在 $-A$ 到 $+A$ 之间选择一个适当的电平 V_d 作为判决门限，根据判决准则，将会出现以下几种情况：

对"1"码 $\begin{cases} \text{当 } x > V_d，\text{判为"1"码（正确）} \\ \text{当 } x < V_d，\text{判为"0"码（错误）} \end{cases}$

对"0"码 $\begin{cases} \text{当 } x < V_d，\text{判为"0"码（正确）} \\ \text{当 } x > V_d，\text{判为"1"码（错误）} \end{cases}$

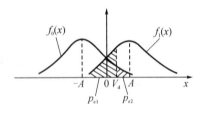

图 2-2-13　x 的概率密度曲线

由此可见，有两种差错形式，发送的"1"码被判为"0"码；发送的"0"码被判为"1"码。下面分别计算这两种差错概率。

发"1"码错判为"0"码的概率 $P(0/1)$ 为

$$P(0/1) = P(x < V_d) \int_{-\infty}^{V_d} f_1(x)\,dx$$

$$= \int_{-\infty}^{V_d} \frac{1}{\sqrt{2\pi}\sigma_n} \exp\left(-\frac{(x-A)^2}{2\sigma_n^2}\right) dx$$

$$= \frac{1}{2} + \frac{1}{2}\operatorname{erf}\left(-\frac{V_d - A}{2\sigma_n}\right) \tag{2-2-25}$$

发"0"码错判为"1"码的概率 $P(1/0)$ 为

$$P(1/0) = P(x > V_d) = \int_{V_d}^{\infty} f_0(x)\mathrm{d}x = \int_{V_d}^{\infty} \frac{1}{\sqrt{2\pi}\sigma_n} \exp\left(-\frac{(x+A)^2}{2\sigma_n^2}\right)\mathrm{d}x$$

$$= \frac{1}{2} - \frac{1}{2}\mathrm{erf}\left(-\frac{V_d + A}{\sqrt{2}\sigma_n}\right) \tag{2-2-26}$$

它们分别如图 $2-2-13$ 中的阴影部分所示。

假设信源发送"1"码的概率为 $P(1)$，发送"0"码的概率为 $P(0)$，则二进制基带传输系统的总误码率为

$$P_e = P(1)P(0/1) + P(0)P(1/0) \tag{2-2-27}$$

将上面求出的式 $(2-2-25)$ 和式 $(2-2-26)$ 代入式 $(2-2-27)$ 可以看出，误码率与发送概率 $P(1)$、$P(0)$，信号的峰值 A，噪声功率 σ_n^2 以及判决门限电平 V_d 有关。因此，在 $P(1)$、$P(0)$ 给定时，误码率最终由 A、σ_n^2 和 V_d 决定。在 A 和 σ_n^2 一定的条件下，可以找到一个使误码率最小的判决门限电平，称为最佳判决门限电平。若令 $\frac{\partial P_e}{\partial V_d} = 0$，则可求得最佳判决门限电平为

$$V_d^* = \frac{\sigma_n^2}{2A}\ln\frac{P(0)}{P(1)} \tag{2-2-28}$$

若 $P(1) = P(0) = \frac{1}{2}$，则有

$$V_d^* = 0 \tag{2-2-29}$$

这时，基带传输系统总误码率为

$$P_e = \frac{1}{2}[P(0/1) + P(1/0)]$$

$$= \frac{1}{2}\left[1 - \mathrm{erf}\left(\frac{A}{\sqrt{2}\sigma_n}\right)\right] = \frac{1}{2}\mathrm{erfc}\left(\frac{A}{\sqrt{2}\sigma_n}\right) \tag{2-2-30}$$

由式 $(2-2-30)$ 可见，在发送概率相等且在最佳判决门限电平下，双极性基带系统的总误码率仅依赖于信号峰值 A 与噪声均方根值 σ_n 的比值，而与采用什么样的信号形式无关，并且比值 A/σ_n 越大，P_e 就越小。

2. 二进制单极性基带系统

对于单极性信号，若设它在抽样时刻的电平取值为 A 或 0（分别对应"1"码或"0"码），则只需将图 $2-2-13$ 中 $f_0(x)$ 曲线的分布中心由 $-A$ 移到 0 即可。这时式 $(2-2-28)$、式 $(2-2-29)$ 和式 $(2-2-30)$ 分别变为

$$V_d^* = \frac{A}{2} + \frac{\sigma_n^2}{A}\ln\frac{P(0)}{P(1)} \tag{2-2-31}$$

当 $P(1) = P(0) = 1/2$ 时，有

$$V_d^* = A/2 \tag{2-2-32}$$

$$P_e = \frac{1}{2}\mathrm{erfc}\left(\frac{A}{2\sqrt{2}\sigma_n}\right) \tag{2-2-33}$$

比较双极性和单极性基带系统的误码率可见，当比值 A/σ_n 一定时，双极性基带系统的误码率比单极性的低，抗噪声性能好。此外，在等概率的条件下，双极性的最佳判决门限电

平为 0，与信号幅度无关，因而不随信道特性变化而变，故能保持最佳状态。而单极性的最佳判决门限电平为 $A/2$，它易受信道特性变化的影响，从而导致误码率增大。因此，双极性基带系统比单极性基带系统应用更为广泛。

2.3　数字带通传输

在实际通信中，因基带信号中含有丰富的低频分量而不能在信道中直接传送，必须用基带信号对载波波形的某些参量进行控制，使载波的这些参量随基带信号的变化而变化，形成带通信号，这一过程称为数字调制或二进制数字调制。

数字调制是用载波信号的某些离散状态来表征所传送的信息，在接收端对载波信号的离散调制参量进行检测，还原成原来的数字基带信号，这一过程称为数字解调。数字调制信号也称为键控信号。数字带通传输系统（即数字调制系统）包含了载波调制与解调过程，其基本结构如图 2-3-1 所示。

图 2-3-1　数字调制系统的基本结构

在带通型信道中传输数字信号的优势是带通型信道比低通型信道带宽大得多，可以利用频分复用技术传输多路信号。另外，若要利用无线电信道，必须把低频信号转换成高频信号。

数字调制技术有两种方法，分别是利用模拟调制的方法去实现数字式调制和通过开关键控载波，通常称为键控法或通-断键控（OOK）法。所谓"键控"，是指一种如同"开关"控制的调制方式。例如，对于二进制数字信号，由于调制信号只有两个状态，调制后的载波参量也只能具有两个取值，其调制过程就像用调制信号去控制一个开关，从两个具有不同参量的载波中选择相应的载波输出，从而形成已调信号。基本键控方式有振幅键控（ASK）、频移键控（FSK）和相移键控（PSK）。图 2-3-2 给出了相应信号波形的示例。

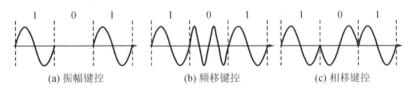

图 2-3-2　正弦载波的三种键控波形

2.3.1　二进制数字调制原理

1. 二进制振幅键控（2ASK）

1）基本原理

振幅键控是利用载波的幅度变化来传送数字信息，而其频率和初始相位保持不变。在 2ASK 中，载波幅度随着调制信号的取值"1"和"0"而在两个状态之间变化。二进制振幅键

控中最简单的形式称为通-断键控（OOK），即载波在调制信号的控制下来实现通或断。2ASK 信号的一般表达式为

$$e_{2ASK}(t) = s(t)\cos\omega_c t \tag{2-3-1}$$

其中基带信号为

$$s(t) = \sum_{n=-\infty}^{\infty} a_n g(t - nT_s) \tag{2-3-2}$$

式中，T_s 为码元持续时间；$g(t)$ 为持续时间为 T_s 的基带脉冲波形，通常假设是高度为 1，宽度等于 T_s 的矩形脉冲；a_n 为第 N 个符号的电平取值，若取

$$a_n = \begin{cases} 1, & \text{概率为 } P \\ 0, & \text{概率为 } 1-P \end{cases} \tag{2-3-3}$$

则相应的 2ASK 信号就是 OOK 信号。二进制振幅键控信号的时域波形如图 2-3-3 所示。

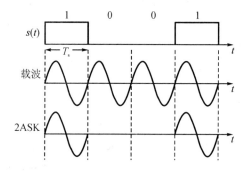

图 2-3-3　2ASK 信号的时域波形

　　由于二进制振幅键控信号是随机的功率型的信号，故在研究频谱特性时，应该讨论功率谱密度。由式(2-3-1)可得，2ASK 信号可以表示为

$$e_{2ASK}(t) = s(t)\cos\omega_c t \tag{2-3-4}$$

式中，$s(t)$ 是二进制单极性随机矩形脉冲序列，周期为 T_s。

　　设 $g(t) \Leftrightarrow G(\omega)$，$s(t) \Leftrightarrow S(\omega)$，$e_{2ASK}(t) \Leftrightarrow E_{2ASK}(\omega)$，则单个基带信号码元 $g(t)$ 的频谱为

$$G(\omega) = T_s \mathrm{Sa}\left(\frac{\omega T_s}{2}\right) \cdot \mathrm{e}^{-\mathrm{j}\omega T_s} \tag{2-3-5}$$

或

$$G(f) = T_s \mathrm{Sa}(\pi f T_s) \cdot \mathrm{e}^{-\mathrm{j}\pi f T_s} \tag{2-3-6}$$

因此

$$E_{2ASK}(\omega) = \frac{1}{2}[S(\omega+\omega_c) + S(\omega-\omega_c)] \tag{2-3-7}$$

　　假如 $S(\omega+\omega_c)$ 和 $S(\omega-\omega_c)$ 在频率轴上互不重合，则 $E_{2ASK}(t)$ 的功率谱密度为

$$P_{2ASK}(\omega) = \frac{1}{4}[P_s(\omega+\omega_c) + P_s(\omega-\omega_c)] \tag{2-3-8}$$

或

$$P_{2ASK}(f) = \frac{1}{4}[P_s(f+f_c) + P_s(f-f_c)] \tag{2-3-9}$$

因为单极性随机脉冲序列功率谱的一般表达式为

$$P_s(f) = f_s p(1-p) \mid G(f) \mid^2 + f_s^2 (1-p)^2 \sum_{m=-\infty}^{\infty} \mid G(mf_s) \mid^2 \cdot \delta(f - mf_s)$$

$$(2-3-10)$$

式中，$g(t) \Leftrightarrow G(\omega)$，为单个基带信号码元 $g(t)$ 的傅里叶变换。

对于全占空矩形脉冲序列，根据矩形波形 $g(t)$ 的频谱特性，对于 $m \neq 0$ 的整数有 $G(mf_s) = T_s \text{Sa}(n\pi) = 0$，则式(2-3-10)可化简为

$$P_s(f) = f_s p(1-p) \cdot \mid G(f) \mid^2 + f_s^2 (1-p)^2 \mid G(0) \mid^2 \cdot \delta(f) \qquad (2-3-11)$$

代入式(2-3-9)，可得

$$P_{2\text{ASK}}(f) = \frac{1}{4} f_s p(1-p) \left[\mid G(f+f_c) \mid^2 + \mid G(f-f_c) \mid^2 \right] +$$

$$\frac{1}{4} f_s^2 (1-p)^2 \mid G(0) \mid^2 \left[\delta(f+f_c) + \delta(f-f_c) \right] \qquad (2-3-12)$$

当概率 $P = \frac{1}{2}$，并考虑 $G(f) = T_s \text{Sa}(\pi f T_s)$，$G(0) = T_s$ 时，可得 2ASK 信号的功率谱密度为

$$P_{2\text{ASK}}(f) = \frac{1}{16} f_s \left[\mid G(f+f_c) \mid^2 + \mid G(f-f_c) \mid^2 \right] +$$

$$\frac{1}{16} f_s^2 \mid G(0) \mid^2 \left[\delta(f+f_c) + \delta(f-f_c) \right] \qquad (2-3-13)$$

将 $G(f) = T_s \text{Sa}(\pi f T_s) \cdot \text{e}^{-\text{j}\pi f T_s}$ 代入式(2-3-13)可得

$$P_{2\text{ASK}}(f) = \frac{T_s}{16} \left\{ \mid \text{Sa}[\pi(f+f_c)T_s] \mid^2 + \mid \text{Sa}[\pi(f-f_c)T_s] \mid^2 \right\} +$$

$$\frac{1}{16} \left[\delta(f+f_c) + \delta(f-f_c) \right] \qquad (2-3-14)$$

令 $\pi(f-f_c)T_s = \pi$，可得 $f = f_c + f_s$；令 $\pi(f-f_c)T_s = -\pi$，可得 $f = f_c - f_s$。其功率密度示意图如图 2-3-4 所示。

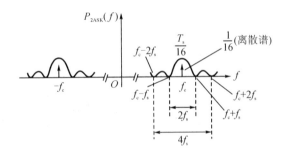

图 2-3-4　2ASK 信号的功率密度示意图

2ASK 信号的功率谱由连续谱和离散谱两部分组成，连续谱取决于 $s(t)$ 经线性调制后的双边带谱，离散谱由载波分量决定。

振幅键控信号的功率谱是基带信号功率谱的线性搬移，即

$$P_{2ASK}(f) = \frac{1}{4}\big[P_s(f+f_c) + P_s(f-f_c)\big]$$

由于基带信号是矩形波，其频谱宽度从理论上来说为无穷大。但是以载波 ω_c 为中心频率，在功率谱密度的第一对过零点之间集中了信号的主要功率。通常取第一对过零点的带宽作为传输带宽，称为谱零点带宽。即若只计基带脉冲频谱的主瓣，则其带宽为

$$B_{2ASK} = 2B_s = 2f_s \qquad\qquad (2-3-15)$$

式中，$f_s = 1/T_s$。由此可见，2ASK 信号的传输带宽是码元速率的两倍。

2）2ASK 信号的调制

2ASK 信号的产生方法（调制方法）有两种：模拟调制法（乘积法）和通-断键控法。图 2-3-5(a)是一般的模拟幅度调制方法，用乘法器实现；图 2-3-5(b)是一种数字键控方法，这里的开关电路受 $s(t)$ 控制。

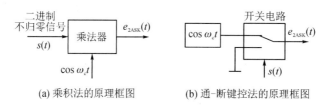

(a) 乘积法的原理框图   (b) 通-断键控法的原理框图

图 2-3-5   2ASK 信号的调制原理框图

3）2ASK 信号的解调

2ASK 信号是一种 100% 的 AM 调制信号，与 AM 信号的解调方法一样，2ASK 信号也有两种基本的解调方式：非相干解调（包络检波法）和相干解调（同步检波法）。其相应的接收系统的组成框图如图 2-3-6 所示。与模拟信号的接收系统相比，这里增加了一个"抽样判决器"，这对于提高数字信号的接收性能是必要的。图 2-3-7 是 2ASK 信号的非相干解调过程的波形图。

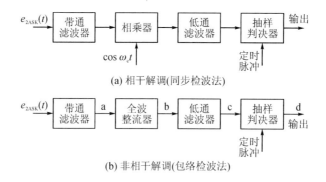

(a) 相干解调(同步检波法)

(b) 非相干解调(包络检波法)

图 2-3-6   2ASK 信号的接收系统的组成框图

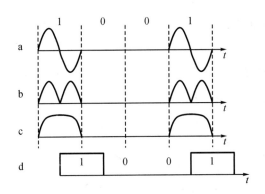

图 2 - 3 - 7　2ASK 信号的非相干解调过程的波形图

2. 二进制频移键控(2FSK)

1) 基本原理

数字频率调制又称为频移键控(FSK)，二进制频移键控记作 2FSK。数字频移键控是用载波的频率来传送数字信息，即用所传送的数字消息控制载波的频率。二进制频移键控通过完全不一样的两个频率 f_1、f_2 产生的振荡源来体现信号"1"和"0"，然后用其去控制两个独立的振荡源的交替输出，其时域波形如图 2 - 3 - 8 所示。

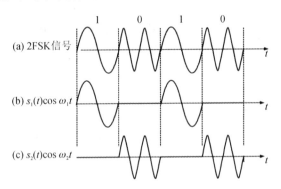

图 2 - 3 - 8　2FSK 信号的时域波形

2FSK 信号在形式上如同两个不同频率交替发送的 2ASK 信号相叠加，因此已调信号的时域表达式为

$$s_{2\text{FSK}}(t) = \left[\sum_n a_n g(t - nT_s)\right]\cos\omega_1 t + \left[\sum_n \overline{a_n} g(t - nT_s)\right]\cos\omega_2 t$$

$$= s_1(t)\cos\omega_1 t + s_2(t)\cos\omega_2 t \qquad (2 - 3 - 16)$$

式中，$g(t)$ 是单个矩形脉冲；T_s 是脉冲持续时间；$s(t) = \sum_n a_n g(t - nT_s)$、$\overline{s(t)} = \sum_n \overline{a_n} g(t - nT_s)$；$\overline{a_n}$ 是 a_n 的反码，$a_n = \begin{cases} 1, & \text{概率为 } P \\ 0, & \text{概率为 } 1-P \end{cases}$，$\overline{a_n} = \begin{cases} 1, & \text{概率为 } 1-P \\ 0, & \text{概率为 } P \end{cases}$。

设两个载频的中心频率为 f_0，频差为 Δf，则 $f_0 = \dfrac{f_1 + f_2}{2}$，$\Delta f = f_2 - f_1$，2FSK 信号的单边功率谱密度在概率 $P = 1/2$ 时为

$$P_{2FSK}(f) = \frac{T_s}{8}\{Sa^2[\pi(f-f_1)T_s] + Sa^2[\pi(f-f_2)T_s]\} + \frac{1}{8}[\delta(f-f_1) + \delta(f-f_2)]$$

$$(2-3-17)$$

令 $\pi(f-f_1)T_s = \pm\pi$，得 $f = f_1 \pm f_s$；令 $\pi(f-f_2)T_s = \pm\pi$，得 $f = f_2 \pm f_s$。在 $f_2 > f_1$ 的条件下，得到图 $2-3-9$ 中两端的位置：$f = f_1 - f_s$ 和 $f = f_2 + f_s$。

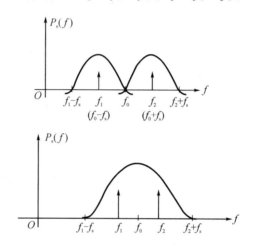

图 $2-3-9$ 2FSK 信号的单边功率谱

载波频率间隔 $\Delta f = f_2 - f_1 < f_s$ 时，功率谱出现单峰，图中 $\Delta f = 0.8 f_s$。2FSK 带宽是以功率谱第一个零点之间的频率间隔计算的，即

$$B_{2FSK} = (f_2 + f_s) - (f_1 - f_s) = |f_2 - f_1| + 2f_s \qquad (2-3-18)$$

2）2FSK 信号的调制

2FSK 信号的产生方法主要有两种：一种可以用模拟调频电路（调频法）来实现；另一种可以用键控法来实现，在二进制基带矩形脉冲序列的控制下，通过开关电路对两个不同的独立频率源进行选通，使其在每一个码元时间间隔 T_s 输出 f_1 或 f_2 两个载波之一，如图 $2-3-10$ 所示。由调频法产生的 2FSK 信号在相邻码元之间的相位是连续变化的；而键控法产生的 2FSK 信号，是由电子开关在两个独立的频率源之间转换形成的，故相邻码元之间的相位不一定连续。

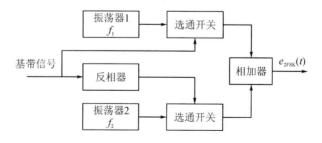

图 $2-3-10$ 用键控法产生 2FSK 信号的原理框图

3）2FSK 信号的解调

2FSK 信号的常用解调方法是采用如图 $2-3-11$ 所示的相干解调和非相干解。调其解

调原理是将 2FSK 信号的分解为上、下两路 2ASK 信号分别进行解调，然后进行判决。这里的抽样判决是直接比较两路信号抽样值的大小，可以不专门设置门限。判决准则应与调制准则相呼应。

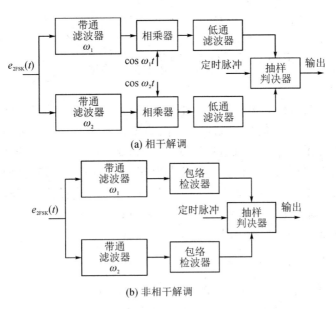

(a) 相干解调

(b) 非相干解调

图 2 - 3 - 11 2FSK 信号的解调原理框图

3. 二进制相移键控(2PSK)

1) 基本原理

2PSK 是将距离为 180°的两个相位(如 0°和 180°)对应为 0 相位和 1 相位，它是相位调制中最简单的一种。绝对相移是利用载波的相位(指初相)直接表示数字信号的相移方式。二进制相移键控中，通常用 0 相位和 1 相位来分别表示"0"或"1"。2PSK 已调信号的时域表达式为

$$e_{2PSK}(t) = A\cos(\omega_c t + \phi_n) \tag{2-3-19}$$

式中，ϕ_n 表示第 n 个符号的绝对相位，即

$$\phi_n = \begin{cases} 0, & \text{发送"0"时} \\ \pi, & \text{发送"1"时} \end{cases} \tag{2-3-20}$$

因此，式(2-3-20)可以改写为

$$e_{2PSK}(t) = \begin{cases} A\cos\omega_c t, & \text{概率为 } P \\ -A\cos\omega_c t, & \text{概率为 } 1-P \end{cases} \tag{2-3-21}$$

由于两种码元的波形相同，极性相反，故 2PSK 信号可以表述为一个双极性全占空矩形脉冲序列与一个正弦载波的相乘，即

$$e_{2PSK}(t) = s(t)\cos\omega_c t \tag{2-3-22}$$

式中，$s(t) = \sum_n a_n g(t - nT_s)$，这里 $g(t)$ 是脉宽为 T_s 的单个矩形脉冲，而 a_n 的统计特性为

$$a_n = \begin{cases} 1, & \text{概率为 } P \\ -1, & \text{概率为 } 1-P \end{cases} \tag{2-3-23}$$

即当发送二进制符号"0"时(a_n 取 $+1$)，$e_{2PSK}(t)$ 取 0 相位；当发送二进制符号"1"时(a_n 取 -1)，$e_{2PSK}(t)$ 取 π 相位。这种以载波的不同相位直接去表示相应二进制数字信号的调制方式，称为二进制绝对相移方式。2PSK 信号的时域波形如图 2-3-12 所示。

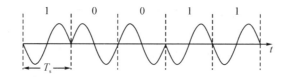

图 2-3-12　2PSK 信号的时域波形

将 2PSK 信号与 2ASK 信号相比较，它们的表达式在形式上是相同的，其区别在于 2PSK 信号是双极性不归零码的双边带调制，而 2ASK 信号是单极性非归零码的双边带调制。由于双极性不归零码没有直流分量，因此 2PSK 信号是抑制载波的双边带调制。2PSK 信号的功率谱与 2ASK 信号的功率谱相同，只是少了一个离散的载波分量，也属于线性调制。2PSK 信号的带宽也是基带信号的两倍。我们可以直接引用 2ASK 信号功率谱密度的公式来表述 2PSK 信号的功率谱，即

$$P_{2PSK}(f) = \frac{1}{4}[P_s(f+f_c) + P_s(f-f_c)] \qquad (2-3-24)$$

应当注意的是，这里的 $P_s(f)$ 是双极性矩形脉冲序列的功率谱。

双极性的全占空矩形随机脉冲序列的功率谱密度为

$$P_s(f) = 4f_s P(1-P) \mid G(f) \mid^2 + f_s^2(1-2P)^2 \mid G(0) \mid^2 \delta(f) \qquad (2-3-25)$$

将其代入式(2-3-24)，可得

$$P_{2PSK} = f_s P(1-P)[\mid G(f+f_c) \mid^2 + \mid G(f-f_c) \mid^2] +$$
$$\frac{1}{4}f_s^2(1-2P)^2 \mid G(0) \mid^2[\delta(f+f_c) + \delta(f-f_c)] \qquad (2-3-26)$$

若 $P=1/2$，并考虑到矩形脉冲的频谱 $G(f)=T_s Sa(\pi f T_s)$，$G(0)=T_s$。则 2PSK 信号的功率谱密度为

$$P_{2PSK}(f) = \frac{T_s}{4}\left[\left|\frac{\sin\pi(f+f_c)T_s}{\pi(f+f_c)T_s}\right|^2 + \left|\frac{\sin\pi(f-f_c)T_s}{\pi(f-f_c)T_s}\right|^2\right] \qquad (2-3-27)$$

2PSK 信号的功率谱密度曲线如图 2-3-13 所示。由以上分析可见，二进制相移键控信号的频谱特性与 2ASK 的十分相似，带宽也是基带信号带宽的两倍。区别仅在于当 $P=1/2$ 时，其谱中无离散谱(即载波分量)，此时 2PSK 信号实际上相当于抑制载波的双边带信号。因此，它可以看成是双极性基带信号作用下的调幅信号。

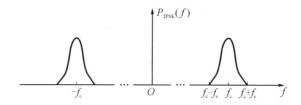

图 2-3-13　2PSK 信号的功率谱密度曲线

2）2PSK 信号的调制

2PSK 信号的调制原理框图如图 2-3-14 所示。与 2ASK 信号的产生方法相比较，只是对 $s(t)$ 的要求不同，在 2ASK 中，$s(t)$ 是单极性的，而在 2PSK 中，$s(t)$ 是双极性的基带信号。

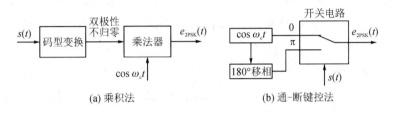

(a) 乘积法　　　　　　　(b) 通-断键控法

图 2-3-14　2PSK 信号的调制原理框图

3）2PSK 信号的解调

2PSK 信号的解调通常都采用相干解调，其解调原理框图如图 2-3-15 所示。在相干解调过程中，需要用到与接收的 2PSK 信号同频、同相的相干载波。

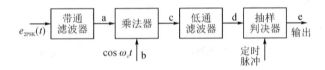

图 2-3-15　2PSK 信号的解调原理框图

图 2-3-16 为 2FSK 信号的相干解调过程的波形图。在该图中，假设相干载波的基准相位与 2PSK 信号的调制载波的基准相位一致（通常默认为 0 相位）。但是，由于在 2PSK 信号的载波恢复过程中存在着的相位模糊，即从 2PSK 信号中恢复的本地载波与所需的相干载波可能同相，也可能反相，这种相位关系的不确定性将会造成解调出的数字基带信号与发送的数字基带信号正好相反，即"1"变为"0"、"0"变为"1"，判决器输出数字信号全部出错。这种现象称为 2PSK 方式的"倒 π"现象或"反相工作"。

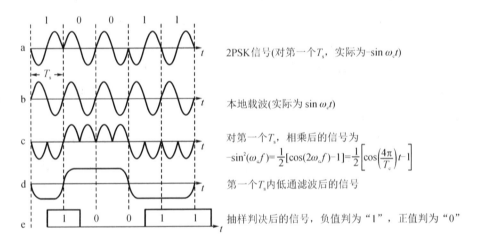

图 2-3-16　2PSK 信号的相干解调过程的波形图

4. 二进制差分相移键控(2DPSK)

1) 基本原理

在随机信号码元序列中，信号波形有可能出现长时间连续的正弦波形，致使在接收端无法辨认信号码元的起止时刻。为了解决上述问题，可以采用差分相移键控(DPSK)。在2DPSK 信号中，调制信号的"1"和"0"对应的是两个确定不变的载波相位(如 0 和 π)，由于它是利用载波相位绝对数值的变化传送数字信息的，因此又称为绝对调相。

利用前、后码元载波相位相对数值的变化同样可以传送数字信息，这种方法称为相对调相。假设 $\Delta\varphi$ 为当前码元与前一个码元的载波相位差，定义数字信息与 $\Delta\varphi$ 之间的关系为

$$\Delta\varphi = \begin{cases} 0, & \text{表示数字信息"0"} \\ \pi, & \text{表示数字信息"1"} \end{cases} \qquad (2-3-28)$$

将一组二进制数字信息(即二进制符号)与其对应的 2DPSK 信号的载波相位关系示例如下：

二进制数字信息：　　　1　1　0　1　0　0　1　1　0

2DPSK 信号的相位：(0)　π　0　0　π　π　π　0　π　π

　　　　　　　　 或 (π)　0　π　π　0　0　0　π　0　0

相应的 2DPSK 信号在调制过程中的波形图如图 2-3-17 所示。

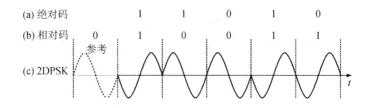

图 2-3-17　2DPSK 信号在调制过程中的波形图

如果绝对码为 1，则 2DPSK 波形必然与前一波形有 π 的相位差，与之相对应的相对码码元与前一个相对码码元反相，即如果前一个相对码码元为 0，则本码元为 1。如果绝对码为 0，则相对码码元与前一个码元相同。由 2DPSK 波形前、后码元的相对相位差来唯一决定的二进制符号可由相对码恢复为绝对码。因此，对于相同的基带信号，由于初始相位不同，2DPSK 信号的相位可以不同。即 2DPSK 信号的相位并不直接代表基带信号，而前、后码元的相对相位差才决定二进制符号。

2DPSK 可以与 2PSK 具有相同形式的表达式。所不同的是：2PSK 中的基带信号 $s(t)$ 对应的是绝对码序列；而 2DPSK 中的基带信号 $s(t)$ 对应的是码变换后的相对码序列。因此，2DPSK 信号和 2PSK 信号的功率谱密度是完全一样的。信号带宽为

$$B_{2DPSK} = B_{2PSK} = 2f_s \qquad (2-3-29)$$

与 2ASK 的相同，也是码元速率的两倍。

2）2DPSK 信号的调制

由图 2-3-17 可知，先对二进制数字基带信号进行差分编码，即把表示二进制数字信息的绝对码变换成相对码（差分码），然后再根据相对码进行绝对调相，从而产生二进制差分相移键控信号。图 2-3-17 中使用的是传号差分码，即载波的相位遇到"1"变化，遇到"0"则不变。2DPSK 信号的调制原理框图如图 2-3-18 所示。

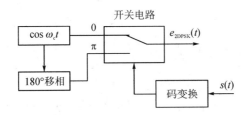

图 2-3-18　2DPSK 信号的调制原理框图

差分码可取传号差分码或空号差分码。其中，传号差分码的编码规则为

$$b_n = a_n \oplus b_{n-1} \qquad (2-3-30)$$

式中，$\oplus$ 为模 2 加；b_{n-1} 为 b_n 的前一个码元，最初的 b_{n-1} 可任意设定。式（2-3-30）的逆过程称为差分译码（码反变换），即

$$a_n = b_n \oplus b_{n-1} \qquad (2-3-31)$$

3）2DPSK 信号的解调

2DPSK 信号可以采用相干解调（极性比较法，即极性比较—码反变换法）。其解调原理是先对 2DPSK 信号进行相干解调，恢复出相对码，再经码反变换器变换为绝对码，从而恢复出发送的二进制数字信息。在解调过程中，由于载波相位模糊性的影响，使得解调出的相对码也可能是"1"和"0"倒置，但经差分译码（码反变换）得到的绝对码不会发生任何倒置的现象，从而解决了载波相位模糊性带来的问题。图 2-3-19 为 2DPSK 信号的相干解调（用极性比较法）的原理框图。图 2-3-20 为 2DPSK 信号的相干解调（用极性比较法）过程的波形图。

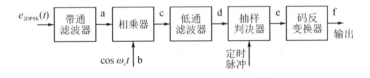

图 2-3-19　2DPSK 信号的相干解调（极性比较法）的原理框图

2DPSK 信号可以采用差分相干解调（相位比较法）。用这种方法解调时不需要专门的相干载波，只需由收到的 2DPSK 信号延迟一个码元时间间隔，然后与 2DPSK 信号本身相乘。相乘器起着相位比较的作用，相乘结果反映了前、后码元的相位差，经低通滤波后再抽样判决，即可直接恢复出原始二进制数字信息，故解调器中不需要码反变换器。图 2-3-21 为

2DPSK 信号的差分相干解调（用相位比较法）的原理框图。图 2-3-22 为 2DPSK 信号的差分相干解调（用相位比较法）过程的波形图。

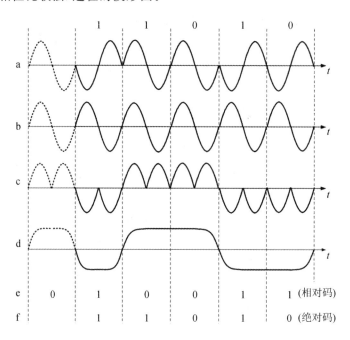

图 2-3-20 2DPSK 信号的相干解调（用极性比较法）过程的波形图

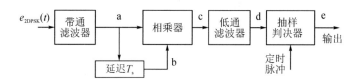

图 2-3-21 2DPSK 信号的差分相干解调（用相位比较法）的原理框图

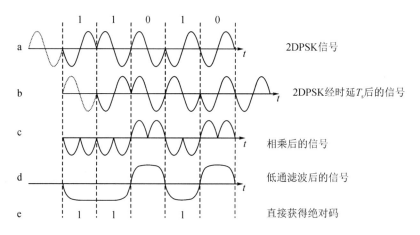

图 2-3-22 2DPSK 信号的差分相干解调（用相位比较法）过程的波形图

2.3.2 二进制数字调制系统的抗噪声性能

通信系统的抗噪声性能是指系统克服加性噪声影响的能力。在数字通信系统中，信道噪声有可能使码元传输产生错误，错误程度通常用误码率来衡量。因此，与分析数字基带系统的抗噪声性能一样，分析数字调制系统的抗噪声性能，也就是求系统在信道噪声干扰下的总误码率。

分析条件为假设信道特性是恒参信道，在信号的频带范围内具有理想矩形的传输特性（可取其传输系数为 K）；信道噪声是加性高斯白噪声，并且认为噪声只对信号的接收带来影响，因而分析系统性能是在接收端进行的。

1. 2ASK 系统的抗噪声性能

2ASK 系统的抗噪声性能分为同步检波法解调和包络检波法解调两种情况讨论。

1）同步检波法的系统性能

对 2ASK 信号用同步检波法的系统性能分析模型如图 2-3-23 所示。

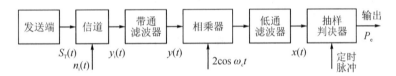

图 2-3-23 对 2ASK 信号用同步检波法的系统性能分析模型

设在一个码元持续时间 T_s 内，其发送端输出的信号波形可以表示为

$$s_T(t) = \begin{cases} u_T(t), & \text{当发送"1"时} \\ 0, & \text{当发送"0"时} \end{cases} \quad (2-3-32)$$

式中

$$u_T(t) = \begin{cases} A\cos\omega_c t, & 0 < t < T_s \\ 0, & \text{其他 } t \end{cases} \quad (2-3-33)$$

则在每一段时间 $(0, T_s)$ 内，接收端的输入波形为

$$y_i(t) = \begin{cases} u_i(t) + n_i(t), & \text{当发送"1"时} \\ n_i(t), & \text{当发送"0"时} \end{cases} \quad (2-3-34)$$

式中，$u_i(t)$ 为 $u_T(t)$ 经信道传输后的波形。如果认为信号经过信道传输后只受到固定衰减，未产生失真（信道传输系数取为 K），令 $a = AK$，则有

$$u_i(t) = \begin{cases} a\cos\omega_c t, & 0 < t < T_s \\ 0, & \text{其他 } t \end{cases} \quad (2-3-35)$$

而 $u_i(t)$ 是均值为 0 的加性高斯白噪声。

对于带通滤波器，如果具有理想矩形传输特性，恰好使信号无失真通过，则经过带通滤波器后的输出波形为

$$y(t) = \begin{cases} u_i(t) + n(t), & \text{当发送"1"时} \\ n(t), & \text{当发送"0"时} \end{cases} \quad (2-3-36)$$

式中，$n(t)$是高斯白噪声$n_1(t)$经过带通滤波器后的输出噪声。$n(t)$为窄带高斯噪声，其均值为0，方差为σ_n^2，有

$$n(t) = n_c(t)\cos\omega_c t - n_s(t)\sin\omega_c t \qquad (2-3-37)$$

于是有

$$
y(t) = \begin{cases} a\cos\omega_c t + n_c(t)\cos\omega_c t - n_s(t)\sin\omega_c t \\ n_c(t)\cos\omega_c t - n_s(t)\sin\omega_c t \end{cases}
$$

$$
= \begin{cases} [a + n_c(t)]\cos\omega_c t - n_s(t)\sin\omega_c t, & \text{当发送“1”时} \\ n_c(t)\cos\omega_c t - n_s(t)\sin\omega_c t, & \text{当发送“0”时} \end{cases} \qquad (2-3-38)
$$

$y(t)$与相干载波$2\cos\omega_c t$相乘，然后由低通滤波器滤除高频分量，在抽样判决器输入端得到的波形为

$$
x(t) = \begin{cases} a + n_c(t), & \text{当发送“1”时} \\ n_c(t), & \text{当发送“0”时} \end{cases} \qquad (2-3-39)
$$

式中，a代表了信号成分；$x(t)$也是一个高斯随机过程，其均值为a（当发送“1”时）和0（当发送“0”时），方差等于σ_n^2。

设对第k个符号的抽样时刻为kT_s，则$x(t)$在kT_s时刻的抽样值是一个高斯随机变量。

$$
x = x(kT_s) = \begin{cases} a + n_c(kT_s), & \text{当发送“1”时} \\ n_c(kT_s), & \text{当发送“0”时} \end{cases} \qquad (2-3-40)
$$

因此，当发送“1”时，x的一维概率密度函数为

$$f_1(x) = \frac{1}{\sqrt{2\pi}\sigma_n}\exp\left\{-\frac{(x-a)^2}{2\sigma_n^2}\right\} \qquad (2-3-41)$$

当发送“0”时，x的一维概率密度函数为

$$f_0(x) = \frac{1}{\sqrt{2\pi}\sigma_n}\exp\left\{-\frac{x^2}{2\sigma_n^2}\right\} \qquad (2-3-42)$$

$f_1(x)$和$f_0(x)$的曲线形状（即几何表示）如图$2-3-24$所示。

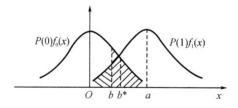

图$2-3-24$　对2ASK信号用同步检波法的误码率P_e的几何表示

若取判决门限为b，规定判决准则为

$$
\begin{cases} \text{当 } x > b \text{ 时，判为“1”} \\ \text{当 } x \leqslant b \text{ 时，判为“0”} \end{cases}
$$

则当发送“1”时，错误接收为“0”的概率是抽样值x小于或等于b的概率，即

$$P(0/1) = P(x \leqslant b) = \int_{-\infty}^{b} f_1(x)\mathrm{d}x = 1 - \frac{1}{2}\mathrm{erfc}\left(\frac{b-a}{\sqrt{2}\sigma_n}\right) \qquad (2-3-43)$$

式中，$x = \dfrac{b-a}{\sqrt{2}\sigma_n}$。

同理，当发送"0"时，错误接收为"1"的概率是抽样值 x 大于 b 的概率，即

$$P(1/0) = P(x > b) = \int_b^\infty f_0(x)\mathrm{d}x = \frac{1}{2}\mathrm{erfc}\left(\frac{b}{\sqrt{2}\sigma_n}\right) \qquad (2-3-44)$$

式中，$x = \dfrac{b}{\sqrt{2}\sigma_n}$。

设发"1"的概率为 $P(1)$，发"0"的概率为 $P(0)$，则在相干解调时，系统的误码率为

$$P_e = P(1)P(0/1) + P(0)P(0/1) = P(1)\int_{-\infty}^b f_1(x)\mathrm{d}x + P(0)\int_b^\infty f_0(x)\mathrm{d}x$$
$$(2-3-45)$$

式(2-3-45)表明当 $P(1)$、$P(0)$，以及 $f_1(x)$、$f_0(x)$ 一定时，系统的误码率 P_e 与判决门限 b 的选择相关。误码率 P_e 等于图 2-3-24 中阴影的面积(含上面的小三角面积)。若改变 b，阴影的面积也随之改变，即 P_e 随 b 变化。由分析可得，当 b 取 $P(1)f_1(x)$ 与 $P(0)f_0(x)$ 两条曲线相交点 b^* 时，阴影的面积最小。即当取判决门限为 b^* 时，系统的误码率 P_e 最小。这个门限 b^* 称为最佳判决门限。

最佳判决门限也可通过求误码率 P_e 关于判决门限 b 的最小值的方法得到，令

$$\frac{\partial P_e}{\partial b} = 0 \qquad (2-3-46)$$

可得

$$P(1)f_1(b^*) - P(0)f_0(b^*) = 0$$

即

$$P(1)f_1(b^*) = P(0)f_0(b^*) \qquad (2-3-47)$$

将式(2-3-41)、式(2-3-42)代入式(2-3-47)，可得

$$\frac{P(1)}{\sqrt{2\pi}\sigma_n}\exp\left\{-\frac{(b^*-a)^2}{2\sigma_n^2}\right\} = \frac{P(0)}{\sqrt{2\pi}\sigma_n}\exp\left\{-\frac{(b^*)^2}{2\sigma_n^2}\right\}$$

化简该式，整理后可得

$$b^* = \frac{a}{2} + \frac{\sigma_n^2}{a}\ln\frac{P(0)}{P(1)} \qquad (2-3-48)$$

式(2-3-48)就是所需的最佳判决门限。

当发送"1"和"0"的概率相等时，最佳判决门限为

$$b^* = \frac{a}{2} \qquad (2-3-49)$$

此时，2ASK 信号在采用相干解调时，系统的误码率为

$$P_e = \frac{1}{2}\mathrm{erfc}\left(\sqrt{\frac{r}{4}}\right) \qquad (2-3-50)$$

式中，$r = \dfrac{a^2}{2\sigma_n^2}$ 为解调器输入端的信噪比。当 $r \gg 1$，即在大信噪比时，式(2-3-50)可近似表

示为

$$P_e \approx \frac{1}{\sqrt{\pi r}} e^{-r/4} \tag{2-3-51}$$

2) 包络检波法的系统性能

参照图 2-3-6，只需将图 2-3-23 中的相干解调器(相乘一低通)替换为包络检波器 (整流一低通)，即得到 2ASK 信号采用包络检波法的系统性能。带通滤波器的输出波形 $y(t)$ 与同步检波法的相同，同为式(2-3-38)。由式(2-3-38)可知，当发送"1"时，包络检波器的输出波形为

$$V(t) = \sqrt{[a + n_c(t)]^2 + n_s^2(t)} \tag{2-3-52}$$

当发送"0"时，包络检波器的输出波形为

$$V(t) = \sqrt{n_c^2(t) + n_s^2(t)} \tag{2-3-53}$$

当发送"1"时，抽样值是广义瑞利型随机变量；当发送"0"时，抽样值是瑞利型随机变量。它们的一维概率密度函数分别为

$$f_1(V) = \frac{V}{\sigma_n^2} I_0 \left(\frac{aV}{\sigma_n^2} \right) e^{-(V^2 + a^2)/2\sigma_n^2} \tag{2-3-54}$$

$$f_0(V) = \frac{V}{\sigma_n^2} e^{-V^2/2\sigma_n^2} \tag{2-3-55}$$

式中，σ_n^2 为窄带高斯噪声 $n(t)$ 的方差。

若取判决门限为 b，规定判决准则为：当抽样值 $V > b$ 时，判为"1"；当抽样值 $V < b$ 时，判为"0"。则发送"1"时错判为"0"的概率为

$$P(0/1) = P(V \leqslant b) = \int_0^b f_1(V)\,dV = 1 - \int_b^\infty f_1(V)\,dV$$

$$= 1 - \int_b^\infty \frac{V}{\sigma_n^2} I_0 \left(\frac{aV}{\sigma_n^2} \right) e^{-(V^2 + a^2)/2\sigma_n^2}\,dV \tag{2-3-56}$$

式(2-3-56)中的积分值可以用 Marcum Q 函数计算，Marcum Q 函数的定义是

$$Q(\alpha, \beta) = \int_\beta^\infty t I_0(\alpha t) e^{-(t^2 + \alpha^2)/2}\,dt \tag{2-3-57}$$

令式(2-3-57)中的 $\alpha = \dfrac{a}{\sigma_n}$，$\beta = \dfrac{b}{\sigma_n}$，$t = \dfrac{V}{\sigma_n}$，则上面的 $P(0/1)$ 公式可借助 Marcum Q 函数表示为

$$P(0/1) = 1 - Q\left(\frac{a}{\sigma_n}, \frac{b}{\sigma_n} \right) = 1 - Q(\sqrt{2r}, b_0) \tag{2-3-58}$$

式中，$r = a^2/s_n^2$ 为信号噪声功率之比；$b_0 = b/s_n$ 为归一化判决门限。

同理，当发送"0"时错判为"1"的概率为

$$P(1/0)\,P(V > b) = \int_b^\infty f_0(V)\,dV = \int_b^\infty \frac{V}{\sigma_n^2} e^{-V^2/2\sigma_n^2}\,dV$$

$$= e^{-b^2/2\sigma_n^2} = e^{-b_0^2/2} \tag{2-3-59}$$

故系统的总误码率为

$$P_e = P(1)P(0/1) + P(0)P(1/0)$$
$$= P(1)[1 - Q\sqrt{2r}, b_0] + P(0)e^{-b_0^2/2} \qquad (2-3-60)$$

当 $P(1) = P(0)$ 时，有

$$P_e = \frac{1}{2}[1 - Q(\sqrt{2r}, b_0)] + \frac{1}{2}e^{-b_0^2/2} \qquad (2-3-61)$$

式(2-3-61)表明，包络检波法的误码率取决于信噪比 r 和归一化判决门限 b_0。按照该式计算出的误码率 P_e 等于下图中阴影面积的一半。其几何表示如图 2-3-25 所示。若 b_0 变化，则阴影部分的面积也随之而变；当 b_0 处于 $f_1(V)$ 和 $f_0(V)$ 两条曲线的相交点 b_0^* 时，阴影部分的面积最小，即此时系统的总误码率最小。b_0^* 为归一化最佳判决门限。

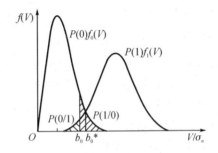

图 2-3-25　对 2ASK 信号用包络检波法的误码率 P_e 的几何表示

最佳判决门限也可通过求极值的方法得到，令

$$\frac{\partial P_e}{\partial b} = 0$$

可得

$$P(1)f_1(b^*) = P(0)f_0(b^*) \qquad (2-3-62)$$

当 $P(1) = P(0)$ 时，有

$$f_1(b^*) = f_0(b^*) \qquad (2-3-63)$$

即 $f_1(V)$ 和 $f_0(V)$ 两条曲线交点处的包络抽样值 V 就是最佳判决门限，记为 b^*。b^* 和归一化最佳判决门限 b_0^* 的关系为 $b^* = b_0^* \sigma_n$。由 $f_1(V)$ 和 $f_0(V)$ 的公式和式(2-3-63)，可得

$$r = \frac{a^2}{2\sigma_n^2} = \ln I_0\left(\frac{ab^*}{\sigma_n^2}\right) \qquad (2-3-64)$$

式(2-3-64)为一超越方程，求解最佳判决门限的运算比较困难，下面给出其近似解为

$$b^* \approx \frac{a}{2}\left(1 + \frac{8\sigma_n^2}{a^2}\right)^{\frac{1}{2}} = \frac{a}{2}\left(1 + \frac{4}{r}\right)^{\frac{1}{2}} \qquad (2-3-65)$$

因此有

$$b^* = \begin{cases} \dfrac{a}{2}, & \text{当 } r \gg 1 \text{ 时} \\[2mm] \sqrt{2}\sigma_n, & \text{当 } r \ll 1 \text{ 时} \end{cases} \qquad (2-3-66)$$

而归一化最佳判决门限 b_0^* 为

$$b_0^* = \frac{b^*}{\sigma_n} = \begin{cases} \sqrt{\dfrac{r}{2}}, & 当\ r \gg 1\ 时 \\ \sqrt{2}, & 当\ r \ll 1\ 时 \end{cases} \qquad (2-3-67)$$

对于任意的信噪比 r，b_0^* 介于 $\sqrt{2}$ 和 $\sqrt{\dfrac{r}{2}}$ 之间。

在实际工作中，系统总是工作在大信噪比的情况下，因此最佳判决门限 $b_0^* = \sqrt{\dfrac{r}{2}}$，即 $b_0^* = \dfrac{a}{2}$。此时系统的总误码率为

$$P_e = \frac{1}{4}\mathrm{erfc}\left(\sqrt{\frac{r}{4}}\right) + \frac{1}{2}e^{-\frac{r}{4}} \qquad (2-3-68)$$

当 $r \to \infty$ 时，式(2-3-68)的下界为

$$P_e = \frac{1}{2}e^{-\frac{r}{4}} \qquad (2-3-69)$$

将式(2-3-69)与相干解调时的误码率公式，即式(2-3-50)、式(2-3-51)比较可以看出：在相同的信噪比条件下，同步检波法的抗噪声性能优于包络检波法，但在大信噪比时，两者性能相差不大。然而，包络检波法不需要相干载波，因而设备比较简单。另外，包络检波法存在门限效应，同步检波法无门限效应。

2. 二进制频移键控(2FSK)系统的抗噪声性能

2FSK 系统的抗噪声性能分同步检波法解调和包络检波法解调两种情况讨论。

1) 同步检波法的系统性能

对 2FSK 信号用同步检波法的系统性能分析模型如图 2-3-26 所示。

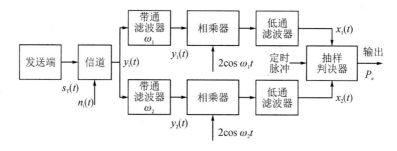

图 2-3-26　对 2FSK 信号用同步检波法的系统性能分析模型

设"1"对应载波频率 $f_1(\omega_1)$、"0"对应载波频率 $f_2(\omega_2)$，则在一个码元持续时间 T_s 内，发送端产生的 2FSK 信号可表示为

$$s_T(t) = \begin{cases} u_{1T}(t), & 当发送"1"时 \\ u_{0T}(t), & 当发送"0"时 \end{cases} \qquad (2-3-70)$$

式中

$$u_{1T}(t) = \begin{cases} A\cos\omega_1 t, & 0 < t < T_s \\ 0, & 其他\ t \end{cases} \qquad (2-3-71)$$

$$u_{0T}(t) = \begin{cases} A\cos\omega_2 t, & 0 < t < T_s \\ 0, & 其他\ t \end{cases} \qquad (2-3-72)$$

因此，在时间$(0，T_s)$内，接收端的输入合成波形为

$$y_i(t) = \begin{cases} Ku_{1T}(t) + n_i(t)，& \text{当发送"1"时} \\ Ku_{0T}(t) + n_i(t)，& \text{当发送"0"时} \end{cases} \tag{2-3-73}$$

即

$$y_i(t) = \begin{cases} a\cos\omega_1 t + n_i(t)，& \text{当发送"1"时} \\ a\cos\omega_2 t + n_i(t)，& \text{当发送"0"时} \end{cases} \tag{2-3-74}$$

式中，$n_i(t)$为加性高斯白噪声，其均值为 0。

在图 2-3-26 中，解调器采用两个带通滤波器来区分中心频率分别为 f_1 和 f_2 的信号。中心频率为 f_1 的带通滤波器只允许中心频率为 f_1 的信号频谱成分通过，而滤除中心频率为 f_2 的信号频谱成分；中心频率为 f_2 的带通滤波器只允许中心频率为 f_2 的信号频谱成分通过，而滤除中心频率为 f_1 的信号频谱成分。这样，接收端上下支路两个带通滤波器的输出波形和分别为

$$y_1(t) = \begin{cases} a\cos\omega_1 t + n_1(t)，& \text{当发送"1"时} \\ n_1(t)，& \text{当发送"0"时} \end{cases} \tag{2-3-75}$$

$$y_2(t) = \begin{cases} n_2(t)，& \text{当发送"1"时} \\ a\cos\omega_2 t + n_2(t)，& \text{当发送"0"时} \end{cases} \tag{2-3-76}$$

式中，$n_1(t)$和$n_2(t)$分别为高斯白噪声和经过上、下两个带通滤波器的输出噪声——窄带高斯噪声，其均值同为 0，方差同为 σ_n^2，只是中心频率不同而已，即

$$n_1(t) = n_{1c}(t)\cos\omega_1 t - n_{1s}(t)\sin\omega_1 t \tag{2-3-77}$$

$$n_2(t) = n_{2c}(t)\cos\omega_2 t - n_{2s}(t)\sin\omega_2 t \tag{2-3-78}$$

现在假设在时间$(0，T_s)$内发送"1"（对应 ω_1），则上、下支路两个带通滤波器的输出波形分别为

$$y_1(t) = [a + n_{1c}(t)]\cos\omega_1 t - n_{1s}(t)\sin\omega_1 t \tag{2-3-79}$$

$$y_2(t) = n_{2c}(t)\cos\omega_2 t - n_{2s}(t)\sin\omega_2 t \tag{2-3-80}$$

它们分别经过相干解调后，送入抽样判决器进行比较。比较的两路输入波形如下：

上支路为

$$x_1(t) = a + n_{1c}(t) \tag{2-3-81}$$

下支路为

$$x_2(t) = n_{2c}(t) \tag{2-3-82}$$

式中，a 为信号成分；$n_{1c}(t)$和$n_{2c}(t)$均为低通型高斯噪声，其均值为 0，方差为 σ_n^2。

因此，$x_1(t)$和$x_2(t)$的抽样值的一维概率密度函数分别为

$$f(x_1) = \frac{1}{\sqrt{2\pi}\sigma_n}\exp\left\{-\frac{(x_1-a)^2}{2\sigma_n^2}\right\} \tag{2-3-83}$$

$$f(x_2) = \frac{1}{\sqrt{2\pi}\sigma_n}\exp\left\{-\frac{x_2^2}{2\sigma_n^2}\right\} \tag{2-3-84}$$

当 $x_1(t)$ 的抽样值 x_1 小于 $x_2(t)$ 的抽样值 x_2 时，抽样判决器输出"0"，造成将"1"判为"0"的错误，故这时的错误概率为

$$P(0/1) = P(x_1 < x_2) = P(x_1 - x_2 < 0) = P(z < 0) \tag{2-3-85}$$

式中，$z = x_1 - x_2$，故 z 是高斯随机变量，其均值为 a，方差 $\sigma_z^2 = 2\sigma_n^2$。

设 z 的一维概率密度函数为 $f(z)$，则由式（2-3-85）可得

$$P(0/1) = P(z < 0) = \int_{-\infty}^{0} f(z)\mathrm{d}z = \frac{1}{\sqrt{2\pi}\sigma_z}\int_{-\infty}^{0} \exp\left\{-\frac{(x-a)^2}{2\sigma_z^2}\right\}\mathrm{d}z = \frac{1}{2}\mathrm{erfc}\left(\sqrt{\frac{r}{2}}\right)$$

$$(2-3-86)$$

同理可得，发送"0"错判为"1"的概率为

$$P(1/0) = P(x_1 > x_2) = \frac{1}{2}\mathrm{erfc}\left(\sqrt{\frac{r}{2}}\right) \qquad (2-3-87)$$

显然，由于上、下支路的对称性，以上两个错误概率相等。于是，2FSK 信号在采用同步检波法时系统的总误码率为

$$P_e = \frac{1}{2}\mathrm{erfc}\left(\sqrt{\frac{r}{2}}\right) \qquad (2-3-88)$$

在大信噪比条件下，式（2-3-88）可以近似表示为

$$P_e \approx \frac{1}{\sqrt{2\pi r}}\mathrm{e}^{-\frac{r}{2}} \qquad (2-3-89)$$

2）包络检波法的系统性能

对 2FSK 信号用包络检波法的系统性能分析模型如图 2-3-27 所示。

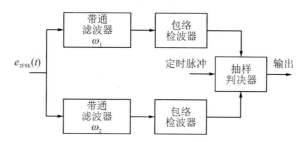

图 2-3-27　对 2FSK 信号用包络检波法的系统性能分析模型

这时两路包络检波器的输出如下：

上支路为

$$V_1(t) = \sqrt{[a + n_{1c}(t)]^2 + n_{1s}^2(t)} \qquad (2-3-90)$$

下支路为

$$V_2(t) = \sqrt{n_{2c}^2(t) + n_{2s}^2(t)} \qquad (2-3-91)$$

由随机信号分析可知，$V_1(t)$ 的抽样值 V_1 服从广义瑞利分布，$V_2(t)$ 的抽样值 V_2 服从瑞利分布。其一维概率密度函数分别为

$$f(V_1) = \frac{V_1}{\sigma_n^2}I_0\left(\frac{aV_1}{\sigma_n^2}\right)\mathrm{e}^{-(V_1^2+a^2)/2\sigma_n^2} \qquad (2-3-92)$$

$$f(V_2) = \frac{V_2}{\sigma_n^2}\mathrm{e}^{-V_2^2/2\sigma_n^2} \qquad (2-3-93)$$

显然，当发送"1"时，若 V_1 小于 V_2，则发生判决错误，错误概率为

$$P(0/1) = P(V_1 \leqslant V_2) = \iint_c f(V_1) f(V_2) \mathrm{d}V_1 \mathrm{d}V_2$$

$$= \int_0^\infty f(V_1) \left[\int_{V_2=V_1}^\infty f(V_2) \mathrm{d}V_2 \right] \mathrm{d}V_1$$

$$= \int_0^\infty \frac{V_1}{\sigma_n^2} I_0 \left(\frac{aV_1}{\sigma_n^2} \right) \exp\left[(-2V_1^2 - a^2)/2\sigma_n^2 \right] \mathrm{d}V_1$$

$$= \int_0^\infty \frac{V_1}{\sigma_n^2} I_0 \left(\frac{aV_1}{\sigma_n^2} \right) \mathrm{e}^{-(2V_1^2+a^2)/2\sigma_n^2} \mathrm{d}V_1 \qquad (2-3-94)$$

令 $t = \dfrac{\sqrt{2}V_1}{\sigma_n}$，$z = \dfrac{a}{\sqrt{2}\sigma_n}$，并代入式(2-3-94)，经过简化可得

$$P(0/1) = \frac{1}{2} \mathrm{e}^{-z^2/2} \int_0^\infty t I_0(zt) \mathrm{e}^{-(t^2+z^2)/2} \mathrm{d}t \qquad (2-3-95)$$

根据 Marcum Q 函数的性质，有

$$Q(z, 0) = \int_0^\infty t I_0(zt) \mathrm{e}^{-(t^2+z^2)/2} \mathrm{d}t = 1$$

所以有

$$P(0/1) = \frac{1}{2} \mathrm{e}^{-z^2/2} = \frac{1}{2} \mathrm{e}^{-r/2} \qquad (2-3-96)$$

同理可求得发送"0"时判为"1"的错误概率，其结果与式(2-3-96)完全一样，即有

$$P(1/0) = P(V_1 > V_2) = \frac{1}{2} \mathrm{e}^{-r/2} \qquad (2-3-97)$$

于是，2FSK 信号在采用包络检波法时的系统总误码率为

$$P_e = \frac{1}{2} \mathrm{e}^{-r/2} \qquad (2-3-98)$$

将式(2-3-98)与 2FSK 信号在采用同步检波法时系统的总误码率公式，即式(2-3-88)比较可见，在大信噪比条件下，2FSK 信号在采用包络检波法时的系统性能与采用同步检波法时的性能相差不大，但同步检波法的设备却复杂得多。因此，在满足信噪比要求的场合，多采用包络检波法。

3. 2PSK 和 2DPSK 系统的抗噪声性能

无论是 2PSK 信号还是 2DPSK，其表达式的形式完全一样。在一个码元的持续时间 T_s 内，都可表示为

$$s_T(t) = \begin{cases} u_{1T}(t), & \text{当发送"1"时} \\ u_{0T}(t) = -u_{1T}(t), & \text{当发送"0"时} \end{cases} \qquad (2-3-99)$$

式中

$$u_{1T}(t) = \begin{cases} A\cos\omega_c(t), & 0 < t < T_s \\ 0, & \text{其他} \ t \end{cases}$$

当然，当 $s_T(t)$ 代表 2PSK 信号时，式(2-3-99)中的"1"和"0"是原始二进制数字信息(绝对码)；当 $s_T(t)$ 代表 2DPSK 信号时，式(2-3-99)中的"1"和"0"是绝对码变换成相对码后的"1"和"0"。

1) 对 2PSK 信号用同步检波法的系统性能

对 2PSK 信号用同步检波法的系统性能分析模型如图 2-3-28 所示。

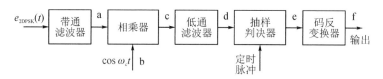

图 2-3-28   对 2PSK 信号用同步检波法的系统性能分析模型

接收端带通滤波器输出波形为

$$y(t) = \begin{cases} [a + n_c(t)]\cos\omega_c t - n_s(t)\sin\omega_c t & \text{当发送"1"时} \\ [-a + n_c(t)]\cos\omega_c t - n_s(t)\sin\omega_c t & \text{当发送"0"时} \end{cases} \qquad (2-3-100)$$

经过相干解调后,送入抽样判决器的输入波形为

$$x(t) = \begin{cases} a + n_c(t), & \text{当发送"1"时} \\ -a + n_c(t), & \text{当发送"0"时} \end{cases} \qquad (2-3-101)$$

由于 $n_c(t)$ 是均值为 0,方差为 σ_n^2 的高斯白噪声,所以 $x(t)$ 的一维概率密度函数为

$$\begin{cases} f_1(x) = \dfrac{1}{\sqrt{2\pi}\sigma_n}\exp\left\{-\dfrac{(x-a)^2}{2\sigma_n^2}\right\}, & \text{当发送"1"时} \qquad (2-3-102) \\[3mm] f_0(x) = \dfrac{1}{\sqrt{2\pi}\sigma_n}\exp\left\{-\dfrac{(x+a)^2}{2\sigma_n^2}\right\}, & \text{当发送"0"时} \qquad (2-3-103) \end{cases}$$

由最佳判决门限分析可知,在发送"1"和发送"0"概率相等时,最佳判决门限 $b^* = 0$。此时,发"1"而错判为"0"的概率为

$$P(0/1) = P(x \leqslant 0) = \int_{-\infty}^{0} f_1(x)\mathrm{d}x = \frac{1}{2}\mathrm{erfc}(\sqrt{r}) \qquad (2-3-104)$$

同理,发送"0"而错判为"1"的概率为

$$P(1/0) = P(x > 0) = \int_{0}^{\infty} f_0(x)\mathrm{d}x = \frac{1}{2}\mathrm{erfc}(\sqrt{r}) \qquad (2-3-105)$$

故 2PSK 信号在采用同步检波法时系统的总误码率为

$$P_e = P(1)P(0/1) + P(0)P(0/1) = \frac{1}{2}\mathrm{erfc}(\sqrt{r}) \qquad (2-3-106)$$

在大信噪比条件下,式(2-3-106)可近似为

$$P_e \approx \frac{1}{2\sqrt{\pi r}}\mathrm{e}^{-r} \qquad (2-3-107)$$

2) 对 2DPSK 信号用同步检波法的系统性能

对 2DPSK 信号用同步检波法的系统性能分析模型如图 2-3-29 所示。

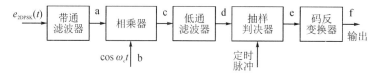

图 2-3-29   对 2DPSK 信号用同步检波法的系统性能分析模型

2DPSK 信号的同步检波法，又称为极性比较－码反变换法。其原理是通过对 2DPSK 信号进行相干解调，恢复出相对码序列，再通过码反变换器变换为绝对码序列，从而恢复出发送的二进制数字信息。因此，码反变换器输入端的误码率可由 2PSK 信号在采用相干解调时的误码率公式来确定。于是，对于 2DPSK 信号在采用极性比较－码反变换法时系统的误码率，只需对 2PSK 信号在采用同步检波法时的误码率公式的基础上再考虑码反变换器对误码率的影响即可。其简化模型如图 2－3－30 所示。

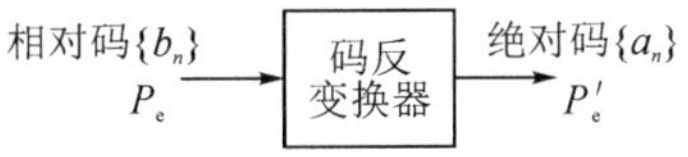

图 2－3－30　对 2PSK 信号用同步检波法的系统性能分析简化模型

码反变换器对误码率的影响为

$\{b_n\}$	1	0	1	1	0	0	1	1	1	0	（无错码时）
$\{a_n\}$		1	1	0	1	0	1	0	0	1	
$\{b_n\}$	1	0	1	×	0	0	1	1	1	0	（1 个错码时）
$\{a_n\}$		1	1	×	×	0	1	0	0	1	
$\{b_n\}$	1	0	1	×	×	0	1	1	1	0	（连续 2 个错码时）
$\{a_n\}$		1	1	×	1	×	1	0	0	1	
$\{b_n\}$	1	0	1	×	×	×	×	⋯	×	0	（连续 n 个错码时）
$\{a_n\}$		1	1	×	1	0	1	⋯	0	×	

设 P_e 为码反变换器输入端相对码序列 $\{b_n\}$ 的误码率，并假设每个码出错概率相等且统计独立，P'_e 为码反变换器输出端绝对码序列 $\{a_n\}$ 的误码率，由以上分析可得

$$P'_e = 2P_1 + 2P_2 + \cdots + 2P_n + \cdots \qquad (2-3-108)$$

式中，P_n 为码反变换器输入端 $\{b_n\}$ 序列连续出现 n 个错码（即误码）的概率，进一步讲，它是"n 个码元同时出错，而其两端都有 1 个码元不错"这一事件的概率。由码反变换器对误码率的影响分析可得

$$P_1 = (1-P_e)P_e(1-P_e) = (1-P_e)^2 P_e$$
$$P_2 = (1-P_e)P_e^2(1-P_e) = (1-P_e)^2 P_e^2$$
$$\vdots$$
$$P_n = (1-P_e)P_e^n(1-P_e) = (1-P_e)^2 P_e^n \qquad (2-3-109)$$

将式（2－3－109）代入式（2－3－108），可得

$$P'_e = 2(1-P_e)^2(P_e + P_e^2 + \cdots + P_e^n + \cdots)$$
$$= 2(1-P_e)^2 P_e(1 + P_e + P_e^2 + \cdots + P_e^n + \cdots) \qquad (2-3-110)$$

因为误码率总小于 1，所以下式必成立，即

$$(1 + P_e + P_e^2 + \cdots + P_e^n + \cdots) = \frac{1}{1-P_e} \qquad (2-3-111)$$

将式（2－3－111）代入式（2－3－110）可得

$$P'_e = 2(1-P_e)P_e \qquad (2-3-112)$$

由式（2－3－112）可得，若 P_e 很小，则有 $P'_e/P_e \approx 2$；若 P_e 很大，即 $P_e \approx 1/2$，则有 $P'_e/P_e = 2$。这

意味着 P'_e 总是大于 P_e。也就是说,码反变换器总是使误码率增加,增加的系数在 $1 \sim 2$ 之间变化。将 2PSK 信号在相干解调时系统的总误码率公式(即式(2-3-106))代入式(2-3-112)中,可得到 2DPSK 信号在采用极性比较—码反变换法时系统的误码率为

$$P'_e = \frac{1}{2}\left[1 - (\mathrm{erf}\sqrt{r})^2\right] \tag{2-3-113}$$

当 $P_e \ll 1$ 时, $P'_e = 2(1 - P_e)P_e$ 可近似为

$$P'_e = 2P_e \tag{2-3-114}$$

3) 对 2DPSK 信号用相位比较法的系统性能

对 2DPSK 信号用相位比较法的系统性能分析模型如图 2-3-31 所示。

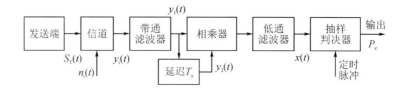

图 2-3-31　对 2DPSK 信号用相位比较法的系统性能分析模型

假设当前发送的是"1",并且令前一个码元也是"1"(可以令其为"0"),则送入相乘器的两个信号 $y_1(t)$ 和 $y_2(t)$(延迟器输出)可表示为

$$y_1(t) = a\cos\omega_c t + n_1(t) = [a + n_{1c}(t)]\cos\omega_c t - n_{1s}(t)\sin\omega_c t \tag{2-3-115}$$

$$y_2(t) = a\cos\omega_c t + n_2(t) = [a + n_{2c}(t)]\cos\omega_c t - n_{2s}(t)\sin\omega_c t \tag{2-3-116}$$

式中, a 为信号振幅; $n_1(t)$ 为叠加在前一个码元上的窄带高斯噪声, $n_2(t)$ 为叠加在后一个码元上的窄带高斯噪声,并且 $n_1(t)$ 和 $n_2(t)$ 相互独立。

则低通滤波器的输出为

$$x(t) = \frac{1}{2}\{[a + n_{1c}(t)][a + n_{2c}(t)] + n_{1s}(t)n_{2s}(t)\} \tag{2-3-117}$$

经抽样后的抽样值为

$$x = \frac{1}{2}[(a + n_{1c})(a + n_{2c}) + n_{1s}n_{2s}] \tag{2-3-118}$$

然后,按判决准则判决:若 $x > 0$,则判为"1",正确接收;若 $x < 0$,则判为"0",错误接收。这时将"1"错判为"0"的错误概率为

$$P(0/1) = P\{x < 0\} = P\left\{\frac{1}{2}[(a + n_{1c})(a + n_{2c}) + n_{1s}n_{2s}] < 0\right\} \tag{2-3-119}$$

利用恒等式,即

$$x_1 x_2 + y_1 y_2 = \frac{1}{4}\{[(x_1 + x_2)^2 + (y_1 + y_2)^2] - [(x_1 - x_2)^2 + (y_1 - y_2)^2]\} \tag{2-3-120}$$

令式(2-3-120)中 $x_1 = a + n_{1c}$, $x_2 = a + n_{2c}$, $y_1 = a + n_{1s}$, $y_2 = a + n_{2s}$,则式(2-3-120)可以改写为

$$P(0/1) = P\{[(2a + n_{1c} + n_{2c})^2 + (n_{1s} + n_{2s})^2 - (n_{1c} - n_{2c})^2 - (n_{1s} - n_{2s})^2] < 0\} \tag{2-3-121}$$

令

$$R_1 = \sqrt{(2a + n_{1c} + n_{2c})^2 + (n_{1s} + n_{2s})^2} \qquad (2-3-122)$$

$$R_2 = \sqrt{(n_{1c} - n_{2c})^2 + (n_{1s} - n_{2s})^2} \qquad (2-3-123)$$

则式(2-3-121)可以化简为

$$P(0/1) = P\{R_1 < R_2\} \qquad (2-3-124)$$

因为 n_{1c}、n_{2c}、n_{1s}、n_{2s} 是相互独立的高斯随机变量,并且均值为 0,方差相等为 σ_n^2。根据高斯随机变量的代数和仍为高斯随机变量,并且均值为各随机变量的均值的代数和,方差为各随机变量方差之和的性质,则 $n_{1c} + n_{2c}$ 是零均值,方差为 $2\sigma_n^2$ 的高斯随机变量。同理,$n_{1s} + n_{2s}$、$n_{1c} - n_{2c}$、$n_{1s} - n_{2s}$ 都是零均值,方差为 $2\sigma_n^2$ 的高斯随机变量。由随机信号分析理论可知,R_1 的一维分布服从广义瑞利分布,R_2 的一维分布服从瑞利分布,其概率密度函数分别为

$$f(R_1) = \frac{R_1}{2\sigma_n^2} I_0\left(\frac{aR_1}{\sigma_n^2}\right) e^{-(R_1^2 + 4a^2)/4\sigma_n^2} \qquad (2-3-125)$$

$$f(R_2) = \frac{R_2}{2\sigma_n^2} e^{-R_2^2/4\sigma_n^2} \qquad (2-3-126)$$

将式(2-3-125)和式(2-3-126)代入式(2-3-124)可得

$$P(0/1) = P\{R_1 < R_1\} = \int_0^\infty f(R_1)\left[\int_{R_2 = R_1}^\infty f(R_2)\,\mathrm{d}R_2\right]\mathrm{d}R_1$$

$$= \int_0^\infty \frac{R_1}{2\sigma_n^2} I_0\left(\frac{aR_1}{\sigma_n^2}\right) e^{-(2R_1^2 + 4a^2)/4\sigma_n^2}\,\mathrm{d}R_1 = \frac{1}{2}e^{-r} \qquad (2-3-127)$$

同理,可以求得将"0"错判为"1"的概率,即

$$P(1/0) = P(0/1) = \frac{1}{2}e^{-r} \qquad (2-3-128)$$

因此,2DPSK 信号在差分相干解调时系统的总误码率为

$$P_e = \frac{1}{2}e^{-r} \qquad (2-3-129)$$

2.3.3　二进制数字调制系统的性能比较

衡量一个数字通信系统性能优劣的最为主要的指标是有效性和可靠性,下面我们分别从误码率、频带利用率、对信道的适应能力以及设备的可实现性等方面对二进制数字调制系统的性能进行讨论。

1. 误码率

在信道高斯白噪声的干扰下,各种二进制数字调制系统的误码率取决于解调器输入信噪比,而误码率表达式的形式则取决于解调方式:在相干解调时,为互补误差函数 $\mathrm{erfc}\left(\sqrt{\frac{r}{k}}\right)$ 形式(k 只取决于调制方式);在非相干解调时,为指数函数形式。二进制数字调制系统的误码率公式表如表 2-3-1 所示。

表 2 - 3 - 1　二进制数字调制系统的误码率公式表

	相干解调	非相干解调
2ASK	$\dfrac{1}{2}\mathrm{erfc}\left(\sqrt{\dfrac{r}{4}}\right)$	$\dfrac{1}{2}\mathrm{e}^{-r/4}$
2FSK	$\dfrac{1}{2}\mathrm{erfc}\left(\sqrt{\dfrac{r}{2}}\right)$	$\dfrac{1}{2}\mathrm{e}^{-r/2}$
2PSK	$\dfrac{1}{2}\mathrm{erfc}\left(\sqrt{r}\right)$	—
2DPSK	$\mathrm{erfc}\left(\sqrt{r}\right)$	$\dfrac{1}{2}\mathrm{e}^{-r}$

根据表 2 - 3 - 1，从横向来看，对于同一种调制方式，采用相干解调的误码率低于采用非相干解调的误码率，相干解调的抗噪声性能优于非相干解调。从纵向来看，若采用相干解调，在误码率相同的情况下，所需要的信噪比的要求为 2ASK 比 2FSK 高 3 dB，2FSK 比 2PSK 高 3 dB，2ASK 比 2PSK 高 6 dB；反之，若信噪比一定，2PSK 系统的误码率比 2FSK 小，2FSK 系统的误码率比 2ASK 小。由此可知，在抗加性高斯白噪声方面，相干性 2ASK 最差，2FSK 次之，2PSK 性能最好，但 PSK 有"倒 π"现象，很少采用，多采用 DPSK。由表 2 - 3 - 1 可得三种数字调制系统的误码率与信噪比的关系曲线，如图 2 - 3 - 32 所示。

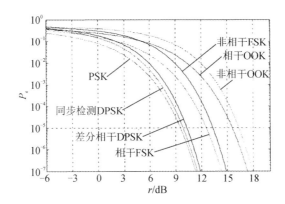

图 2 - 3 - 32　三种数字调制系统的误码率与信噪比的关系曲线

2. 带宽

2ASK 系统和 2PSK 系统的频带宽度为

$$B_{2\mathrm{ASK}} = B_{2\mathrm{PSK}} = \frac{2}{T_s} \tag{2-3-130}$$

2FSK 系统的频带宽度为

$$B_{2\mathrm{FSK}} = \mid f_2 - f_1 \mid + \frac{2}{T_s} \tag{2-3-131}$$

因此，从频带利用率或频带宽度上来看，2FSK 系统的频带利用率最低。

3. 对信道特性变化的敏感性

在选择数字调制方式时，还应考虑判决门限对信道特性的敏感性，在随参信道中，我们希望判决门限不随信道变化而变化。经过比较，在 2FSK 系统中，判决器是根据上下两个支路解调输出抽样值的大小来做出判决，不需要人为地设置判决门限，因而对信道的变化不敏感。在 2PSK 系统中，判决器的最佳判决门限为 0，与接收机输入信号的幅度无关。因此，接收机总能保持工作在最佳判决门限状态。对于 2ASK 系统，判决器的最佳判决门限与接收机输入信号的幅度有关，对信道特性变化敏感，性能最差。但当信道有严重衰落时，通常采用非相干解调或差分相干解调，因为在接收端难以得到与发送端同频、同相的本地载波。但在远距离通信中，当发射机有着严格的功率限制时，例如，在卫星通信中，星上转发器输出功率受电能的限制，这时可考虑采用相干解调，因为在传码率及误码率给定的情况下，相干解调所要求的信噪比较非相干解调小。

4. 设备复杂度

对二进制调制系统的设备而言，2ASK、2PSK 及 2FSK 发送端设备的复杂度相差不多，而接收端的复杂程度则和所用的调制解调方式有关。对于同一种调制方式，相干解调时的接收设备比非相干解调时的接收设备复杂；当同为非相干解调时，DPSK 的接收设备最复杂，2FSK 次之，2ASK 的设备最简单。

通过以上几个方面的比较可以看出，对调制和解调方式的选择需要考虑的因素较多。通常，只有对系统的要求做全面的考虑，并且还要抓住其中最主要的因素，才能做出比较恰当的选择。如果抗噪声性能是最主要的，则应考虑相干 2PSK 和 DPSK，而 2ASK 最不可取；如果要求较高的频带利用率，则应选择相干 2PSK、DPSK 及 2ASK，而 2FSK 最不可取；如果要求较高的功率利用率，则应选择相干 2PSK 和 DBPSK，而 2ASK 最不可取；若传输信道是随参信道，则 2FSK 具有更好的适应能力；若从设备复杂度方面来主要考虑，则非相干方式比相干方式更适宜。DPSK 是一种频带利用率高的高效率传输方式，其抗噪声性能也好，优点较多，有着广泛的应用。

2.3.4　多进制数字调制原理

二进制数字调制系统虽然具有较好的抗干扰能力，但频带利用率较低，每个码元只能传输一个比特的信息，使其在实际应用中受到一些限制。在信道频带受限时，为了提高频带利用率，常采用多进制数字调制系统，其代价是增加信号功率和实现上的复杂性。多进制数字调制，就是使一个码元传输多个比特的信息。这是码元传输速率、信息传输速率以及进制数之间的关系。

在信息传输速率不变的情况下，通过增加进制数 M，可以降低码元传输速率，从而减小信号带宽，提高系统频带利用率。而在码元传输速率不变的情况下，通过增加进制数 M，可以增大信息传输速率，从而在相同带宽中传输更多的信息量。多进制幅度调制信号的载波振幅有 M 种取值，在一个码元时间间隔 T_s 内，发送其中的一种幅度的载波信号。由上一节的讨论可知，各种键控方式的误码率都决定于信噪比，有

$$r = \frac{a^2}{2\sigma_n^2} \qquad\qquad (2-3-132)$$

式(2-3-132)表示 r 是信号码元速率 $a^2/2$ 和噪声功率 σ_n^2 之比。它还可以改写为码元能量 E 和噪声单边功率谱密度 n_0 之比，即

$$r = \frac{E}{n_0} \qquad\qquad (2-3-133)$$

设一个码元中包含 k 个比特，若码元能量 E 平均分配给每个比特，则每比特的能量，每比特的能量和噪声单边功率谱密度之比为

$$\frac{E_b}{n_0} = \frac{E}{kn_0} = \frac{r}{k} = r_b \qquad\qquad (2-3-134)$$

在研究不同 M 值下的误码率时，适合用 r_b 为单位来比较不同通信体制的性能。

1. 多进制振幅键控(MASK)

多进制数字振幅调制(MASK)又称为多电平调制。它是二进制数字振幅键控方式的推广。M 进制数字振幅调制信号的载波幅度有 M 种取值，在每个码元时间间隔 T_s 内发送 M 个幅度中的一种幅度的载波信号。图 2-3-33 给出了基带信号和相对应的 MASK 信号波形举例。图中的信号是 4ASK 信号，即 $M=4$。对于 4ASK 信号，每个码元含有 2 bit 信息，码元 00、01、10、11 分别代表 0、1、2、3 四种状态。对于 MASK 信号，单位频带的信息传输速率高，即频带利用率高。对于基带信号，信道频带利用率最高为 2B/Hz。对于 2ASK 信号，由于带宽是基带信号的两倍，为 $2f_s$，故其频带利用率最高为 1B/Hz。MASK 信号的功率谱是 $M-1$ 个 2ASK 信号的功率谱之和，因而具有与 2ASK 功率谱相似的形式。就 MASK 信号的带宽而言，与其分解的任一个 2ASK 信号的带宽相同为 $2f_s$。对于 M 进制，一个码元含有 $k=\text{lb}M$ 比特信息，码元速率为 f_s，则信息速率为 kf_s，故频带利用率为 $\eta = \dfrac{kf_s}{2f_s} = \dfrac{\text{lb}M}{2}$。多进制数字调制方式得到了广泛使用，但所付出的代价是，信号功率需求增

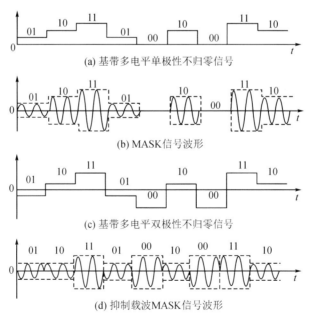

(a) 基带多电平单极性不归零信号

(b) MASK信号波形

(c) 基带多电平双极性不归零信号

(d) 抑制载波MASK信号波形

图 2-3-33　基带信号和相对应的 MASK 信号波形举例

加和实现复杂度加大。图 2 - 3 - 33(a)中的基带信号是多进制单极性不归零波形,它有直流分量。若改成多进制双极性不归零波形作为基带信号(如图 2 - 3 - 33(c)所示),则可得到抑制载波 MASK 信号,如图 2 - 3 - 33(d)所示。01 和 10 以及 11 和 00 所对应的波形的初始相位是不同的,01 的相位是 π,10 的相位是 0。抑制载波 MASK 信号是振幅键控与相位键控相结合的调制信号。

2. 多进制频移键控(MFSK)

MASK 信号的产生方法与 2ASK 类似,差别在于基带信号为 M 电平。将 n 位($n = \text{lb}M$)二进制信息码分为一组,然后变换为 M 电平,再送入幅度调制器。例如,四进制频移键控(4FSK)中采用 4 个不同频率分别表示四进制信息码,每个信息码含有 2 bit(2 个比特表示一个脉冲)信息,如图 2 - 3 - 34 所示。MFSK 信号的带宽近似为(类似于 2FSK 功率谱密度分析得):$B = f_M - f_1 + \Delta f$,其中,f_1 为最低载频;f_M 为最高载频;Δf 为单个信息码的带宽,其取决于信号传输速率。由于 MFSK 的信息码采用 M 个不同频率的载波,所以占用较宽的频带。

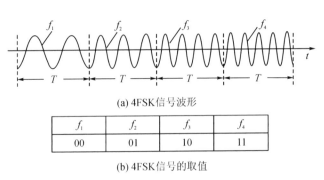

(a) 4FSK信号波形

f_1	f_2	f_3	f_4
00	01	10	11

(b) 4FSK信号的取值

图 2 - 3 - 34 4FSK 信号举例

MFSK 调制原理与 2FSK 的原理基本相同,其既可以采用双边带调制,也可以用多电平残留边带调制或单边带调制等。基带信号波形最简单的为矩形脉冲,为了限制信号频谱也可用其他波形,如升余弦滚降波形或部分响应波形等。MASK 信号的解调可以采用非相干解调。图 2 - 3 - 35 为 MFSK 非相干解调器的原理框图。MFSK 相干解调器的原理类同,用相干检波器代替上面的包络检波器。由于 MASK 相干解调器较复杂且应用较少,这里就不专门进行介绍了。

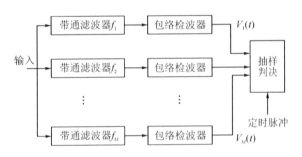

图 2 - 3 - 35 MFSK 非相干解调器的原理框图

3. 多进制相移键控(MPSK)

在 2PSK 信号的表达式中一个码元的载波初始相位 θ 可以等于 0 或 π，将其推广到多进制 θ 可以取很多个可能值。所以，一个 MPSK 信号码元可以表示为

$$s_k(t) = A\cos(\omega_0 t + \theta_k) \qquad k = 1, 2, \cdots, M \qquad (2-3-135)$$

式中，A 为常数，$\theta_k = \dfrac{2\pi}{M}(k-1)$，$k = 1, 2, \cdots, M$，$\theta_k$ 为一组间隔均匀地受调制相位从 $0 \sim 2\pi$ 变化量。通常 M 取 2 的某次幂，即 $M = 2^k$，k 为正整数，$M = 2, 4, 8, \cdots$ 多进制相移键控中使用最广泛的是四相制和八相制。8PSK 信号的相位矢量图如图 2-3-36 所示。图 2-3-36 是当 $k = 3$ 时 θ_k 的一种取值情况。当发送信号的相位 $\theta_1 = 0$ 时，能够正确接收的相位范围在 $\pm \pi/8$ 内。

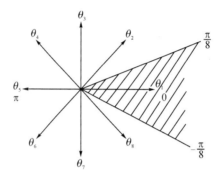

图 2-3-36　8PSK 信号的相位矢量图

对于多进制 PSK 信号，不能简单地采用一个相干载波进行相干解调。例如，当用 $\cos 2\pi f_0 t$ 作为相干载波时，因为 $\cos\theta_k = \cos(2\pi - \theta_k)$，使解调存在模糊。这时需要用两个正交的相干载波解调。令 $s_k(t) = A\cos(\omega_c t + \theta_k)$ 中的 $A = 1$，并将其展开正弦和余弦项，有

$$s_k(t) = \cos(\omega_0 t + \theta_k) = a_k \cos\omega_0 t - b_k \sin\omega_0 t \qquad (2-3-136)$$

式中，$a_k = \cos\theta_k$，$b_k = \sin\theta_k$。式(2-3-136)表明，MPSK 信号码元 $s_k(t)$ 可以看成是由正弦和余弦两个正交分量合成的信号，并且 $a_k^2 + b_k^2 = 1$。因此，其带宽和 MASK 信号的带宽相同，为 $2f_s$。

下面主要以 $M = 4$ 为例，对 4PSK 做进一步的分析。

1) QPSK 信号分析

正交相移键控(Quadrature Phase Shift Keying，QPSK)又称为四相绝对相移键控(4PSK)，它利用载波的四种不同相位来表征数字信息。由于每一种载波相位代表 2 bit 信息，故每个四进制符号又被称为双比特码元。把组成双比特码元的前一信息比特记为 a 码，后一信息比特记为 b 码，为使接收端误码率最小化，双比特码元(a, b)通常按格雷码(Gray Code)方式排列，即任意两个相邻的双比特码元之间只有一个比特发生变化。图 2-3-37 给出了 QPSK 信号的相位矢量图。其中，图 2-3-37(a)表示 A 方式，图 2-3-37(b)表示 B 方式。

根据相位矢量图，得到双比特码元与载波相位之间的对应关系，如表 2-3-2 所示。

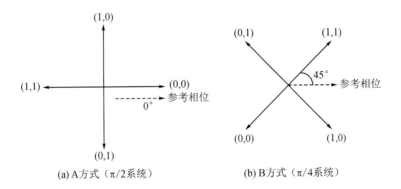

图 2-3-37　QPSK 信号的相位矢量图

表 2-3-2　双比特码元与载波相位之间的对应关系

双比特码元		载波相位 θ_n	
a	b	A 方式	B 方式
0	0	90°	235°
0	1	0°	135°
1	1	270°	45°
1	0	180°	315°

A 方式的 QPSK 信号可表示为

$$s(t) = \cos(\omega_c t + \theta_n) = \cos\left(\omega_c t + \frac{n}{2}\pi\right), \quad n = 0,1,2,3 \qquad (2-3-137)$$

B 方式的 QPSK 信号可表示为

$$s(t) = \cos(\omega_c t + \theta_n) = \cos\left(\omega_c t + \frac{2n+1}{4}\pi\right), \quad n = 0,1,2,3 \qquad (2-3-138)$$

由于 QPSK 信号普遍采用正交调制（又称为 IQ 调制）法产生，故 QPSK 信号统一表示为

$$s(t) = \cos(\omega_c t + \theta_n) = I \cdot \cos\omega_c t - Q \cdot \sin\omega_c t \qquad (2-3-139)$$

这样，将 a 码送入 I 路，b 码送入 Q 路，然后将 I 路信号与载波 $\cos\omega_c t$ 相乘，Q 路信号与正交载波 $\sin\omega_c t$ 相乘，之后通过加法器相加，即可得到 QPSK 信号。

2）QPSK 信号调制

以 B 方式为例，QPSK 信号的产生方法有两种：一是正交调制法；二是相位选择法。

（1）正交调制法。二进制调相信号通常采用键控法，而多进制调相信号普遍采用 IQ 调制法产生。用正交调制法产生 QPSK 信号的原理框图和相位矢量图如图 2-3-38 所示。它可以看成由两个 2PSK 调制器构成，上支路将 a 码与余弦载波相乘，下支路将 b 码与余弦载波相乘，这样产生载波相互正交的两路 2PSK 信号，再将这两路信号相加，通过矢量合成便是 QPSK 信号。

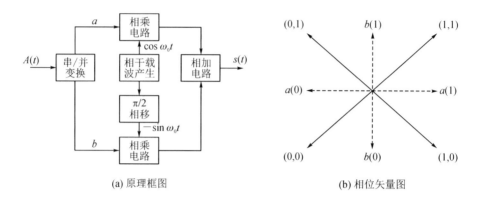

(a) 原理框图　　　　　　　　　　　(b) 相位矢量图

图 2-3-38　用正交调制法产生 QPSK 信号的原理框图和相位矢量图

图 2-3-38(a) 中输入的数字基带信号 $A(t)$ 是二进制的单极性不归零码，通过"串/并变换"电路变成并行的两路码元 a 和 b 后，其每个码元的传输时间是输入码元的两倍，并且单极性信号将变为双极性信号。其变换关系式将"1"变为"+1"、"0"变为"-1"。串/并变换电路的工作原理如图 2-3-39 所示。图中 0、1、2 等表示为二进制基带码元的序号。

图 2-3-39　串/并变换电路的工作原理

(2) 相位选择法。用相位选择法产生 QPSK 信号的原理框图如图 2-3-40 所示。图中的四相载波产生器产生四种相位的载波，经逻辑选择电路，根据输入信息 a 和 b，决定选择哪个相位的载波输出，然后经过带通滤波器滤除高频分量。这种方式适合用于载频较高的场合。

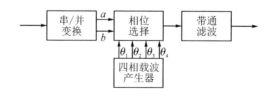

图 2-3-40　用相位选择法产生 QPSK 信号的原理框图

3) QPSK 信号解调

QPSK 信号解调可以用两个正交的载波信号实现相干解调，如图 2-3-41 所示。由于 QPSK 信号可以看成是两个正交 2PSK 信号的叠加，所以用两路正交的相干载波去解调，可以很容易地分离这两路正交的 2PSK 信号。经相干解调后的两路并行码元 a 和 b，经过并/串变换，可恢复出原串行信息。这种解调仍然存在相位模糊现象。

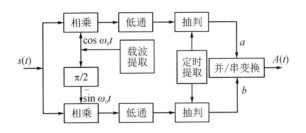

图 2 - 3 - 41　QPSK 信号解调的原理框图

4. 多进制差分相移键控(MDPSK)

MDPSK 信号和 MPSK 信号类似，只需把 MPSK 信号用的参考相位作为前一个码元的相位，把相移 θ_k 作为相对于前一个码元相位的相移。这里仍以四进制 DPSK 信号为例做进一步的讨论。四进制 DPSK 通常记为 QDPSK。

1) QDPSK 信号调制

为了克服 QPSK 的相位模糊现象，人们常采用 QDPSK 调制，即用相邻码元载波相位的相对变化来表示数字基带信号，它可以理解为四进制的相对(差分)相移键控。将表 2 - 3 - 2 中的 θ_n 换成 $\Delta\theta_n$，即得 QDPSK 信号的编码规则，此时 $\Delta\theta_n$ 是本码元载波相位相对于前一个码元的相位变化。QDPSK 信号产生方法与 QPSK 信号的产生方法类似，只需在图 2 - 3 - 38(a)中发送端串/并变换后增加差分编码器，即可获得 QDPSK 信号，如图 2 - 3 - 42所示。

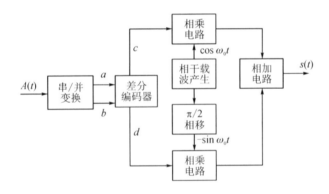

图 2 - 3 - 42　用正交调制法产生 QDPSK 信号的原理框图

在发送端，差分编码的实现常用"模 4 加"电路，如图 2 - 3 - 43 所示。

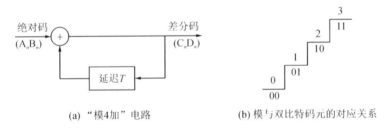

(a)"模4加"电路　　　　　　　　　(b) 模与双比特码元的对应关系

图 2 - 3 - 43　差分编码的实现

"模 4 加"的运算法则是相加之值小于 4，其和为结果值；相加之值大于 4，其和减 4 为结果值；相加之值等于 4，结果值为 0。例如：

A码	0	1	0	1	1	1	1	0
B码	1	0	0	0	1	1	0	1

AB码的模值为

$$\begin{array}{ccccccccc} 1 & 3 & 0 & 3 & 2 & 2 & 3 & 1 \\ \oplus & \oplus & \oplus & \oplus & \oplus & \oplus & \oplus & \oplus \end{array}$$

CD码的模值为

CD码的模值为	3	2	2	1	3	1	0	1
C码	1	1	1	0	1	0	0	0
D码	0	1	1	0	1	1	0	1

2）QDPSK 信号解调

QDPSK 信号解调的方法和 2DPSK 解调类似，有极性比较法和差分检测法两种。对 QDPSK 信号用极性比较法解调的原理框图如图 2-3-44 所示，与图 2-3-41 比较，只是多了一个码反变换（差分译码），将差分码变成绝对码。

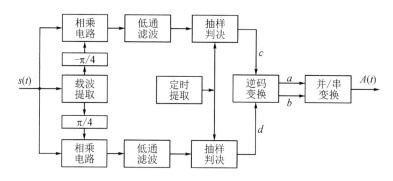

图 2-3-44　对 QDPSK 信号用极性比较法解调的原理框图

在接收端，差分译码的实现常用"模 4 减"电路。"模 4 减"的运算法则是相减之值大于 0，其差为结果值；相减之值小于 0，其差值加 4 为结果值；相加之值等于 0，结果值为 0。

2.3.5　多进制数字调制系统的抗噪声性能

1. MASK 系统的抗噪声性能

讨论抑制载波 MASK 信号在高斯白噪声信道条件下的误码率（抑制载波 MASK 是振幅键控和相位键控结合的调制信号）。设抑制载波 MASK 信号的基带调制码元可以有 M 个电平，如图 2-3-45 所示。此抑制载波 MASK 信号的表达式为

$$s(t) = \begin{cases} \pm d\cos 2\pi f_0 t, & \text{当发送电平 } \pm d \text{ 时} \\ \pm 3d\cos 2\pi f_0 t, & \text{当发送电平 } \pm 3d \text{ 时} \\ \vdots & \vdots \\ \pm(M-1)d\cos 2\pi f_0 t, & \text{当发送电平 } \pm(M-1)d \text{ 时} \end{cases} \tag{2-3-140}$$

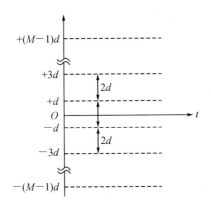

图 2-3-45　基带信号的 M 个电平

若接收端在解调前，信号无失真，仅附加有窄带高斯噪声，则在忽略常数衰减因子后，解调前的接收信号可以表示为

$$s(t) = \begin{cases} \pm d\cos 2\pi f_0 t + n(t), & \text{当发送电平} \pm d \text{ 时} \\ \pm 3d\cos 2\pi f_0 t + n(t), & \text{当发送电平} \pm 3d \text{ 时} \\ \vdots & \vdots \\ \pm (M-1)d\cos 2\pi f_0 t + n(t), & \text{当发送电平} \pm (M-1)d \text{ 时} \end{cases} \qquad (2-3-141)$$

式中，$n(t) = n_c(t)\cos 2\pi f_0 t - n_s(t)\sin 2\pi f_0 t$ 为窄带高斯噪声。

设接收机采用相干解调，则噪声中只有与信号同相的分量（即 $n_c\cos\omega_c t$ 的项）有影响。信号和噪声在相干解调器中相乘，并滤除高频分量后有（对于解调器的输出电压，忽略常数因子 1/2）。

$$v(t) = \begin{cases} \pm d + n_c(t), & \text{当发送电平} \pm d \text{ 时} \\ \pm 3d + n_c(t), & \text{当发送电平} \pm 3d \text{ 时} \\ \vdots & \vdots \\ \pm (M-1)d + n_c(t), & \text{当发送电平} \pm (M-1)d \text{ 时} \end{cases} \qquad (2-3-142)$$

式（2-3-142）的这个电压将被抽样判决。判决电平应选择在 0、2d、…、(M-2)d。当噪声抽样值 $|n_c|$ 超过 d 时，会发生错误判决。而当信号电平等于 $+(M-1)d$ 时，若 $n_c > +d$，不会发生错判；同理，当信号电平等于 $-(M-1)d$ 时，若 $n_c < -d$，也不会发生错判。所以，当抑制载波 MASK 信号以等概率发送时，即每个电平的发送概率等于 $1/M$ 时，平均误码率为

$$P_e = \frac{M-2}{M}P(|n_c| > d) + \frac{2}{M} \cdot \frac{1}{2}P(|n_c| > d) = \left(1 - \frac{1}{M}\right)P(|n_c| > d) \quad (2-3-143)$$

式中，$P(|n_c| > d)$ 为噪声抽样绝对值大于 d 的概率。

因为 n_c 是均值为 0，方差为 σ_n^2 的正态随机变量，故有

$$P(|n_c| > d) = \frac{2}{\sqrt{2\pi}\sigma_n}\int_d^\infty e^{-x^2/2\sigma_n^2}dx \qquad (2-3-144)$$

得到平均误码率为

$$P_e = \left(1 - \frac{1}{M}\right)\frac{2}{\sqrt{2\pi}\sigma_n}\int_d^\infty e^{-x^2/2\sigma_n^2}dx = \left(1 - \frac{1}{M}\right)\text{erfc}\left(\frac{d}{\sqrt{2}\sigma_n}\right) \qquad (2-3-145)$$

对于等概率的抑制载波 MASK 信号，其平均功率为

$$P_s = \frac{2}{M} \sum_{i=1}^{M/2} \frac{\left[(2i-1)d \right]^2}{2} = d^2 \frac{M^2-1}{6} \qquad (2-3-146)$$

由式(2-3-146)可得

$$d^2 = \frac{6P_s}{M^2-1} \qquad (2-3-147)$$

将式(2-3-147)代入式(2-3-145)，可得

$$P_e = \left(1 - \frac{1}{M} \right) \text{erfc} \left(\sqrt{\frac{3}{M^2-1} \cdot \frac{P_s}{\sigma_n^2}} \right) \qquad (2-3-148)$$

式(2-3-148)中 P_s/σ_n^2 就是信噪比 r，故可以写成

$$P_e = \left(1 - \frac{1}{M} \right) \text{erfc} \left(\sqrt{\frac{3}{M^2-1} r} \right) \qquad (2-3-149)$$

当 $M=2$ 时，多进制振幅键控 MASK 过渡到二进制相移键控 2PSK 的误码率公式为

$$P_e = \frac{1}{2} \text{erfc} \left(\sqrt{r} \right) \qquad (2-3-150)$$

在相同信噪比条件下比较，M 越大，P_e 越大，二进制的 P_e 最小；在确定的 M 条件下比较，r 越大，P_e 越小。MASK 信号的误码率曲线如图 2-3-46 所示。

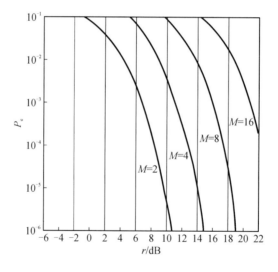

图 2-3-46　MASK 信号的误码率曲线

2. MFSK 系统的抗噪声性能

1) 非相干解调时的误码率

MFSK 非相干解调器有 M 路带通滤波器用于分离 M 个不同频率的码元。当某个码元输入时，M 个带通滤波器的输出中仅有一个是信号加噪声，其他各路都只有噪声。现假设 M 路带通滤波器中的噪声是互相独立的窄带高斯噪声，其包络服从瑞利分布。故这 $M-1$ 路噪声的包络都不超过某个门限电平 h 的概率等于 $[1-P(h)]^{M-1}$。其中，$P(h)$ 是一路滤波器的输出噪声包络超过此门限电平 h 的概率，由瑞利分布公式可得

$$P(h) = \int_h^\infty \frac{N}{\sigma_n^2} e^{-N^2/2\sigma_n^2} \mathrm{d}N = e^{-h^2/2\sigma_n^2} \tag{2-3-151}$$

式中，N 为滤波器输出噪声的包络；σ_n^2 为滤波器输出噪声的功率。

假设这 $M-1$ 路噪声都不超过此门限电平 h 就不会发生错误判决，则式 $[1-P(h)]^{M-1}$ 的概率就是不发生错判的概率。因此，有任意一路或一路以上噪声输出的包络超过此门限就将发生错误判决，此错判的概率为

$$
\begin{aligned}
P_e(h) &= 1 - [1 - P(h)]^{M-1} = 1 - [1 - e^{-h^2/2\sigma_n^2}]^{M-1} \\
&= \sum_{n=1}^{M-1} (-1)^{n-1} \binom{M-1}{n} e^{-nh^2/2\sigma_n^2}
\end{aligned}
\tag{2-3-152}
$$

显然，它与门限电平 h 有关。下面就来讨论 h 的值如何确定。

有信号码元输出的带通滤波器的输出电压包络服从广义瑞利分布，即

$$P(x) = \frac{x}{\sigma_n^2} I_0\left(\frac{Ax}{\sigma_n^2}\right) \exp\left[-\frac{1}{2\sigma_n^2}(x^2 + A^2)\right], \ x \geqslant 0 \tag{2-3-153}$$

式中，$I_0(\cdot)$ 为第一类零阶修正贝赛尔函数；x 为输出信号和噪声之和的包络；A 为输出信号码元振幅；σ_n^2 为输出噪声功率。

其他路中任何一路的输出电压超过了有信号这路的输出电压，x 就将发生错判。因此，这里的输出信号和噪声之和 x 就是上面的门限电平 h。因此，发生错误判决的概率为

$$P_e = \int_0^\infty p(h) P_e(h) \mathrm{d}h \tag{2-3-154}$$

将式(2-3-152)和式(2-3-153)代入式(2-3-154)，可得

$$
\begin{aligned}
P_e &= e^{\frac{A^2}{2\sigma_n^2}} \sum_{n=1}^{M-1} (-1)^{n-1} \binom{M-1}{n} \int_0^\infty \frac{h}{\sigma_n^2} I_0\left(\frac{Ah}{\sigma_n^2}\right) e^{-(1+n)h^2/2\sigma_n^2} \mathrm{d}h \\
&= \sum_{n=1}^{M-1} (-1)^{n-1} \binom{M-1}{n} \frac{1}{n+1} e^{-nA^2/2(n+1)\sigma_n^2}
\end{aligned}
\tag{2-3-155}
$$

式(2-3-155)是一个正、负项交替的多项式，在计算求和时，随着项数增加，其值起伏振荡，但是可以证明它的第一项是它的上界，即

$$P_e \leqslant \frac{M-1}{2} e^{-A^2/4\sigma_n^2} \tag{2-3-156}$$

式(2-3-156)可以改写为

$$P_e \leqslant \frac{M-1}{2} e^{-E/2\sigma_0^2} = \frac{M-1}{2} e^{-r/2} \tag{2-3-157}$$

由于一个 M 进制码元含有 k 比特信息，所以每比特占有的能量等于 E/k，这表示每比特的信噪比为

$$r_b = \frac{E}{k\sigma_0^2} = \frac{r}{k} \tag{2-3-158}$$

将 $r = k r_b$ 代入式(2-3-157)中，可得

$$P_e \leqslant \frac{M-1}{2} \exp\left(\frac{-k r_b}{2}\right) \tag{2-3-159}$$

在式(2-3-159)中，若用 M 代替 $(M-1)/2$，则不等式右端的值将增大，但是此不等

式仍然成立，所以有

$$P_e < M\exp\left(\frac{-kr_b}{2}\right) \qquad (2-3-160)$$

这是一个比较弱的上界，但是它可以用来说明下面的问题。因为

$$M = 2^k = e^{\ln 2^k} \qquad (2-3-161)$$

所以式(2-3-160)可以改写为

$$P_e < \exp\left[-k\left(\frac{r_b}{2} - \ln 2\right)\right] \qquad (2-3-162)$$

由式(2-3-162)可以看出，当 $k \to \infty$ 时，P_e 按指数规律趋近于 0，但要保证：

$$\frac{r_b}{2} - \ln 2 > 0$$

即 $r_b > 2\ln 2$，此条件表示，只要保证比特信噪比 r_b 大于 $2\ln 2 = 1.39 = 1.42$ dB，则不断增大 k，就能得到任意小的误码率。对于 MFSK 方式而言，就是以增大占用带宽换取误码率的降低。但是，随着 k 的增大，设备的复杂程度也按指数规律增大。所以 k 的增大是受到实际应用条件的限制的。$M = 8$ 时的码元如表 2-3-3 所示。其中，$M = 8$，$k = 3$，在任一列中均有 4 个"0"和 4 个"1"。所以若一个码元错变成另一个码元时，在给定的比特位置上发生错误的概率只有 4/7。

一般而言，在一个给定的码元中，任一比特位置上的信息和其他 $(2^{k-1} - 1)$ 种码元在同一位置上的信息相同，与其他 2^{k-1} 种码元在同一位置上的信息则不同。所以，误信率 P_b 和误码率 P_e 之间的关系为

$$P_b = \frac{2^{k-1}}{2^k - 1}P_e = \frac{P_e}{2[1 - (1/2^k)]} \qquad (2-3-163)$$

当 k 很大时，有

$$P_b \approx \frac{P_e}{2} \qquad (2-3-164)$$

按式(2-3-155)画出的误码率曲线，如图 2-3-47 所示。

表 2-3-3　$M=8$ 时的码元

码元	比特
0	000
1	001
2	010
3	011
4	100
5	101
6	110
7	111

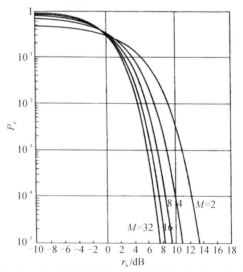

图 2-3-47　MFSK 信号非相干解调时的误码率曲线

2）非相干解调时的误码率

MFSK 信号非相干解调时的设备复杂，所以应用较少。其误码率的分析计算原理和 2FSK 相似，这里不另做讨论，其计算结果为

$$P_e = 1 - \frac{1}{\sqrt{2\pi}} \int_{-\infty}^{\infty} e^{-A^2/2} \left[\frac{1}{\sqrt{2\pi}} \int_{-\infty}^{A+\sqrt{2r}} e^{-u^2/2} du \right]^{M-1} dA \qquad (2-3-165)$$

式（2-3-145）较难做数值计算，为了估计相干解调时 MFSK 信号的误码率，可以给出的误码率上界公式，即

$$P_e \leqslant (M-1) \mathrm{erfc}(\sqrt{r}) \qquad (2-3-166)$$

其误码率曲线如图 2-3-48 所示。

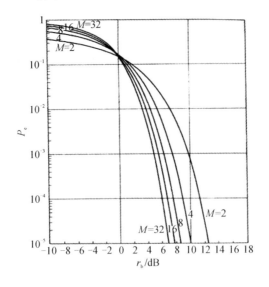

图 2-3-48　MFSK 信号相干解调时的误码率曲线

由图 2-3-47 和图 2-3-48 可见，当 $k > 7$ 时，两者的区别可以忽略。这时相干解调和非相干解调的误码率的上界都可以表示为

$$P_e \leqslant \frac{M-1}{2} e^{-A^2/4\sigma_n^2} \qquad (2-3-167)$$

3. MPSK 系统的抗噪声性能

在 QPSK 信号调制中，QPSK 信号的噪声容限如图 2-3-49 所示。由此可以看出，错误判决是由于信息矢量的相位因噪声发生偏离而造成的。设 $f(\theta)$ 为接收矢量（包括信号和

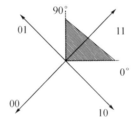

图 2-3-49　QPSK 信号的噪声容限

噪声)相位的概率密度,则发生错误的概率为

$$P_{e} = 1 - \int_{0}^{\pi/2} f(\theta) \mathrm{d}\theta \qquad (2-3-168)$$

设信号表达式为

$$s_{k}(t) = \cos(\omega_{0}t + \theta_{k}) = a_{k}\cos\omega_{0}t - b_{k}\sin\omega_{0}t \qquad (2-3-169)$$

式中,$a_{k} = \cos\theta_{k}$,$b_{k} = \sin\theta_{k}$,由此可知,当 QPSK 码元的相位 θ_{k} 等于 45°时,$a_{k} = b_{k} = 1/\sqrt{2}$。故信号码元相当于是互相正交的两个 2PSK 码元,其幅度分别为接收信号幅度的一半,功率为接收信号功率的一半。另外,接收信号与噪声之和为

$$r(t) = A\cos(\omega_{c}t + \theta) + n(t) \qquad (2-3-170)$$

式中,$n(t) = n_{c}(t)\cos\omega_{c}t - n_{s}(t)\sin\omega_{c}t$,并且 $n(t)$ 的方差为 σ_{n}^{2},噪声的两个正交分量的方差为

$$\sigma_{c}^{2} = \sigma_{s}^{2} = \sigma_{n}^{2}$$

若把此 QPSK 信号作为两个 2PSK 信号分别在两个相干检测器中解调,则只有与 2PSK 信号同相的噪声才有影响。由于误码率决定于各个相干检测器输入的信噪比,而此处的信号功率为接收信号功率的一半,噪声功率为 σ_{n}^{2}。若输入信号的信噪比为 r,则每个解调器输入端的信噪比将为 $r/2$。2PSK 相干解调的误码率为

$$P_{e} = \frac{1}{2}\mathrm{erfc}\sqrt{r}$$

其中,r 为解调器输入端的信噪比,故现在应该用 $r/2$ 代替 r,即误码率为

$$P_{e} = \frac{1}{2}\mathrm{erfc}\sqrt{\frac{r}{2}}$$

所以,正确概率为 $\left[1 - \dfrac{1}{2}\mathrm{erfc}\sqrt{\dfrac{r}{2}}\right]$。因为只有两路正交的相干检测都正确,才能保证 QPSK 信号的解调输出正确。由于两路正交相干检测都正确的概率为 $\left[1 - \dfrac{1}{2}\mathrm{erfc}\sqrt{r}\right]^{2}$。所以 QPSK 信号解调错误的概率为

$$P_{e} = 1 - \left[1 - \frac{1}{2}\mathrm{erfc}\sqrt{\frac{r}{2}}\right]^{2} \qquad (2-3-171)$$

式(2-3-171)计算出的是 QPSK 信号的误码率。若考虑其误比特率,则由于正交的两路相干解调的方法和 2PSK 中采用的解调方法一样。所以其误比特率的计算公式和 2PSK 的误码率公式一样。对于任意 M 进制 PSK 信号(即 MPSK 信号),其误码率公式为

$$P_{e} = 1 - \frac{1}{2\pi}\int_{-\pi/M}^{\pi/M} \mathrm{e}^{-r}\left[1 + \sqrt{4\pi r}\cos\theta \mathrm{e}^{r\cos^{2}\theta}\frac{1}{\sqrt{2\pi}}\int_{-\infty}^{\sqrt{2r}\cos\theta} \mathrm{e}^{-x^{2}/2}\mathrm{d}x\right]\mathrm{d}\theta$$

$$(2-3-172)$$

其误码率曲线如图 2-3-50 所示。

当 M 很大时,MPSK 误码率公式可以近似写为

$$P_{e} = \mathrm{erfc}\left(\sqrt{r}\sin\frac{\pi}{M}\right) \qquad (2-3-173)$$

4. MDPSK 系统的抗噪声性能

对于 MDPSK 信号,误码率计算近似公式为

$$P_e \approx \mathrm{erfc}\left(\sqrt{2r}\sin\frac{\pi}{2M} \right) \qquad\qquad (2-3-174)$$

其误码率曲线如图 2 - 3 - 51 所示。

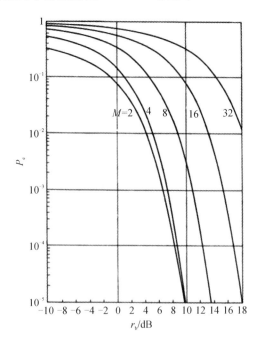

图 2 - 3 - 50　MPSK 信号的误码率曲线

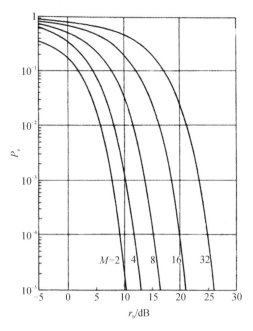

图 2 - 3 - 51　MDPSK 信号的误码率曲线

思　考　题

1. AM 信号的波形和频谱有哪些特点？

2. 什么是相位调制？什么是频率调制？二者有何关系？

3. HDB₃ 码和 AMI 码的编码规则是什么？它们各有什么特点？

4. 什么是数字调制？它与模拟调制相比有什么异同点？

5. 设一个载波的表达式为 $c(t)=5\cos 1000\pi t$，基带调制信号的表达式为 $m(t)=1+\cos 200\pi t$。试求出振幅调制时已调信号的频谱，并画出此频谱图。已调信号的载波分量和各边带分量的振幅分别等于多少？

6. 设一个频率调制信号的载频等于 10 kHz，基带调制信号是频率为 2 kHz 的单一正弦波，调制频移等于 5 kHz。试求其调制指数和已调信号带宽。

7. 试证明：若用一基带余弦波去进行调幅，则调幅信号的两个边带的功率之和最大等于载波频率的一半。

8. 设一基带调制信号为正弦波，其频率等于 10 kHz，振幅等于 1 V。它对频率为 10 MHz 的载波进行相位调制，最大调制相移为 10 rad。试计算次相位调制信号的近似带宽。若现在调制信号的频率变为 5 kHz，试求其带宽。

9. 设角度调制信号的表达式为 $s(t)=10\cos(2\pi\times10^6 t+10\cos 2\pi\times10^3 t)$。试求：（1）已

调信号的最大频移；(2)已调信号的最大相移；(3)已调信号的带宽。

10. 已知调制信号 $m(t) = \cos(2000\pi t) + \cos(4000\pi t)$，载波为 $\cos 10^4 \pi t$，进行单边带调制，试确定该单边带信号的表达式，并画出频谱图。

11. 设某信道具有均匀的双边噪声功率谱密度 $P_n(f) = 5 \times 10^{-3}$ W/Hz，在该信道中传输抑制载波的单边带信号，并设调制信号 $m(t)$ 的频带限制在 5 kHz。而载频是 100 kHz，已调信号功率是 10 kW。若接收机的输入信号在加至解调器之前，先经过一理想带通滤波器，试问：(1)该理想带通滤波器应具有怎样的传输特性；(2)解调器输入端信噪比为多少？(3)解调器输出端信噪比为多少？

12. 已知调制信号的上边带信号为 $S_{USB}(t) = \frac{1}{4}\cos(25\,000\pi t) + \frac{1}{4}\cos(22\,000\pi t)$，已知该载波为 $\cos 2 \times 10^4 \pi t$，求该调制信号的表达式。

13. 设某信道具有均匀的双边噪声功率谱密度 $P_n(f)$，在该信道中传输抑制载波的双边带信号，并设调制信号 $m(t)$ 的频带限制在 10 kHz，而载波为 250 kHz，已调信号的功率为 15 kW。已知解调器输入端的信噪功率之比为 1000。若接收机的输入信号在加至解调器之前，先经过一理想带通滤波器滤波，求双边噪声功率谱密度 $P_n(f)$。

14. 若语音信号的带宽在 300 Hz～400 Hz 之间，试按照奈奎斯特第一准则计算理论上信号不失真的最小抽样频率。

15. 若信息码序列为 1101001000001，试求出 AMI 码和 HDB₃ 码的相应序列。

16. 设一个二进制单极性基带信号序列中的"1"和"0"分别用脉冲 $g(t)$ 如图 1 所示，并且它们出现的概率相等，码元持续时间等于 T。试求：(1)该序列的功率谱密度的表达式，并画出其曲线；(2)该序列中有没有概率 $f = 1/T$ 的离散分量？若有，试计算其功率。

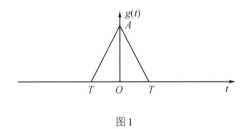

图 1

17. 设一个基带传输系统的传输函数 $H(f)$ 如图 2 所示。(1)试求该系统接收滤波器输出码元波形的表达式；(2)若其中基带信号的码元传输速率 $R_B = 2f_0$，试用奈奎斯特第一准则衡量该系统能否保证无码间串扰传输。

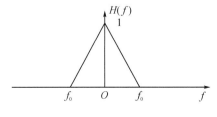

图 2

18. 设一个二进制基带传输系统的传输函数为
$$H(f) = \begin{cases} \tau_0(1+\cos 2\pi f \tau_0), & |f| \leqslant 1/2\tau_0 \\ 0, & \text{其他} \end{cases}$$
试确定该系统最高的码元传输速率 R_B 及相应的码元持续时间 T。

19. 设某二进制数字基带信号的基本脉冲为三角形脉冲，二进制数字信息"1"和"0"分别用 $g(t)$ 的有无表示，并且"1"和"0"出现的概率相等。(1)求该数字基带信号的功率谱密度。(2)能否从该数字基带信号中提取码元同步所需的频率 $f_s = 1/T_s$ 的分量？若能，试计算该分量的功率。

20. 设有一个 2PSK 信号，其码元传输速率为 1000 B，载波波形为 $A\cos(4\pi \times 10^6 t)$。(1)试问每个码元中包含多少个载波周期？(2)若发送"0"和"1"的概率分别是 0.6 和 0.4，试求此信号的功率谱密度的表达式。

21. 设有一个 4DPSK 信号，其信息速率为 2400 b/s，载波频率为 1800 Hz，试问每个码元中包含多少个载波周期？

22. 一个 2FSK 传输系统的两个载频分别等于 10 MHz 和 10.4 MHz，码元传输速率为 2×10^6 B，接收端解调器输入信号的峰值振幅 $A = 40\ \mu V$，加性高斯白噪声的单边功率谱密度 $n_0 = 6 \times 10^{-18}$ W/Hz。试求：(1)采用非相干解调时的误码率；(2)采用相干解调时的误码率。

23. 设在一个 2DPSK 传输系统中，输入信号码元序列为 0111001101000，试写出其变成相对码后的码元序列，以及采用 A 方式编码时发送载波的相对相位和绝对相位序列。

第3章　编码、扩频与多址接入技术

3.1　差错控制编码

在数字通信系统中，干扰会使信号产生变形，致使接收端产生误码，这将严重影响数字通信系统的可靠性。为了提高数字通信系统的可靠性，除了可采用均衡技术来消除乘性干扰引起的码间串扰外，还可以通过对所传数字信息进行特殊的处理(即信道编码)对误码进行检错和纠错，进一步降低误码率，以满足通信的传输要求。因此，信道编码是提高数字通信系统可靠性的有效措施之一，能提高传输质量1~2个数量级。信道编码的目的就是通过加入冗余码来减小误码，进而提高数字通信的可靠性。

香农定理(其中的香农第二定理)指出：对于一个给定的有扰信道，若该信道容量为C，则只要信道中的信息传输速率R小于C，就一定存在一种编码方式，使编码后的误码率随着码长n的增加而按指数下降到任意小的值。或者说只要$R < C$，就存在传输速率为R的纠错码。该定理虽然没有明确指出如何对数据信息进行纠错编码，也没有给出这种具有纠错能力通信系统的具体实现方法，但它奠定了信道编码的理论基础，并为人们从理论上指出了信道编码的努力方向。信道编码的基本思想就是在数字信号序列中加入一些冗余码元，这些冗余码元不含有通信信息，但与信号序列中的信息码元(简称信息码或信息元)有着某种制约关系，这种关系在一定程度上可以帮助人们发现或纠正在信息序列中出现的错误(即错码或误码)，从而起到降低误码率的作用。

本章主要分析差错控制编码的基本方法和纠错编码的基本原理，以及常用检错码、线性分组码和卷积码的构造原理等。

3.1.1　差错控制方式

目前常见的差错控制方式主要有前向纠错(FEC)、检错重发(ARQ)、混合纠错(HEC)、信息反馈(IF)和检错删除(Deletion)等。几种差错控制方式的原理如图3-1-1所示。

(1) 前向纠错(FEC)：发送端除了发送信息码元外，还发送加入的差错控制码元，接收端根据收到的这些码组，并利用加入的差错控制码元不但能够发现错码，而且还能自动纠正这些错码，如图3-1-1(a)所示。前向纠错方式只要求单向信道，因此特别适合于只能提供单向信道的场合，同时也适合一点发送多点接收的广播方式。因为不需要对发送端反馈信息，所以接收信号的延时小、实时性好。这种纠错系统的缺点是设备复杂、成本高，并且纠错能力越强，编译码设备就越复杂。

(2) 检错重发(ARQ)：发送端将信息码编成能够检错的码组发送到信道，接收端收到一个码组后进行检验，并将检验结果通过反向信道反馈给发送端，发送端根据收到的应答信号重新发送有错误的码元，直到接收端能够正确接收为止，如图3-1-1(b)所示。其优点是译码设备不会太复杂，对突发错码特别有效，但需要双向信道。

（3）混合纠错（HFC）：混合纠错方式是前向纠错方式和检错重发方式的结合，如图 3-1-1(c)所示。其内层采用 FEC 方式，纠正部分差错；外层采用 ARQ 方式，重传那些虽已检出但未纠正的差错。混合纠错方式在实时性和译码复杂性方面是前向纠错方式和检错重发方式的折中，较适合于环路延迟大的高速数据传输系统。

（4）信息反馈（IF）：前三种方式都是在接收端识别有无错码，而信息反馈是指接收端将收到的消息原封不动地发回发送端，由发送端将反馈信息和原发送信息进行比较，当发现错误时进行重发，如图 3-1-1(d)所示。该方法的优点是原理和设备简单，并且不需要检、纠错编译码系统。其缺点是需要双向信道，而且传输效率较低，实时性较差。

图 3-1-1　差错控制方式的原理

（5）检错删除（Deletion）：它和检错重发的区别在于，当接收端发现错误时，立即将其删除，不要求重发。这种方法只适用于少数特定系统，在那里发送的码元中有大量多余度，删除部分接收码后不影响其应用。

3.1.2　信道编码

1. 差错控制编码的基本原理

信道编码就是在信息码序列中加入冗余码（即监督码元或监督元），接收端利用监督码与信息码之间的某种特殊关系加以校验，以实现检错和纠错功能。下面我们以重复码为例详细介绍检错和纠错的基本原理。

假设要发送一组具有两种状态的数据信息（如 A 和 B）。我们首先要用二进制码元对数据信息进行编码，显然，用 1 位二进制码元就可完成。编码表如表 3-1-1 所示。

　　假设不经信道编码，在信道中直接传输按表中编码规则得到的"0""1"的数字序列，则在理想情况下，接收端收到"0"就认为是 A，收到"1"就是 B，如此可完全了解发送端传过来的信息。而在实际通信中由于干扰（噪声）的影响，会使信息码元发生错误，从而出现误码（如码元"0"变成"1"或者"1"变成"0"）。从表 3-1-1 中可见，任何一组码只要发生错误，都会使该码组变成另外一组信息码，从而引起信息传输错误。因此，这种编码不具备检错和纠错的能力。

表 3-1-1　编　码　表

重复码	A		B		检错个数	纠错个数
	信息位	监督位	信息位	监督位		
重复码(1，1)	0		1		0	0
重复码(2，1)	0	0	1	1	1	1
重复码(3，1)	0	00	1	11	2	1
重复码(4，1)	0	000	1	111	3	1

　　当增加 1 位冗余码，即采用重复码(2，1)。其中，码长为 2 位，信息位为 1 位。如用"00"表示 A，用"11"表示 B。当传输过程中发生了 1 位错码时，码字就会变为"10"或"01"。当接收端收到"10"或"01"时，只能检测到有错误，而不能自动纠正错误。这是因为存在着不准使用的码字"10"和"01"的缘故，即存在禁用码组。相对于禁用码组而言，把允许使用的码组称为许用码组。这表明在信息码元后面附加 1 位监督码元后，当只发生了 1 位错码时，码字具有检错能力。但由于不能判决是哪一位发生了错码，所以没有纠错能力。

　　当增加 2 位冗余码，即采用重复码(3，1)。如用"000"表示 A，用"111"表示 B。此时的禁用码组为"100""010""001""011""101"和"110"。当传输过程中发生了 1 位错码时，码字就会变为"100""010""001""011""101"或"110"。例如，当接收端收到"100"时，接收端就会按照"大数法则"自动恢复为"000"，认为信息发生了 1 位错码。此时接收端不仅能检测到 1 位错码，而且还能自动纠正该错误。但是当出现 2 位错码时，例如，"000"会错变为"100""010"或"001"，当接收端收到这三种码时，就会认为信息有错，但不知是哪一位发生了错码，此时只能检测到 2 位错码。如果在传输过程中发生了 3 位错码，接收端收到的是许用码组，此时不再具有检错能力。因此，这时的信道编码具有检出 2 位错码和 2 位以下错码的能力，或者具有纠正 1 位错码的能力。

　　当增加 3 位冗余码，即采用重复码(4，1)。例如，用"0000"表示 A，用"1111"表示 B。此时接收端能纠正 1 位错码，用于检错时能检测到 3 位错码。

　　由此可见，增加冗余码的个数能增加检、纠错能力。

2. 差错控制编码的分类

　　根据编码方式和不同的衡量标准，差错控制编码有多种形式和类别。下面我们简单地介绍几种主要的分类。

　　(1) 根据编码功能可分为检错码、纠错码和纠删码三种类型，只能完成检错功能的码叫做检错码；具有纠错能力的码叫做纠错码；而纠删码既可检错也可纠错。

（2）按照信息码元和附加的监督码元之间的检验关系可以分为线性码和非线性码。若信息码元与监督码元之间的关系为线性关系，即监督码元是信息码元的线性组合，则称为线性码；反之，若两者不存在线性关系，则称为非线性码。

（3）按照信息码元和监督码元之间的约束方式可分为分组码和卷积码。在分组码中，编码前先把信息序列分为 k 位一组，然后用一定规则附加 m 位监督码元，形成 $n=k+m$ 位的码组。监督码元仅与本码组的信息码元有关，而与其他码组的信息码元无关。但在卷积码中，码组中的监督码元不但与本组信息码元有关，而且与前面码组的信息码元也有约束关系，就像链条那样一环扣一环，所以卷积码又称为连环码或链码。

（4）系统码与非系统码。在线性分组码中，所有码组的 k 位信息码元在编码前后保持原来形式的码叫做系统码；反之就是非系统码。系统码与非系统码在性能上大致相同，而且系统码的编、译码都相对比较简单，因此得到广泛应用。

（5）纠正随机错码和纠正突发错码。顾名思义，前者用于纠正因信道中出现的随机独立干扰引起的错码，后者主要应对信道中出现的突发错码。

从上述分类中可以看到，一种编码可以具有多样性，本章主要介绍纠正随机错误的二进制线性分组码。

3. 差错控制编码的基本概念

1）码长、码重、码距和编码效率

码组又称为码字或码矢。码组中编码的总位数称为码组的长度，简称为码长。例如，码组"11001"的码长为 5，码组"110001"的码长为 6。

码组中非"0"码元的数目（即"1"码元的个数）称为码组的重量，简称码重。常用 W 表示。例如，码组"11001"的码重为 $W=3$，码组"110001"的码重也为 $W=3$。它反映一个码组中"0"和"1"的"比重"。

码元距离是指两个等长码组之间对应码位上码元不同的个数，简称码距（也称为汉明距）。码距反映的是码组之间的差异程度，例如，"00"和"01"两组码的码距为 1；"011"和"100"的码距为 3。那么，多个码组之间相互比较，可能会有不同的码距，其中的最小值被称为最小码距（用 d_0 表示）。它是衡量编码检、纠错能力的重要依据。例如，"000""001""110"三个码组相比较，码距有 1 和 2 两个值，则最小码距为 $d_0=1$。

在一个码长为 n 的编码序列中，信息位为 k 位，它表示所传递的信息；监督位为 r 位，它表示增加的冗余位。分组码一般可表示为 (n, k)，其中，$r=n-k$。具体形式如图 3-1-2 所示。图中前面 k 位（$a_{n-1}, a_{n-2}, \cdots, a_r$）为信息位，后面 r 位（$a_{r-1}, a_{r-2}, \cdots, a_0$）为监督位。则其编码效率 R_c 可定义为

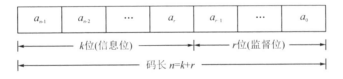

图 3-1-2　分组码的结构图

$$R_{\mathrm{c}} = \frac{k}{n} \qquad\qquad (3-1-1)$$

而其监督元个数 r 和信息元个数 k 之比定义为冗余度。因为 $k<n$，所以，$R_{\mathrm{c}}<1$。显然，编码的冗余度越大，编码效率越低。也就是说，通信系统可靠性的提高是以降低有效性（即编码效率）来换取的。差错控制编码的关键就是寻找一种好的编码方法，即在一定的差错控制能力的要求下，使得编码效率尽可能高，同时译码方法尽可能简单。

2）抗干扰能力与最小码距的关系

最小码距 d_0 与检、纠错能力之间有着密切的关系，它们之间的关系如图 3 - 1 - 3 所示。

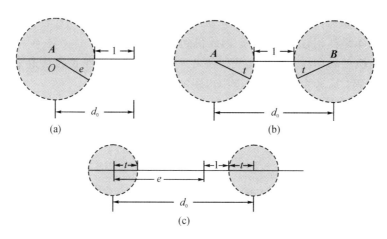

图 3 - 1 - 3　最小码距 d_0 与检、纠错能力之间的关系

（1）检测 e 个随机错误，要求最小码距 d_0 为

$$d_0 \geqslant e+1 \qquad\qquad (3-1-2)$$

我们可用几何图形简要证明式(3-1-2)。设一个码组 A 位于 O 点。若码组 A 中发生一个错码，则可认为 A 的位置将移动至以 O 点为圆心，以 1 为半径的圆上某点，但其位置不会超出此圆。若码组 A 中发生了 2 位错码，则其位置不会超出以 O 点为圆心，以 2 为半径的圆。依此类推，若码组 A 中发生了 e 位错码，则其位置不会超出以 O 点为圆心，以 e 为半径的圆。如图 3 - 1 - 3(a)所示，若要检测 e 位错码，则最小码距 d_0 至少应不小于 $e+1$，即 $d_0 \geqslant e+1$。因为当 $d_0=e+1$ 时，码组集合中的其他码字均在以 A 为圆心、以 e 为半径的圆外，所以就能和错码区别开。

（2）在一个码组内要想纠正 t 位错码，要求最小码距 d_0 为

$$d_0 \geqslant 2t+1 \qquad\qquad (3-1-3)$$

式(3-1-3)可以用图 3 - 1 - 3(b)来说明。图中码组 A 和 B 之间的距离为 d_0。若码组 A 或 B 发生不多于 t 位错码，则其位置均不会超出以 t 为半径，以原位置为圆心的圆。只要这两圆不相交，就不会发生混淆，码字落在的那个圆内就可判为对应的码字，所以它能够纠正错码。此时，两圆不相交的最小距离为 $2t+1$，故最小码距 d_0 应大于等于 $2t+1$，即 $d_0 \geqslant 2t+1$。

（3）在一个码组内要想纠正 t 位错码，同时检测出 e 位错码($e \geqslant t$)，要求最小码距 d_0 为

$$d_0 \geqslant t + e + 1 \qquad\qquad (3-1-4)$$

在这种情况下，若接收码组与某一许用码组间的距离在纠错能力 t 范围内，则接收码组按纠错方式工作；若与任一许用码组间的距离都超过 t，则接收码组按检错方式工作。我们可用图 $3-1-3$(c)来说明。若设检错能力为 e，则当码组 A 中存在 e 个错码时，该码组与任一许用码组的距离至少应有 $t+1$，否则将进入许用码组 B 的纠错能力范围内。

综上所述，要提高编码的检、纠错能力，不能仅靠简单地增加监督码元位数(即冗余度)，更重要的是要加大最小码距(即码组之间的差异程度)，而最小码距的大小与编码的冗余度是有关的，最小码距增大，码元的冗余度就增大。但当码元的冗余度增大时，最小码距不一定增大。因此，一种编码方式具有检、纠错能力的必要条件是信息编码必须有冗余，而充分条件是码元之间要有一定的码距。另外，检错要求的冗余度比纠错要低。

信道编码中两个最主要的参数是最小码距 d_0 与编码效率 R_c。一般来说，这两个参数是相互矛盾的，编码的检、纠错能力越强，最小码距 d_0 就越大，而编码效率 R_c 就越小。所以，纠错编码的任务就是构造出当编码效率 R_c 一定时，最小码距 d_0 尽可能大的码；或当最小码距 d_0 一定时，而编码效率 R_c 尽可能大的码。

3.1.3　常见的几种检错码

1. 奇偶校验码

奇偶校验码是数据通信中最常见的一种简单检错码，它分为奇数校验码和偶数校验码。虽然有两种编码方式，但其编码原理是相同的。其编码规则是：把信息码先分组，形成多个许用码组，在每一个许用码组最后(最低位)加上 1 位监督码元即可。加上监督码元后，使该码组中 1 的数目为奇数的编码称为奇校验码，为偶数的编码称为偶校验码。根据编码分类，可知奇偶校验码属于一种检错、线性、分组系统码。

奇偶校验码的监督关系可以用以下公式进行表述。假设一个码组的长度为 n(在计算机通信中，常为一个字节)，表示为 $A = (a_{n-1}, a_{n-2}, \cdots, a_0)$，其中前 $n-1$ 位是信息码，最后一位 a_0 为校验位(或监督位)，那么，对于偶校验码必须保证：

$$a_{n-1} \oplus a_{n-2} \oplus a_{n-3} \oplus \cdots \oplus a_0 = 0 \qquad\qquad (3-1-5)$$

校验码元(或监督码元)a_0 的取值(0 或 1)可由下式决定：

$$a_0 = a_{n-1} \oplus a_{n-2} \oplus a_{n-3} \oplus \cdots \oplus a_1 \qquad\qquad (3-1-6)$$

对于奇校验码而言，要求必须保证：

$$a_{n-1} \oplus a_{n-2} \oplus a_{n-3} \oplus \cdots \oplus a_0 = 1 \qquad\qquad (3-1-7)$$

校验码元 a_0 的取值(0 或 1)可由下式决定：

$$a_0 = a_{n-1} \oplus a_{n-2} \oplus a_{n-3} \oplus \cdots \oplus a_1 \oplus 1 \qquad\qquad (3-1-8)$$

根据奇偶校验的规则我们可以看到，当码组中的错码为偶数时，校验失效。例如，发生了 2 位错码，会有这样几种情况："00"变成"11"；"11"变成"00"；"01"变成"10"；"10"变成"01"。由此可见，无论哪种情况出现，都不会改变码组的奇偶性，偶校验码中"1"的个数仍为偶数，奇校验码中"1"的个数仍为奇数。

下面我们讨论奇偶校检码的码距问题。假设两个码组同为奇数(或偶数)码组，如果两组码只有 1 位不同，则它们的奇偶性就不同，这与假设相矛盾；如果两组码有 2 位不同，则它们的奇偶性不变。换句话说，构造不出码距为 1 的奇偶校检码，所以奇偶校验码的最小码距为 2。因此，简单的奇偶校验码只能检测出单个或奇数个位发生错码的码组。其检错能力低，但编码效率 $R_c = \dfrac{n-1}{n}$ 会随着 n 的增加而增加。因奇偶校验码编码方式较为简单，所以在计算机通信中得到了较为广泛的应用。例如，在传递标准 ASCII 码时，通常采用 7 比特码元，128 种字符，在传输时再加 1 位奇偶校验位，成为 8 位码组，接收端根据是否满足奇偶校验的条件来判断传输过程是否发生了错码。

2. 水平奇偶校验码

奇偶校验码检错能力低且不能检测突发错码，为了克服这个缺点，对奇偶校验码进行改进，得到了水平奇偶监督码。其基本原理是先将经过简单奇偶校验编码的码组按行排列成方阵，每一行是一个码组，若有 n 个码组，则方阵就有 n 行。例如，有经过奇偶校验编码的 7 个码组 01011011001、01010100100、00110000110、11000111001、00111111110、00010011111、11101100001 排成方阵共有 7 行（如表 3 - 1 - 2 所示）。传输时发送端按列进行传输，即 000100111010010010101…1001011。接收端按列接收后，再按行还原成发送端的方阵，然后按行进行奇偶校验，则纠错情况就会发生变化。由表 3 - 1 - 2 可见，因为是逐列发送，在一列中不管出现几个错码（偶数个或奇数个），对应在每一行都只是 1 位错码，所以都可以通过水平奇偶校验检验出来；但对于每一行（一个码组）而言仍然只能检出所有奇数个错码。与简单奇偶校验编码相比，它除了具备奇偶校验码的检错能力外，还可以检出所有长度小于行数（码组数）的突发错码。

表 3 - 1 - 2　水平奇偶校验码

信息码元	监督码元
0 1 0 1 1 0 1 1 0 0	1
0 1 0 1 0 1 0 0 1 0	0
0 0 1 1 0 0 0 0 1 1	0
1 1 0 0 0 1 1 1 0 0	1
0 0 1 1 1 1 1 1 1 0	0
0 0 0 1 0 0 1 1 1 1	1
1 1 1 0 1 1 0 0 0 0	1

3. 水平垂直奇偶校验码

在上述水平奇偶校验编码的基础上，若再加上垂直奇偶校验编码就构成水平垂直奇偶校验码。例如，对如表 3 - 1 - 2 所示的 7 个码组再加上一行就构成水平垂直奇偶校验码，如表 3 - 1 - 3 所示。水平垂直奇偶校验码在发送时仍按列发送，接收端按顺序接收后仍还原成如表 3 - 1 - 3 所示的方阵形式。这种码既可以逐行传输，也可以逐列传输。水平垂直奇偶校验码比简单奇偶校验码多了个列校验，因此，其检错能力有所提高。除了检出行中的所有奇数个错码及长度不大于行数的突发错码外，还可检出列中的所有奇数个错码及长度不大于列数的突发错码，同时还能检出码组中大多数出现偶数个错码的情况。例如，在表 3 - 1 - 3 所示的码组中，前两位发生

表 3 - 1 - 3　水平垂直奇偶校验码

信息码元	监督码元
0 1 0 1 1 0 1 1 0 0	1
0 1 0 1 0 1 0 0 1 0	0
0 0 1 1 0 0 0 0 1 1	0
1 1 0 0 0 1 1 1 0 0	1
0 0 1 1 1 1 1 1 1 0	0
0 0 0 1 0 0 1 1 1 1	1
1 1 1 0 1 1 0 0 0 0	1
0 0 1 1 1 0 0 0 0 1	0

错码，从"01"变成"10"，则第一列的"1"就变成 3 个，第二列的"1"也变成 3 个，而两列的校验码元都是"0"，所以可以查出这两列有错码。也就是说，码组中出现了 2 位（偶数位）错码，但具体是哪一个码组（哪一行）出现错码还无法判断。

4. 恒比码

恒比码是码组中"1"的数目与"0"的数目保持恒定比例的一种码。由于恒比码中每个码组均含有相同数目的"1"和"0"，因此恒比码又称为等重码或定 1 码。这种码通过计算接收码组中"1"的数目是否正确，就可检测出有无错码。表 3-1-4 是我国邮电部门在国内通信中采用的 5 单位数字保护电码。它是一种 5 中取 3 的恒比码，也被称为 3∶2 恒比码。每个码组的长度为 5，其中"1"的个数为 3，每个许用码组中"1"和"0"个数的比值恒为 3/2。许用码组的个数就是 5 中取 3 的组合数，即 $C_5^3 = \dfrac{5 \times 4}{2} = 10$，正好可以表示 10 个阿拉伯数字。实践证明，采用恒比码后，我国汉字电报的差错概率大为降低。不难看出这种码的最小码距是 2，它能够检出码组中所有奇数个错码和部分偶数个错码。恒比码是非线性分组码，但不是系统码，其主要优点是简单，适用于对电传机或其他键盘设备产生的字母和符号进行编码。

表 3-1-4　3∶2 恒比码

数字	码字	数字	码字
0	0 1 1 0 1	5	0 0 1 1 1
1	0 1 0 1 1	6	1 0 1 0 1
2	1 1 0 0 1	7	1 1 1 0 0
3	1 0 1 1 0	8	0 1 1 1 0
4	1 1 0 1 0	9	1 0 0 1 1

另外，目前国际上的 ARQ 电报通信系统中采用的 3∶4 码也是一种恒比码，又称为"7"中取"3"码。它的码组数量为 $C_7^3 = \dfrac{7 \times 6 \times 5}{3 \times 2} = 35$，代表 26 个英文字母和其他符号。实践证明，这种码使通信的误码率保持在 10^{-6} 以下。

5. 群计数码

在奇偶校验码中，我们通过添加监督位将码组的码重配成奇数或偶数。而群计数码就是先将信息码元分组后，计算出信息码组的码重（即码组中"1"的个数），然后用二进制计数法表示并作为监督码元添加到信息码组的后面。例如表 3-1-3 中的 7 个信息码组变成群计数码后的形式，如表 3-1-5 所示。接收端只要检测监督码元所表示的"1"的个数与信息码元中"1"的个数是否相同来判断是否出现了错误。

表 3-1-5　群计数码

信息码元	监督码元
0 1 0 1 1 0 1 1 0 0	0 1 0 1
0 1 0 1 0 1 0 0 1 0	0 1 0 0
0 0 1 1 0 0 0 0 1 1	0 1 0 0
1 1 0 0 0 1 1 1 0 0	0 1 0 1
0 0 1 1 1 1 1 1 1 1	1 0 0 0
0 0 0 1 0 0 1 1 1 1	0 1 0 1
1 1 1 0 1 1 0 0 0 0	0 1 0 1

群计数码属于非线性分组系统码，检错能力很强，除了能检出码组中奇数个错码之外，还能检出偶数个"1"变"0"或"0"变"1"的错码，但对"1"变"0"和"0"变"1"成对出现的错码无能为力。我们可以验证，除了无法检出"1"变"0"和"0"变"1"成对出现的错码外，这种码可以检出其他所有形式的错码。

3.1.4　线性分组码

在计算机通信中，信源输出的是由"0"和"1"组成的二进制序列，该二元信息序列被分成码元个数固定的一组组信息，每组信息的码元由 k 位二进制码元组成，则共有 2^k 个不同的组合，即不同的信息。信道编码器就是要对这 2^k 个不同的信息用 2^k 个不同的码组（或码字）表示，2^k 个码组的位数是一样的。假设为 n，并且 $n>k$，则这 2^k 个码组集合就被称为分组码。简单地说，将信息码进行分组，然后为每组信息码附加若干位监督码元的编码方法得到的码组集合称为分组码。为方便讨论，我们把由 k 位二进制码元构成 2^k 个信息码组用矩阵 $\boldsymbol{D}$ 表示，则由 n 位二进制码元组成的分组码中就必须有 2^k 个不同的码组才能代表 2^k 个信息，把这 2^k 个不同的码组用矩阵 $\boldsymbol{C}$ 表示，则 $\boldsymbol{D}$ 和 $\boldsymbol{C}$ 必须一一对应。因为 $n>k$，所以，在一个 n 位码组中，有 $n-k$ 个不代表信息的码元，这些码元被称为监督码元或校验码元。显然，如果上述分组码中的每个码组之间没有关系（彼此独立），则对于大的 k 值或 n 值（信息码或分组码的码长很大），编码设备会极为复杂，因为编码设备必须储存 2^k 个码长为 n 的码组。因此，我们需要构造码组之间有某种关系的分组码，以降低编码的复杂性，线性分组码就是满足这一条件的一种分组码。

1. 基本概念

线性分组码是指一种长度为 n，其中，2^k 个许用码组（代表信息的码组）中的任意两个码组之和（模 2 加运算）仍为一个许用码组的分组码。或者说，可用线性方程组表述码规律性的分组码。对于这种长度为 n、有 2^k 个码组的线性分组码，我们称为 (n,k) 线性分组码（或简称为 (n,k) 线性码）。线性分组码中的每个码组可用向量来表示，即 $\boldsymbol{A}=(a_{n-1},a_{n-2},\cdots,a_0)$，其中，前 k 位为信息位，后 r 位为监督位。其结构如图 3-1-2 所示。

线性分组码是一种群码，对于模 2 加运算具有以下性质：

（1）满足封闭性：即任意两个许用码组之和仍为一许用码组，这种性质也称为自闭率。

（2）有零元：所有信息元和监督元均为 0 的码组，称为零码，即 $\boldsymbol{A}_0=[0\ 0\ \cdots\ 0]$。任一码组与零码相运算，其值不变，即 $\boldsymbol{A}_i=\boldsymbol{A}_i\oplus\boldsymbol{A}_i$。

（3）有负元：线性分组码中的任一码组即是它自身的负元。

（4）满足结合律：$(\boldsymbol{A}_1\oplus\boldsymbol{A}_2)\oplus\boldsymbol{A}_3=\boldsymbol{A}_1\oplus(\boldsymbol{A}_2\oplus\boldsymbol{A}_3)$。

（5）满足交换律：$\boldsymbol{A}_1\oplus\boldsymbol{A}_2=\boldsymbol{A}_2\oplus\boldsymbol{A}_1$。

（6）线性分组码的最小码距等于非零码的最小码重，即

$$d_0=\min_{\boldsymbol{A}_i\in[n,k]}W(\boldsymbol{A}_i) \tag{3-1-9}$$

线性分组码具有以下特点：

（1）$d_0(\boldsymbol{A}_1,\boldsymbol{A}_2)\leqslant W(\boldsymbol{A}_1)+W(\boldsymbol{A}_2)$。

（2）$d_0(\boldsymbol{A}_1,\boldsymbol{A}_2)+d_0(\boldsymbol{A}_2,\boldsymbol{A}_3)\geqslant d_0(\boldsymbol{A}_1,\boldsymbol{A}_3)$。

（3）码字的重量或全部为偶数，或奇数重量的码字数目等于偶数重量的码字数目。

2. 线性分组码的编码

对于线性分组码而言，信息元与监督元之间的关系可以用一组线性方程来表示。设线性分组码的码字 $A=(a_{n-1}, a_{n-2}, \cdots, a_0)$，其中，前 k 位为信息位，后 r 位为监督位。下面以 $(7,3)$ 线性分组码为例来描述线性分组码的编码原理。

在 $(7,3)$ 线性分组码中，码长 $n=7$，信息元的个数 $k=3$，则监督元的个数 $r=4$。$(7,3)$ 线性分组码的每一个码组可写成 $A=(a_6, a_5, a_4, a_3, a_2, a_1, a_0)$，其中 a_6, a_5, a_4 为信息位；a_3, a_2, a_1, a_0 为监督位。它们之间的监督关系可用线性方程组描述为

$$\begin{cases} a_3 = a_6 \oplus a_5 \oplus a_4 \\ a_2 = a_6 \oplus a_4 \\ a_1 = a_5 \oplus a_4 \\ a_0 = a_6 \oplus a_5 \end{cases} \qquad (3-1-10)$$

因为信息元个数 $k=3$，所以只有 8 种许用码组。可由监督方程式，即式 $(3-1-10)$ 写出许用码组，如表 $3-1-6$ 所示。

表 3-1-6 (7, 3)线性分组码

序号	码 元		序号	码 元	
	信息元	监督元		信息元	监督元
0	000	0000	4	100	1110
1	001	1101	5	101	0011
2	010	0111	6	110	1001
3	011	1010	7	111	0100

1) 生成矩阵

对式 $(3-1-10)$ 进行改写，各位码元与信息位 a_6、a_5、a_4 之间的关系为

$$\begin{cases} a_6 = a_6 \\ a_5 = a_5 \\ a_4 = a_4 \\ a_3 = a_6 \oplus a_5 \oplus a_4 \\ a_2 = a_6 \oplus a_4 \\ a_1 = a_5 \oplus a_4 \\ a_0 = a_6 \oplus a_5 \end{cases} \qquad (3-1-11)$$

将式 $(3-1-11)$ 用矩阵表示为

$$\begin{bmatrix} a_6 \\ a_5 \\ a_4 \\ a_3 \\ a_2 \\ a_1 \\ a_0 \end{bmatrix} = \begin{bmatrix} 1 & 0 & 0 \\ 0 & 1 & 0 \\ 0 & 0 & 1 \\ 1 & 1 & 1 \\ 1 & 0 & 1 \\ 0 & 1 & 1 \\ 1 & 1 & 0 \end{bmatrix} \cdot \begin{bmatrix} a_6 \\ a_5 \\ a_4 \end{bmatrix} \qquad (3-1-12)$$

或

$$[a_6 \quad a_5 \quad a_4 \quad a_3 \quad a_2 \quad a_1 \quad a_0] = [a_6 \quad a_5 \quad a_4] \cdot \begin{bmatrix} 1\ 0\ 0\ 1\ 1\ 0\ 1 \\ 0\ 1\ 0\ 1\ 0\ 1\ 1 \\ 0\ 0\ 1\ 1\ 1\ 1\ 0 \end{bmatrix} \qquad (3-1-13)$$

记作

$$\boldsymbol{A} = [a_6 \quad a_5 \quad a_4 \quad a_3 \quad a_2 \quad a_1 \quad a_0]$$

$$\boldsymbol{M} = [a_6 \quad a_5 \quad a_4]$$

$$\boldsymbol{G} = \begin{bmatrix} 1\ 0\ 0\ 1 \cdots 1\ 0\ 1 \\ 0\ 1\ 0\ 1 \cdots 0\ 1\ 1 \\ 0\ 0\ 1\ 1 \cdots 1\ 1\ 0 \end{bmatrix} = [\boldsymbol{I}_3 \quad \boldsymbol{Q}] \qquad (3-1-14)$$

则式(3-1-12)和式(3-1-13)分别可简记为

$$\boldsymbol{A}^{\mathrm{T}} = \boldsymbol{G}^{\mathrm{T}} \cdot \boldsymbol{M}^{\mathrm{T}} \qquad (3-1-15)$$

$$\boldsymbol{A} = \boldsymbol{M} \cdot \boldsymbol{G} \qquad (3-1-16)$$

其中，$\boldsymbol{G}$ 称为生成矩阵，是一个 3×7 阶矩阵。$\boldsymbol{G}$ 的行数是信息元的个数，列数是码长。$\boldsymbol{I}_3$ 为 3×3 阶单位方阵，其行数是信息元的个数；$\boldsymbol{Q}$ 为 3×4 阶矩阵，其行数是信息元的个数，列数是元的个数。根据式(3-1-16)，由信息位和生成矩阵 $\boldsymbol{G}$ 就可以产生全部码组。

可将其理论推广到任意线性分组码。对于一个 (n,k) 线性分组码而言，生成矩阵 $\boldsymbol{G}$ 是一个 $k \times n$ 阶矩阵，也可分为两部分，即

$$\boldsymbol{G} = [\boldsymbol{I}_k \quad \boldsymbol{Q}] \qquad (3-1-17)$$

其中

$$\boldsymbol{Q} = \begin{bmatrix} q_{11} & q_{12} & \cdots & q_{1r} \\ q_{21} & q_{22} & \cdots & q_{2r} \\ \vdots & \vdots & & \vdots \\ q_{k1} & q_{k2} & \cdots & q_{kr} \end{bmatrix} \qquad (3-1-18)$$

式中，$\boldsymbol{Q}$ 是一个 $k \times r$ 阶矩阵；$\boldsymbol{I}_k$ 为 k 阶单位方阵。把具有 $[\boldsymbol{I}_k \quad \boldsymbol{Q}]$ 形式的生成矩阵称为典型生成矩阵。非典型形式的生成矩阵经过运算一定能化为典型矩阵。

(n,k) 线性分组码完全由生成矩阵 $\boldsymbol{G}$ 的 k 行元素决定，即任意一个分组码的码组都是 $\boldsymbol{G}$ 的线性组合。而 (n,k) 线性分组码中的任何 k 个线性无关的码组都可用来构成生成矩阵，所以，生成矩阵 $\boldsymbol{G}$ 的各行都线性无关。如果各行之间是线性相关的，就不可能由 $\boldsymbol{G}$ 生成 2^k 个不同的码组了。其实，$\boldsymbol{G}$ 的各行本身就是一个码组。如果已有 k 个线性无关的码组，则可用其直接构成生成矩阵 $\boldsymbol{G}$，并由此生成其余码组。

综上所述，由于可以用一个 $k \times n$ 阶矩阵 $\boldsymbol{G}$ 生成 2^k 个不同的码组，因此，编码器只需储存生成矩阵 $\boldsymbol{G}$ 的 k 行元素(而不是一般分组码的 2^k 码组)，就可根据信息向量构造出相应的一个分组码的码组(或根据信息码矩阵构造出相应的一个分组码矩阵)，从而降低了编码的复杂性，提高了编码效率。

2) 监督矩阵

将式(3-1-10)移项，可得到 4 个相互独立的监督方程组，即

$$\begin{cases} a_6 \oplus a_5 \oplus a_4 \oplus a_3 & = 0 \\ a_6 \quad\;\; \oplus a_4 \quad\;\; \oplus a_2 & = 0 \\ \quad\;\; a_5 \oplus a_4 \quad\quad\;\; \oplus a_1 & = 0 \\ a_6 \oplus a_5 \quad\quad\quad\quad\;\; \oplus a_0 & = 0 \end{cases} \qquad (3-1-19)$$

式(3-1-19)可用矩阵表示为

$$\begin{bmatrix} 1 & 1 & 1 & 1 & 0 & 0 & 0 \\ 1 & 0 & 1 & 0 & 1 & 0 & 0 \\ 0 & 1 & 1 & 0 & 0 & 1 & 0 \\ 1 & 1 & 0 & 0 & 0 & 0 & 1 \end{bmatrix} \cdot \begin{bmatrix} a_6 \\ a_5 \\ a_4 \\ a_3 \\ a_2 \\ a_1 \\ a_0 \end{bmatrix} = \begin{bmatrix} 0 \\ 0 \\ 0 \\ 0 \end{bmatrix} = \boldsymbol{O}^{\mathrm{T}} \qquad (3-1-20)$$

或

$$\begin{bmatrix} a_6 & a_5 & a_4 & a_3 & a_2 & a_1 & a_0 \end{bmatrix} \cdot \begin{bmatrix} 1 & 1 & 0 & 1 \\ 1 & 0 & 1 & 1 \\ 1 & 1 & 1 & 0 \\ 1 & 0 & 0 & 0 \\ 0 & 1 & 0 & 0 \\ 0 & 0 & 1 & 0 \\ 0 & 0 & 0 & 1 \end{bmatrix} = \begin{bmatrix} 0 & 0 & 0 & 0 \end{bmatrix} = \boldsymbol{O} \qquad (3-1-21)$$

记作

$$\boldsymbol{A} = \begin{bmatrix} a_6 & a_5 & a_4 & a_3 & a_2 & a_1 & a_0 \end{bmatrix}$$

$$\boldsymbol{O} = \begin{bmatrix} 0 & 0 & 0 & 0 \end{bmatrix}$$

$$\boldsymbol{H} = \begin{bmatrix} 1 & 1 & 1 & \cdots & 1 & 0 & 0 & 0 \\ 1 & 0 & 1 & \cdots & 0 & 1 & 0 & 0 \\ 0 & 1 & 1 & \cdots & 0 & 0 & 1 & 0 \\ 1 & 1 & 0 & \cdots & 0 & 0 & 0 & 1 \end{bmatrix} = \begin{bmatrix} \boldsymbol{P} & \boldsymbol{I}_4 \end{bmatrix} \qquad (3-1-22)$$

则式(3-1-20)可简记为

$$\boldsymbol{H} \cdot \boldsymbol{A}^{\mathrm{T}} = \boldsymbol{O}^{\mathrm{T}} \qquad (3-1-23)$$

或

$$\boldsymbol{A} \cdot \boldsymbol{H}^{\mathrm{T}} = \boldsymbol{O} \qquad (3-1-24)$$

其中，$\boldsymbol{H}^{\mathrm{T}}$ 表示 $\boldsymbol{H}$ 的转置。$\boldsymbol{H}$ 被称为监督矩阵或校验矩阵。只要监督矩阵 $\boldsymbol{H}$ 给定，编码时监督位和信息位的关系就完全确定了。由式(3-1-22)可以看出，监督矩阵 $\boldsymbol{H}$ 的行数就是监督关系式的数目，它等于监督位(监督元)的数目 4，列数是码长 7。监督矩阵 $\boldsymbol{H}$ 的每行中

"1"的位置表示相应码元之间存在的监督关系。例如，监督矩阵 H 的第一行 1111000 表示监督位 a_3 是由信息位 $a_6a_5a_4$ 之和决定的。式(3-1-22)中的监督矩阵 H 可以分成 P 和 I_4 两部分。其中，P 是一个 4×3 阶矩阵；I_4 为 4 阶单位方阵；3 表示信息位(信息元)个数，4 表示监督位(监督元)个数。式(3-1-24)说明线性分组码中的任一码组与校验矩阵 H 的转置相乘，其结果为 r 位全零向量，因此，用校验矩阵检查二元序列是不是给定分组码中的码组非常方便，"校验"之名由此而来。

我们可将其理论推广到任意线性分组码。对于一个 (n,k) 线性分组码而言，监督矩阵 H 是一个 $r\times n$ 阶矩阵，也可分为两部分，即

$$H = \begin{bmatrix} P & I_r \end{bmatrix} \tag{3-1-25}$$

其中

$$P = \begin{bmatrix} p_{11} & p_{12} & \cdots & p_{1k} \\ p_{21} & p_{22} & \cdots & p_{2k} \\ \vdots & \vdots & & \vdots \\ p_{r1} & p_{r2} & \cdots & p_{rk} \end{bmatrix} \tag{3-1-26}$$

式中，P 是一个 $r\times k$ 阶矩阵；I_r 为 r 阶单位方阵。把具有 $\begin{bmatrix} P & I_r \end{bmatrix}$ 形式的监督矩阵称为典型监督矩阵。根据典型监督矩阵和信息码元很容易算出各监督码元。非典型形式的监督矩阵经过运算一定能化为典型矩阵。

由代数理论可知，监督矩阵 H 的各行应该是线性无关的，否则将得不到 r 个线性无关的监督关系式，也得不到 r 个独立的监督位。若一矩阵能写成典型矩阵 $\begin{bmatrix} P & I_r \end{bmatrix}$，那么其各行一定是线性无关的。

3) 监督矩阵和生成矩阵间的关系

由上面的推导可知，生成矩阵 G 与监督矩阵 H 之间有一一对应关系。由于 G 的每一行都是码字，因此它必然满足式(3-1-23)，即

$$H \cdot A^{\mathrm{T}} = O^{\mathrm{T}}$$

所以

$$\begin{aligned} \begin{bmatrix} P & I_{n-k} \end{bmatrix} \cdot \begin{bmatrix} I_k & Q \end{bmatrix}^{\mathrm{T}} &= \begin{bmatrix} P & I_{n-k} \end{bmatrix} \cdot \begin{bmatrix} I_k \\ Q^{\mathrm{T}} \end{bmatrix} \\ &= \begin{bmatrix} PI_k \oplus I_{n-k}Q^{\mathrm{T}} \end{bmatrix} \\ &= \begin{bmatrix} P \oplus Q^{\mathrm{T}} \end{bmatrix} \\ &= O^{\mathrm{T}} \end{aligned} \tag{3-1-27}$$

其中，O 为 $k\times r$ 阶零矩阵；$\oplus$ 为模 2 加。只有当 $P=Q^{\mathrm{T}}$ 时，式(3-1-27)才为 0。因此，生成矩阵可以写为

$$G = \begin{bmatrix} I_k & Q \end{bmatrix} = \begin{bmatrix} I_k & P^{\mathrm{T}} \end{bmatrix} \tag{3-1-28}$$

$$H = \begin{bmatrix} P & I_{n-k} \end{bmatrix} = \begin{bmatrix} Q^{\mathrm{T}} & I_{n-k} \end{bmatrix} \tag{3-1-29}$$

由此可见，只要知道生成矩阵 G，就可以得到监督矩阵 H；反之亦然。所以线性分组码由生成矩阵或监督矩阵来完全确定。

3. 线性分组码的译码

由前面的讨论可以看出，若某一码字为许用码组，则必然满足式(3-1-24)。利用这一关系，接收端就可以用接收到的码组和事先与发送端约定好的监督矩阵相乘，看是否为 0。若满足条件，则认为接收正确；反之，则认为传输过程中发生了错码，进而设法确定错码的数目和位置。

假设发送码组 $A=(a_{n-1}, a_{n-2}, \cdots, a_0)$，接收码组 $B=(b_{n-1}, b_{n-2}, \cdots, b_0)$。由于发送码组在传输的过程中会受到干扰，致使接收码组与发送码组不一定相同。因此，定义发送码组和接收码组之差为

$$B - A = E \tag{3-1-30}$$

E 是传输中产生的错码行矩阵，即

$$E = [e_1 \quad e_2 \quad \cdots \quad e_0] \tag{3-1-31}$$

其中

$$e_i = \begin{cases} 0 & 当\, b_i = a_i \\ 1 & 当\, b_i \neq a_i \end{cases} \tag{3-1-32}$$

若 $e_i=0$，表示该位接收码元无误；若 $e_i=1$，则表示该位接收码元有误。E 是一个由 "1" 和 "0" 组成的行矩阵，它反映错码状况，被称为错误图样。例如，若发送码组 $A=[1001101]$，接收码组 $B=[1001001]$，显然 B 中有一个错码。由式(3-1-30)可得错误图样 $E=[0000100]$。由此可见，E 的码重就是错码的个数，因此 E 的码重越小越好。另外，式(3-1-30)可以改写为

$$B = A \oplus E \tag{3-1-33}$$

当接收端收到码组 B 时，可用监督矩阵 H 进行校验，即将接收码组 B 代入式(3-1-24)进行验证。若接收码组中无错码，即 $E=O$，则 $B=A \oplus E=A$。即把 B 代入式(3-1-24)后，该式仍然成立，则有

$$B \cdot H^T = O \tag{3-1-34}$$

当接收码组有误时，即 $E \neq O$，则 $B=A \oplus E$。即把 B 代入式(3-1-24)后，该式不成立，则有 $B \cdot H \neq O$。我们定义

$$B \cdot H^T = S \tag{3-1-35}$$

将 $B=A \oplus E$ 代入式(3-1-35)中，可得

$$S = B \cdot H^T = (A \oplus E) \cdot H^T = A \cdot H^T \oplus E \cdot H^T = E \cdot H^T \tag{3-1-36}$$

其中，S 是一个 r 维的行向量，被称为校正子或伴随式。式(3-1-36)标明伴随式 S 与错误图样 E 之间有确定的线性变换关系，而与发送码组 A 无关。所以，可以采用伴随式 S 来判断传输中是否发生了错码。若伴随式 S 与错误图样 E 之间一一对应，则伴随式 S 将能代表错码发生的位置。例如，$A=[1\,0\,0\,1\,1\,0\,1]$，$B=[1\,0\,0\,1\,0\,0\,1]$，则 $E=[0\,0\,0\,0\,1\,0\,0]$，把式(3-1-22)的 H 代入式(3-1-35)中，可得 $S=[0\,1\,0\,0]$。

为了进一步分析码组中不同码元发生 1 位错码的情况，仍以表 3-1-6 中的(7, 3)线性分组码为例，来描述伴随式 S 与错误图样 E 之间的对应关系，如表 3-1-7 所示。

表 3 - 1 - 7　伴随式 S 与错误图样 E 的对应关系

编号	错码位置	E	S
1	b_0	0000001	0001
2	b_1	0000010	0010
3	b_2	0000100	0100
4	b_3	0001000	1000
5	b_4	0010000	1110
6	b_5	0100000	1011
7	b_6	1000000	1101

从表 3 - 1 - 7 可以看出，当发生 1 位错码时，S^T 与监督矩阵 H 的列一一对应。若 b_0 发生错码，则 S^T 与监督矩阵 H 的最后一列相同；若 b_1 发生错码，则 S^T 与监督矩阵 H 的倒数第二列相同，以此类推。故接收端可以根据这种关系纠正 1 位错码。对于 (n,k) 线性分组码，S 有 2^r 中不同的形式，可代表 2^r-1 种错误图样。为了指明单个错码的位置，必须要求：

$$2^r - 1 \geqslant n \qquad (3-1-37)$$

需要注意的是，当在传输过程中错码的位置不止 1 位时，S 可能与表 3 - 1 - 7 中所列的任意一种都不同，这时系统只能检错而不能纠错，并根据不同系统的要求将该码组丢弃或重发。此时，S 有可能正好与发生 1 位错码时的某种伴随式相同，这样经纠错后反而“越纠越错”。在传输过程中，发送码组的某几位发生错码后成为另一许用码组，这种情况下的错码在接收端无法被检出，我们把这种错码称为不可检测的错码。不过从统计学的观点来看，这种情况出现的概率要小得多，可忽略。

从以上分析可以得到线性分组码的译码过程为：

(1) 根据接收码组 B 计算其伴随式 S。

(2) 根据伴随式 S 找出对应的错误图样 E，并确定错码的位置。

(3) 根据错误图样 E 和 $A = B \oplus E$ 得到正确的码组 A。

3.1.5　循环码

循环码是线性分组码的一个重要分支。循环码有许多特殊的代数性质，基于这些性质，循环码有较强的纠错能力（即它既能纠正独立的随机错码，又能纠正突发错码），而且其编码和译码电路很容易用移位寄存器实现，因而在 FEC 系统中得到了广泛的应用。

1. 基本概念

循环码可定义为：对于一个 (n,k) 线性分组码，若其中的任一码组向左或向右循环移动任意位后仍是码组集合中的一个码组，则称其为循环码。循环码是一种分组码，前 k 位为信息码元，后 r 位为监督码元。它除了具有线性分组码的性质之外，还具有一个独特的性质即循环性。所谓循环性，是指任一许用码组经过循环移位后所得到的码组仍为一许用码组。

若 $A = (a_{n-1}, a_{n-2}, \cdots, a_0)$ 是循环码中的一个许用码组，对它左循环移位一次，得到 $A_1 = (a_{n-2}, \cdots, a_0, a_{n-1})$ 也是一个许用码组，移位 i 次得到 $A_i = (a_{i+1}, a_{i+2}, \cdots, a_0, a_{n-1}, a_i)$ 还是一个许用码组。不论右移或左移，移位位数多少，其结果均为循环码组。以 $(7, 3)$ 循环码和 $(6, 3)$ 循环码为例，其全部码组如表 3-1-8 所示。循环圈如图 3-1-4 所示。

表 3-1-8　(7, 3)循环码和(6, 3)循环码的全部码组

编号	(7, 3)循环码	(6, 3)循环码
1	0000000	000000
2	0011101	001001
3	0100111	010010
4	0111010	011011
5	1001110	100100
6	1010011	101101
7	1101001	110110
8	1110100	111111

由表 3-1-8 可看出：$(7, 3)$ 循环码有两个循环圈，如图 3-1-4(a) 所示。其中，一个是编号为 1 的全零码组自成循环圈，其码重 $W = 0$；另一个是剩余码组组成的循环圈，其码重 $W = 4$。$(6, 3)$ 循环码的循环圈有四个，如图 3-1-4(b) 所示。$(6, 3)$ 循环码构成了码重分别为 0、2、4 和 6 的循环圈。由图 3-1-4 可得，同一循环圈上的码字具有相同的码重。

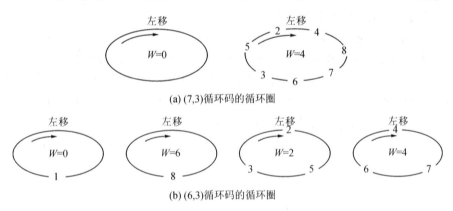

(a) (7,3)循环码的循环圈

(b) (6,3)循环码的循环圈

图 3-1-4　循环圈

为了便于用代数理论分析循环码，可以将循环码的码字用代数多项式来表示，把这个表示码字的代数多项式称为码多项式。把码长 n 的码组 $A = (a_{n-1}, a_{n-2}, \cdots, a_0)$ 可表示为

$$T(x) = a_{n-1}x^{n-1} + a_{n-2}x^{n-2} + \cdots + a_1 x + a_0 \tag{3-1-38}$$

例如，若码字为 1110100，则其对应的码多项式为

$$T(x) = 1 \cdot x^6 + 1 \cdot x^5 + 1 \cdot x^4 + 0 \cdot x^3 + 1 \cdot x^2 + 0 \cdot x + 0$$
$$= x^6 + x^5 + x^4 + x^2 \tag{3-1-39}$$

在码多项式中，变量 x 称为元素，其幂次对应元素的位置，它的系数即为元素的取值

（我们不关心 x 本身的取值），系数之间的加法和乘法仍服从模 2 运算规则。例如，式 $(3-1-39)$ 中 1 仅表示码元出现在信息位 a_6、a_5、a_4、a_2 上，其余均为 0。

1）码多项式的按模运算

下面我们来介绍多项式的按模运算。如果一个多项式 $F(x)$ 被另一个 n 次多项式 $N(x)$ 除，得到一个商式 $Q(x)$ 和一个次数小于 n 的余式 $R(x)$，即

$$F(x) = N(x)Q(x) + R(x) \qquad (3-1-40)$$

可记作

$$F(x) \equiv R(x) \quad [\mathrm{mod}N(x)] \qquad (3-1-41)$$

则称在模 $N(x)$ 运算下，$F(x) \equiv R(x)$。

例如，当 x^5+1 被 x^3+1 除时，由于 $x^5+1 = x^2 + \dfrac{x^2}{x^3+1}$，所以

$$x^5 + 1 \equiv x^2 \quad [\mathrm{mod}(x^3+1)]$$

需要注意的是，在模 2 运算中，系数只能为"0"或"1"，故在多项式的余式中是 $x+1$，而不是 $-x+1$。

将式 $(3-1-38)$ 乘以 x，再除以 (x^n+1)，则可得

$$\frac{xT(x)}{x^n+1} = a_{n-1} + \frac{a_{n-2}x^{n-1} + a_{n-3}x^{n-2} + \cdots + a_1x^2 + a_0x + a_{n-1}}{x^n+1} \qquad (3-1-42)$$

式 $(3-1-42)$ 表明：码多项式 $T(x)$ 乘以 x 再除以 (x^n+1) 所得余式就是码组左循环一次的码多项式。由此可知，循环码左循环移位 i 次后的码多项式就是将 $x^iT(x)$ 按模 (x^n+1) 运算后所得的余式。

2）循环码的生成多项式和生成矩阵

我们在前面已经讲过，循环码属于线性分组码，它除了具有循环特性外，还具有线性分组码的特性。所以，如果能够找到 k 个不相关的已知码字，就能构成线性分组码的生成矩阵 $\boldsymbol{G}$。根据循环码的循环特性，可由一个码字的循环移位得到其他非"0"码字。在 (n,k) 循环码的 2^k 个码多项式中，取前 $(k-1)$ 位皆为 0 的码多项式 $g(x)$（次数为 $n-k$），再经 $(k-1)$ 次左循环移位，共得到 k 个码多项式：$g(x)$，$xg(x)$，$\cdots$，$x^{k-1}g(x)$。由于这 k 个码多项式是相互独立的，可作为码生成矩阵的 k 行来构成此循环码的生成矩阵 $\boldsymbol{G}(x)$，即

$$\boldsymbol{G}(x) = \begin{bmatrix} x^{k-1}g(x) \\ x^{k-2}g(x) \\ \vdots \\ xg(x) \\ g(x) \end{bmatrix} \qquad (3-1-43)$$

由式 $(3-1-43)$ 可知，码的生成矩阵一旦确定，那么码也就确定了。这就说明，(n,k) 循环码可由它的一个 $(n-k)$ 次码多项式 $g(x)$ 来确定，称 $g(x)$ 为码的生成多项式。在 (n,k) 循环码中，码的生成多项式 $g(x)$ 有如下的性质：

（1）$g(x)$ 是一个常数项不为 0 的 $(n-k)$ 次码多项式。在循环码中，除全"0"码字外，再没有连续 k 位均为"0"的码字，即连"0"的长度最多只有 $(k-1)$ 位。否则，经过若干次的循环移位后将得到 k 个信息码元全为"0"、而监督码元不为"0"的码字，这对线性分组码来说

是不可能的。因此 $g(x)$ 是一个常数项不为 0 的 $(n-k)$ 次码多项式。

(2) $g(x)$ 是码组集合中唯一的 $(n-k)$ 次多项式。如果存在另一个 $(n-k)$ 次多项式，假设为 $g'(x)$，根据线性分组码的封闭性，那么 $g(x)+g'(x)$ 也必为一个码多项式。由于 $g(x)$ 和 $g'(x)$ 的次数相同，它们的和式的 $(n-k)$ 次项系数为 0，那么 $g(x)+g'(x)$ 是一个次数低于 $(n-k)$ 次的码多项式，即连 "0" 的个数多于 $(k-1)$。显然这与前面的结论是矛盾的，所以 $g(x)$ 是唯一的 $(n-k)$ 次码多项式。

(3) 所有码多项式 $T(x)$ 都可被 $g(x)$ 整除，而且任一次数不大于 $(k-1)$ 的多项式乘 $g(x)$ 都是码多项式。

根据线性分组码编码器的输入、输出和生成矩阵的关系式，即式 $(3-1-16)$，可设 $\boldsymbol{M}=[m_{k-1}, m_{k-2}, \cdots, m_0]$ 为 k 个信息码元，$\boldsymbol{G}(x)$ 为该 (n,k) 循环码的生成矩阵，则相应的码多项式为

$$T(x) = \boldsymbol{M} \cdot \boldsymbol{G}(x) = [m_{k-1}, m_{k-2}, \cdots, m_0] \cdot \begin{bmatrix} x^{k-1}g(x) \\ \vdots \\ xg(x) \\ g(x) \end{bmatrix}$$

$$= (m_{k-1}, x^{k-1}+\cdots+m_1 x+m_0)g(x)$$

$$= M(x)g(x) \tag{3-1-44}$$

式中，$T(x)$ 是次数不大于 $n-1$ 的 2^k 个码多项式；$M(x)$ 是 2^k 个信息码元的多项式。

(4) (n,k) 循环码的生成多项式 $g(x)$ 是 (x^n+1) 的一个 $(n-k)$ 次因式。由于 $g(x)$ 是一个 $(n-k)$ 次的多项式，所以 $x^k g(x)$ 为一个 n 次多项式。由于生成多项式 $g(x)$ 本身就是一个码字，由式 $(3-1-42)$ 可知，$x^k g(x)$ 在模 (x^n+1) 运算下仍为一个码字 $T(x)$，所以有

$$\frac{x^k g(x)}{x^n+1} = Q(x) + \frac{T(x)}{x^n+1} \tag{3-1-45}$$

由于 $(n-k)$ 次多项式 $g(x)$ 本身就是一个许用码组，故 $x^k g(x)$ 为一个 n 次多项式。由于等式左端的分子和分母都是 n 次多项式，所以 $Q(x)=1$，则

$$x^k g(x) = (x^n+1) + T(x) \tag{3-1-46}$$

由式 $(3-1-44)$ 可知，任意循环码的多项式 $T(x)$ 都是 $g(x)$ 的倍式，即

$$T(x) = M(x)g(x) \tag{3-1-47}$$

$$(x^n+1) = g(x)[x^k + M(x)] \tag{3-1-48}$$

由此可见，(n,k) 循环码的生成多项式 $g(x)$ 是 (x^n+1) 的一个 $(n-k)$ 次因式。这一结论为我们寻找循环码的生成多项式指出了方向。即循环码的生成多项式应该是 (x^n+1) 的一个 $(n-k)$ 次因式。

例如，对于 $n=7$，由于

$$(x^7+1) = (x+1)(x^3+x^2+1)(x^3+x+1) \tag{3-1-49}$$

所以，可以构成的所有长度为 $n=7$ 的 $(7,k)$ 循环码，如表 $3-1-9$ 所示。依据表 $3-1-9$，可选择适当的因式来形成生成多项式 $g(x)$，这样就可以构成我们所需要的循环码。

表 3 - 1 - 9　　长度 $n=7$ 的几种循环码的生成多项式

(n, k)码	$g(x)$
$(7, 6)$码	$(x+1)$
$(7, 4)$码	x^3+x+1 或 x^3+x^2+1
$(7, 3)$码	$(x+1)(x^3+x+1)$或$(x+1)(x^3+x^2+1)$
$(7, 1)$码	$(x^3+x^2+1)(x^3+x+1)$

一般地，这样得到的生成矩阵不是典型矩阵，可以通过初等行变换将它化为典型矩阵。

3）循环码的监督多项式和监督矩阵

由于 (n, k) 循环码中 $g(x)$ 是 (x^n+1) 的一个 $(n-k)$ 次因式，因此可令

$$h(x) = \frac{(x^n+1)}{g(x)} = x^k + h_{k-1}x^{k-1} + \cdots + h_1 x + 1 \qquad (3-1-50)$$

由于 $g(x)$ 是常数项为 1 的一个 $(n-k)$ 次多项式，故 $h(x)$ 必定是常数项为 1 的 k 次多项式，我们称 $h(x)$ 为监督多项式。与式$(3-1-43)$所表示的 $\boldsymbol{G}(x)$ 相对应，监督矩阵可表示为

$$\boldsymbol{H}(x) = \begin{bmatrix} x^{n-k-1}h^*(x) \\ x^{n-k-2}h^*(x) \\ \vdots \\ xh^*(x) \\ h^*(x) \end{bmatrix} \qquad (3-1-51)$$

其中，$h^*(x)$ 是 $h(x)$ 的逆多项式，即

$$h^*(x) = x^k + h_1 x^{k-1} + h_2 x^{k-2} + \cdots + h_{k-1}x + 1 \qquad (3-1-52)$$

例如，表 3 - 1 - 8 中的$(7, 3)$循环码，其生成多项式为 $g(x)=x^4+x^3+x^2+1$，则

$$h(x) = \frac{(x^n+1)}{g(x)} = \frac{(x^7+1)}{g(x)} = x^3+x^2+1$$

$$h^*(x) = x^3+x+1$$

其对应的监督矩阵为

$$\boldsymbol{H}(x) = \begin{bmatrix} x^6+x^4+x^3 \\ x^5+x^3+x^2 \\ x^4+x^2+x \\ x^3+x+1 \end{bmatrix}$$

即

$$\boldsymbol{H} = \begin{bmatrix} 1 & 0 & 1 & 1 & 0 & 0 & 0 \\ 0 & 1 & 0 & 1 & 1 & 0 & 0 \\ 0 & 0 & 1 & 0 & 1 & 1 & 0 \\ 0 & 0 & 0 & 1 & 0 & 1 & 1 \end{bmatrix}$$

同样，通过行变换也可以将 $\boldsymbol{H}$ 化为典型矩阵。

以监督多项式 $h(x)$ 作为生成多项式构造得到的 $(n，n-k)$ 循环码，与以 $g(x)$ 作为生成多项式构造得到的 $(n，k)$ 循环码，互为对偶码。

4）循环码的伴随式

参照线性分组码中求校正子的方法，设发送码组为 A，错误图样为 E，接收码组为 B，则它们相应的多项式分别为

$$T(x) = a_{n-1}x^{n-1} + a_{n-2}x^{n-2} + \cdots + a_1x + a_0 \qquad (3-1-53)$$

$$E(x) = e_{n-1}x^{n-1} + e_{n-2}x^{n-2} + \cdots + e_1x + e_0 \qquad (3-1-54)$$

$$\begin{aligned} R(x) &= T(x) + E(x) \\ &= (a_{n-1}+e_{n-1})x^{n-1} + (a_{n-2}+e_{n-2})x^{n-2} + \cdots + (a_1+e_1)x + (a_0+e_0) \\ &= b_{n-1}x^{n-1} + b_{n-2}x^{n-2} + \cdots + b_1x + b_0 \end{aligned} \qquad (3-1-55)$$

在循环码中，由于任一发送码组多项式都能被生成多项式 $g(x)$ 整除，因此在接收端用 $g(x)$ 去除 $R(x)$，可得

$$\frac{R(x)}{g(x)} = \frac{T(x)+E(x)}{g(x)} \qquad (3-1-56)$$

在线性分组码中，伴随式 $S = B \cdot H^{\mathrm{T}} = E \cdot H^{\mathrm{T}}$。按照同样的道理，对于循环码而言，其伴随式可表示为

$$S(x) \equiv R(x) \equiv E(x) \quad (\bmod\ g(x)) \qquad (3-1-57)$$

因此，循环码的伴随式 $S(x)$ 就是用码生成多项式 $g(x)$ 除接收到的码多项式 $R(x)$ 所得到的余式。$S(x)$ 的次数最高为 $n-k-1$ 次，故 $S(x)$ 有 2^{n-k} 个可能的伴随式。若满足 $2^{n-k} \geqslant n+1$，则具有纠错的能力。若传输过程中无错码，则 $S(x)=0$，否则 $S(x) \neq 0$。

由于循环码具有循环移位特性，致使其伴随式 $S(x)$ 也具有循环特性。这样使得伴随式 $S(x)$ 的计算电路具有一个重要性质。该性质为：设 $S(x)$ 是接收码组 $R(x)$ 的伴随式，则 $R(x)$ 的一次循环移位 $xR(x)$（按模 $x^{n}-1$ 运算）的伴随式 $S^{(1)}(x)$ 是 $S(x)$ 在伴随使计算电路中无输入时，右移一位的结果（称其为自发运算），即有

$$S^{(1)}(x) = xS(x) \qquad (3-1-58)$$

也可推广到更一般的情况：对于任何 $i=1,2,\cdots,n-1$，$R(x)$ 的 i 次循环移位 $x^{i}R(x)$（模 $x^{n}-1$）的伴随式 $S^{(i)}(x)$，必有

$$S^{(i)}(x) = x^{i}S(x) \quad (\bmod\ g(x)) \qquad (3-1-59)$$

即 $S^{(i)}(x)$ 是 $S(x)$ 在伴随式计算电路中无输入时，右移 i 位的结果。

2. 循环码的编码

在编码时，首先要根据给定的 $(n，k)$ 值选定生成多项式 $g(x)$，即从 $(x^{n}+1)$ 的因子中选出一个 $(n-k)$ 次多项式作为 $g(x)$。然后利用所有码多项式 $T(x)$ 均能被 $g(x)$ 整除这一特点来进行编码。设 $m(x)$ 为信息码多项式，其次数小于 k。用 x^{n-k} 乘以 $m(x)$，得到的 $x^{n-k} \cdot m(x)$ 的次数必定小于 n。再用 $g(x)$ 除 $x^{n-k} \cdot m(x)$ 得到余式 $r(x)$。$r(x)$ 的次数小于 $g(x)$ 的次数，即小于 $(n-k)$。将此余式 $r(x)$ 加于信息位后作为监督位，即将 $r(x)$ 与 $x^{n-k} \cdot m(x)$ 相加，得到的多项式必定是一码多项式。因为码多项式能被 $g(x)$ 整除，并且商的次数不大于 $(k-1)$。

根据上述原理，编码步骤可归纳如下：

(1) 根据给定的 (n,k) 值和对纠错能力的要求，选定生成多项式 $g(x)$，即从 (x^n+1) 的因式中选定一个 $(n-k)$ 次多项式作为 $g(x)$。

(2) 用信息码元的多项式 $m(x)$ 表示信息码元。例如，信息码元为 110，它相当于 $m(x)=x^2+x$。

(3) 用 $m(x)$ 乘以 x^{n-k}，得到 $x^{n-k}\cdot m(x)$。这一运算实际上是在信息位的后面附加了 $(n-k)$ 个 0。例如，信息码多项式为 $m(x)=x^2+x$ 时，$x^{n-k}\cdot m(x)=x^4\cdot(x^2+x)=x^6+x^5$，它相当于 1100000。

(4) 用 $g(x)$ 除 $x^{n-k}\cdot m(x)$ 得到商式 $Q(x)$ 和余式 $r(x)$。即

$$\frac{x^{n-k}\cdot m(x)}{g(x)}=Q(x)+\frac{r(x)}{g(x)} \tag{3-1-60}$$

例如，选定 $g(x)=x^4+x^3+x^2+1$，则

$$\frac{x^{n-k}\cdot m(x)}{g(x)}=\frac{x^6+x^5}{x^4+x^3+x^2+1}=(x^2+1)+\frac{x^3+1}{x^4+x^3+x^2+1} \tag{3-1-61}$$

则式 $(3-1-61)$ 相当于

$$\frac{1100000}{11101}=101+\frac{1001}{11101} \tag{3-1-62}$$

(5) 编出的码字 $T(x)$ 为

$$T(x)=x^{n-k}\cdot m(x)+r(x) \tag{3-1-63}$$

在上例中的码字 $T(x)=1100000+1001=1101001$，它就是表 3-1-8 中第七码组。

上述几个编码步骤可以用除法电路来实现。除法电路由 $(n-k)$ 个移位寄存器、多个模 2 加法器和一个双刀双掷开关 K 构成。假设生成多项式为

$$g(x)=g_{n-k}x^{n-k}+g_{n-k-1}x^{n-k-1}+\cdots+g_1x+g_0 \tag{3-1-64}$$

如果 $g_i=1$，说明对应的移位寄存器的输出端有一个模 2 加法器（即有连线）；如果 $g_i=0$，说明对应的移位寄存器的输出端没有一个模 2 加法器（即无连线）。

下面以 $(7,3)$ 循环码为例，设其生成多项式为 $g(x)=x^4+x^3+x^2+1$。$(7,3)$ 循环码的编码器的工作原理如图 3-1-5 所示。在 $(7,3)$ 循环码中，除法电路由四级移位寄存器 $D_0D_1D_2D_3$ 以及模 2 加法器构成，反馈线的连接与 $g(x)$ 的非 0 系数相对应。

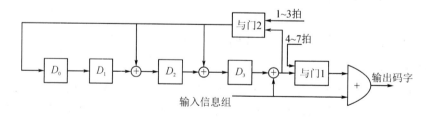

图 3-1-5　$(7,3)$ 循环码的编码器的工作原理

首先，在编每组码之前，四级移位寄存器先清零。当三位信息码元输入时，门 1 断开，门 2 关闭，三位信息码元按节拍直接由"或"门输出，三拍过后移位寄存器中保留了除法运算求出的余数（监督码元）。从第四拍开始，门 1 断开、门 2 关闭。移位寄存器中的除法余项依次输出，连同前面已送出的信息组一起组成一个码字。移位四次后，移位寄存器中的内容已全部送完。$(7,3)$ 循环码的编码过程如表 3-1-10 所示。

表 3-1-10 (7，3)循环码的编码过程

移位次序	输入	门 1	门 2	移位寄存器 $D_0\ D_1\ D_2\ D_3$	输出
0	/			0 0 0 0	/
1	1	断	接	1 0 1 1	1
2	1	开	通	0 1 0 1	1
3	0			1 0 0 1	0
4	0			0 1 0 0	1
5	0	接	断	0 0 1 0	0
6	0	通	开	0 0 0 1	0
7	0			0 0 0 0	1

3. 循环码的译码

根据接收端译码目的的不同(无论是检错还是纠错)，循环码的译码原理与实现方法有所不同。纠错码的译码是该码能否得到实际应用的关键问题，因为译码器通常要比编码器复杂得多。因此，对纠错码的研究大都集中在译码的算法上。

在循环码中，由于任一发送码组多项式都能被生成多项式 $g(x)$ 整除，因此可以利用接收码组能否被 $g(x)$ 所整除来判断接收码组 $R(x)$ 是否出差错。当传输过程中未发生错码时，接收码组与发送码组相同，即 $R(x)=T(x)$，接收码组 $R(x)$ 必定能被 $g(x)$ 整除；若码组在传输过程中发生了错码，则 $R(x)\neq T(x)$，$R(x)$ 被 $g(x)$ 除时可能除不尽。可见，循环码译码器的核心仍是一个除法电路和缓冲移位寄存器，其检错译码器的原理框图如图 3-1-6 所示。图中的除法电路与编码器中的除法电路相同。在此除法电路中进行了 $\dfrac{R(x)}{g(x)}$ 运算。若余数为 0，表示 $g(x)$ 中无错码，此时就将暂存在缓冲寄存器中的接收信息码组送至输出端；若余数不为 0，则表示 $R(x)$ 中有错码，此时可将缓冲寄存器中的接收码组删除，并向发送端发送重传指令，要求将该码重传。

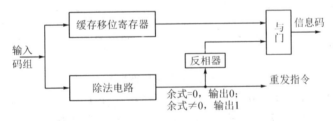

图 3-1-6 检错译码器的原理框图

另外，需要指出的是，当接收码组中有错码时，也有可能被 $g(x)$ 所整除，但这时的错码就不能被检出了，这种错码即为不可检的错码。

在接收端，为纠错而采用的译码方法比检错时复杂。为了能够纠错，要求每个可纠正的错误图样必须与一个特定余式有一一对应关系。只有这样，才可能从余式中唯一地决定错误图样，从而纠正错码。因此，纠错可按下述步骤进行：

(1) 用生成多项式 $g(x)$ 除接收码组 $R(x)=T(x)+E(x)$，得出余式 $r(x)$。

(2) 按余式 $r(x)$ 用查表法，或由接收到的码多项式 $R(x)$ 计算伴随式 $S(x)$。

(3) 由校正子 $S(x)$ 确定其错误图样 $E(x)$，这样就可确定错码的位置。

(4) 利用 $T(x)=R(x)-E(x)$ 可得到纠正错误后的原发送码组 $T(x)$。

上述步骤(1)、(2)运算较为简单，与检错码时的运算相同。步骤(4)也较为简单。因而，纠错译码器的复杂性主要取决于步骤(3)。

由式(3-1-57)可知，用接收码多项式 $R(x)$ 除以生成多项式 $g(x)$ 得到的余式，就是循环码的伴随式 $S(x)$，这就可以简化伴随式的计算。同时，由于循环码的伴随式 $S(x)$ 与循环码一样，也具有循环移位特性(即某码组循环移位 i 次的伴随式，等于原码组伴随式在除法电路中循环移位 i 次所得到的结果)。因此，对于只纠正 1 位错码的译码器而言，可以针对接收码组中单个错码出现在首位的错误图样及其相应的伴随式来设计组合逻辑电路。然后利用除法电路中移位寄存器的循环移位去纠正任何位置上的单个错码。

下面以(7,3)循环码为例，设计一个能够纠正 1 位错码的循环码译码电路。设其生成多项式为 $g(x)=x^4+x^3+x^2+1$。

假设(7,3)循环码译码器按错误图样 $E(1000000)$ 来设计，于是

$$S(x)=e(x) \quad (\mathrm{mod}\,g(x))$$
$$=x^6 \quad (\mathrm{mod}\,g(x))$$
$$=x^3+x^2+x$$

即 $S=[1\,1\,1\,0]$，则其译码电路如图 3-1-7 所示。

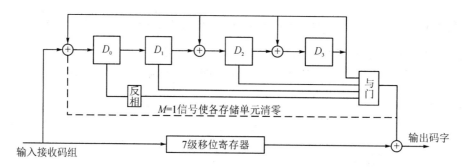

图 3-1-7 (7,3)循环码的译码电路

设发送码字 $A=[0\,1\,1\,1\,0\,1\,0]$，接收码字 $B=[1\,1\,1\,1\,0\,1\,0]$，其译码过程如表 3-1-11 所示。清零后在第一至第七拍，接收码字 B 一方面被送入移位寄存器；另一方面被送入 $g(x)$ 除法电路计算伴随式，在第七拍结束时得到 $S=[1\,1\,1\,0]$。随后与门呈开的状态并输出纠错信号 $M=1$，对接收码字 B 的第一位实施纠错，同时 $M=1$ 信号使 $D_0\sim D_3$ 清零。第八至第十四拍移位寄存器中内容依次输出，由于错码已被纠正，输出 $A=[0\,1\,1\,1\,0\,1\,0]$。

表 3 - 1 - 11　(7, 3)循环码的译码过程

节拍	B	M	移位寄存器状态 x_0 x_1 x_2 x_3 x_4 x_5 x_6	伴随式状态 D_0 D_1 D_2 D_3	纠正后的码组
0			0 0 0 0 0 0 0	0 0 0 0	
1	1	0	1 0 0 0 0 0 0	1 0 0 0	
2	1	0	1 1 0 0 0 0 0	1 1 0 0	
3	1	0	1 1 1 0 0 0 0	1 1 1 0	
4	1	0	1 1 1 1 0 0 0	1 1 1 1	
5	0	0	0 1 1 1 1 0 0	1 1 0 0	
6	1	0	1 0 1 1 1 1 0	1 1 0 0	
7	0	0	0 1 0 1 1 1 1	0 1 1 1	
8		1	0 0 1 0 1 1 1	0 0 0 0	0
9		0	0 0 0 1 0 1 1	0 0 0 0	1
10		0	0 0 0 0 1 0 1	0 0 0 0	1
11		0	0 0 0 0 0 1 0	0 0 0 0	1
12		0	0 0 0 0 0 0 1	0 0 0 0	0
13		0	0 0 0 0 0 0 0	0 0 0 0	1
14		0	0 0 0 0 0 0 0	0 0 0 0	0

在实际中，常用循环码的译码方法主要还有梅吉特译码、捕错译码和大数逻辑译码等。感兴趣者可参阅有关信道编码技术的专著。另外，循环码的译码除采用硬件法外，还可以按照循环冗余校验原理用软件手段，即软件法来实现。

4. 常见的几种循环码

循环码具有检错能力强（即它对随机错码和突发错码都能以较低冗余度进行严格检验），并且实现编码和检错电路相对简单，故在计算机通信中得到了广泛应用。

CRC 用于检错，一般能检测如下错码：

(1) 突发长度 $l \leqslant n-k$ 的突发错码。

(2) 大部分突发长度 $l = n-k+1$ 的错码（不可检测的错码只占 $2^{-(n-k-1)}$）。

(3) 大部分突发长度 $l > n-k+1$ 的错码（不可检测的错码只占 $2^{-(n-k)}$）。

(4) 所有与许用码组的距离小于 d_{min} 的错码。

(5) 所有奇数个随机错码。

用于进行 CRC 除法的码多项式（即生成多项式）有多种，在计算机通信中广泛使用的有以下四种：

(1) CRC_12 型码。这种码用于长度为 6 比特的同步系统，检验码组长为 12 位，其生成多项式为

$$g(x) = x^{12} + x^{11} + x^3 + x^2 + x + 1 \tag{3-1-65}$$

它能检测出长度在 12 位以内的突发错码。

（2）CRC_16 型码。这种码用于长度为 8 比特的同步系统，检验码组长为 16 位，其生成多项式为

$$g(x) = x^{16} + x^{15} + x^2 + 1 \qquad (3-1-66)$$

它能检测全部 16 位以下和 16 位长的突发错码以及 99% 的长度大于 16 位的突发错码。

（3）CRC_CCITT 型码。这种码用于长度为 8 比特的同步系统，检验码组长为 16 位，其生成多项式为

$$g(x) = x^{16} + x^{12} + x^5 + 1 \qquad (3-1-67)$$

它的检测能力同 CRC_16 型码。

（4）CRC_32 型码。这种码用于长度为 8 比特的同步系统，检验码组长为 12 位，其生成多项式为

$$g(x) = x^{32} + x^{26} + x^{23} + x^{22} + x^{16} + x^{12} + x^{11} + x^{10} + x^8 + x^7 + x^5 + x^4 + x^2 + x + 1 \qquad (3-1-68)$$

3.1.6　卷积码

卷积码是由伊利亚斯提出的，与前面所介绍的分组码有很大不同。在通常情况下，为了达到一定的检、纠错能力和编码效率，分组码的码长较大。而译码时须把整个码组接收后方可进行，因此而产生的延时会随码长的增加而线性增长。对于卷积码而言，其信息码个数和码长通常较小，故延时小，特别适合于以串行形式传输的场合。另外，与分组码相比，卷积码在任何一个码组中的监督码元都不仅与本码组的信息码元有关，而且还与前面若干个码组的信息码元有关，其纠错能力随着前面若干个码组数的增加而增加。因此在实际应用中，卷积码的性能优于分组码，而且设备简单。

正因为卷积码的许多优良性能，使它得到了广泛的应用。但目前尚未找到较严密的数学手段，能将纠错和检错能力与码的构成十分有规律地联系起来，一般采用计算机搜索来寻找合适码组，其译码算法也有待于进一步研究与完善。本节从实例入手，分析和讨论卷积码的基本性能。

1. 基本概念

卷积码的编码器的一般形式如图 3-1-8 所示。它主要由移位寄存器和加法器组成。输入移位寄存器包括 $(m+1)$ 段，每段有 k 级，共 $(m+1)k$ 位寄存器，负责存储每段的 k 个信息元；各信息码元通过 n 个模 2 加法器相加，产生每个输出码组的 n 个码元，并寄存在一个 n 级的移位寄存器中输出。整个编码过程可以看成是输入信息序列与由移位寄存器、模 2 加法器之间所决定的另一个序列的卷积，卷积码由此而得名。卷积码通常记为 (n, k, m)，其中，m 为子码个数；n 为码长；k 为码组中的信息码元的个数。在卷积码的译码过程中，不但从该时刻收到的码组中提取信息，还可以利用以后的 $(m+1)$ 个子码来提取信息。

下面以 $(2, 1, 2)$ 卷积码为例加以说明。图 3-1-9 为该卷积码的编码器的工作原理。该编码器由移位寄存器、模 2 加法器及开关电路组成。在起始状态时各级移位寄存器清零，即 $S_1 S_2 S_3$ 为 000。当第一个输入比特为 0 时，输出比特为 00；若输入比特为 1 时，则输出比

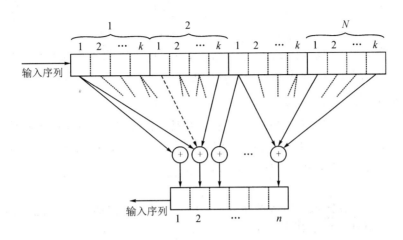

图 3 - 1 - 8　卷积码的编码器的一般形式

特为 11。在第二个比特输入时,第一个比特右移一位,则输出比特同时受当前输入比特和前一个输入比特的影响。(2,1,2)卷积码的输出码字为

$$C_1 = S_1 \oplus S_2 \oplus S_3 \tag{3-1-69}$$

$$C_2 = S_1 \oplus S_3 \tag{3-1-70}$$

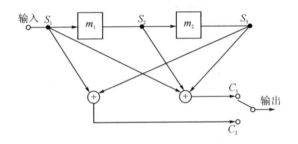

图 3 - 1 - 9　(2,1,2)卷积码的编码器的工作原理

当输入数据为 11010 时,输出码字可由式(3-1-69)和式(3-1-70)计算出来。表 3-1-12列出了所有数据输入后的输出码字。为了使全部数移出,数据位需加 3 个 0。

表 3 - 1 - 12　(2,1,2)卷积器的编码过程

S_1	1	1	0	1	0	0	0	0
S_1S_2	00	01	11	10	01	10	00	00
C_1C_2	11	01	01	00	10	11	00	00
状态	a	b	d	c	b	c	a	a

由表(3-1-12)计算过程可推知,(n,k,m)卷积码的编码器的每 1 位输入比特会影响 $(m+1)$ 个输出码字,因此称这个$(m+1)$为编码约束度。每个子码有 n 个码元,则在卷积码中有约束关系的最大码元长度为$(m+1)n$,称为编码约束长度。(2,1,2)卷积码的编码约束度为 3,编码约束长度为 6。当有 k 位数据输入时,输出码字序列的数目一共为

$$N = (k+m+1)n \tag{3-1-71}$$

卷积码的编码效率为

$$R = \frac{k}{N} = \frac{k}{(k+m+1)n} \qquad\qquad (3-1-72)$$

若卷积码子码中前 k 位码元是信息码元的重现，则该卷积码称为系统卷积码；否则称为非系统卷积码。图 $3-1-9$ 所示的编码器产生的 $(2,1,2)$ 码是非系统码。

2. 卷积码的图解表示

描述卷积码的方法主要有图解表示法和解析表示法两类。对卷积码虽然可以用矩阵方法描述，但比较抽象，对初学者一时难于掌握。图解方法对编码过程的描述比较直观，初学者容易掌握。常用的图解法有三种：树状图、状态图和网格图。

1）树状图

树状图描述的是在输入任何数据序列时，码字所有可能的输出。对应于如图 $3-1-9$ 所示的 $(2,1,2)$ 卷积码的编码器，其树状图如图 $3-1-10$ 所示。

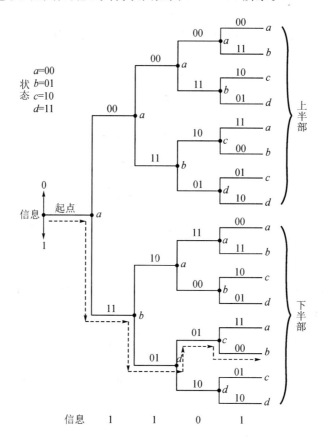

图 $3-1-10$ $(2，1，2)$ 卷积码的树状图

在图 $3-1-10$ 中，从节点 a 开始，此时移位寄存器状态为 00。用 a、b、c、d 表示 $S_3 S_2$ 的四种可能状态（00、01、10 和 11）。从 a 点出发分为两条支路。当第一位数据 $S_1=1$ 时，码字 $C_1 C_2$ 为 11，从起点通过下支路到达状态 b，即 $S_3 S_2$ 为 01；当第一位数据 $S_1=0$ 时，码字 $C_1 C_2$ 为 00，从起点通过下支路到达状态 a，即 $S_3 S_2$ 为 00。当输入第二个比特时，移位寄存器右移 1 位，以此类推，便可求得整个树状图。由图 $3-1-10$ 可见，从第三条支路起，树

状图呈现出重复性，即图中表明的上、下半部是相同的。这说明从第四位输入起，输出码字已与第一位数据无关了，从中阐明前述编码约束度为 3 的含义。当输入信息为 11010 时，在树状图中用点线标出其轨迹，并得到输出码字序列为 11010100……，与表 3-1-12 所示的结果相一致。

2）状态图

观察图 3-1-10 所示的树状图的重复性，可把当前状态和下一状态之间的码变换关系用更为紧凑的图形表示，即还可以用状态图来描述。图 3-1-11 就是该(2，1，2)卷积码的状态图。

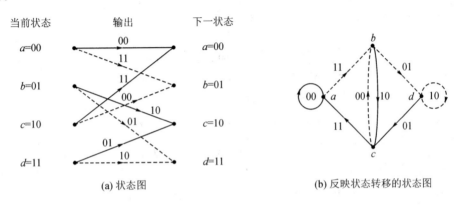

(a) 状态图　　　　　　　　　　(b) 反映状态转移的状态图

图 3-1-11　(2，1，2)卷积码的状态图

在状态图中，把树状图中具有相同状态的节点合并在一起。实线表示数据为 0 的路径；虚线表示数据为 1 的路径，并在路径上写出相应的输出码字，即为如图 3-1-11(a)所示的状态图。再把目前状态与下一行状态重叠起来，即可得到如图 3-1-11(b)所示的反映状态转移的状态图。图 3-1-11(b)中的 4 个节点分别表示 a、b、c、d，对应取值与图 3-1-11(a)相同。每个节点有两条弧线离开该节点，弧线旁的数字即为输出码字。当输入信息为 11010 时，状态转移过程为 $a \rightarrow b \rightarrow d \rightarrow c \rightarrow b$，则可读出输出码字序列为 11010100……，与表 3-1-12 所示的结果相一致。

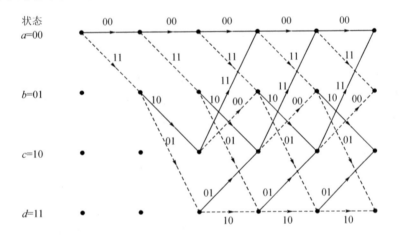

图 3-1-12　(2，1，2)卷积码的网格图

3）网格图

将状态图在时间上展开，便得到第三种图解方法即网格图，或称为笆篱图，如图3-1-12所示。网格图中支路上标明的码元为输出比特，自上而下4行节点表示 a、b、c、d 四种状态。图3-1-12画出了所有可能数据输入时状态转移的全部可能轨迹。实线表示数据为0；虚线表示数据为1，线条旁边数字为输出码字，各节点表是相应的状态。图3-1-13给了当输入信息为11010时的(2,1,2)卷积码过程轨迹。

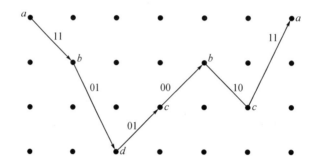

图3-1-13　(2,1,2)卷积码的过程轨迹

通常，对于有 m 个互相约束的子码（段）的卷积码，它应有 2^{m-1} 种可能状态（节点），从第 m 节点（从左向右计数）开始，网格图形开始重复而完全相同。

上述三种图解方法，不但有助于求解输出码序列，并且可直观地了解其编码过程。

3. 卷积码的译码

卷积码的译码可分为代数译码和概率译码两大类。在卷积码发展过程中早期普遍采用代数译码。代数译码利用生成矩阵和监督矩阵来译码，该方法的硬件实现简单，但性能较差。最主要的方法是大数逻辑译码或门限译码。现在，概率译码越来越受到重视，已成为卷积码最主要的译码方法。概率译码中比较实用的有两种，即维特比译码和序列译码。这里将简要讨论这几种译码方法。

1）维特比译码

维特比译码是一种最大似然译码算法。最大似然译码算法的基本思路是：把接收码字与所有可能的码字比较，选择一种码距最小的码字作为译码输出。对于 (n,k,m) 卷积码而言，发 k 位数据，则它有 2^k 种可能码字，计算机会存储这些码字，以便于比较。当 k 较大时，由于存储量太大，应用受到限制。由于接收序列通常很长，所以维特比译码是最大似然译码算法的简化。简化的方法是：它把接收码字分段处理，每接收一段码字，计算、比较一次，保留码距最小的路径，直至译完整个序列。

现以上述(2,1,2)码为例说明维特比译码过程。当发送端的信息数据为11010时，为使全部信息能通过编码器，在其后加上000，此时的全部数据为11010000，如表3-1-12所示，编出的码字序列为1101010010110000，移位寄存器的状态转移路线为 $a \to b \to d \to c \to b \to c \to a \to a$。发送的信息通过信道传至对方，设接收码字有差错，码字序列变成0101011010010010，有4位码元差错。下面参照图3-1-14所示的网格图来说明译码过程。

　　由于(2，1，2)卷积码的编码约束度为 3，先选前 3 组接收码字序列作为标准，与达到第三级的 4 个节点的 8 条路径进行比较，逐步算出每条路径与接收码字之间的累积码距，每个节点保留一条到达码距较小的路径作为幸存路径，这四条路径如图 3 - 1 - 14 所示。

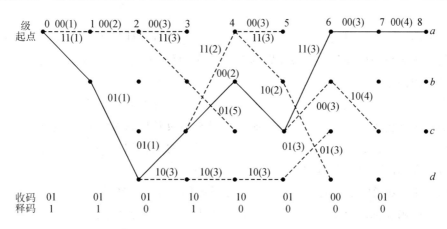

图 3 - 1 - 14　维特比译码法的网格图

　　由图 3 - 1 - 14 可见，到达路径 a、b、c、d 的幸存路径分别是 000000、000011、110101 和 110110。累积码距分别用括号内的数字标出。节点 a 的两条路径是：00000000 和 11010111；节点 b 的两条路径是：00000011 和 11010100；节点 c 的两条路径是：00001110 和 00110101；节点 d 的两条路径是：00110110 和 11101001。将它们与接收序列 01010110 对比求出累积码距，每个节点仅留下一条码距较小的路径作为幸存路径，它们分别是 11010111、11010100、00001110 和 00110110。逐步推进筛选幸存路径，到第七级时，只要选出到达节点 a 和 c 的两条路径即可，因为到达终点 a 只可能从第七级的节点 a 或 c 出发。最后得到了到达终点 a 的一条幸存路径，即为解码路径，如图 3 - 1 - 14 中实线所示。根据这条路径，对照图 3 - 1 - 13 可知，解码结果为 11010000，与发送信息序列一致。

　　由上述译码过程我们可以看出，维特比译码的复杂性与状态数（节点数）成正比，即随约束长度 m 的增加而成指数增长。若译一个 l 比特的序列，译码操作的总次数为 $l2^{m-1}$。由于维特比译码的运算量随 m 指数增加，目前维特比译码法的应用只限于约束长度 $m<10$ 的卷积码中。

　　2）序列译码

　　当 m 很大时，可以采用序列译码法，该译码方法可避免漫长的搜索过程。其过程是：译码先从树状图的起始节点开始，把接收到的第一个子码的 n 个码元与自始节点出发的两条分支按照最小汉明距离进行比较，沿着差异最小的分支走向第二个节点；在第二个节点上，译码器仍以同样原理到达下一个节点；以此类推，最后得到一条路径。若接收码组有错，则自某节点开始，译码器就一直在不正确的路径中行进，译码也一直有错误。因此，译码器有一个门限值，当接收码元与译码器所走的路径上的码元之间的差异总数超过门限值时，译码器判定有错误，并且返回，试走另一分支。经数次返回找出一条正确的路径，最后译码输出。

维特比译码在编码约束长度不太长或误比特率不太高的条件下，计算速度很快，目前可达几十兆比特每秒至上百兆比特每秒，而且设备比较简单，故特别适用于卫星通信系统中纠正随机错码。

3）门限译码

除上述的维特比译码法、序列译码法外，卷积码的另一种译码方法为门限译码法。门限译码又称为大数逻辑译码。门限译码的设备简单，译码速度快，约束长度可较大，适用于有突发错码的信道。

门限译码的原理是以分组码为基础的，它既可以用于分组码，也可以用于卷积码。当门限译码用于卷积码时，它把卷积码看成是在译码约束长度含义下的分组码。它的基本思想也是计算一组校正子，其含义与分组码类似，不同的是卷积码的校正子是一个序列。这是由于信息和编码输出都是以序列形式出现的缘故。

通常，可以采用门限译码的卷积码大都是系统码，具有特殊的结构，称为门限可译码。它可分为试探码和标准自正交码。限于篇幅，这里就不详细介绍了。

3.2　扩频通信基本原理

3.2.1　扩频通信的基本概念

通信理论和通信技术的研究，是围绕着通信系统的有效性和可靠性这两个基本问题展开的，所以有效性和可靠性是设计和评价一个通信系统的主要性能指标。

（1）通信系统的有效性是指通信系统传输信息效率的高低。这个问题是讨论怎样以最合理、最经济的方法传输最大数量的信息。在模拟通信系统中，多路复用技术可提高系统的有效性。显然，信道复用程度越高，系统传输信息的有效性就越好。在数字通信系统中，由于传输的是数字信号，因此传输的有效性是用传输速率来衡量的。

（2）通信系统的可靠性是指通信系统可靠地传输信息。由于信息在传输过程中受到干扰，收到的信息与发出的信息并不完全相同。可靠性就是用来衡量收到信息与发出信息的符合程度。因此，可靠性决定于系统抵抗干扰的性能，也就是说，通信系统的可靠性决定于通信系统的抗干扰性能。在模拟通信系统中，传输的可靠性是用整个系统的输出信噪比来衡量的。在数字通信系统中，传输的可靠性是用信息传输的差错率来描述的。

扩展频谱通信由于具有很强的抗干扰能力，首先在军用通信系统中得到了应用。近年来，扩展频谱通信技术的理论和应用发展非常迅速，在民用通信系统中也得到了广泛的应用。扩频通信是扩展频谱通信的简称。我们知道，频谱是电信号的频域描述。承载各种信息（如语音、图像、数据等）的信号一般都是以时域来表示的，即信息信号可表示为一个时间的函数 $f(t)$。信号的时域表达式 $f(t)$ 可以用傅里叶变换得到其频域表达式 $F(f)$。频域和时域的关系为

$$F(f) = \int_{-\infty}^{\infty} f(t) e^{-j2\pi ft} dt$$

$$f(t) = \int_{-\infty}^{\infty} F(f) e^{j2\pi ft} \, df \tag{3-2-1}$$

函数 $f(t)$ 的傅里叶变换存在的充分条件是 $f(t)$ 满足狄里克雷(Dirichlet)条件，或在区间 $(-\infty, +\infty)$ 内绝对可积，即 $\int_{-\infty}^{\infty} |f(t)| \, dt$ 必须为有限值。

　　扩展频谱通信系统是指待传输信息信号的频谱用某个特定的扩频函数(与待传输的信息信号 $f(t)$ 无关)扩展后成为宽频带信号，然后送入信道中传输；在接收端，再利用相应的技术或手段将其扩展了的频谱压缩，恢复为原来待传输信息信号的带宽，从而到达传输信息目的的通信系统。也就是说，在传输同样信息信号时所需要的射频带宽，远远超过被传输信息信号所必需的最小的带宽。扩展频谱后射频信号的带宽至少是信息信号带宽的几百倍、几千倍甚至几万倍。信息已不再是决定射频信号带宽的一个重要因素，射频信号的带宽主要由扩频函数来决定。由此可见，扩频通信系统有以下两个特点：

　　(1) 传输信号的带宽远远大于被传输的原始信息信号的带宽。

　　(2) 传输信号的带宽主要由扩频函数决定，此扩频函数通常是伪随机(伪噪声)码(PN码)信号。

　　以上两个特点有时也称为判断扩频通信系统的准则。

　　扩频通信系统最大的特点是其具有很强的抗人为干扰、抗窄带干扰、抗多径干扰的能力。这里我们先定性地说明一下扩频通信系统具有抗干扰能力的理论依据。

　　扩频通信的基本理论根据是信息理论中香农的信道容量公式(香农公式)，即

$$C = B\ln\left(1 + \frac{S}{N}\right) \tag{3-2-2}$$

式中，C 为信道容量，单位为 b/s；B 为信道带宽，单位为 Hz；S 为信号功率，单位为 W；N 为噪声功率，单位为 W。

　　香农公式表明了一个信道无差错地传输信息的能力同存在于信道中的信噪比以及用于传输信息的信道带宽之间的关系。

　　令 C 是希望具有的信道容量，即要求的信息速率，对式(3-2-2)进行变换，有

$$\frac{C}{B} = 1.44\ln\left(1 + \frac{S}{N}\right) \tag{3-2-3}$$

　　对于干扰环境中的典型情况，当 $S/N \ll 1$ 时，用幂级数展开式(3-2-3)，并略去高次项可得

$$\frac{C}{B} = 1.44 \frac{S}{N} \tag{3-2-4}$$

或

$$B = 0.7C \frac{N}{S} \tag{3-2-5}$$

　　由式(3-2-4)和式(3-2-5)可看出，对于任意给定的噪声信号功率比 S/N，只要增加用于传输信息的带宽 B，就可以增加在信道中无差错地传输信息的速率 C。或者说在信道中，当传输系统的信号噪声功率比 S/N 下降时，可以用增加系统传输带宽 B 的办法来保持信道容量 C 不变。或者说对于任意给定的信号噪声功率比 S/N，可以用增大系统的传输带宽来获得较低的信息差错率。

若 $S/N=100(20\text{ dB})$，$C=3\text{ kb/s}$，则当 $B=0.7\times100\times3=210\text{ kHz}$ 时，就可以正常的传送信息，进行可靠的通信了。

这就说明了增加信道带宽 B，可以在低的信噪比的情况下，信道仍可在相同的容量下传送信息。甚至在信号被噪声淹没的情况下，只要相应的增加信号带宽也能保持可靠的通信。例如，系统工作在干扰噪声比信号大 100 倍的信道上，信息速率 $R=C=3\text{ kb/s}$，则信息必须在 $B=210\text{ kHz}$ 带宽下传输，才能保证可靠的通信。

扩频通信系统正是利用这一原理，用高速率的扩频码来扩展待传输信息信号带宽的手段，来达到提高系统抗干扰能力的目的。扩频通信系统的带宽比常规通信系统的带宽大几百倍，乃至几万倍，所以在相同信息传输速率和信号功率的条件下，具有较强的抗干扰的能力。

香农在其文章中指出，在高斯白噪声的干扰情况下，在受限平均功率的信道上，实现有效和可靠通信的最佳信号是具有高斯白噪声统计特性的信号。这是因为高斯白噪声信号具有理想的自相关特性，其功率谱密度函数为

$$S(f)=\frac{N_0}{2}, \quad -\infty<f<\infty \qquad (3-2-6)$$

对应的自相关函数为

$$R(\tau)=\int_{-\infty}^{\infty}S(f)e^{j2\pi f\tau}\,df=\frac{N_0}{2}\delta(\tau) \qquad (3-2-7)$$

其中，$\delta(\tau)$定义为

$$\delta(\tau)=\begin{cases} \infty, & \tau=0 \\ 0, & \tau\neq0 \end{cases} \qquad (3-2-8)$$

高斯白噪声的自相关函数具有 $\delta(\tau)$ 函数的特点，说明它具有尖锐的自相关特性。但是对于高斯白噪声信号的产生、加工和复制，迄今为止仍存在着许多技术问题和困难。然而人们已经找到了一些易于产生又便于加工和控制的伪噪声码序列，它们的统计特性近似于或逼近于高斯白噪声的统计特性。

伪噪声码序列的理论在本书以后的章节中要专门讲述，这里仅简略引用其统计特性，借以说明扩频通信系统的实质。

通常，伪噪声码序列是一周期序列。假设某种伪噪声码序列的周期（或称为长度）为 N，并且码元 c_i 都是二元域 $\{-1,1\}$ 上的元素。一个周期为 N、码元为 c_i 的二元伪噪声码序列 $\{c_i\}$ 的归一化自相关函数是一周期为 N 的周期函数，可以表示为

$$R(\tau)=R_c(\tau)*\sum_{k=-\infty}^{\infty}\delta(\tau-kN) \qquad (3-2-9)$$

其中，$R_c(\tau)$ 为二元伪噪声码序列 $\{c_i\}$ 一个周期内的表达式，即

$$R_c(\tau)=\frac{1}{N}\sum_{i=1}^{N}c_ic_{i+\tau}$$
$$=\begin{cases} 1, & \tau=0 \\ -\dfrac{1}{N}, & \tau\neq0 \end{cases} \qquad (3-2-10)$$

式中，$\tau=0,1,2,3,\cdots,N$。当伪噪声码序列的周期 N 取足够长或 $N\to\infty$ 时，式 $(3-2-10)$ 可

简化为

$$R_{c}(\tau) = \begin{cases} 1, & \tau = 0 \\ -\dfrac{1}{N} \approx 0, & \tau \neq 0 \end{cases} \qquad (3-2-11)$$

比较式(3-2-7)和式(3-2-11)，可以看出它们比较接近，当伪噪声码序列的周期足够长时，式(3-2-11)就逼近式(3-2-7)。(式(5-2-10)是自相关函数归一化的形式，乘以周期 N 后就是一般表达式，在一般表达式中 $R(0) = N$)。所以伪噪声码序列具有和高斯白噪声相类似的统计特性，也就是说它很接近于高斯信道要求的最佳信号形式。因此用伪噪声码扩展待传输信息信号频谱的扩频通信系统，优于常规通信系统。

哈尔凯维奇早在 20 世纪 50 年代，就已从理论上证明：要克服多径衰落干扰的影响，信道中传输的最佳信号应该是具有高斯白噪声统计特性的信号。采用伪噪声码的扩频函数很接近高斯白噪声的统计特性，因而扩频通信系统又具有抗多径干扰的能力。

我们以直接序列扩频通信系统为例，来研究扩频通信系统的基本原理。图 3-2-1 给出了直接序列扩展频谱通信系统的模型。

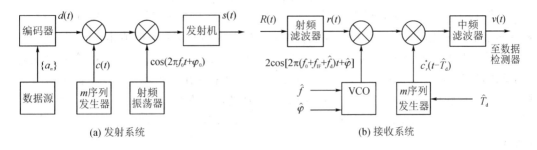

图 3-2-1　直接序列扩展频谱通信系统的模型

由信源产生的信息流 $\{a_n\}$ 通过编码器变换为二进制数字信号 $d(t)$。二进制数字信号中所包含的两个符号的先验概率相同，均为 1/2，并且两个符号相互独立，其波形示意图如图 3-2-2(a)所示，二进制数字信号 $d(t)$ 与一个高速率的二进制伪噪声码 $c(t)$ 的波形(如图 3-2-2(b)所示，伪噪声码作为系统的扩频码序列)相乘，可得如图 3-2-2(c)所示的复合信号 $d(t)c(t)$，这就扩展了传输信号的带宽。一般伪噪声码的速率 $R_c = 1/T_c$，是兆比特每秒的量级，有的甚至达到每秒几百兆比特。而待传输的信息流 $\{a_n\}$ 经编码器编码后的二进制数字信号的码速率 $R_b = 1/T_b$ 较低，如数字话音信号一般为 16 kb/s～32 kb/s，这就扩展了传输信号的带宽。

频谱扩展后的复合信号 $d(t)c(t)$ 对载波 $\cos(2\pi f_0 t)$(f_0 为载波频率)进行调制(直接序列扩频一般采用 PSK 调制)，然后通过发射机和天线送入信道中传输。发射机输出的扩频信号用 $s(t)$ 表示，其波形示意图如图 3-2-2(d)所示。扩频信号 $s(t)$ 的带宽取决于伪噪声码 $c(t)$ 的码速率 R_c。在 PSK 调制的情况下，射频信号的带宽等于伪噪声码速率的两倍，即 $R_{RF} = 2R_c$，而几乎与二进制数字信号 $d(t)$ 的码速率无关。以上对待传输信号 $d(t)$ 的处理过程就是对信号 $d(t)$ 的频谱进行扩展的过程。经过上述过程的处理，达到了对 $d(t)$ 扩展频谱的目的。

在接收端，用一个和发射端同步的参考伪噪声码 $c_r^*(t - \hat{T}_d)$ 所调制的本地参考振荡信

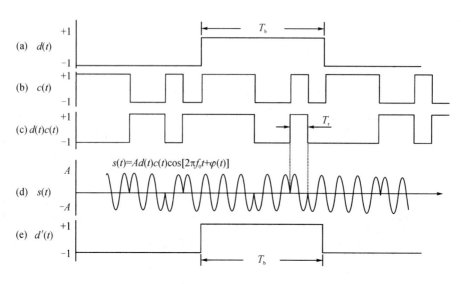

图 3-2-2　理想扩展频谱系统的波形示意图

号 $2\cos[2\pi(f_0 + f_{IF} + \hat{f}_d)t + \hat{\varphi}]$（$f_{IF}$ 为中频频率），与接收到的 $s(t)$ 进行相关处理。相关处理是将两个信号相乘，然后求其数学期望（均值），或者求两个信号瞬时值相乘的积分。

　　当两个信号完全相同时（或相关性很好），得到最大的相关峰值，经数据检测器恢复出发射端的信号 $d'(t)$，如图 3-2-2(e) 所示。若信道中存在着干扰，这些干扰包括窄带干扰、多径干扰和白噪声等，则它们和有用信号同时进入接收机，其频谱示意图如图 3-2-3 所示。在图 3-2-3 中，R_c 为伪噪声码速率，f_0 为载波频率，f_{IF} 为中频频率。图 3-2-3 为接收机输入。

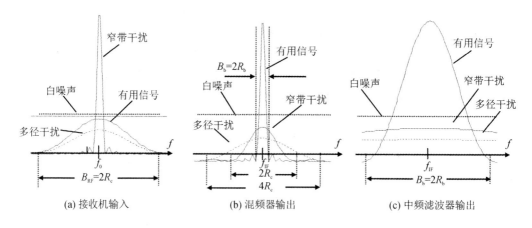

图 3-2-3　扩频接收机中各点信号的频谱示意图

　　由于窄带干扰和多径干扰与本地参考扩频信号不相关，所以在进行相关处理时被削弱，实际上干扰信号和本地参考扩频信号相关处理后，其频带被扩展，也就是干扰信号的能量被扩展到整个传输频带之内，降低了干扰信号的电平（单位频率内的能量或功率），如图 3-2-3(b) 所示。由于有用信号和本地参考扩频信号有良好的相关性，在通过相关处理后被压缩到带宽为 $B_b = 2R_b$ 的频带内，因为相关器后的中频滤波器通频带很窄，通常为

$B_b=2R_b$，所以中频滤波器只输出被基带信号 $d'(t)$ 调制的中频信号和落在滤波器通频带内的那部分干扰信号和噪声，而绝大部分的干扰信号和噪声的能量（功率）被中频滤波器滤除，这样就大大地改善了系统的输出信噪比，如图 3-2-3(c) 所示。关于这一特性，将在后文做进一步分析。为了对扩频通信系统的这一特性有一初步了解，我们以解扩前后信号功率谱密度示意图来说明这一问题。

　　假设有用信号的功率 $P_1=P_0$，码分多址干扰信号的功率 $P_2=P_0$，多径干扰信号的功率 $P_3=P_0$，其他进入接收机的噪声信号功率 $P_n=P_0$。再假设所有信号的功率谱是均匀分布在 $B_{RF}=2R_c$ 的带宽之内。解扩前的信号功率谱如图 3-2-4(a) 所示，图中各部分的面积均为 P_0；解扩后的信号功率谱如图 3-2-4(b) 所示，图中各部分的面积保持不变。通过相关解扩后，有用信号的频带被压缩在很窄的带宽内，能无失真的通过中频滤波器（滤波器的带宽为 $B_b=2R_b$）。其他信号和本地参考扩频码无关，频带没有被压缩反而被展宽了，进入中频滤波器的能量很少，大部分能量落在中频滤波器的通频带之外，被中频滤波器滤除了。我们可以定性地看出，解扩前、后的信噪比发生了显著的改变。

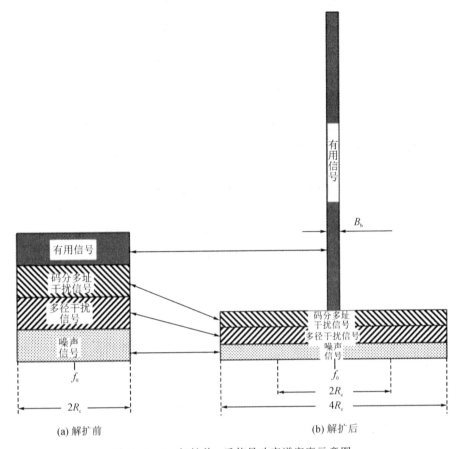

图 3-2-4　解扩前、后信号功率谱密度示意图

3.2.2　扩频通信系统的分类

　　扩频通信系统的关键问题是在发射机部分如何产生宽带的扩频信号，在收信机部分如

何解调扩频信号。根据通信系统产生扩频信号的方式，可以分为以下几种。

1. 直接序列扩展频谱通信系统

直接序列扩展频谱（Direct Sequence Spread Spectrum，DS-SS）通信系统，通常简称为直扩通信系统或直扩系统，是用待传输的信息信号与高速率的伪随机码（简称伪码）波形相乘后，去直接控制射频信号的某个参量，来扩展传输信号的带宽。用于频谱扩展的伪随机码序列称为扩频码序列。直接序列扩展频谱通信系统的简化框图如图 3-2-5 所示。

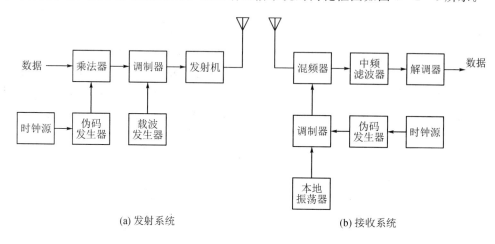

(a) 发射系统　　　　　　　　　　　　(b) 接收系统

图 3-2-5　直接序列扩展频谱通信系统的简化框图

在直接序列扩频通信系统中，通常对载波进行相移键控（Phase Shift Keying，PSK）调制。为了节约发射功率和提高发射机的工作效率，扩频通信系统常采用平衡调制器。抑制载波的平衡调制对提高扩频信号的抗侦破能力也有利。

在发送端，待传输的二进制数据信号与伪随机码（扩频码）波形相乘（或与伪随机码序列进行模 2 加运算），形成的复合码对载波进行调制，然后由天线发射出去。在接收端，要产生一个和发射机中的伪随机码同步的本地参考伪随机码，对接收信号进行相关处理，这一相关处理过程通常称为解扩。解扩后的信号送到解调器解调，恢复出传送的信息。

2. 跳频扩频通信系统

跳频扩频通信系统是频率跳变扩展频谱（Frequecy Hopping Spread，Spectrum FH-SS）通信系统的简称，或简单地称为跳频通信系统、跳频系统，确切地说，应叫做"多频、选码和频移键控通信系统"。它是用二进制伪随机码序列去离散地控制射频载波振荡器的输出频率，使发射信号的频率随伪随机码的变化而跳变。跳频系统可供随机选取的频率数通常是几千到 2^{20} 个离散频率，在如此多的离散频率中，每次输出哪一个是由伪随机码决定的。频率跳变扩展频谱通信系统的简化框图如图 3-2-6 所示。

跳频扩频通信系统与常规通信系统相比较，最大的差别在于发射机的载波发生器和接收机中的本地振荡器。在常规通信系统中这二者输出信号的频率是固定不变的，然而在跳频通信系统中这二者输出信号的频率是跳变的。在跳频通信系统中发射机的载波发生器和接收机中的本地振荡器主要由伪码发生器（或称为产生器）和频率合成器两部分组成。快速响应的频率合成器是跳频通信系统的关键部件。

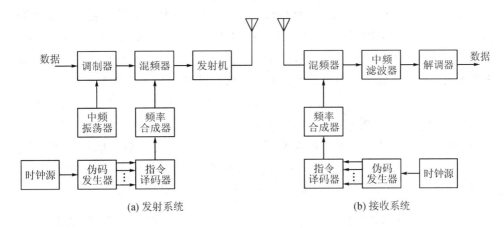

图 3-2-6　频率跳变扩展频谱通信系统的简化框图

　　跳频通信系统发射机的发射频率，在一个预定的跳频频率集内由伪随机码序列控制频率合成器(伪)随机的由一个跳到另一个。收信机中的频率合成器也按照相同的顺序跳变，产生一个和接收信号频率只差一个中频频率的参考本振信号，经混频后得到一个频率固定的中频信号，这一过程称为对跳频信号的解跳。解跳后的中频信号经放大后送到解调器解调，恢复出传输的信息。

　　在跳频通信系统中，控制频率跳变的指令码(伪随机码)的速率，没有直接序列扩频通信系统中的伪随机码速率高，一般为每秒几十比特至几千比特。由于跳频系统中输出频率的改变速率就是扩频伪随机码的速率，所以扩频伪随机码的速率也称为跳频速率(简称跳速)。根据跳频速率的不同，可以将跳频系统分为频率慢跳变系统和频率快跳变系统两种。

　　假设数据调制采用二进制频移键控调制，T_b 是一个信息码元比特宽度，每隔 T_b 秒数据调制器输出两个频率中的一个。每隔 T_c 秒系统输出信号的射频频率跳变到一个新的频率上。若 $T_c > T_b$，这样的频率跳变系统称为频率慢跳变系统。现举例说明频率慢跳变系统的工作过程，如图 3-2-7 所示。

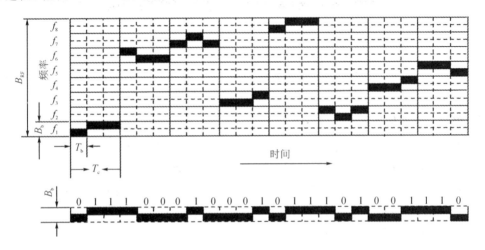

图 3-2-7　频率慢跳变系统的工作过程

在图 3-2-7 中，$B_b = 2/T_b$，$T_c = 3/T_b$，$B_{RF} = 8B_b$。数据调制器根据二进制数据信号选择两个频率中的一个，即每隔 T_b 秒数据调制器从两个频率中选择一个。频率合成器有 8 个频率 $\{f_1, f_6, f_7, f_3, f_8, f_2, f_4, f_5\}$ 可供跳变，每传送 3 个比特后跳变到一个新的频率。该频率跳变信号在收信机中同本地参考振荡信号进行下变频，参考本振频率的集合为 $\{f_1 + f_{IF}, f_6 + f_{IF}, f_7 + f_{IF}, f_3 + f_{IF}, f_8 + f_{IF}, f_2 + f_{IF}, f_4 + f_{IF}, f_5 + f_{IF}\}$，下变频后的中频信号集中在频率为 f_{IF}、宽度为 B_b 的频带中。

在频率慢跳变系统中，频率的跳变速度比数据调制器二进制数据信号的变化速度慢。若在每个二进制数据信号中，输出信号的射频频率跳变多次，这样的频率跳变系统就叫做频率快跳变系统。图 3-2-8 给出了频率快跳变系统的频率跳变示意图。

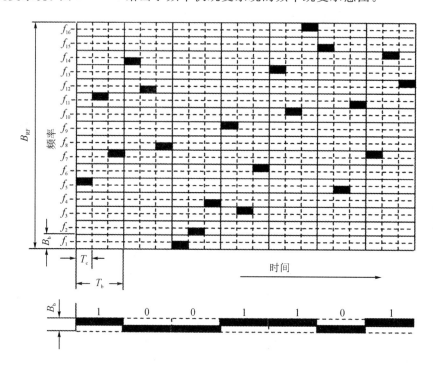

图 3-2-8　频率快跳变系统的频率跳变示意图

在图 3-2-8 中，$T_c = T_b/3$，频率合成器有 16 个频率，即 $\{f_5, f_{11}, f_7, f_{14}, f_{12}, f_8, f_1, f_2, f_4, f_9, f_3, f_6, f_{13}, f_{10}, f_{16}, f_{15}\}$，$B_b = 2/T_b$，$B_{RF} = 16B_b$。

3. 跳时扩频通信系统

时间跳变也是一种扩展频谱技术，跳时扩频通信系统（Time Hopping Spread Spectrum Communication Systems，TH-SS）是时间跳变扩展频谱通信系统的简称，主要用于时分多址（TDMA）通信中。与跳频系统相似，跳时是使发射信号在时间轴上离散地跳变。我们先把时间轴分成许多时隙，这些时隙在跳时扩频通信中通常称为时片，若干时片组成一跳时时间帧。在一帧内哪个时隙发射信号由扩频码序列去进行控制。因此，可以把跳时理解为：用一伪随机码序列进行选择的多时隙的时移键控。由于采用了窄得多的时隙去发送信号，相对说来，信号的频谱也就展宽了。图 3-2-9 是跳时扩频通信系统的简化框图。

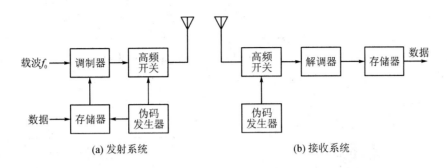

(a) 发射系统　　　　　　　　　(b) 接收系统

图 3-2-9 跳时扩频通信系统的简化框图

在发送端，输入的数据先存储起来，由扩频码发生器产生的扩频码序列去控制通-断开关，经二相或四相调制后再经射频调制后发射。在接收端，当接收机的伪码发生器与发送端同步时，所需信号就能每次按时通过开关进入解调器。解调后的数据也经过一缓冲存储器，以便恢复原来的传输速率，不间断地传输数据，提供给用户均匀的数据流。只要收发两端在时间上严格同步进行，就能正确地恢复原始数据。

跳时扩频系统也可以看成是一种时分系统，所不同的地方在于它不是在一帧中固定分配一定位置的时隙，而是由扩频码序列控制的按一定规律跳变位置的时隙。跳时系统能够用时间的合理分配来避开附近发射机的强干扰，是一种理想的多址技术。但当同一信道中有许多跳时信号工作时，某一时隙内可能有几个信号相互重叠，因此，跳时系统也和跳频系统一样，必须采用纠错编码，或采用协调方式构成时分多址。由于简单的跳时扩频系统抗干扰性不强，很少单独使用。跳时扩频系统通常都与其他方式的扩频系统结合使用，组成各种混合方式。

从抑制干扰的角度来看，跳时系统得益甚少，其优点在于减少了工作时间的占空比。一个干扰发射机(简称干扰机)为取得干扰效果就必须连续地发射，因为干扰机不易侦破跳时系统所使用的伪码参数。

跳时系统的主要缺点是对定时要求太严。

4. 线性脉冲调频系统

线性脉冲调频系统(Chirp)是指系统的载频在一给定的脉冲时间间隔内线性地扫过一个宽带范围，形成一带宽较宽的扫频信号，或者说载频在一给定的时间间隔内线性增大或减小，使得发射信号的频谱占据一个宽的范围。在语音频段，线性调频听起来类似于鸟的"啾啾"叫声，所以线性脉冲调频也称为鸟声调制。

线性脉冲调频是一种不需要用伪随机码序列调制的扩频调制技术，由于线性脉冲调频信号占用的频带宽度远远大于信息带宽，从而也可获得较好的抗干扰性能。

线性脉冲调频是作为雷达测距的一种工作方式使用的，其基本原理图如图 3-2-10 所示。线性脉冲调频信号的产生，可由一个锯齿波信号调制压控振荡器(VCO)来实现，如图 3-2-10(a)所示。

发射波是一个频偏为 ΔF 的宽带调频波，通常是线性调频。线性调频信号的特点是，发射脉冲信号的瞬时频率在信息脉冲持续周期 T_b 内随时间做线性变化，在脉冲起始和终止

时刻的频差为

$$\Delta F = | f_1 - f_2 | \approx B_c \qquad (3-2-12)$$

式中，f_1 为脉冲起始时刻的频率，单位为 Hz；f_2 为脉冲终止时刻的频率，单位为 Hz；ΔF 为瞬时频率变化范围，单位为 Hz；B_c 为线性调制后的带宽，单位为 Hz。

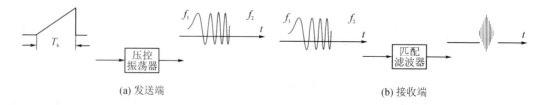

(a) 发送端   (b) 接收端

图 3-2-10　线性脉冲调频的基本原理图

在脉冲持续时间 T_b 内，信号的瞬时频率为

$$f = f_0 + \frac{\Delta F}{T_b} t \qquad \left(-\frac{T_b}{2} \leqslant t \leqslant \frac{T_b}{2} \right) \qquad (3-2-13)$$

线性脉冲调频波的时域表达式为

$$s(t) = A\cos\left(2\pi f_0 t + \frac{2\pi \Delta F}{T_b} t^2 + \varphi_0 \right) \qquad \left(-\frac{T_b}{2} \leqslant t \leqslant \frac{T_b}{2} \right) \qquad (3-2-14)$$

线性脉冲调频信号的接收解调可用匹配滤波器来实现，参见图 3-2-10(b)。它是由色散延迟线构成的。这种延迟线对信号的高频成分延迟时间长，对低频成分延迟时间短，于是频率由高到低的载频信号通过匹配滤波器后，各频率成分几乎同时输出。这些信号成分叠加在一起，形成了脉冲时间的压缩，使输出信号幅度增加，能量集中，将有用信号检出。而与滤波器不匹配的信号在时间上没有压缩，甚至反被扩展。这就完成了和直接序列扩频及跳频扩频系统类似的过程，从而获得输出信噪比改善的好处。

色散延迟线或调频脉冲匹配滤波器压缩扫频信号，通常是线性压缩。压缩比 $D = FT_b = T_b / \tau$。

5. 混合扩展频谱通信系统

上文几种基本的扩展频谱通信系统各有优缺点，单独使用其中一种系统时有时难以满足要求，将以上几种扩频方法结合起来就构成了混合扩频通信系统。常见的有频率跳变-直接序列混合扩频系统(FH/DS)，直接序列-时间跳变混合扩频系统(DS/TH)，频率跳变-时间跳变混合扩频系统(HF/TH)等。它们比单一的直接序列、跳频或跳时系统性能更优良。

1）频率跳变-直接序列混合扩频系统

频率跳变-直接序列混合扩频系统可看成是一个载波频率做周期性跳变的直接序列扩频系统，其组成框图如图 3-2-11 所示。采用这种混合方式能够大大提高扩频系统的性能，并且有通信隐蔽性好、抗干扰能力强、频率跳变系统的载波频率难于捕捉，便于适应于多址通信或离散寻址和多路复用等特点，尤其在要求扩频码速率过高或跳频数目过多时，采用这种混合系统特别有利。

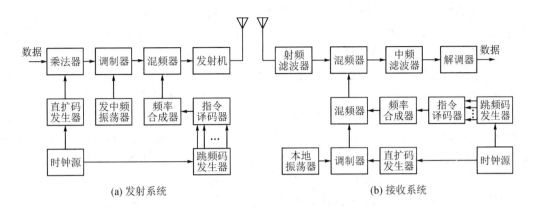

图 3 - 2 - 11 频率跳变-直接序列混合扩频系统的组成框图

2）时间跳变-频率跳变混合扩频系统

时间跳变-频率跳变混合扩频系统特别适用于大量电台同时工作，其距离或发射功率在很大范围内变化，需要解决通信中远近效应问题的场合。

远近效应是指在同一工作区域内，同一系统中由于接收机对于不同发射机，电波传播的距离有远近之分，形成电波传播路径的衰减不同，近距离发射机发送来的信号场强要远大于远距离发射机发送来的信号场强。在接收机中强信号将对弱信号产生抑制作用，造成接收机不能很好地接收远距离发射机发送来的信号。这种系统希望利用简单的编码作为地址码，主要用于多址和寻址，而扩展频谱不是主要目的。

3）时间跳变-直接序列混合扩频系统

当直接序列扩频系统中使用不同扩频码序列的数目不能满足多址或复用要求时，增加时分复用(TDM)是一种有效的解决办法。这既可以增加地址数，又可改善邻台干扰，组成所谓的时间跳变-直接序列混合扩频系统。时间跳变-直接序列混合扩频系统的组成框图如图3 - 2 - 12 所示。

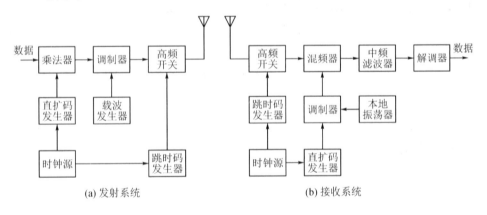

图 3 - 2 - 12 时间跳变-直接序列混合扩频系统的组成框图

从上面的介绍中，我们可以看出，除在通信中很少使用的线性脉冲调频方式外，其余几种扩频方式可以任意组合来组成混合扩频通信系统。从理论角度讲，这是毫无疑义的，但在工程实现上还是存在某些需要解决的问题，例如，在频率跳变－直接序列混合扩频系统中，由于直接序列扩频系统中扩频码的同步捕获时间不可能太短，这就限制了频率跳变系统的跳频速率，而在频率跳变系统中很难保证跳变载波相位的连续性，这进一步增加了直接序列系统扩频码序列的同步捕获时间。又如，由时间跳变系统组成的混合扩频系统的高频开关问题，在图 3-2-9 中，我们并没有画出发射机的功率放大器，若把高频开关放置在功率放大器的后面，存在是否能研制出开关时间短而载荷大功率的高频开关，目前国内高频开关的水平在小功率时开关时间在纳秒的量级上，几十瓦至几百毫瓦的开关时间是几十纳秒，当功率在几十瓦至几百瓦时，开关时间在毫秒至秒量级了；若把高频开关放置在功率放大器的前面，发射机的发射建立时间将加长，这是因为功率放大器输出信号的功率从无到有是需要时间的，能量的建立不可能在瞬间完成。

所以在设计具体系统时，要根据具体问题进行具体分析，而需要考虑更多的问题是工程上能否实现，一味追求高指标而不顾工程上实现的困难程度，很可能使得设计出的系统不是最合理或最优的。

3.3　多址接入技术

传输技术中很重要的一点是有效性问题，也就是如何充分利用信道的问题。信道可以是有形的线路，也可以是无形的空间。充分利用信道就是要同时传送多个信号。在两点之间的信道同时传送互不干扰的多个信号是信道的"复用"问题，在多点之间实现相互间不干扰的多边通信称为多元连接或"多址通信"。它们有共同的理论基础，就是信号分割理论，赋予各个信号不同的特征，也就是打上不同的"地址"，然后根据各个信号特征之间的差异来区分，按"地址"分发，实现互不干扰的通信。在多点之间实现双边通信和"点到点"的通信在技术上有所不同。随着社会的发展和技术的进步，通信已由点到点通信发展到多边通信和网络通信，多元连接或多址通信技术也由此迅速发展。

信号分割有两方面的要求：一是在采用各种手段（如调制、编码、变换等）赋予各个信号不同的特征时，要能忠实地还原各个原始信号，即这些手段应当是可逆的；二是要能分得清，要能有效地分割各个信号。所谓"有效"，是指在分割时，各个信号之间互不干扰，这就要求赋予特征回合的各个信号相互正交。

若两个信号 $f_1(x)$ 和 $f_2(x)$ 满足下面的关系式，称 $f_1(x)$ 和 $f_2(x)$ 在 (x_1, x_2) 区间正交，即

$$\int_{x_1}^{x_2} f_1(x) \cdot f_2(x) \mathrm{d}x = 0 \qquad (3-3-1)$$

若一组信号的自相关为 1，互相关为 0，则称这一组信号为正交信号组，或称为正交信号集合。正交信号组表示如下：

$$\int_{x_1}^{x_2} f_n(x) \cdot f_m(x) \mathrm{d}x = 1, n = m$$
$$\int_{x_1}^{x_2} f_n(x) \cdot f_m(x) \mathrm{d}x = 0, n \neq m \qquad (3-3-2)$$

复用或多址技术的关键是设计具有正交性的信号集合，使各信号相互无关，能分得"清"。在实际工作中，要做到完全正交和不相关是比较困难的，一般采用准正交，即互相关很小，允许各信号之间存在一定干扰，设法将干扰控制在允许范围内。

众所周知，常用的复用方式有频分复用（FDM）、时分复用（TDM）和码分复用（CDM）等。多址接入的方式有频分多址（FDMA）、时分多址（TDMA）和码分多址（CDMA）等，还有利用不同地域区分用户的空分多址（SDMA）方式，利用正交极化区分的极化方式等。后两者往往不单独使用，与前三者结合运用。在数据通信中还有多种多址接入方式，它们按通信协议操作，概念与上述几类不同。频分或空分多址中有采用模拟体制的，也有采用数字体制的，时分和码分多址都是数字体制的。今后的发展方向是数字体制，即基带信号是数字信号或数字化的模拟信号，射频系统采用数字调制。

各种多址接入方式各有特点，各有其适用场合，它们的优缺点与系统有关，也与它们运用时的条件有关。本节将首先介绍各种多址接入方式的基本概念及一般特点，然后通过一些典型通信系统分析多址技术的运用，进一步介绍各种多址接入方式的优缺点、适用场合和运用条件，并将介绍通信系统与多址接入方式有关的一些问题。

3.3.1　几种多址接入方式的特点

在网络或多点通信中，多址接入方式是系统的一个重要方面，本节将介绍其定义和基本概念。各种多址接入方式的优缺点离不开系统和它们的运用条件，以下将分别讨论。

1. 频分多址（FDMA）方式

FDMA 是使用较早也是现在使用较多的一种多址接入方式，它广泛应用在卫星通信、移动通信、一点多址微波通信系统中。它把传输频带划分为若干个较窄的且互不重叠的子频带，每个用户分配到一个固定子频带，按频带区分用户。信号调制到该子频带内，各用户信号同时传送，接收时分别按频带提取，从而实现多址通信。FDMA 的三维图如图 3-3-1 所示。在采用理想滤波分割各用户信号时，满足式（3-3-3）所示的正交分割条件。实际的滤波器总达不到理想条件，各信号间总存在一定的相关性，总有一定的干扰，各频带之间必须留有一定的保护间隔以减少各频带之间的串扰。FDMA 有采用模拟调制的，也有采用数字调制的，也可以由一组模拟信号用频分复用（FDM）方式或一组数字信号用时分复用（TDM）方式占用一个较宽的频带，调制到相应的子频带后传送到同一地址。模拟信号数字化后占用带宽较大，若要缩小间隔，必须采用压缩编码技术和先进的数字调制技术。总的说来，FDMA 技术比较成熟，应用也比较广泛。

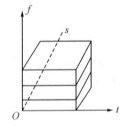

图 3-3-1　FDMA 的三维图

$$\int_{f_1}^{f_2} x_n(f) \cdot x_m(f) \mathrm{d}f = 1, \; n = m$$

$$\int_{f_1}^{f_2} x_n(f) \cdot x_m(f) \mathrm{d}f = 0, \; n \neq m$$

$$(3-3-3)$$

2. 时分多址（TDMA）方式

TDMA 是指在给定频带的最高数据传送速率的条件下，把传递时间划分为若干时间间隙（即时隙），用户的收发通信各使用一个指定的时隙，以突发脉冲序列方式接收和发送信号。多个用户依序分别占用时隙，在一个宽带的无线载波上以较高速率传递信息数据，接收并解调后，各用户分别提取相应时隙的信息，按时间区分用户，从而实现多址通信。总的码元速率是各路之和，还有一些位同步、帧同步等额外开销。图 3 - 3 - 2 为一帧 8 个时隙的图例。

图 3 - 3 - 3 为 TDMA 的三维图。式(3 - 3 - 4)给出了时域正交的表达式。各用户在同一频带中传送，时间上互不重叠，符合时域的正交条件。在实际传输时，由于多径等各种影响，可能破坏正交条件，形成码间串扰。

$$
\int_{t_1}^{t_2} x_n(t) \cdot x_m(t) \mathrm{d}t = 1, \, n = m
$$
$$
\int_{t_1}^{t_2} x_n(t) \cdot x_m(t) \mathrm{d}t = 0, \, n \neq m
$$

$$(3 - 3 - 4)$$

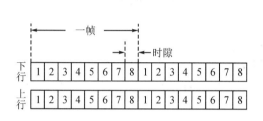

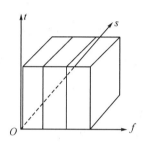

图 3 - 3 - 2　TDMA 时隙分配示意图　　　　　图 3 - 3 - 3　TDMA 的三维图

现在的 TDMA 系统总是采用数字体制，每个时隙可以由单个用户占用，也可以由一组时分复用的用户占用，即 TDM—数字调制—TDMA 方式。TDMA 方式主要的问题是整个系统要有精确的同步，要由基准站统一系统内各站的时钟，才能保证各站准确地按时隙提取本站需要的信号。此外，还需要一定的比特开销，供载波恢复、定时恢复、子帧同步、地址识别使用。各时隙间还应留有保护间隙，以减少码间串扰的影响。如信道条件差或码率过高时，还需要采用自适应均衡措施。TDMA 系统的收发双工问题可以采用频分(FDD)方式，也可以采用时分(TDD)方式。在采用 TDD 方式时，不需要使用双工器，因收发通信处于不同时隙，由高速开关在不同时间把接收机或发射机接到天线上即可。

3. 码分多址(CDMA)方式

CDMA 方式是指用一个带宽远大于信号带宽的高速伪随机码信号或其他扩频码调制所需传送的信号，使原信号的带宽被拓宽，再经载波调制后发送出去。接收端使用完全相同的扩频码序列，同步后与接收的宽带信号做相关处理，把宽带信号解扩为原始数据信息。不同用户使用不同的扩频码序列，它们占用相同频带，接收机虽然能收到，但不能解出，这样可实现互不干扰的多址通信。这种以不同的互相正交的码序列区分用户的方式称为"码分多址"。由于它是以扩频为基础的多址接入方式，所以也称为"扩频多址"(SSMA)。

扩频信号是用扩频码序列填充到所需传送的数据中形成的信号。频带展宽的倍数称为扩频系数，若用分贝表示，则称为扩频增益。

扩频的基本原理在本书中不做介绍，扩频通信课程会做详细阐述。本章介绍运用相互正交的码序列互不干扰的机理来实现多址通信，基本原理是相同的。在码分多址通信中，所用扩频码也就是地址码，应符合式(3 - 3 - 5)确定的正交条件：

$$\int_T \Phi_n(t) \cdot \Phi_m(t)\mathrm{d}t = 1, \, n = m$$

$$\int_T \Phi_n(t) \cdot \Phi_m(t)\mathrm{d}t = 0, \, n \neq m$$

$$(3-3-5)$$

有多少个相互正交的码序列，就可以有多少个用户同时在一个载波上通信。相互正交的码序列数取决于码的位数和扩频码的类型。一般而言，位数越多，相互正交的码序列数越多，但带宽也展得越宽。例如，用 511 位扩频码，带宽就要扩展 511 倍。至于序列数有多少，取决于扩频码的性质。

在 CDMA 系统中，由于带宽展宽带来了很多优点，因此 CDMA 有很好的发展前景，最重要的是它的抗干扰能力强。首先，非扩频的干扰信号进入接收机后，与本地扩频码相乘，干扰功率被分散到很宽的频谱上，落在有效频带内的干扰功率只有很小一部分，影响大为减小。其次，其他扩频码干扰进入时，只要不是同一个扩频系列，在经过相关接收以后，没有输出或输出极小，影响也小。另外，由于采用相关接收技术，只有主信号和本地扩频码同步解扩后有输出，延时后的信号虽然属同样的扩频序列，相关后输出极小或没有输出，从而可以去除多径效应引起的码间串扰，所以无需均衡器。最后，扩频机制使信号带宽远大于相关带宽时，由于多径而产生的选择性快衰落的影响大大减弱，如图 3-3-4 所示。

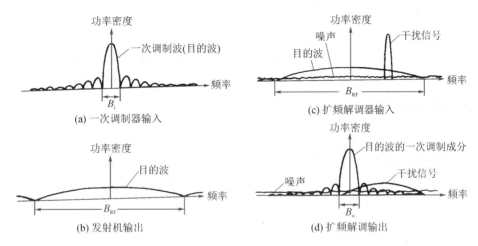

图 3-3-4　扩频示意图

目前应用最多的扩频方式有两类：

（1）直接扩频方式码分多址（DS-CDMA），直接用扩频码作为地址码调制信号，调制方式通常用 PSK。

（2）跳频扩频方式码分多址（FH-CDMA），属于间接型扩频，用 MFSK 调制。通常用地址码控制特制的频率合成器，产生频率在较大范围内按一定规律周期性跳动的本振信号，与高速的信息码混频后输出。

4. 空分多址（SDMA）方式

空分多址是利用不同的用户空间特征区分用户，从而实现多址通信的方式。目前利用最多也是最明显的特征就是用户的位置，配合电磁波传播的特征可以使不同地域的用户在同一时间使用相同频率实现互不干扰的通信。例如可以利用定向天线或窄波束天线，使电磁波按一定指向辐射，局限在波束范围内，不同波束范围可以使用相同频率，也可以控制发射的功率，使电磁波只能作用在有限的距离内。在电磁波作用范围以外的地域仍可使用相同的频率，以空间区分不同用户。实际上在频率资源管理上早已采用了这一思想，可以说这是较古老的一种多址接入方式。但近年来，在蜂窝移动通信中，由于充分运用了这种多址接入方式，才能用有限的频谱构成大容量的通信系统，称为频率再用技术，成为蜂窝通信中的一项关键技术。卫星通信中采用窄波束天线实现空分多址，也提高了频谱的利用率。由于空

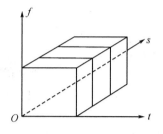

间的分割不可能太细，虽然卫星天线采用阵列处理技术后，分辨率有较大的提高，但一般情况下不可能某一空间范围只有一个用户，所以空分多址通常与其他多址接入方式综合运用。

　　近年来，人们发现空间特征不仅是位置，在技术飞速发展的今天，一些当时认为无法利用的空间特征现在正逐步被利用，形成以智能天线为基础的新一代空分多址接入方式。将以位置为特征的空分多址称为广义的 SDMA，图 3-3-5 为 SDMA 的三维图。

图 3-3-5　SDMA 的三维图

$$\int_{\Delta S} x_n(s) \cdot x_m(s)\mathrm{d}s = 1, \; n = m$$

$$\int_{\Delta S} x_n(s) \cdot x_m(s)\mathrm{d}s = 0, \; n \neq m$$

$$(3-3-6)$$

　　除了以上四种多址接入方式以外，其他复用方式也可以用在多址通信中，如极化复用和波分复用等。当然，这些方式在多数情况下也是和其他方式综合运用的。

3.3.2　卫星通信中的多址技术

　　卫星通信具有覆盖面积大的特点，在卫星天线波束覆盖范围内的任何地球站通过共同的卫星的中继和转发来进行双边或多边连接，实现多址通信。与用大量覆盖范围极小的基地台转发信号的蜂窝通信相比，卫星通信的多址接入方式有其特殊性，特别是如何利用和分配公用的卫星转发器的功率和频带。卫星通信系统中的所有用户共享转发器的带宽和功率，系统容量也就受转发器的带宽和功率的限制，称为带宽和功率受限系统。图 3-3-6 为卫星通信系统简图。

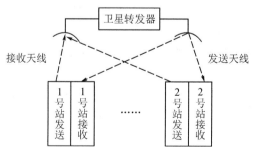

图 3-3-6　卫星通信系统简图

　　蜂窝制中的多址连接是根据移动用户的需要由移动交换局指配的。卫星通信中有预先分配方式，也可以是按需要分配，或是两种方式相结合。

1. 卫星通信中的频分多址

在卫星的 FDMA 系统中，把卫星转发器的有效射频频带分割成若干互不重叠的频段分配给各地球站使用。各站发射的射频载波频率不同，发送的时间和覆盖的区域可以重合，但调制后所占用的频带严格分开。各站接收时根据载波频率的不同区别发射站，并选择所要接收的信号。

蜂窝通信中处理的是单个移动用户的呼叫连接等问题。在卫星通信中可以是单个用户，但更多的是多个用户按频分复用或时分复用方式进入，其多址连接的方式是多样的。在进行干线通信时，使用的站少、载波数少，而每载波所载的话路数多；也有的使用的站多、载波多，而每载波所载的话路少。每个载波传送一路信号的称为 SCPC(Single Channel Per Carrier)方式，每载波传送多路信号的称为 MCPC 方式。组合方式有多种，图 3-3-7 所示为一种典型方式，其每站的多路信号按频分复用方式组合，然后对射频进行频率调制，各站所用载波频率不同，分别在一个转发器内占有互不重叠的位置，分享转发器的工作频带和功率，放大后由卫星天线发出。各站按载波频率接收所需的信号，放大、变频、解调后分出各路信号。这种方式简写为 FDM-FM-FDMA。数字制的时分复用多路信号也可以采用 FDMA 方式，图中也表示出这种方式的构成，即 TDM-PSK-FDMA。当一个地球站需与多个站通信时，需要多个载波分别与各站实现多元连接。

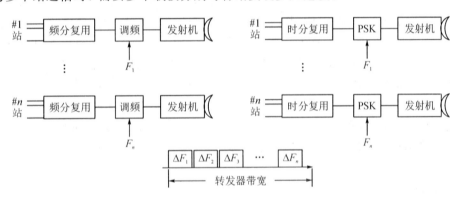

图 3-3-7　典型 FDMA 卫星系统

卫星系统有一个特点，星上仅是透明转发信号，而且是多站的信号共用星上转发器。当多个信号通过放大器时，放大器的非线性将引起以下问题：

(1) 产生互调干扰，大部分互调产物落在工作频带以外，但三阶互调产物中的 $f_1 + f_2 - f_3$ 项可能落入工作频带内，产生不良影响。设计系统时要妥善配置频率位置以避免三阶互调干扰，这是 FDMA 系统中一个特别而又重要的问题。

(2) 非线性还会产生频谱扩展现象，产生邻路干扰。

(3) 放大器的非线性将使增益随信号强弱而变，强信号的增益较高，将抑制弱信号，这就是强信号抑制现象。系统要求对各站进行严格的功率控制，这在实际应用中不是很方便。要求系统严格控制功率还因为转发器的功率是由多个用户共享的，某站的功率大于额定值就会侵占其他站的功率份额。

(4) 为了减弱非线性的影响，不得不降低放大器的输出功率，使卫星上珍贵的功率不能得到充分的利用。

（5）由于上述原因，当载波数增多时，有效容量将急剧下降。表 3 - 3 - 1 给出了
INTELSAT-Ⅳ卫星转发器的容量。

（6）在 FDMA 系统中，分配给各站使用的频带中间要留出保护频带，以避免互相干扰。
为了避免三阶互调干扰，要让开一些频段，称为禁用频段，从而影响了转发器的频带利用率。

表 3 - 3 - 1　INTELSAT-Ⅳ 卫星转发器的容量

每射频载波带宽/MHz	每载波话路数	每个转发器的载波数	每个转发器的有效话路数
36	900	1	900
10	132	3	456
5	60	1	
5	60	7	420
2.5	24	14	336

在多址通信中，各站的带宽和话路可以是"预分配"的，也可以是按需要分配的。
"Spade"系统是典型的按需分配方式，它是"单路单载波—PCM—按申请分配—FDMA"的
简称，其特点是采用话路 PCM 编码、采用相移键控、每载波有一个话路、转发器等间隔地
安排一定数量的单话路信道。但这些单话路信道是各站公用的，不是固定"预分配"给某一
站使用的，需要根据实际按"申请"临时进行分配。系统设有公用的传信信道，用来执行按
需分配职能。各站均有监视本系统所有载波频率忙闲的设备，当 A 站需与 B 站通信时，首
先从忙闲表中选出一对空闲的载波频率供 A 与 B 收发通信之用，选定后将此信息通过公用
信道发至本系统的所有地面站，各站自动更新忙闲表。与此同时 B 站根据 A 站选定的载波
频率做出应答，并及时沟通、联络。这种方式比较灵活，适合站点多且每站的业务量都不
大的系统。它仍然是"频分多址"方式，而且所用载波频率很多，交调的问题仍然存在。为了
减少这一不利影响，我们可以采用话音激活技术，只有讲话时才发载波，以减轻转发器负
担，减少互调。

2. 卫星通信中的时分多址

卫星通信中 TDMA 系统均采用数字制，其典型构成为 PCM—TDM—PSK—TDMA。
卫星转发器的工作时间被周期性地分割为若干个互不重叠的"时隙"，提供给各地面站发射
的信号使用。一周为一"帧"，每个"时隙"称为一个"子帧"。当我们以电话通信为主时，模拟
话音首先进行数字化编码，在 PCM 方式下用 8 kHz 作为取样频率，其周期为 125 μs，所以
帧的周期通常也取 125 μs 或 125 μs 的倍数。每个子帧都有一个报头，其后按 TDM 方式安
排某站至其他各站的数字化话音信号。报头一般由以下几部分组成：

（1）保护时间，它是一段空隙，作为各子帧同步不准确时的保护段，以免各子帧互相
重叠。

（2）载波恢复（CR）和比特定时恢复码（BTR），为收方提供恢复载波和定时同步的信息
码字，供相移键控信号解调时用。

（3）子帧同步码（独特码 UW），作为本子帧数字化话音起始时间的标志。

（4）发信站站址识别码（SIC）。

（5）测量和控制段，用来进行接收信道的测量，传送信道分配指令（OW）。

（6）勤务段（SC），供各站机务人员通信用。收信时必须收译报头，根据它才能正确选出有用的信号，才能进行解调。

在 TDMA 系统中，时间的准确性要求极高。多个站必须按统一的时钟运行。必须有一个基准站，它的任务是发射"基准子帧"信号，标志一帧的开始，并作为各站的定时基准，如图 3-3-8 所示。

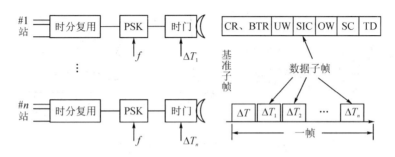

图 3-3-8　典型 TDMA 卫星系统

在 TDMA 系统中，每个瞬间只有一个站的某一路信号通过转发器，不存在多路信号同时通过行波管的非线性放大产生的互调问题，避免了由于互调而产生的全部问题：如行波管可以工作在接近饱和点，充分利用了卫星上宝贵的功率；没有互调，自然就没有禁用频带问题，可以充分利用转发器的工作频带；不会产生强信号抑制弱信号问题，大小站可以兼容；时隙宽窄调节较易，可以适应各地球站业务量的变化，便于采用按申请分配的方式，也便于采用数字话音插空技术（DSI）增加系统容量。卫星信道通常都具有较好的传输条件，可以承担速度较高或频带较宽的业务。

TDMA 系统虽然不需要保护频带，但在各时隙间需留出保护间隔，还需加入同步、定时、站址识别等各种额外开销。这些也都影响实际的带宽利用率。

TDMA 方式的主要问题是要有精确的同步，才能保证各站到达转发器的时间不重叠。还要做到接收站能正确识别站址和迅速建立载波及比特同步，这些都是难度较大、要求较高的技术。

3. 卫星通信中的空分多址

卫星空分多址（SDMA）方式利用星上的多个窄波束（或称为点波束）天线，各覆盖不同的区域内的地球站，利用波束覆盖区域的不同来区分，称为空分复用。

各站发出的射频信号在使用频率和工作时间上都可以相同，但它们在卫星上不会混淆，因为各站处在卫星天线的不同波束覆盖范围，由不同的天线接收。在卫星上，应能根据各站所要发往的方向，及时地将它们分别转接至相应的卫星发射天线，送至指定的地面站。在这种空分系统中，卫星具有自动交换作用，称为空中交换（Space Switch）机。典型 SDMA 卫星系统如图3-3-9所示。

各站必须能控制本站发送信号的时间，保证信号能在准确的时间里"交换"到指定的地球站，并建立帧同步。一种方法是由地面基准站发信号控制交换矩阵，进而控制各地球站；另一种方法是以星上交换矩阵的定时为基准来同步本网中所有的地球站。

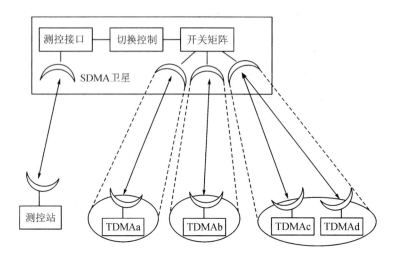

图 3 - 3 - 9　典型 SDMA 卫星系统

在空分多址中可以用同样的频带范围容纳更多的用户,起到了"频率再用"的效果。但是,SDMA 方式对卫星的稳定及姿态控制提出很高的要求,卫星天线及馈线装置很复杂,空中的"交换"也复杂,而且空间故障难以修复。再者,卫星在几万千米的高空,波束不可能集中到一个"点"上,即使是低轨道卫星,其波束也要覆盖相当大的区域,要给第一个地球站分配一个卫星天线波束是很困难的。覆盖区越大,频谱利用率越低。因此,空分多址通常要和其他三种多址接入方式结合使用,其中与 TDMA 结合的情况更多,称为 SS-TDMA (星上交换-时分多址)方式。

4. 卫星通信中的码分多址

在卫星通信中,码分多址(CDMA)获得广泛应用。码分多址的特点是各路信号由不同的且相互正交或准正交的扩频序列调制,所以各站所发信号往往占用整个转发器频带,它们在时间和频率上都可能互相重叠。其地址特征由不同扩频码表示,称为地址码。在接收时,只有用相同的扩频码才能解扩,还原为原始信号。其他各路信号检测后只呈现为类似高斯过程的宽带噪声。同理,其他接收机收到此信号时,无地址码解扩,所得的也是噪声,这有利于保密。如果采用理想正交码,不同地址码检测,输出应为 0。实际使用的多为准正交码,从 m 序列伪随机码中选出互相关系数较小的序列,相互之间的干扰不可避免。CDMA方式的优点是:

(1) 在扩频码相关特性较理想且扩频增益较高时,对干扰有很强的抑制能力。

(2) 信号淹没在干扰之中,不易被发现,而且采用特殊的扩频码相当于一次加密,保密性能较好。

(3) 实现多址通信较易,各站设备都相同,只需变更地址码,使用较灵活。

CDMA 方式的缺点是要占用很宽的频带,频带利用率较低;选择数量足够的地址码组有一定困难;在接收时,对地址码的捕获与同步需要一定时间。CDMA 方式特别适合于军事卫星通信系统或其他小容量的系统。卫星系统不同于蜂窝系统。在蜂窝系统中,小区的覆盖范围和用户数是很有限的,增大容量是靠频率或扩频序列的再用技术解决的。在卫星通信中，受转发器带宽限制，往往得不到很高的处理增益，本系统各站产生的干扰占支配地位，大大降低了系统的效率。

在卫星通信中，CDMA 可以采用直接扩频方式码分多址（DS-CDMA），也可以采用跳频扩频方式码分多址（FH-CDMA）。跳频方式需用特制的频率合成器，它抗干扰的基本方法是"躲避"，躲不开就干扰"击中"。若平均来看，其频谱与直扩系统相似；但从瞬时来看，其频谱较集中，与 FDMA 系统相似，易被发现。可以采用自适应跳频方式解决，但增加了复杂度。图 3-3-10 为典型 CDMA 卫星系统。

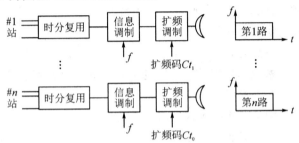

图 3-3-10　典型 CDMA 卫星系统

5. 卫星通信中各种多址接入方式的特点

卫星通信系统中各种多址接入方式的特点及其应用如表 3-3-2 所示。

表 3-3-2　卫星通信中各种多址接入方式的特点及其应用

	优　点	缺　点	适用场合
频分多址 FDMA	(1) 技术成熟 (2) 地球站设备简单 (3) 不需要网同步	(1) 转发器有互调问题，在多载波时效率降低 (2) 功率需控制，大小站不易兼容 (3) 使用不灵活	适用于中、大容量的线路 SCPC 适用于站多且容量小的系统
时分多址 TDMA	(1) 转发器工作于单路单载波，功率可充分利用 (2) 各站工作于不同时隙，无需控制功率，大小站可以兼容	需要精确的网同步、子帧同步	适用于中、大容量的线路
空分多址 SDMA	(1) 星上用窄波束天线，可实现频率重复使用 (2) 频带利用率提高 (3) 可降低地球站要求	(1) 卫星姿态控制严格 (2) 星上需有交换设备，比较复杂 (3) 波束不可能太细，需与其他多址方式综合使用	适用于站少而容量较大的线路
码分多址 CDMA	(1) 抗干扰保密性能力较强 (2) 能经受传输线路上参数变动的影响，如多径衰落 (3) 无需网同步	(1) 频带利用率低 (2) 正交地址码选择较难 (3) 地址码捕获时间较长 (4) 系统自身的干扰较大	适用于军事通信或其他小容量线路

由表 3 - 3 - 2 可以看出,这几种多址接入方式应用到卫星通信系统与蜂窝通信系统时有其不同表现,因为这两种通信系统的特征在有些方面截然不同。因此,多址接入方式必须与通信系统适配时才能有效地发挥其效能。

思　考　题

1. 差错控制的基本工作方式有哪几种? 各有什么特点?

2. 分组码的检、纠错能力与最小码距有什么关系?

3. 简述分组码和卷积码的区别。

4. 扩频通信系统的特点是什么?

5. 试说明扩频通信系统与传统调制方式通信系统的主要差别。

6. 常见的多址接入技术有哪些?

7. 在蜂窝通信系统中,多址接入方式的特点是什么?

8. 在卫星通信系统中,多址接入方式的特点是什么?

9. 已知 8 个码组为 000000、001110、010101、011011、100011、101101、110110、111000,试求其最小码距 d_0。若该码组用于检错,能检测出几位错码?若用于纠错,能纠正几位错码?若同时用于检错、纠错,试问其检错、纠错能力如何?

10. 已知(7,4)循环码的生成多项式 $g(x)=x^3+x+1$,要求:

(1) 求其生成矩阵及监督矩阵;

(2) 写出系统循环码的全部码字。

11. 一个卷积码编码器包括 1 个两级移位寄存器(即约束度为 3)、3 个模 2 加法器和 1 个输出复用器,编码器的生成多项式如下:

$$g_1(x) = 1 + x^2$$
$$g_2(x) = 1 + x$$
$$g_3(x) = 1 + x + x^2$$

画出编码器框图。

第二部分　通信对抗篇

第 4 章　通信对抗概述

通信对抗是无线电通信对抗的简称，它是在无线电通信领域开展的信息对抗斗争，也是电子对抗的重要组成部分。

4.1　通信对抗基本概念

4.1.1　通信对抗的定义

信息对抗包含电子对抗、网络对抗和信息安全等。其中，电子对抗也称为电子战，是指使用电磁能、定向能和声能等技术手段，控制电磁频谱，削弱、破坏敌方电子信息设备、网络等系统或人员的使用效能，同时保护己方电子信息设备、网络等系统或人员作战效能正常发挥的作战行动。其包括电子对抗侦察、电子进攻、电子防御。它可分为雷达对抗、通信对抗、光电对抗、无线电导航对抗、水声对抗以及反辐射攻击等。

通信对抗就是为削弱、破坏敌方通信设备的使用效能，保护己方通信设备正常发挥效能而进行的电子对抗。因此，通信对抗是通信领域中的电子战，也称为通信电子战。

通信对抗的目的是利用通信对抗设备，对敌方"裸露"在空间的无线电通信信号进行侦察截获，进而破坏或降低敌方通信的可靠性和有效性。

由此可见，通信与通信对抗在通信领域开展电子斗争有两个方面：一方面，通信方要确保通信的可靠性和有效性，必将采取一定的技术、战术手段，使电波在传播过程中，尽量有利于己方的接收而不利于敌方的侦察；另一方面，通信对抗方则利用无线电通信系统的"开放性"特点，采用一定的技术装备，组织和运用相应的通信对抗战术，对敌方"裸露"在空间的无线电通信信号进行侦察截获，进而破坏或降低敌方通信的可靠性和有效性。所以，通信对抗的实质是敌对双方在无线电通信领域内为争夺电磁频谱的使用权和控制权而展开的"争斗"。

4.1.2　通信对抗的基本内容

从广义上讲，通信对抗的基本内容包括无线电通信对抗侦察、无线电通信干扰和无线电通信电子防御三个部分。

（1）无线电通信对抗侦察，简称通信对抗侦察，目的是对无线电通信信道进行探测、搜索，截获敌方无线电通信信号，通过对敌方信号的测量、分析、识别，获取敌方信息、信号技术战术参数以及辐射源电台特征参数等，进而分析获取有关情报。在通信对抗侦察中，获取辐射源电台方位信息需要进行无线电测向。无线电测向学是无线电科学中的一个重要分支，已经形成较为独立的学科。

（2）无线电通信干扰，简称通信干扰，目的是使用无线电通信干扰设备发射专门的干扰信号，破坏或扰乱敌方的无线电通信。通信干扰系统根据侦察系统获得的敌方通信信号特点，可以发射和敌方通信频率相近或频段相同的大功率干扰信号，造成对方通话不清或完全被干扰信号"淹没",使敌方通信联络中断;也可以发射和敌方通信信号相似的干扰信号,使敌通信方真假难分,上当受骗。实施通信干扰需要有干扰引导参数,所以通信对抗侦察是通信干扰的前提条件,通信干扰是通信对抗中的进攻手段。

(3)无线电通信电子防御,简称通信电子防御,目的是利用各种组织和技术措施,提高信号的隐蔽性,保证己方的无线电通信信号不被敌人的通信对抗侦察设备截获(反侦察);提高通信接收系统躲避干扰、抑制干扰、纠正错误的能力,使己方通信设备在各种干扰环境中仍能正常工作(抗干扰)。目前常用的电子防御技术主要有分集接收技术、编码技术、天线自适应调零技术、猝发技术和扩频技术等,事实上,通信电子防御技术通常应用于通信设备或其附属设备中,通信电子防御技术与战术已经成为军事通信的重要研究内容。

从狭义上讲,通信对抗的基本内容包括通信对抗侦察、通信对抗测向和通信干扰三个部分,这是本书研究的内容。

4.2　通信对抗系统

4.2.1　通信对抗系统的组成和分类

实施通信对抗,离不开通信对抗设备,通信对抗设备是专门用于对敌方无线电通信实施侦察、干扰,保护己方无线电通信正常使用的电子设备和装置。通信对抗设备发展起初时以单机形态工作。随着通信技术的飞速发展,为适应通信电子战的需要,各种通信对抗系统应运而生。

1. 通信对抗系统的组成

通信对抗系统是为完成特定的通信对抗任务,由多部通信对抗设备在采用计算机或多个微处理器以及通信设备后组成的统一协调的整体,统一指挥,协调工作,能在密集复杂的信号环境下,实施对目标通信信号的侦察、测向和干扰。按照功能划分,不同通信对抗系统的主要组成如下:

(1)通信对抗侦察系统。它一般由多个侦察测向站组成,其中一个为主站,其他为属站。各站的设备有全景显示搜索接收机、监测侦听分析接收机、测向定位设备、信息分析处理设备、通信控制设备和计算机网络系统等。有的侦察系统将包含上述设备的站称为主站,主站能完成对信号环境的搜索、分析和识别功能和本地测向功能。

(2)无线电通信干扰系统。它由若干个干扰站与干扰指挥控制中心组成。系统能按预定决策的干扰方案进行工作,可实施对外站的远距离遥控指挥,能根据侦察系统提供的侦察情报确定干扰优先等级、干扰门限电平、监视干扰效果等。干扰指挥控制中心内的主要设备有引导接收机、侦收天线、通信控制设备和主计算机。引导接收机对预置的欲干扰频段或信号进行实时选频搜索,把搜索到的信号显示出来,使操作人员实时掌握信号活动情况,统一调度各干扰站对出现的信号按优先等级实施干扰。

(3)综合通信对抗系统。它是指把无线电通信对抗侦察、测向和干扰通过指挥控制中心有机结合在一起的系统,其组成框图如图 4-2-1 所示。整个系统在指挥控制中心的统一指挥下,侦察子系统完成对信号的搜索、截获、分选、识别和存储以及对目标网台的测向定位；指挥控制中心对侦察测向数据进行综合分析处理，确定需干扰目标网台的威胁等级、干扰参数和干扰功率，指挥干扰子系统实施干扰。干扰过程中侦察子系统可以随时监视干扰效果，并通过指挥控制中心对干扰子系统进行调整，充分发挥干扰的效能。

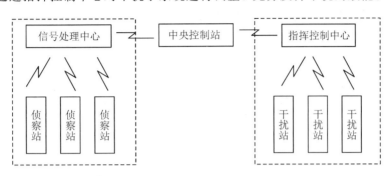

图 4-2-1 综合通信对抗系统的组成框图

2. 通信对抗系统的分类

通信对抗系统有以下多种不同的分类：

（1）根据实现功能的不同，通信对抗系统分为无线电通信对抗侦察测向系统，通信干扰系统以及将侦察、测向、干扰各部分有机结合在一起的综合通信对抗系统。

（2）根据作战使用对象的不同，通信对抗系统分为战术通信对抗系统和战略通信对抗系统。

（3）根据运载工具的不同，通信对抗系统分为地面固定通信对抗系统、移动通信对抗系统、车载通信对抗系统、机载通信对抗系统、舰载通信对抗系统和星载通信对抗系统。

（4）根据工作频段不同，通信对抗系统分为短波、超短波、微波等通信对抗系统。随着通信对抗技术的不断发展，现代通信对抗系统的工作频段不断拓展，有些系统往往覆盖两个或多个频段，因此单纯按频段划分是不太确切的。

4.2.2 通信对抗系统的特点

通信对抗系统所面临的信号环境决定了通信对抗系统需要具备的工作特点。

1. 通信对抗信号环境的特点

通信对抗信号环境是整个电子对抗信号环境的一部分，它是通信对抗设备的工作环境中各种辐射源形成的信号总体。在通信对抗系统的工作频率范围和工作区域内，信号总体包括敌对双方所辐射的各类通信信号、干扰信号、非通信类的电子信号、民用电台及背景噪声等。一个特定区域内的通信对抗信号环境与该空间区域内的电台数量、分布、工作频率、电波传播方式、信号流量等因素有关，相邻空间区域内的通信对抗信号环境也会影响这个区域信号环境。通信对抗信号环境的特点如下：

（1）通信电台数量上升，信号密度增大。通信需求不断扩大，通信频段迅速扩展，一套通信对抗系统在单位时间内面临的通信电台数目、信号数量、信号密度迅速增大。

（2）通信信号种类繁多，信号参数复杂、多变。通信信号是信息的载体，为了有效、可靠进行信息传递，通信信号有许多调制方式，常规通信信号种类很多，有幅度调制、频率调制、相位调制；有数字调制、模拟调制；有一次调制、多次调制。即使在同样的调制方式下，调制参数也是可变的，使得通信信号种类繁多而复杂。

在现代通信中，突发信号、捷变信号、扩频信号、跳频信号增多，这类信号的一些参数随机快速变化，使得通信信号参数在种类、数量及变化上都大大增加。

（3）通信电台分布范围扩大，地理环境影响加大。通信电台运载平台包括地面、汽车、飞机、舰船、卫星等，通信电台分布、运动范围都得到很大扩展，造成对抗区域交叉增加。通信信号的工作频段、传播方式、传播路径直接影响信号质量，电台分布范围的扩大，多径效应、信道衰落、区域间信号环境影响等，直接导致通信信号更为复杂。

（4）民用电台、个人通信与军用通信信号混杂，敌我识别难度加大。随着民用通信技术的飞速发展，民用电台信号、个人通信信号迅速增加，这些信号与军用信号混杂，同时到达通信对抗系统的信号众多，使得真假难辨，敌我难分。

2. 通信对抗系统的工作特点

与通信双方以完全合作的工作方式相应，通信对抗系统与通信系统的关系是非协作关系。这一点决定了通信对抗系统区别于其他通信系统，具有如下的特点：

（1）工作频段宽。从通信对抗系统的频率范围可以看到，每个波段的频率范围达 10 个倍频程。这要求天线、接收机、干扰机的功率放大器都具有宽带性能。目前的微波元器件难以满足要求的带宽，通常根据对通信对抗系统的频率范围，用多个较窄带宽的天线、功率放大器等并行工作来解决。

（2）空域覆盖范围大。通信对抗系统的覆盖空域取决于系统平台。对于地面车载系统，方位覆盖正面的规定范围；而对机载、舰载和星载系统要求方位覆盖 360°，仰角覆盖 90°。

（3）截获概率高。通信对抗系统截获信号是随机事件。信号截获是指侦察接收机在频率上、方向上、极化上与通信信号的一致，而且能测量信号的参数。由于通信信号的持续时间有限，而侦察接收机需要在一定频率范围内搜索，只有当侦察接收机的频率与信号频率相同的时刻，信号存在一定时间，侦察接收机才能在频域上截获信号。在空域上，如果侦察接收天线与通信发射天线都是旋转的，侦察天线与通信发射天线方向上对准时，侦察接收机才能截获信号。如果侦察天线的极化与通信发射天线极化正交，则侦察接收机不能截获信号。在空域上提高截获概率的方法是增大侦察天线波束宽度和提高接收机灵敏度，对通信发射天线的副瓣侦察，在极化上用圆极化天线侦察线极化信号，但这时接收信号功率有 3 dB 的损失。因此，通信对抗系统的信号截获主要是指频域截获，此内容将在后续章节详细讨论。

（4）灵敏度高。灵敏度是指侦察接收机输出端的信噪比满足通信设备正常工作要求的最小接收信号功率。侦察接收机灵敏度受接收机输入端的噪声功率的限制。当接收信号功率高于接收机灵敏度一定倍数时，信号才能正确接收。而接收的信号功率与距离平方成反比（短波时，由于大气对电波的折射影响，与距离 4 次方成反比）。通信对抗侦察设备离通信发射机的距离大于通信接收机与发射机的距离，因此通信对抗系统的接收机没有距离优势。通信对抗侦察设备的灵敏度往往比通信接收机的灵敏度更高（-110 dBm ~ -100 dBm）。在扩频通信对抗侦察时，侦察接收机接收的信号与接收的噪声属同一数量级，甚至信号淹没在噪声中，在没有先验知识时，截获扩频信号是困难的课题。

（5）动态范围大。动态范围是指侦察接收机正常工作的输入信号功率范围。动态范围的下限受侦察接收机灵敏度限制，而其上限取决于使侦察接收机饱和的功率和不产生交互调制的功率，前者定义的动态范围称为饱和动态范围，而后者定义的动态范围称为无寄生干扰的动态范围。通常无寄生干扰的动态范围小于饱和动态范围。因此，通常意义下的动态范围指的是无寄生干扰的动态范围。无寄生干扰的动态范围的含义是：由于线性系统特性不理想，呈现非线性，当两个不同频率输入时，其输出除这两个频率外，还出现两个频率的组合频率分量，这两个组合频率分量与输入信号频率相距很近而无法滤除，形成了互调干扰。

（6）调制识别能力强。对于不同调制方式的信号需用相应的解调方式和干扰样式，因此在解调前需要调制识别。不仅需要识别出模拟调制和数字调制，还要识别出调制参数（幅度调制、频率调制或相位调制）以及每个参数的调制阶数（如 PSK 调制的 BPSK、QPSK、8PSK 等的 2、4、8 阶）。

（7）参数测量能力强。在通信中，收、发双方是合作关系，接收方确知信号频率或跳频通信的跳频图案、时间上的同步信号（如帧同步、码元同步，在跳时通信中跳时图案的同步）、扩频通信中的扩频与解扩用的随机码和信源、信道的加密、解密的密钥等。而通信对抗系统与通信系统是非合作关系，无法得到这些先验信息，因此通信对抗系统需要对通信信号参数进行准确测量或估计，才能实现频率同步、码速率同步，正确地解调侦收信号的信息。

4.3　通信对抗技术的发展与应用

4.3.1　通信对抗技术的发展

自从通信对抗问世以来，随着电子技术和通信技术的不断发展，通信对抗技术也在不断地发展和进步。从通信对抗技术与装备的发展情况看，大致可以分为以下三个阶段：

（1）萌芽阶段。这一阶段可以说是通信对抗的发生阶段，其时间大约是从 20 世纪初到 20 世纪 40 年代初（第二次世界大战初期）。在这一时期内，尚未研制出专用的通信对抗设备。实施通信对抗是利用通信接收机和大功率通信发射机来完成的，干扰效果较差。为了取得更好的干扰效果，美国、德国等国已着手用实验方法来研究最佳干扰样式。

（2）初级阶段。这一阶段可以说是通信对抗的形成阶段，其时间大约从第二次世界大战中期到 20 世纪 60 年代末，这是通信对抗专用单机的研制和发展时期。通信对抗专用单机从功能上划分，包括通信侦察接收机、无线电测向机和通信干扰工作频段上看，这些单机设备一般是分别工作在短波和超短波频段，波段覆盖范围较窄。在这一时期，美国、德国等国相继建立了无线电对抗部门，大力开展对通信干扰理论的研究，进行了大量模拟干扰实验，获得了对各种不同调制方式的最佳干扰样式。

（3）发展阶段。20 世纪 60 年代末到 80 年代的发展阶段，这一阶段是以研究和发展通信对抗系统为主的阶段。在这一时期，单机研制日臻完善，各种通信对抗系统不断涌现出来。在这一阶段的前期（20 世纪 60 年代末到 70 年代中期），研制出来的通信对抗系统大多是由人工进行操作的，自动化程度不高。而在后期（20 世纪 70 年代末到 80 年代），由于微处理机和微型计算机技术的迅速发展和广泛应用，通信对抗系统已向着用计算机控制的自动化方向发展，自动化水平大大提高。

目前，通信对抗从理论、技术到装备，仍然继续向深度和广度发展。自 20 世纪 90 年代以来，通信对抗技术的研究和发展主要在以下几方面：

（1）通信对抗范围的拓宽。随着通信技术的发展进步，通信对抗范围也不断拓宽。从 20 世纪 80 年代开始，对跳频、直接序列扩频等新通信体制的对抗和对 C⁴ISR 系统的对抗成为国内外研究的重点。虽然在通信体制和技术研究方面取得了一定进展，但离完善解决仍有很大差距，尤其对 C⁴ISR 对抗的研究，差距更大，今后很长时间内仍然是通信对抗研究的重点。此外，对卫星通信的对抗，也成为通信对抗领域研究的重要课题。

（2）扩展工作频段，提高干扰功率。扩展工作频段包括两个方面：一是扩展通信对抗的频段范围；二是增大通信对抗单机设备的频率覆盖范围。随着对卫星通信对抗的开展以及毫米波通信的应用，要求通信对抗的工作频段也做相应扩展。早期的通信对抗单机设备基本都是单频段覆盖，目前许多先进的单机设备可以覆盖两个以上的波段。单机设备频率覆盖范围的增大，可以大大提高设备的适应能力。

干扰机的发射功率，目前基本都是采用固态功率合成技术产生的，工作频率越高，合成大功率的难度越大。因此，研制射频大功率器件和研究射频大功率合成技术，是提高发射干扰功率需要不断解决的问题。

（3）发展不同类型、不同层次的通信对抗系统，提高设备和系统的快速反应能力。由于自动化通信对抗系统具有功能强、反应速度快的特点，在复杂电磁环境下具有很强的适应能力，成为通信对抗研究发展的重点。

提高设备和系统的反应速度是对各类设备和系统的共同要求，尤其对跳频通信、猝发通信的对抗，要求有更高的反应速度。提高设备和系统的反应速度，除了从通信体制上解决外，采用计算机技术和高速数字处理技术是不可缺少的重要途径。

（4）开发和运用新技术、新器件以提高通信对抗装备的性能。除了计算机技术和数字信号处理技术得到广泛应用外，高速频率合成技术、自适应功率和频率管理技术、射频数字存储技术、宽带相控阵技术、人工智能技术等也用于通信对抗设备中。在通信对抗设备中陆续得到应用的新器件有大规模高速集成电路、微波固态器件、声波器件、声光器件等。由于新技术和新器件的应用，促使通信对抗装备的性能也日新月异地变化和提高。

4.3.2　通信对抗技术的应用

在一定地域、频率、时间范围内，存在己方、友方和敌对方之间的各种通信设备，它们的电磁辐射同时交错存在，并互相影响，通信对抗系统工作在错综复杂的电磁波环境中。通信对抗系统在实施侦察时，应在隐蔽中进行，在实施干扰时，又必然暴露自己，所以通信对抗系统是在隐蔽和暴露的矛盾中进行的。通信对抗系统的应用属于技术装备和战术应用共同研究的范畴。无论在战时还是平时，都进行着通信对抗，应用的重点不同，平时以侦察为主，干扰则是作战时期的重点。具体应用方法如下：

（1）通信情报侦察，获取有价值的情报。通信对抗侦察是获取敌方情报的一种重要手段。在通信对抗应用的早期，通信及保密技术比较落后，侦听敌方无线电通信，对敌方通信电台的测向定位，可以获得敌方通信信息内容、活动规律、隶属关系、行动企图等有价值的情报。

随着通信技术和保密技术的不断进步，利用通信对抗侦察直接获取军事情报变得越来越困难，通信对抗侦察主要是获取敌方通信信号的特征(如频率、调制方式、信号属性、位置等)，分析判断敌台的威胁等级、通信网的组成，积累的情报资料，判断敌方的行动企图等。

(2) 压制干扰敌方无线电通信，破坏敌方的通信质量。现代通信带有很强的时间性，在关键时刻、关键通信频段，通信对抗侦察可以为干扰提供引导，在主攻方向配置通信干扰设备，集中干扰功率，对敌方的主要通信网实施强大的集中干扰，破坏该频段敌方的通信系统，使敌方重要通信设备不能正常工作，使敌方无法协同有效进攻，失去关键性战机。

(3) 欺骗干扰使敌方产生错误判断或接受虚假情报。无线电通信设备在战场上的使用量越来越大，信号在时间、频率、空间、强度等多维空间变化，要想通过压制全部破坏敌方的无线电通信，是十分困难的。通信对抗依据充分的情报，采用模拟敌方信号的干扰方式(称为欺骗性干扰)向敌方传送虚假情报或下达虚假命令，使敌人真假难辨，以影响敌人的决心和行动。

(4) "烟幕"干扰制造反侦察电子屏障，保护己方通信。为了反侦察，通信对抗干扰设备可以在己方的通信频率上，采用定向天线，发射各种宽频带噪声或虚假信号，发射的频带宽度和己方通信的频率范围大致相同。干扰站尽量离敌方的通信对抗侦察站近，而离己方的通信地域远。这样使己方的通信信号完全淹没在"噪声"中，从而组成一个"电磁干扰屏障"，使敌方侦察站无法侦收到己方通信。

(5) 干扰敌民用通信信号，瓦解敌方军民的斗志。近几年，民用通信得到极大发展，对敌人所属的公共电话通信网、移动通信网、Internet(因特网)、电视、广播进行干扰与欺骗，扰乱其军民的情绪，同时有目的地开展各种宣传，可以从心理上瓦解敌方军民的斗志。

思　考　题

1. 什么是通信对抗?
2. 通信对抗系统的信号环境有哪些基本特点?
3. 通信对抗系统的工作特点有哪些?
4. 通信对抗系统主要由哪几部分组成? 各部分的主要作用是什么?
5. 通信对抗技术的研究和发展主要体现在哪些方面?
6. 通信对抗的主要应用有哪些?

第5章　通信对抗侦察搜索截获原理

无线电通信信号在空间的"裸露性"是通信对抗侦察搜索与截获信号的基础。通信对抗侦察利用侦察接收设备从复杂的电磁环境中搜索、截获敌方通信信号，然后根据接收通道的输出信号，分析判断目标信号的内容、特征，获取情报。因此，对信号的搜索截获是通信对抗侦察的首要任务。

5.1　通信对抗侦察概述

5.1.1　通信对抗侦察的含义和任务

通信对抗侦察是指探测、搜索、截获敌方无线电通信信号，对信号分析、识别、监视并获取其技术参数、工作特征和辐射源位置等情报的活动。它是实施通信对抗的前提和基础，也是电子对抗侦察的重要分支。通信对抗侦察的主要任务是：

（1）对敌方无线电通信信号参数、工作特征的侦察。其包括侦察敌方无线电通信的工作频率、通信体制、调制方式、信号技术参数、工作特征（如联络时间、联络代号等）等内容。

（2）测向定位。即测定敌方通信信号的来波方位角并确定敌方通信电台的地理位置。

（3）分析判断。通过对敌方通信信号参数、工作特征和电台位置参数的分析，查明敌方无线电通信设备的类型、数量、部署和变化情况。

5.1.2　通信对抗侦察的特点

通信对抗侦察是获取敌方通信对抗情报的重要手段。它是依赖敌方辐射的无线电通信信号获取敌方情报资料的，而本身不需要辐射电磁信号。与其他侦察方式相比，其具有以下的特点：

（1）侦察距离远。侦察的距离与敌方电台的辐射功率、电波传播条件及我方侦察设备的灵敏度等因素有关。在短波、超短波通信采用地波传播的条件下，侦察距离一般在几千米到几十千米。在短波采用天波传播的条件下，侦察距离可达几百到几千千米。对卫星通信而言，侦察距离可达上万千米。

（2）隐蔽性好。这是由于侦察设备不辐射电磁波，不易被敌方利用无线电侦察设备所发现。

（3）侦察范围广，从地域、空域上都可以在十分广阔的范围内实施侦察。从频域上，凡是无线电通信工作的频段范围，也是通信对抗侦察的频段范围。由于侦察范围广，获取的情报资料量也多。

（4）实时性好。其主要表现在侦察设备可以长时间不间断地连续工作，只要敌方无线电发射机发射信号且在我方侦察设备的作用范围(包括地域、空域、频域)之内,就能及时地被侦察,所以,这种侦察方式是实时的。另外,由于信号处理技术与计算机技术在通信对抗侦察设备中的广泛应用,对信号分析处理的实时性大大提高。

(5)受敌方无线电通信条件的制约大。敌方无线电通信条件包括敌方无线电通信设备的性能、电波传播条件、通信联络时间、应用场合等。如果我方侦察设备不具备侦察敌方信号所需要的条件,则无法侦察敌方的通信信号。

5.1.3　通信对抗侦察的分类

通信对抗侦察可以有以下的不同的分类方法。

(1)按工作频段划分,通信对抗侦察可以分为长波侦察、中波侦察、短波侦察、超短波侦察、微波侦察等。凡是无线电通信工作的频段,也是开展通信对抗侦察的频段。在很长的时间内,通信对抗侦察主要是在短波和超短波展开的,到目前为止,这两个频段仍然是通信对抗侦察的主要频段。随着微波通信的日益增多,微波侦察在通信对抗侦察中也日益占有重要的地位。

(2)按通信体制划分,通信对抗侦察可以分为对短波单边带通信的侦察、对接力通信的侦察、对卫星通信的侦察、对跳频通信的侦察、对直接序列扩频通信的侦察等。

(3)按通信对抗设备是否移动及运载平台的不同划分,通信对抗侦察可以分为地面固定侦察站、地面移动侦察站、侦察卫星、侦察飞机、侦察船等。在后三种运载平台上,除通信对抗侦察设备外,一般还包括其他侦察设备,如雷达侦察设备、照相设备等。

(4)按作战任务和用途划分,通信对抗侦察通常可以分为通信对抗情报侦察和通信对抗支援侦察。其分述如下:

① 通信对抗情报侦察是通过对敌无线电通信长期或定期地侦察监视,详细搜集和积累有关敌方无线电通信的情报,建立和更新通信系统的情报数据库,评估敌方无线电通信设备的现状和发展趋势,为研究通信对抗策略和研制发展通信对抗设备提供依据。简言之,通信对抗情报侦察主要是为"对策研究"服务的。通信对抗情报侦察属于战略侦察的范畴,它主要是在平时和战前进行,又称为预先侦察。在侦察手段上大多采用地面固定侦察站、侦察卫星、侦察飞机、侦察船来实施,也可采用投掷式侦察设备实施侦察。

② 通信对抗支援侦察是指对敌方无线电通信信号进行实时搜索、截获,并实时完成对信号的测量、分析、识别和对信号辐射源的测向定位,判明通信辐射源的性质、类别及威胁程度,为实施通信干扰、通信欺骗提供有关的通信情报。通信对抗支援侦察是通信干扰的支援措施,属于战术侦察的范畴。通信对抗支援侦察是在战时进行的,又称为直接侦察,一般由通信对抗系统中的侦察设备实施支援侦察。

通信对抗情报侦察和支援侦察所采用的侦察设备并无本质的差别,甚至二者可以采用相同的侦察设备。但是,在客观上二者对侦察设备的性能要求不完全相同。例如,前者对信号分析测量的参数要尽量齐全,精度要高,但对信号分析处理的速度可以放宽,甚至可以先把信号记录下来留待事后进行分析处理;后者要求对通信信号的截获概率要高,侦察设备的反应速度要快,对信号具有实时分析处理能力,而对信号参数的测量精度可适当放宽。

5.1.4　通信对抗侦察的基本步骤

通信对抗侦察的内容和步骤是随着侦察设备技术水平的不断提高而变化的。早期的通信对抗侦察是以耳听侦察通联特征为主。通联特征是指通信联络中所反映出来的一些特点。例如，信号频率、呼号、勤务通信用语、联络时间、电报信号的报头、人工手键报的音响特点等。随着科学技术的迅速发展，现代通信大量采用快速通信技术、加密技术、反侦察抗干扰技术等各种先进通信技术。这样，传统的通信对抗侦察方式已远远不能适应目前的要求。于是，通信对抗侦察的内容和步骤也随之而改变。

通信对抗情报侦察和支援侦察的目的有所不同，其侦察步骤既有相同之处，也有不同之处。下面我们对现代通信对抗情报侦察和支援侦察过程中的一些基本环节加以阐述。

1. 对通信信号的搜索与截获

由于敌方通信信号是未知的，或者通过事先侦察已知敌方某些信号频率而不知其通信联络的时间，因此，需要通过搜索寻找，以发现敌台信号是否存在以及是否有新出现的通信信号。

截获信号必须具备四个条件：一是频率对准，即侦察设备的工作频率与信号频率要一致；二是方位对准，即侦察天线的最大接收方位要对准信号的来波方位；三是时间对准，即侦察设备工作时间需要有通信信号存在；四是能量足够，即信号电平不小于侦察设备的接收灵敏度。由于敌方信号的频率和来波方位是未知的，所以，在寻找信号时，需进行频率搜索和方位搜索。

2. 测量通信信号的技术参数

通信信号有许多技术参数，有些是各种通信信号共有的参数，有些是不同通信信号特有的参数。各种通信信号共有的技术参数主要有：

（1）信号载频，或者信号的中心频率。

（2）信号电平，通常用相对电平表示。

（3）信号的频带宽度，可根据信号的频谱结构测量信号的频带宽度。

（4）信号的调制方式，根据信号的波形和频谱结构一般可分析得到信号的调制方式。

不同的通信信号一般具有自身特有的技术参数，例如，调幅信号的调幅度、调频信号的调制指数、数字信号的码元速率或码元宽度、频移键控信号的频移间隔、跳频信号的跳频速率等。

以上技术参数的测量对于通信信号的识别分类是十分重要的。除了测量技术参数外，记录信号的出现时间、频繁程度以及通信时间的长度等也是很有意义的。

3. 测向定位

利用无线电测向设备测定信号的来波方位，并确定目标电台的地理位置。测向定位可以为判定电台属性、通信网组成、引导干扰和特定条件下实施火力摧毁提供重要依据。

4. 对信号特征进行分析、识别

信号特征包括通联特征和技术特征。通联特征的定义前文已介绍过。技术特征是指信号的波形特点、频谱结构、技术参数以及电台的位置参数等。分析信号特征可以识别信号的调制方式，判断敌方的通信体制和通信设备的性能，判断敌方通信网的数量、地理分布以及各通信网的组成、属性及其应用性质等。

5. 控守监视

控守监视是指对已截获的通信信号进行严密监视，及时掌握其变化及活动规律。在实施支援侦察时，控守监视尤为重要，必要时可以及时转入引导干扰。

6. 引导干扰

在实施支援侦察时，依据确定的干扰时机，正确选择干扰样式，引导干扰机对预定的目标电台实施干扰压制，并在干扰过程中观察信号变化情况。另外，可以对需要干扰的多部敌方通信电台，按威胁等级排序进行搜索监视，一旦发现目标信号出现，即时引导干扰机进行干扰。

5.1.5　通信对抗侦察系统的主要技术指标

对于不同用途、不同类型的侦察接收设备，对其技术性能的要求既有共同之处，也有不同之处，下面仅介绍共同的主要技术性能。

(1) 工作频率范围。系指侦察接收设备能正常接收通信信号的频率范围。在此频率范围内，设备的各项指标均能达到规定的指标要求。设备的工作频率范围越宽，对不同频段信号侦察的适应能力越强。

(2) 灵敏度。它是衡量侦察接收设备接收微弱信号能力的指标。灵敏度主要决定于接收机，通常是这样定义接收机灵敏的：在接收机输出端得到额定信号功率和额定信噪比的条件下，接收机天线上所需的最小感应电动势。所需要的感应电动势越小，则灵敏度越高，说明接收微弱信号的能力越强。

(3) 动态范围。它是指保证侦察接收设备正常工作条件下，接收机输入信号的最大变化范围。

设接收机允许的最小与最大输入信号分别为 E_{min} 和 E_{max}，则动态范围 D_R（单位为 dB）为 E_{max}/E_{min}。

若用分贝表示，则表示为：$D_R = E_{max} - E_{min}$。动态范围的下限受设备灵敏度的限制，只有大于灵敏度的信号才能正常接收。动态范围的上限则有不同的情况使接收机不能正常工作，与此相对应，对动态范围也有不同的定义。应用较多的通常有以下两种定义：

① 饱和动态范围。它是指输入信号电平增大到一定程度时，使接收机中的一部分电路处于饱和状态，从而失去对信号的放大能力。与此相对应的输入信号电平称为饱和电平，即是接收机允许的最大输入信号电平。凡是大于饱和电平的信号都会使接收机出现饱和现象。在接收机中采用对数放大电路和增益控制电路，有利于增大接收机的饱和动态范围。

② 无寄生干扰动态范围。任何类型的侦察接收机都有一定的线性范围，如果有两个以上的信号进入接收机，并且超出接收机的线性范围而进入非线性区工作，受非线性的影响，

这些信号间互相调制，产生寄生干扰。输入信号越强，非线性影响越大，寄生干扰越严重，以致造成接收机不能正常接收信号。当要求输出的寄生干扰电平不超过某一规定值时，与此规定值所对应的输入信号电平即为无寄生干扰动态范围的上限值。接收机在密集的信号环境下工作时，无寄生干扰动态范围是一个重要的性能指标，此动态范围小于饱和动态范围。

（4）频率稳定度。侦察接收设备的频率稳定度完全决定于接收机，一般用长期稳定度表示（用日稳定度或月稳定度），它表征了接收机频率稳定的程度，通常用相对频率稳定度 $\Delta f / f_0$ 来衡量（f_0 为标称频率值，Δf 表示在测试时间内的频率偏移值）。

（5）频率分辨力。它又称为频率分辨率，是指侦察接收设备能区分两个同时存在的不同频率辐射源信号之间的最小频率间隔。它反映了设备对相邻频率通信信号的分辨能力。对全景显示搜索接收机而言，这是一个极重要的性能指标。

（6）反应速度。侦察接收设备的反应速度包括搜索速度、对信号的分析处理速度等。其理想的情况是能够实现快速搜索截获，实时测量和分析处理。随着猝发通信技术、跳频技术在现代通信中的应用，对设备的反应速度提出了极高的要求；否则，就不能实时截获、分析处理这类驻留时间极短和快速跳变的通信信号。

5.2　搜索接收机

5.2.1　频率搜索接收机的基本原理

搜索接收机在预定的侦察频段内自动进行频率搜索，将在一个时刻的接收作为一个信号，不仅实时测量信号，还显示被截获信号的频率及其相对强度，所以又被称为全景显示搜索接收机。

搜索接收机多采用超外差方式，扫频本振是实现搜索的重要部件，其工作原理如图 5-2-1 所示。

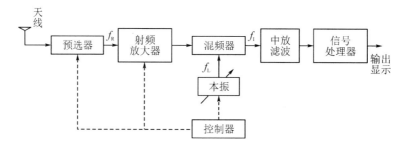

图 5-2-1　超外差频率搜索接收机的工作原理

在搜索接收机的工作频率范围 $f_{low} \sim f_{high}$ 内，同时存在多个不同频率的信号。接收机射频电路带宽 B_R 有限，在某一时间段，接收机仅能接收 $f_{low} \sim f_{high}$ 中一部分 $f_A \sim f_B$（频率覆盖范围），射频电路带宽 $B_R = |f_A \sim f_B|$。

在某一时刻，通信信号进入接收机的射频电路，经过滤波放大后的信号传给混频器。中频电路后一般采用对数放大，可提高接收机的动态范围，检波不起解调的作用，一般采用包络检波器将信号的包络（幅度）取出并显示出来，所以检波器输出的有无表示对应频点 f_s 信号的有无，当输出显示有信号存在时，可以获得射频信号频率测量值。由于本振频率 f_L 随着时间 t 线性变化，信道上不同频率的通信信号将在不同时间被选中，通过中频电路进入接收机检波器。通信对抗侦察根据接收机检波器输出的信号，换算出通信信道上通信信号的射频频率，根据信号的相对电平大小，判断信号的相对强弱，达到实时测量并显示被截获信号频率和相对电平的目的。超外差频率搜索接收机的一个主要缺点是：存在镜像干扰，并且存在频率分辨率和截获概率的矛盾。

5.2.2　镜像干扰及其消除方法

在图 5-2-1 中，如果在混频器输入的同时加入信号 f_R 和本振信号 f_L，由于混频器的非线性作用，因此多种频率组合可以产生中频信号，其一般关系为

$$mf_L + nf_R = f_I \tag{5-2-1}$$

当 $m=1$，$n=-1$ 时，为期望的主信道；当 $m=-1$，$n=1$ 时，则为镜像信道，会对主信道频率测量产生干扰作用，因此称为镜像干扰。

抑制镜像干扰可以采用以下途径：

（1）预选器——本振统调。通过控制射频预选器的中心频率和本振频率，从而保证进入预选器的信号频率与本振频率的频差正好为中频频率，从源头上避免了镜像信道的干扰信号进入接收机。

（2）高中频。由于射频滤波器的频率范围为 $f_R=[f_A, f_B]$，主信道与镜像信道的频率差为两倍中频频率，因此当提高中频频率，使其满足当 $f_I>(f_A-f_B)/2$ 时，可保证镜像信道落入射频滤波器频率范围之外。

（3）零中频。当中频为 0 时，主信道与镜像信道重合，也就不存在镜像干扰的问题了。

5.2.3　频率搜索时间

频率搜索时间是指搜索完给定频率范围所需的时间，主要由频率搜索范围 $|f_A-f_B|$、频率步进间隔 Δf、本振换频时间 T_{rs}、搜索驻留时间 T_{st} 等因素决定。对于等间隔步进搜索而言，频率搜索时间可以描述为

$$T_{search} = \frac{|f_A - f_B|}{\Delta f}(T_{rs} + T_{st})$$

为了减小频率搜索时间，有以下几个可能的途径：

（1）通过采用并行多信道搜索方式，减小频率搜索范围。

（2）增大搜索步进，减小频率步进搜索过程中的本振频率点数。

（3）采用换频时间短的高速频率合成本振。

（4）采用高速、高性能的信号处理器，减小搜索驻留时间。

5.3　信道化接收机

5.3.1　信道化接收机的设计思想

信道化接收机是按照多波道接收机的设计思想发展起来，即利用多个不同频率的滤波器覆盖侦察接收机的工作频率范围，同时接收整个工作频率范围内的通信信号。由此可见，利用不同滤波器组分选不同频率信号的实质就是频率信道化。

接收机工作频率范围为 $f_{low} \sim f_{high}$，瞬时频率覆盖范围为 $f_A \sim f_B$，并且 $f_{low} \leqslant f_A \leqslant f_B \leqslant f_{high}$。

多波道接收机的原理框图如图 5-3-1 所示。用 M 个射频带通滤波器划分为 M 个分波段，构成 M 个波道，各个滤波器的中心频率分别为 f_{s1}，f_{s2}，…，f_{sM}（如图 5-3-2 所示）。如果滤波器带宽 B 相同，并且各分波段的频率是相互衔接的，则第 i(1，2，…) 个滤波器的频率范围：$f_A + (i-1) \cdot B \sim f_A + i \cdot B$。其中，$B = \dfrac{|f_A - f_B|}{M}$ 是滤波器的带宽。侦察频率范围内的一个通信信号进入多波道接收机，经放大后根据频率进入相应的射频带通滤波器，然后由对应的接收通道输出。信号处理器根据该信号在接收通道的位置，判断该信号通过的射频带通滤波器，以该射频带通滤波器的中心频率作为信号频率并显示，完成信号频率的测量。

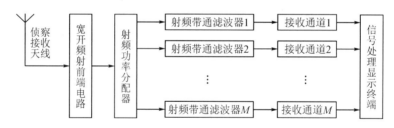

图 5-3-1　多波道接收机的原理框图

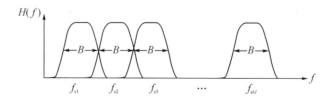

图 5-3-2　射频带通滤波器的传输特性

侦察频率范围内的多个不同频率的通信信号进入多波道接收机，信号处理器中得到来自不同接收通道的信号，判断不同接收通道对应的射频带通滤波器，完成多个不同频率的通信信号频率的测量与显示。

每个波道的带宽 $B = \dfrac{|f_A - f_B|}{M}$。只有两个相邻信号的频率差大于 B 时，才能保证信号正确区分，所以，多波道接收机的频率分辨率 $\Delta f = B$。由于一个接收通道只有一个中心频率，以射频

带通滤波器的中心频率作为信号频率，测得信号最大频率误差 $\delta f_{\max}=\dfrac{B}{2}=\dfrac{|f_A-f_B|}{2M}$。

多波道接收机是一种按频率划分波道的非搜索式接收机，多采用超外差式接收通道，在侦察频段内出现的信号，只要强度达到或超过接收机的灵敏度电平，都能被接收机实时截获，所以，其具有极高的截获概率。

多波道接收机的每一个波道均采用超外差方式。在一定侦察频段内，只要分波段 M 的个数足够大，各波道带宽 $\Delta f_{\max}=B=\dfrac{|f_A-f_B|}{M}$ 就可以足够小，所以有着很高的频率分辨率和很小的最大频率误差。

提高分波段数目 M，必然使接收通道数目上升，导致接收机体积、重量和成本的增加。减小设备量是这种接收机需要解决的重要问题之一。将各波道中超外差接收通道中的共同部分（如变频、中放、滤波等）加以结合，构成信道化接收机。根据信道化接收机的结构形式，其可以划分为纯信道化接收机、频带折叠式信道化接收机和时间分割式信道化接收机。

5.3.2　纯信道化接收机

纯信道化接收机的原理框图如图 5-3-3 所示。

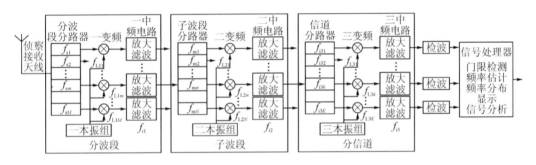

图 5-3-3　纯信道化接收机的原理框图

1. 基本工作原理

1）分波段

用 M 个分波段分路器将瞬时频率覆盖范围 $f_A\sim f_B$ 划分为 M 个分波段。M 个分波段分路器的中心频率 f_{s1}，f_{s2}，…，$f_{sm}(m=1,2,…,M)$，带宽为 $B_M=B_{i1}=\dfrac{|f_A-f_B|}{M}$，并且各分波段的频率是相互衔接的，一本振组提供频率为 f_{L11}，f_{L12}，…，f_{L1M} 的 M 个信号作为一本振，则第 m 个分波段对应射频频率范围：$f_A+(m-1)\times B_M\sim f_A+m\times B_M$。

2）子波段

在一中频中，用 N 个子波段分路器（带通滤波器）分别对每个分波段进行子波段划分。二本振组提供频率为 f_{L21}，f_{L22}，…，f_{L2N} 的 N 个信号作为二本振，第 m 个分波段的 N 个子波段分路器的中心频率分别为 f_{m1}，f_{m2}，…，f_{mN}，带宽 $B_N=\dfrac{B_M}{N}$，并且各子波段的频率是相互衔接的，则第 m 个分波段中第 n 个子波段分路器对应一中频频率范围为

$$f_{\text{i}1} - \frac{B_{\text{M}}}{2} + (n-1) \times B_{\text{N}} \sim f_{\text{i}1} - \frac{B_{\text{M}}}{2} + n \times B_{\text{N}} \qquad (5-3-1)$$

3）分信道

在二中频中，用 K 个信道分路器（带通滤波器）分别对每个子波段进行信道划分。三本振组提供频率为 $f_{\text{L}31}$，$f_{\text{L}32}$，$\cdots$，$f_{\text{L}3K}$ 的 K 个信号作为三本振，第 m 个分波段的 n 个子波段的 K 个信道分路器的中心频率分别为 f_{mn1}，f_{mn2}，$\cdots$，$f_{mnk}(k=1, 2, \cdots, K)$，带宽 $B_{\text{K}} = \dfrac{B_{\text{N}}}{K}$ 并且各信道的频率是相互衔接的，则第 m 个分波段中第 n 个子波段的第 k 个信道对应二中频频率范围为

$$f_{\text{i}2} - \frac{B_{\text{N}}}{2} + (k-1) \times B_{\text{K}} \sim f_{\text{i}2} - \frac{B_{\text{N}}}{2} + k \times B_{\text{K}} \qquad (5-3-2)$$

4）信号检测与频率估计

三中频输出信号经过检波，由门限检测电路进行信号有无的判决。信号处理器根据门限检测电路的判决输出。假设信号频率 f_{s} 在 $f_{\text{A}} \sim f_{\text{B}}$（假设 $f_{\text{A}} < f_{\text{B}}$）范围内，则有以下几种情况：

（1）进入分波段号：$m = 1 + \text{INT}\left(\dfrac{f_{\text{s}} - f_{\text{A}}}{B_{\text{M}}}\right)$，其中 INT 表示取整。

（2）在分波段 m 中，子波段号：$n = 1 + \text{INT}\left(\dfrac{f_{\text{s}} - f_{\text{A}} - (m-1) \times B_{\text{M}}}{B_{\text{N}}}\right)$。

（3）在分波段 m 子波段 n 中，信道号：$k = 1 + \text{INT}\left(\dfrac{f_{\text{s}} - f_{\text{A}} - (m-1) \times B_{\text{M}} - (n-1) \times B_{\text{N}}}{B_{\text{K}}}\right)$。

事实上，接收机事先不能确定信道 h 是否有信号，如果接收机第 m 个分波段、第 n 个子波段、第 k 个信道检测电路的输出超过接收机的灵敏度，认为信道上有信号；否则，判断无信号。

对于有信号输出的信道分路器，根据其信道编码 k、子波段编码 n 以及分波段编码 m，估计射频信号的频率范围为

$$B_{\text{M}} + (n-1) \times B_{\text{N}} + (k-1) \times B_{\text{K}} \sim f_{\text{A}} + (m-1) \times B_{\text{M}} + (m-1) \times B_{\text{N}} + k \times B_{\text{K}}$$
$$(5-3-3)$$

5）相关参数

一般以接收信道的中心频率作为信号频率，则射频上的信号频率为

$$f_{\text{s}} = f_{\text{A}} + (m-1) \times B_{\text{M}} + (n-1) \times B_{\text{N}} + (k-1) \times B_{\text{K}} + \frac{B_{\text{K}}}{2} \qquad (5-3-4)$$

事实上，射频上的信号不一定在接收信道的中心，所以，存在测量频率误差，信号的最大频率误差为

$$\delta f_{\text{max}} = \frac{B_{\text{K}}}{2} = \frac{B_{\text{N}}}{2 \times K} = \frac{B_{\text{M}}}{2 \times N \times K} = \frac{|f_{\text{A}} - f_{\text{B}}|}{2 \times M \times N \times K} \qquad (5-3-5)$$

纯信道化接收机主要用于同时到达信号的处理，如果 $f_{\text{A}} \sim f_{\text{B}}$ 内同时存在多个（假设为 p 个）信号，则进入接收机的信号为 $u_{\text{s}}(t) = \displaystyle\sum_{j=1}^{p} U_{\text{s}j}(t) \cos\left[2\pi f_{\text{s}j}(t) + \varphi_{\text{s}j}(t)\right]$，信号频率

$f_{sj} \in [f_A, f_B]$ 对应的分波段号 m_j、子波段号 n_j、信道号 k_j，构成三维坐标 (m_j, n_j, k_j)，只要频率相邻信号的频率差大于接收信道宽度 B_K，频率相邻信号的三维坐标 (m_j, n_j, k_j) 就不可能完全相同。

　　信道化接收机对于频率差大于接收信道宽度 B_K 的多个同时到达信号，具有很强的处理能力。但是，如果频率相邻信号的频率差小于接收信道宽度 B_K，它们就可能具有同样的三维坐标 (m_j, n_j, k_j)，即在同一接收信道输出，在进行射频频率换算时，就会成为同一射频频率。纯信道化接收机的频率分辨率为

$$\Delta f_{max} = B_K = \frac{B_N}{K} = \frac{B_M}{N \cdot K} = \frac{|f_A - f_B|}{M \cdot N \cdot K} \tag{5-3-6}$$

　　纯信道化接收机对捷变信号具有很强的侦察能力。纯信道化接收机的接收信道宽度为 B_K，信号在信道中的建立时间 $T_K = \frac{1}{B_K}$，对于捷变信号的持续时间大于信号建立时间 T_K，我们可以认为具有接近百分百截获概率。对跳频信号而言，只要跳频驻留时间 $T_H > T_K = \frac{1}{B_K}$，即跳频速率 $v_h = \frac{1}{T_h} < B_K$，就能保证对跳频信号百分百的截获。例如，对于带宽为 25 kHz 的信号，接收信道宽度 $B_K = 25$ kHz，信号建立时间 $T_K = \frac{1}{B_K} = \frac{1}{25}$ ms，对于跳频速率 $v_h < 25\,000$ hops/s 的跳频信号能够百分百保证截获。

　　纯信道化接收机可以达到很高的灵敏度和频率分辨力，具有接近 100% 的截获概率；各信道输出信号保持信号原调制信息，若信号处理器的速度足够快，可以对截获信号进行参数估计、调制样式识别等分析处理。但在侦察频段宽或信道数很多的情况下，需要的设备量很大，因此，对某些威胁等级很高的新型快跳信号的研究可以采用纯信道化接收机。

5.3.3　频带折叠式信道化接收机

　　图 5-3-4 是频带折叠式信道化接收机的原理框图。在分波段分路部分，频带折叠式信道化接收机与纯信道化接收机工作一样，分波段带宽 $B_M = \frac{|f_A - f_B|}{M}$，一中频的频率范围为 $f_{i1} - \frac{B_M}{2} \sim f_{i1} + \frac{B_M}{2}$，但频带折叠式信道化接收机将 M 个分波段的一中频输出信号分

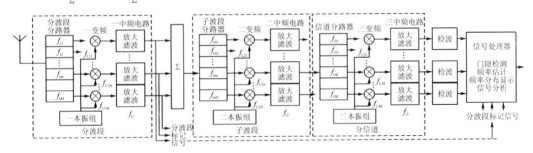

图 5-3-4　频带折叠式信道化接收机的原理框图

别加上分波段标记信号后，叠加在一起（这就是频带折叠式的来由）送至分路器，该分路器后可以采用多波道形式（如图 5-3-1 所示），也可以采用纯信道化接收机的子波段形式（如图 5-3-3 所示）。

假设频带折叠式信道化接收机采用纯信道化接收机的子波段形式，则其频率分辨率、最大频率误差均与纯信道化接收机相同，但子波段通道的数目只有 N 个，比纯信道化接收机少 $(M-1) \times N$ 个。N 个子波段通道分别经信道分路器分路后，有 $N \times K$ 个输出信道，比纯信道化接收机减少了 $(M-1) \times N \times K$ 个信道。如果把 N 个子波段通道的输出也进行"折叠"，则信道的数目将减少为 K。

瞬时频率覆盖范围内存在信号 $u_s(t) = U_s \cos(2\pi f_s t + \varphi_s)$，根据频率 f_s，进入第 m 个分波段，经过第一次变频、滤波、放大、取"和"后，进入第 n 个子波段，经过第二次变频、滤波、放大后，进入第 n 个子波段的第 k 个信道，经过第三次变频、滤波、放大、检波后，送入检测电路。

信号处理器依据检测电路的输出，判断有无强度大于门限电平的信号，一旦发现超过门限电平的信号，即根据输出信号对应子波段频率编码及信道的频率编码，以该信道检波输出基带滤波器的中心频率为基准，换算出信号在一中频 f_{i1} 中的频率位置。

仅仅根据信号在一中频 f_{i1} 中的频率位置不能确定该信号属于哪一个分波段，所以造成信道输出的模糊性。为了消除这种模糊性，必须在接收机中设置一些辅助电路，例如，在每个分波段中设置标记电路，将信号的分波段标记信息送处理终端，由输出端确定信号的分波段归属问题，但辅助电路势必增加设备的复杂程度。

不同分波段同时接收到的信号，由于频带折叠可能进入同一子波段并同时进入同一输出信道，造成信道输出信号的混叠，原调制信息丢失；如果以该信道检波输出基带滤波器的中心频率为一个信号基准，换算射频信号，则不能将混叠的信号分离开来进行分析和识别。当接收机工作于信号密集的频段时，还将造成严重的"漏检"；不同分波段的信号取"和"时，每个信号强度是不变的，但各分波段的噪声却彼此叠加，接收机输出的总噪声功率增大，导致接收机灵敏度下降。

目前，频带折叠式信道化接收机在通信对抗侦察中的应用很少。

5.3.4 时间分割式信道化接收机

图 5-3-5 是时间分割式信道化接收机的原理框图。在分波段分路部分，时间分割式信道化接收机与纯信道化接收机工作一样，分波段的带宽 $B_M = \dfrac{|f_A - f_B|}{M}$，一中频的频率范围为 $f_{i1} - \dfrac{B_M}{2} \sim f_{i1} + \dfrac{B_M}{2}$，但时间分割式信道化接收机 M 个分波段的 M 个一中频输出信号按时间顺序轮流选一路送至分路器，该分路器可以采用多波道形式（如图 5-3-1 所示），也可以采用纯信道化接收机的子波段形式（如图 5-3-3 所示）。

瞬时频率覆盖范围内信号 $u_s(t) = U_s \cdot \cos(2\pi f_s t + \varphi_s)$ 出现，根据频率 f_s，进入第 m 个分波段，经过第一次变频、滤波、放大。当分波段选择开关选择第 m 个分波段时，进入第 n 个子波段，经过第二次变频、滤波、放大后，进入第 n 个子波段的第 k 个信道，经过第三次

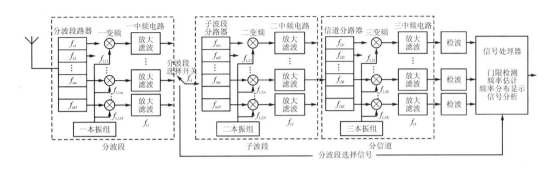

图 5 - 3 - 5　时间分割式信道化接收机的原理框图

变频、滤波、放大、检波后，送入检测电路。

　　接收机依据检测电路的输出，判断有无强度大于门限电平的信号，一旦发现超过门限电平的信号，即根据输出信号对应子波段频率编码及分波段选择开关的位置，以该信道检波输出基带滤波器的中心频率为基准，换算出信号在一中频的 f_{i1} 中的频率位置。各信道输出信号保持信号原调制信息，便于信号的分析处理。

　　在同一时间，不同分波段同时接收到的信号，不能同时进入子波段分路器。对于存在时间较短的捷变信号，如果分波段选择开关的周期太长，可能会造成"漏检"。在实际应用中，多采用宽带、宽步进的超外差频率搜索实现分波段选择的功能，即搜索式信道化接收机。

5.4　数字化接收机

5.4.1　无线电的发展

　　从无线电的诞生开始，经历了模拟无线电、数字控制无线电、数字无线电、软件无线电这样四个发展阶段。最初的模拟无线电经历了最漫长的完善发展过程，图 5 - 4 - 1 所示的是模拟无线电接收设备的原理框图。

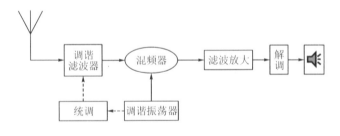

图 5 - 4 - 1　模拟无线电接收设备的原理框图

　　模拟无线电存在的主要缺点是工作带宽窄、工作方式单一，它纯粹靠人工操作使用，还存在反应速度慢的缺点。直到 20 世纪 60 年代末至 70 年代初，数字技术的发展及其在无线电发射/接收技术领域的应用，出现了具有数字控制功能的无线电技术，图 5 - 4 - 2 所示的是数字控制无线电接收设备的原理框图。

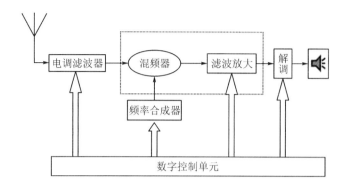

图 5 - 4 - 2　数字控制无线电接收设备的原理框图

　　数字控制无线电可以选择宽窄不同的多种工作带宽，还可以选择多种模拟工作方式（如 CW、AM、FM、USB、LSB 等），控制灵活，反应速度比较快，操作控制具有一定的自动化程度，但是也还存在信号适应能力弱、功能可扩展性差等缺点。

　　现代数字信号处理理论与技术的发展，促进了无线电技术的同步发展，出现了数字无线电技术。图 5 - 4 - 3 所示的是数字无线电接收设备的原理框图。

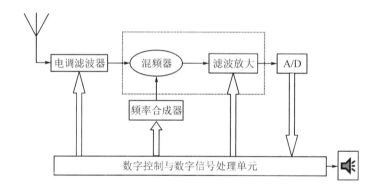

图 5 - 4 - 3　数字无线电接收设备的原理框图

　　数字无线电接收设备可以灵活选择宽窄不同的多种工作带宽，还可以适应多种通信体制（如模拟定频信号、数字定频信号、跳频信号、自适应通信信号、猝发信号等），选择多种工作方式（如 CW、AM、FM、USB、LSB、FSK、PSK 等），信号适应能力强，功能可扩展性好，控制灵活，反应速度快，操作控制具有较高的自动化程度和初步的智能化程度，但是也还存在以下缺点：

　　（1）模拟处理环节多，引起信号失真大，性能不高。

　　（2）硬件平台通用性差，信号适应性无法满足高要求。

　　（3）信号处理能力弱，无法满足多模式、多功能的要求。

　　（4）硬件组成复杂，难以满足小型化、低功耗的要求。

　　1992 年 Jeo Mitola 首次提出软件无线电（Software Radio）的概念。1994 年海湾战争期间，多国部队无法实现互联互通，由此提出了软件无线电在军事领域的应用背景。1995 年开始，软件无线电受到重视，在 Speakeasy 计划、MBMMR 电台、JTRS 计划中都强调并体现了软件无线电的设计理念。

关于软件无线电比较常见的英文定义有 Software Radio，即 SWR 和 Software-Defined Radio，即 SDR，如果用中文来给予一个比较完整全面的定义，可以这样来理解：

软件无线电是一种新的无线电(通信)系统体系结构，它的基本思想是以开放性、可扩展性、结构最简化的硬件为通用平台，把尽可能多的无线电(通信)功能用可升级、可重配置的软件来实现。它的基本要求有两个：

(1) A/D、D/A 尽可能地靠近天线。

(2) 瞬时处理带宽尽可能宽。

软件无线电的研究具有重要的意义，它突破了传统的无线电台以功能单一、可扩展性差的硬件为核心的设计局限性，强调以开放性的最简硬件为通用平台，尽可能地用可升级、可重配置的应用软件来实现各种无线电功能的设计新思路。这样使用户在同一硬件平台上可以通过选购不同的应用软件来满足不同时期、不同使用环境的不同功能需求。

对投资商来说，软件无线电是在通用的可扩展的硬件平台上，通过开发新的应用软件来满足用户(市场)的新要求，适应不断发展的技术进步。这样对投资者来说不仅可以节省大量硬件投资，而且可以大大缩短新产品的开发研制周期，适时地适应市场变化，从中获取巨大的经济效益。因此，软件无线电从产业的角度来看，它是一种"双赢"的体系结构，无论对用户还是对投资开发商都将从中获得好处，赢得利益。软件无线电这一新概念一经提出为什么就会受到全世界的广泛关注，其重要原因之一就是人们一开始就注意到了它潜在的商业价值。软件无线电很可能会像目前的 PC 机，形成不可预测的巨大的赢利市场，所以有人把软件无线电称之为"超级无线计算机"也并不过分，因为无论从软件无线电的体系结构，还是从它的潜在市场来看，都与 PC 机有着很多的相似之处。

由此可见，开展软件无线电的研究不仅具有重要的科研价值，也具有重大的经济价值，如果我们意识不到这一点，就有可能在已初露端倪的巨大的软件无线电市场上失去机遇。

5.4.2　软件无线电接收机

软件无线电接收机主要由天线模块、RF 转换模块、A/D/A 转换模块、IF 处理模块、基带处理模块、比特流模块以及源模块构成，其组件图如图 5-4-4 所示。

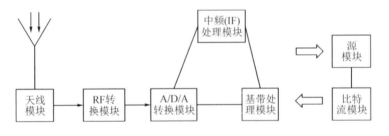

图 5-4-4　软件无线电接收机的组件图

1. 天线模块

软件无线电需跨越多个频段，它既有多倍频程的频段，又有统一的形式和低损耗以提供可用的业务频段。例如，某些移动终端要求用 VHF/UHF 系列，UHF 的卫星通信及 HF 作为支撑模式。多波段的开关式接入需要倍频带宽天线或每频段多天线及一个 RF 模块的灵活的频率参考。另外，多路天线单元也是波束形成网络的一部分，用以降低干扰及实现空分多路接入(SDMA)方式。

2. RF 转换模块

RF 转换包括功率输出、预放大电路、运用于 A/D/A 转换模块的 RF 信号与标准中频信号的相互转换等子部分。在大多数无线电频段，RF 转换是对模拟信号进行转换的。在软件无线电中，某些 RF 转换问题更加突出，其中包括对放大器的线性及接入频段的效率需求。为避免将处理器时钟调谐引入系统中的模拟 RF/IF 电路，需对其处理器进行屏蔽。多个发射机同时存在还将产生电磁干扰问题，这对软件无线电系统来说，它将经历与多个硬件无线电台放在一起而出现的类似干扰问题。

3. A/D/A 转换模块

在实用的软件无线电系统中，需要进行数字化的中频信号带宽决定了所需采用的 A/D/A 转换技术。根据奈奎斯特采样定理对带限信号的抽样，A/D/A 转换模块的取样速率 F_s 必须是 W_a 的两倍，实际的系统往往是 $F_s > 2.5W_a$，其中 W_a 表示中频信号的带宽。因此，A/D/A 转换模块访问频谱的连续频谱一般是 10 MHz～50 MHz。

考虑到 A/D/A 转换模块自身的带宽问题，在每个带宽为 1 MHz～10 MHz 并行子频段中，也可以进行这样的宽带访问，其每个并行子频段的动态范围依赖于 A/D/A 转换模块的动态范围。对于给定的 A/D/A 转换模块，动态范围与取样速率乘积接近常数。因此，在较窄的子频段中通常可以增加其有用的信号动态范围。当然这也将增加对应系统的复杂程度。显然，在实用的软件无线电结构中，在中频(IF)末端与信道隔离滤波器前加入 A/D/A 转换模块，主要有三个优点：(1) 在检测及解调前进行数字信号处理；(2) 通过将 IF 及基带处理引入可编程硬件，降低混合信道访问模式成本；(3) 将系统元素的使用集中于一点，即为每个结构要素提供计算资源系统，这些元素主要是实用系统尺寸、重复、功率及使用成本费用等。

4. 中频处理模块

中频处理模块将在调制的基带和中频信号间传送和接收信号，并对信号进行相应的处理。IF 处理模块包括宽带数字滤波部分，其作用是从可用频带中选择所需业务频带。此外，IF 滤波还可恢复中间频段的信道(如 GSM 中 200 kHz 的 TDMA 信道)和宽带用户信道(如 2 MHz 的 CDMA 信道)，并将信号变换至基带。决定 IF 处理模块处理要求的主要因素是频率转换及信号滤波的复杂性。在典型的应用中，例如，在一个 12.5 MHz 移动蜂窝频带中以 30.7 MHz 进行采样，考虑其频率、转换、滤波和十进制化等要素则要求每次进行 100 次采样操作，相应需要微处理器具有 3000MIPS 的处理能力。尽管这种专用处理器尚待出现，但已经有类似产品，如 Harris(哈里斯)公司的数字下变频器(DDC)或数字接收芯片，以及 CDMA 的扩频及解扩，都基本上能满足上述中频处理的功能。此外，CDMA 的扩频和解扩以及 IF 处理器的功能还要求与扩频波形带宽和基带信号带宽乘积成比例。由于现有技术的限制，这一般也只能由专用芯片来完成相应功能。

5. 基带处理模块

基带处理模块主要用于对信号进行第一级信道调制(相应地在接收机中需解调该信号)，而且对非线性信道的预矫正处理也需要在基带处理中进行。基带处理部件包括交织编码和软定义参数估计。因此，基带处理模块的复杂性取决于基带带宽 W_b，以及依赖于信道波形的复杂性和相关处理（如软定义参数估计支持）的复杂性。对于像 BPSK\QPSK\GMSK 及具有信道速率 R_b 的 8 - PSK 这几种典型数字编码基带波形，常有 $R_b/3 < W_b < 2R_b$。

6. 比特流模块

系统中比特流模块主要用于对来自多用户的源代码比特流进行数字复接（相反地可进行帧处理及解复接）。比特流模块也可对比特流进行前向误码控制（FEC）功能操作，它包括比特插入分块及旋转编码，自动重发请求检测及系统响应。例如，帧调整、比特流填充及天线链路加密等功能均在比特流模块中进行。常用的加密要求是将加密的比特从清零比特中分离出来，因此，它又相应地需要划分和分离比特流硬件。比特流模块还需负责做出最后交织编码调制（TCM）的决定，而最终对 TCM 的转换将由基带模块的软定义参数转换到比特定义参数来实现。因此，该模块的复杂性取决于复接、帧构成、前向误码控制、加密及相应的比特控制操作。

7. 源模块

必须指出的是，在软件无线电移动终端和基站中的源模块是不同的。例如，在移动终端中，源模块由用户和源编码器组成。窄带话音及传真 A/D/A 转换模块已设计在手机中、掌上型计算机或工作站上。而在基站中，源模块则由用于包含远端源编码的 PSTN（公共交换电话网）接口组成，并由 PSTN 操作进行所需的协议转换，需要在基站的源模块中进行处理。

5.4.3　软件无线电中的技术原理

1. 奈奎斯特采样定理

任何一个最高频率不高于 f_{max} 的模拟信号 $x(t)$，都可以用其采样信号 $x(n) = x(nT_s)$ 来表示（恢复），其中 $T_s = 1/f_s$，而 f_s 为采样频率，必须满足：

$$f_s \geqslant 2f_{max} \qquad\qquad (5 - 4 - 1)$$

根据奈奎斯特采样定理，可以引出软件无线电的第一种结构——射频低通采样软件无线电模型，如图 5 - 4 - 5 所示。

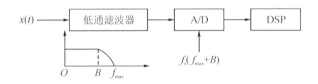

图 5 - 4 - 5　射频低通采样软件无线电模型

2. 带通采样定理

任何一个中心频率为 f_0，带宽为 B_r 的模拟信号 $x(t)$，都可以用其采样信号 $x(n) = x(nT_s)$ 来表示（恢复），其中 $M = \mathrm{INT}\{2 \times f_{max}/f_s\}$，而 f_s 为采样频率，必须满足：

$$f_s \geqslant 2B_r \quad 及 \quad M = \mathrm{INT}\{2 \times f_{max}/f_s\}$$

其中，$n = 0，1，2，3$ 等正整数。

依据带通采样定理，可以引出软件无线电的第二种结构——带通采样软件无线电模型，如图 5 - 4 - 6 所示。

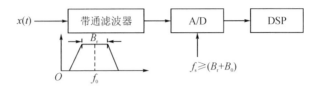

图 5 - 4 - 6　带通采样软件无线电模型

3. 射频直接采样定理

当对 $0 \sim f_{max}$ 的射频信号进行射频直接采样时，如果主采样频率（或叫"亮区"采样频率）选择为 f_s，则其"盲区"采样频率为

$$f_{sm} = (2m+2)/(2m+3) \times f_s \qquad (5-4-2)$$

其中，$m = 0,1,2,\cdots,(M-1)$ 对应"盲区"号。而"盲区"采样频率数 M 为

$$M = \mathrm{INT}\{2 \times f_{max}/f_s\} \qquad (5-4-3)$$

射频直接采样的"盲区"采样频率示意图如图 5 - 4 - 7 所示。

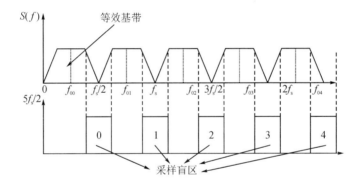

图 5 - 4 - 7　射频直接采样的"盲区"采样频率示意图

思　考　题

1. 通信对抗侦察的含义是什么？有哪些特点？

2. 通信对抗侦察系统的任务是什么？

3. 通信对抗侦察系统的主要技术指标有哪些？

4. 为了截获感兴趣的通信信号，通信对抗侦察系统需要满足哪几个截获条件？

5. 某频率搜索接收机的搜索带宽为 1 MHz，测频范围为 30 MHz～90 MHz，试计算该接收机的频率搜索概率。设信道间隔为 25 kHz，本振换频时间为 50 μs，搜索驻留时间为 500 μs。如果利用窄带频率搜索接收机，试问该接收机的本振频率点数为多少？频率搜索时间是多少？

6. 某侦察系统采用纯信道化接收机，其测频范围为 10 MHz～90 MHz，第一分路器带宽为 10 MHz，最小信道化滤波器带宽为 25 kHz。若采用二次分路结构，试计算第一和第二分路器个数，该系统的频率分辨率是多少？

第 6 章　通信对抗侦察信号分析处理

侦察接收设备(即侦察接收机)在截获敌方通信信号以后,必须经过信号特征提取、技术参数测量和对信号特征的分析识别,才能变为有价值的通信对抗情报。因此,上述内容在通信对抗侦察中占有极其重要的地位。

6.1　分析接收机的工作原理

在复杂电磁环境下,侦察接收机对接收数据进行检测,判断信号的有无及对应频率,将各个信号进行分离,对其中的某个(或者某几个)有用信号进行特征提取与分析,估计信号参数,进行调制方式的分类识别,最后通过解调器还原信号并对侦察信号进行记录与显示。

通信对抗侦察系统信号分析处理流程如图 6 - 1 - 1 所示。其主要包括信号分析、信号分离、参数估计、特征提取、调制方式识别、解调、显示记录等内容。其具体过程是:根据通信信号的特点研究侦察信号特征,借助于一定的信号分析算法进行信号分离,对于感兴趣的信号,通过测量的手段估计信号参数,结合算法提取信号特征参数,判定目标信号的类别和属性。另外,在具有一定先验知识的条件下,可以还原通信的原始信息;如果采用软件解调,解调也属于信号分析处理的范畴。其中大部分工作都集中在分析接收机中完成。

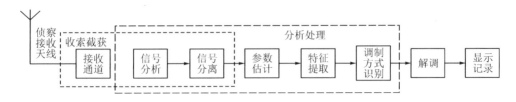

图 6 - 1 - 1　侦察信号处理流程图

从中频信号中提取信号特征参数是信号特征提取的主要途径,中频信号提取的分析接收机是目前应用最多的分析接收机。下面重点分析中频信号提取的分析接收机。

6.1.1　基本组成

分析接收机与搜索接收机的接收通道结构基本一致,只是工作状态不同,其原理框图如图 6 - 1 - 2 所示。将"引导频率" f_c 送给微控制器,微控制器输出频率控制码,控制频率合成器产生频率为 $f_{L1} = f_c + f_{I1}$ 的一本振信号 $u_{L1}(t)$,确定射频通道中心频率 $f_0 = f_{L1} + f_{I1} = f_c$,只要目标信号频率 f_c 在射频通道带宽之内,就能够通过接收通道。为了适应各种目标信号,接收通道后面配有滤波器组和解调器组。

分析接收机事先很难掌握信号的调制方式,也难以知道信号的带宽。首先,信号分析需要从滤波器组中选择比较宽的滤波器,以保证信号各频率成分完整进入分析终端,将未经过解调的中频信号送入接收机的分析处理部分;然后,通过适当的信号处理手段对信号

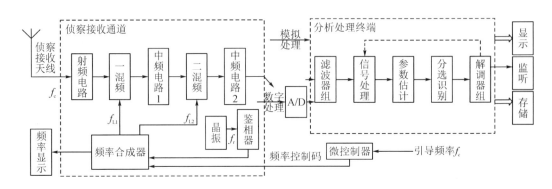

图 6-1-2　分析接收机的原理框图

进行分析，估计信号参数，提取信号特征参数进行信号识别。掌握信号的带宽和调制方式后，从滤波器组中选择与信号匹配的滤波器；保证中频通带与目标信号的带宽相匹配；从解调器组中选择与信号调制方式对应的解调器进行信号解调。将解调后的基带信号送入记录显示部分进行信息监听、显示。解调后的基带信号送入信号处理，可以进行基带信号参数估计和基带特征分析。信号显示、存储的内容很多，包括：中频信号及频谱、基带信号及频谱、信号相关参数等。

在对信号进行处理的过程中，信号的分析、测量、识别与监视是互相关联、互相影响的。依据分析处理结果，估计信号的相关参数，为信号分析的正确与否提供佐证，将相关参数与信号分析结合，提取信号特征参数。特征参数是识别信号的重要依据，也进一步为测量信号参数、分析信号波形与频谱结构提供依据，结合信号识别结果，可以为该信号选择解调器，进行信号的监视。侦察信号分析处理模式包括模拟处理和数字处理。

模拟处理的方法是：在接收通道的输出端用模拟滤波器、放大器、解调器、示波器和频谱仪等模拟器件进行分析处理。模拟处理的优点是速度快，可以达到真正的实时处理要求。其缺点是处理办法单一、复杂算法难以实现且控制不够灵活。

数字处理的方法是：在接收通道的输出端用 ADC 将信号转换为数字信号，采用相应的数字信号处理技术进行分析处理。数字处理的优点是处理方法灵活多样，复杂计算容易实现，存储记忆功能强。但 A/D 转换和中央处理单元(CPU)中的读取与执行指令、运算和存储数据等操作环节都需要时间，处理速度相对较慢。

随着微电子技术的发展与信号分析处理技术的进步，目前大部分信号的分析处理是以数字处理的形式实现；随着模拟器件的发展，许多数字处理的方法也有了对应的物理器件，并取得相对于数字处理速度快的优势。

在分析接收机中，其滤波器组与分析处理既可以用硬件模拟器件完成，也可以用软件数字算法完成。当信号处理采用数字化手段时，就实现了分析接收机与数字化接收机有效结合，构成中频数字化的分析接收机。

6.1.2　主要功能

分析接收机通过测量、分析信号完成对信号的监视。分析接收机主要在时域、频域、空域、调制域及信息域等领域对信号进行分析监视，不同的信号具有不同特征，主要的监视领域也会有所不同。分析接收机除了具有一般接收机的功能，针对不同信号进行监测分析的接收机，要求的功能有所不同。

1. 频率预置与自动频率控制

分析接收机的引导频率由搜索截获接收机提供，可以采用人工或者自动的方法将目标信号频率预置到分析接收机中。

人工频率预置方式一般有两种：一种是利用键盘键入需要预置的频率；另一种是用调谐旋钮预置频率。早期的接收机采用人工调整调谐旋钮，直接改变接收机中调谐回路和本振的频率参数，实现频率改变；现代侦察接收机采用调谐旋钮控制一个频率编码器，改变频率编码，将频率合成器预置到所需要的频率上。自动频率预置是搜索接收机和分析接收机的结合应用，当搜索接收机截获到某一感兴趣的信号时，自动向分析接收机输出该信号的频率编码，从而将分析接收机预置到该信号频率上，对该信号进行精确分析测量。

搜索接收机仅仅完成信号频率的粗测，引导频率与信号频率存在比较大的误差，接收通道与信号处于不谐振状态，就会带来信号失真，给信号接收、参数测量带来很大误差，严重的失谐还可能导致信号无法接收。自动频率控制电路利用鉴相器，将接收输出信号的相位与晶振相位的差异转化为控制电压，调整频率合成器的输出频率，对进入接收机通带的信号频率进行捕获、自动跟踪，使接收机的通带与信号频率谐振，保证信号的最佳输出。

2. 频率搜索

连续改变微控制器输出的频率控制码，频率合成器输出扫频本振，分析接收机工作于搜索状态，完成频率搜索功能。

按照改变频率合成器输出频率的方式，接收机的频率搜索有人工搜索和自动搜索。在自动搜索时，可以采用按频率步进搜索或者按预先设定程序选频搜索。

按频率步进自动搜索的过程：事先预置搜索频段的起始频率、终止频率、频率步进间隔、门限电平以及锁定时间，接收机按预置的参数进行搜索。可以事先设置保护频率，搜索过程中自动跳过保护频率。

按预先设定程序选频搜索的过程：对已知 N 个目标信号进行监视时，事先预置这 N 个频率、优先等级、门限电平以及锁定时间，按频率的高低顺序或优先等级在 N 个频率上进行搜索。在自动搜索时，如果搜索到某频率点上信号电平超过预置的门限电平时，自动在该频率上锁定，对信号进行参数测量；达到预置的锁定时间后，接收机解锁，继续向下（上）搜索。

预置的锁定时间关系到信号的搜索速度和参数测量的准确度。如果接收机用于搜索工作，则要求搜索速度快，锁定时间应尽量短，截获概率高但分析能力弱。如果接收机用于分析工作，则要求参数测量准确，锁定时间可以长一些，分析能力强但截获概率低；如果接收机用于边搜索边分析的工作，则需要合理选择锁定时间，平衡截获概率与参数测量之间的需求关系。

有效提高搜索速度和对信号调谐精度的方法之一是将大步进搜索与小步进调谐结合：当没有信号时，采用大步进搜索减少搜索时间；当有信号时，采用小步进调谐。在采用多部接收机时，选择一部用做搜索，其他用于分析，是平衡截获概率与参数测量的有效方法。在接收机工作过程中，可以进行人工干预。

3. 中频滤波器组适应不同信号带宽

接收机的滤波功能主要在中频完成，用于滤除信号带外噪声。对于某一特定信号而言，如果滤波器带宽太宽，则进入中频后端的噪声与邻频干扰增加，输出信噪比下降，不利于信号的分析与监测；如果滤波器带宽太窄，则信号经过滤波器后可能存在严重的信息丢失，不利于信号的恢复与监测。

不同目标信号的带宽不同，不同带宽的信号选用不同带宽的滤波器。当采用中频滤波器组保证接收机对各种通信信号接收时，既能滤除带外噪声，又能保证信息的完整。由于侦察信号的带宽不能确定，考虑体积和价格的原因，一般由模拟电路实现一定数量的硬件滤波器，再由软件数字滤波子程序完成滤波器组的工作。

4. 解调器组适应不同通信信号调制方式

信道上信号形式越来越多，为了提高接收机适应各种信号的能力，需要采用解调器组保证接收机具有对多种通信信号解调的能力。

由于事先掌握信号调制方式非常困难，很多信号需要经过 A/D 转换，进行调制方式识别，由解调软件进行信号还原。

5. 自动增益控制适应不同目标信号强度

通信对抗侦察的对象无论在频率、位置、功率等方面都存在严重的不确知性，为了提高对远距离、弱信号的接收，希望接收机的增益高；但对于近距离、强信号进行接收时，为了保证输出信号不超出动态范围，希望接收机的增益低，有时候甚至需要对信号进行衰减。自动增益控制电路根据信号的强度自动控制、调整接收机对信号的增益大小。有效提高分析接收机的动态范围。常用的自动增益控制包括硬件电路中的 AGC（自动增益控制）、MGC（人工增益控制）以及数字信号处理中的 DGC（数字增益控制）。

6. 信号参数估计与分析识别

估计目标信号参数是分析接收机的基本任务，也是信号分析识别的基础，只有实现了信号的分析识别，才能提供有价值的军事情报。信号参数估计与分析识别可以采用人工或者自动的方法进行。目前的分析接收机已具有自动测量信号参数、提取信号特征参数、对信号进行自动分析识别的能力。

7. 数据显示

接收机接收的信号、测量的参数、分析的结果必须显示给用户。显示方式一般包含听觉显示和视觉显示两种，其分述如下：

（1）听觉显示主要通过耳机或扬声器进行，多是针对声音信号的监听。

（2）视觉显示主要通过示波器或显示屏进行，可显示的内容比较丰富。波形反映信号时域特征，频谱反映信号频域特征。频谱显示单元可以作为接收机的组成部分，也可以作为接收机配套的辅助设备。视觉显示可以采用模拟显示（如示波器）和数字显示（如显示屏）。模拟显示方式实时性好，但一般只能显示信号的波形、频谱与方位，并且难以存储；数字显示方式不仅可以显示信号的波形、频谱与方位，还可以显示信号的通信体制、调制方式、工作频率、信号带宽、辐射源位置等参数,目前已经成为信号显示的主要手段,军用设备的显示屏一般比较小,不同设备在显示内容、格式等方面都会有所不同。

8. 数据记录

信号形式复杂多样,很多信号的分析处理结果无法验证,有的信号的分析识别难以实时完成,原始接收数据、处理中的过渡数据以及结果数据都是重要的情报素材,需要接收机具有完整的数据记录功能。目前记录的内容主要包括信号波形、频谱及其他相关参数。记录的介质主要是磁存储介质。

9. 组网协调工作

在实际应用时,分析接收机具有组网协调工作的能力。具体的组网方式、网络协议由各网络确定,网络内部各设备之间的通信控制既可以采用有线连接,也可以采用无线遥控接口。

6.2　通信信号参数的测量分析

通信对抗侦察方与通信方是非协作的,侦察方通过一定的技术手段对通信信号的参数进行测量计算,实现通信信号的参数估计。

参数估计的对象是未知的,可以是随机参量或非随机参量。在参数估计过程中,首先在观测时间$[t, t+T]$内接收信号,如果被测信号的参量在时间段$[t, t+T]$内不变,即为非时变参量的估计;如果被测信号的参量在时间段$[t, t+T]$内变化,即为时变参量的估计,又称为波形估计或过程估计。对于侦察信号而言,参量是否变化是相对的,例如,跳频信号的频率是变化的,但在一个比较短的时间范围内,可能是稳定的;调幅信号的包络是变化的,但在一个比较小的时间范围内,变化不会很大;跳频信号的包络是稳定的,在一个比较长的时间范围内,由于衰落的影响,可能发生很大的变化。

由于通信信号的持续时间不会很长,对于可以直接测量的信号参数必须进行快速、准确的测量。对于不能直接测量,需要提取的特征参数,要求算法合理,特征稳定。

信噪比(记为 SNR 或 S/N)是指一个电子设备或电子系统中信号与噪声的比例,各种参数估计的准确性与信噪比息息相关。实际接收过程中,信噪比不是一个固定的数值,它随着信号、噪声的变化而变化,如果噪声固定,信号的幅度越高信噪比就越高。值得注意的是,信号与噪声是混合的,接收信号 $r(t)$ 包括信号 $s(t)$ 和噪声 $n(t)$,或仅仅是噪声 $n(t)$,由于信号 $s(t)$ 的大小及有无都是不能事先确定的,所以接收信号 $r(t)$ 中的信噪比(S/N)不便单独测试,只能在接收信号 $r(t)$ 的基础上进行信噪比估计。

信噪比的估计算法比较复杂,耗时也比较长,例如,加性高斯信道(AWGN)中的信噪比估计算法主要有高阶累积量估计法、自相关矩阵奇异值分解法和数据拟合估计法等,这里不做详细介绍。在实际使用中,常常根据侦察接收系统输出的信号质量,对信噪比进行大致估计。

通信信号参数多,有些还没有被提取出来,本节依据通信信号参数的分布区域介绍典型参数的测量与估计;信号的每个参数都有多种估计方法,本部分仅介绍其最基本的测量与估计方法。对于具有多帧采样数据的情况，可以采用一定的算法（如求平均值等）以提高其精度。另外，空域参数主要由无线电通信测向完成，这里不做介绍。

6.2.1　通信信号的载频测量分析

对于通信而言，信号射频频率是指通信发射机发射信号的载波频率，包括标称频率和工作频率，在理想情况下，它们应该是一致的。对于通信对抗侦察而言，信号射频频率是指根据接收信号测量或者估计得到的信号载波频率。

信号载波频率的估计也称为信号载频的测量，传统的测频方法主要有频率计测量法、李沙育图形法、过零点测量法、脉冲计数法等，随着微电子技术、计算机技术和数字信号处理技术的发展，考虑到对不同调制信号的适应性的问题，目前主要采取数字信号处理的方法估计信号射频频率。

对于有载频的已调信号，常常以估计的载波频率作为侦察测量的信号射频频率；对于无载频的已调信号，常常以信号频谱的中心频率、信号频谱的峰值频率或者信号能量的中心频率作为侦察测量的信号射频频率。具体方法是：首先要对接收通道输出信号进行采样实现信号的数字化处理，然后采用相应的计算方法，估计信号频率，根据接收本振换算信号射频频率并显示。

1. 采样信号相对频率估算

信号经 A/D 采样得到 N 点的离散序列 $\{s(n)\}$，信号的频率成分是丰富的、瞬时频率是变化的。

在时间段 $t=NT$ 内（t 为实时时间，T 为采样时间间隔），根据离散序列 $\{s(n)\}$ 统计其相对频率的方法有很多，根据其处理方法可以归结于频域估计法和时域估计法。

如果信号的频谱对称，可以采用下式估计信号频率对应谱线的位置序号 N_0，即

$$N_0 = \frac{\sum_{k=1}^{\frac{N}{2}} k \mid S(k) \mid^2}{\sum_{k=1}^{\frac{N}{2}} \mid S(k) \mid^2}$$

如果频谱有明显谱峰，可以把信号频谱 $\{S(K)\}$ 中谱峰对应的谱线位置序号 N，作为信号频率对应谱线的位置序号；如果知道信号频谱 $\{S(K)\}$ 带宽范围对应的谱线位置序号 N_H、N_L，可以计算其均值 $N_0 = \frac{N_H + N_L}{2}$，作为信号频率对应谱线的位置序号 1；如果知道信号的 $R(R \geqslant 1)$ 个谱峰对应的谱线位置序号 N_1，N_2，$\cdots$，N_R，可以计算其均值 $N_0 = \frac{N_1, N_2, \cdots, N_R}{R}$，作为信号频率对应谱线的位置序号；如果信号的频谱不对称，可以查找信号频谱 $\{S(K)\}$ 能量中心对应的谱线位置序号 N_0，作为信号频率对应谱线的位置序号，不同方法得到的 N_0 可能不同。

根据信号频率对应谱线的位置序号 N_0，计算采样信号的相对频率为

$$\overline{f_0} = N_0 \cdot \frac{f_s}{N}$$

2. 平方法测频

对于相位调制类的 MPSK 信号，当信息码元等概率分布时，其发送信号中不包含载波频率分量。因此，对于这类信号，在进行载波频率估计前，需要进行平方（或高次方）变换恢复信号中的载波分量。

下面以 BPSK 信号为例说明恢复载波的过程。设 BPSK 信号为

$$x(t) = \left[\sum_n a_n g(t - nT_b) \right] \cos(\omega_0 t + \varphi_0) = s(t)\cos(\omega_0 t + \varphi_0) \quad (6-2-1)$$

其中，a_n 是二进制信息码，并且满足 $a_n = \begin{cases} +1, & \text{以概率 } P \\ -1, & \text{以概率 } 1-P \end{cases}$；$g(t)$ 是矩形脉冲。对信号平方可得

$$x^2(t) = s^2(t) \frac{1}{2}\left[\cos(2\omega_0 t + 2\varphi_0) + 1\right] = \left[\frac{1}{2}\cos(2\omega_0 t + 2\varphi_0) + \frac{1}{2}\right] \cdot s^2(t)$$
$$(6-2-2)$$

对式（6-2-2）进行滤波，去除直流可得

$$x_1(t) = \frac{1}{2}\left[\cos(2\omega_0 t + 2\varphi_0)\right] \quad (6-2-3)$$

由此可见，平方后得到了一个频率为 $2f_0$ 的单频信号，频率为 BPSK 信号的载频的两倍。类似地，对于 MPSK 信号，可以对信号进行 M 次方，获得频率为 Mf_0 的单频信号，对此单频信号进行 FFT，可以实现载波频率估计。

6.2.2 信号的带宽测量分析

信号带宽反映信号占用频谱资源的多少，信号带宽的计算应依据信号频谱进行。在得到射频或中频信号的 N 点数字化信号频谱 $\{S(K)\}$ 后，可以根据显示的信号频谱，估计出信号频谱高端谱线的频率值 f_2 和信号频谱低端的频率值 f_1，计算信号的带宽 $B = f_2 - f_1$。

在现代侦察接收机中，根据信号的频谱结构，分析信号能量的分布，自动计算一定信号功率百分比情况下的信号带宽。在一般情况下，常常以一定能量分布 η 集中（如信号集中的分布能量占总能量的百分比 $\eta = 90\%$）的频率段作为信号带宽。其能量占比要求不同，带宽测量结果也不一样，如图6-2-1 所示。

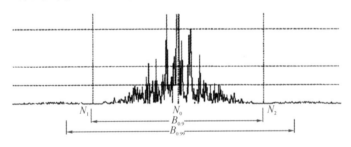

图 6-2-1 不同能量要求下信号带宽的测量

信号带宽的测量 B 与采样信号频率 $\bar{f}_0$ 的测量有关。在已知采样信号频率 $\bar{f}_0$ 及其对应谱线位置序号 N_0 时，首先计算信号数字谱中所有分量功率叠加的总和 P_0；然后，以谱线位置序号 N_0 为中心，分别逐步向频谱的低端和高端取谱线（频谱分量），并将各谱线功率值（频谱分量的功率值）叠加得到功率和 P_B，当 $P_B/P_0 \geq \eta$ 时，取谱线高端对应序号 N_2 和低端对应序号 N_1。

在未知采样信号频率 $\bar{f}_0$ 及其对应谱线位置序号 N_0 时，首先计算信号数字谱中所有分量功率叠加的总和 P_0；然后，分别从频谱的最低端向上和频谱的最高端向下取谱线（频谱分量），并将各谱线功率值（频谱分量的功率值）叠加得到功率和 P_B，当 $P_B/P_0 < 1-\eta$ 时，取谱线高端对应序号 N_2 和低端对应序号 N_1。带宽为

$$B_\eta = (N_2 - N_1) \cdot \frac{f_s}{N}$$

其中，$\frac{f_s}{N}$ 表示相邻谱线之间的频率间隔。

6.2.3　信号的强度测量分析

信号强度是指接收机处通信信号强度，常用接收机射频输入端信号电平表示，也称信号电平。接收机射频输入端信号混有很多干扰与噪声，具有电平低且随时间变化的特点，因此对其测量难度大，实际接收机一般都是在接收机的中频或基带进行实际电平测量的，因此接收机的增益影响信号电平的测量。

搜索接收机为了扩大动态范围或便于显示，在中频或基带常常采用对数放大器，在全景显示器上直接读出的信号电平实质上是基带对数相对电平。

分析接收机为了扩大动态范围，在中频级一般采用自动增益控制（AGC）电路，AGC 的影响不可忽视。如果将分析接收机中频或基带级输出信号送入信号电平指示电路，直接读出的信号电平实质上是中频或基带的相对电平值。

在现代分析接收机中，可以从接收机中频信号的时域或频域提取信号电平大小，然后根据接收机的 AGC 估计接收机射频输入端信号电平。考虑到分析接收机工作状态，测量方法有所不同。

当接收机工作在窄带状态时，可以直接进行包络检波来获得信号的大小，也可以取信号平均频率。对应信号强度作为信号电平，或者将信号所有谱线的能量取"和"作为信号电平，代表信号能量在一段时间内的累积，然后减去接收机 AGC 的大小，估计接收机射频输入端信号电平。对于同一信号的电平测量，采取不同算法估算得到的结果可能会有较大差距。

当接收机工作在宽带状态时，工作带宽内可能包含多个信号，中频 AGC 后输出信号经 A/D 采样变为数字序列并进行频谱分析，计算各接收信号频率对应的幅度电平，然后减去接收机 AGC 的大小，估计接收机射频输入端不同频率信号对应的信号电平。

如果估计接收机处信号强度的大小，还应考虑天线的方向特性，将接收机射频输入端的信号电平减去天线的增益，作为接收机处信号强度的估计值。

6.2.4　调制域参数测量分析

调幅度是幅度调制信号的一个调制域参数，调频指数、频偏是角度调制信号的调制域

参数。实际模拟调幅信号的瞬时包络是随机变化的。侦察接收设备提取信号的瞬时包络序列 $\{A(n)\}$，找出包络 $\{A(n)\}$ 中的最大值 $A_{\max}$ 和最小值 $A_{\min}$，计算调幅度为

$$m_{\mathrm{a}} = \frac{A_{\max} - A_{\min}}{A_{\max} + A_{\min}}$$

实际角度调制信号的瞬时频率是随机变化的。侦察接收设备提取信号的瞬时频率序列 $\{f(n)\}$，计算角度调制信号的瞬时频偏为

$$\Delta f = \sqrt{\frac{1}{N} \sum_{i=0}^{N-1} \left[f(i) \overline{f} \right]^2}$$

其中，$\overline{f} = \sum_{i=0}^{N-1} f(i)$，是瞬时频率的平均值。找出 $\{f(n)\}$ 中的最大值 $f_{\max}$ 和最小值 $f_{\min}$，计算角度调制信号的调频指数为

$$m_{\mathrm{f}} = \frac{f_{\max} - f_{\min}}{f_{\max} + f_{\min}}$$

通信信息通常被调制在载波信号的幅度、频率或相位上。在实际使用中，根据侦察接收的已调制信号，可以通过参数测量、信号分析与识别，对信号进行解调，恢复信号，达到估计通信信号的目的。在参数测量准确的前提下，也可以通过正交变换，得到已调制信号的瞬时幅度、瞬时频率和瞬时相位，达到恢复信号的目的。恢复通信信号并获取情报是通信对抗侦察的根本目的，信号的反演估计就是根据侦察接收信号估计通信信号的过程，属于波形估计或过程估计的范畴。但是对于采用了信道编码、信源编码的信号，解调仅仅是信号到基带的恢复估计，远远达不到恢复通信信息的目的。

6.2.5　码元速率测量分析

1. 基带信号采样序列和码元速率测量

在数字信号中，信号的基带码元速率 R_{b} 和码元宽度 T_{b} 二者之间的关系为

$$R_{\mathrm{b}} = \frac{1}{T_{\mathrm{b}}}$$

对于能够解调的信号，对解调后的基带信号进行抽样判决，得到基带数字二进制数字序列 $\{x(n)\}$ 进行码速测量，如图 $6-2-2$ 所示。对于不能够解调的信号，利用中频采样数字序列 $\{s(n)\}$，提取信号的包络、频率或者相位，根据其变化的奇异点，判决得到以"0"码和"1"码表示的基带数字二进制数字序列 $\{x(n)\}$。

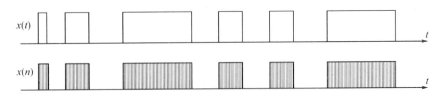

图 $6-2-2$　基带数字序列及其采样序列

在理想条件下，$\{x(n)\}$ 序列中最短的连"1"码长度 a 对应信号的码元宽度 $T_{\mathrm{b}} \approx (a+0.5)T_{\mathrm{s}}$。在实际情况下，由于干扰的影响可能会产生不规则的码元宽度，就需要采取

一定的算法进行码元宽度估计。

2. 基带脉冲功率谱和码元速率测量

二进制的基带脉冲流是一种随机脉冲序列,它可以表示为

$$\begin{cases} s(t) = \sum_n g(t - nT_s) \\ g(t - nT_s) = \begin{cases} g_1(t - nT_s), \text{以概率 } P \\ g_2(t - nT_s), \text{以概率 } 1-P \end{cases} \end{cases} \quad (6-2-4)$$

其中,$g_1(t)$ 和 $g_2(t)$ 是二进制码元"0"和"1"分别对应的发送波形。

对于单极性脉冲,有 $g_1(t) = 0$,$g_2(t) = g(t)$,它的双边带功率谱表示为

$$P_s(\omega) = f_b P(1-P) \mid G(f) \mid^2 + \sum_{m=-\infty}^{\infty} \mid f_b(1-P)G(mf_b) \mid^2 \delta(f - mf_b)$$

$$(6-2-5)$$

对于双极性脉冲,有 $g_1(t) = -g_2(t) = g(t)$,它的双边带功率谱表示为

$$P_s(\omega) = 4f_b P(1-P) \mid G(f) \mid^2 + \sum_{m=-\infty}^{\infty} \mid f_b(2P-1)G(mf_b) \mid^2 \delta(f - mf_b)$$

$$(6-2-6)$$

如果二进制码元"0"和"1"等概率分布,即 $P = \dfrac{1}{2}$,那么双极性基带脉冲没有离散谱,即不包含码元速率分量。此时双极性脉冲的双边带功率谱为

$$P_s(\omega) = f_b \mid G(f) \mid^2 \quad (6-2-7)$$

单极性脉冲的双边带功率谱为

$$P_s(\omega) = \frac{f_b}{4} \mid G(f) \mid^2 + \sum_{m=-\infty}^{\infty} \mid \frac{f_b}{2} G(mf_b) \mid^2 \delta(f - mf_b) \quad (6-2-8)$$

当基带脉冲采用矩形脉冲且脉冲宽度等于码元宽度时,其功率谱中只有直流分量,不包含码元速率分量。当基带脉冲采用升余弦脉冲时,其功率谱中包含码元速率分量。

当基带脉冲序列中包含码元速率分量时,可以通过频谱分析方法直接估计码元速率。

6.3　通信信号调制方式识别

通信接收通常分为合作通信接收和非合作通信侦察。对于非合作通信侦察,需要在没有先验知识的条件下侦察截获通信信号。侦察信号调制方式识别是分类识别研究的典型问题,也是通信对抗研究的热点之一。

6.3.1　调制方式的分类识别

解调是还原通信信息的基本条件,不同调制方式的信号需要不同的解调器,在进行通信信号解调之前,需要掌握信号的一些技术参数和调制方式。通信侦察不可能事先约定敌方通信电台调制方式,因此对截获信号的调制方式进行分类识别是信号检测和信号解调之间的重要步骤,是实现对敌方通信信号接收还原、获取信息的基本步骤之一,也是干扰方

选择干扰样式和干扰参数的基本依据。随着软件无线电的发展，软件无线电通信系统的发射、接收双方可以不约定调制方式进行通信，其具体做法是在软件无线接收电台内部安装调制方式自动识别软件，保证不同通信系统之间的互联互通。

对于侦察信号的调制方式识别，主要方法有人工识别与自动识别。传统通信系统的调制方式比较单一，早期调制识别采用人工识别方法，具体过程是采用一系列不同调制方式的解调器，接收的高频信号经下变频为中频后，显示中频信号波形、频谱，并将中频信号输入各解调器，获得瞬时幅度、瞬时频率和信号声音等信息。侦察操作人员在学习、掌握各种调制信号特征的基础上，依据接收机接收信号以及测量得到的波形、频谱等信息，观察或监听信号，凭经验判定信号的调制方式。

人工识别需要有经验的操作人员，判决结果包含人的主观因素，一般可以成功识别持续时间较长、信息速率较低、调制方式简单的信号。但随着数字信号的广泛使用和通信体制的多样化，人工分类识别在速度、可靠性方面无法满足接收机快速反应的要求。

自动识别不仅可以克服人工识别的问题，提高侦察接收机的自动化程度，还可以增强接收机的实时侦察能力。

6.3.2　调制方式自动识别的基本原理

20 世纪 80 年代以来，调制识别技术不断发展，通信信号在时域、频域直接体现的特征参数已经不能满足调制方式识别的要求，将神经网络技术、小波变换技术、高阶谱分析技术与调制识别技术相结合，提取信号各种特征及参数，提出了很多新型的调制识别方法。

信号调制方式自动识别一般包括自学习过程和识别过程，其流程如图 6-3-1 所示。自学习过程是为识别过程服务的。识别过程主要包括：①信号预处理；②特征参数提取；③分类判决。

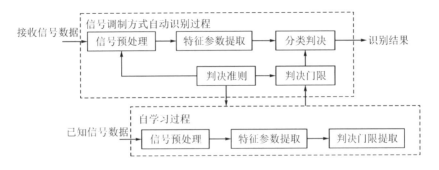

图 6-3-1　信号调制方式自动识别的流程

在信号调制方式自动识别之前必须确定分类判决器，根据分类判决器的需要确定特征统计量，通过自学习讨论各类调制方式对应的判决准则和判决门限。

1. 分类判决器

调制方式识别的分类判决器主要有两大类：基于决策树理论的分类器和基于统计模式识别理论的分类器。

基于决策树理论的调制方式自动识别方法的具体步骤是：通过观察待识别信号，假设

其为 M 种调制方式中的某一种,然后计算相似性统计检验量,将统计检验量与合适的门限进行比较和判定。基于决策树理论的调制方式自动识别采用概率论和假设检验中的贝叶斯理论,保证在贝叶斯最小误判代价准则下识别结果最优。但基于决策树理论的调制方式自动识别的性能要求参数比较多,而且似然比函数的计算表达式量大而复杂。

基于统计模式识别理论的调制方式自动识别方法的具体步骤是:通过特征提取系统从接收信号中提取出特征参数,即从信号中抽取区别于其他信号的参数,然后根据提取的特征参数确定信号的调制方式。基于统计模式识别理论的调制方式自动识别方法不需要一定的假设条件,通常是先训练、后决策,可以实现信号的盲识别,比较适合侦察截获信号的处理,是调制方式自动识别的常用方法。

2. 接收信号预处理

对侦察信号进行参数估计后,应根据参数估计得到的信号带宽、载频等,完成信号的滤波、载频搬移及重采样,目的是尽量减小重采样后的采样率,以减小调制方式识别过程中的数据处理量;在进行载频搬移和重采样之前,应进行抗混叠滤波,使特征谱线的位置不超过 $f_s/2$。

无论哪种识别,都必须基于一定的数学方法,从信号的某个特征域(如时域、频域、时-频域)提取特征参数。接收信号预处理的内容与分类识别采用的特征参数相关,分类识别采用的特征参数与选择的分类判决器相关。

从特征提取域的角度,信号预处理方法包括时域分析法、频域分析法和时-频分析法。

(1)时域分析法适用于平稳随机信号,主要依据信号的瞬时幅度、瞬时频率和瞬时相位提取特征参数进行分类识别,所以时域分析法也被认为是基于瞬时信息的调制识别。时域分析法计算简单,识别类型多,在信噪比较高的条件下,有着很高的有效识别率,得到广泛应用。但是时域分析法涉及参数多,受信噪比影响较大,在信噪比较低的情况下,不同调制方式特征参数的区分度不大,有效识别率低。

(2)频域分析法适用于周期平稳随机信号,主要依据信号的功率谱相关特性提取特征参数进行分类识别。通信信号一般是用待传输信号对周期性信号(载波)的某个参数进行调制,认为通信信号具有周期平稳性,并且用功率谱相关分析方法可以分析不同调制方式信号的不同周期特征。频域分析法对于不同调制方式特征参数的区分度明显,稳定性好,受信噪比影响相对较小,但频域分析法的计算量大,效率低,不利于实时识别。

(3)时-频分析法适用于局部平稳长度比较大的非平稳信号,采用短时傅里叶变换(STFT)、维格纳-威利分布(WVD)、小波变换等现代谱估计技术,提取特征参数进行分类识别,时-频分析法有着很好的应用前景,但由于一些技术问题,在较低信噪比条件下的有效识别率仍然不高。

考虑到信号调制方式识别理论与方法的复杂性,这里通过举例从原理上介绍一种采用模式识别的分类方法:通过对侦察信号进行正交分解,计算信号的瞬时信息,提取特征参数并与理想样本的特征参数相比较,按最近原则进行信号调制方式自动分类。

3. 特征参数

信号的瞬时信息主要包括瞬时包络、瞬时相位和瞬时频率,从中既可以提取直方图特征、统计矩特征，也可对其进行相关变换提取其变换域特征。

现以 AM、DSB、SSB、VSB、FM 和 FM – AM 等模拟调制识别为例，介绍几个常用的统计矩特征参数。

1）幅度谱峰值

幅度谱峰值，即 $\gamma_{\max}$ 的定义为

$$\gamma_{\max} = \max \frac{|\,\mathrm{FFT}[a_{\mathrm{cn}}(i)]^2\,|}{N_{\mathrm{s}}} \tag{6-3-1}$$

其中，N_{s} 为取样点数；$a_{\mathrm{cn}}(i)$ 为零中心归一化瞬时幅度，有

$$a_{\mathrm{cn}}(i) = a_{\mathrm{n}}(i) - 1 \tag{6-3-2}$$

其中，$a_{\mathrm{n}}(i) = \dfrac{a(i)}{m_{\mathrm{a}}}$，而 $m_{\mathrm{a}} = \dfrac{1}{N_{\mathrm{s}}}\sum\limits_{i=1}^{N_{\mathrm{s}}} a(i)$ 为瞬时幅度 $a(i)$ 的平均值，用平均值来对瞬时幅度进行归一化的目的是为了消除信道增益的影响。

2）绝对相位标准差

绝对相位标准差 δ_{ap} 定义为

$$\delta_{\mathrm{ap}} = \sqrt{\frac{1}{c}\left[\sum_{a_{\mathrm{n}}(i)>a_{\mathrm{t}}}\phi_{\mathrm{NL}}^2(i)\right] - \left(\frac{1}{c}\sum_{a_{\mathrm{n}}(i)>a_{\mathrm{t}}}|\,\phi_{\mathrm{NL}}(i)\,|\right)^2} \tag{6-3-3}$$

其中，a_{t} 是判断弱信号段的一个幅度判决门限电平；c 是在全部取样数据 N_{s} 中属于非弱信号位的个数；$\phi_{\mathrm{NL}}(i)$ 是经零中心归一化处理后瞬时相位的非线性分量，在载波完全同步时，有

$$\phi_{\mathrm{NL}}(i) = \varphi(i) - \varphi_0 \tag{6-3-4}$$

其中，$\varphi_0 = \dfrac{1}{N}\sum\limits_{i=1}^{N_{\mathrm{s}}}\phi(i)$，$\phi(i)$ 是瞬时相位。所谓非弱信号段，是指信号幅度满足一定的门限电平要求的信号段。

3）直接相位标准差

直接相位标准差 δ_{dp}，即零中心归一化非弱信号段瞬时相位非线性分量的标准偏差定义为

$$\delta_{\mathrm{dp}} = \sqrt{\frac{1}{c}\left[\sum_{a_{\mathrm{n}}(i)>a_{\mathrm{t}}}\phi_{\mathrm{NL}}^2(i)\right] - \left(\frac{1}{c}\sum_{a_{\mathrm{n}}(i)>a_{\mathrm{t}}}\phi_{\mathrm{NL}}(i)\right)^2} \tag{6-3-5}$$

其中，各符号的意义与绝对相位标准差相同。它与绝对相位标准差的差别是计算时不取绝对值。

δ_{dp} 主要用来区分信号是 AM 信号还是 DSB 或 VSB 信号，从这三个信号的瞬时特征图中可以看出，AM 信号无直接相位信息，即 $\delta_{\mathrm{dp}}=0$，而 DSB 和 VSB 信号含有直接相位信息，故 $\delta_{\mathrm{dp}}\neq0$。这样通过对 δ_{dp} 设置一个合适的判决门限 $t(\delta_{\mathrm{dp}})$，就可以区分这两类调制类型。

4）谱对称性

谱对称性 P 的定义为

$$P = \frac{P_{\mathrm{L}} - P_{\mathrm{U}}}{P_{\mathrm{L}} + P_{\mathrm{U}}} \tag{6-3-6}$$

其中，P_{L} 是信号下边带的功率；P_{U} 是信号上边带的功率。

$$P_{\mathrm{L}} = \sum_{i=1}^{f_{\mathrm{cn}}} | S(i) |^2 \qquad\qquad (6-3-7)$$

$$P_{\mathrm{U}} = \sum_{i=1}^{f_{\mathrm{cn}}} | S(i + f_{\mathrm{cn}} + 1) |^2 \qquad (6-3-8)$$

其中，$S(i) = \mathrm{FFT}\{s(n)\}$，即信号 $s(n)$ 的傅里叶变换，f_{cn} 为载波频率。

参数 P 是对信号频谱对称性的量度，主要用来区分频谱满足对称性的信号和频谱不满足对称性的信号。

4. 分类判决

从分级识别的角度，分类判决可以分为类间识别和类内识别。其分述如下：

（1）类间识别主要研究不同调制方式之间的差异。例如，根据基带信号在时域波形和频谱上连续与离散的特点，调制分为模拟调制和数字调制；从待识别信号调制方式的角度，调制可以分为模拟信号的调制识别和数字信号的调制识别；根据基带信号调制在载波上的位置（如幅度、频率、相位），调制分为幅度调制类和角度调制类；从识别特征提取的角度，调制可以分为幅度调制识别和角度调制识别。

（2）类内识别主要研究同一调制方式内不同调制之间的差异，例如，幅度调制中调幅、单边带、双边带的识别，数字调制中 ASK、FSK、PSK 的识别以及同一调制内部不同进制之间的识别。

利用上述四个特征参数对模拟信号进行分类判决的识别流程如图 6-3-2 所示。

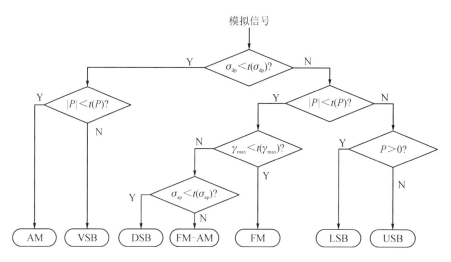

图 6-3-2　对模拟信号进行分类判决的识别流程

在分类判决之前，各类特征参数判决门限是一个关键问题。对于不同的信号，同一特征参数的判决门限不同；对于同一信号，不同特征参数的判决门限不同；对于同一信号，同一特征参数的判决门限随信号环境变化可能不同。另外，在分类判决之前，需要进行已知信号的自学习，决定各类特征参数判决门限；在必要的时候，操作员长期积累的经验也是确定判决门限的重要依据。

6.4　通信信号解调及网络分析技术原理

6.4.1　常规信号解调

通信对抗侦察所用的解调器由于缺乏先验信息的支撑，需要具备盲解调的能力，也就是在原有解调基础之上具有载波频率、码元速率等未知参数的估计功能。据此可以得到基于相干解调的 MPSK 信号的盲解调器的原理框图，如图 6 - 4 - 1 所示。

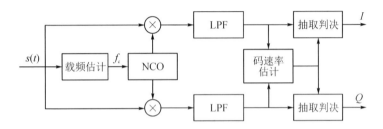

图 6 - 4 - 1　MPSK 信号的盲解调器的原理框图

而基于非相干解调的 MASK 信号的盲解调器的原理框图，如图 6 - 4 - 2 所示。

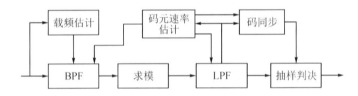

图 6 - 4 - 2　MASK 信号的盲解调器的原理框图

6.4.2　数据链解调

1. Link11 数据链解调

在通信系统中，对 2FSK 信号的解调方法有很多，如鉴频法、过零检测法和差分检波法、同步检波法等。近年来，出现了利用短时傅里叶变换分析法、自适应递归数字滤波器和直接将模拟频率检测器变换为数字形式的方法来实现对 2FSK 信号的数字解调。本节主要讨论利用时频分析技术实现 MFSK 信号的数字解调。

1）解调算法流程

图 6 - 4 - 3 是根据 Link11 数据链信号(简称 Link11 信号，其余 Link 信号类同)的 605 Hz 单音信号与 2915 Hz 单音信号的时域相关特征给出的解调算法流程。具体步骤如下：

(1) 利用多速率处理系统(包括数字下变频与后接的抽取滤波器)将信号采样率降低到合适的采样速率上。A/D 采样下来的信号数据速率相比于信号带宽要高很多，直接送后端信号处理对处理速度有很高要求，资源的使用也存在极大浪费，因此有必要将信号采样率降低至合适的采样速率，通过串行处理来有效降低资源的使用。

(2) 采用突发信号检测手段，检测出信号出现时刻，由于 Link11 在每个突发报头都存

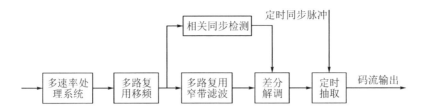

图 6 - 4 - 3　Link11 解调流程

在同步头(也称为同步头码或同步码),可以利用该同步头来检测信号,并引导解调开始。

(3) 开始进行解调,输出完整的比特流数据,利用非相干解调的方法,通过提取定时信息来对 Link11 信号进行解调,判决出数字信息"0"、"1",并输出。

2) MATLAB 仿真运行结果

根据上述分析采用 MATLAB 的 SIMULINK 工具搭建了一个实现流程,运行结果如图 6 - 4 - 4 所示。

```
109BFF42
2679F06F
24A1AB66
2729F34B
38A490AC
27F8B159
07A8AD12
04C2E15F
2CAD94FC
2D137773
23D68E8F
3CA3083F
2CDDA4E2
15BE5A96
1149509F
16D5BB3E
2391D381
385AA7F2
094120F3
2E8EEC78
015BDDC4
24F660FB
24762250
07996F18
3FAA2F6F
08AA4604
22E9A9AF
1619C1E7
2C492327
00000000
00000000
05E51841
```

图 6 - 4 - 4　MATLAB 仿真分析解调结果

图 6 - 4 - 4 是截取的解调结果的某一片断,仿真数据源是模拟的 Link11 数据链波形源。从图中可以观察到连续两帧为 3CA3083F 与 2CDDA4E2 的十六进制报头帧,还可观察到连续两帧为 00000000 的停止帧。

2. Link4A 数据链解调

Link4A 信号采用了 2FSK 调制,其 2FSK 信号是通过把数据终端输出的基带信号输入到 UHF 电台中对载波进行调频后产生的。对 2FSK 的解调方法有鉴频法、过零检测法及差分检波法等。

　　下面给出一种 ASK 检波法，即 2FSK 解调器的组成框图如图 6 - 4 - 5 所示。该解调器将每一个波形都进行 ASK 检波(可以采用相干检波或非相干检波)，并将两个检波输出送到相减器，相减后的信号是双极性信号，0 电平自然作为判决电平，在取样脉冲的控制下进行判决，就可以完成 2FSK 信号的解调，进而输出基带数据，再由数据终端对基带信号进行处理、抽样判决恢复数据，最后，根据 Link4A 信号的格式恢复同步码和数据(解调)。

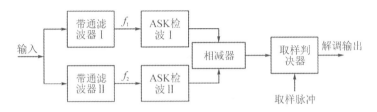

图 6 - 4 - 5　2FSK 解调器的组成框图

3. Link16 数据链解调

　　在 Link4 和 Link11 基础上研发的 Link16 并没有改变数据链信息交换的基本概念，只在能力上进行了技术和操作的改进，并提供了一些其他数据链路缺乏的数据交换。显著的改进主要有：提高抗干扰能力，增强保密性，提高数据吞吐量，减小数据终端尺寸。它具有数字化、抗干扰、保密语音等特点，具有相对导航、精确定位和识别功能，提高了参与终端的数量，并且可通过许多机载中继设备扩大链接距离范围来实现超视距传输。

　　Link16 在调制方式上采用的是最小频移键控(MSK)调制技术。MSK 调制技术较频移键控(FSK)、相移键控(PSK)调制技术具有频带利用率高，误码率低，并且频谱在主瓣以外衰减很快的特点。MSK 调制技术是 Link16 具有保密、大容量、抗干扰等性能的原因之一。

　　1) MSK 信号模型

　　接收信号的表达式为

$$z(t) = s(t) + n(t) \tag{6-4-1}$$

其中

$$s(t) = \sqrt{\frac{2\varepsilon_s}{T}} \cdot \cos[2\pi f_c + \phi(t) + \theta] \quad nT_b \leqslant t \leqslant (n+1)T_b \tag{6-4-2}$$

$$\phi(t) = \frac{1}{2}\pi \sum_{k=-\infty}^{n-1} a(k) + \pi a_n q(t - nT_b) \quad nT_b \leqslant t \leqslant (n+1)T_b \tag{6-4-3}$$

式中，$a(k)$ 是第 k 个码元的调制信息，取 1 或 -1；T_b 是码元宽度；$n(t)$ 是 AWGN 噪声；θ 是信号初始相位；$q(t-nT_b)$ 是矩形全响应脉冲 $g(t-nT_b)$ 的积分。

　　2) MSK 解调算法

　　(1) 维特比(Viterbi)判决法。MSK 信号状态变化的网格图如图 6 - 4 - 6 所示。维特比判决法是一种基于 MLDS 的顺序网格搜索算法，图 6 - 4 - 6 给出 MKS 信号 4 个相位状态转换的网格图，在每一级网图中搜索路径的数量减少一半，减少了判决状态，降低了运算量。基于 Viterbi 判决法设计 CPM 信号相干接收机，简化了接收机结构。维特比判决法在搜索最小路径时，充分利用了 MSK 信号前、后码元间的相关性，因此，维特比判决法的性能要优于逐码片检测，通常认为当搜索长度为 6 时，各路径以概率 1 趋于相同。

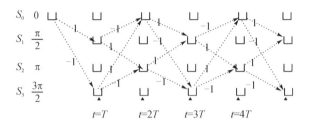

图 6-4-6　MSK 信号状态变化的网格图

(2) 最大似然分组检测(MLBD)法。MLBD 法是基于 ML 准则的一种序列判决法。它以 k 个符号作为分组长度进行判决。对于接收信号 $z(t)$，易知条件概率密度函数为

$$p(z(t) \mid s(t), \theta) = F \cdot \exp\left\{ -\frac{1}{N_0} \int_{nT}^{(n+K-1)T} \mid z(t) - s(t) \mid^2 \mathrm{d}t \right\} \qquad (6-4-4)$$

其中，F 是常数；N_0 是 AWGN 的单边功率谱密度。将式(6-4-22)对 θ 在 $[0, 2\pi]$ 内求均值并取对数，可进一步简化得到

$$\ln p(r(t) \mid s(t)) = F' + \ln I_0\left(\frac{2A}{N_0} \mid \beta \mid\right) \qquad (6-4-5)$$

其中，$I_0(x)$ 是零阶贝塞尔(Bessel)函数，该函数是单调递增的，因此 MLBD 法就是寻找一组 $\Delta a = (a_1, a_2, \cdots, a_k)$，使 $|\beta_{\Delta_a}|$ 最大化，从而使 $p(r(t)|s(t))$ 最大化。由于对 $|\beta_{\Delta_a}|$ 取模运算，不需要提取相位信息，因此实现了用 MLBD 法对 MSK 信号的非相干解调。

$$\mid \beta_{\Delta_a} \mid = \left| \sum_{k=0}^{K-1} C_k \cdot \int_{n-k}^{n-k+1} z(t) \cdot \mathrm{e}^{\mathrm{j}2\pi ha_k q(t-(n-k)T)} \mathrm{d}t \right| \qquad (6-4-6)$$

其中，$C_1 = 1$，$C_{k+1} = C_k \mathrm{e}^{-\mathrm{j}\pi h\Delta_{ak}}$。

6.4.3　链路结构及网络拓扑结构分析

1. 数据链网络拓扑结构与协议分析处理

1) 网络协议体系结构

根据数据链的特点及其所需要的技术体制，参考 OSI(计算机协议体系结构)的经典七层协议模型，本文提出一种数据链网络体系结构，为网络协议和算法的标准化提供统一的技术规范，使其能满足数据链用户的需求。

在考虑七层协议模型的同时，我们引入了网络管理的概念。数据链之一的 Link16 数据链是一个典型的"烟道"式系统，其设计出发点是适合在干扰较强的战术环境中使用。由于它的设计是在分层原理得到广泛应用之前完成的，因此单纯地对它进行分层必然遇到这样那样的困难，如文电回复的跨层操作、MAC 层的可靠传输。所以在数据链网络协议体系结构中，我们引入了网络管理模块对数据链进行分层。此网络协议体系具有二维结构，即网络协议体系和网络管理。二维网络协议体系结构如图 6-4-7 所示。

网络协议分为五层，由高到低依次为应用层、服务层、网络层、数据链路层和物理层；网络管理分为网络安全管理、网络可靠性管理和网络资源管理。

网络协议体系中数据链系统应用层支持各种任务需求，对信息的及时性、完整性和抗

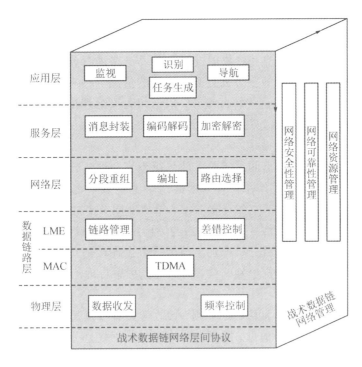

图 6-4-7　二维网络协议体系结构

干扰提出一定的要求。信息标准位于服务层，它的功能是统一的标准和方法对数据编码，确保应用层所产生的报文可以被较低的层接收，同时对报文进行加密和解密。网络层确定信息分组从源端到目的端的路由，保证报文到达正确的目的地。链路层完成数据链信息的汇编，根据优先方案来传输待发报文，并实现报文加密。MAC 层使得每个网络参与群的报文在特定的一组时隙里进行广播。传输信道位于系统的物理层，信息在这里进行调制和变频后，通过适当的天线（或转发器）被放大、滤波和传输，同时实现传输加密。

2) 数据链网络拓扑结构分析处理

数据链网络拓扑结构是指数据链网络节点与链路的几何连接关系，它定义了各节点间的物理位置和逻辑连接关系，数据链网络拓扑结构分析是综合各方面的侦察信息对战场数据链网络的拓扑构成（包括网络节点的配属关系、不同节点之间的连接关系和节点之间的重要链路）进行分析识别的过程，分析的内容包括对数据链网络重要节点（如干线节点与大、中、小入口节点等）的分析识别，对数据链网络重要链路（如无线信息网络接力链路）的分析识别以及对数据链网络重要节点之间连接关系的分析识别等。

（1）对数据链网络重要节点的分析识别。数据链网络重要节点的分析是指根据侦察到的情报信息确定数据链网络重要节点，这是一种多属性决策过程。数据链网络重要节点分析识别的基础是信息侦察、归类与整理，根据多目标决策理论，通过不同节点的特征差异设计有效的决策规则（判决准则），提高决策正确率，信息侦察、归类与整理的结果形成决策属性表。决策过程是指依据决策属性表，根据设计的决策规则，对不同决策数据链目标进行决策的过程。在实际应用情况下，侦察到的数据链网络（包括定位信息、通联特征信息和链路信息等）往往具有很大的不确定性、不完整性与模糊性，为此可采用依据模糊决策理论设计的目标识别方法。

（2）对数据链网络重要链路的分析识别。数据链网络重要链路的分析识别是根据数据链对抗侦察、测向和解调等信息，对数据链网络重要链路进行分析处理的过程。不同链路的数据速率、繁忙程度和采用的接力机类型与传输的信息等均有一定的差异，数据链网络重要链路的分析识别就是根据这些特征差异，依据相关决策理论设计相应的决策规则，通过信息综合与分析和决策结果，判明不同的链路类型。其分析识别的核心是决策规则的设计。

（3）对数据链网络重要节点间连接关系的分析识别。数据链网络重要链路的分析识别是根据信息侦察与测向定位等结果，对数据链网络重要节点之间的连接关系进行分析识别，通过确定数据链网络重要节点的连接关系，给出不同节点之间的信息链路以及该链路的技术参数；该分析识别是在信号、信息侦察与测向定位的基础上，通过信息综合分析，判定不同链路的"源"和"宿"，然后分析识别出与干线节点连接的重要接力链路，以及不同接力链路对应的节点类型，该分析识别的核心是通过数据融合理论确定节点间的连接信道。

3）数据链网络协议分析

数据链网络协议是网络信息传输的规则，接收方只有与发送方采用相同的信息传输协议才能接收并恢复出发送方的信息。数据链网络协议分析就是分析和识别数据链网采用的协议类型、数据帧格式，以及识别用户信息、信息速率、传输控制信息和差错控制信息等的过程。此外，无线数据链网以电路数据交换为基础，分组交换叠加在电路数据交换上，因此，数据链网络协议分析不仅要分析电路数据交换协议和网络信令，还要分析分组数据交换协议。

2. 数据链网络关键节点与关键链路分析处理

数据链网络关键节点与关键链路分析处理是指在基本掌握数据链网络拓扑结构的基础上，进行实时侦察和监视信息，并按照数据链网络的关键节点和关键链路的特征与侦察到特定节点与链路的特征对比分析，确定在数据链网络中起关键连通作用的节点和链路，为确定网络对抗的攻击目标提供支援。在数据链网络中，干线节点与入口节点是信息交换的中心，无线信息网络接力链路是信息的主要传输途径，因此，干线节点、入口节点和接力链路就构成了数据链网络的关键节点和关键链路。

不同的数据链网络的关键节点与关键链路特征有一定的差异。数据链网络的关键节点的特征包括重要的战场指控节点（如网络节点中心）的特征、网络中起重要连通作用的节点（如大型用户节点）的特征，以及网络维护的关键节点（如网络管理节点）的特征等；数据链网络的关键链路的特征包括网络重要节点间的接力链路特征、活动频繁的链路特征、繁忙程度高的链路特征、吞吐量大的链路特征，以及与关键节点相连的链路特征等。数据链网络的关键节点与关键链路分析处理可采用特征分析的方法，也可结合辅助决策技术和智能信息处理技术进行分析处理。

3. 数据链网络脆弱性分析处理

数据链网络脆弱性分析处理是按照一定的脆弱性评价准则与脆弱性特征，对数据链网络进行扫描与分析，确定数据链网络脆弱节点、脆弱链路和脆弱特征的过程，包括节点脆弱性分析和链路脆弱性分析，节点脆弱性分析内容有：分析特定节点的服务数量、可用资源和处理能力是否达到极限，网络安全防护措施是否到位，是否存在安全漏洞等；链路脆弱性分析内容有：分析链路与协议的可靠性、繁忙程度、传输效率、误码率、链路可攻击性以及是否有替代链路等。

数据链网络脆弱性分析处理是实施选择性数据链网络攻击的重要条件，如果能找出数据链网络的脆弱性节点与脆弱性链路并实施有针对性地攻击，将达到好的数据链网络对抗效果，数据链网络脆弱性分析处理主要内容包括数据链网络的脆弱性评价准则设计、脆弱特征库设计与维护以及脆弱性扫描分析等。数据链网络脆弱性评价准则设计是根据数据链网络存在的弱点与安全漏洞，设计与评价网络脆弱性的评价准则，该评价准则能够正确有效地反映出数据链网络的脆弱性；数据链网络脆弱特征库设计与维护是借鉴计算机网络的脆弱特征库设计，根据常见数据链网络的脆弱性设计出高效的数据链网络脆弱特征数据库，然后不断加入新的数据链网络脆弱性特征和扩充网络不同脆弱性模板的动态扩展过程；数据链网络脆弱性扫描分析是对数据链网络实施不同攻击方式的模拟攻击，记录数据链网络的反应，找出其潜在脆弱点和安全漏洞，为战场无线数据链网络信息攻击提供依据。

4. 数据链网络信令与协议分析识别处理

数据链网络信令与协议分析识别处理是根据侦察到的数据链网络信息，分析识别数据链网络的信令与协议。分析识别处理的基本策略是：通过侦察到的网络信息相关分析，识别出完整的信令与数据帧，然后根据已知数据链信息传输协议与相关信息，设计出数据链网络协议标准模板数据库，采用适当的模板匹配技术，识别截获到的数据帧使用的数据链网络协议与信令格式。

对战场数据链网络协议与信令进行分析包括：一是根据各种协议建立有效的协议模板库；二是进行高效模糊搜索与比对来实现高效模板匹配，对战场数据链网络协议与信令分析的主要障碍是数据加密，该分析可以先对非保密信道或通过对大量密文进行相关性与周期性分析，然后对数据帧进行完整的分析识别，最后分析数据帧对应的数据链网络协议。

思　考　题

1. 试简述分析接收机的工作原理。
2. 分析接收机的主要功能是什么？
3. 通信信号载频测量分析的方法有哪些？
4. 通信信号码元速率测量分析的方法有哪些？
5. 调制类型识别的目的和意义是什么？通信对抗侦察系统中进行调制识别的基本思想是什么？
6. 基于统计矩进行模拟通信信号调制识别的有哪些特征参数？其基本含义是什么？
7. 为什么说通信对抗侦察系统的解调是盲解调？实现盲解调的主要步骤有哪几个？

第7章　通信对抗测向与定位原理

要达到通信对抗的预期目标，掌握各类无线电信号及各种电磁干扰信号在时域、空域、频域等方面的分布情况，就必须借助于无线电通信测向和定位来确定通信辐射源的来波方向和位置。本章重点讨论通信信号测向定位的基本原理和方法。

7.1　测向与定位概述

7.1.1　通信测向与定位的基本含义

无线电通信测向是利用无线电测向设备确定正在工作的无线电通信发射台（辐射源）方位的过程。利用无线电测向可以确定辐射源的位置，简称定位。无线电通信测向与定位是通信对抗侦察的重要内容，是对通信信号进行分选、识别的重要依据。

无线电测向的物理基础是无线电波在均匀媒质中传播的匀速直线性及测向天线接收电波的方向性。无线电测向实质上是测量电磁波波阵面的法线方向相对于某一参考方向（通常规定为通过测量点的地球子午线指北方向）之间的夹角，能完成这一测向任务的无线电设备称之为无线电测向机或无线电测向设备。无线电测向过程不辐射电磁波，就辐射源方面来说，它对测向活动既无法检测，也无法阻止。

被测电台的方向通常用方位角（即来波方位角）表示，它是通过观测点（测向站位置）的子午线正北方位与被测电台到观测点连线按顺时针所形成的夹角，角度范围为 $0°\sim360°$。如果在水平面 $0°\sim360°$ 范围内考察目标电台来波信号的方向，此时方位角为来波信号的水平方位角（简称为方位角），用符号 θ 来表示。如果把目标电台与观测点连线叫做方位线（或称为来波线），则水平方位角 θ 的数值大小实质上是：以观测点的子午线正北方位为起始基准方位，按顺时针旋转到方位线所处平面形成的夹角。方位角表示目标辐射源的真实来波方位，是没有考虑误差的精确描述。常用水平方位角 θ 与仰角 γ 来共同确定来波的真实方位。

测向的过程就是在水平方位角 θ 未知的情况下，根据侦察接收信号，测定目标电台方向的过程。当采用测向设备对某一目标电台的来波信号进行测向时，测向设备所测得的方向是被侦察信号到达观测点处电磁波波阵面的法线方向，我们把该法线方向进行反向延伸得到的线叫做示向线。以观测点的子午线正北方位为起始基准方位，按顺时针旋转到示向线形成的夹角，被称为来波示向度或示向度，用 Φ 表示。示向度和仰角是方位估计的两个重要参数。

方位角与示向度的关系如图 $7-1-1$ 所示。如果所有情况都是理想的，电波在理想的均匀媒质中传输且测向不存在测量误差，则测向站处的方位线与测得的示向线应该重合，示向度与方位角相同，即 $\Phi=\theta$。

在实际测向过程中，电波在非理想均匀的媒质中传输将引起波阵面畸变，使得到达观测点处电磁波波阵面的法线方向偏离方位线；测向的测量误差总是不可避免地存在，也给

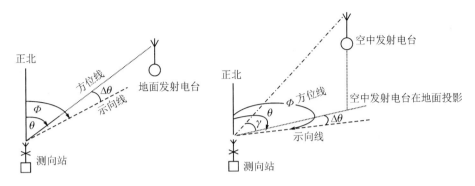

图 7-1-1　方位角与示向度关系示意图

测向带来误差。此时测向站处的方位线与测得示向线不重合，示向度与方位角不相同，即 $\Phi \neq \theta$，存在测向误差。测向误差是测向设备所测得的方向与目标辐射源的真实方向之间的差值，通常用 $\Delta\theta$ 来表征。示向度 Φ 是测向设备所测得的方向，方位角 θ 是目标辐射源的真实方向，测向误差 $\Delta\theta = \theta - \Phi$，是衡量测向机测向准确程度的重要指标。

7.1.2　测向系统组成

现代无线电测向技术的物理实现应该包含测向天线对目标来波信号的接收、测向信道接收机对测向天线接收信号的变换处理以及测向终端对来波方位信息的提取与显示这三个环节，因此现代无线电测向设备由测向天线、测向信道接收机、测向终端处理机三大部分组成，如图 7-1-2 所示。

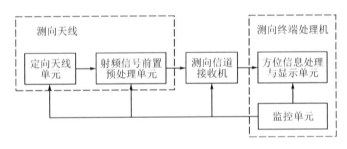

图 7-1-2　测向设备的基本组成

1. 测向天线

无线电测向所用的天线是一种能够反映目标信号来波方位信息的专用接收天线，也就是说，测向天线接收信号的幅度或相位与目标信号来波方位角之间具有某一确定的关系，即测向天线的"方向特性"，因此测向的工作原理也是测向天线"方向特性"在测向过程中的应用原理。

测向天线通常包括定向天线单元和射频信号前置预处理单元两个部分。其分述如下：

（1）定向天线单元可以是单元定向天线，也可以是多元阵列全向或定向天线。天线接收来波信号，并使得信号的幅度或相邻天线元（即天线阵元或阵元）接收信号的相位差中含有来波方位信息。

（2）射频信号前置预处理单元对定向天线单元中各天线元输出的射频信号进行预处理，预处理方式视测向方法的不同而不同，但归结到一点，都是保证定向天线单元输出的电压与来波方位角或空间角度之间有稳定且确定的幅度或相位关系。一般说来，定向天线单元是通过天线信号前置预处理单元实现各天线元接收电势（感应电动势）的矢量相加，由此形成其幅度或相位特性。在现代测向设备中，射频信号前置预处理单元除实现上述功能外，还包含了一些新的内容，如天线控制、自动匹配、宽带低噪声放大等。

2. 测向信道接收机

测向信道接收机用于对测向天线输出信号进行选择、放大、变换等，为随后的测向处理提供幅度特性和相位特性合适的中频信号。根据测向方法的不同和特殊的需要，测向信道接收机可选择单信道、双信道或多信道接收机，通常双信道和多信道接收机采用共用本振的方式，以确保多信道之间相位特性的一致性。

3. 测向终端处理机

测向终端处理机的主要功能是对测向接收机送来的含有方位信息的测向信号进行模/数（A/D）转换、处理和运算，从信号中提取方位信息，并对测向结果进行存储、显示或打印输出。它的另外一个功能是控制测向设备各组成部分协调工作。例如，测向天线的阵元转换、接收机本振及信道的控制、测向工作方式的选择、测向速度及其他工作参数的设置、测向设备的校准以及测向结果的输出等均由测向终端处理机来控制。

测向终端处理机的具体工作原理和工作过程因测向设备的不同而不同，对此我们将在后面的有关章节中做相应介绍。

7.1.3　测向和定位技术分类

无线电通信测向和定位系统的分类比较复杂，它可以按照工作频段、运载平台和工作原理等进行分类。由于通信信号的来波方位可以从信号的幅度、相位、多普勒频移、到达时间等参数中获得，因此我们按照工作原理将测向方法分为振幅法、相位法、多普勒法、到达时间差法、空间谱估计法等测向方法。

（1）振幅法测向。根据测向天线阵列（简称天线阵）各阵元（单元天线）感应来波信号后输出信号的幅度大小，即利用天线各阵元的直接幅度响应或者比较幅度响应，测得来波到达方向的方法称为振幅法测向，也称为幅度法测向。

（2）相位法测向。根据测向天线阵列各阵元之间的相位差，测定来波到达方向的方法称为相位法测向。例如，相位干涉仪测向、多普勒和准多普勒测向等技术。

（3）多普勒法测向。利用测向天线自身以一定的速度旋转引起的接收信号附加多普勒调制进行测向的方法，称为多普勒法测向。多普勒法测向本质上属于相位法测向。

（4）到达时间差法测向。根据测得的来波信号到达测向天线阵列中两个或两个以上不同位置的阵元的时间差来测定来波到达方向的方法称为到达时间差法测向，简称时差法测向。

（5）空间谱估计法测向。将测向天线阵列接收的信号分解为信号与噪声两个子空间，利用来波方位构成的矢量与噪声子空间正交的特性测向的方法称为空间谱估计法测向。

无源定位是在无线电测向的基础上发展起来的，因而利用测向的结果进行定位计算或估计是最经典和最成熟的定位技术，称为测向定位法。后来，随着各种测向和定位技术的开发及利用，时差定位、多普勒频移定位、测向和频差的联合定位，以及时差和频差的联合定位逐步发展并进入了实用阶段。

7.1.4　测向和定位设备的主要指标

测向和定位设备在电性能、物理性能、环境和使用要求及接口功能等多方面都有严格的指标要求。这里主要讨论测向和定位设备在电性能方面的主要指标。

（1）工作频率范围。工作频率范围是指测向和定位系统的工作频率范围。例如，短波测向设备的工作频率范围通常为 1.5 MHz～30 MHz；超短波测向设备的工作频率范围目前多数为 20 MHz～1000 MHz 或 30 MHz～1000 MHz。在工作频率范围内，测向设备能对通信信号进行正常测向。

测向设备的工作频率范围主要取决于测向天线的频率响应特性和信道接收机的工作频率范围。对于某一宽阔的频率范围或整个波段，单副测向天线的响应特性难以达到指标要求，经常采用多种通信体制和类型的测向天线来分别覆盖。

（2）测向范围。测向范围是指测向和定位系统的可测向的空域范围，如方位全向测向、半向测向或部分方向测向等。

（3）测向误差。测向误差是方位测量误差的简称，是指测向设备所测得的方向与目标辐射源的真实方向之间的差值。反映侦察接收设备的测向准确程度。测向误差越小，测向准确度越高。

（4）定位误差。当采用测向法定位时，测向误差将直接影响定位误差；当采用时差定位和其他定位方法时，时间及其他参数测量的准确度等原因直接影响定位误差。

（5）测向灵敏度。测向灵敏度是指在规定条件下，测向设备能测定辐射源方向所需最小信号的强度。该规定条件一般是指规定的测向误差范围，最小信号的强度一般是指接收机输入端对信号场强或功率的最小要求。测向灵敏度是一个与测向误差、信噪比有关的指标，所以在给出测向灵敏度指标时要同时注明对测向误差、信噪比的要求。

（6）方位分辨率。方位分辨率是指能区分同时存在的特征参数相同但所处方位不同的两个辐射源之间的最小夹角，也称为角度分辨力。

（7）测向时间。测向时间是指测向设备完成一次测向任务的全过程需要的最短时间。包括测向命令的传输时间、接收机的调谐时间、测向处理时间和测向结果输出显示时间等。

（8）抗干扰性。测向设备的抗干扰性是指在存在无线电干扰的情况下，测向设备能够对信号进行测向并满足测向误差指标要求时，可以允许的最大干扰场强，也称为测向抗扰度。

另外，测向设备还有很多技术指标，如测向信号类型、信道一致性等。测向信号类型是指能够进行正常测向的信号种类，反映测向设备对信号的适应能力。信道一致性主要是针对多信道接收机，对各信道允许的增益、相位最大差异而提出的要求。

7.2　测 向 天 线

7.2.1　概述

天线是辐射和接收无线电电波的设备。不同用途的天线具有不同的要求，无线电测向所用的天线是一种接收天线，但又不是普通的接收天线，而是一种需要反映目标信号来波方位信息的专用接收天线。要使得天线接收的信号能够反映目标信号的来波方位信息，无外乎天线接收信号的幅度或相位与目标信号来波方位角之间具有某一确定的关系，这种确定的关系就是后面将要介绍的测向天线的"方向特性"。

7.2.2　环天线

将金属导体制成以中央垂直轴线为对称轴的圆环形、方框形（正方形或长方形）、三角形、菱形等，并在两端点馈电的结构形式，就构成了普通的单环天线，如图7-2-1所示。不论其形状如何，它们都有一个共同的特点，即天线以中心垂直轴线完全对称，并且可以绕中心垂直轴自由旋转。

图7-2-1　常见单环天线

普通单环天线具有体积小、重量轻、携带架设灵活方便等优点，因此在战术无线电测向领域的应用非常广泛。但它也存在着自身结构所带来的一些缺点，最突出的是"三大效应"，即极化效应、天线效应和位移电流效应，其中极化效应是致命的缺点。

1.　单环天线的方向特性

为简化问题起见，我们先对方框形环天线进行分析，并假设满足如下条件：①接收电波为垂直极化地波；②目标电台与测向天线之间的距离满足远场条件。根据这两个假设条件，对于如图7-2-2(a)所示的天线，其水平边 $A'B'$ 和 AB 在垂直电场作用下无感应电动势产生；而垂直边 AA' 和 BB'，在垂直交变电场的作用下将产生振幅相等的感应电动势 $e_1(t)$ 和 $e_2(t)$。设来波 P 与环平面之间的夹角为 θ（如图7-2-2(b)所示），则电波到达垂直边 AA'

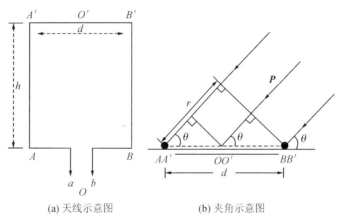

(a) 天线示意图　　　　　　　　(b) 夹角示意图

图7-2-2　方框形天线接收来波信号示意图

比到达垂直边 BB' 多走了波程差 r，由该波程差而引起的相位差为

$$\varphi = \gamma\beta = \frac{2\pi d}{\lambda}\cos\theta \qquad (7-2-1)$$

其中，$\beta = 2\pi/\lambda$，为电波的相移常数。

　　由此可见，垂直边 AA' 接收的感应电动势比 BB' 接收的感应电动势在相位上滞后了 φ，设接收点的信号场强为 E，信号频率为 ω，则

$$\begin{cases} e_1(t) = Eh\,\mathrm{e}^{\mathrm{j}(\omega t - \varphi)} \\ e_2(t) = Eh\,\mathrm{e}^{\mathrm{j}\omega t} \\ e_{ab}(t) = e_1(t) - e_2(t) \\ \qquad = Eh\,\mathrm{e}^{\mathrm{j}(\omega t - \varphi/2)}(\mathrm{e}^{-\mathrm{j}\varphi/2} - \mathrm{e}^{\mathrm{j}\varphi/2}) \\ \qquad = -2\mathrm{j}Eh\sin(\varphi/2)\mathrm{e}^{\mathrm{j}(\omega t - \varphi/2)} \\ \qquad = 2Eh\sin\left(\dfrac{\pi d}{\lambda}\cos\theta\right)\mathrm{e}^{\mathrm{j}(\omega t - \varphi/2 - \pi/2)} \end{cases} \qquad (7-2-2)$$

由此得到方框形环天线的振幅方向特性为

$$f(\theta) = \sin\left(\frac{\pi d}{\lambda}\cos\theta\right) \qquad (7-2-3)$$

在 d/λ 远小于 1 的条件下，$\sin\left(\dfrac{\pi d}{\lambda}\cos\theta\right) \approx \dfrac{\pi d}{\lambda}\cos\theta$，此时式$(7-2-2)$和式$(7-2-3)$可分别化简为

$$e_{ab}(t) \approx \frac{2\pi}{\lambda}Ehd\cos\theta\,\mathrm{e}^{\mathrm{j}(\omega t - \varphi/2 - \pi/2)} = \beta ES\cos\theta\,\mathrm{e}^{\mathrm{j}(\omega t - \varphi/2 - \pi/2)} \qquad (7-2-4)$$

$$f(\theta) = \cos\theta \qquad (7-2-5)$$

其中，$S = hd$，为方框形环天线的面积。

　　如果将式$(7-2-5)$的方向函数画成平面极坐标图形，并以正上方定义为 $0°$ 方向，则得到一个标准的"8"字形方向特性图（简称方向图），所以这种天线通常被称为具有"8"字方向特性的天线。

2. 单环天线的有效高度

　　为了表征环天线接收空间电磁波而感应电动势的能力，我们用"天线有效高度"这个量来描述。其定义为天线在最大接收方向上所产生的感应电动势与产生该电动势的电场强度之比，记为 h_e。

　　根据式$(7-2-4)$，在 d/λ 远小于 1 的情况下，环天线在接收正常极化地波时，输出感应电动势的幅度近似为

$$E_{ab\mathrm{m}} \approx \frac{2\pi}{\lambda}Ehd\cos\theta$$

　　为了增大环天线输出感应电动势的幅度，在实际设备中常采用 N 匝线圈结构的环天线，此时的环天线接收感应电动势近似等效于 N 个单匝环天线接收感应电动势相串联，因而在 d/λ 远小于 1 的情况下，输出感应电动势的幅度近似为

$$E_{ab N\mathrm{m}}(t) \approx 2\,\frac{\pi}{\lambda}NEhd\cos\theta \qquad (7-2-6)$$

　　在天线的最大接收方向即 $\theta = 0°$ 和 $\theta = 180°$ 方向，其接收感应电动势的幅度为

$$E_{abN\mathrm{m}}(t) = 2\,\frac{\pi}{\lambda}NEhd = \beta ENS \qquad\qquad (7-2-7)$$

根据天线有效高度的定义,可得

$$h_{\mathrm{e}} = \frac{E_{abN\mathrm{m}}}{E} = 2\,\frac{\pi}{\lambda}Nhd = \beta NS \qquad\qquad (7-2-8)$$

由式(7-2-8)可见,环天线的有效高度 h_{e} 正比于匝数 N 和面积 S,反比于波长 λ。

3. 环天线的三大效应

1) 极化效应

前面分析了环天线接收正常极化(即垂直极化)地波时的特性,下面我们分析接收天波时的特性。

设环天线两水平边感应电动势之间存在的相位差 $\varphi_2 = \Delta r\beta = \dfrac{2\pi}{\lambda}h\sin r$,当 d/λ 和 h/λ 同时满足远小于 1 的条件时,$\mathrm{e}^{-\mathrm{j}\varphi_2/2} \approx 1$。在电场水平极化分量与垂直极化分量之间的相位差为 φ_0 的情况下,环天线在接收非正常极化天波时,产生的感应电动势近似为

$$
\begin{aligned}
e_{ab}(t) &= e_{ab\perp}(t) + e_{ab-}(t)\\
&= \frac{2\pi}{\lambda}SE[\cos\psi\cos\theta + \sin\psi\sin\gamma\sin\theta\mathrm{e}^{-\mathrm{j}\varphi_2/2}\mathrm{e}^{-\mathrm{j}\varphi_0}]\mathrm{e}^{-\mathrm{j}(\omega t-\pi/2)}\\
&\approx \frac{2\pi}{\lambda}SE[\cos\psi\cos\theta + \sin\psi\sin\gamma\sin\theta\mathrm{e}^{-\mathrm{j}\varphi_0}]\mathrm{e}^{-\mathrm{j}(\omega t-\pi/2)}\\
&= \frac{2\pi}{\lambda}SEF(\psi,\ \gamma,\ \varphi_0,\ \theta)\mathrm{e}^{-\mathrm{j}(\omega t-\phi-\pi/2)} \qquad (7-2-9)
\end{aligned}
$$

其中

$$
\begin{cases}
F(\psi,\ \gamma,\ \varphi_0,\ \theta) = \sqrt{\cos^2\psi\cos^2\theta + \sin^2\psi\sin^2\gamma\sin^2\theta + \dfrac{1}{2}\sin2\psi\sin2\theta\sin\gamma\cos\varphi_0}\\[2mm]
\phi = \arctan\dfrac{\sin\psi\sin\varphi_0\sin\theta}{\cos\psi\cos\theta + \sin\psi\sin\gamma\cos\varphi_0\sin\theta}
\end{cases}
$$

$$(7-2-10)$$

由式(7-2-10)可见,环天线在接收非正常极化天波时,其接收方向特性发生了畸变,它的方向特性不再是仅与 θ 有关的标准"8"字形方向特性,而是与 ψ、γ、φ_0、θ 这 4 个参数均有关的复杂函数。

当 $\psi = 0°$ 或 $180°$,即接收电波为正常极化天波时,根据式(7-2-9)和式(7-2-10)有

$$e_{ab}(t) \approx \frac{2\pi}{\lambda}ES\cos\theta\ \mathrm{e}^{\mathrm{j}(\omega t-\pi/2)},\ f(\theta) = \cos\theta$$

方向特性没有发生变化。

当 $\psi = 90°$ 或 $270°$,即接收电波为水平极化天波时,根据式(7-2-9)和式(7-2-10)有

$$e_{ab}(t) \approx \frac{2\pi}{\lambda}ES\sin\gamma\ \sin\theta\ \mathrm{e}^{\mathrm{j}(\omega t-\pi/2-\varphi_0)},\ f(\theta) = \sin\theta$$

方向特性发生了变化。

下面分别针对电波极化方式为线极化、圆极化、椭圆极化三种情况,分析环天线方向

特性变化特点。

（1）线极化。线极化天波对应于 $\varphi_0 = 0°$ 和 $\varphi_0 = 180°$ 以及 ψ 固定不变的情形，根据式（7-2-10）的结论，此时环天线的接收方向函数为

$$f(\theta) = \cos\psi\cos\theta \pm \sin\psi\sin\gamma\sin\theta \qquad (7-2-11)$$

在 ψ、γ 一定的情况下，$k = \cos^2\psi + \sin^2\psi\sin^2\gamma$，也是固定不变的常数，令

$$\cos\theta_0 = \frac{\cos\psi}{k}, \ \sin\theta_0 = \frac{\sin\psi\sin\gamma}{k} \qquad (7-2-12)$$

则

$$f(\theta) = \cos\psi\cos\theta \pm \sin\psi\sin\gamma\sin\theta = k(\cos\theta_0\cos\theta \pm \sin\theta_0\sin\theta)$$
$$= k\cos(\theta \pm \theta_0) \qquad (7-2-13)$$

由此可见，它比正常的"8"字形方向特性偏转了一个固定角度 θ_0 或 $-\theta_0$，如图 7-2-3 所示。由于此时环天线接收方向特性的零值接收点相对 90°—270°方位线偏离了 θ_0 或 $-\theta_0$ 角度，因此通常称这种现象为"小音点偏转"。

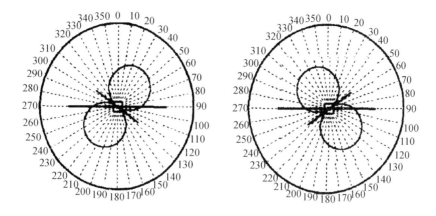

图 7-2-3　环天线接收线极化天波引起方向特性图的偏转

（2）圆极化。圆极化天波对应于 $\varphi_0 = 90°$、$\varphi_0 = 270°$ 以及 ψ 在 0°~360°范围内变化的情形，根据式（7-2-10）的结论，此时环天线的接收方向函数为

$$f(\theta) = [\cos^2\psi\cos^2\theta + \sin^2\gamma\sin^2\theta\sin^2\psi]^{1/2} \qquad (7-2-14)$$

由式（7-2-14）可见，不管在任何来波方位上 $f(\theta)$ 都恒大于 0，或者说环天线对任何来波方位都没有零值接收点，我们称这种现象为"小音点模糊"。

为了得出环天线的最大与最小接收方向，令

$$\frac{\mathrm{d}}{\mathrm{d}\theta}f(\theta) = \frac{\mathrm{d}}{\mathrm{d}\theta}[\cos^2\psi\cos^2\theta + \sin^2\gamma\sin^2\theta\sin^2\psi]^{1/2} = 0 \qquad (7-2-15)$$

则 $\qquad\qquad\qquad \sin^2\gamma\sin^2\psi\sin\theta\cos\theta - \cos^2\psi\cos\theta\sin\theta = 0$

可得 $\cos\theta = 0$ 或 $\sin\theta = 0$，即 $\theta = 90°$，270°或 $\theta = 0°$，180°。

显然，$\theta = 90°$、270°和 0°、180°分别为环天线的一对最大接收方向和一对最小接收方向，但到底是 $\theta = 90°$、270°为最小接收方向还是 $\theta = 0°$、180°为最小接收方向，则要依据 ψ 和 γ 的取值而定。对于确定的目标来波信号，γ 一定，因此随着在 0°~360°范围内变化，环天

线的接收方向特性按如图 7-2-4 所示的规律变化。

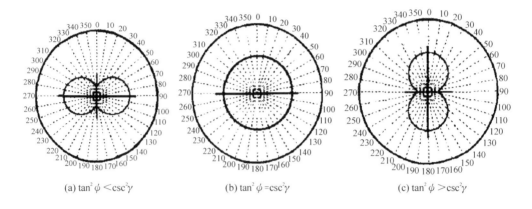

$$\text{(a) } \tan^2\phi < \csc^2\gamma \qquad \text{(b) } \tan^2\phi = \csc^2\gamma \qquad \text{(c) } \tan^2\phi > \csc^2\gamma$$

图 7-2-4　环天线接收圆极化天波引起方向特性图的"小音点模糊"

当 ϕ 在满足 $\sin^2\phi\sin^2\gamma < \cos^2\phi$，即 $\tan^2\phi < \csc^2\gamma$ 的范围内变化时，环天线最小接收方位位于 $\theta = 0°$ 和 $180°$，如图 7-2-4(a)所示。方向图在最小接收方位的值为 $\cos^2\phi$，它随着 $\cos^2\phi$ 值的增大而增大；当 ϕ 变化到使得 $\tan^2\phi = \csc^2\gamma$ 时，得如图 7-2-4(b)所示的方向图，此时环天线在各个方向的接收方向特性都相同；当 ϕ 在满足 $\sin^2\phi\sin^2\gamma < \cos^2\phi$，即 $\tan^2\phi > \csc^2\gamma$ 的范围内变化时，环天线最小接收方位位于 $\theta = 90°$ 和 $270°$，如图 7-2-4(c)所示。方向图在最小接收方位的值为 $\sin^2\phi\sin^2\gamma$，它随着 $\sin^2\phi$ 的增大而增大。

（3）椭圆极化。椭圆极化天波对应于 φ_0 为不等于 $0°$、$90°$、$180°$、$270°$ 的某一个确定的值以及 ϕ 在 $0°\sim360°$ 范围内变化的情形。根据式（7-2-13）的结论，在 γ 为确定值的情况下，环天线的接收方向特性与标准的"8"字形相比，既有一定角度的偏转，又有"小音点模糊"现象，随着 ϕ 在 $0°\sim360°$ 范围内变化，方向图偏转角的大小和"小音点模糊"现象模糊程度的深浅都在不断变化。图 7-2-5 所示的是其方向图变化过程中两个典型的状态，其中偏转角随 ϕ 按图7-2-6所示的曲线变化。

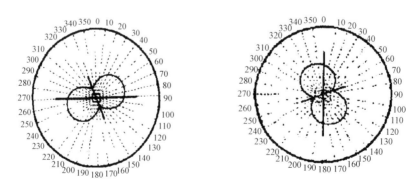

图7-2-5　环天线接收椭圆极化天波引起方向特性图的偏转与"小音点模糊"

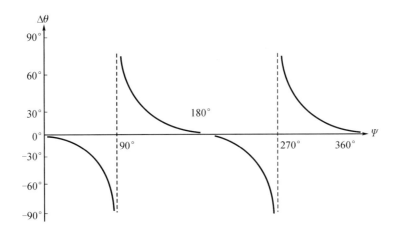

图 7 - 2 - 6　环天线接收椭圆极化天波引起方向特性图的偏转角随 ψ 的变化曲线

2）天线效应

在前面的分析过程中，我们隐含地假设环天线处于理想平衡对称状态。但由于不对称性而引起环天线输出电压中包含附加电压（无方向性），这种现象被称为天线效应。

假设定向电势 $e_{ab}(t)$ 与附加电压 $u_{ab}(t)$ 之间的相位差为 φ_0，则此时环天线的方向函数为

$$f(\theta) = \left[\cos^2\theta + 2a\cos\varphi_0\cos\theta + a^2\right]^{1/2} \qquad (7-2-16)$$

其中，$a = U_m/E_m$，通常比较小，环天线对应方向图的形状主要取决于不同的 φ_0 值。

（1）当 φ_0 为 $0°$ 或 $180°$ 时，根据式(7-2-16)可得

$$f(\theta) = \cos\theta \pm a \qquad (7-2-17)$$

式(7-2-17)是一个帕斯卡蜗线方程，或者说环天线具有帕斯卡蜗线形方向图，如图 7-2-7(a) 所示。令 $\cos\theta \pm a = 0$，可得

$$\theta_0 = \pm \arccos(\mp a) \qquad (7-2-18)$$

此时环天线的最小接收方向位于原来 $90°—270°$ 方位线上，当 φ_0 为 $0°$ 时，环天线的最小接收方向位于 $\theta = \pm\arccos(-a)$ 这样一对对称角位置上。当 φ_0 为 $180°$ 时，环天线的最小接收方向位于 $\theta = \pm\arccos(a)$ 这样一对对称角位置上。

由于环天线的最小接收方向不再位于一条方位线上，而是在一对对称角位置上，因此也称这种现象为环天线的接收方向特性出现"小音点轴曲"现象。

（2）当 φ_0 为 $90°$ 或 $270°$ 时，根据式(7-2-16)可得

$$f(\theta) = (\cos^2\theta + a^2)^{1/2} \qquad (7-2-19)$$

显然，此时 $f(\theta)$ 恒大于 0，由于 $a = U_m/E_m$ 远小于 1，因此环天线的最小接收天线方向仍然在 $90°—270°$ 方位线上，但它们是非零值最小接收点。这种现象被称为环天线的接收方向特性出现"小音点模糊"现象，模糊程度的深浅随 a 值而定，如图 7-2-7(b) 所示。

（3）当 φ_0 为不等于 $0°$、$180°$、$90°$、$270°$ 的其他相角时，根据式(7-2-16)有

$$\begin{aligned}
f(\theta) &= \left[\cos^2\theta + 2a\cos\varphi_0\cos\theta + a^2\right]^{1/2} \\
&= \left[(\cos\theta + a\cos\varphi_0)^2 + a^2(1 - \cos^2\varphi_0)\right]^{1/2} \qquad (7-2-20)
\end{aligned}$$

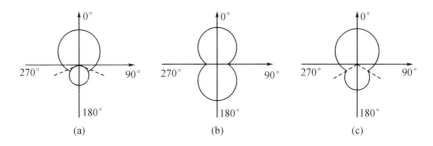

图 7 - 2 - 7　天线效应引起环天线接收方向特性图变化示意图

显然，当 $\varphi_0 \neq 0°$ 和 $\varphi_0 \neq 180°$ 时，$(1 - \cos^2\varphi_0)$ 恒大于 0，因此 $f(\theta)$ 恒大于 0，即环天线只有非零值最小接收点，环天线的接收方向特性出现"小音点模糊"现象。

环天线的最小接收方向应该满足：

$$\cos\theta + a\cos\varphi_0 = 0$$

即

$$\theta = \pm \arccos(a\cos\varphi_0)$$

由此可见，环天线的最小接收方向不在一条方位线上，而是在 $\theta = \pm \arccos(a\cos\varphi_0)$ 这样一对对称角位置上，或者说环天线的接收方向特性出现"小音点轴曲"现象。

综合上面的分析结论，当 φ_0 为不等于 0°、180°、90°、270°的其他相角值，环天线的接收方向特性出现"小音点既模糊又轴曲"的现象，如图 7 - 2 - 7(c) 所示。

3) 位移电流效应

我们在前面分析环天线有效高度时曾提到，为了提高 h_e，可以采用多匝环天线结构，但这种结构在使有效高度得到提高的同时，也带来了"位移电流效应"这个副作用。

大家知道，线圈的匝与匝之间总不可避免地存在分布电容，匝数越多，总的分布电容也越大。由于分布电容的存在，引起位移电流的产生，可以等效为环天线的两个侧面即环平面 $bdch$ 和环平面 $afeg$ 也接收来波信号而产生附加电压，相当于存在一个与原来环平面 S 垂直的等效环平面 S_1。这样在天线输出端口除了正常的定向接收电势 $e_{abN}(t)$ 外，还伴随了一个附加的接收电势 $e_{abS_1}(t)$，总的输出电压是二者的合成。显然 $e_{abS_1}(t)$ 的存在会引起环天线的接收方向特性发生变化。

设 φ' 为 $e_{abN}(t)$ 与 $e_{abS_1}(t)$ 之间的相位差，此时环天线的方向函数为

$$f(\theta) = [\cos^2\theta + K\cos\varphi'\sin 2\theta + K^2\sin^2\theta]^{1/2} \qquad (7 - 2 - 21)$$

由此可见，由于位移电流效应的存在，环天线在接收正常极化地波的情况下，其接收方向特性也会发生类似于极化效应那样的变化。当然，$K = \dfrac{S_1}{NS}$，通常比较小，对于确定的来波信号其值相对固定，因此它不像极化效应那样，使得环天线的接收方向特性随极化角 ψ 而不断变化。

下面我们分析位移电流效应引起的环天线的接收方向特性随 $e_{abN}(t)$ 与 $e_{abS_1}(t)$ 之间相位差 φ' 的变化特点。

（1）当 φ' 为 0°和 180°时，式(7-2-21)可简化为

$$f(\theta) = \cos\theta \pm K\sin\theta = A\cos(\theta \mp \theta_0) \qquad (7-2-22)$$

其中，$A = \sqrt{1+k^2}$，$\theta_0 = \arccos\dfrac{1}{\sqrt{1+k^2}}$。$\varphi'=0°$时取负号，$\varphi'=180°$时取正号。

环天线的接收方向特性与标准"8"字形相比，偏转了一个 θ_0 角度，方向图的变化与如图7-2-3所示的类似，只是由于 K 比较小，其偏转角 θ_0 也比较小。

（2）当 φ' 为 90°和 270°时，式(7-2-21)可简化为

$$f(\theta) = (\cos^2\theta + K^2\sin^2\theta)^{1/2} \qquad (7-2-23)$$

由此可见，不管在任何来波方位上 $f(\theta)$ 都恒大于 0，环天线的接收方向特性出现"小音点模糊"现象。由于 $K<1$，因此环天线的最小接收方向仍然位于 90°—270°方位线，方向图的变化与图 7-2-4(c)所示的相类似。

（3）当 φ' 为不等于 0°、180°、90°、270°的其他值时，根据式(7-2-21)可得

$$\begin{aligned}
f(\theta) &= (\cos^2\theta + 2K\cos\varphi'\sin\theta\cos\theta + K^2\sin^2\theta)^{1/2} \\
&= [(\cos\theta + K\cos\varphi'\sin\theta)^2 + K^2\sin^2\theta(1-\cos^2\varphi')]^{1/2} \qquad (7-2-24)
\end{aligned}$$

由于 $1-\cos^2\varphi'$ 总是大于 0，因此对任何方位上的来波都有 $f(\theta)$ 恒大于 0，环天线的接收方向特性出现"小音点模糊"现象。

为了求 $f(\theta)$ 的极值点，令

$$\frac{\mathrm{d}f(\theta)}{\mathrm{d}\theta} = \frac{\mathrm{d}}{\mathrm{d}\theta}[\cos^2\theta + 2K\cos\varphi'\sin\theta\cos\theta + K^2\sin^2\theta]^{1/2} = 0 \qquad (7-2-25)$$

即

$$2\cos\theta\sin\theta(K^2-1) + 2K\cos\varphi'(\cos^2\theta - \sin^2\theta) = 0 \qquad (7-2-26)$$

得

$$\begin{cases}
\theta_{1,2} = \dfrac{1}{2}\arctan\dfrac{2K\cos\varphi'}{1-K^2}, \ \pi + \dfrac{1}{2}\arctan\dfrac{2K\cos\varphi'}{1-K^2} \\[2mm]
\theta_{3,4} = \dfrac{\pi}{2} + \dfrac{1}{2}\arctan\dfrac{2K\cos\varphi'}{1-K^2}, \ \dfrac{3\pi}{2} + \dfrac{1}{2}\arctan\dfrac{2K\cos\varphi'}{1-K^2}
\end{cases} \qquad (7-2-27)$$

显然，环天线的接收方向特性发生了偏转，$\theta_{1,2}$ 对应于环天线的两个最大接收方向，当 K 很小很小时，它趋于 0 和 π，$\theta_{3,4}$ 对应于环天线的两个最小接收方向，当 K 很小很小时，它趋于 $\pi/2$ 和 $3\pi/2$。

综合上面的分析，当 φ' 为不等于 0°、180°、90°、270°的其他值时，位移电流效应将引起环天线的接收方向特性出现"小音点既模糊又偏转"现象，方向图发生类似图 7-2-7 所示的变化，只是"小音点模糊"现象模糊程度和偏转的角度都要小得多。

7.2.3　艾德考克天线

在分析环天线的"极化效应"时我们注意到，环天线的水平臂接收了天波中的水平极化分量后就会破坏天线正常的"8"字形方向特性，这是产生极化效应的根本原因。既然如此，从消除极化效应的角度来考虑，是否可以将环天线的水平臂去掉呢？1919 年，艾德考克

（Adcock）在研究环天线极化效应的过程中就是基于这样一个设计指导思想发明了一种以其名字命名的天线，即艾德考克天线，直到今天，这种天线仍然在短波和超短波测向设备中被广泛应用。

艾德考克天线是由间距为 d 的两个垂直振子或对称振子所组成。若是用两个垂直振子来组成，则称之为 U 形艾德考克天线；若是用两个对称振子来组成，则称之为 H 形艾德考克天线，如图 7-2-8 所示。单元天线以中心垂直轴线完全对称。

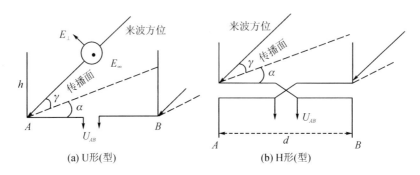

(a) U形(型)　　　　　　　　　(b) H形(型)

图 7-2-8　艾德考克天线的结构示意图

假设每个天线元有效高度为 h，无论垂直振子或对称振子，则每个天线元的接收信号 $E_m = Eh\cos\psi\cos\gamma$，是无方向性的。

天线平面法线与正北方位夹角 P 是已知的，如果传播平面按照顺时针与两个天线元连线 AB 的夹角为 α，则方位角 $\theta = P - \alpha$。

相邻的垂直天线元在射频进行取"和"或者取"差"是最常用的天线组合方式。

1. 两天线元的感应电动势"和"

感应电动势"和"为

$$e_\Sigma(t) = 2E_m\cos\frac{\beta\Delta r_{AB}}{2} \cdot e^{j\omega t} = 2Eh\cos\psi\cos\gamma\cos\frac{\beta\Delta r_{AB}}{2} \cdot e^{j\omega t} \qquad (7-2-28)$$

方向特性函数为

$$f_\Sigma(a) = \cos\frac{\pi \cdot d \cdot \cos\alpha\cos\gamma}{\lambda} = \cos\frac{\pi d\cos(P-\theta)\cos\gamma}{\lambda} \qquad (7-2-29)$$

特别是当 $\dfrac{d}{\lambda} \ll 1$ 时，$f_\Sigma(\alpha) = \cos\dfrac{\pi d\cos\alpha\cos\gamma}{\lambda} \approx 1$，$e_\Sigma(t) \approx 2Eh\cos\psi\cos\gamma \cdot e^{j\omega t}$，无方向特性。

2. 两天线元的感应电动势"差"

感应电动势"差"为

$$e_\Delta(t) = 2E_m\sin\frac{\beta\Delta r_{AB}}{2} \cdot e^{j\omega t - j\frac{\pi}{2}} = 2Eh\cos\psi\cos\gamma\sin\frac{\beta\Delta r_{AB}}{2} \cdot e^{j\omega t - j\frac{\pi}{2}} \qquad (7-2-30)$$

方向性函数为

$$f_\Delta(\alpha) = \sin\frac{\pi d\cos\alpha\cos\gamma}{\lambda} = \sin\frac{\pi d\cos(P-\theta)\cos\gamma}{\lambda} \qquad (7-2-31)$$

此时方向图如图 7-2-9 所示。

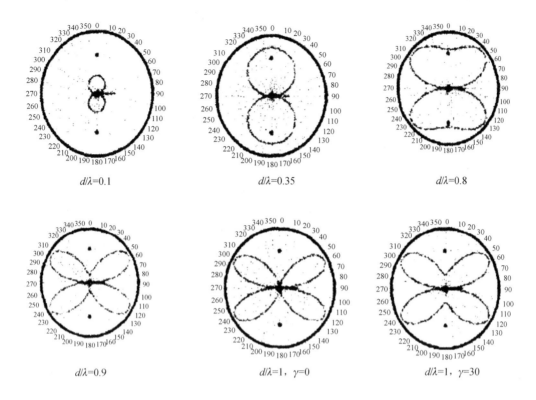

$$图\,7-2-9\quad f_\Delta(a)=\sin\frac{\pi d\cos\alpha\cos\gamma}{\lambda}\,方向特性图$$

特别是当 $\dfrac{d}{\lambda}\ll1$ 时，$e_\Delta(t)\approx\beta Ehd\cdot\cos\psi\cdot\cos^2\gamma\cdot\cos\alpha\cdot e^{j\omega t-j\frac{\pi}{2}}$，$f_\Delta(\alpha)=\cos\alpha=\cos(P-\theta)$，由图 $7-2-9$ 可见：

（1）当 $\dfrac{d}{\lambda}\ll1$ 或 $\dfrac{d}{\lambda}<0.5$ 时，天线有"8"字形方向特性图。如果 $\alpha=90°/270°$，则传播平面与两个天线元连线 AB 正交，感应电动势最小为 0。如果 $\alpha=0°/180°$，则传播平面与两个天线元连线 AB 平行，感应电动势最大。

（2）当 $\dfrac{d}{\lambda}\ll1$ 时，$e_{\max}(t)\approx\beta Ehd\cdot\cos\psi\cdot\cos^2\gamma$。当 $\dfrac{d}{\lambda}\ll1$ 不满足，但满足 $\dfrac{d}{\lambda}<0.5$ 时，$e_{\max}=2Eh\cos\psi\cos\gamma$。随着 $\dfrac{d}{\lambda}$ 的增大，感应电动势最大值 $e_{\max}$ 显著增加，表明天线接收弱信号的能力明显增强。

（3）当 $0.5<\dfrac{d}{\lambda}<1$ 时，天线"8"字形方向特性图开始变化，特别是当 $\dfrac{d}{\lambda}\rightarrow1$ 时，天线已经不是"8"字形方向特性图。

（4）当 $\dfrac{d}{\lambda}$ 等于或大于 1 时，天线已经不是"8"字形方向特性图。不仅当 $\alpha=90°/270°$ 时，感应电动势最小为 0，当 $\alpha=0°/180°$ 时，也会出现"消音点"，并且"消音点"的感应电动势大小、位置均会发生变化。

由此可见，当 $\dfrac{d}{\lambda}$ 较小时，可以利用 $e_{\max}(t)$ 判断 α 的大小，根据夹角 P，判断来波方位角 $\theta=P-\alpha$。

7.2.4　阵列天线

前面讨论的几种具有"8"字形方向特性的天线，由于结构简单等特点，在短波和超短波无线电测向中获得了广泛的应用。但它们也存在两个方面的严重不足：其一是对不同方位同时到达的多个同频或近频（工作频率都落在测向信道接收机通带范围内）目标信号测向处理能力弱；其二是对远距离微弱信号难以完成正常测向任务。

众所周知，现代电磁信号环境中的通信信号在时域、空域、频域上的分布都具有密集复杂的特点。要在这种环境下对整个战区范围内各目标通信网中同时或分时工作的多个电台信号进行测向，特别是对远距离通信目标的微弱信号进行测向，必须寻找新的天线结构形式，以克服"8"字形方向特性天线的不足。其基本要求是：

（1）能将不同方位同时到达的多个同频或近频信号从空域上分离开来。也就是说，当天线接收某一方位的来波信号时，对其他方位的来波信号不接收，这就是要求天线具有尖锐的方向特性。

（2）具有高的天线增益（即天线有效高度），以便能够正常接收远距离微弱信号。

由此我们引出具有尖锐方向特性的多元阵列天线，简称为尖锐方向性天线或阵列天线。其实现过程是将基本天线元组合起来，排列成各种阵列，来实现相控阵天线和各种测向天线。这些阵列天线可以表现出单个天线难以实现的辐射特性。

阵列天线的排列形式比较灵活，如可以排列成非均匀 L 形阵列、非均匀 T 形阵列、均匀圆形阵列、矩形阵列等。图 7-2-10 给出了几种常用的阵列天线的阵元分布图。

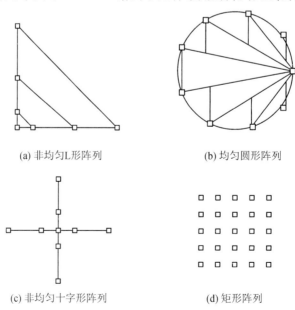

(a) 非均匀L形阵列　　　　(b) 均匀圆形阵列

(c) 非均匀十字形阵列　　　(d) 矩形阵列

图 7-2-10　阵列天线示意图

图 7 - 2 - 10(a)、(b)、(c)所示的三种阵列天线是相位干涉仪测向方法经常使用的阵列形式。均匀圆阵列也在多普勒测向方法中经常使用，而矩形阵列经常作为相控阵天线的阵列形式使用。阵列天线的应用与测向方法有关，需要结合测向方法进行说明，相关的内容将结合后续各节的测向方法进一步讨论。

7.3　振 幅 法 测 向

振幅法测向是利用天线对不同方向来波的幅度响应来测量通信信号的到达方向的。测向天线是具有一定方向特性的，即辐射源发射的电磁场在测向天线上感应的电压幅度与空间方向具有确定关系。这就是说，当测向天线旋转时，其输出电压幅度按天线的极坐标方向图变化。或者说，当测向天线输出电压幅度一定时，可以表明天线与到达电波的相对位置，因此振幅法测向又被称为极坐标方向图测向。根据测向时利用天线输出电压幅度的原理，振幅法测向还可以进一步分为三类：最小信号法测向、最大信号法测向、比幅法测向。

7.3.1　最小信号法测向原理

最小信号法测向就是利用天线方向图的最小值所示方向来确定辐射源方向的一种测向技术。最小信号法测向是早期的主要测向技术，当时主要采用人工耳听的方法，所以习惯上被称为小音点测向或"消音点"测向。

小音点测向天线的极坐标方向图应具有一个或多个零值接收点，在不知道来波方位的情况下旋转测向天线，天线上的感应电动势经过测向接收机，如果输出信号的幅度为最小值或人的听觉上为小音点（"消音点"），则说明天线极坐标方向图的零值接收点对准了来波方位，根据此时天线的转角或位置，就可以确定目标信号的来波方位角。利用小音点进行测向的天线主要有环天线、艾德考克（Adcock）天线等，它们的特点是：

（1）天线由两个对称天线元组成，以中心垂直轴线完全对称，并且可以绕中心垂直轴自由旋转。

（2）我们可以认为艾德考克天线是去掉水平臂的直立环天线，只要当电波的极化角和仰角有一个为 0 时，单环天线与艾德考克天线有着相同的方向特性，即天线具有对称结构的"8"字形方向特性图。

鉴于艾德考克天线在现代测向中广泛应用，这里以艾德考克天线为例构成复合（环）天线，采用一个接收通道，讨论小音点测向工作原理。

1. 天线的方向特性

复合天线的组成如图 7 - 3 - 1 所示。一个是直立单环天线或者艾德考克天线（当电波的极化角和仰角有一个为 0 时，单环天线与艾德考克天线有着相同的方向特性），一个是位于环天线中心轴线上的中央垂直天线。

假设目标电台与测向天线之间的距离满足远场条件，接收电波的极化角为 φ，仰角为 γ，两个天线元 A、B 相同，间距为 d，传播面与两个天线元所在面的夹角为 α。由此可见，天线元中 A、B 的波程差 $\Delta r = \Delta r_{AB} = d\cos\alpha\cos\gamma$，来波方位 θ 及两天线元的位置决定夹角 α，传播平面与天线平面 AB 法线的夹角为 $\alpha - 90°$。

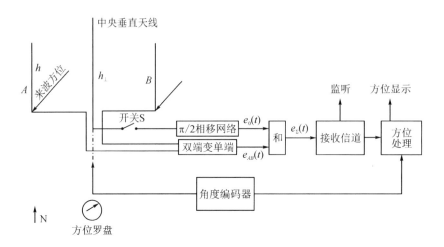

图 7 - 3 - 1　复合(环)天线最小信号法测向设备结构示意图

（1）开关 S 断开，天线具有对称结构的"8"字形方向特性图。当开关 S 断开时，艾德考克天线的输出感应电动势为

$$e_{AB}(t) = e_{\Delta}(t) = 2Eh\cos\psi\cos\gamma\sin\left(\frac{\pi}{\lambda}d\cos\alpha\cos\gamma\right) \cdot \mathrm{e}^{\mathrm{j}\omega t - \mathrm{j}\frac{\pi}{2}\frac{d}{\lambda}} \approx 1$$

$$\approx \beta Ehd\cos\psi\cos^{2}\gamma\cos\alpha \cdot \mathrm{e}^{\mathrm{j}\omega t - \mathrm{j}\frac{\pi}{2}} \qquad (7 - 3 - 1)$$

天线的方向特性函数为 $f(\alpha) \approx \cos\alpha$，具有对称结构的"8"字形方向特性图。特别当传播平面 AB 与天线平面 AB 法线一致时，$\alpha = 90°$，感应电动势 $e_{AB}(t) = 0$。

（2）开关 S 闭合，天线具有心脏形方向特性图，如图 7 - 3 - 2 所示。当开关 S 闭合时，复合天线输出艾德考克天线的感应电动势 $e_{AB}(t)$ 与中央垂直天线的感应电动势 $e_0(t)$ 之和可简写为

$$e_{\Sigma}(t) = e_{\mathrm{m}}(1 + \cos\alpha)\mathrm{e}^{\mathrm{j}\omega t - \mathrm{j}\frac{\pi}{2}}, \qquad f_{\Sigma}(\alpha) = 1 + \cos\alpha \qquad (7 - 3 - 2)$$

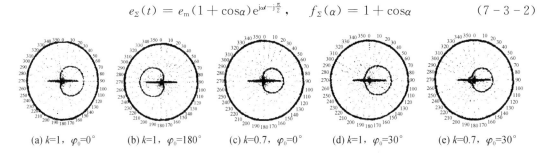

(a) $k=1$, $\varphi_0=0°$　　(b) $k=1$, $\varphi_0=180°$　　(c) $k=0.7$, $\varphi_0=0°$　　(d) $k=1$, $\varphi_0=30°$　　(e) $k=0.7$, $\varphi_0=30°$

图 7 - 3 - 2　开关 S 闭合时复合天线的方向特性图

当艾德考克天线与中央垂直天线的输出电压满足等幅、同相这两个条件时，复合天线能得到标准的心脏形方向图。在实际工程设计中，振幅条件是通过调整中央垂直天线的有效高度来保证的，而相位条件则是通过一个 π/2 相移网络来满足，因此等幅同相这两个条件一般来说难以严格保证，但只要差别不是太大，复合天线方向图与标准心脏形的偏差也不会太大。

2. 人工小音点测向工作原理

对于具有对称结构的"8"字形方向特性图的天线(包括环天线、艾德考克天线等)，旋转天线，当 $\alpha = 90°$ 或 $270°$ 时，测向天线的两个天线元所在面与来波面垂直，测向天线上感应电动势最小(理论为 0)，接收机输出声音最小。由于最小接收方位和最大接收方位各有两个，将中央垂直天线的输出电压加入，形成具有心脏形方向特性图的天线，顺时针旋转天线 $90°$，来波与两个天线元所在面平行。此时接收机输出声音处于两个极端情况(最大或者最小)，此时根据接收机输出声音进行"单向"判决，确定来波方位角。

当对方位角为 θ 的来波进行测向时，具体的测向过程是：

(1) 调整天线平面法线对准正北方位，同时使方位罗盘指针指向零刻度线。

(2) 依据信号载频的侦察结果，调整接收通道的通频带，使其工作在指定信号频率上。

(3) 开关 S 断开，天线方向特性图为"8"字形方向特性图，如图 7-3-3(a)所示。

(4) 以天线元 A、B 的对称中心为轴顺时针旋转天线(方位罗盘指针与其同步旋转)，当接收通道输出声音信号听不到(或最小)时，可以认为天线平面法线(即方位罗盘指针)对准传播平面，此时 $\alpha = 90°$ 或 $\alpha = 270°$，记下方位罗盘指向 Φ，如图 7-3-3(b)所示。

(5) 开关 S 闭合，将中央垂直天线的输出电压加入，构成复合天线，此时接收通道输出声音信号，如图 7-3-3(c)所示。

(6) 顺时针旋转天线 $90°$，进行示向度"单向"判决：如果接收通道输出声音信号听不到(或最小)，则判断来波方位角 $\theta = \Phi$；如果接收通道输出声音信号较大，则判断来波方位角 $\theta = \Phi + 180°$，如图 7-3-3(d)所示。

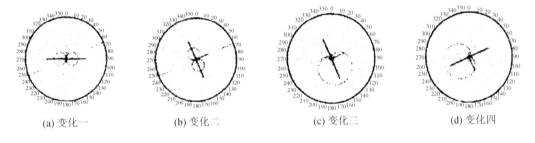

(a) 变化一　　　　　　(b) 变化二　　　　　　(c) 变化三　　　　　　(d) 变化四

图 7-3-3　复合天线测向过程天线方向特性图变化

当然，如果 $e_0(t)$ 与 e_{AB} 之间的剩余相位差为 φ_0，不是 $0°$，而是 $180°$，则步骤(6)中的判断方法就可能不一样了。

7.3.2　最大信号法测向原理

最大信号法测向就是利用天线方向图的最大值所示方向来确定辐射源方向的一种测向技术。早期的最大信号法测向主要采用人工耳听和视觉结合的方法，习惯上称为"大音点测向"。最大信号法测向天线的极坐标方向图应具有一个或多个场强接收点，旋转天线，当测向信道接收机输出的信号为最大值或听觉上为大音点时，说明天线极坐标方向图的场强接收点对准了来波方位，根据此时天线的转角就可以确定目标信号的来波方位角。

1. 天线的方向特性

　　乌兰韦伯尔天线系统是典型的最大信号法测向天线，包括天线和角度计两个组成部分。其中，天线由均匀分布在一个圆周上的若干根直立天线元构成，角度计由定子、转子、相位补偿器、和/差变换器(简称和差器)及方位罗盘组成，如图 7-3-4 所示。

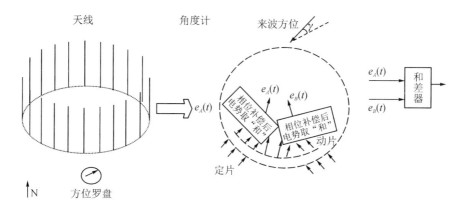

图 7-3-4　乌兰韦伯尔天线系统结构示意图

　　各天线元的接收电势通过馈线送到对应的耦合电容定片上；定子为圆盘形，其圆周上均匀地装有与天线元数目相同的混合电容定片；转子亦呈圆盘形并可由马达带动或人工旋转，转子圆周上装有耦合电容的动片，与定片不同的是：转子仅分布在某一扇面的圆周上。要求定片与动片之间有良好的电气耦合，以便定片上的接收电势能顺利地耦合到与之相对应的动片。

　　角度计的工作流程如图 7-3-5 所示。$2n$ 个动片耦合的电势等分为两组(每组 n 个)送到对应的两组相位补偿器 A、B，相位补偿器分别对各天线元的接收电势进行适当地相位补偿后，使得相位补偿器后的 $2n$ 个相邻天线元的接收电势与排列在一条直线上的 $2n$ 个相邻天线元的接收电势等效，分别将每组相位补偿器的输出取"和"，得到 n 个"排列在一条直线上"的相邻天线元的各组的接收电势。

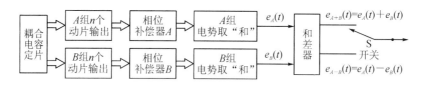

图 7-3-5　角度计的工作流程

　　在乌兰韦伯尔天线系统中，经过相位补偿器后的 $2n$ 个相邻天线元的接收电势与排列在一条直线上的 $2n$ 个相邻天线元的接收电势等效。

　　在乌兰韦伯尔天线系统中，有两组"直线阵"，每组"直线阵"的接收电势分别为 $e_A(t)$、$e_B(t)$。A、B 两组天线的间距 $D=nd$，A、B 天线组之间由于波程差而引起的接收电势相位差为

$$\Delta\Phi = \frac{2\pi}{\lambda}D\cos\gamma\sin(\theta-\alpha) = \frac{2\pi}{\lambda}nd\cos\gamma\sin(\theta-\alpha) = n\Delta\varphi$$

如果取 $e_A(t) + e_B(t)$，则相当于 $2n$ 个"排列在一条直线上"的相邻天线元的接收电势"和"为

$$
\begin{aligned}
e_{A+B}(t) &= e_A(t) + e_B(t) \\
&= [e_1(t) + e_2(t) + \cdots + e_n(t)] + [e_{n+1}(t) + e_{n+2}(t) + \cdots + e_{2n}(t)] \\
&= E_{\mathrm{m}} \frac{\sin(2n\Delta\varphi/2)}{\sin(\Delta\varphi/2)} \exp\left[\mathrm{j}\left(\omega t + \frac{2n-1}{2}\Delta\varphi \right) \right]
\end{aligned}
\qquad (7-3-3)
$$

"和"方向特性为

$$
f_{A+B}(\theta) = \frac{\sin(2n\Delta\varphi/2)}{\sin(\Delta\varphi/2)} = \frac{\sin\left[\dfrac{2n\pi d}{\lambda} \cos\gamma \sin(\theta - \alpha) \right]}{\sin\left[\dfrac{\pi d}{\lambda} \cos\gamma \sin(\theta - \alpha) \right]}
$$

$$
f_A(\theta) = \frac{\sin(n\Delta\varphi/2)}{\sin(\Delta\varphi/2)}
$$

相比就是天线元数目增加（方向特性图如图 7-3-6 所示），对弱信号的接收能力（灵敏度）提高了。

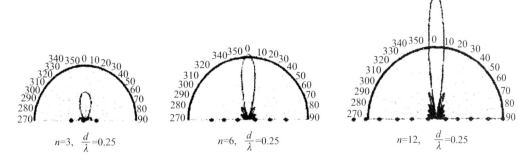

$n=3, \dfrac{d}{\lambda}=0.25$　　　$n=6, \dfrac{d}{\lambda}=0.25$　　　$n=12, \dfrac{d}{\lambda}=0.25$

图 7-3-6　$2n$ 个相邻天线元均匀直线阵天线系统 $f_{A+B}(\theta)$ 的方向特性图

如果取 $e_A(t) - e_B(t)$，则

$$
\begin{aligned}
e_{A-B}(t) &= e_A(t) - e_B(t) \\
&= [e_1(t) + e_2(t) + \cdots + e_n(t)] - [e_{n+1}(t) + e_{n+2}(t) + \cdots + e_{2n}(t)] \\
&= 2E_{\mathrm{m}} \frac{\sin n\Delta\varphi/2}{\sin\Delta\varphi/2} \sin\left(\frac{\Delta\varphi}{2} \right) \exp\left[\mathrm{j}\left(\omega t + \frac{2n-1}{2}\Delta\varphi + \frac{\pi}{2} \right) \right] \\
&= 2E_{\mathrm{m}} \frac{\sin(n\Delta\varphi/2)}{\sin(\Delta\varphi/2)} \exp\left[\mathrm{j}\left(\omega t + \frac{2n-1}{2}\Delta\varphi + \frac{\pi}{2} \right) \right]
\end{aligned}
\qquad (7-3-4)
$$

可得"差"方向特性为

$$
f_{A-B}(\theta) = \frac{\sin^2 n\Delta\varphi/2}{\sin\Delta\varphi/2} = \frac{\sin^2\left[\dfrac{n\pi d}{\lambda} \cos\gamma \sin(\theta - \alpha) \right]}{\left[\sin\dfrac{\pi d}{\lambda} \cos\gamma \sin(\theta - \alpha) \right]}
$$

方向特性图如图 7-3-7 所示。

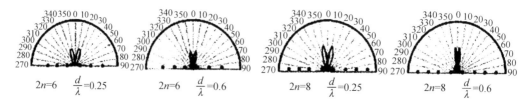

图 7 - 3 - 7 $2n$ 个相邻天线元均匀直线阵天线系统 $f_{A-B}(\theta)$ 的方向特性图

2. 最大信号法测向机的工作原理

对有一定方位角 θ 的来波进行测向时，具体的测向过程是：

（1）首先调整乌兰韦伯尔天线系统中角度计的相位补偿器使 $2n$ 个相邻天线元等效"排列在一条直线上"，并且"直线"的法线对准正北方位，同时使方位罗盘指针指向零刻度线。

（2）依据频率侦察结果，调整接收通道的通频带到指定信号频率。

（3）两组 n 个"排列在一条直线上"的相邻天线元的各组的接收电势送到"和/差变换器"。

（4）将"和/差变换器"取"和"，接收电势"和" $e_{A+B}(t)$ 被送入接收通道，顺时针旋转角度计的动片，并且方位罗盘指针与其同步旋转，寻找接收通道输出信号最大位置，如图 7 - 3 - 8(b)所示。

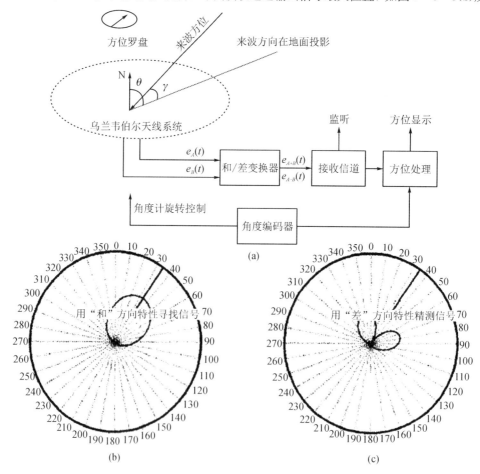

图 7 - 3 - 8 乌兰韦伯天线系统最大信号法测向示意图

（5）当接收通道输出信号最大时，将"和/差变换器"取"差"，接收电势"差"$e_{A-B}(t)$被送入接收通道，微微调整角度计动片，使接收通道输出信号最小，此时 $\theta-\alpha=0$，方位罗盘指向就是示向度 Φ，判定来波方位角为 $\theta-\Phi$，如图 7-3-8(c)所示。"和"方向特性的主瓣增益明显，对弱信号有很强的接收能力。

7.3.3　比幅法测向原理

比幅法测向是利用方向图部分重叠的多副天线接收同一辐射源信号，比较各天线接收信号的幅度来确定其方向的一种测向技术。比幅法测向一般不需要旋转天线，其具有实效性好的特点。比幅法测向中常用两副天线分别固定配置于南北方向、东西方向的单元天线，假设：接收电波的极化角为 ψ，仰角为 γ，来波方位角为 θ，则来波方位与南北方向单元天线（面）的夹角 $\alpha=\theta$，与东、西方向单元天线（面）的夹角 $\alpha=90°-\theta$，所以，$\Delta r_{NS}=d\cos\theta\cos\gamma$，$\Delta r_{EW}=d\sin\theta\sin\gamma$。每个单元天线的感应电动势振幅 E_m，当单元天线采用垂直单杆天线时，$E_m=Eh\cos\psi\cos\gamma$。

根据接收通道的数目，分为单信道、双信道以及多信道比幅法测向，下面以典型的三信道比幅法测向为例，讨论比幅法测向原理，其结构如图 7-3-9 所示。

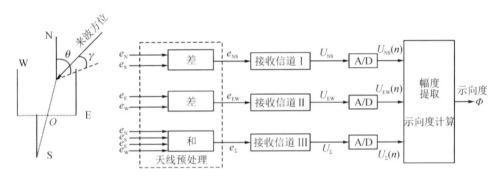

图 7-3-9　比幅法测向设备结构示意图

1. 比幅法测向机的工作原理

1）信号接收

我们将单元天线分别按东西方向和南北方向配置，可得天线方向特性图，如图 7-3-10 所示。将南、北单元天线接收信号取"差"，写成实信号的形式，即

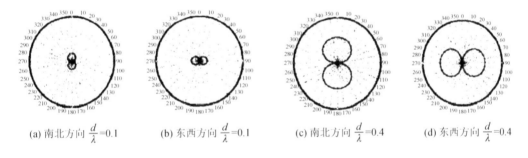

(a) 南北方向 $\frac{d}{\lambda}=0.1$　　(b) 东西方向 $\frac{d}{\lambda}=0.1$　　(c) 南北方向 $\frac{d}{\lambda}=0.4$　　(d) 东西方向 $\frac{d}{\lambda}=0.4$

图 7-3-10　不同配置天线方向特性图

$$e_{NS} = e_N - e_S = 2E_m \sin \frac{\pi d \cos\theta \cos\gamma}{\lambda} \cos\left(\omega t - \frac{\pi}{2}\right)$$

$$= 2E_m \sin \frac{\pi d \cos\theta \cos\gamma}{\lambda} \sin\omega t \qquad (7-3-5)$$

将东、西单元天线接收信号取"差",写成实信号的形式,即

$$e_{EW} = e_E - e_W = 2E_m \sin \frac{\pi d \cos(90° - \theta)\cos\gamma}{\lambda} \cos\left(\omega t - \frac{\pi}{2}\right)$$

$$= 2E_m \sin \frac{\pi d \sin\theta \cos\gamma}{\lambda} \sin\omega t \qquad (7-3-6)$$

将东、南、西、北单元天线接收信号取"和",写成实信号的形式,即

$$e_{\Sigma} = e_E + e_W + e_N + e_S$$

$$= 2E_m \cos \frac{\pi d \cos\theta \cos\gamma}{\lambda} + \cos \frac{\pi d \sin\theta \cos\gamma}{\lambda} \cos\omega t \qquad (7-3-7)$$

e_{NS} 经接收通道 I,变频为中频信号,即

$$U_{NS}(t) = 2E_m \sin \frac{\pi d \cos\theta \cos\gamma}{\lambda} K_{NS}(f) \sin[\omega t + \varphi_{NS}(f)]$$

式中,$K_{NS}(f)$、$\varphi_{NS}(f)$ 分别是南北方向信号经过接收通道 I 的增益和相移,一般与频率有关。

e_{EW} 经接收通道 II,变频为中频信号,即

$$U_{EW}(t) = 2E_m \sin \frac{\pi d \sin\theta \cos\gamma}{\lambda} K_{EW}(f) \sin[\omega t + \varphi_{EW}(f)]$$

式中,$K_{EW}(f)$、φ_{EW} 分别是东西方向信号经过接收通道 II 的增益和相移,一般与频率有关。

e_{Σ} 经 90°相移后通过接收通道 III,变频为中频信号,即

$$U_{\Sigma}(t) = 2E_m \cos \frac{\pi d \cos\theta \cdot \cos\gamma}{\lambda} + \cos \frac{\pi d \sin\theta \cdot \cos\gamma}{\lambda} K_{\Sigma}(f) \sin[\omega t + \varphi_{\Sigma}(f)]$$

式中,$K_{\Sigma}(f)$、$\varphi_{\Sigma}(f)$ 分别是"和"信号经过接收通道 III 的增益和相移,一般与频率有关。

$U_{NS}(t)$、$U_{EW}(t)$、$U_{\Sigma}(t)$ 经 A/D 转换为中频离散信号,即

$$U_{NS}(n) = 2E_m \sin \frac{\pi d \cos\theta \cos\gamma}{\lambda} K_{NS}(f) \sin[\omega nT + \varphi_{NS}(f)]$$

$$U_{EW}(n) = 2E_m \sin \frac{\pi d \cos\theta \cos\gamma}{\lambda} K_{EW}(f) \sin[\omega nT + \varphi_{EW}(f)]$$

$$U_{\Sigma}(n) = 2E_m \cos \frac{\pi d \cos\theta \cos\gamma}{\lambda} + \cos \frac{\pi d \sin\theta \cos\gamma}{\lambda} K_{\Sigma}(f) \sin[\omega nT + \varphi_{\Sigma}(f)]$$

2) 幅度提取及示向度计算

信号幅度提取的方法很多,可以采用对信号进行正交变换的提取方法,或者采取 DFT 在频域提取。下面介绍一种利用第三信道接收信号进行正交变换的幅度提取方法。

对 $U_{NS}(n) \cdot U_{\Sigma}(n)$ 低通滤波,可得

$$U_{m\_NS} = 2E_m^2 K_{NS}(f) K_{\Sigma}(f) \sin \frac{\pi d \cos\theta \cos\gamma}{\lambda} \cdot \cos \frac{\pi d \cos\theta \cos\gamma}{\lambda} +$$

$$\cos \frac{\pi d \sin\theta \cdot \cos\gamma}{\lambda} \cos[\varphi_{NS}(f) - \varphi_{\Sigma}(f)]$$

对 $U_{EW}(n) \cdot U_{\Sigma}(n)$ 进行低通滤波，可得

$$U_{m\_EW} = 2E_m^2 K_{EW}(f)K_{\Sigma}(f)\sin\frac{\pi d\cos\theta\cos\gamma}{\lambda} \cdot \left(\cos\frac{\pi d\cos\theta\cos\gamma}{\lambda} + \right.$$

$$\left. \cos\frac{\pi d\sin\theta \cdot \cos\gamma}{\lambda}\right)\cos[\varphi_{EW}(f) - \varphi_{\Sigma}(f)]$$

所以

$$\frac{U_{m\_EW}}{U_{m\_NS}} = \frac{K_{EW}(f)\sin\dfrac{\pi d\sin\theta\cos\gamma}{\lambda}\cos[\varphi_{EW}(f) - \varphi_{\Sigma}(f)]}{K_{NS}(f)\sin\dfrac{\pi d\cos\theta\cos\gamma}{\lambda}\cos[\varphi_{NS}(f) - \varphi_{\Sigma}(f)]} \qquad (7-3-8)$$

如果 $K_{NS}(f) = K_{EW}(f) = K(f)$，$\varphi_{NS}(f) = \varphi_{EW}(f) = \varphi_{\Sigma}(f)$，$\dfrac{d}{\lambda} \ll 1$，由 $\sin x \approx x$ 则

$$U_{m\_NS} \approx 2\beta dE_m^2 K(f)K_{\Sigma}(f)\cos\theta\sin\gamma$$

$$U_{m\_EW} \approx 2\beta dE_m^2 K(f)K_{\Sigma}(f)\sin\theta\sin\gamma \qquad (7-3-9)$$

由此可以看出，$\dfrac{U_{m\_EW}}{U_{m\_NS}} \approx \dfrac{\sin\theta}{\cos\theta} = \tan\theta$。考虑 arctan 函数取值范围为 $\left[-\dfrac{\pi}{2}, \dfrac{\pi}{2}\right]$，计算 $\arctan\dfrac{U_{m\_EW}}{U_{m\_NS}}$ 并根据 U_{m_EW}、U_{m_NS} 极性进行调整，可得示向度为

$$\Phi = \arctan\frac{U_{m\_EW}}{U_{m\_NS}} + k\pi \qquad (7-3-10)$$

其中，U_{m_EW}、U_{m_NS} 极性与示向度的关系如表 7-3-1 所示。

表 7-3-1　U_{m_EW}、U_{m_NS} 极性与示向度的关系

$U_{m\_EW} > 0$，$U_{m\_NS} > 0$	$U_{m\_EW} > 0$，$U_{m\_NS} < 0$	$U_{m\_EW} < 0$，$U_{m\_NS} < 0$	$U_{m\_EW} < 0$，$U_{m\_NS} > 0$
$k = 0$	$k = 1$	$k = 1$	$k = 2$

由于不需要旋转天线，比幅法测向具有反应速度快的特点，可用于对捷变信号的测向。

2. 相关问题处理

1) 振幅测量误差 ΔU_{m_EW}、ΔU_{m_NS} 所引起的测向误差

如果在测量 U_{m_EW}、U_{m_NS} 振幅的过程中存在误差，即 ΔU_{m_EW}、ΔU_{m_NS}，则

$$U_{m\_EW} = U_{m\_EW} + \Delta U_{m\_EW}，U_{m\_NS} = U_{m\_NS} + \Delta U_{m\_NS}$$

按 $\arctan\dfrac{U_{m\_EW}}{U_{m\_NS}}$ 计算示向度时，会测向带来误差，即

$$\Delta\theta = \theta - \arctan\frac{U_{m\_EW} + \Delta U_{m\_EW}}{U_{m\_NS} + \Delta U_{m\_NS}} = \theta - \arctan\left[\frac{U_{m\_EW}}{U_{m\_NS}} \cdot \frac{1 + \dfrac{\Delta U_{m\_NS}}{U_{m\_EW}}}{1 + \dfrac{\Delta U_{m\_NS}}{U_{m\_NS}}}\right] \qquad (7-3-11)$$

由式 (7-3-11) 可见，U_{m_NS}、U_{m_EW} 的测量误差相对值 $\dfrac{\Delta U_{m\_NS}}{U_{m\_NS}}$、$\dfrac{\Delta U_{m\_EW}}{U_{m\_EW}}$ 越大，测向误差越大。

2) $\dfrac{d}{\lambda} \ll 1$ 条件不能得到满足所引起的间距误差

测向机的工作频率范围为 $f_A \sim f_B$（假设 $f_A \leqslant f_B$），其波长范围为 $\dfrac{c}{f_A} \sim \dfrac{c}{f_B}$，天线有效高度 $h < \dfrac{\lambda}{4} \overset{\lambda = \lambda_{\max}}{=} \dfrac{\lambda_B}{4} = \dfrac{c}{4 f_B}$，比幅法测向要求 $\dfrac{d}{\lambda} \ll 1$，即 $d \ll \lambda \overset{\lambda = \lambda_{\max}}{=} \lambda_B = \dfrac{c}{f_B}$。可见 $hd \ll \left(\dfrac{c}{2 f_B} \right)^2$，当工作频率 f_B 很高时，天线线尺寸很小，给弱信号的接收以及减小测向误差都带来不利。

如果增大天线间距 d，在某些频率范围内，$\dfrac{d}{\lambda} \ll 1$ 条件就不能得到满足，则

$$\Phi = \arctan \frac{U_{m\_EW}}{U_{m\_NS}} = \arctan \frac{\sin \dfrac{\pi d \, \sin\theta \, \cos\gamma}{\lambda}}{\sin \dfrac{\pi d \, \cos\theta \, \cos\gamma}{\lambda}} \neq \arctan \frac{\sin\theta}{\cos\theta}$$

这个误差产生的原因、大小与单元天线之间的间距 d 直接相关，被称为间距误差。

当 $\dfrac{d}{\lambda} \ll 1$ 时，间距误差很小，但不利于弱信号的接收，而且，一旦幅度测量存在误差，也会带来较大的测向误差。如何解决这个矛盾呢？一般采用增加天线元来构成天线阵的办法，通过天线阵的组合得到等效的 NS、EW 天线，一方面，得到较大的天线有效高度，提高对弱信号的接收能力；另一方面，在 d 较大时，大大减小间距误差。

3. 接收通道增益与相移失配的处理

现代多信道接收机的高频与中频单元仍然由模拟电路构成，尽可能采用配对器件，并由同一个频率合成器提供本振信号，在对比调试过程中控制多个信道的振幅、相位特性，使它们尽量一致。在中频单元后信号处理时，改善幅度和相位提取算法，增强算法对通道增益与相移失配的宽容性，有利于减少接收通道增益与相移失配带来的测向误差。

实际上，多个信道的振幅、相位特性不一致是客观存在的，常用而有效的方法是：通过标准的测试信号，建立信道振幅、相位特性补偿数据库，对实际接收信号精确地进行均衡补偿，解决接收通道增益与相移失配。

7.4　相位法测向

相位法测向的原理是根据电波在从不同的方向到达测向天线阵时，各天线元的接收信号的相位不同，通过测量来波信号的相位和相位差，可以确定来波方位角。

7.4.1　相位法测向的基本原理

在相位法测向中首先测量天线阵中不同天线元之间的相位差，然后进行相位比较，习惯上也称为比相法测向。在比相法测向中，可以用两副分别配置于不同位置的单元天线（如图 7-4-1 所示），假设有下列三个条件：

（1）接收电波的极化角为 ψ，仰角为 γ，来波方位角为 θ。

（2）第一副天线包含两个单元天线 A_1 和 A_2，两个单元天线构成的面与南北方向顺时针偏离 α_1，与来波方位偏离 $\alpha_1 - \theta$。两单元天线之间的相位差为

$$\Delta\varphi_A = \beta\Delta r_A = \beta d \cos\gamma \cos(\alpha_1 - \theta) \tag{7-4-1}$$

其中，$\beta = \dfrac{2\pi}{\lambda}$。

（3）第二副天线包含两个单元天线 B_1 和 B_2，两个单元天线构成的面与南北方向顺时针偏离 α_2，与来波方位偏离 $\alpha_2 - \theta$。两单元天线之间的相位差为

$$\Delta\varphi_B = \beta\Delta r_B = \beta d \cos\gamma \cos(\alpha_2 - \theta) \tag{7-4-2}$$

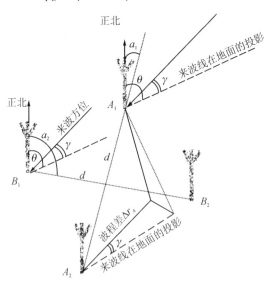

图 7-4-1　比相法测向天线配置

如果能够测量得到 A_1 和 A_2 之间相位差 $\Delta\varphi_A$，B_1 和 B_2 之间相位差 $\Delta\varphi_B$，则有

$$\frac{\Delta\varphi_B}{\Delta\varphi_A} = \frac{\beta d \cos\gamma \cos(\alpha_2 - \theta)}{\beta d \cos\gamma \cos(\alpha_1 - \theta)} = \frac{\cos(\alpha_2 - \theta)}{\cos(\alpha_1 - \theta)} \tag{7-4-3}$$

由于 α_1 和 α_2 是已知的，可以进一步计算出来波方位角 θ。

特别地，当两个单元天线 A_1 和 A_2 处于南、北位置时，$\alpha_1 = 0$，$\Delta\varphi_A = \Delta\varphi_{NS} = \beta d \cos\gamma \cos\theta$；当两个单元天线 B_1 和 B_2 处于东、西位置时，$\alpha_2 = 90°$，$\Delta\varphi_B = \Delta\varphi_{EW} = \beta d \cos\gamma \sin\theta$。计算 $\arctan\dfrac{\Delta\varphi_B}{\Delta\varphi_A}$，并根据 $\Delta\varphi_B$、$\Delta\varphi_A$ 的极性进行调整，可得示向度和仰角分别为

$$\Phi = \arctan\frac{\Delta\varphi_B}{\Delta\varphi_A}$$

$$\gamma = \arctan\frac{\sqrt{(\Delta\varphi_B)^2 + (\Delta\varphi_A)^2}}{\beta d} \tag{7-4-4}$$

相位法测向又称为"干涉仪"测向，相位干涉仪的最简单结构是单基线干涉仪，此外还有多基线干涉仪等形式，下面分别予以介绍。

7.4.2　相位干涉仪测向

1. 一维单基线相位干涉仪测向

单基线相位干涉仪有两个完全相同的接收通道，假设两个单元天线处于东、西位置水

平架设，如图 7-4-2 所示。

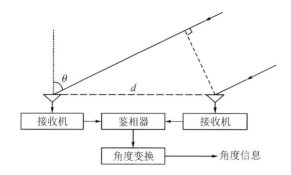

图 7-4-2　单基线相位干涉仪测向示意图

假设有一个平面电磁波从天线视轴夹角 θ 方向到达测向天线 1 和 2，并且仰角为 0 rad，则天线阵输出信号的相位差为

$$\varphi = \frac{2\pi}{\lambda} d \sin\theta \tag{7-4-5}$$

其中，λ 是信号波长；d 是天线间距，也称为基线长度。如果两个接收通道的幅度和相位响应完全一致，那么正交相位检波输出为

$$\begin{cases} U_c = K\cos\varphi \\ U_s = K\sin\varphi \end{cases} \tag{7-4-6}$$

K 为系统增益。进行角度变换，得到测向输出为

$$\begin{cases} \hat{\varphi} = \arctan \dfrac{U_s}{U_c} \\ \hat{\theta} = \arcsin \dfrac{\hat{\varphi}\lambda}{2\pi d} \end{cases} \tag{7-4-7}$$

由于鉴相器的无模糊相位检测范围为 $[-\pi, \pi]$，因此单基线相位干涉仪的无模糊测角范围为 $[-\theta_{max}, \theta_{max}]$，其中

$$\theta_{max} = \arcsin \frac{\lambda}{2d} \tag{7-4-8}$$

对式(7-4-5)求微分，可以得到测角误差的关系为

$$\Delta\varphi = \frac{2\pi}{\lambda} d (\cos\theta) \Delta\theta \tag{7-4-9}$$

即

$$\Delta\theta = \Delta\varphi \frac{\lambda}{2\pi d\cos\theta} \tag{7-4-10}$$

由式(7-4-10)可见，在天线视轴方向($\theta = 0$ rad)误差最小，在基线方向($\theta = \frac{\pi}{2}$ rad)误差非常大，是测向的"盲区"。因此，一般将单基线相位干涉仪的测向范围限制在 $\left[\frac{-\pi}{3}, \frac{\pi}{3}\right]$ 内。

此外，测向误差与相位误差 $\Delta\varphi$ 成正比，与 d/λ 成反比。在测向设备工作频率范围一定的情况下，波长 λ 又是确定的，因此 d 越长，测向精度越高，但由式(7-4-8)可知无模糊测角范围越小。因此，单基线相位干涉仪测向难以解决高的测向精度与大的测角范围的矛盾。

2. 一维多基线相位干涉仪测向

1）相位干涉仪测向的相位模糊问题

当 $d \leqslant \lambda/2$ 时，我们称之为短基线相位干涉仪。短基线测向精度低，要想提高测向精度，必须增大基线长度 d。

由式(7-4-5)可知，当 $d > \lambda/2$ 时，天线阵输出信号的最大相位差 $|\varphi| > \pi$，而根据式(7-4-7)求得的相位差为 $|\hat{\varphi} \leqslant \frac{\pi}{2}|$，即实际值 φ 与测量值 $\hat{\varphi}$ 之间存在相位模糊，满足：

$$\varphi = \hat{\varphi} + 2i\pi, \quad i = 0, 1, 2, \cdots\cdots \tag{7-4-11}$$

因此，根据式(7-4-7)可获得的输出相位为

$$\hat{\theta} = \arcsin\frac{\hat{\varphi}\lambda}{2\pi d}\arcsin\frac{(\varphi + 2i\pi)\lambda}{2\pi d} \tag{7-4-12}$$

在确定 i 值之前，方位角估计值有多种可能无法确定。也就是说，相位模糊引起了方位角测量的模糊。

为了解决相位模糊问题，最简单的办法是限定测向视角。也就是人为地增加多副天线，使得每副天线的测量视角 θ 都满足 $|\varphi| = \left|\frac{2\pi}{\lambda}d\sin\theta\right| \leqslant \pi$，这是一种牺牲测向天线的方位覆盖范围的解决办法。第二种方法就是结合使用长、短基线法来进行测向，达到既提高测向精度，又解决相位模糊的目的。

2）长、短基线法测向

在多基线相位干涉仪中，利用长基线保证精度，短基线保证测角范围。长、短基线干涉仪测向示意图如图 7-4-3 所示。其由三个天线元分别输出 $e_O(t)$、$e_A(t)$、$e_B(t)$ 到三信道接收机，由 $e_O(t)$、$e_A(t)$ 得到的相位差为 φ_{OA}，$e_O(t)$、$e_B(t)$ 得到的相位差为 φ_{OB}。

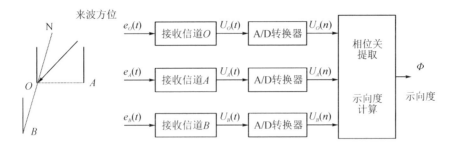

图 7-4-3　长、短基线干涉仪测向示意图

短基线 d 保证不出现相位模糊，即

$$\varphi_{OA\max} = \frac{2\pi}{\lambda}d < \pi \tag{7-4-13}$$

因此由 φ_{OA} 对应的来波方位角的粗测值具有唯一性，即

$$\hat{\theta}_{OA} = \arcsin\frac{\hat{\varphi}_{OA}\lambda}{2\pi d} \tag{7-4-14}$$

长基线 D 保证方位角测量精度，它对应的相位差为

$$\varphi_{OB} = \frac{2\pi}{\lambda}D\sin\theta = 2i\pi + \hat{\varphi}_{OB}, \quad i = 0, 1, 2, \cdots\cdots \tag{7-4-15}$$

因此必须估计 i 的值，才能得到正确的 φ_{OB} 值。根据：

$$\hat{\theta}_{OB}(i) = \arcsin\frac{(\hat{\varphi}_{OB} + 2i\pi)\lambda}{2\pi d}, \quad i = 0, 1, 2, \cdots \quad (7-4-16)$$

寻找最接近 $\hat{\theta}_{OA}$ 的 $\hat{\theta}_{OB}(i)$ 值，就可以得到比 $\hat{\theta}_{12}$ 更精确的来波方位角，即按下式进行搜索：

$$\min(|\hat{\theta}_{OB}(i) - \hat{\theta}_{OA}|), \quad i = 0, 1, 2, \cdots \quad (7-4-17)$$

由此解决了相位模糊带来的来波方位角测量模糊问题。

7.4.3　多普勒测向

当波源与观察者之间有相对运动时，观察者所接收到的信号频率与波源所发出的信号频率之间有一个频率增量，这种现象叫做多普勒效应，其对应的频率增量称为多普勒频移。多普勒测向的结构示意图如图 7-4-4 所示。对于通信对抗测向而言，通过改变测向设备（或者天线）的位置，产生通信目标辐射源与测向设备之间的相对运动，使接收信号的相位改变。多普勒测向是从辐射源与测向天线之间相对运动时信号频率产生的多普勒频移中，提取含有信号方位的因子来确定其方位的一种测向技术。

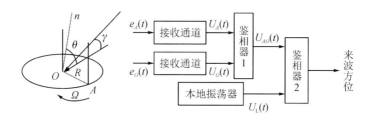

图 7-4-4　多普勒测向的结构示意图

1. 多普勒测向的基本原理

全向天线 A 在半径为 R 的圆周上以 Ω 的角频率顺时针匀速旋转，设起始位置为正北方位，对于仰角为 γ、水平方位角为 θ 的来波信号，在 t 时刻，天线 A 与正北方位的夹角为 Ωt，接收信号相对于中央全向天线的相位差为

$$\varphi(t) = \frac{2\pi}{\lambda}R\cos\gamma\cos(\Omega t - \theta) \quad (7-4-18)$$

$\varphi(t)$ 是由于全向天线 A 的圆周运动所产生的多普勒相移，其中包含来波方位角 θ，这是多普勒测向的前提保证。

中央全向天线 O 的接收电势为

$$e_O(t) = E_m e^{j[\omega t + \varphi_O(t)]} = E_m e^{j\phi_O(t)}$$

其相位为

$$\phi_O(t) = \omega t + \varphi_O(t)$$

其角频率为

$$\omega_O(t) = \phi'_O(t) = \omega + \varphi'_O(t)$$

绕圆周运动的全向天线 A 的接收电势为

$$e_A(t) = E_m e^{j[\omega t + \varphi_O(t) + \varphi(t)]} = E_m e^{j\phi_A(t)}$$

其相位为

$$\phi_A(t) = \omega t + \varphi_O(t) + \varphi(t)$$

其角频率为

$$\omega_A(t) = \phi'_A(t) = \omega + \varphi'_O(t) + \frac{2\pi}{\lambda}R\Omega\cos\gamma\sin(\Omega t - \theta)$$

其中，$\varphi'(t) = \frac{2\pi}{\lambda}R\Omega\cos\gamma\sin(\Omega t - \theta)$ 就是由于运动产生的多普勒频移。

经过鉴相器 1 输出信号为

$$U_{AO}(t) = K\varphi(t) = K\frac{2\pi}{\lambda}R\cos\gamma\cos(\Omega t - \theta)$$

其相位为 $\Omega t - \theta$。

内部产生的本地振荡信号为

$$U_L(t) = \cos\Omega t$$

其相位为 Ωt。

鉴相器 2 输出信号为相位 U_{AO} 与 $U_L(t)$ 相位之差 θ，即来波方位角。

2. 伪多普勒测向的工作原理

在工程设计上使天线元高速旋转是不切合实际的，实际的多普勒测向都是采用伪多普勒/准多普勒测向技术。伪多普勒测向就是用排列成圆阵的 N 个全向天线元的顺序扫描转换来模拟单个全向天线元的圆周旋转，如图 7 - 4 - 5 所示。单元天线 1 置于天线阵正北方位、第 $n\,(n=1,\,2,\,\cdots,\,N)$ 个单元天线相对于正北方位的圆心角为 $(n-1)\dfrac{360°}{N}$。

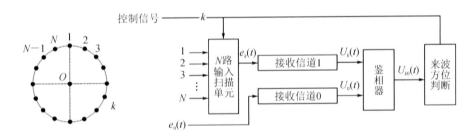

图 7 - 4 - 5　伪多普勒测向的结构示意图

半径为 R 的圆心位置有全向天线 O，其接收感应电动势为

$$e_0(t) = E_m e^{j[\omega t + \varphi_0(t)]} \tag{7-4-19}$$

其中，E_m 表示接收信号中的调幅成分；$\varphi_0(t)$ 表示接收信号中的调相/频成分；$e_0(t)$ 送入接收信道 0，接收信道 0 输出为

$$U_0(t) = K_0 E_m e^{j[\omega t + \varphi_0(t) + \Delta\varphi_0]}$$

其中，K_0 为接收信道 0 的增益；$\Delta\varphi_0$ 为接收信道 0 的相移。接收信道 0 输出信号的相位为

$$\phi_0 = \omega t + \varphi_0(t) + \Delta\varphi_0 \tag{7-4-20}$$

半径为 R 的圆周上均匀分布 N 个全向天线，控制信号产生器提供以正北方位为起始的标准信号驱动射频开关动作，使得 N 个天线元的输出电势 $e_1(t)$，$e_2(t)$，$e_3(t)$，$\cdots$，$e_N(t)$ 以时间间隔 T 为周期轮流输出，每个信号被选中时间长度为 T/N，形成等效于绕圆周以 $\Omega = 2\pi/T$ 角频率匀速运动的天线总输出电势 $e_A(t)$。在 $0°\sim360°$ 范围内的 N 个天线元，相邻天

线元之间的角度差为 $\dfrac{360°}{N} = \dfrac{2\pi}{N}$。

当 $t = (k-1)\dfrac{T}{N} \sim k\dfrac{T}{N}(k=1, 2, \cdots, N)$ 时，第 k 个天线元与正北方位之间的夹角为 $\dfrac{2\pi}{N}(k-1)$，k 与时间 t 是对应的，在周期 T 很短时相当于连续变化。在 $t = (k-1)\dfrac{T}{N} \sim k\dfrac{T}{N}$ $(k=1, 2, \cdots, N)$ 时，第 k 个天线元的接收信号与中央全向天线接收信号的相位差为

$$\varphi(k) = \frac{2\pi}{\lambda}R\cos\gamma\cos\left[\frac{2\pi}{N}(k-1) - \theta\right] \tag{7-4-21}$$

其接收感应电动势为

$$e_k(t) = E_\mathrm{m}(t)\exp\{\mathrm{j}[\omega t + \varphi_0(t) + \varphi(k)]\}$$

$$= E_\mathrm{m}(t)\exp\left\{\mathrm{j}\left[\omega t + \varphi_0(t) + \frac{2\pi}{\lambda}R\cos\gamma\cos\frac{2\pi}{N}(k-1) - \theta\right]\right\} \tag{7-4-22}$$

送入接收信道 1，接收信道 1 输出电压为

$$U_k(t) = K_1 E_\mathrm{m}\exp\{\mathrm{j}[\omega t + \varphi_0(t) + \varphi(k) + \Delta\varphi_1]\}$$

其中，K_1 为接收信道 1 的增益；$\Delta\varphi_1$ 为接收信道 1 的相移。接收信道 1 输出信号的相位为

$$\phi_k = \omega t + \varphi_0(t) + \varphi(k) + \Delta\varphi_1 \tag{7-4-23}$$

$U_k(t)$、$U_0(t)$ 经鉴相器，输出与相位差成正比的电压，即

$$U_{k0} = K[\phi_k - \phi_0] = \varphi(k) + \Delta\varphi_1 - \Delta\varphi_0 \tag{7-4-24}$$

假设接收信道 1 的相移与接收信道 0 的相移一致，即 $\Delta\varphi_1 = \Delta\varphi_0$，则

$$U_{k0}(t) = K\varphi(k) = K\frac{2\pi}{\lambda}R\cos\gamma\cos\left[\frac{2\pi}{N}(k-1) - \theta\right] \tag{7-4-25}$$

由此可见，接收信号中的调相/频成分 $\varphi_0(t)$ 在 U_{k0} 中已经不存在了。

在 N 路输入扫描的过程中，当鉴相器输出信号大小是特殊值（最大或最小）的情况下，根据对应第 k 个天线元与正北方位之间的夹角为 $\dfrac{2\pi}{N}(k-1)$，计算来波方位角。例如，当鉴相器输出信号最大时，来波方位角为 $\theta - \dfrac{2\pi}{N}(k-1)$。

多普勒测向的工作原理很简单，可以很好地克服接收信号的调制问题。但也存在接收信道 1 的相移与接收信道 0 的相移不一致问题，圆周半径 R 较大时的多值问题，天线阵的顺序抽样带来的干扰问题等。因此有了正、反两个方向交替旋转测向天线，差动相位测向机等。由于篇幅原因，这里不再详述。

7.5　时差法测向

时差测向是从接收同一辐射源信号的不同空间位置的多副天线上，测量或计算信号到达的时间差来确定其方向的一种测向技术。

在时差法测向中需要测量某一信号的某一波阵面（波前）到达天线阵中不同单元天线之间的时间差，然后进行时间差比较。在实际测向过程中，往往利用同一时刻、不同单元天线

接收不同波阵面信号之间存在的时间差进行测量。时差法测向一般不需要旋转天线，具有实效性好的特点。

假设：单元天线 0 置于天线阵中心，单元天线 1 与单元天线 0 构成间距为 d 的东西方向天线，单元天线 2 与单元天线 0 构成间距为 d 的南北方向天线（如图 7 - 5 - 1 所示），接收电波的极化角为 Ψ，仰角为 γ，来波方位角为 θ，电波传播速度为 v。

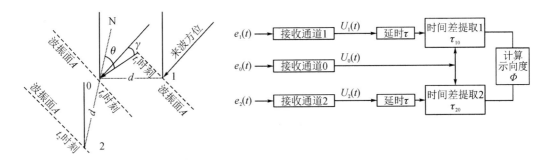

图 7 - 5 - 1　时差法测向结构示意图

波阵面 A 在 t_1 时刻到达单元天线 1，经过接收通道 1 延时 T_1，再经过延时 τ，在 $t_1 + T_1 + \tau$ 时刻到达时间差提取 1 电路（器件）；波阵面 A 继续前进，经过 $\dfrac{d\cos\gamma \sin\theta}{v}$ 时间，行程 $d\cos\gamma \sin\theta$，在 $t_0 = t_1 + \dfrac{d \cos\gamma \sin\theta}{v}$ 时刻到达单元天线 0，经过接收通道 0 延时 T_0，在 $t_0 + T_0$ 时刻到达时间差提取电路（器件）；波阵面 A 继续前进，再经过 $\dfrac{d \cos\gamma \cos\theta}{v}$ 时间，行程 $d \cos\gamma \cos\theta$，在 $t_2 = t_0 + \dfrac{d \cos\gamma \cos\theta}{v}$ 时刻到达单元天线 2，经过接收通道 2 延时 T_2，再经过延时 τ，在 $t_2 + T_2 + \tau$ 时刻到达时间差提取 2 电路（器件）。

时间差提取 1 测得时间差为

$$\tau_{10} = (t_1 + T_1 + \tau) - (t_0 + T_0) = (t_1 + T_1 + \tau) - \left(t_1 + \frac{d \cos\gamma \sin\theta}{v} + T_0\right)$$

$$= \tau - \frac{d\cos\gamma\sin\theta}{v} + (T_1 - T_0) \qquad\qquad (7 - 5 - 1)$$

时间差提取 2 测得时间差为

$$\tau_{20} = (t_2 + T_2 + \tau) - (t_0 + T_0) = \left(t_0 + \frac{d \cos\gamma \cos\theta}{v} + T_2 + \tau\right) - (t_0 + T_0)$$

$$= \tau + \frac{d \cos\gamma \cos\theta}{v} + (T_2 - T_0) \qquad\qquad (7 - 5 - 2)$$

合理设计 3 个接收通道，使它们具有相同的信道延时，即 $T_0 = T_1 = T_2$，则

$$\tau_{10} = \tau - \frac{d \cos\gamma \sin\theta}{v}, \quad \tau_{20} = \tau + \frac{d \cos\gamma \cos\theta}{v} \qquad\qquad (7 - 5 - 3)$$

设计间距 d 足够大，使相邻单元天线之间的时间差足够大，减少时间测量误差带来的影响；然后设计信道延时 $\tau > \dfrac{d}{v}$，保证 $\tau_{10} > 0$ 且 $\tau_{20} > 0$。由于 $\tau > \dfrac{d}{v}$ 是已知的，根据测量的时间差 τ_{10}、τ_{20}，计算示向度为

$$\Phi = -\arctan \frac{\tau - \tau_{10}}{\tau_{20} - \tau} = -\arctan \frac{\sin\theta}{\cos\theta} \qquad (7-5-4)$$

在天线间距 d 不是很大的情况下，电波到达不同单元天线之间的时间差 $\frac{d\cos\gamma\cos\theta}{v}$ 非常小，高精度地测量时间差非常重要，很小的时间测量误差可能带来很大的测向误差；在天线间距 d 很大的情况下，存在天线尺寸太大的问题。

在不知道来波方位的情况下，很难确定波阵面，更无法确定波阵面之间的时间差。在一般情况下，利用侦察信号的上升沿或下降沿在各接收通道的输出，确定电波到达各接收通道的时间差，因此，时差法比较适用于对时域脉冲型信号的测向。但对于大部分通信信号是持续时间较长的连续波信号，不适合采用时差法测向。

7.6　新型阵列测向

振幅法、相位法、多普勒方法、到达时间差方法等作为传统的无线通信测向技术已经得到广泛应用。以多元天线阵结合现代数字信号处理为基础的新型阵列测向技术是目前测向技术的研究热点，不仅具有高测向精度，还可实现对空域中多个目标的同时超分辨测向。

阵列信号处理的目的是通过对阵列接收的信号进行处理，增强所需要的有用信号，抑制无用的干扰和噪声，并提取有用的信号特征以及信号所包含的信息。确定同时处在空间某一区域内的多个感兴趣的空间信号的方向或位置是传统测向技术中的一个问题，阵列测向根据阵列接收信号的统计特性来估计辐射信号的到达方向，用于解决多目标测向问题，是阵列信号处理主要的研究内容之一。

阵列测向系统由天线阵列、接收通道阵列、(空间参数)处理器及(阵列信号处理)算法三部分组成，如图 7-6-1 所示。

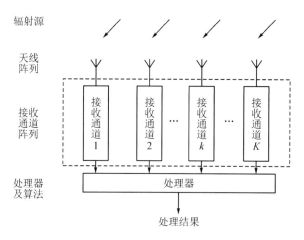

图 7-6-1　阵列测向系统结构示意图

7.6.1　天线阵列及感应电动势

天线阵列用于感应空间的入射信号，是对空间信号采集的传感器，各天线元(阵元)接收到的信号幅度、相位与信号间的关系以及信号到达方向有关。

设单元天线数目为 K，信道上同时存在的目标信号数目为 N。又假设：参考阵元对信号 n 接收的归一化感应电动势为 $f_n(t)$，阵元 k 对信号 n 的增益为 g_{kn}，与参考天线之间的相位偏移为 φ_{kn}，则阵元 k 接收信号 n 的感应电动势 $g_{kn}f_n(t)\mathrm{e}^{\mathrm{j}\varphi_{kn}}=s_{kn}(t)\cdot\mathrm{e}^{\mathrm{j}\varphi_{kn}}$，阵元 k 上感应电动势为

$$e_k(t)=s_{k1}(t)\mathrm{e}^{\mathrm{j}\varphi_{k1}}+s_{k2}(t)\mathrm{e}^{\mathrm{j}\varphi_{k2}}+\cdots+s_{kn}(t)\mathrm{e}^{\mathrm{j}\varphi_{kN}}+n_k(t)$$

$$=\sum_{n=1}^{N}s_{kn}(t)\mathrm{e}^{\mathrm{j}\varphi_{kn}}+n_k(t)$$

$$=\sum_{n=1}^{N}g_{kn}f_n(t)\mathrm{e}^{\mathrm{j}\varphi_{kn}}+n_k(t)$$

表示成矩阵形式，即

$$\begin{bmatrix}e_1(t)\\e_2(t)\\\vdots\\e_k(t)\\\vdots\\e_K(t)\end{bmatrix}=\begin{bmatrix}g_{11}\mathrm{e}^{\mathrm{j}\varphi_{11}}&g_{12}\mathrm{e}^{\mathrm{j}\varphi_{12}}&\cdots&g_{1n}\mathrm{e}^{\mathrm{j}\varphi_{1n}}&\cdots&g_{1N}\mathrm{e}^{\mathrm{j}\varphi_{1N}}\\g_{21}\mathrm{e}^{\mathrm{j}\varphi_{21}}&g_{22}\mathrm{e}^{\mathrm{j}\varphi_{22}}&\cdots&g_{2n}\mathrm{e}^{\mathrm{j}\varphi_{2n}}&\cdots&g_{2N}\mathrm{e}^{\mathrm{j}\varphi_{2N}}\\\vdots&\vdots&&\vdots&&\vdots\\g_{k1}\mathrm{e}^{\mathrm{j}\varphi_{k1}}&g_{k2}\mathrm{e}^{\mathrm{j}\varphi_{k2}}&\cdots&g_{kn}\mathrm{e}^{\mathrm{j}\varphi_{kn}}&\cdots&g_{kN}\mathrm{e}^{\mathrm{j}\varphi_{kN}}\\\vdots&\vdots&&\vdots&&\vdots\\g_{K1}\mathrm{e}^{\mathrm{j}\varphi_{K1}}&g_{K2}\mathrm{e}^{\mathrm{j}\varphi_{K2}}&\cdots&g_{Kn}\mathrm{e}^{\mathrm{j}\varphi_{Kn}}&\cdots&g_{KN}\mathrm{e}^{\mathrm{j}\varphi_{KN}}\end{bmatrix}_{K\times N}\begin{bmatrix}f_1(t)\\f_2(t)\\\vdots\\f_k(t)\\\vdots\\f_K(t)\end{bmatrix}_{N\times 1}+\begin{bmatrix}n_1(t)\\n_2(t)\\\vdots\\n_k(t)\\\vdots\\n_K(t)\end{bmatrix}_{K\times 1}$$

$$(7-6-1)$$

从原理上说，天线阵可以布置成任意形式，各阵元的特性也都不相同。但在很多实际情况下，往往采用特定形式排列的、相同结构的阵元。

当 K 个阵元结构一样时，各个阵元对同一信号的接收增益是一致的，$g_{kn}=g_n$，$s_{kn}(t)=g_nf_n(t)=s_n(t)$。因此 $e_k(t)=\sum_{n=1}^{N}s_n(t)\mathrm{e}^{\mathrm{j}\varphi_{kn}}+n_k(t)$。其矩阵形式为

$$\begin{bmatrix}e_1(t)\\e_2(t)\\\vdots\\e_k(t)\\\vdots\\e_K(t)\end{bmatrix}=\begin{bmatrix}\mathrm{e}^{\mathrm{j}\varphi_{11}}&\mathrm{e}^{\mathrm{j}\varphi_{12}}&\cdots&\mathrm{e}^{\mathrm{j}\varphi_{1n}}&\cdots&\mathrm{e}^{\mathrm{j}\varphi_{1N}}\\\mathrm{e}^{\mathrm{j}\varphi_{21}}&\mathrm{e}^{\mathrm{j}\varphi_{22}}&\cdots&\mathrm{e}^{\mathrm{j}\varphi_{2n}}&\cdots&\mathrm{e}^{\mathrm{j}\varphi_{2N}}\\\vdots&\vdots&&\vdots&&\vdots\\\mathrm{e}^{\mathrm{j}\varphi_{k1}}&\mathrm{e}^{\mathrm{j}\varphi_{k2}}&\cdots&\mathrm{e}^{\mathrm{j}\varphi_{kn}}&\cdots&\mathrm{e}^{\mathrm{j}\varphi_{kN}}\\\vdots&\vdots&&\vdots&&\vdots\\\mathrm{e}^{\mathrm{j}\varphi_{K1}}&\mathrm{e}^{\mathrm{j}\varphi_{K2}}&\cdots&\mathrm{e}^{\mathrm{j}\varphi_{Kn}}&\cdots&\mathrm{e}^{\mathrm{j}\varphi_{KN}}\end{bmatrix}_{K\times N}\begin{bmatrix}s_1(t)\\s_2(t)\\\vdots\\s_n(t)\\\vdots\\s_N(t)\end{bmatrix}_{N\times 1}+\begin{bmatrix}n_1(t)\\n_2(t)\\\vdots\\n_k(t)\\\vdots\\n_K(t)\end{bmatrix}_{K\times 1}$$

$$(7-6-2)$$

式 $(7-6-2)$ 表示成矩阵形式 $\boldsymbol{E}_{K\times 1}=\boldsymbol{A}_{K\times N}\boldsymbol{S}_{N\times 1}+\boldsymbol{N}_{K\times 1}$，其中感应电动势矩阵为 $\boldsymbol{E}(t)$，相位矩阵为 $\boldsymbol{A}(t)$，信号矩阵为 $\boldsymbol{S}(t)$，噪声矩阵为 $\boldsymbol{N}(t)$。相位矩阵 $\boldsymbol{A}(t)$ 根据天线排列形式不同而不同，其每一列与一个信号源的方向相对应。

例 1　当相同结构形式的阵元以直线阵排列时，如果天线阵法线与正北方位之间的夹角为 α，第 n 个信号方向与天线阵法线之间的夹角为 $\theta_n-\alpha$。如果以第一根阵元为参考天线，相邻阵元之间对第 n 个信号接收，感应电动势为 $S_n(t)$，由于波程差而引起的接收电势相位差 $\varphi_{kn}=(k-1)\dfrac{2\pi}{\lambda_n}d\cos\gamma_n\sin(\theta_n-\alpha)$，则阵元 k 上感应电动势为

$$e_k(t) = \sum_{n=1}^{N} s_n(t) e^{j\varphi_{kn}} + n_k(t)$$

$$= \sum_{n=1}^{N} s_n(t) \exp\left[j(k-1)\frac{2\pi}{\lambda_n}d\cos\gamma_n\sin(\theta_n-\alpha)\right] + n_k(t)$$

相位矩阵 $\boldsymbol{A}(t)$ 为

$$\begin{bmatrix} 1 & 1 & \cdots & 1 & \cdots & 1 \\ \exp\left[j\frac{2\pi}{\lambda_1}d\cos\gamma_1\sin(\theta_1-\alpha)\right] & \exp\left[j\frac{2\pi}{\lambda_2}d\cos\gamma_2\sin(\theta_2-\alpha)\right] & \cdots & \exp\left[j\frac{2\pi}{\lambda_n}d\cos\gamma_n\sin(\theta_n-\alpha)\right] & \cdots & \exp\left[j\frac{2\pi}{\lambda_N}d\cos\gamma_N\sin(\theta_N-\alpha)\right] \\ \vdots & \vdots & & \vdots & & \vdots \\ \exp\left[j(k-1)\frac{2\pi}{\lambda_1}d\cos\gamma_1\sin(\theta_1-\alpha)\right] & \exp\left[j(k-1)\frac{2\pi}{\lambda_2}d\cos\gamma_2\sin(\theta_2-\alpha)\right] & \cdots & \exp\left[j(k-1)\frac{2\pi}{\lambda_n}d\cos\gamma_n\sin(\theta_n-\alpha)\right] & \cdots & \exp\left[j(k-1)\frac{2\pi}{\lambda_N}d\cos\gamma_N\sin(\theta_N-\alpha)\right] \\ \vdots & \vdots & & \vdots & & \vdots \\ \exp\left[j(K-1)\frac{2\pi}{\lambda_1}d\cos\gamma_1\sin(\theta_1-\alpha)\right] & \exp\left[j(K-1)\frac{2\pi}{\lambda_2}d\cos\gamma_2\sin(\theta_2-\alpha)\right] & \cdots & \exp\left[j(K-1)\frac{2\pi}{\lambda_n}d\cos\gamma_n\sin(\theta_n-\alpha)\right] & \cdots & \exp\left[j(K-1)\frac{2\pi}{\lambda_N}d\cos\gamma_N\sin(\theta_N-\alpha)\right] \end{bmatrix}_{K\times N}$$

例 2 当相同结构形式的阵元以圆阵排列时，单元天线 1 置于天线阵正北方位，第 $k(k=1,2,\cdots,K)$ 个阵元相对于正北方位的圆心角为 $(k-1)\frac{360°}{K}$。如果以圆心为参考，则阵元 k 对第 n 个信号接收时，相位差 $\varphi_{kn} = \frac{2\pi}{\lambda_n}R\cos\left[180°+(k-1)\frac{360°}{K}-\theta_n\right]\cos\gamma_n$，感应电动势为

$$e_k(t) = \sum_{n=1}^{N} s_n(t) \cdot e^{j\varphi_{kn}} + n_k(t)$$

$$= \sum_{n=1}^{N} s_n(t) \exp\left\{j\frac{2\pi}{\lambda_n}R\cos\left[(k-1)\frac{360°}{K}-\theta_n\right]\cos\gamma_n\right\} + n_k(t)$$

相位矩阵 $\boldsymbol{A}(t)$ 为

$$\begin{bmatrix} \exp\{j\frac{2\pi}{\lambda_1}R\cos[180°-\theta_1]\cos\gamma_1\} & \cdots & \exp\{j\frac{2\pi}{\lambda_n}R\cos[180°-\theta_n]\cos\gamma_n\} & \cdots & \exp\{j\frac{2\pi}{\lambda_N}R\cos[180°-\theta_N]\cos\gamma_N\} \\ \exp\{j\frac{2\pi}{\lambda_1}R\cos[\frac{360°}{K}180°-\theta_1]\cos\gamma_1\} & \cdots & \exp\{j\frac{2\pi}{\lambda_n}R\cos[\frac{360°}{K}180°-\theta_n]\cos\gamma_n\} & \cdots & \exp\{j\frac{2\pi}{\lambda_N}R\cos[\frac{360°}{K}180°-\theta_N]\cos\gamma_N\} \\ \vdots & & \vdots & & \vdots \\ \exp\{j\frac{2\pi}{\lambda_1}R\cos[(k-1)\frac{360°}{K}180°-\theta_1]\cos\gamma_1\} & \cdots & \exp\{j\frac{2\pi}{\lambda_n}R\cos[(k-1)\frac{360°}{K}180°-\theta_n]\cos\gamma_n\} & \cdots & \exp\{j\frac{2\pi}{\lambda_N}R\cos[(k-1)\frac{360°}{K}180°-\theta_N]\cos\gamma_N\} \\ \vdots & & \vdots & & \vdots \\ \exp\{j\frac{2\pi}{\lambda_1}R\cos[(K-1)\frac{360°}{K}180°-\theta_1]\cos\gamma_1\} & \cdots & \exp\{j\frac{2\pi}{\lambda_n}R\cos[(K-1)\frac{360°}{K}180°-\theta_n]\cos\gamma_n\} & \cdots & \exp\{j\frac{2\pi}{\lambda_N}R\cos[(K-1)\frac{360°}{K}180°-\theta_N]\cos\gamma_N\} \end{bmatrix}_{K\times N}$$

例 3 当单元天线数目 $K=5$，目标信号数为 $N=2$ 时，如果参考单元天线对目标信号 1 接收的感应电动势 $s_1(t)=E_{m1}\cdot e^{j\omega_1 t}$，对目标信号 2 接收的感应电动势 $s_2(t)=E_{m2}\cdot e^{j\omega_2 t}$。则当阵元以圆阵排列时，各阵元的感应电动势为

$$\begin{bmatrix} e_1(t) \\ e_2(t) \\ e_3(t) \\ e_4(t) \\ e_5(t) \end{bmatrix} = \begin{bmatrix} \exp\{j\frac{2\pi}{\lambda_1}R\cos[180°-\theta_1]\cos\gamma_1\} & \exp\{j\frac{2\pi}{\lambda_2}R\cos[180°-\theta_2]\cos\gamma_2\} \\ \exp\{j\frac{2\pi}{\lambda_1}R\cos[180°+1\times72°-\theta_1]\cos\gamma_1\} & \exp\{j\frac{2\pi}{\lambda_2}R\cos[180°+1\times72°-\theta_2]\cos\gamma_2\} \\ \exp\{j\frac{2\pi}{\lambda_1}R\cos[180°+2\times72°-\theta_1]\cos\gamma_1\} & \exp\{j\frac{2\pi}{\lambda_2}R\cos[180°+2\times72°-\theta_2]\cos\gamma_2\} \\ \exp\{j\frac{2\pi}{\lambda_1}R\cos[180°+3\times72°-\theta_1]\cos\gamma_1\} & \exp\{j\frac{2\pi}{\lambda_2}R\cos[180°+3\times72°-\theta_2]\cos\gamma_2\} \\ \exp\{j\frac{2\pi}{\lambda_1}R\cos[180°+4\times72°-\theta_1]\cos\gamma_1\} & \exp\{j\frac{2\pi}{\lambda_2}R\cos[180°+4\times72°-\theta_2]\cos\gamma_2\} \end{bmatrix} \begin{bmatrix} E_{m1}e^{j\omega_1 t} \\ E_{m2}e^{j\omega_2 t} \end{bmatrix} + \begin{bmatrix} n_1(t) \\ n_2(t) \\ n_3(t) \\ n_4(t) \\ n_5(t) \end{bmatrix}$$

7.6.2　接收通道阵列

接收通道阵列对天线阵列感应电动势进行放大、滤波、变频等处理，得到适合 A/D 转换的中频信号，接收通道阵列输出信号经 A/D 转换后输出数字信号。

为了捕获空间中出现的突发的、短暂的信号，数据接收部分要求 A/D 转换器的采样精度高，有效字长多，单位时间内的采样次数多，但 A/D 转换器的位数选择应考虑信号的动态范围、量化噪声对测向性能的影响以及价格等因素。在实际工程应用中，各个接收通道常常采用变频的外差式接收通道，由于各种原因会出现一定程度的偏差或扰动，可能造成后面参数估计算法的性能严重恶化，甚至失效。

7.6.3　空间参数处理器及阵列信号处理

基于高速数字信号处理终端，采用性能优异的高效测向算法是阵列测向技术的核心。接收通道输出的数字信号进入空间参数处理器，阵列信号处理算法首先对接收通道进行幅度和相位偏移的误差校正，降低各个接收通道的差异，保证各接收通道的一致性；然后，采取天线阵列波束形成技术或者空间谱估计技术，提取来波信号的方位角。

各接收通道输出信号经过幅度和相位偏移的误差校正，仍然可以将空间参数处理器输入的数字信号写成 $E_{K×1}=A_{K×N}S_{N×1}+N_{K×1}$ 的形式，其中，E 为数字感应电动势矩阵，相位矩阵 A 为数字相位矩阵，N 为数字噪声矩阵。侦察系统不知道接收信号的数目 N，所以不能事先知道相位矩阵的列数和信号矩阵的行数。

1. 天线波束形成技术

天线阵列具有明确的方向特性是测向的基本要求，也是提高测向精度的重要因素，因此，阵列天线波束形成技术成为阵列测向系统的关键技术之一。

常规阵列天线波束形成法的思想是通过将各阵元输出进行复加权并求和，如果复加权矩阵 $W_{1×K}=[B_1e^{j\varphi_1}\ B_2e^{j\varphi_2}\cdots\ B_ke^{j\varphi_k}\ B_Ke^{j\varphi_K}]$，其中第 k 天线元增益为 B_k 和相位为 φ_k，则天线阵输出感应电动势 $e_{\omega t}(t)$ 可表示为

$$e_{\omega t}(t)=W_{1×K}E_{K×1}=[B_1e^{j\varphi_1}\ B_2e^{j\varphi_2}\cdots\ B_ke^{j\varphi_k}\cdots\ B_Ke^{j\varphi_K}]\begin{bmatrix}e_1(t)\\e_2(t)\\\vdots\\e_k(t)\\\vdots\\e_K(t)\end{bmatrix}=\sum_{k=1}^{K}[B_ke^{j\varphi_k}e_k(t)]$$

$$(7-6-3)$$

改变天线位置，使各天线元感应电动势变化；改变复加权矩阵，使输出具有特定方向特性的信号；一定的天线位置和复加权，使某一时间内的天线阵列波束"导向"在一个方向上，利用窄波束天线区分不同方位的来波，从而给出电波到达方向的估计值。

例 4　最大信号法测向原理中，当相同结构形式的阵元以直线阵排列时，如果复加权矩阵 $W_1=[1\ \cdots\ 1\ 1\ \cdots\ 1]_{1×K}$ 时，输出感应电动势 $e_A(t)$ 为

$$e_A(t) = \begin{bmatrix} 1 & \cdots & 1 & 1 & \cdots & 1 \end{bmatrix}_{1 \times K} \begin{bmatrix} e_1(t) \\ e_2(t) \\ \vdots \\ e_k(t) \\ \vdots \\ e_K(t) \end{bmatrix}$$

$$= e_1(t) + \cdots + e_{\frac{K}{2}}(t) + e_{\frac{K}{2}+1}(t) + \cdots + e_K(t) = \sum_{k=1}^{\frac{K}{2}} e_k(t) + \sum_{k=\frac{K}{2}+1}^{K} e_k(t)$$

在信号方向上有尖锐的方向特性，可以用于信号的搜索。

当复加权矩阵 $\boldsymbol{W}_1 = \begin{bmatrix} 1 & \cdots & 1 & -1 & \cdots & -1 \end{bmatrix}_{1 \times K}$ 时，输出感应电动势 $e_B(t)$ 为

$$e_B(t) = \begin{bmatrix} 1 & \cdots & 1 & -1 & \cdots & -1 \end{bmatrix}_{1 \times K} \begin{bmatrix} e_1(t) \\ e_2(t) \\ \vdots \\ e_k(t) \\ \vdots \\ e_K(t) \end{bmatrix}$$

$$= e_1(t) + \cdots + e_{\frac{K}{2}}(t) - e_{\frac{K}{2}+1}(t) - \cdots - e_K(t) -$$

$$\left[e_1(t) + \cdots + e_{\frac{k}{2}}(t) \right] - \left[e_{\frac{K}{2}+1}(t) + \cdots + e_K(t) \right] = \sum_{k=1}^{\frac{K}{2}} e_k(t) - \sum_{k=\frac{K}{2}+1}^{\frac{K}{2}} e_k(t)$$

在信号方向上有陡峭变化的方向特性，可以用于信号的方位精测。

　　阵列天线波束形成可以在空间参数处理器中完成，也可以在射频单元进行；在射频单元进行阵列天线波束形成技术时，需要的接收通道比较少，但对各阵元输出的复加权不够灵活。

　　将各阵元接收信号分别送入接收通道，在输出端由空间参数处理器实现各阵元的复加权及天线波束形成，可以达到比较理想的方向特性。

　　对于一个确定的有限阵元构成的阵列，其最小波束宽度是一定的，当两个入射角度靠得比较近时，仍然不能将它们区别开来，特别当多个信号处于同一波束宽度内时，常规波束形成法不能分辨这些信号。通过空域信号处理的波束形成技术，可以对常规波束形成方法进行修正，通过增加对已知信息的利用程度而提高对目标的分辨能力，形成基于阵列的窄带信号高分辨波达方位(Direction Of Arrival，DOA)估计方法。

　　当阵列天线波束形成不能满足信号参数估计要求时，可以在空间参数处理器中采用一定的算法对目标信号进行空域参数估计。其中，基于现代谱估计技术的空间谱估计算法是高分辨率测向算法的典型代表。空间谱估计算法很多，其中多重信号分类(MUSIC)算法最为经典。

2. MUSIC 算法

标准 MUSIC 算法的基本思想是将阵列输出数据的协方差矩阵进行特征分解，得到与

信号分量相对应的信号子空间和与信号分量正交的噪声子空间，然后利用这两个子空间的正交性来估计信号的入射方向。以下是具体方法。

1）计算阵列输出数据的协方差矩阵

根据 K 个阵元输出数据并通过接收通道输出信号矩阵：$E_{K×1}(t)=AS+N$，计算 K 个阵元输出数据的协方差矩阵为

$$\begin{aligned}
R_E &= E[EE^H] = E\{[AS+N][AS+N]^H\} \\
&= AE[SS^H]A^H + E[NN^H] + AE[SN^H] + E[NS^H]A^H \\
&= AR_SA^H + R_N + AE[SN^H] + E[NS^H]A^H
\end{aligned} \tag{7-6-4}$$

其中，H 是共扼转置符号；$R_S=E[SS^H]$ 是信号协方差矩阵；$R_N[NN^H]$ 是噪声协方差矩阵。考虑到噪声与信号不相关，所以 $E[SN^H]=0$，$E[NS^H]=0$；考虑到各阵元接收噪声方差为 σ^2 且不相关，所以噪声协方差矩阵 $R_N=E[NN^H]=\sigma^2I$。I 为单位方阵。K 个阵元输出数据 $K×K$ 的协方差矩阵为

$$R_E = AE[SS^H]A^H + \sigma^2I = AR_SA^H + \sigma^2I = \begin{bmatrix} R_{11}+\sigma^2 & R_{12} & \cdots & R_{1K} \\ R_{21} & R_{22}+\sigma^2 & \cdots & R_{2K} \\ \vdots & \vdots & & \vdots \\ R_{K1} & R_{K2} & \cdots & R_{KK}+\sigma^2 \end{bmatrix}$$

$$\tag{7-6-5}$$

R_{ij} 是 AR_SA^H 中第 i 行第 j 列的元素值。

2）对 R_E 进行特征分解并求其特征值和特征向量

因为 $\sigma^2>0$，R_E 为 $K×K$ 的满秩阵，有 K 个正实特征值 $\mu_k(k=1,2,\cdots,K)$，分别对应 K 个特征向量 $v_k(k=1,2,\cdots,K)$；又由于 R_E 是 Hermite 矩阵，所以各特征向量相互正交，即 $v_iv_j=0(i\neq j)$。如果 μ_i 和 v_i 分别为 R_E 的第 i 个特征值和第 i 个特征向量，则 $R_Ev_i=\mu_iv_i$。

在 K 个特征值 $\mu_k(k=1,2,\cdots,K)$ 中，与信号有关的特征值应为 AR_SA^H 特征值与 σ^2 之和；与噪声有关的特征值应为 σ^2，由此可见，与信号有关的特征值大于与噪声有关的特征值。

3）估计目标信号数目 N 并构造噪声矩阵 E_N

根据这一思想，将 R_E 的特征值从大到小进行排序，如果 $\mu_1\geq\mu_2\geq\cdots\geq\mu_k\geq0$，则认为：比较大的 N 个特征值 $\mu_1,\mu_2,\cdots,\mu_N$ 对应信号，对应的特征向量 $v_1,v_2,\cdots,v_N$ 为信号特征向量；比较小的 $K-N$ 个特征值 $\mu_{N+1},\mu_{N+2},\cdots,\mu_K$ 对应噪声，对应的特征向量 v_{N+1}，$v_{N+2},\cdots,v_K$ 为噪声特征向量。

如果第 i 个特征值 μ_i 较小，为噪声特征值，则 $\mu_i=\sigma^2$。μ_i 对应的噪声特征向量 v_i，$R_Ev_i=\sigma^2v_i=(AR_SA^H+\sigma^2I)v_i$，由于 $\sigma^2v_i=\sigma^2Iv_i$，则 $AR_SA^Hv_i=0$。将 $AR_SA^Hv_k=0$ 的两边同乘 $R_S^{-1}(A^HA)A^H$，则 $R_S^{-1}(A^HA)A^HAR_SA^Hv_i=0$，由于 $R_S^{-1}(A^HA)A^HAR_S$ 不恒为 0，所以 $A^Hv_i=0$，表示噪声特征值所对应的特征向量与相位矩阵 A 的列向量 $\alpha(\theta)_{K×1}$ 正交，而 A 的每列与一个信号源的方向对应。用各噪声特征向量作为列，构造一个噪声矩阵 $E_N=[v_{N+1},v_{N+2},\cdots,v_K]_{K×(K-N)}$。

4）利用空间谱的波峰来估计到达信号的方位角

定义空间谱为

$$P(\theta) = \frac{1}{\boldsymbol{\alpha}^{\mathrm{H}}(\theta)\boldsymbol{E}_{\mathrm{N}}\boldsymbol{E}_{\mathrm{N}}^{\mathrm{H}}\boldsymbol{\alpha}(\theta)}$$

理论上，当 $\boldsymbol{\alpha}(\theta)$ 与 $\boldsymbol{E}_{\mathrm{N}}$ 的各列 v_{N+1}, v_{N+2}, $\cdots$, v_K 正交时，$\boldsymbol{\alpha}^{\mathrm{H}}(\theta)\boldsymbol{E}_{\mathrm{N}}\boldsymbol{E}_{\mathrm{N}}^{\mathrm{H}}\boldsymbol{\alpha}(\theta)=0$，$P(\theta)\to$ ∞，实际上，由于噪声的存在，$\boldsymbol{\alpha}^{\mathrm{H}}(\theta)\boldsymbol{E}_{\mathrm{N}}\boldsymbol{E}_{\mathrm{N}}^{\mathrm{H}}\boldsymbol{\alpha}(\theta)$ 是一个很小的值，$P(\theta)$ 很大，对应一个很高的波峰。在应用中，通过寻找 $P(\theta)$ 中的波峰，寻找来波方位角。

MUSIC 算法可以实现多目标信号的高精度测向，正确、快速提取 $\boldsymbol{R}_{\mathrm{E}}$ 的特征值和特征向量是 MUSIC 算法的关键技术之一，另外，根据的特征值估计信号源数目时，信号源数目估计的方法及判断信号源数目的正确性，对 MUSIC 算法的性能有很大的影响。

3. ESPRIT 算法

ESPRIT 是一种以与 MUSIC 算法不同的方式对波达方位进行估计的算法，适用于等距线阵。定义观测向量 $\boldsymbol{x}(n)$ 的平移向量 $\boldsymbol{y}(n)=\boldsymbol{x}(n+1)$，则由式 $\boldsymbol{R}=\boldsymbol{APA}^{\mathrm{H}}+\sigma^2\boldsymbol{I}$，观测向量 $\boldsymbol{x}(n)$ 的协方差矩阵为

$$\boldsymbol{R}_{xx} = \boldsymbol{APA}^{\mathrm{H}} + \sigma^2\boldsymbol{I} \tag{7-6-6}$$

向量 $\boldsymbol{x}(n)$ 和平移向量 $\boldsymbol{y}(n)$ 的空间互协方差矩阵为

$$\boldsymbol{R}_{xy} = \boldsymbol{AP\Phi}^{\mathrm{H}}\boldsymbol{A}^{\mathrm{H}} + \sigma^2\boldsymbol{Z} \tag{7-6-7}$$

式中

$$\boldsymbol{\Phi} = \mathrm{diag}[\mathrm{e}^{\mathrm{j}\phi_1}, \cdots, \mathrm{e}^{\mathrm{j}\phi_M}]$$

$$\boldsymbol{Z} = \begin{bmatrix} 0 & \cdots & & 0 \\ 1 & 0 & & \vdots \\ \vdots & \ddots & \ddots & \\ 0 & \cdots & 1 & 0 \end{bmatrix} \tag{7-6-8}$$

$\boldsymbol{\Phi}$ 叫做旋转矩阵，其对角线元素为相位旋转因子 $\mathrm{e}^{\mathrm{j}\phi_m}$，它与待估计的波达方位角 θ_{m} 的关系为

$$\theta_{\mathrm{m}} = \arg\min P(\omega)$$

若记 $E\{x(i)x^*(j)\}=r_{i-j}=r_{j-i}^*$，则

$$E\{x(i)y^*(j)\} = E\{x(i)x^*(j+1)\} = r_{i-j-1} = r_{j+1-i}^* \tag{7-6-9}$$

并且

$$\boldsymbol{R}_{xx} = \begin{bmatrix} r_0 & r_1^* & \cdots & r_{K-1}^* \\ r_1 & r_0 & \cdots & r_{K-2}^* \\ \vdots & \vdots & & \vdots \\ r_{K-1} & r_{K-2} & \cdots & r_0 \end{bmatrix} \tag{7-6-10}$$

$$\boldsymbol{R}_{xy} = \begin{bmatrix} r_1^* & r_2^* & \cdots & r_K^* \\ r_0 & r_1^* & \cdots & r_{K-1}^* \\ \vdots & \vdots & & \vdots \\ r_{K-2} & r_{K-3} & \cdots & r_1 \end{bmatrix} \tag{7-6-11}$$

因此，波达方位的估计问题就是给定自相关函数来估计旋转矩阵 $\boldsymbol{\Phi}$。

ESPRIT 算法的基本思想是：向量 $\boldsymbol{x}(n)$ 经过旋转后变为 $\boldsymbol{y}(n)$，但是这种空间旋转却保持了 $\boldsymbol{x}$ 和 $\boldsymbol{y}$ 对应的信号子空间的不变性。即

定义 $\boldsymbol{\Gamma}$ 是与矩阵束 $\{\boldsymbol{C}_{xx}, \boldsymbol{C}_{yy}\}$ 相对应的广义特征值矩阵, 其中 $\boldsymbol{C}_{xx} = \boldsymbol{R}_{xx} - \lambda_{\min}\boldsymbol{I}$, $\boldsymbol{C}_{xy} = \boldsymbol{R}_{xy} - \lambda_{\min}\boldsymbol{Z}$, 并且 $\lambda_{\min}$ 是最小(重复的)特征值。若 P 非奇异, 则矩阵 $\boldsymbol{\Gamma}$ 与 $\boldsymbol{\Phi}$ 有以下关系:

$$\boldsymbol{\Gamma} = \begin{bmatrix} \boldsymbol{\Phi} & 0 \\ 0 & 0 \end{bmatrix} \tag{7-6-12}$$

即 $\boldsymbol{\Gamma}$ 只不过是 $\boldsymbol{\Phi}$ 的各元素的一个排列。

7.7　通信辐射源定位

通过测向设备可以测得目标信号的来波方位角 θ 和仰角 γ, 但不能确定电台的具体位置。测向是定位的一个中间过程环节, 定位是测向的目的, 因此, 通信对抗中运用无线电测向的主要目的之一是确定目标电台的地理位置, 简称为定位。对于机动目标的连续定位可以达到对机动目标的跟踪。

无源定位是指由一个或多个接收设备组成定位系统, 测量被测辐射源信号到达的方向和时间, 利用相关技术和其他办法来确定其位置的一种定位技术。测向法定位是研究最多、最经典, 也是最为成熟的无源定位技术。在测向法定位中, 基本的方法有单站定位、双站定位和多站定位等。当然, 也可以利用其他方法进行定位, 如时差定位、频差定位等。

7.7.1　单站测向定位技术

1. 基于电离层高度测量的单站定位

单站定位是指由一台测向机测量经电离层反射的辐射源信号的方位和仰角, 再根据电离层的高度计算其位置的一种定位技术, 其定位原理如图 7-7-1 所示。由此可见, 基于电离层高度测量的单站定位主要针对短波波段通过天波单跳传播的远距离目标信号。

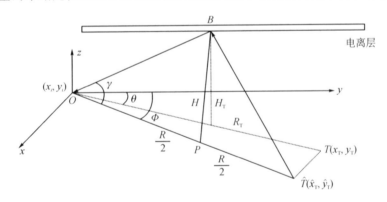

图 7-7-1　基于电离层高度测量的单站定位原理

假设来波方位角为 θ, 仰角为 γ_{T}, 当时电离折射层的高度为 H_{T}, 则目标电台与测向站的距离为

$$R_{T} = 2\frac{H_{T}}{\tan\gamma_{T}} \tag{7-7-1}$$

目标电台的真实地理位置 $T(x_T, y_T)$ 为

$$\begin{cases} x_T = x_i + R_T \sin\theta = x_i + 2H_T \sin\theta \cot\gamma_T \\ y_T = y_i + R_T \cos\theta = y_i + 2H_T \cos\theta \cot\gamma_T \end{cases} \quad (7-7-2)$$

实际上来波方位角 θ、仰角 γ_T 和电离折射层的高度 H_T 都是未知的，根据测向得到目标信号的来波示向度 Φ 和仰角 γ，通过探测得到电离折射层的高度 H，则测向站与目标电台的距离为

$$R = 2\frac{H}{\tan\gamma} = 2H\cot\gamma \quad (7-7-3)$$

估计目标电台的地理位置 $\hat{T}(\hat{x}_T, \hat{y}_T)$ 为

$$\begin{cases} \hat{x}_T = x_i + R\sin\Phi = x_i + 2H \sin\Phi \cot\gamma \\ \hat{y}_T = y_i + R\cos\Phi = y_i + 2H \cos\Phi \cot\gamma \end{cases} \quad (7-7-4)$$

所以，目标电台真实地理位置 $T(x_T, y_T)$ 与估计地理位置 $\hat{T}(\hat{x}_T, \hat{y}_T)$ 之间存在定位误差，即

$$\begin{aligned} \Delta r &= \sqrt{(x_T - \hat{x}_T)^2 + (y_T - \hat{y}_T)^2} \\ &= 2\sqrt{(H_T\sin\theta\cot\gamma_T - H\sin\Phi\cot\gamma)^2 + (H_T\cos\theta\cot\gamma_T - H\cos\Phi\cot\gamma)^2} \end{aligned}$$
$$(7-7-5)$$

目标电台地理位置估计的误差不仅与来波示向度、仰角测量的精确度有关，还与电波通过电离层传播时对应折射层高度的测量误差等情况有关。在单站定位时，应实时或近似实时地对电离层进行探测，以保证电离层折射高度符合电波传播的实际情况。

目标电台真实地理位置 $T(x_T, y_T)$ 是未知的，电离层随时间变化并可能随时发生倾斜和扰动，测量误差呈现一定的随机性，所以定位误差 Δr 也是一个随机变化的参量，其变化规律与来波示向度 Φ、仰角 γ、折射高度 H 有关。

单站定位误差除涉及方位误差外，还涉及仰角的误差和电离层射线轨迹的误差。一般说来，到达仰角的测量误差比较小，但电离层射线轨迹与电离层数据的测量精度、电离层倾斜与行波扰动特性、电离层射线轨迹的算法等因素有关，可能存在比较大的测量误差，所以在一般情况下，单站定位对目标电台位置估计的误差较大。

2. 基于移动交汇定位的单站定位

移动交汇定位是指利用移动一个侦察（测向）设备测量同一被测固定辐射源的方向变化，由方向线变化角和移动测试点间直线距离来确定其空间位置的一种定位技术。

假设：敌方通信电台处于固定状态，测向设备处于移动状态，并具有自定位功能。在 t_1 时刻测向设备的地理位置 (x_1, y_1)，对应来波方位角 θ_1（如图 7-7-2 所示），则

$$\cot\theta_1 = \frac{y_T - y_1}{x_T - x_1} \text{ 或 } \tan\theta_1 = \frac{x_T - x_1}{y_T - y_1} \quad (7-7-6)$$

在 t_2 时刻测向设备的地理位置 (x_2, y_2)，对应来波方位角 θ_2（如图 7-7-2 所示），则

$$\begin{cases} \cot(2\pi - \theta_2) = -\cot\theta_2 = \dfrac{y_T - y_2}{x_T - x_2} \\ \tan(2\pi - \theta_2) = -\tan\theta_2 = \dfrac{x_T - x_2}{y_T - y_2} \end{cases} \quad (7-7-7)$$

由式(7-7-6)与式(7-7-7)，得到目标电台的真实地理位置 $T(x_T，y_T)$ 为

$$\begin{cases} x_T = \dfrac{y_2 - y_1 + x_1 \cot\theta_1 + x_2 \cot\theta_2}{\cot\theta_1 + \cot\theta_2} \\ y_T = \dfrac{x_2 - x_1 + y_1 \tan\theta_1 + y_2 \tan\theta_2}{\tan\theta_1 + \tan\theta_2} \end{cases} \tag{7-7-8}$$

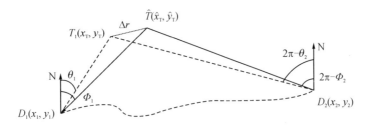

图 7-7-2　基于移动交汇的单站定位示意图

实际上来波方位角 θ_1、θ_2 是未知的，根据测向得到目标信号的来波示向度 Φ_1、Φ_2，估计目标电台的地理位置 $\hat{T}(\hat{x}_T，\hat{y}_T)$ 为

$$\begin{cases} \hat{x}_T = \dfrac{y_2 - y_1 + x_1 \cot\Phi_1 + x_2 \cot\Phi_2}{\cot\Phi_1 + \cot\Phi_2} \\ \hat{y}_T = \dfrac{x_2 - x_1 + y_1 \tan\Phi_1 + y_2 \tan\Phi_2}{\tan\Phi_1 + \tan\Phi_2} \end{cases} \tag{7-7-9}$$

所以，目标电台真实地理位置 $T(x_T，y_T)$ 与估计地理位置 $\hat{T}(\hat{x}_T，\hat{y}_T)$ 之间的定位误差为

$$\Delta r = \sqrt{(x_T - \hat{x}_T)^2 + (y_T - \hat{y}_T)^2} \tag{7-7-10}$$

目标电台地理位置估计的误差与来波示向度 Φ_1、Φ_2 的测量精确度有关。

在一定时间段内，测向设备对通信电台进行 N 次测向，其中，第 i 次测向时刻 t_i，地理位置 $D_i(x_i，y_i)$，对应来波的示向度 Φ_i，有

$$\cot\Phi_1 = \frac{y_T - y_i}{x_T - x_i} \tag{7-7-11}$$

则

$$\Phi_i = \arctan\frac{y_T - y_i}{x_T - x_i} \Rightarrow \theta = \arctan\frac{y_T - y_i}{x_T - x_i} + \Delta\theta_i \tag{7-7-12}$$

其中，$\Delta\theta_i(i=1，2，\cdots，N)$ 是一定范围内、服从一定分布的测向误差。为了减少定位距离误差，根据 N 次测向的示向度 $\Phi_i(i=1，2，\cdots，N)$ 和 $\Delta\theta_i(i=1，2，\cdots，N)$ 的分布特点，可以采用一定的信号处理方法估计目标电台的地理位置 $\hat{T}(\hat{x}_T，\hat{y}_T)$。

7.7.2　双站及多站交叉定位

双站/多站定位一般采用双站/多站交叉(交汇)定位，是一种常用的定位方式。

1. 双站交叉定位的基本方法

在某时刻，测向设备 DF_1 的地理位置 $(x_1，y_1)$，测向得到目标信号的来波示向度 Φ_1；

测向设备 DF_2 的地理位置 $(x_2，y_2)$，测向得到目标信号的来波示向度 Φ_2。则两测向站与目标电台的距离分别为

$$\begin{cases} r_1 = \sqrt{(y_T - y_1)^2 + (x_T - x_1)^2} \\ r_2 = \sqrt{(y_T - y_2)^2 + (x_T - x_2)^2} \end{cases} \qquad (7-7-13)$$

两测向站之间的距离为

$$R = \sqrt{(y_1 - y_2)^2 + (x_1 - x_2)^2} \qquad (7-7-14)$$

根据测向结果估计目标电台的地理位置 $\hat{T}(\hat{x}_T，\hat{y}_T)$ 为

$$\begin{cases} \hat{x}_T = \dfrac{y_2 - y_1 + x_1 \cot\Phi_1 + x_2 \cot\Phi_2}{\cot\Phi_1 + \cot\Phi_2} \\ \hat{y}_T = \dfrac{x_2 - x_1 + y_1 \tan\Phi_1 + y_2 \tan\Phi_2}{\tan\Phi_1 + \tan\Phi_2} \qquad (7-7-15) \\ \quad = \dfrac{y_2 \cot\Phi_1 + y_1 \cot\Phi_2 + (x_2 - x_1)\cot\Phi_1 \cot\Phi_2}{\cot\Phi_1 + \cot\Phi_2} \end{cases}$$

如果没有测向误差，则 $\hat{T}(\hat{x}_T，\hat{y}_T)$ 就是目标电台的真实地理位置。在实际测向中，测向误差 $\Delta\theta_1$，$\Delta\theta_2$ 客观存在，如图 7-7-3 所示，并且目标电台真实地理位置 $\hat{T}(\hat{x}_T，\hat{y}_T)$ 是未知的，定位误差无法定量计算，只有采用分析的方法进行估计。

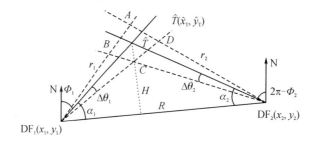

图 7-7-3　双站交叉定位误差示意图

2. 双站交叉定位的误差分析

1）定位模糊区面积

假设图 7-7-3 中的测向误差 $\Delta\theta_1$、$\Delta\theta_2$ 在 $\pm\Delta\theta_{max}$ 范围内随机变化并均匀分布，目标辐射源的真实位置理论上位于两扇形区相交的四边形 $ABCD$ 区域内，由于测向误差是 $\pm\Delta\theta_{max}$ 范围内的任意值，因此目标辐射源的真实位置可能出现在四边形 $ABCD$ 区域内的任何点上，由于无法确定目标辐射源在四边形 $ABCD$ 区域中的真实具体位置，因此称四边形 $ABCD$ 区域为定位模糊区，如图 7-7-4 所示。

假设目标辐射源离测向站的距离很远，$\Delta\theta_{max}$ 相对于四边形 $ABCD$ 的边长 r_1、r_2 比较小，可以近似认为 $ABCD$ 是平行四边形。有

$$H = r_1 \sin\alpha_1 = r_2 \sin\alpha_2$$

$$\frac{r_1}{\sin\alpha_2} = \frac{r_2}{\sin\alpha_1} = \frac{R}{\sin(\alpha_1 + \alpha_2)}$$

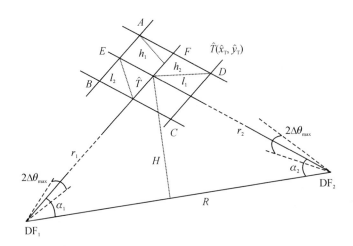

图 7 - 7 - 4　双站交叉定位模糊区示意图

$$h_1 = r_1\theta_{max} = \frac{H}{\sin\alpha_1}\theta_{max} = \frac{R\sin\alpha_2}{\sin(\alpha_1+\alpha_2)}\theta_{max}$$

$$h_2 = r_2\theta_{max} = \frac{H}{\sin\alpha_2}\theta_{max} = \frac{R\sin\alpha_1}{\sin(\alpha_1+\alpha_2)}\theta_{max}$$

$$AE = \frac{h_2}{\sin(\alpha_1+\alpha_2)} = \frac{H\theta_{max}}{\sin(\alpha_1+\alpha_2)\sin\alpha_2} = \frac{R\theta_{max}\sin\alpha_1}{\sin^2(\alpha_1+\alpha_2)}$$

$$H = \frac{R\sin\alpha_1\sin\alpha_2}{\sin(\alpha_1+\alpha_2)} \qquad (7-7-16)$$

特别当 $\alpha_1 = \alpha_2 = \alpha$ 时，有 $H = \dfrac{R}{2}\tan\alpha$。

定位模糊区 $ABCD$ 面积为

$$S_{ABCD} = 4AEh_1 = \frac{4h_1h_2}{\sin(\alpha_1+\alpha_2)}$$

$$= \frac{4H^2\theta_{max}^2}{\sin\alpha_1\sin\alpha_2\sin(\alpha_1+\alpha_2)} = \frac{4R^2\theta_{max}^2\sin\alpha_1\sin\alpha_2}{\sin^3(\alpha_1+\alpha_2)}$$

$$\xlongequal{\alpha_1=\alpha_2=\alpha_n} \frac{4H^2\theta_{max}^2}{\sin^2\alpha\sin2\alpha} = \frac{4R^2\theta_{max}^2\sin^2\alpha}{\sin^3 2\alpha} \qquad (7-7-17)$$

由此可见，S_{ABCD} 的大小除了与 H（或 R）、$\Delta\theta_{max}$ 有关外，还与 α_1 和 α_2 有关。定位模糊区面积的大小是决定定位精度高低的一个主要指标，四边形 $ABCD$ 的面积越小，则说明定位精度越高。

一般来说，$\Delta\theta_{max}$ 主要取决于测向设备的性能指标，当然也与测向场地环境有关。在测向设备及场地环境确定的情况下，$\Delta\theta_{max}$ 的值也相对稳定。而 H（或 R）的值主要取决于测向任务所规定的区域（敌方目标辐射源可能覆盖的区域）及我方测向阵地所允许的配置条件等。在 $\Delta\theta_{max}$ 一定的情况下，H（或 R）越小，则 S_{ABCD} 也越小。如果 H（或 R）一定，则 S_{ABCD} 的大小主要取决于 α_1 和 α_2，与测向站以及敌我双方阵地的配置有关。

2）定位的位置误差分析

目标电台可能在定位模糊区 $ABCD$ 中的任意位置，通常以四边形 $ABCD$ 的中心即两

条示向线的交点位置作为真实电台位置的估计值。显然,当真实电台位于四边形的四个顶点之一时,其位置误差达到最大值,有

$$\overline{BE} = \overline{AE} = \frac{h_2}{\sin(\alpha_1 + \alpha_2)} = \frac{r_2 \Delta\theta_{\max}}{\sin(\alpha_1 + \alpha_2)}$$

$$\overline{E\hat{T}} = \overline{AF} = \frac{h_1}{\sin(\alpha_1 + \alpha_2)} = \frac{r_1 \Delta\theta_{\max}}{\sin(\alpha_1 + \alpha_2)}$$

(1) 如果目标电台的真实位置位于 B 或 D 点,则对应的位置误差为

$$
\begin{aligned}
l_1^2 &= \overline{BE}^2 + \overline{E\hat{T}}^2 + 2\,\overline{BE}\,\overline{E\hat{T}}\cos(\alpha_1 + \alpha_2) \\
&= \frac{\Delta\theta_{\max}^2}{\sin^2(\alpha_1 + \alpha_2)}\left[r_1^2 + r_2^2 + 2r_1 r_2 \cos(\alpha_1 + \alpha_2)\right] \\
&= \frac{H^2 \Delta\theta_{\max}^2}{\sin^2(\alpha_1 + \alpha_2)}\left[\frac{1}{\sin^2\alpha_1} + \frac{1}{\sin^2\alpha_2} + 2\frac{\cos(\alpha_1 + \alpha_2)}{\sin\alpha_1 \sin\alpha_2}\right] \\
&= \frac{R^2 \Delta\theta_{\max}^2}{\sin^4(\alpha_1 + \alpha_2)}\left[\sin^2\alpha_1 + \sin^2\alpha_2 + 2\sin\alpha_1 \sin\alpha_2 \cos(\alpha_1 + \alpha_2)\right] \quad (7-7-18)
\end{aligned}
$$

特别当 $\alpha_1 = \alpha_2 = \alpha$ 时,有

$$l_1^2 = \frac{H^2 \Delta\theta_{\max}}{\sin^4\alpha} = \frac{R^2 \Delta\theta_{\max}^2}{\sin^2 2\alpha}$$

(2) 如果目标电台的真实位置位于 A 或 C 点,则对应的位置误差为

$$
\begin{aligned}
l_2^2 &= \overline{BE}^2 + \overline{E\hat{T}}^2 + 2\,\overline{BE}\,\overline{E\hat{T}}\cos(\alpha_1 + \alpha_2) \\
&= \frac{\Delta\theta_{\max}^2}{\sin^2(\alpha_1 + \alpha_2)}\left[r_1^2 + r_2^2 - 2r_1 r_2 \cos(\alpha_1 + \alpha_2)\right] \\
&= \frac{H^2 \Delta\theta_{\max}^2}{\sin^2(\alpha_1 + \alpha_2)}\left[\frac{1}{\sin^2\alpha_1} + \frac{1}{\sin^2\alpha_2} - 2\frac{\cos(\alpha_1 + \alpha_2)}{\sin\alpha_1 \sin\alpha_2}\right] \\
&= \frac{R^2 \Delta\theta_{\max}^2}{\sin^4(\alpha_1 + \alpha_2)}\left[\sin^2\alpha_1 + \sin^2\alpha_2 - 2\sin\alpha_1 \sin\alpha_2 \cos(\alpha_1 + \alpha_2)\right] \quad (7-7-19)
\end{aligned}
$$

特别当 $\alpha_1 = \alpha_2 = \alpha$ 时,有

$$l_2^2 = \frac{4H^2 \Delta\theta_{\max}^2}{\sin^2 2\alpha} = \frac{R^2 \Delta\theta_{\max}^2}{4\cos^4\alpha}$$

最大位置误差越小,说明定位精度越高。最大位置误差为

$$l_m = \max(l_1, l_2) \quad (7-7-20)$$

3) 定位模糊区面积与位置误差的极值分析

(1) 在敌我双方阵地距离 H 一定情况下。由式(7-7-17)可得定位模糊区面积为

$$S_{ABCD} = \frac{4H^2 \Delta\theta_{\max}^2}{\sin\alpha_1 \sin\alpha_2 \sin(\alpha_1 + \alpha_2)}$$

由式(7-7-18)和式(7-7-19),可得位置误差为

$$
\begin{cases}
l_1^2 = \dfrac{H^2 \Delta\theta_{\max}^2}{\sin^2(\alpha_1 + \alpha_2)}\left[\dfrac{1}{\sin^2\alpha_1} + \dfrac{1}{\sin^2\alpha_2} + 2\dfrac{\cos(\alpha_1 + \alpha_2)}{\sin\alpha_1 \sin\alpha_2}\right] \\[4mm]
l_2^2 = \dfrac{H^2 \Delta\theta_{\max}^2}{\sin^2(\alpha_1 + \alpha_2)}\left[\dfrac{1}{\sin^2\alpha_1} + \dfrac{1}{\sin^2\alpha_2} - 2\dfrac{\cos(\alpha_1 + \alpha_2)}{\sin\alpha_1 \sin\alpha_2}\right]
\end{cases}
$$

① 定位模糊区面积。假设 $Z = \sin\alpha_1 \sin\alpha_2 \sin(\alpha_1 + \alpha_2)$，则定位模糊区面积 $S_{ABCD} = \dfrac{4H^2 \Delta\theta_{\max}^2}{Z}$。所以 Z 越大，模糊区面积越小；Z 随 α_1、α_2 变化。令

$$\frac{\partial Z}{\partial \alpha_1} = \sin\alpha_2 \cos\alpha_1 \sin(\alpha_1 + \alpha_2) + \sin\alpha_2 \sin\alpha_1 \cos(\alpha_1 + \alpha_2) = 0$$

则

$$\begin{cases} \cos\alpha_1 \sin(\alpha_1 + \alpha_2) + \sin\alpha_1 \cos(\alpha_1 + \alpha_2) = 0 \Rightarrow \sin(2\alpha_1 + \alpha_2) = 0 \\ \cos\alpha_2 \sin(\alpha_1 + \alpha_2) + \sin\alpha_2 \cos(\alpha_1 + \alpha_2) = 0 \Rightarrow \sin(\alpha_1 + 2\alpha_2) = 0 \end{cases}$$

令

$$\frac{\partial Z}{\partial \alpha_2} = \sin\alpha_1 \cos\alpha_2 \sin(\alpha_1 + \alpha_2) + \sin\alpha_1 \sin\alpha_2 \cos(\alpha_1 + \alpha_2) = 0$$

则

$$\begin{cases} \cos\alpha_1 \sin(\alpha_1 + \alpha_2) + \sin\alpha_1 \cos(\alpha_1 + \alpha_2) = 0 \Rightarrow \sin(2\alpha_1 + \alpha_2) = 0 \\ \cos\alpha_2 \sin(\alpha_1 + \alpha_2) + \sin\alpha_2 \cos(\alpha_1 + \alpha_2) = 0 \Rightarrow \sin(\alpha_1 + 2\alpha_2) = 0 \end{cases}$$

在 $\begin{cases} 2\alpha_1 + \alpha_2 = 180° \\ \alpha_1 + 2\alpha_2 = 180° \end{cases} \Rightarrow \alpha_1 = \alpha_2 = 60° = \dfrac{\pi}{3}$ 时，有极大值 $Z = \dfrac{3\sqrt{3}}{8}$，定位模糊区面积 $S_{ABCD} = \dfrac{32H^2 \Delta\theta_{\max}^2}{3\sqrt{3}}$ 最小。

② 位置误差。令

$$\begin{cases} Z_1 = \dfrac{1}{\sin^2(\alpha_1 + \alpha_2)} \left[\dfrac{1}{\sin^2\alpha_1} + \dfrac{1}{\sin^2\alpha_2} \right] \\ Z_2 = \dfrac{1}{\sin^2(\alpha_1 + \alpha_2)} \cdot 2 \dfrac{\cos(\alpha_1 + \alpha_2)}{\sin\alpha_1 \sin\alpha_2} \end{cases}$$

则

$$\begin{cases} l_1^2 = H^2 \Delta\theta_{\max}^2 \cdot (Z_1 + Z_2) \\ l_2^2 = H^2 \Delta\theta_{\max}^2 \cdot (Z_1 - Z_2) \end{cases}$$

根据数值分析，当 $\alpha_1 = \alpha_2 = 45°$ 时，$Z_1 = 4$，最小，所以最小位置误差为

$$\max(l_1, l_2) \xrightarrow{\alpha_1 + \alpha_2 = 90°} \sqrt{H^2 \Delta\theta_{\max}^2 \cdot \frac{4}{\sin^2 2\alpha_1}} \xrightarrow{\alpha_1 = \alpha_2 = 45°} 2H\Delta\theta_{\max}$$

③ 分析。双方阵地距离 H 一定时测向站与辐射源位置变化示意图如图 $7-7-5$ 所示。

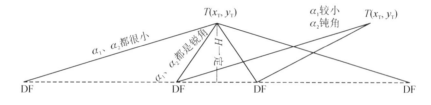

图 $7-7-5$　双方阵地距离 H 一定时测向站与辐射源位置变化示意图

a. 当 α_1、α_2 都很小时，两条示向线夹角 $\pi-(\alpha_1+\alpha_2)$ 是很大的钝角，两条示向线交点距离测向站连线距离很近，模糊区面积很小，但位置误差很大，不利于测向。

b. 增加 α_1、α_2，两条示向线夹角下降，当 $\alpha_1=\alpha_2=30°$ 时，模糊区面积 $S_{ABCD}=\dfrac{32}{\sqrt{3}}H^2\Delta\theta_{\max}^2$；位置误差为 $\dfrac{4\sqrt{2}}{\sqrt{3}}H\Delta\theta_{\max}$。

c. 增加 α_1、α_2，两条示向线夹角下降，当 $\alpha_1=\alpha_2=45°$ 时，$\sin\alpha_1\sin\alpha_2\sin(\alpha_1+\alpha_2)=\dfrac{1}{2}$，模糊区面积 $S_{ABCD}=8H^2\Delta\theta_{\max}^2$，其面积不大；位置误差为 $2H\Delta\theta_{\max}$，最小，有利于测向。

d. 增加 α_1、α_2，两条示向线夹角下降，当 $\alpha_1=\alpha_2=60°$ 时，模糊区面积 $S_{ABCD}=\dfrac{32H^2\Delta\theta_{\max}^2}{3\sqrt{3}}$，最小；位置误差为 $\dfrac{4\sqrt{3}}{3}H\Delta\theta_{\max}$，较小，有利于测向。

e. 当 α_1、α_2 中有一个角为钝角，而另一个角增大时，两条示向线夹角很小，两条示向线交点距离测向站距离较远，模糊区面积及位置误差迅速增加，不利于测向。

(2) 在两测向站距离 R 一定情况下。由式(7-7-17)可得定位模糊区面积为

$$S_{ABCD}=\frac{4R^2\Delta\theta_{\max}^2\sin\alpha_1\sin\alpha_2}{\sin^3(\alpha_1+\alpha_2)}$$

由式(7-7-18)和式(7-7-19)可得位置误差为

$$\begin{cases}l_1^2=\dfrac{R^2\Delta\theta_{\max}^2}{\sin^4(\alpha_1+\alpha_2)}\left[\sin^2\alpha_1+\sin^2\alpha_2+2\sin\alpha_1\sin\alpha_2\cos(\alpha_1+\alpha_2)\right]\\l_2^2=\dfrac{R^2\Delta\theta_{\max}^2}{\sin^4(\alpha_1+\alpha_2)}\left[\sin^2\alpha_1+\sin^2\alpha_2-2\sin\alpha_1\sin\alpha_2\cos(\alpha_1+\alpha_2)\right]\end{cases}$$

① 定位模糊区面积。假设 $Z=\dfrac{\sin\alpha_1\sin\alpha_2}{\sin^3(\alpha_1+\alpha_2)}$，则定位模糊区面积 $S_{ABCD}=4R^2\Delta\theta_{\max}^2Z$，所以 Z 越小，模糊区面积最小。令

$$\begin{cases}\dfrac{\partial Z}{\partial\alpha_1}=\dfrac{\sin\alpha_2\cos\alpha_1\sin^3(\alpha_1+\alpha_2)-3\sin\alpha_1\sin\alpha_2\cos(\alpha_1+\alpha_2)\sin^2(\alpha_1+\alpha_2)}{\sin^6(\alpha_1+\alpha_2)}=0\\\dfrac{\partial Z}{\partial\alpha_2}=\dfrac{\sin\alpha_1\cos\alpha_2\sin^3(\alpha_1+\alpha_2)-3\sin\alpha_2\sin\alpha_1\cos(\alpha_1+\alpha_2)\sin^2(\alpha_1+\alpha_2)}{\sin^6(\alpha_1+\alpha_2)}=0\end{cases}$$

则

$$\begin{cases}\sin\alpha_2\cos\alpha_1\sin(\alpha_1+\alpha_2)-3\sin\alpha_1\sin\alpha_2\cos(\alpha_1+\alpha_2)=0 &(7-7-21(a))\\\sin\alpha_1\cos\alpha_2\sin(\alpha_1+\alpha_2)-3\sin\alpha_2\sin\alpha_1\cos(\alpha_1+\alpha_2)=0 &(7-7-21(b))\end{cases}$$

用式(7-7-21(a))减去式(7-7-21(b))，有

$$(\cos\alpha_1\sin\alpha_2-\sin\alpha_1\cos\alpha_2)\sin(\alpha_1+\alpha_2)=0\Rightarrow\alpha_1-\alpha_2=0°\Rightarrow\alpha_1=\alpha_2$$

将 $\alpha_1=\alpha_2$ 代入式(7-7-21(b))，可得

$$\sin\alpha_1\cos\alpha_2\sin2\alpha_1=3\sin^2\alpha_1\cos2\alpha_1\Rightarrow2\cos^2\alpha_1=3\cos2\alpha_1=3(2\cos^2\alpha_1-1)$$

所以 $\cos\alpha_1=\dfrac{\sqrt{3}}{2}$，即 $\alpha_1=\alpha_2=30°=\dfrac{\pi}{6}$。极小值 $Z=\dfrac{2}{3\sqrt{3}}$，对应定位模糊区面积 $S_{ABCD}=\dfrac{8}{3\sqrt{3}}R^2\Delta\theta_{\max}^2$，为极小值。根据数值分析可以看出，这是极小值，不是最小值。

② 位置误差。令

$$\begin{cases} Z_1 = \dfrac{\sin^2\alpha_1 + \sin^2\alpha_2}{\sin^4(\alpha_1+\alpha_2)} \\ Z_2 = \dfrac{2\sin\alpha_1\sin\alpha_2\cos(\alpha_1+\alpha_2)}{\sin^4(\alpha_1+\alpha_2)} \end{cases}$$

则

$$\begin{cases} l_1^2 = R^2\Delta\theta_{max}^2(Z_1+Z_2) \\ l_2^2 = R^2\Delta\theta_{max}^2(Z_1-Z_2) \end{cases}$$

根据数值分析，当 $\alpha_1+\alpha_2=90°$ 时，$\cos(\alpha_1+\alpha_2)=0$，$Z_2=0$，$Z_1=\sin^2\alpha_1+\sin^2\alpha_2=1$，最小位置误差为 $R\Delta\theta_{max}$。

③ 分析。测向站距离 R 一定时测向站与辐射源位置变化示意图如图 7-7-6 所示。

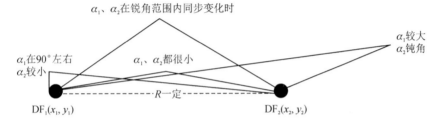

图 7-7-6　测向站距离 R 一定时测向站与辐射源位置变化示意图

a. 当 α_1、α_2 都很小时，两条示向线夹角 $\pi-(\alpha_1+\alpha_2)$ 是很大的钝角，两条示向线交点距离测向站连线距离很近，模糊区面积很小，但位置误差很大，不利于测向。

b. 增加 α_1、α_2，当 $\alpha_1=\alpha_2=30°$ 时，$S_{ABCD}=\dfrac{8}{3\sqrt{3}}R^2\Delta\theta_{max}^2$，为极小值；位置误差为 $\dfrac{3}{\sqrt{3}}R\Delta\theta_{max}$，较小，有利于测向。

c. 增加 α_1、α_2，当 $\alpha_1=\alpha_2=45°$ 时，$S_{ABCD}=2R^2\Delta\theta_{max}^2$，较小；位置误差为 $R\Delta\theta_{max}$，为最小值，有利于测向。

d. 增加 α_1、α_2，当 $\alpha_1=\alpha_2=60°$ 时，$S_{ABCD}=\dfrac{8}{\sqrt{3}}R^2\Delta\theta_{max}^2$；位置误差为 $2R\Delta\theta_{max}$。

e. 继续增加 α_1、α_2，当 α_1、α_2 较大时，特别是当 α_1、α_2 中有一个角为钝角，而另一个角增大时，两条示向线夹角很小，两条示向线交点距离测向站距离较远，位置误差迅速增大，不利于测向。

由此可以看出，随着目标电台与两测向站距离的增加，定位模糊区与最大位置误差增加；当目标电台位于两测向站中间并与两测向站构成锐角三角形时，定位模糊区与最大位置误差都比较小；当 $\alpha_1+\alpha_2$ 比较大或者比较小，目标电台与两测向站构成钝角三角形时，两测向站所得到的扇形区相交的四边形 ABCD 呈现狭长的形状，其中四边形锐角对应的对角线迅速拉长，位置误差明显上升，定位可信度下降，即定位的估计精度会在四边形锐角轴线方向逐渐下降，造成定位估计精度的几何弱化（GDOP）现象。

测向站对不同位置的目标辐射源进行定位时，其定位模糊区形状、大小不同，如图7-7-7所示。而敌我双方阵地的配置关系是存在一定范围的，综合测向距离的合理性与模糊区面积较小两个方面考虑，应该寻找 α_1、α_2 在锐角范围内同步变化时模糊区面积与位置误差都比较小的区域。特别当敌人目标辐射源在我方测向站中心轴线长，并且两条示向线夹角在 90° 左右时，能够保证比较小的模糊区和位置误差。事实上，在实际的测向过程中，模糊区和位置误差都是未知的，在进行测向站配置时，应考虑上述情况，保证测向结果的可信度。

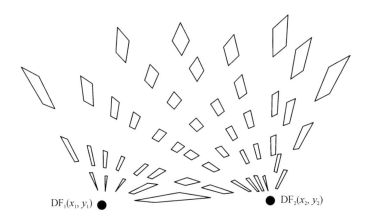

图 7-7-7　测向站对不同位置目标定位时定位模糊区示意图

3. 多站交叉定位

由位于不同位置的三个或三个以上的测向站对目标辐射源进行测向，然后交会定位的方法称为多站定位。以三站定位（如图 7-7-8 所示）为例，如果三个测向站的测向结果都没有误差，那么三条示向线肯定会交于一点，这个点就是目标的真实位置。但是，测向误差总是不可避免的，所以三条示向线不能保证只相交于一点。

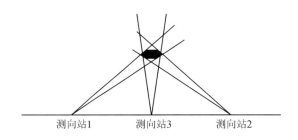

测向站1　　　测向站3　　　测向站2

图 7-7-8　三站定位示意图

在图 7-7-8 中，假设方位误差呈高斯分布，那么三个测向点方位的随机分布产生一个椭圆形的不定区域。随机方位误差被定义为标准偏差或均方根误差。区域的大小、位置和椭圆概率由若干个因子确定，如测向方位、方位范围和标准偏差等。为简便起见，通常按目标位于这个椭圆内的特定概率等级，通过换算，用等效误差圆半径来描述椭圆位置估算值，这个描述被称为圆概率误差（CEP）。多站定位的准确程度比双站定位有明显提高。

4. 交叉定位的几何作图法及测向站配置

1）交叉定位的几何作图法

在通信对抗中，通常要根据前方各测向站报来的示向度数据直接在地图上进行标绘定位。由于实际测向中不可避免地存在误差，以各测向站为基点标绘的示向线将相交成一个多边形，目标电台地理位置比较合理的估计应该是这个多边形的某个中心点。根据中心点选取规则的不同，有不同的几何作图估计法（简称几何作图法）。对于三站定位的情况，三条示向线相交的是一个三角形，对应的几何作图法有中线交点法、等角线交点法及斯坦纳（Steiner）交点法三种，如图 7 - 7 - 9 所示。

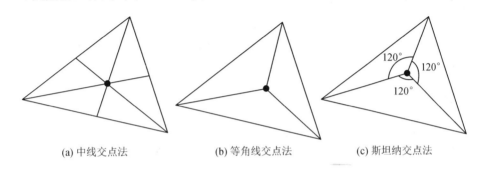

(a) 中线交点法   (b) 等角线交点法   (c) 斯坦纳交点法

图 7 - 7 - 9 估计目标电台地理位置的几何作图法

中线交点法是将三角形三条边中线的交点作为目标电台位置的估计点的；等角线交点法是将三角形三个角的角平分线相交的点作为目标电台位置的估计点的；斯坦纳交点法则是通过寻找三条示向线相交三角形中的斯坦纳交点并将其作为目标电台位置的估计点的。在上述三种方法中，一般认为斯坦纳交点法较之另外两种方法要更精确。

对于多于三个测向站的多站交会定位，其示向线相交的图形通常是一个四边形以上的多边形，在这种情况下估计目标电台的地理位置，可以采用如下方法：

（1）以多边形各条边的中线交点或各个角的角平分线交点或多边形（偶数条边）对角线的交点作为目标电台地理位置的估计点。

（2）以多边形的近似中心及各个角为顶点分成多个三角形，在每个三角形中寻找对应的斯坦纳交点，再对由这些斯坦纳交点形成的多边形采用上面所示的办法估计目标电台的地理位置。

2）测向站配置

根据前面的分析，测向站场地是否"良好"对测向精度的影响很大。"良好"的场地环境引起的测向误差小，是高精度定位的基本保障。但是在测向精度一定的情况下，测向站站址的配置对定位精度也有着直接的影响。例如，根据前面分析，在双站交叉定位时，两个测向站相对目标电台的位置对于定位模糊区面积的大小、定位位置误差等方面的影响有如下结论：

（1）如果 H 一定，则当两个测向站相对目标电台满足 $\alpha_1 = \alpha_2 = 60°$ 时，对应的定位模糊区面积最小。

（2）如果 R 一定，则当两个测向站相对目标电台满足 $\alpha_1 = \alpha_2 = 30°$ 时，对应的定位模糊区面积最小。

（3）如果 R 一定，则当两个测向站相对目标电台满足 $\alpha_1 + \alpha_2 = 90°$ 时，对应的定位位置误差最小。

在实际工作中，测向站站址的选择需要综合考虑防区的地形地物、兵力部署、后勤保障等因素，所以一般难以按理论上推算的最佳位置进行配置，但需要遵循如下几个原则：

（1）测向站站址尽可能拉开距离配置。

（2）尽可能接近目标电台所配置的区域。

（3）选择尽可能"良好"的测向场地。

（4）以目标电台配置区域的中心或侦测站需要覆盖的敌方战区中心为基准，尽可能使测向站的配置接近理论上的最佳配置。

（5）各测向站以阵列排列，并且彼此之间的所有基线避免平行。

（6）尽量保证各测向站的示向线在目标区域两两交会的交角在 $30° \sim 150°$ 范围，避免示向线在目标区域的交会出现小锐角或大钝角现象。

7.7.3　时差定位技术

时差定位是测量同一目标辐射的信号到达三个或多个已知位置的定位基站的时间差，由这些时间差可以绘制两组或多组可能的目标位置的双曲线，其交点就是目标的位置坐标。

时差定位实际上是反"罗兰"系统的应用。罗兰导航系统根据来自三个已知位置的发射机信号来确定自身的位置，而时间差测量定位系统是利用三个（或多个）已知位置的接收机接收某一个未知位置的辐射源的信号来确定波辐射源的位置。两个接收站采集到的信号到达时间差确定了一对双曲线，多个双曲线相交就可以得到目标的位置，因此时差定位又被称为双曲线定位。

假设 3 个接收机的坐标分别为 $R_1(x_1, y_1)$、$R_2(x_2, y_2)$ 和 $R_3(x_3, y_3)$，目标信号到达各接收站的时间分别为 t_1、t_2 和 t_3，目标位置为 $U(x, y)$，其时差定位示意图如图 $7-7-10$ 所示。根据时差关系有

$$\begin{cases} c(t_2 - t_1) = [(x_2 - x)^2 + (y_2 - y)^2]^{1/2} - [(x_1 - x)^2 + (y_1 - y)^2]^{1/2} = d_{21} \\ c(t_3 - t_1) = [(x_3 - x)^2 + (y_3 - y)^2]^{1/2} - [(x_1 - x)^2 + (y_1 - y)^2]^{1/2} = d_{31} \end{cases}$$

$$(7 - 7 - 22)$$

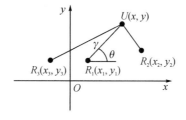

图 $7-7-10$　时差定位示意图

其中，$c = 3 \times 10^8$ m/s，为光速。下面给出求解目标位置的解析解。令

$$\begin{cases} x_{21} = x_2 - x_1, \ x_{31} = x_3 - x_1 \\ y_{21} = y_2 - y_1, \ y_{31} = y_3 - y_1 \end{cases} \tag{7-7-23}$$

由图 7-7-10 可知，$U(x, y)$点坐标可表示为

$$\begin{cases} x = r\cos\theta + x_1 \\ y = r\sin\theta + y_1 \end{cases} \tag{7-7-24}$$

同理，$U(x, y)$点坐标也可由其与 $R_2(x_2, y_2)$、$R_3(x_3, y_3)$点的类似关系表示。将式$(7-7-24)$代入式$(7-7-22)$，考虑将式$(7-7-23)$化简可得

$$\begin{cases} 2x_{21}r\cos\theta + 2y_{21}r\sin\theta = x_{21}^2 + y_{21}^2 - d_{21} - 2d_{21}r \\ 2x_{31}r\cos\theta + 2y_{31}r\sin\theta = x_{31}^2 + y_{31}^2 - d_{31} - 2d_{31}r \end{cases} \tag{7-7-25}$$

对式$(7-7-25)$变形可得

$$r = \frac{x_{21}^2 + y_{21}^2 - d_{21}^2}{2(x_{21}\cos\theta + y_{21}\sin\theta + d_{21})} = \frac{x_{31}^2 + y_{31}^2 - d_{31}^2}{2(x_{31}\cos\theta + y_{31}\sin\theta + d_{31})} \tag{7-7-26}$$

对式$(7-7-26)$进一步变形可得

$$a\cos\theta + b\sin\theta = c \tag{7-7-27}$$

其中

$$\begin{cases} a = (d_{31}^2 - x_{31}^2 - y_{31}^2)x_{21} - (d_{21}^2 - x_{21}^2 - y_{21}^2)x_{31} \\ b = (d_{31}^2 - x_{31}^2 - y_{31}^2)y_{21} - (d_{21}^2 - x_{21}^2 - y_{21}^2)y_{31} \\ c = -(d_{31}^2 - x_{31}^2 - y_{31}^2)d_{21} + (d_{21}^2 - x_{21}^2 - y_{21}^2)d_{31} \end{cases} \tag{7-7-28}$$

所以

$$\theta = \begin{cases} \arcsin = \dfrac{c}{\sqrt{a^2 + b^2}} - \varPhi(\boldsymbol{x}, \boldsymbol{y}) \\ \pi - \left(\arcsin \dfrac{c}{\sqrt{a^2 + b^2}} - \varPhi(\boldsymbol{x}, \boldsymbol{y}) \right) \end{cases} \tag{7-7-29}$$

其中，$\varPhi(\boldsymbol{x}, \boldsymbol{y})$表示向量 $\boldsymbol{x}$、$\boldsymbol{y}$之间的夹角，$\varPhi \in [-\pi, \pi)$，有

$$r = \frac{x_{21}^2 + y_{21}^2 - d_{21}^2}{2(x_{21}\cos\theta + y_{21}\cos\theta + d_{21})} \tag{7-7-30}$$

　　将式$(7-7-29)$和式$(7-7-30)$代入式$(7-7-24)$，就可得到显示定位解，再利用测向信息就可排除虚假定位点，确定目标位置。

　　与其他定位体制相比，时差定位对来波信号的幅度、相位没有要求，并且与频率无关。但时差定位一般需要长基线定位系统，相对于短基线的测向法定位系统而言，有更高的定位精度和更快的定位速度，能及时处理威胁信号。然而，时差定位存在的缺点是：① 时差定位是利用信号到达各个定位基站之间的时间差来确定目标位置的，但各基站距目标的距离未知；② 信号到达时间的相对变化含有目标的状态信息，要获取这些信息，必须对那些信号时间特征进行精确的测量，才能获取目标的速度信息和距离信息，进而获取目标所处位置的信息；③ 时差定位系统组成比较复杂，对接收机、数据传输系统和处理设备等的要求较高。

　　时差定位至少需要采用三个定位基站以形成两条定位基线。在某些场合，也可以采用更多的定位基站，形成多条基线配置，其定位精度将更高。

思 考 题

1. 通信测向系统由哪几部分组成？各部分的主要功能是什么？
2. 最大振幅法测向的基本原理是什么？其主要优缺点是什么？
3. 试描述相位法测向的基本原理、常见分类以及优缺点。
4. 简述环天线产生三大负面效应的原因、造成的结果及克服的方法。
5. 方位角、示向度、测向误差的定义各是什么？
6. 对通信辐射源的定位技术主要有哪几类？各有什么特点？
7. 什么是定位模糊区？其产生的原因？
8. 什么是单站定位？单站定位要求测得什么高度？精度受什么因素影响？
9. 时差定位技术的主要原理是什么？与其他定位技术相比，它有哪些优点？

第8章　通信干扰原理

对于无线电通信的干扰，人们更多的体会来自自然环境的干扰，这种干扰是无目的且时有时无的。作为通信对抗中的无线电通信干扰是一种有目的的人为干扰。由于无线电通信的信息是在开放的信道中传播的，这就给无线电通信干扰提供了可能。

早期的无线电通信干扰是利用无线电通信发射机向敌方的接收机发射其所不需要的噪声或信号，迫使敌方通信接收机在接收通信信号的同时接收干扰信号，以达到干扰敌方通信的目的。这种有意识地产生人为干扰信号来扰乱敌方通信的无线电通信干扰，一旦奏效就显示出其迷人的魅力，以致诞生了专用的无线电通信干扰设备，随之通信干扰的理论及技术也相继得到了发展，并在后来的历次战争中发挥了显著的作用。本章主要讨论通信干扰的基本概念和原理。

8.1　概　　述

通信干扰是以破坏或扰乱敌方通信系统的信息传输过程为目的而采取的电子攻击行动的总称。通信干扰系统通过发射与敌方通信信号相关联的某种特定形式的电磁信号，破坏或者扰乱敌方无线电通信过程，导致敌方的信息网络体系中"神经"和"血管"（如指挥通信、协同通信、情报通信、勤务通信等）的信息传输能力被削弱甚至瘫痪。

通信干扰技术是通信对抗技术的一个重要方面，也是通信对抗领域中最积极、最主动和最富有进攻性的一个方面。在信息时代的今天，由于军事信息在现代战争中的作用越来越大，所以，以破坏和攻击敌方信息传输为目的的通信干扰的作用和地位日益重要。

8.1.1　通信干扰的基本概念

1. 干扰目标

通信干扰的对象是通信接收系统，目的是削弱和破坏通信接收系统对信号的感知、截获及其信息的传输和交换能力，它并不削弱和破坏发射信号的设备。

到目前为止，人们还没有研究出一种办法能用电子技术阻止无线电波从发射机传送到接收机。

2. 有效干扰

1）有效干扰

为了实现干扰，唯一可行的办法就是在通信信号到达通信接收机的同时把干扰信号也送至通信接收机。干扰信号与通信信号经通信接收机线性部分变换、叠加之后进入解调器。解调器从通信信号中还原出被传送的信息，而干扰信号经解调之后形成的只能是干扰。通信干扰的有效性的表现形式有以下四种：

（1）通信压制。由于干扰的存在，实际的通信接收机可能完全被压制，在给定时间内收不到任何有用信号，或者只能收到零星的极少量的有用信号，在接收端所得到的有用信息量近似等于零，这样的干扰我们称之为有效干扰，我们说这时的通信被（完全）压制了。

（2）通信破坏。由于干扰的存在，实际的通信接收机虽然没有被完全压制，或者通信网没有完全被阻断，但其在恢复信息的过程中产生了大量错误，差错的存在使得信号内含的信息量减少，接收端可获取的信息量不足，通信效能降低，决策战争行动困难。这样的干扰我们称之为有效干扰，我们说这时的通信被破坏或被扰乱了。

（3）通信阻滞。由于干扰的存在，通信信道容量减小，信号的传输速率降低，单位时间内通信终端所获得的信息量减少，传送一定的信息量所花费的时间延长，干扰所造成的这种信息传输的延误使得接收端不可能及时获取信息，专家（人或机）系统决策延误，因而造成了战机被贻误。在战场上时间就是生命，战机就是胜利。能够夺取时间、争取主动的干扰也是有效干扰，我们说这时的通信被阻滞了。

（4）通信欺骗。巧妙地利用敌方通信信道工作的间隙，发射与敌方通信信号特征和技术参数相同、但携带虚伪信息的虚假信号，用以迷惑、误导和欺骗敌方，使其产生错误的行动或做出错误的决策。达到欺骗目的的欺骗干扰是有效干扰，这时我们就说通信被欺骗了。

2）干扰有效的基本条件

（1）干扰信号与通信信号在时间、频率及空间上对准。干扰信号只有在通信接收机接收通信信号的同时被接收到时，才可能对通信信号形成干扰，所以，干扰有效的基本条件是干扰信号必须与通信信号在时间、频率及空间上对准。

首先，必须要截获目标信号，并能够正确地进行参数测量、分选识别，在当今复杂多变的信号环境中，对信号的类别及特性进行识别和分析是相当困难的，通常需要电子支援措施（ESM）提供帮助；其次，由于通信干扰针对的是通信的接收端，而截获到的信号都是来自发射机，所以对于干扰方来说，准确确定被干扰目标接收机（简称目标接收机）的位置需要一定的时间，也有一定的难度，故在空间上准确地对准被干扰目标是很困难的，有时甚至是不可能的，由于干扰目标位置的不明确，使得提高干扰效率更加重要。

考虑到在实际通信过程中，通信台站常常同时具有收、发功能，这样就可以借助测向、定位来获得被干扰目标接收机的位置信息。对某些通信电台而言，虽然采取遥控可使通信发射机与接收机不在同一地点，但其相对于干扰机来说距离就很近了，可将发射机的位置大致定为接收机的位置，这里所说的发射机是指在同一系统中处于被干扰目标接收机一端的发射机。同一通信系统中的电台既可"双工"工作，又可"单工"工作；其发射机与接收机既能异频工作，又能同频工作。所以判断被干扰目标接收机的位置一般需要电子支援措施的帮助。

（2）通信接收机的输入端能够有足够的干扰输入功率。干扰与通信信号一起进入目标接收机，在通信接收机的输出端起作用的干扰信号功率（即干扰功率）对于干扰是否奏效将起着决定性作用。因此，足够的干扰输出功率是保证干扰有效的基本条件。

当目标接收机输出端的干扰功率达到一定值时，必将使得接收机输出端的信噪比下降、差错率（输出干信比或输出误码率）升高，差错率高于给定值时，干扰就有效。

8.1.2　干扰信号特性

当不同的干扰信号对不同的通信信号进行干扰时，在敌方不同的通信接收系统中输出的干扰能量不同；对于特定干扰信号而言，与对不同的通信信号进行干扰时，在敌方不同的通信接收系统中输出的干扰能量也不同。所以，合理设计干扰信号，降低通信接收机对干扰信号的抑制，尽可能保证干扰信号能够在通信接收机的终端输出功率，是提高干扰效率、达到最佳干扰效果的重要手段。

1. 干扰信号的频域特性

1）干扰信号应具有丰富的频率分量

当干扰落入接收机通带内时，接收机的输出不仅有信号，而且还有该干扰各种形式的输出。一方面，接收机会将落入接收机通带内的干扰视为信号解调输出，这部分干扰输出分量称为直通干扰；另一方面，接收端有很多非线性器件，当干扰与信号同时作用于接收机输入端时，除直通干扰外，干扰的各频率分量与信号的各频率分量由于非线性组合形成很多的组合频率分量，当这些组合频率分量满足一定条件时，就会对输出信号形成干扰。显然，干扰的频率分量越丰富，不仅直通干扰分量增加，而且组合频率分量干扰也增多，输出干扰的频率关系也越复杂，干扰给信号带来的畸变也就越大。所以，为了提高干扰的效果，希望落入接收机通带内的干扰频谱分量应尽可能多一些，要求用于干扰的信号一般应具有较丰富的频率分量。

2）干扰信号与目标信号的频谱重合度应尽可能高

频谱重合度是指干扰在频域上与目标信号频谱的重合程度。从干扰功率利用率的角度考虑，干扰信号的频谱分量也不是越多越好，通常，干扰的频谱分量越多，干扰信号带宽越宽，而接收机的接收通道总是尽可能地抑制信号带宽以外的干扰，如果干扰信号的频谱宽度超过被干扰目标接收机的通带宽度，则势必会有一部分干扰分量被接收通道所抑制，造成干扰能量的浪费，使得干扰不能充分地发挥其全部作用，降低了干扰功率利用率。

由此可见，干扰信号的频谱宽度接近但不超过被干扰目标接收机的通带宽度时有可能获得最好的干扰效果。通常，接收机通带宽度是依据信号带宽来确定的，因此干扰信号的频谱宽度以与目标信号的频谱宽度一致为好，同时再考虑到应采用同频干扰，故一般易使干扰奏效的干扰频谱是与目标信号频谱相重合的干扰频谱。在这种情况下，被干扰方欲把干扰和信号从频域分开也是无能为力的。

2. 干扰信号的时域特性

信号不仅具有频域特征，还具有时域特征，由于不同时域特性的干扰信号可能具有相似的频谱特征，而频谱特征相同的干扰信号，又由于时域特性的不同可能会对接收机产生完全不同的作用结果。例如，窄带调频信号和振幅调制信号，它们具有相同的幅度频谱，都由一个载频和两个边带组成，而其时域特性完全不同，前一个是振荡频率变化的等幅波，后一个是振幅变化的单频正弦波。当采用振幅检波时，前者输出的是直流电压，而后者输出的是交变电压。再如，两个脉宽相同但脉冲出现频度不同的随机杂乱脉冲序列，它们具有相同的频谱结构，但由于时域特性的不同，作用于接收机后其表现各不相同。频度低的输出为单个脉冲，很难对信号形成干扰。而频度高的由于接收机响应的延时效应，其输出很可能连成一片而对信号构成干扰。由此可见，为了全面描述干扰信号的特性，除了频域特性之外，还必须了解干扰信号的时域特性。那么，干扰信号应具有什么样的时域特性呢？

一方面，用于干扰的信号应该具有随机、不规则的特点。从理论上讲，任何规则的干扰都有可能被理想接收机所排除，对于那些随时间变化的特性是已知的干扰信号也是如此。例如，对于已知频率、振幅和相位的正弦波干扰，只要同时送入接收机一个与其频率、振幅相同，相位相反的正弦波，就可以消除它对信号接收的影响。当然，只有干扰随时间是随机变化的，才有可能使干扰不被接收机所抑制。因此，干扰信号的时域特性应该是不规则的且不可预知的，即是随机的。由于噪声具有很强的随机性，而且有试验证明，噪声对语音的掩蔽效应要比纯音对语音的掩蔽效应好，因此，随机噪声常常用来作为干扰信号，可以采用受随机噪声调制的模拟通信干扰样式，而数字通信干扰样式通常选择受随机数字基带信号调制的随机键控干扰样式。另一方面，峰值因数是联系信号最大值和均方根值的参数。一个信号的峰值因数 α 定义为该信号电压的最大值（峰值）U_{m} 与它的均方根值 U 之比，即

$$\alpha = \frac{U_{\mathrm{m}}}{U}$$

由此可见，峰值因数反映信号时域波形上下起伏的程度，通常把 $\alpha<3$ 的干扰叫做平滑干扰，把 $\alpha>3$ 的干扰叫做脉冲干扰。

当干扰和信号的峰值因数相差不大时，说明它们的起伏程度接近，这时利用时域的波形特征是很难区分干扰和信号的。因此，一般要求干扰信号的峰值因数应与被干扰目标信号的峰值因数相接近。

3. 干扰信号的能量特性

接收机输出端干扰能量的大小对于干扰是否奏效起决定性作用，足够的干扰输出能量需要足够的干扰输入能量。因此，就必须要求进入目标接收机的干扰信号应达到足够的能量时，干扰才可能有效。在有些情况下，当落入被干扰目标接收机中干扰信号的功率足够大时，即使干扰信号的频率域、时间域特性不满足要求，干扰也可能奏效。

1）干信比

为了定量描述干扰有效时对干扰功率的需求，这里我们引入一个被称为压制系数的物理量，用来定量地描述当干扰功率与信号功率的相对值达到多大值时，干扰就可以有效地压制目标信号的通信。压制系数定义为保证干扰有效压制信号时，接收机输入端所需要的最小干扰功率与信号功率之比，即

$$k_{\mathrm{y}} = \frac{P_{\mathrm{jmin}}}{P_{\mathrm{s}}}$$

式中，P_{s} 为接收机输入端的信号平均功率；P_{jmin} 为保证干扰有效时接收机输入端所需要的最小干扰平均功率。

若被干扰目标被有效压制的压制系数为 k_{y}，则当进入目标接收机的干扰功率 P_{j} 与信号功率 P_{s} 之比满足条件 $\frac{P_{\mathrm{j}}}{P_{\mathrm{s}}} \geqslant k_{\mathrm{y}} = \frac{P_{\mathrm{jmin}}}{P_{\mathrm{s}}}$ 时，干扰有效。

压制系数不是一个恒定不变的数值，一方面它与被干扰目标接收机的战术、技术要求密切相关，从技术要求的角度看，对于不同的通信体制和接收解调方式，所需要的压制系数不同，不同的纠错能力、不同的抗干扰措施，所需要的压制系数也不同；另一方面，它与干扰方有关，不同的干扰样式、干扰参数，所需要的压制系数也不同。

峰值功率和平均功率是信号功率的两种表示方法。峰值功率是信号的最大瞬时功率，它受限于发射机的放大器，当放大器一定时，峰值功率就确定了。平均功率是信号瞬时功率的统计平均值，当时间较长时，可由时间平均来代替。

若信号功率和干扰功率均按峰值功率计算，得到峰值压制系数为

$$k_{ym} = \frac{(P_{jm})_{min}}{P_{sm}}$$

式中，P_{sm} 为接收机输入端的信号峰值功率；$(P_{jm})_{min}$ 为保证干扰奏效时的接收机输入端所需要的最小干扰峰值功率。

峰值功率与平均功率之间的关系可以用峰值因数 α 联系起来。按平均功率计算的压制系数 k_y 与按峰值功率计算的峰值压制系数 k_{ym} 的关系可表示为

$$k_{ym} = k_y \frac{\alpha_j^2}{\alpha_s^2} = k_y \frac{\gamma_j}{\gamma_s}$$

式中，α_j、α_s 分别为干扰、信号的峰值因数；γ_j、γ_s 分别为干扰、信号的峰平（功率）比。

在以后的讨论中，除特殊说明外，书中所说的干信比以及通信中的信噪比都是平均功率之比。实际上，对于干扰方来说，被干扰目标的压制系数是未知的，往往只能在侦察的基础上，用同类型的己方通信系统来推测压制系数。

2）峰平（功率）比

信号的峰值功率与其平均功率之比为信号的峰平（功率）比，即 PAPR(Peak-to-Average Power Ratio)，也称为信号的波峰系数或波峰因子，用 γ 来表示，即

$$\gamma = \frac{P_m}{P} = \alpha^2$$

式中，P_m 为峰值功率；P 为平均功率。

例如，电压幅度为 A 的单频正弦波 $s(t) = A\cos(\omega t + \varphi)$，其峰值功率为 A^2，平均功率为 $A^2/2$，是峰值功率的二分之一，因此正弦波信号的峰平比等于 2；两个等幅单频正弦波之和的峰值功率为 $(2A)^2$，平均功率为 A^2，因此，峰平比等于 4；理论上，N 个等幅单频正弦波之和的合成信号的峰平比等于 $2N$，波峰系数很大。单音调制的常规 AM 信号，在 100% 满调制时，峰值因数等于 2.3，峰值功率是平均功率的 5.3 倍，峰平比等于 5.3；而等幅的 FM 信号的峰值功率仅是平均功率的 2 倍，峰平比等于 2。

由于信号的峰值功率受限于发射机放大器，对给定的干扰发射机或通信发射机而言，信号的峰值功率一定，发射机的平均功率就取决于信号峰值因数的大小，峰值因数越小，峰平比越低，则其平均功率越大。在实际应用中，当发射设备一定时，峰值功率就确定了。因此，在相同的条件下，应该尽可能地选择峰值因数小的干扰信号（如噪声调频干扰），以获取较大的干扰平均功率，从而提高干扰功率的利用率。此外，可以采用一些技术降低干扰信号的峰平比。目前，降低 PAPR 的方法主要有检波法、相位优化法、峰值相消法、编码方法和压缩扩展方法等。

4. 干扰信号的调制特性

针对同一个目标信号，采用不同调制特性的干扰信号，即不同的干扰样式，达到有效干扰所需要的输入干扰功率不同。因此，为了提高干扰的效率，应针对不同的信号形式及

接收方式,要相应地选择不同的干扰样式。

干扰样式是指通信干扰调制信号(即干扰基带信号)的种类以及对干扰载频的调制方式。干扰样式是由干扰基带信号及干扰调制方式共同决定的,改变干扰调制信号或干扰调制方式,可以组合出很多种干扰样式。因此,干扰样式的选择包括干扰基带信号种类的选择和干扰调制方式的选择两个方面。

干扰发射方在发射干扰之前,总是希望选用最佳的干扰样式,那么什么是最佳干扰样式? 如何选取呢?

1) 最佳干扰样式

最佳干扰样式是针对某种通信的某种接收方式能产生最佳干扰效果的干扰样式。对于同一个目标,采用不同的干扰样式所得到的干扰效果通常是不同的,甚至会相差很大,最直接的方法就是以干扰产生的实际效果来评定干扰样式的好坏,也就是说,最佳干扰样式就是"干扰效果最好的干扰"。依据通信干扰效果分析模型,可以针对各种通信信号及其相应的接收方式进行干扰效果分析,评定干扰样式的好坏,从而为选择在一定条件下能达到最好干扰效果的干扰样式提供理论依据。

借助压制系数的概念,最佳干扰样式也可以理解为能达到有效干扰时干扰方付出的干扰代价最小的干扰样式,通常干扰代价可以用干扰功率或能量的大小来描述。因此,在已知信号形式和给定接收方式的情况下,压制系数最小的干扰样式,就称之为对该信号和给定的这种接收方式的最佳干扰样式。

2) "绝对"最佳干扰样式

在实际中,目标信号的信号形式可通过截获目标信号获得,但其接收方式较难确定,因为信号的接收方式不是唯一的。对于某种信号的某一种接收方式的最佳干扰,可能由于受扰方采用针对这种干扰样式而设计的另外一种接收方式,从而使得这种干扰样式的干扰无法奏效。对于任何最佳干扰而言,都不能排除受扰方可能采用针对这种干扰的抗干扰接收,而使得实际上的干扰并不是最佳干扰。由此引出绝对最佳干扰样式的概念。对于已知的某种信号形式的所有可能的接收方式,都有比较小的压制系数的干扰,就称为是对这种已知信号的绝对最佳干扰。

8.1.3　通信干扰系统的组成和工作流程

1. 通信干扰系统的组成

通信干扰系统由通信侦察引导设备(包含接收天线)、干扰控制和管理设备、干扰信号产生设备、功率放大器、干扰发射天线等组成,其原理框图如图 8-1-1 所示。

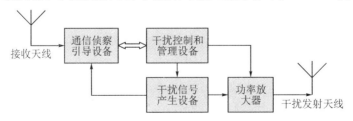

图 8-1-1　通信干扰系统的原理框图

1）通信侦察引导设备

通信侦察引导设备主要用于对目标信号进行侦察截获，分析其信号参数，为干扰产生设备提供被干扰对象的信号参数、干扰样式和干扰参数，必要时还将进行方位引导和干扰功率管理支持。通信侦察引导设备在干扰过程中的另外一个作用是对被干扰的目标信号进行监视，检测其信号参数和工作状态的变化，即时调整干扰策略和参数。通信侦察引导设备通常有独立的接收天线，也可以与干扰发射天线共用。

2）干扰信号产生设备

干扰信号产生设备根据干扰引导参数产生干扰激励信号，形成有效的干扰样式。各种干扰样式和干扰方式的形成都基于干扰信号产生设备，它能够产生多种形式的干扰样式。干扰产生设备形成的信号称为干扰激励信号，它可以在基带(中频)产生干扰波形，然后经过适当的变换（如变频、放大、倍频等），形成射频干扰激励信号，也可以直接在射频产生干扰激励信号。干扰激励信号的电平通常为 0 dBm 左右，它送给功率放大器，形成具有一定功率的干扰信号。

3）干扰管理和控制设备

干扰管理和控制设备是侦察引导和干扰产生之间的桥梁。它管理和控制整个干扰系统的工作，并且根据侦察引导设备提供的被干扰目标的参数，进行分析并形成干扰决策，对干扰资源进行优化和配置，选择最佳干扰样式和干扰方式、控制干扰功率和方向，以最大限度地发挥干扰机的性能。

4）功率放大器

功率放大器是干扰系统中的大功率设备，它的作用是把小功率的干扰激励信号放大到足够的功率电平。功率放大器输出功率一般为几百至数千瓦，在短波可以到达数十千瓦。干扰设备输出的干扰功率与干扰距离成正比，干扰距离越远，需要的干扰功率越大。受大功率器件性能的限制，在宽频段干扰时，功率放大器是分频段实现的，如将干扰频段划分为 30 MHz～100 MHz、100 MHz～500 MHz、500 MHz～1000 MHz 等。

5）干扰发射天线

干扰发射天线是干扰设备的能量转换器，它把功率放大器输出的电信号转换为电磁波能量，并且向指定空域辐射。对干扰发射天线的基本要求是具有宽的工作频段、大的功率容量、小的驻波比、高的辐射效率和高的天线增益、提高天线增益和辐射效率、降低驻波比可以提高发射天线的能量转换效率，使实际辐射功率增加，增强干扰效果。

2. 通信干扰系统的工作流程

1）侦察截获

为了实现对通信信号的有效干扰，必须满足干扰的重合条件。重合条件是指干扰信号与被干扰的通信信号在频域、时域、空域重合，如果其中某个域不重合，将难以发挥其效能。重合是指两者的频率对准、时间一致和方向一致。因此，干扰机一般需要通信侦察设备引导，这是其工作的第一阶段，即引导阶段。此时侦察引导设备需要获取通信信号的技术参数，包括目标信号的频率、调制样式、持续时间、到达方向等特征参数。

2）干扰管理和控制

干扰机工作的第二阶段是干扰阶段。干扰阶段开始之前，干扰管理和控制设备根据引导设备提供的引导参数，形成干扰决策，然后按照既定的干扰方式启动干扰。此时干扰设备发射在频率、时间、方位上满足重合条件的干扰信号，开始实施干扰。

3）监视

干扰机工作的第三阶段是监视阶段。在实施了一定时间的干扰后，暂时停止干扰，对被干扰信号进行检测；判断其状态。如果该信号已经消失，则下一阶段将停止干扰；如果该信号转移到其他信道，则下阶段将调整干扰频率；如果该信号存在且参数没有变化，就继续干扰。在整个干扰机工作过程中，这三个阶段反复重复。下面进一步说明干扰机的工作流程，如图 8-1-2 所示。

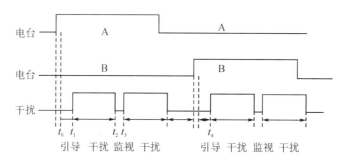

图 8-1-2　干扰机的工作流程

设通信电台 A 向电台 B 发出呼叫，电台 B 做出应答。设电台 A 的呼叫在时刻 t_0 到达干扰机，侦察引导设备对其进行分析处理，得到它的频率、调制样式、带宽、到达方向等相关信息。侦察引导设备根据信号参数判断其网台关系，确定它的接收机的方位，并以此调整干扰波束指向，引导干扰机在时刻 t_1 发射干扰信号。经过一定时间（$T=t_2-t_1$）的持续干扰，在 t_2 时刻暂停干扰，对目标进行监视，监视时间 $T_{lock}=t_3-t_2$，查看被干扰信号的状态。如果信号消失，则停止干扰；如果信号没有消失，则在 t_3 时刻身重新开始干扰；如果出现新的信号（如电台 B 的应答信号），则重新进入引导状态，使干扰波束指向电台 B，开始新一轮干扰。如此不断重复，直到干扰任务结束。

8.1.4　通信干扰的分类

通信干扰按不同方法可以有多种分类，经常用到的分类方法主要有以下几种：

1. 按作用性质分类

通信干扰按作用性质划分，可分为欺骗性干扰和压制性干扰。欺骗性干扰又称为迷惑性干扰，它是模拟敌方的通信信号来欺骗敌方，使其做出错误的判断和决策。在实施欺骗干扰时，常常模仿敌人的一个外站，进入敌方的通信网络，根据推测发送坏的信息或错误的命令，可以模仿敌方更高一级指挥员的声音对敌军下达命令，还可以在敌通信链路上发送混乱的信息和声音，使敌无线电台操作人员的工作效率降低，例如，女人的声音、单音背诵声、流行音乐和灾难报告等。一般来说，欺骗干扰较难获得成功，它要求干扰信号与敌通信信号要极其相似，需要充分掌握敌方通信电台的技术和战术特点、通联特征等资料。

由此可见，欺骗性干扰的有效性主要取决于战术上的运用。对于采用密码技术的通信系统，实现欺骗干扰比较困难。从技术的角度看欺骗性干扰与通信本身没有太大的区别。欺骗干扰战术上的运用可参考其他有关方面的资料，本书将着重讨论压制性干扰的技术问题。

　　压制性通信干扰就是人为地发射干扰电磁波。使敌方的通信接收设备难于或完全不能正常接收通信信息。它是以强的干扰遮盖通信信号，致使通信接收机降低或丧失正常接收信号的能力。有效的压制性干扰将使敌方接收机接收到的信号模糊不清或完全被掩盖，它是一种强有力的人为积极干扰，是通信干扰研究的主要对象。

2. 按同时干扰信道数分类

　　通信干扰按同时干扰信道的数目划分，可分为拦阻式干扰和瞄准式干扰。其分述如下：

　　(1) 拦阻式干扰又称阻塞式干扰，是同时对某个频段内多个或全部信道的干扰，干扰的作用带宽等于目标信号的工作频率范围，或者覆盖目标信号的部分工作频率范围。由于干扰功率扩展在其覆盖的所有信道中，这种干扰技术通常要求干扰机具有大的输出功率或近的干扰距离，以保证在每个信道中的干扰功率足以压制通信信号。

　　(2) 我们知道通信干扰应采用同频干扰，只有将干扰的频率重合到信号的频率上才能形成同频干扰。瞄准式干扰正是这样一种干扰技术，它是针对一个无线电信道的同频干扰。与拦阻式干扰相比，瞄准式干扰的功率利用率更高，但干扰方需要掌握目标信号的中心频率及带宽的信息，使干扰信号的中心频率及频谱宽度与目标信号的中心频率及带宽相重合才能达到有效的干扰。

3. 按干扰平台分类

　　通信干扰按干扰机所在的平台分类划分，可分为便携式、车载式、机载式、舰载式、人工摆放式、投掷式等干扰机。

　　人工摆放式干扰机或者一次性使用干扰机，被秘密地放置在靠近目标的地方或者摆放在阵地前沿，在关键时刻遥控触发其干扰敌人的通信。其触发工作方式有有线方式、无线方式和定时器触发方式几种。由于这时干扰机非常靠近目标，所以可大大提高干扰效率。但是这种干扰机的天线高度一般都很低，所以又抵消了一部分好处。

　　投掷式干扰机是一种一次性使用的干扰机。这种干扰机简单而坚固，一般用火炮投掷到敌方地域内。它们是定时工作的，其寿命很短，一旦其电源用完，应能自毁。此外，通信干扰还有许多其他的分类方法。按电波传播方式划分，可分为地波干扰、天波干扰和空间波干扰；按干扰机的工作频段划分，可分为长波干扰、中波干扰、短波干扰、超短波干扰和微波干扰，按干扰作用时间划分，可分为连续式干扰和间断式干扰；按设备使用划分，可分为干扰附加器、专用干扰机、摆放式干扰机、一次性使用干扰机等。除此之外，通信干扰还可以按干扰强度、干扰信号形式、调制方式、作用距离等进行分类。这些分类方法的含义都一目了然，不再详述。

8.1.5　通信干扰系统的主要技术指标

1. 工作频率范围

　　工作频率范围是指干扰设备在规定的工作条件下，与工作频率有关的技术参数均符合指标要求的载频覆盖范围。显然，对于干扰机来说，被干扰的目标信号频率一定要在干扰机的工作频率范围内，在工作频率范围内，干扰设备能正常发射干扰信号。

2. 输出功率及输出功率平坦度

输出功率是指干扰机在规定的工作条件下，输出到干扰天线上的射频功率。通常一部干扰机有多个输出功率挡。输出功率平坦度是指干扰机在规定的工作频率范围内输出功率随频率起伏的程度，通常用工作频率范围内输出功率的最大幅度分贝值和最小幅度分贝值之差来表示。

3. 干扰工作方式

干扰工作方式是指干扰机实施干扰的工作方式，如瞄准式干扰和拦阻式干扰等。

4. 干扰样式

干扰样式通常是指干扰机所发射的干扰调制信号的种类，包括干扰调制信号的种类及其对干扰载频的调制方式。因此，干扰信号样式由基带干扰源的种类和调制方式共同决定。一般要求干扰机能够提供的干扰样式多一些，并且干扰信号的参数可以调整，以便实施干扰时灵活地选用各种不同的干扰信号，达到理想的干扰效果。

5. 谐波抑制与杂散抑制

谐波抑制是指干扰机对所发射干扰信号带宽以外的无用谐波输出频率分量的抑制能力，通常用基波电平分贝值与谐波电平的分贝值之差来表示。杂散抑制是指干扰机对所发射干扰信号带宽以外的杂散输出频率分量的抑制能力，通常用基波电平分贝值与最大杂散电平的分贝值之差来表示。

干扰机发射的无用谐波与杂散频率不仅浪费有效发射功率，还可能对非目标信道造成干扰。因此，通常希望干扰机发射的无用谐波与杂散频率越小越好。

6. 射频干扰带宽

射频干扰带宽是指干扰机输出射频干扰信号的有效频带宽度。射频干扰带宽是由基带干扰信号的带宽和干扰信号的调制方式共同决定，是可以调整的；射频干扰带宽的选用与干扰机采用的干扰工作方式密切相关，例如，对于瞄准式干扰方式，射频干扰带宽通常与被干扰目标信道带宽相匹配，但对于拦阻式干扰方式，射频干扰带宽就等于拦阻带宽，通常远大于拦阻带宽内任一目标信道的带宽。

一般来说，瞄准式干扰信号的带宽会小于拦阻式干扰信号的带宽，但也可能有例外，如对于信号带宽很宽的直扩信号（DS信号）的瞄准式干扰的频谱宽度，其可能会大于对多个常规信号的拦阻式干扰的频谱宽度。

7. 频率稳定度

频率稳定度是指干扰机输出射频干扰信号频率的稳定程度，一般指相对频率稳定度。其衡量方法与侦察接收设备频率稳定度指标一致，干扰信号频率在规定时间内最大变化量的二分之一与干扰信号频率之比。现代干扰设备采用高稳定度的频率合成器作为本振频率源，频率稳定度通常在 $10^{-8} \sim 10^{-6}$ 数量级。

8. 干扰控制方式

干扰控制方式包括干扰的启动方式和停止方式。例如，人工、遥控、定时、触发等。

9. 连续工作时间

连续工作时间是指干扰机一次启动后能够保证连续正常工作的最短时间。

10. 干扰天线性能

干扰天线性能包括天线数量、天线型式、输入阻抗、驻波系数、天线增益等。

除了以上这些主要技术指标外，不同的干扰设备还有一些特殊指标，例如，在瞄准式干扰设备中，有频率瞄准误差、干扰反应时间、收发控制方式、间断观察时间等；在扫频搜索式干扰中，有搜索方式及保护信道、优先等级的预置等。

8.2　瞄准式干扰方式

8.2.1　瞄准式干扰的基本概念

1. 瞄准式干扰的定义及特点

瞄准式干扰是指瞄准敌方通信系统、通信设备的通信信号频谱（或信道频率）所实施的一种窄带通信干扰。自通信对抗出现以来，瞄准式干扰一直是对抗方采取的主要干扰方式，具有多方面的优点，最突出的优点有：

（1）瞄准式干扰的频谱集中作用于所瞄准的信道上，针对性强，干扰功率利用率高，容易达到预期的干扰目的。

（2）由于瞄准式干扰的目标是特定的通信信道，因此，可以通过选择不同的干扰样式对被干扰目标电台实施最佳干扰。我们知道，通信信号的种类、接收方式是多种多样的，干扰方可以通过侦察获取被干扰目标通信信道的信号种类、接收方式以及其他情报，从而针对被干扰目标信号选择相应的干扰样式进行干扰，这时，目标接收机很难抑制这种干扰，干扰容易奏效。

（3）由于瞄准式干扰只作用于被干扰目标电台特定的通信信道，因此不会影响到其他信道的通信。

瞄准式干扰具有针对性强、频谱集中等优点，但它也有一些缺点：

（1）瞄准式干扰机需要引导接收机进行干扰引导，有时还需要 ESM 的帮助以选择合适的干扰样式。

（2）瞄准式干扰需要实施频率瞄准，操作人员必须实时调整干扰机的参数，以保证干扰信号与被干扰目标信号的频谱（或频率）重合，并且为了保证干扰的时效性，要求干扰机具有快速调谐能力，这就增加了干扰设备的复杂性。

（3）在一段时间内，瞄准式干扰只能应用于干扰一个或少量通信信道的场合，这就局限了干扰机的使用范围，从而造成干扰资源的浪费。

2. 对频率瞄准的要求

在采用瞄准式干扰时，干扰与信号频率瞄准的实施过程和瞄准程度直接影响到干扰的效果。通常，对频率瞄准的要求应从以下几个方面考虑。

1）尽可能减小频率瞄准误差，以提高频率重合度

在一般情况下，频率重合度越高，干扰中心频率与信号中心频率越接近，干扰频谱与信号频谱的重合程度越高，落入接收机带宽内的干扰功率越多，干扰功率利用率越高。干扰试验表明：

（1）当被干扰目标信号一定时，干扰频率重合度越高，通信的差错率越高，即干扰效果越好，但是当频率重合度达到一定数值时，继续减小频率重合度对干扰效果的影响不大，而且需要更多的瞄准时间，这时的频率重合度可作为一个最佳干扰参数。

（2）针对不同的被干扰目标信号，对频率重合度的要求不同，即频率重合度的最佳干扰参数不同，通常，目标信号的带宽越窄，对频率重合度的要求就越高。

2）尽可能减小完成频率瞄准的时间

从干扰的时效性要求来看，频率瞄准时间应该越快越好，以保证在相同的通信持续时间内留下更多的有效干扰时间。

频率瞄准误差和频率瞄准时间这两个要求是相互矛盾的。对频率重合度的要求越高，用于频率瞄准的时间就越多，干扰的时效性越差。因此，实施瞄准式干扰必须兼顾对频率重合度和频率瞄准时间的要求。一般来说，干扰的频率重合度能满足最佳干扰参数的要求即可，从而尽可能地缩短频率瞄准时间，降低干扰设备的复杂程度和成本。在实际中，当频率重合度最佳参数值的要求不能满足时，可以采取适当增大干扰频谱的宽度或适当增加干信电压比等措施，使得落入接收机带宽内的干扰功率多一些。

8.2.2　瞄准式干扰工作原理

1. 对瞄准式干扰机的要求

根据瞄准式干扰的特点，对瞄准式干扰机一般应有如下的要求：

（1）具有迅速截获、分选、识别信号的能力，从而在尽可能短的时间内（通常小于信号持续时间的一半）确定被干扰的目标信号及参数。

（2）具有快速引导干扰的能力，包括选择对目标信号的最佳干扰样式及参数以尽可能地提高干扰效率、估算干扰功率保证干扰有效。实施频率瞄准使干扰信号尽可能地对准被干扰的目标信号。

（3）在干扰实施过程中，应能随时监视被干扰目标的变化情况，及时地调整、修正干扰样式及参数，提高发射干扰的有效性。

一方面，由于频率源不稳定性等因素的影响，在通信的过程中可能会产生频率偏移。瞄准式干扰应该通过观察被干扰目标信号的频率来发现信号的频率偏移，及时地使干扰频率对这个信号的频移进行跟踪瞄准，以保证干扰频率始终与信号的频率相重合。另一方面，在干扰实施过程中，干扰方一般是不能确定实施干扰的效果的。但是，如果干扰是有效的，则会迫使通信电台改变工作频率或增大通信发射功率。所以，实施干扰后，干扰是否成功所依据的明显标志就是目标通信链路改频工作或发射功率增大。如果通过干扰方观察发现了目标频率的变化，它就得到一个重要的信息：施加的瞄准式干扰可能已经破坏了敌方的正常通信。这时，干扰机要相应地改变干扰频率，从而保持对目标信号实施瞄准式干扰。

若几经观察目标信号频率没有变化，则要考虑发射的干扰是否是有效的，可试着改变干扰机的状态以进一步观察其干扰的作用。但应注意的是，通信方也可能会故意改频或保持现状以迷惑干扰方。

由此可见，干扰过程中对被干扰目标信号的观察是非常重要的。瞄准式干扰机一旦开始工作，就必须监视被干扰目标信号的频率，以便在干扰实施过程中维持频率瞄准的状态，获得最佳的干扰效果。

2. 瞄准式干扰机的工作原理

瞄准式干扰机一般由收发控制开关、引导接收机、干扰激励器、干扰发射通道、整机控制和监视单元五大部分组成，其原理框图如图 8 - 2 - 1 所示。

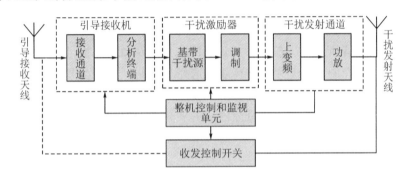

图 8 - 2 - 1 瞄准式干扰机的原理框图

1）收发控制开关

收发控制开关根据控制指令完成引导接收和干扰发射之间的周期转换。当收发控制开关置于引导接收状态时，引导接收机根据整机控制下达的指令要求接收被干扰目标信号，并获取信号的载频、调制方式、带宽、电平等参数，同时完成对目标信号的监视。收发控制开关在控制设备的作用下，按照设置的间断占空比等参数周期地接通引导接收天线和干扰发射天线。

2）引导接收机

由于瞄准式干扰必须首先确定被干扰目标信号及其参数，因此，除了借助于 ESM 的帮助，瞄准式干扰机本身也要具备搜索截获信号及对信号的分析、处理能力，以便为干扰提供被干扰目标信号频率、干扰样式及参数、干扰功率，引导接收机就是完成这一任务的。

引导接收机的组成与侦察接收设备基本相同，或者就是一个独立的侦察接收设备，该设备除了完成侦察引导的功能外，另一个重要功能就是要在干扰实施过程中对目标信号进行实时监视，一旦发现目标信号在受到干扰后停止通信，或改频到另外信道上通信，或增大通信发射功率等情况时，应该及时地停止干扰，或改频到相应信道上再重新干扰，或增大干扰发射功率后继续干扰。

3）干扰激励器

当收发控制开关置于干扰发射状态时，干扰激励器根据引导参数，选取最佳的基带干扰信号和调制方式，产生最佳样式的干扰激励信号。

由于瞄准式干扰的针对性很强，因此，瞄准式干扰可以根据被干扰目标信道的信号形式选择对这种信号的最佳或绝对最佳干扰。干扰激励器可以提供多种不同的基带干扰信号以及多种调制方式,产生多种样式的干扰信号。

4)干扰发射通道

干扰激励信号送至干扰发射通道,完成干扰载频与目标信号载频重合,并由功率放大器放大到足够大的功率;最后,由干扰天线发射出去,对目标信号实施瞄准式干扰。

干扰激励器形成的干扰激励信号被送至干扰发射通道进行频率搬移和功率放大,经过滤波得到所需要的频率和带宽,并尽可能地滤除功放输出的无用谐波、杂散输出分量,形成满足频率、功率指标要求的射频干扰信号。

干扰发射通道应具有快速瞄准、跟踪及改频工作的能力,以适应瞄准式干扰机快速反应的要求。

5)整机控制和监视单元

整机控制和监视单元完成对整个干扰设备的统一控制和被干扰目标通信状态的显示监控,包括收发转换的控制、干扰目标及参数的选择与控制、干扰效果的监视与控制以及各单元之间的协调控制等。

总之,干扰的实施应随着被干扰目标信号的变化而及时调整,从而尽可能地提高干扰效率。

3. 实施瞄准式干扰的基本步骤

(1)根据被干扰目标信号的技术参数,选择合适的干扰方式、干扰样式及参数。

(2)根据被干扰目标电台位置,估算干扰所需要的干扰发射功率。

(3)由干扰激励器产生满足要求的干扰信号,经干扰发射通道进行频率瞄准、功率放大等处理后,对准待干扰目标电台方向发射出去。

(4)在干扰过程中不断检验干扰效果,因此在干扰系统中必须配备监视检验系统,如果被干扰信号的频率及信号参数改变,则就由控制系统改变干扰的频率,调整调制参数,使其保持在干扰效果最佳的参数上。

4. 瞄准式干扰机的其他技术指标

瞄准式干扰机除了干扰设备的主要技术指标外,还有一些其他技术指标。

1)频率瞄准误差

频率瞄准误差是指在实施瞄准式干扰时,干扰信号载频与被干扰目标信号载频之间的差值,也称为频率重合度。对干扰与信号的频率重合度的要求,总是希望越高越好,但频率瞄准误差越小,用于频率瞄准的时间也越多,干扰的时效性变差。通常,要求干扰的频率瞄准误差能满足最佳干扰参数的要求即可。

2)瞄准式干扰方式

瞄准式干扰方式是指瞄准式干扰机实施干扰的方式,如干扰频率预先设定的点频式干扰,或者随着引导接收机边搜索边干扰的扫频搜索式干扰和跟踪瞄准式干扰等。在实际中,通常每部干扰机都具有多种干扰方式供选择使用。

3)干扰反应时间

干扰反应时间是指从瞄准式干扰中的引导接收机截获到目标信号开始到干扰机发射出

干扰所需要的时间。显然,干扰反应时间越短,干扰机的时效性越好。影响干扰反应时间大小的因素有很多,主要的影响因素有引导接收机的信号处理时间、干扰机的频率瞄准时间等。

4) 收发控制方式和间断占空比

收发控制方式是指完成收、发转换的工作方式。间断占空比是指间断观察接收时间与一次收发转换周期的比值。

此外,对于不同类型的瞄准式干扰机还有其他指标,如搜索方式、搜索速度、触发电平、保护信道和优先等级的预置、跟踪反应时间等。

8.2.3　瞄准式干扰的分类

1. 从频率瞄准的程度上划分

根据干扰瞄准被干扰目标信号程度的不同,瞄准式干扰又分为准确瞄准式干扰和半瞄准式干扰。在理想情况下,瞄准式干扰要求干扰信号的工作频率应瞄准被干扰信道的工作频率,当干扰信号与被干扰目标信号带宽也相同时,干扰信号的频谱就与被干扰目标信号频谱完全重合。通常,瞄准式干扰的瞄准程度可以用频率瞄准误差这个指标来衡量,频率瞄准误差就是指干扰信号的工作频率 f_j 式与被干扰目标信号的工作频率 f_s 之间的差值,用 $\Delta f_{js} = |f_j - f_s|$ 来表示。显然,瞄准式干扰的干扰效果将主要取决于干扰与被干扰目标信号的频谱重合程度。

然而,在实际干扰过程中,干扰与被干扰目标信号的频谱很难达到100%的重合程度。一方面,干扰信号工作频率不一定能准确瞄准被干扰目标信号工作频率,而且干扰信号与被干扰目标信号的带宽不一定相同;另一方面,由于实施准确瞄准式干扰需要一定的时间,而干扰实时性要求干扰的反应时间越短越好。所以,在实施瞄准式干扰时,要求干扰与被干扰目标信号的频谱达到100%的重合是不容易的、也是很不现实的。

通常把干扰频谱与被干扰目标信号频谱相重合的成分占干扰频谱85%以上的干扰称为准确瞄准式干扰,也称为瞄准式干扰,如图8-2-2(a)所示。干扰频谱与被干扰目标信号频谱相重合的成分小于干扰频谱85%的干扰称为半瞄准式干扰,如图8-2-2(b)所示,显然,半瞄准式干扰的功率利用率不高,在敌接收机性能较差时有一定干扰效果,通常只在瞄准程度要求不高或敌方信号持续时间短来不及瞄准等特殊情况下使用。

2. 从干扰频率的设置方式上划分

根据干扰频率的设置方式不同,瞄准式干扰可以分为点频式干扰、扫频搜索式干扰和跟踪瞄准式干扰等。

1) 点频式干扰

点频式干扰是指针对某一固定信道的目标信号持续进行干扰。它是对单个固定信道的强有力的干扰形式,通常用来对重点目标实施点频守候干扰。点频式干扰预先设定干扰频率,简单易行,其缺点是干扰功率利用率比较低,干扰资源浪费,但是为了确保对重点目标的有效干扰,采用点频式干扰还是必不可少的。

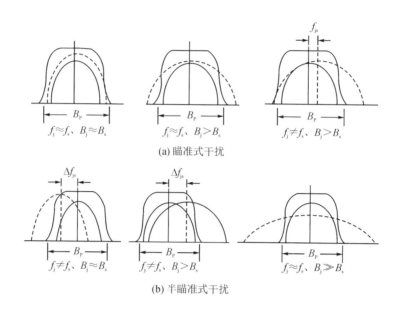

(a) 瞄准式干扰

(b) 半瞄准式干扰

图 8-2-2　瞄准式干扰和半瞄准式干扰

　　值得注意的是，点频式干扰的频率并不是一成不变的，只是与其他干扰比较，它的干扰频率相对稳定一些，一般由上级指挥部或 ESM 提供被干扰的目标信号。

　　2）扫频搜索式干扰

　　扫频搜索式干扰是指干扰机以扫频方式对某一频段内的各个信道（或某几个固定信道）逐一进行搜索，并根据需要进行干扰的一种电子干扰。干扰机在工作频段内对被预置待干扰的频段或被预置待干扰的信道进行扫描，遇到需干扰的目标信号，则锁定在这个信道频率上，对此目标信号进行干扰，直至目标信号消失，而后继续进行扫描搜索。与点频式干扰相比，扫频搜索式干扰的干扰目标不固定，而是根据扫描搜索的结果以及目标的威胁等级来确定。

　　由于扫频搜索式干扰可以预置扫描频段或信道，对保护信道可不进行搜索，节省了扫描时间。此外，扫频搜索式干扰还应该根据侦察情报提供的被干扰目标的威胁等级，预先设置其干扰优先等级，当同时存在多个待干扰的目标信号时，优先干扰威胁等级高的某个目标信号或几个目标信号。

　　3）跟踪瞄准式干扰

　　跟踪瞄准式干扰是指干扰信号在时域、空域和频域上跟随目标信号变化的一种电子干扰。跟踪瞄准式干扰是以快速侦察和引导干扰为前提的，侦察和引导干扰必须在通信的一个驻留时间内全部完成，为了使干扰快速跟踪目标信号，一般要求引导接收机必须在信号的一半驻留时间内完成对信号的搜索截获、测频，并将干扰机的发射频率引导到目标信号的频率上，这样才能做到至少保证目标信号的一半驻留时间内受到了干扰。

　　跟踪瞄准式干扰的智能化、自动化程度要求更高，主要用于对突发通信和跳频通信的干扰，为此，要求干扰机从引导接收机搜索截获到信号至发出干扰，必须具有极高的反应速度。

3. 从干扰频率的瞄准方式上划分

根据干扰频率的瞄准方式不同，瞄准式干扰可分为转发式干扰、测频再生式干扰等。

1) 转发式干扰

转发式干扰是将收到的敌方辐射源信号放大，经延时处理后，经虚假信息调制后再发射出去所形成的一种电子干扰。这种频率瞄准方法既简单，又行之有效，采用这种频率瞄准方式的干扰设备称为转发式干扰机。

转发式干扰机一般由引导接收通道、延时处理电路、干扰发射通道、收发控制开关等组成，其原理框图如图 8 - 2 - 3 所示。

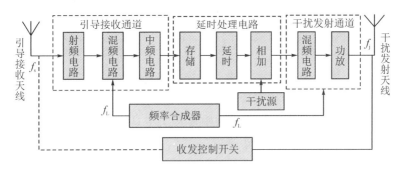

图 8 - 2 - 3　转发式干扰机的原理框图

转发式干扰机的工作过程：引导接收通道接收到一个频率为 f_s 的目标信号，输出中频信号送入延时处理电路，中频频率 $f_\tau = f_L - f_s$ 固定；延时处理电路对该信号进行存储、延时，考虑到简单的延时信号对目标接收机只是一个多径干扰，可能被目标接收机处理利用，在延时处理时，可同时加入虚假信息干扰源，经延时处理后的干扰信号作为干扰激励信号进入干扰发射通道，与频率为 f_L 的本振混频，上变频得到信号频率 $f_j = f_L - (f_L - f_s) = f_s$ 的干扰信号。显然，干扰频率 f_j 与目标信号频率 f_s 准确重合。

由于干扰频率与目标信号频率(前一时刻的)准确重合，所以，通信接收机难以对其进行抑制，干扰很容易奏效。转发式干扰机具有以下特点：

(1) 频率重合准确度高。首先，转发式干扰机中接收机与发射机采用同一频率合成器提供的本振信号，用于精确的频率恢复。其次，本振采用了频率稳定度很高的频率合成器，因此，在收、发交替工作期间由目标信号或本振的频率漂移所带来的频率重合误差一般很小，可以忽略。再次，转发式干扰机采用线性好、色散性小的延时器，使得延时存储带来的频差很小，对频率重合准确度带来的影响可以忽略。

(2) 对引导接收机接收信号时的调谐准确度要求不高。转发式干扰机允许引导接收机接收目标信号时存在一定的失谐，只要失谐量在整机的通频带内，就不会影响频率重合的准确度。当调谐有失谐时，设失谐量为 Δf_L，则

$$f_\tau = (f_L + \Delta f_L) - f_s$$
$$f_j = f_L + \Delta f_L - (f_L + \Delta f_L - f_s) = f_s$$

干扰频率仍然等于信号频率。当然，要注意失谐量一定要在接收机通带内。此外，由于失谐总会降低信号的幅度，还应该要求接收信号的幅度超过触发干扰电平，所以在实际操作中要尽量保证准确调谐。

（3）具有自动跟踪目标信号频率的能力。当目标信号的频率在干扰机带宽内发生漂移时，转发式干扰机经一次收、发转换周期后，就可以自动跟踪目标信号频率。设在通带内信号频率偏移了 Δf_s，则频率偏移后的信号频率为 $f_s + \Delta f_s$，有

$$f_\tau = f_L - (f_s + \Delta f_L)$$
$$f_j = f_L - f_\tau = f_L - [f_L - (f_s + \Delta f_s)] = f_s + \Delta f_s$$

干扰频率等于频率偏移后的频率。显然，对于在通带内目标信号频率的漂移，转发式干扰最多经过一次收、发转换时间后就可自动跟踪上信号频率。

由于转发式干扰机具有上述特点，并且设备简单，所以转发式干扰机应用广泛。

2）测频再生式干扰

测频再生式干扰（即测频再生法）是指引导接收机对接收的目标信号进行测频，根据所测得的频率值，干扰机再生一个频率精确等于所测频率值的干扰信号，再经调制、放大后发射出去。显然，这种频率瞄准方法的频率瞄准误差来自于测量误差与再生误差之和。测频再生式干扰的原理框图如图 8-2-4 所示。

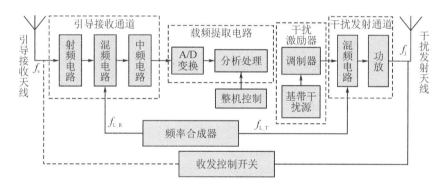

图 8-2-4 测频再生式干扰的原理框图

在收发控制开关的作用下，干扰发射和间断观察接收交替进行。在间断观察期间，收发控制开关置于引导接收状态，由整机控制的主处理器控制频率合成器输出接收本振 f_{L_R}，引导接收机进行频段搜索，对截获到的目标信号 f_s 进行混频，得到接收中频信号 $f_{i\_R} = f_{L\_R} - f_s$，并进行 A/D 转换后提取信号载频 $\overline{f_s}$；整机控制根据干扰激励器产生干扰信号的中频频率 f_{i_T}，换算出干扰发射通道需要的本振频率 $f_{L\_T} = \overline{f_s} + f_{i\_T}$，将其转换成相应的频率编码，存储在主处理器的内存中。

在干扰期间，收发控制开关置于干扰发射状态，整机控制设备的主处理器将欲干扰的频率编码送给频率合成器，由频率合成器直接生成干扰本振频率 f_{L_T}，干扰发射通道输出干扰信号的频率 $f_j = \overline{f_s} = f_{L\_T} - f_{i\_T}$。

测频和再生的过程都是由计算机主处理器自动完成的。由此可见，只要配备了受计算机控制的频率合成器，干扰机无需配备其他的频率瞄准设备，结构更加简单。这种数字式频率瞄准方法的干扰反应时间主要取决于实时 FFT 速度、频率合成器转换速度及主处理器

处理速度；其频率瞄准误差主要取决于测量频率误差与频率合成器预置频率误差之和，测频精度可达几个至几十赫兹数量级；频率瞄准时间取决于频率合成器的转换时间，作为频率源的频率合成器的频率稳定度将决定频率瞄准状态的保持时间。

数字式测频再生法是随着数字处理技术、频率合成器技术以及计算机控制技术的发展应运而生的。目前，高速 DSP 器件、频率合成技术、计算机技术在现代通信及通信干扰设备得到了广泛应用，频率合成器的频率稳定度和准确度都已达到 10^{-6} 的数量级，使得采用这种瞄准方法实现频率瞄准的速度快、精度高，保持瞄准状态时间长，而且设备简单方便，是瞄准式干扰机中实施频率瞄准的主要发展方向。

4. 从干扰的持续时间上划分

瞄准式干扰根据干扰的持续时间可分为连续干扰和间断干扰。连续干扰是指启动干扰后，干扰机连续地发射干扰信号，直到干扰结束。间断干扰又称为间断观察，即在干扰的过程中间断地停止干扰一小段时间，以供接收机接收信号，来观察被干扰目标的情况。设间断干扰的周期为 T，干扰时间为 T_j，则停止干扰进行观察接收的时间为 $T-T_\mathrm{j}$，干扰占空比为 T_j/T。显然，间断干扰与连续干扰相比，干扰效果有所降低，因此，干扰占空比不能太低。对单信道的瞄准式干扰，通常 $T_\mathrm{j}/T \geqslant 0.9$。

由于瞄准式干扰要求在干扰实施过程中要观察被干扰目标信号的变化，因此，大都采用间断干扰。连续干扰的应用场合较少，如在点频式干扰等情况下使用连续干扰。

5. 从被干扰的信道数目上划分

瞄准式干扰根据被干扰的信道数目可分为单目标瞄准式干扰和多目标瞄准式干扰。

8.2.4　多目标瞄准式干扰

多目标瞄准式干扰(Multi-target Jamming)就是用一部干扰设备同时或快速交替地对多个通信信道实施压制的一种干扰方式，也称为一机干扰多目标。

从被干扰的目标数目看，拦阻式干扰属于多目标干扰，但二者也有一定的区别。多目标干扰是有针对性地干扰同时工作的多个目标信号，干扰目标明确，克服了拦阻式干扰的盲目性；而且，在大多数情况下，被干扰的目标数目远少于拦阻式干扰。因此，在实施多目标干扰时，除了被干扰的目标信道外，其他信道不受干扰，可以不影响己方通信。多目标干扰仍然保留了瞄准式干扰频谱集中、针对性强的优点，从而更有效地利用有限的干扰资源。可见，一机干扰多目标是一种介于窄带瞄准式干扰和宽带拦阻式干扰之间的多信道干扰技术。

对多目标干扰的主要要求是：

(1) 同时干扰目标数目尽量多且可调。在保证干扰功率满足要求的条件下，能同时干扰的目标数越多越好，并且该数目可以调整。

(2) 引导干扰的反应时间要快。干扰设备应能根据被干扰的目标信道选择、调整相应的干扰样式和参数，并能迅速调整到被干扰目标频率上发射干扰。

(3) 具有高的整机干扰功率和效率。由于同时对多个目标实施干扰，因此，要求整机的干扰功率和效率应尽可能高。

(4) 对邻道输出的抑制能力要强。多目标干扰与拦阻式干扰的一个明显区别就是针对性强，被干扰的多个目标信道的频率可以是不连续的。因此必须要求干扰机对邻道寄生输出的抑制能力要强，以减少对相邻非目标信道的干扰，从而保证干扰功率尽可能多地集中在被干扰的目标信道上。

目前，一机干扰多目标的实现方式主要分为时分多目标干扰、频分多目标干扰两大类。时分多目标干扰实质上是准同时地对多个目标信号实施的瞄准式干扰。频分多目标干扰是同时对多个目标信号实施的瞄准式干扰。

1. 时分多目标干扰

1）工作原理及分类

时分多目标干扰也称为时序干扰，是一种把预干扰的几个信道存入干扰机的控制器，干扰机对几个信道依次轮流实施干扰的多目标干扰方式。

以时分干扰的信道 $M=3$ 为例，在 40 ms 的间断观察期间，先后按顺序侦收观察 10 个信道，每个信道停留 4 ms。假设发现信道 1、3 和 4 有信号，则在其后的300 ms干扰时间内，对此 3 个信道按时间顺序实施干扰。时分多目标干扰的工作示意图如图 8-2-5 所示。

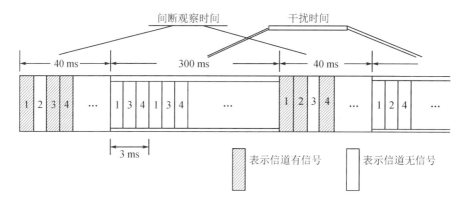

图 8-2-5　时分多目标干扰的工作示意图

间断观察以及干扰持续时间是可以随机改变的；间断观察的频率范围、搜索方式是可以预先设置的；干扰的信道频率以及干扰方式也是可以预先设置的。例如，在间断观察期间，发现共有 5 个信道有信号，则在其后干扰时间内，只干扰威胁等级较高的 3 个信道。设干扰重复周期 $T=3$ ms，当同时干扰 3 个信道时，对每一个信道而言，每个干扰重复周期内的干扰持续时间 $\tau=1$ ms，相当于脉冲干扰，干扰时间间隔为 2 ms。干扰重复频率为 333 Hz，干扰占空比 $\tau/T=1/3$。显然，在干扰的每一瞬间仅是对一个信道的干扰，而在一段时间内则是对多个信道干扰，是一种典型的时分多目标干扰方式。由于每一瞬间仅为一路干扰，故它不存在多个激励源同相相加的问题，干扰机的状态与只发射一个信道干扰的状态相同。时序干扰对每一个被干扰的目标信号来说是不连续的间断干扰。

时分多目标干扰可分为以下两种：

（1）多干扰激励器的时分多目标干扰。如果干扰机有多个干扰激励器，干扰机的控制器根据预干扰的信道数目和信道频率，去控制各干扰激励器的本振频率，从而产生相应的干扰激励信号，多路选择开关在时序控制下按照时间顺序选择各路干扰激励信号，送入干扰发射通道，经过上变频、功放后发射出去，如图 8-2-6 所示。

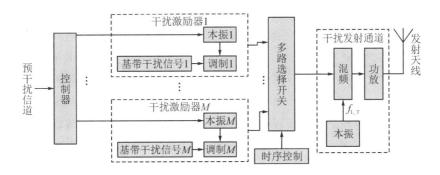

图 8-2-6　多干扰激励器的时分多目标干扰机的原理框图

设 M 表示多目标干扰数目，显然，M 个干扰激励器的基带干扰信号和调制方式都可以根据预干扰信道进行设置，从而实现对多目标的最佳干扰，M 个调制载频 $f_{L-m}(m=1, 2, \cdots, M)$ 之间的相对位置关系应该与 M 个被干扰目标信号频率 $f_{s-m}(m=1, 2, \cdots, M)$ 之间的相对位置关系相一致。

（2）单干扰激励器的时分多目标干扰。如果干扰机只有一个干扰激励器，干扰机的控制器根据预干扰的信道数目和信道频率，去控制干扰发射通道中上变频的发射本振频率 f_{L_T}，该本振通常采用转换速度很快的直接数字频率合成器（DDS），通过混频将干扰激励信号的发射频率分别搬移到预干扰的多个信道频率上，并按照时序控制的时间顺序依次轮流实施干扰，如图 8-2-7 所示。

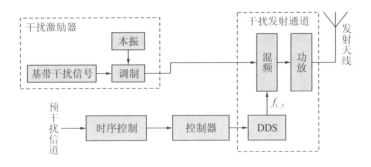

图 8-2-7　单干扰激励器的时分多目标干扰的原理框图

2）时分多目标干扰的局限性

时分多目标干扰的局限性主要表现在被干扰的目标数目不能太多。对每一个被干扰的目标信号来说，时分多目标干扰是一种不连续的间断干扰，若忽略频率合成器的换频时间，则干扰占空比、干扰时间间隔的长短与同时被干扰的信道数目 N 与在一个信道上持续干扰的时间 τ 有关。在 T 一定的条件下，同时干扰的信道数目越多，对每一个信道的干扰持续时间 τ 越小，干扰时间间隔 $\Delta T = T - \tau$ 越长，必将会影响对该信道的干扰效果，甚至干扰无效。

在实际中，对每个信道的干扰持续时间 τ 必须远大于该信道所要求的信号建立时间，如果干扰的持续时间与被干扰目标接收机中的信号建立时间相比拟时，实施干扰的有效时间应该等于发射干扰时间即干扰持续时间减去干扰在接收机中的建立时间，实施干扰的有效时间就会明显减少，必然会引起干扰效果的降低。因此，在 T 一定的条件下，干扰占空比主要取决于同时被干扰的多目标信道数目，为了达到要求的干扰效果，同时干扰的信道数不宜太多。

时分多目标干扰的局限性还表现在：当被干扰的多个目标分布地域较分散时，干扰天线不宜做到对每个目标都采用方向性强的天线，从而带来干扰功率利用率的降低。

3）随机时分多目标干扰

在被干扰信道数目不多的条件下，采用时分多目标干扰法是可行、有效的，能够适当缓解目标数目多和干扰资源不足之间的矛盾。但时序干扰对于每一个被干扰的目标信号来说，是周期性的间断干扰，易于被有经验的话务员察觉而采取抗干扰措施，如系统各接收端采用自动间歇关闭接收、利用干扰的间断期进行正常接收，能够消除时序干扰的影响，这个问题通常采用随机时分多目标干扰来解决。

时序控制可以是固定的时序，也可以是随机变化的时序，如果受干扰信道的排列时序是随机变化的，这就是随机时分多目标干扰，基本思想是用伪随机码序列去控制受干扰的多个信道的时间顺序随机变化，这样，对每一个被干扰的目标信号来说，间断的周期是随机变化的。

2. 频分多目标干扰

1）基本原理

频分多目标干扰的一种实现方式就是在一个发射通道上，采用干扰激励信号相加的方案。频分多目标干扰也称为相加合成干扰。相加合成干扰是一种在一部干扰机中有多个干扰源激励器且各干扰激励器输出的信号相加合成后由功率放大器放大输出的多目标干扰，如图 8-2-8 所示。

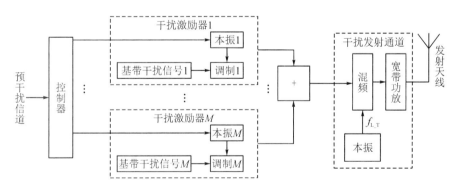

图 8-2-8　频分多目标干扰的原理框图

干扰机的控制器根据预干扰的信道数目和信道频率，去控制各干扰激励器的本振频率，并选择合适的基带干扰信号和调制方式，分别产生相应的 M 个干扰激励信号，经过波形相加后得到多路合成的干扰激励信号为

$$j_i(t) = \sum_{m=1}^{M} j_{im}(t) = \sum_{m=1}^{M} A_m J_m(t) \cos[2\pi f_{im}t + \varphi_m(t)]$$

送入干扰发射通道，经过上变频、宽带功放后形成干扰发射信号并发射出去。直接的相加合成干扰存在着时域波形上信号峰平比大、干扰功率利用率低的缺点，信号源数目越多，峰平比越大，干扰功率利用率越低，所以实际应用中必须采取措施尽可能地降低峰平比，改善多干扰源叠加后的合成波形。

2）频分多目标干扰信号的波形优化

目前，多目标干扰激励信号通常采用数字波形合成技术来实现。针对相加合成干扰中合成信号峰平比大、干扰功率利用率低等缺点进行改进后的波形优化干扰，是一种利用数字存储技术，通过数值优化算法对多个干扰源叠加的合成波形进行优化的频分多目标干扰，如图 8 - 2 - 9 所示。

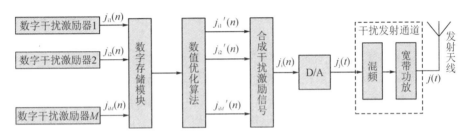

图 8 - 2 - 9　波形优化干扰的原理框图

波形优化的过程一般包括建立优化模型、确定优化参数、选择目标函数、确定约束条件、设置初始状态、确定目标函数优化点及检验优化结果等。考虑到干扰实时性的要求，因此，实现波形优化的数值优化算法不仅要好、而且要快。目前，波形的数值优化算法最直观、最有效的方法就是采用相位优化组合方法，即通过对各路干扰源的初始相位添加合适的相位扰动以优化各路干扰信号的相位，从而达到各路干扰信号的相位在时间域中不能在同一时刻达到连续的一致的相同，使合成后信号的峰平比最小。

8.3　拦阻式干扰方式

8.3.1　拦阻式干扰

1. 拦阻式干扰的定义及特点

1）定义

拦阻式干扰是指能同时对工作在某个干扰频段内的多个通信信道实施的一种宽带干扰。该干扰频段就称为拦阻带宽，也就是拦阻干扰信号的频谱宽度，通常，拦阻带宽远远大于单个信道的频谱宽度，拦阻干扰信号的功率扩展在被干扰拦阻带宽内所有可能的信道上，从而干扰拦阻带宽内所有同时工作的目标信号。

2）优点

通常拦阻式干扰不需要频率瞄准，是一种大功率、强有力的干扰技术。

（1）由于拦阻式干扰是同时对某一频段内的所有无线电信号实施压制性干扰，因此不需要频率瞄准，不需要像瞄准式干扰那样要捕捉到目标信号以后才能进行干扰，是一种更为积极主动的干扰技术。

（2）一旦实施拦阻式干扰，它将不给敌方留有一点可能通信的余地，所以又常称其为阻塞式干扰，没有哪一种干扰比这样的干扰更令"通信"生畏的了。

（3）拦阻式干扰不需要复杂的频率瞄准、引导设备，对 ESM 的支援要求也不高。

（4）拦阻式干扰设备比较简单，操作也很简便。

3）缺点

（1）需要的干扰功率太大（最大的缺点）。由于拦阻式干扰的干扰频谱覆盖整个拦阻频段，若要保证对频段内每个信道中的干扰功率都大到足以压制通信，则要求干扰机具有非常大的输出功率，并分散到每个信道中。

在拦阻式干扰中首先需要解决的就是如何提高作用到目标接收机上的干扰功率。通常可采用缩短干扰距离、缩小拦阻带宽、增加干扰机数目等措施。因此，从被干扰的目标数目看，拦阻式干扰大多都是多目标干扰。

（2）拦阻式干扰的盲目性比较大，干扰功率利用率很低。由于拦阻式干扰不进行频率瞄准，它会有很大一部分干扰功率不能落入目标接收机的通带，也不容易采用最佳干扰，如果拦阻频段内某些信道不工作，覆盖在这些信道上的干扰功率就无效了，拦阻式干扰的盲目性比较大，功率利用率很低。

（3）由于拦阻式干扰是针对拦阻频段内的全部信道，它有可能影响到己方的通信。

2. 对拦阻干扰信号的要求

根据拦阻式干扰的作用性质、特点及对其的要求，我们可以认为实施拦阻干扰的信号应满足一些要求。从频域的角度看，实施拦阻干扰的干扰信号频谱应该具有以下特点：

（1）具有宽的拦阻干扰频谱，并且拦阻带宽可调。

（2）在拦阻带宽内具有均匀分布的频谱分量，在带外频谱分量为 0。

（3）拦阻带宽内各相邻干扰频谱分量的频率间隔均匀可调。

（4）对拦阻带宽内的每个信道尽可能采用最佳干扰或绝对最佳干扰。

从时域的角度看，同样要求拦阻干扰信号时域上具有随机性的特点。此外，由于拦阻式干扰是针对多个信号的同时干扰，需要的干扰功率更大，对干扰功率利用率的要求更高。

8.3.2　拦阻式干扰工作原理

1. 对拦阻式干扰机的要求

根据拦阻式干扰的特点，我们可以认为对拦阻式干扰机一般应有如下要求：

（1）具有宽的拦阻带宽，尽可能覆盖大部分或全部的目标信号工作频段，并且拦阻带宽应可以调整，以便适应对不同频段干扰的需要。

（2）具有大的干扰发射功率，以保证对拦阻带宽内所有目标信号的有效干扰。通常要求拦阻带宽内干扰频谱各分量的能量尽可能相等，均分干扰总功率，以保证拦阻带宽内所有信道上获得均匀的干扰能量。

（3）具有高的干扰功率利用率，以提高干扰效率。例如，采用梳状拦阻式干扰降低滤波损耗，提高干扰功率利用率等；采用摆放或投掷式干扰缩短干扰距离，提高干扰功率利用率等。

（4）应尽量提高干扰作用的隐蔽性。由于拦阻式干扰机的输出功率很大，一旦开始工作，是很容易暴露自己的，因此，应尽可能地采取措施，提高干扰作用的隐蔽性。同时，由于它是在全频段上均匀地施加干扰，也容易给敌方造成信道质量下降或接收机故障的错觉。所以，在选择拦阻式干扰时，希望干扰频谱尽可能地均匀且接近自然噪声更好，从而可达到一定的隐蔽干扰效果。

（5）应尽可能地小型化、降低成本。由于拦阻式干扰机常常被摆放到离目标电台尽可能近的前沿阵地上、甚至投掷到敌人的阵地上，以降低对输出功率的需求，这就要求干扰机尽可能小型化，而且，摆放或投掷式干扰通常都是一次性作用的，无法收回，因此要求其成本要低。

2. 拦阻式干扰机的工作原理

拦阻式干扰机一般由干扰激励器、干扰发射通道、发射天线、整机控制和监视单元四个部分组成，其原理框图如图 8-3-1 所示。

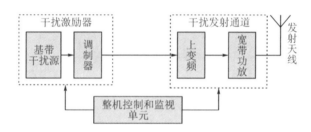

图 8-3-1　拦阻式干扰机的原理框图

根据整机控制和监视单元给定的拦阻干扰参数要求，由干扰激励器产生出干扰激励信号，经上变频、滤波得到所需要拦阻干扰频率范围的干扰信号，再经宽带功率放大器放大到所需的功率电平，并尽可能地滤除拦阻带宽外的无用谐波和杂散频率分量，通过天线发射出去。

3. 拦阻式干扰机的其他技术指标

拦阻式干扰机除了干扰设备的主要技术指标外，还有一些其他技术指标。

1）拦阻带宽

拦阻带宽是指实施拦阻式干扰时同时覆盖的频率范围，也就是输出射频干扰信号的有效频带宽度。这是拦阻式干扰机中一项重要的、特殊的指标，合理选择尤为重要。理论上说，拦阻带宽越宽越好，但在实际中，由于拦阻式干扰机的整机功率通常是有固定上限的，拦阻带宽越宽，干扰功率越分散，这时，就不一定能够达到压制所有信道的功率要求。因此，拦阻带宽的选择要兼顾干扰功率的需要，在保证对各信道能够达到有效干扰的前提下，拦阻带宽越宽越好。

2）拦阻干扰方式

拦阻干扰方式是指拦阻式干扰机实施干扰的方式，包括拦阻实施方式及拦阻信号的产生方法等，例如，全频段拦阻式干扰和部分频段拦阻式干扰；窄脉冲拦阻式干扰、扫频拦阻式干扰、噪声拦阻式干扰；等等。

3）带内谱线间隔

带内谱线间隔是指拦阻带宽内干扰信号频谱中相邻两谱线间的频率间隔。该参数的大小直接导致拦阻式干扰频谱疏密程度的不同，带内谱线间隔越小，拦阻干扰信号频谱越密集，干扰效果越好，但对干扰功率的要求也越高。因此，带内谱线间隔的选择也要兼顾干扰功率的需要。

4）频谱平坦度

频谱平坦度是指拦阻带宽内干扰信号频谱幅度的起伏程度，通常用拦阻带宽内干扰信号频谱分量最大幅度和最小幅度的分贝值之差来表示。

8.3.3　拦阻式干扰的分类

1. 按拦阻干扰频谱的疏密程度划分

按干扰频谱的疏密程度划分，拦阻式干扰可分为连续拦阻式干扰和梳状拦阻式干扰，如图 8-3-2 所示。

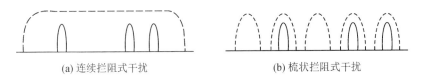

(a) 连续拦阻式干扰　　　　　　　　　(b) 梳状拦阻式干扰

图 8-3-2　拦阻式干扰频谱示意图

（实线为信号频谱，虚线为干扰频谱）

1）连续拦阻式干扰

连续拦阻式干扰的频谱分量非常密集，能对整个干扰频段内所有通信信号产生干扰作用，是典型的全频段阻塞干扰，被干扰的频段内没有通信的可能。由于功率分散在整个干扰频段上，要使频段内所有被干扰信道都得到有效的干扰功率，干扰机需要具有非常大的功率，或者要求拦阻干扰的干扰带宽不是很大。一部干扰机适用于干扰阻塞那些工作频率范围很小的通信系统，或者只干扰阻塞通信系统的部分工作频段。图 8-3-2(a)为连续拦阻式干扰的频谱示意图。

2）梳状拦阻式干扰

梳状拦阻式干扰的频谱分量相对稀疏些，相邻频率分量之间有一定间隔，该间隔通常与被干扰目标信道间隔相匹配，是一种改进了的拦阻式干扰。因此，梳状拦阻式干扰只在工作频率范围内的各特定信道中出现干扰，干扰功率在工作频率范围内以规定间隔、强度相等的方式集中在各个信道内。图 8-3-2(b)为梳状拦阻式干扰的频谱示意图。

梳状拦阻式干扰比连续拦阻式干扰更集中了干扰功率于被干扰的目标信道中，在被干扰信道的有效干扰功率相同的情况下，梳状拦阻式干扰机的功率比连续拦阻式干扰机的功率要小。由于梳状拦阻式干扰只对干扰带宽内梳齿上的信号产生干扰，所以当采用梳状拦阻式干扰时，要先侦察、确定被干扰通信电台的信道间隔。梳状拦阻式干扰适用于对频率间隔一定且信道固定的通信系统的全频段阻塞干扰。

　　梳状拦阻式干扰的另一个优点是可以为己方通信留有保护信道。干扰一方在实施干扰的同时可以利用梳状拦阻式干扰频谱的已知"齿间"进行通信。当然，同时敌方也可利用这些保护信道通信。

2. 按拦阻信号的产生方法划分

　　按拦阻信号的产生方法划分，拦阻式干扰可分为窄脉冲拦阻式干扰、扫频拦阻式干扰、噪声拦阻式干扰、多干扰源相加合成拦阻式干扰等类型。

1) 窄脉冲拦阻式干扰

　　窄脉冲拦阻式干扰是指利用周期窄脉冲信号形成的宽频带频谱对拦阻带宽内的所有信号实施干扰，其原理框图如图 8-3-3 所示。

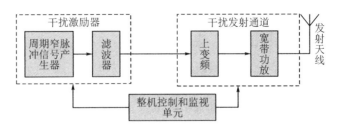

图 8-3-3　窄脉冲拦阻式干扰的原理框图

　　根据整机控制和监视单元给定的拦阻干扰参数要求，对周期窄脉冲信号产生器的输出信号进行滤波，得到所需要拦阻带宽的宽带干扰激励信号，送入干扰发射通道，经过上变频、宽带功率放大后，通过天线发射出去，从而在给定的拦阻频段上形成宽带拦阻式干扰。

　　周期窄脉冲信号的频谱能量主要集中在主瓣内，通常，可以选择主瓣宽度作为拦阻带宽。由于主瓣宽度(即第一谱零点带宽)与窄脉冲的宽度成反比，脉冲宽度 τ 越窄，第一谱零点带宽越宽。通过减小脉冲宽度 τ 就可以获得很宽的拦阻干扰频谱。因此，可以通过发射脉冲宽度极窄的窄脉冲来形成拦阻式干扰。这种干扰源于自然的电火花干扰，短促的电火花会在很宽的频段内对无线电设备形成干扰，所以又称为火花拦阻式干扰。这种干扰机结构简单，实现方便，是最早用于实战的拦阻式干扰机。在第二次世界大战中，美国就曾使用火花拦阻式干扰实施近距离的拦阻式干扰。但窄脉冲拦阻式干扰也存在明显的缺点：

　　(1) 窄脉冲的宽度不能小于信号在接收机中的建立时间，因此，拦阻带宽不可能无限制增大。

　　(2) 拦阻带宽内频谱分量不够均匀，对拦阻带宽内各信道的干扰强度不一致，不满足拦阻带宽内频谱分量均匀分布的要求。早期应用时采用在频谱中心处仅取一小段频谱的做法加以克服，但这又减小了拦阻带宽。

　　(3) 窄脉冲的峰值因数很高，因此这种干扰的干扰发射功率利用率很低。曾经通过加大脉冲幅度的措施以达到一定的干扰效果，但强脉冲容易被通信接收机发现并抑制。

由于以上缺点，目前火花拦阻式干扰应用场合较少。

2）扫频拦阻式干扰

扫频拦阻式干扰是指利用周期扫频信号形成的宽频带频谱对拦阻带宽内的所有信号实施干扰，其原理框图如图 8-3-4 所示。

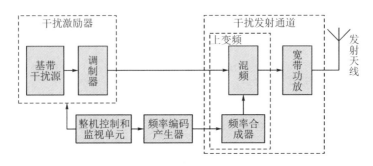

图 8-3-4　扫频拦阻式干扰的原理框图

由基带干扰源进行窄带调制（调频或调幅）产生的干扰激励信号送至干扰发射通道，整机控制和监视单元根据预拦阻的频率范围产生频率预置码，控制频率合成器的输出频率按照预置的扫频范围和频率步进间隔扫频变化，从而产生一个扫频范围等于拦阻带宽的均匀宽频带扫频干扰频谱，经过窄带调制后的宽带扫频信号再经过宽带功率放大，通过天线发射出去，形成宽频带的拦阻式干扰。

假设频率合成器的频率时间特性曲线的斜率为正，则频率合成器输出频率由最低频率开始，随时间 t 离散增大，图 8-3-5 为周期扫频信号的频率变化示意图。若最低和最高频率分别用 f_{min}、f_{max} 表示，中心频率为 f_0，最小频率步进间隔为 ΔF，则周期扫频信号的瞬时输出频率可表示为

$$f(t) = f_{min} + D(t)\Delta F$$

其中，$D(t)$ 是频率编码产生器产生的频率预置码，是与时间对应的离散数值，取值为 $0, 1, 2, \cdots, N-1$。

若每个频率点上的驻留时间为 Δt，扫频周期为 T，忽略频率合成器的换频时间，则扫频周期 $T = N \times \Delta t$，扫频范围，即拦阻带宽 $B_b = f_{max} - f_{min} = (n-1) \cdot \Delta F$。

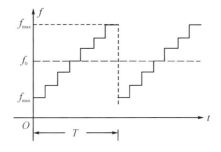

图 8-3-5　周期扫频信号的频率变化示意图

扫频信号的归一化时域波形图及频谱图分别如图 8-3-6、图 8-3-7 所示。该频谱具有如下特点：

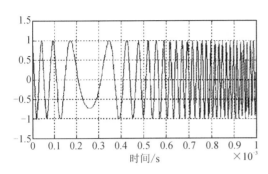

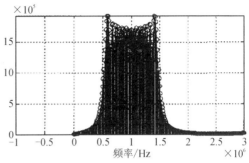

图 8-3-6　扫频信号的归一化时域波形图　　　图 8-3-7　扫频信号的归一化频谱图

（1）频谱以扫频的中心频率 f_0 为中心，两边各频率分振幅对称相等。

（2）频谱带宽取决于扫频范围 $B_b = f_{max} - f_{min} = (n-1) \cdot \Delta F$，带内频谱基本均匀，带外频谱幅度很小，可以忽略，改变频率合成器的扫频范围，即可控制拦阻干扰的频带宽度。

（3）带内谱线间隔等于 ΔF，改变最小频率间隔，可以控制拦阻干扰频谱谱线间隔的疏密程度。

从扫频信号的频谱结构可以看出，扫频信号的频谱能量主要集中在扫频带宽范围内、带内频谱分量比较均匀，带内谱线间隔相等，其频谱结构接近理想拦阻式干扰频谱的要求，作为拦阻干扰信号是比较合适的，通常就选择扫频带宽等于拦阻带宽而且扫频波的峰值因数较低，功率利用率更高，可充分发挥干扰发射机的功率潜力。

在图 8-3-4 中，送给干扰发射通道的干扰激励信号都经过了噪声窄带调制，基带干扰源通常采用随机白噪声，噪声窄带调制可以采用调频，也可以采用其他调制方式，干扰激励信号经过上变频到指定拦阻带宽范围内，形成宽频带扫频干扰频谱，如图 8-3-8 所示。在连续拦阻式干扰的情况下，整个拦阻干扰频谱几乎填满了干扰频率分量，在梳状拦阻式干扰的情况下，每一个干扰梳齿分量覆盖一个被干扰目标信道，这样就满足了对拦阻干扰频谱的第四个要求。

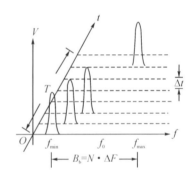

图 8-3-8　扫频拦阻干扰的频谱示意图

3）噪声拦阻式干扰

噪声拦阻式干扰是指利用随机噪声信号形成的宽频带频谱对拦阻带宽内的所有信号实施干扰。根据整机控制和监视单元给定的拦阻干扰参数要求，对基带噪声源产生的输出噪声进行滤波，得到所需要拦阻带宽的宽带噪声激励信号，构成连续拦阻式干扰，其优点是不需要侦察被干扰目标的调制方式、信号参数等，只要知道拦阻带宽就可以干扰了。因此，采用随机性很强的噪声拦阻式干扰是一种简单易行的干扰，其原理框图如图 8-3-9 所示。

基带噪声源可以采用模拟电路产生，如晶体稳压二极管，也可以采用数字电路产生，例如，通过产生正态分布随机数并经过 D/A 转换后得到，然后，对基带噪声源输出的基带噪声进行滤波、调制、上变频、宽带功率放大，从而在给定的拦阻频段上形成宽带连续谱噪声干扰。

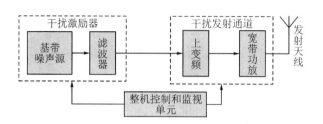

图 8-3-9 噪声拦阻式干扰的原理框图

4）多干扰源相加合成拦阻式干扰

多干扰源相加合成拦阻式干扰是指采用多个干扰激励信号相加合成后，针对某一频段内多个信道同时进行干扰。其组成框图和工作原理与频分多目标干扰的基本相同，区别在于被干扰目标的数目不同，频分多目标干扰中待干扰的多目标数目通常远小于拦阻式干扰中拦阻带宽内的信道数目，即拦阻式干扰所形成的梳状拦阻式干扰频谱的梳齿数目，如图8-3-10所示。

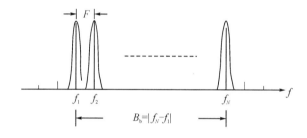

图 8-3-10 多干扰源相加合成拦阻式干扰的频谱示意图

梳齿数目的大小取决于预干扰目标的拦阻带宽和信道间隔，与干扰激励器的数目相同，拦阻带宽等于干扰激励器最高频率与最低频率之差，梳齿间隔与干扰激励器相邻中心频率之差相对应，通常等于被干扰目标的信道间隔，并可以根据侦察获取的信道间隔进行调整。因此，这种方式需要预先侦察、确定拦阻带宽内的信道分布情况，包括通信电台的通联状态和信道间隔等，从而为参数选择提供依据。

与频分多目标干扰相同，多干扰源相加合成拦阻式干扰也存在着合成信号时域波形的峰平比大、干扰功率利用率低等缺点。而且，由于干扰激励源数目更多，合成信号的峰值因数结构复杂且设计难度大，尤其是拦阻带宽很大时实现起来几乎是不可能的，所以在实际中很少采用。

3. 按拦阻干扰信号的时频关系划分

按干扰信号的时频关系划分，拦阻式干扰可分为时分拦阻式干扰、频分拦阻式干扰。

1）时分拦阻式干扰

扫频拦阻式干扰实际上就是一种时分的拦阻式干扰，干扰信号按照扫频的时间先后顺序依次对拦阻带宽内的每个信道实施干扰，从时频关系上看，每个瞬时只有一个信道受到干扰，如图8-3-8所示。

显然，对每一个被干扰信道来说，时分拦阻式干扰实际上是一种间断的周期干扰，干扰效果会受到多方面因素的影响。

一方面，扫频拦阻式干扰的扫频速度不能太快，因为扫频速度越快，在每一个被干扰信道的驻留时间越短，如果驻留时间小于信道的信号建立时间，必然影响干扰效果，甚至干扰无效；另一方面，扫频拦阻式干扰的拦阻带宽不宜太宽，拦阻带宽越宽，扫频周期越长，每一个被干扰信道的干扰间断时间越长，也会影响干扰效果。

当时分拦阻式干扰拦阻带宽内的信道数目较少时，就等同于单干扰激励器的时分多目标干扰。

　　2）频分拦阻式干扰

从时频关系上看，噪声拦阻式干扰、多干扰源相加合成拦阻式干扰属于频分拦阻式干扰，拦阻带宽内的所有信道是同时受到干扰。从频谱的疏密情况看，噪声拦阻式干扰形成的是连续拦阻式干扰，多干扰源相加合成拦阻式干扰通常形成梳状拦阻式干扰。

在多干扰源相加合成的频分拦阻式干扰中，干扰激励器的数目可以与拦阻带宽的信道数目相同，在实际应用中，对拦阻带宽的多个信道不宜选用最佳干扰，因此，可以共用一个干扰激励器产生的干扰激励信号，如图 8 - 3 - 11 所示。

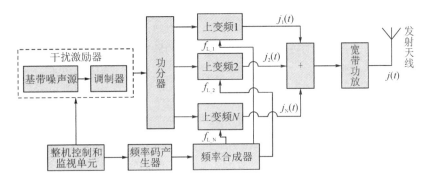

图 8 - 3 - 11　频分拦阻式干扰的原理框图

由整机控制和监视单元根据预拦阻的频率范围和信道间隔产生一个频率预置码，控制频率合成器输出个本振频率，对经过功分器后的干扰激励信号进行上变频，从而产生一个均匀带宽的拦阻干扰频谱，经宽带功放发射出去。

8.3.4　拦阻式干扰实施

由于拦阻式干扰所需要的干扰功率太大，当干扰机无法满足干扰功率的要求时，必须根据具体情况采取一定的措施，来保证实施宽带拦阻式干扰的有效性。

1. 全频段拦阻式干扰和部分频段拦阻式干扰

缩小拦阻带宽是降低对干扰发射功率要求的可行措施之一。按拦阻带宽与所需拦阻频率范围相对关系的不同，拦阻式干扰可分为全频段拦阻式干扰和部分频段拦阻式干扰两种实施方案，如图 8 - 3 - 12 所示。其中部分频段的拦阻式干扰又可分为连续的部分频段拦阻式干扰和不连续的部分频段拦阻式干扰。

在干扰发射设备中，通过调整某个参数可以设置并调整拦阻带宽的大小。例如，窄脉冲拦阻式干扰机中，拦阻带宽由窄脉冲的脉冲宽度决定，脉冲宽度 τ 越窄，拦阻带宽越大；在扫频拦阻式干扰机中，带内谱线间隔由扫频波的频率变化范围即扫频范围决定，扫频范

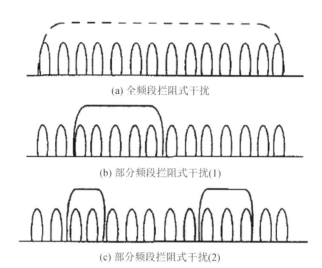

(a) 全频段拦阻式干扰

(b) 部分频段拦阻式干扰(1)

(c) 部分频段拦阻式干扰(2)

图 8 - 3 - 12　拦阻式干扰的频谱示意图

围越大,拦阻带宽越大。因此,可以通过设置窄脉冲的脉冲宽度、扫频信号的扫频范围等参数控制拦阻式干扰的拦阻带宽。

2. 连续拦阻式干扰和梳状拦阻式干扰

通常在已知被干扰通信系统的信道及信道间隔时,宜采用梳状拦阻式干扰,此时,不仅干扰功率利用率高,而且还可以在拦阻干扰的同时,利用未受干扰的齿间进行己方的通信。在无法确定被干扰通信系统工作频段内信道的分布情况或者变化情况时,应采用连续拦阻式干扰。

通过调整干扰发射机的某个参数,可以设置并调整带内谱线间隔的大小,当干扰频谱各频率分量的频率间隔小于被干扰目标接收机通带时,每个被干扰目标接收机的通带内会落入两个以上的干扰频率分量,从而构成连续拦阻式干扰;当干扰分量的频率间隔等于或大于被干扰目标信号的信道间隔时,则构成梳状拦阻式干扰。例如,在窄脉冲拦阻式干扰机中,带内谱线间隔由窄脉冲的重复周期决定,重复周期越大,谱线越密集,扫频拦阻式干扰机中,带内谱线间隔由最小频率步进间隔决定,最小频率步进间隔越小,谱线间隔越小。因此,可以通过设置窄脉冲的重复周期、扫频波的最小频率步进间隔等参数控制拦阻式干扰频谱的疏密程度。

8.4　对模拟通信信号的干扰技术

模拟通信信号主要有两种基本调制方式,即幅度调制(AM)和频率调制(FM)。本节介绍几种常用的对 AM/FM 信号的干扰技术。

干扰针对的是通信的接收端,因此,接收端受到干扰的干扰效果分析的模型框图如图 8 - 4 - 1 所示。

在图 8 - 4 - 1 中,$s(t)$ 为进入接收通道的通信信号,功率为 P_s,$j(t)$ 为进入接收通道的

图 8-4-1 干扰效果分析的模型框图

干扰信号，功率为 P_j；接收通道的输出信号为 $s_j(t)$，功率为 P_{si}，接收通道的输出干扰为 $s_i(t)$，功率为 P_{ji}；经过解调器后，输出信号为 s_o，干扰为 $j_o(t)$。

8.4.1 对 AM 通信信号的干扰

任意调幅通信信号可表示为

$$S_{AM}(t) = [A_{cs} + m_s(t)]\cos(\omega_s t + \varphi_s) \tag{8-4-1}$$

其中，$m_s(t)$ 为基带调制信号；A_{cs} 为一直流分量，即载波信号幅度；ω_s 为载波信号频率；φ_s 为载波信号的初始相位，为分析方便，设 $\varphi_s=0$，则

$$s_{AM}(t) = [A_{cs} + m_s(t)]\cos\omega_s t \tag{8-4-2}$$

干扰信号的一般形式可表示为

$$j_i(t) = J(t)\cos[\omega_j t + \varphi_j(t)] \tag{8-4-3}$$

其中，$J(t)$ 为干扰信号幅度；ω_j 为干扰载频；$\varphi_j(t)$ 为干扰相位。

解调器输入端是信号与干扰的合成信号，可表示为

$$u_i(t) = s_{AM}(t) + j_i(t) \tag{8-4-4}$$

则解调器输入端的信号功率为

$$P_{si} = \frac{1}{2}\left[A_{cs}^2 + \overline{m_s^2(t)}\right] \tag{8-4-5}$$

解调器输入端的干扰功率为

$$P_{ji} = \overline{J^2(t)\cos^2[\omega_j t + \varphi_j(t)]} = \frac{1}{2}\overline{J^2(t)} \tag{8-4-6}$$

显然，解调器的输出干信比与接收机解调方式、施加的干扰样式以及干扰参数等因素都有关。

对 AM 信号的解调可采用非相干解调或相干解调，干扰样式有双边带噪声调幅干扰样式、噪声调频干扰样式、噪声调幅干扰样式等。干扰样式不同，信号的频谱结构及带宽不同，即使是在解调器输入干扰功率相同的条件下，经解调器后输出的干扰频率分量和干扰功率也将不同，即输出干信比不同。此外，干扰瞄准程度的不同也影响输出干信比的大小。

1. 采用非相干解调的输出干信比

对 AM 信号采用非相干解调的干扰效果分析的模型框图如图 8-4-2 所示。包络检波器的输入信号可表示为

$$\begin{aligned}
u_i(t) &= s_{AM}(t) + j_i(t) = [A_{cs} + m_s(t)]\cos\omega_s(t) + J(t)\cos[\omega_j t + \varphi_j(t)] \\
&= \{A_{cs} + m_s(t) + J(t)\cos[(\omega_j - \omega_s)t + \varphi_j(t)]\}\cos\omega_s(t) - \\
&\quad J(t)\sin[(\omega_j - \omega_s)t + \varphi_j(t)]\sin\omega_s(t)
\end{aligned} \tag{8-4-7}$$

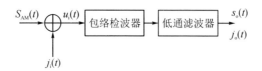

图 8 - 4 - 2　对 AM 信号采用非相干解调的干扰效果分析的模型框图

利用三角恒等式可得

$$u_i(t) = R(t)\cos[\omega_s t + \theta(t)] \qquad (8-4-8)$$

其中

$$R(t) = \{[A_{cs} + m_s(t)]^2 + J(t)^2 + 2[A_{cs} + m_s(t)]J(t)\cos[(\omega_j - \omega_s)t + \varphi_j(t)]\}^{1/2}$$
$$(8-4-9)$$

$$\theta(t) = \arctan \frac{J(t)\sin[(\omega_j - \omega_s)t + \varphi_j(t)]}{A_{cs} + m_s(t) + J(t)\cos[(\omega_j - \omega_s)t + \varphi_j(t)]} \qquad (8-4-10)$$

$R(t)$ 就是合成信号的包络，其瞬时值相对 $\omega(t)$ 做缓慢变化，则包络检波器的输出与 $R(t)$ 成比例，设包络检波器系数为 k，此时，包络检波器的输出 $s_o(t)$ 为 $kR(t)$，为分析方便，令 $k=1$，则 $s_o(t)=R(t)$。由于检波输出 $R(t)$ 中信号和干扰之间的关系是非线性的，也就是说，输出信号和输出干扰分量不是相互独立的，计算输出干信比比较困难。下面考虑两种特殊情况下输出干信比的近似计算。

1）小干扰情况

当干扰幅度远小于信号幅度时，即 $A_{cs} + m_s(t) \gg J(t)$ 合成信号包络 $R(t)$ 可简化为

$$s_o(t) = \{[A_{cs} + m_s(t)]^2 + 2J(t)[A_{cs} + m_s(t)]\cos[(\omega_j - \omega_s)t + \varphi_j(t)]\}^{1/2}$$
$$\approx [A_{cs} + m_s(t)]\left\{1 + 2\frac{J(t)}{A_{cs} + m_s(t)}\cos[(\omega_j - \omega_s)t + \varphi_j(t)]\right\}^{1/2} \qquad (8-4-11)$$

这里，我们利用泰勒级数展开公式 $(1+x)^{1/2} \approx 1 + \dfrac{x}{2} - \dfrac{x^2}{8} + \cdots$ 对式$(8-4-11)$进行简化。当 $x = \dfrac{2J(t)}{A_{cs} + m_s(t)}\cos[(\omega_j - \omega_s)t + \varphi_j(t)] \ll 1$ 时，将泰勒级数截短，只保留展开式的前两项，则可得

$$s_o(t) \approx A_{cs} + m_s(t) + J(t)\cos[(\omega_j - \omega_s)t + \varphi_j(t)] \qquad (8-4-12)$$

式$(8-4-12)$表明了当干扰与信号同时作用于检波器输入端时，干扰幅度远小于信号幅度时的检波器输出情况。其中，前两项 $A_{cs} + m_s(t)$ 为解调器的输出，经过隔直流电容器抑制直流成分 A_{cs}，得到所需要的信号 $m_s(t)$，即

$$s_{so}(t) = m_s(t) \qquad (8-4-13)$$

则输出信号功率为

$$P_{so} = \overline{m_s^2(t)} \qquad (8-4-14)$$

检波器输出端的干扰功率是由于干扰进入接收机而产生的干扰成分，即式$(8-4-12)$中的干扰项引起的，有

$$s_{jo}(t) = J(t)\cos[(\omega_j - \omega_s)t + \varphi_j(t)] \qquad (8-4-15)$$

可得输出端的干扰功率为

$$P_{jo}(t) = \overline{J^2(t)\cos^2[(\omega_j - \omega_s)t + \varphi_j(t)]} = \frac{1}{2}\overline{J^2(t)} \qquad (8-4-16)$$

式中，"—"表示对确知信号的时间平均即信号的自相关函数 $R(t)$，等于信号的平均功率，对于具有各态历经性的随机信号，统计平均完全可以由时间平均来代替，因此，随机信号的平均功率也可以用时间平均计算。

输出干信比为

$$\frac{P_{jo}}{P_{so}} = \frac{1}{2}\frac{\overline{J^2(t)}}{\overline{m_s^2(t)}} \qquad (8-4-17)$$

对于未调制的单频正弦波干扰信号，有

$$j_{cw}(t) = A_{cj}\cos(\omega_j t + \varphi_j) \qquad (8-4-18)$$

这是一个幅度 A_{cj} 固定、频率相位不变的连续波干扰，当 $\omega_j \neq \omega_s$ 时，检波器输出的干扰项 $s_{jo}(t)$ 是一固定的单频干扰分量，虽然有一定的干扰功率，但由于该干扰在时域上的规则性，很容易被接收方所抑制；当 $\omega_j \approx \omega_s$ 时，检波器输出的干扰项 $s_{jo}(t)$ 是一缓变的直流分量，会被检波器的隔直流电容器所抑制。所以未调制的单频正弦波干扰不是对 AM 信号的有效干扰样式。

下面我们将分别讨论在施加不同的干扰样式时，检波器输出干信比以及其与检波器输入干信比和接收机输入干信比之间的关系。这里，设基带干扰调制信号为通常 $m_j(t)$ 多采用白噪声。

(1) 采用双边带噪声调幅干扰样式。从频谱特性上看，对 AM 信号的干扰采用双边带调幅干扰是比较理想的。双边带噪声调幅干扰信号为

$$j_{DSB}(t) = A_{cj}m_j(t)\cos(\omega_j t + \varphi_j) \qquad (8-4-19)$$

检波器输入端的干扰功率为

$$P_{ji} = \frac{1}{2}\overline{J^2(t)} = \frac{1}{2}A_{cj}^2\overline{m_j^2(t)} \qquad (8-4-20)$$

所以，输入干信比为

$$\frac{P_{ji}}{P_{si}} = \frac{\dfrac{1}{2}A_{cj}^2\overline{m_j^2(t)}}{\dfrac{1}{2}[A_{cs}^2 + \overline{m_s^2(t)}]} = \frac{A_{cj}^2\overline{m_j^2(t)}}{A_{cs}^2 + \overline{m_s^2(t)}} \qquad (8-4-21)$$

检波器输出端的干扰主要成分为

$$s_{jo}(t) = A_{cj}m_j(t)\cos[(\omega_j - \omega_s)t + \varphi_j(t)] \qquad (8-4-22)$$

可得检波器输出端的干扰功率为

$$P_{jo} = \overline{A_{cj}^2 m_j^2(t)\cos^2[(\omega_j - \omega_s)t + \varphi_j]} = \frac{1}{2}A_{cj}^2\overline{m_j^2(t)} \qquad (8-4-23)$$

检波器输出干信比为

$$\left(\frac{P_{jo}}{P_{so}}\right)_{DSB} = \frac{\dfrac{1}{2}A_{cj}^2\overline{J^2(t)}}{\overline{m_s^2(t)}} = \frac{1}{2}A_{cj}^2\frac{\overline{m_j^2(t)}}{\overline{m_s^2(t)}} = \frac{1}{2}\left(1 + \frac{A_{cs}^2}{\overline{m_s^2(t)}}\right)\frac{P_{ji}}{P_{si}} \qquad (8-4-24)$$

(2) 采用噪声调频干扰样式。噪声调频干扰信号可表示为

$$j_{FM}(t) = A_{cj}\cos\left[\omega_j t + k_{fi}\int_{-\infty}^{t} m_j(t)dt\right] = A_{cj}\cos[\omega_j t + \varphi_j(t)] \qquad (8-4-25)$$

其中，$m_j(t)$ 为干扰基带调制信号；k_{fi} 为调频系数（灵敏度）。

此时，干扰信号幅度固定不变，即 $J(t)=A_{cj}$，则检波器输入端的干扰功率为

$$P_{ji} = \frac{1}{2}\overline{J^2(t)} = \frac{1}{2}A_{cj}^2 \tag{8-4-26}$$

输入干信比为

$$\frac{P_{ji}}{P_{si}} = \frac{\frac{1}{2}A_{cj}^2}{\frac{1}{2}[A_{cs}^2+\overline{m_s^2(t)}]} = \frac{A_{cj}^2}{A_{cs}^2+\overline{m_s^2(t)}} \tag{8-4-27}$$

检波器输出端的干扰主要成分为

$$s_{jo}(t) = A_{cj}\cos[(\omega_j-\omega_s)t+\varphi_j(t)] \tag{8-4-28}$$

可得检波器输出端的干扰功率为

$$P_{jo} = \overline{A_{cj}^2\cos^2[(\omega_j-\omega_s)t+\varphi_j]} = \frac{1}{2}A_{cj}^2 \tag{8-4-29}$$

输出干信比为

$$\frac{P_{jo}}{P_{so}} = \frac{\frac{1}{2}A_{cj}^2}{\overline{m_s^2(t)}} = \frac{1}{2}\frac{A_{cj}^2}{\overline{m_s^2(t)}} \tag{8-4-30}$$

则检波器输出干信比为

$$\left(\frac{P_{jo}}{P_{so}}\right)_{FM} = \frac{1}{2}\frac{[A_{cs}^2+\overline{m_s^2(t)}]}{\overline{m_s^2(t)}}\frac{\overline{A_{cj}^2}}{[A_{cs}^2+\overline{m_s^2(t)}]} = \frac{1}{2}\left[1+\frac{A_{cs}^2}{\overline{m_s^2(t)}}\right]\frac{P_{ji}}{P_{si}} \tag{8-4-31}$$

（3）采用调幅干扰样式。调幅干扰信号为

$$j_{AM}(t) = [A_{cj}+m_j(t)]\cos[\omega_j t+\varphi_j] \tag{8-4-32}$$

其中，A_{cj} 为载波幅度，则检波器输入端的干扰功率为

$$P_{ji} = \frac{1}{2}\overline{J^2(t)} = \frac{1}{2}A_{cj}^2 + \frac{1}{2}\overline{m_j^2(t)} \tag{8-4-33}$$

检波器输出端的干扰主要成分为

$$s_{jo}(t) = m_j(t)\cos[(\omega_j-\omega_s)t+\varphi_j] \tag{8-4-34}$$

可得检波器输出端的干扰功率为

$$P_{jo} = \overline{m_j^2(t)\cos^2[(\omega_j-\omega_s)t+\varphi_j(t)]} = \frac{1}{2}\overline{m_j^2(t)} \tag{8-4-35}$$

输出干信比为

$$\frac{P_{jo}}{P_{so}} = \frac{1}{2}\frac{\overline{m_j^2(t)}}{\overline{m_s^2(t)}} \tag{8-4-36}$$

检波器输入干信比为

$$\frac{P_{ji}}{P_{si}} = \frac{\frac{1}{2}[A_{cj}^2+\overline{m_j^2(t)}]}{\frac{1}{2}[A_{cs}^2+\overline{m_s^2(t)}]} = \frac{A_{cj}^2+\overline{m_j^2(t)}}{A_{cs}^2+\overline{m_s^2(t)}} \tag{8-4-37}$$

检波器输出干信比为

$$\left(\frac{P_{jo}}{P_{so}}\right)_{AM} = \frac{1}{2}\frac{A_{cs}^2 + \overline{m_s^2(t)}}{\overline{m_s^2(t)}}\frac{\overline{m_j^2(t)}}{A_{cj}^2 + \overline{m_s^2(t)}}\frac{A_{cj}^2 + \overline{m_j^2(t)}}{A_{cs}^2 + \overline{m_s^2(t)}}$$

$$= \frac{1}{2}\left[1 + \frac{A_{cs}^2}{\overline{m_s^2(t)}}\right]\frac{1}{1 + \frac{A_{cj}^2}{\overline{m_j^2(t)}}}\frac{P_{ji}}{P_{si}} \tag{8-4-38}$$

2）大干扰情况

当信号幅度远小于干扰幅度时，即

$$A_{cs} + m_s(t) \ll J(t)$$

合成信号包络可简化为

$$s_o(t) = \{2J(t)[A_{cs} + m_s(t)]\cos[(\omega_j - \omega_s)t + \varphi_j(t)] + J^2(t)\}^{\frac{1}{2}}$$

$$\approx J(t)\left\{1 + 2\frac{A_{cs} + m_s(t)}{J(t)}\cos[(\omega_j - \omega_s)t + \varphi_j(t)]\right\}^{\frac{1}{2}} \tag{8-4-39}$$

同理，利用泰勒级数简化式(8-4-39)。当 $x = 2\frac{A_{cs} + m_s(t)}{J(t)}\cos[(\omega_j - \omega_s)t + \varphi_j(t)] \ll 1$ 时，将泰勒级数截短，只保留展开式的前两项，则可得

$$s_o(t) \approx J(t) + [A_{cs} + m_s(t)]\cos[(\omega_j - \omega_s)t - \varphi_j(t)] \tag{8-4-40}$$

由此可见，无论施加何种干扰，检波器输出中没有独立的信号项，除直接的干扰外，只有受到 $\cos[(\omega_j - \omega_s)t - \varphi_j(t)]$ 调制的信号项 $m_s(t)\cos[(\omega_j - \omega_s)t - \varphi_j(t)]$，有用信号被扰乱，此时检波器的性能急剧下降，这就是由包络检波器的非线性解调作用引起的"门限效应"。因此当干扰大到使 AM 系统发生"门限效应"时，无论何种干扰样式都会产生良好的干扰效果。

2. 采用相干解调的输出干信比

对 AM 信号采用相干解调的干扰效果分析的模型框图如图 8-4-3 所示。

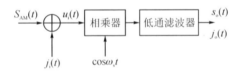

图 8-4-3　对 AM 信号采用相干解调的干扰效果分析的模型框图

调幅通信信号和干扰信号的表达式同上。

相乘器输入信号为

$$u_i(t) = [A_{cs} + m_s(t)]\cos\omega_s(t) + J(t)\cos[\omega_j t + \varphi_j(t)] \tag{8-4-41}$$

设相干载波与信号同频、同相，则经过相干解调器（相乘—低通）后的输出信号为

$$s_o(t) = \frac{1}{2}[A_{cs} + m_s(t)] + \frac{1}{2}J(t)\cos[(\omega_j - \omega_s)t + \varphi_j(t)] \tag{8-4-42}$$

其中，前两项为解调器的输出，经过隔直流电容器抑制直流成分 A_{cs}，得到所需要的信号 $m_s(t)$，即

$$s_{so}(t) = \frac{1}{2}m_s(t) \tag{8-4-43}$$

则输出信号功率为

$$P_{\mathrm{so}} = \frac{1}{4}\,\overline{m_{\mathrm{s}}^2(t)} \qquad\qquad (8-4-44)$$

输出端的干扰功率为

$$P_{\mathrm{jo}} = \frac{1}{4}\,\overline{J(t)^2\cos^2\big[(\omega_{\mathrm{j}}-\omega_{\mathrm{s}})t+\varphi_{\mathrm{j}}(t)\big]} = \frac{1}{8}\,\overline{J^2(t)} \qquad (8-4-45)$$

输出干信比为

$$\frac{P_{\mathrm{jo}}}{P_{\mathrm{so}}} = \frac{1}{2}\,\frac{\overline{J^2(t)}}{\overline{m_{\mathrm{s}}^2(t)}} \qquad\qquad (8-4-46)$$

与式(8-4-17)比较可知,在干扰信号相同的情况下,接收机采用相干解调和大信噪比的非相干解调的输出干信比相同,干扰效果相同。

3. 分析和比较

1)解调器输入干信比相同

在三种干扰信号到达解调器输入干信比相同的条件下,采用 FM 干扰和 DSB 调制干扰的干扰效果相同,而采用 AM 干扰的输出干信比中多了一相乘项 $1\Big/\Big[1+\dfrac{\overline{A_{\mathrm{cj}}^2}}{\overline{m_{\mathrm{j}}^2(t)}}\Big]$,总是小于 FM 干扰和 DSB 干扰的输出干信比,因此采用 AM 干扰去干扰 AM 信号不如 FM 干扰和 DSB 干扰效果好,这是由于 AM 干扰信号中至少占三分之二能量的载波分量对检波输出的干扰作用太小所致。在实际中,由于 AM 干扰在技术上非常容易实现,故也常用 AM 干扰。

图 8-4-4 是在 AM 信号和 AM 干扰信号都是满调幅且干信载频差(简称载频差)等于 0 的情况下,对 AM 信号施加三种干扰时输出干信比与解调器输入干信比的关系曲线。当输入干信比为 1 时,采用三种干扰样式的输出干信比都大于 5 dB,这表明对模拟话音通信的干扰是有效的。

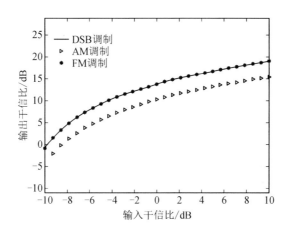

图 8-4-4　对 AM 信号施加三种干扰时输出干信比与解调器输入干信比的关系曲线

2)接收机输入干信比相同

设到达接收机输入端的干扰信号功率为 P_{j}。则到达解调器输入端的干扰信号功率 P_{ji}

取决于解调器前接收通道对干扰信号的滤波情况即带通滤波系数 ξ 的大小，$P_{ji} = \xi P_j$。因此，在接收机输入干信比相同的条件下，接收机输出干信比的大小不仅与解调方式、干扰样式有关，还与干扰信号带宽及干信载频差等参数紧密相关。

根据解调器前接收通道的带宽、干扰信号的带宽以及干信载频差的大小，分别考虑检波器前接收通道对三种干扰信号的滤波情况，计算 ξ 后，重写式(8-4-24)、式(8-4-31)和式(8-4-38)，再重新进行输出干信比进行比较，即

$$\left(\frac{P_{jo}}{P_{so}}\right)_{DSB} = \frac{\xi_{DSB}}{2}\left[1 + \frac{A_{cs}^2}{m_s^2(t)}\right]\frac{P_j}{P_s}$$

$$\left(\frac{P_{jo}}{P_{so}}\right)_{FM} = \frac{\xi_{FM}}{2}\left[1 + \frac{A_{cs}^2}{m_s^2(t)}\right]\frac{P_j}{P_s}$$

$$\left(\frac{P_{jo}}{P_{so}}\right)_{FM} = \frac{\xi_{FM}}{2}\left[1 + \frac{A_{cs}^2}{m_s^2(t)}\right]\frac{1}{1 + \frac{A_{cj}^2}{m_j^2(t)}}\frac{P_j}{P_s}$$

设干扰信号带宽 B_j 大于目标信号的带宽 B_s，即接收通道的带宽 B_p，考虑到干扰功率的利用率，所以干扰信号带宽 B_j 也不能太大，又设 B_j 小于目标信号带宽的两倍 $2B_s$，此时，ξ 的计算如下：

(1) 当干信载频差 Δf_{js} 为 0 时，对 AM 通信的干扰分析示意图如图 8-4-5(a)所示。对于 DSB、FB 干扰样式，$\xi = \frac{B_p}{B_j}$，$\xi \leqslant 1$，当 $B_j \leqslant B_p$ 时，令 $\xi = 1$。对于 AM 干扰样式，有

$$j_{AM}(t) = \left[A_{cj} + m_j(t)\right]\cos(\omega_j t + \varphi_j)$$

干扰信号功率为

$$P_j = P_{jc} + P_{jb} = \frac{1}{2}A_{cj}^2 + \frac{1}{2}\overline{m_j^2(t)}$$

则

$$P_{ji} = P_{jc} + P_{jb}\frac{B_p}{B_j} = \left[\frac{A_{cj}^2}{A_{cj}^2 + \overline{m_j^2(t)}} + \frac{\overline{m_j^2(t)}}{A_{cj}^2 + \overline{m_j^2(t)}}\frac{B_p}{B_j}\right]P_j$$

$$\xi = \left[\frac{A_{cj}^2}{A_{cj}^2 + \overline{m_j^2(t)}} + \frac{\overline{m_j^2(t)}}{A_{cj}^2 + \overline{m_j^2(t)}}\frac{B_p}{B_j}\right]$$

(2) 当干信载频差 Δf_{js} 不为 0 时，对 AM 通信的干扰分析示意图如图 8-4-5(b)所示。当载频差数值不大时，ξ 的计算与(1)相同；当 $\frac{B_j - B_p}{2} < \Delta f_{js} < \frac{B_p}{2}$ 时，对于 DSB、FM 干扰样式，有

$$\xi = \frac{\frac{B_j + B_p}{2} - \Delta f_{js}}{B_j}$$

对于 AM 干扰样式，有

$$\xi = \left[\frac{A_{cj}^2}{A_{cj}^2 + \overline{m_j^2(t)}} + \frac{\overline{m_j^2(t)}}{A_{cj}^2 + \overline{m_j^2(t)}}\frac{B_p}{B_j}\right]$$

当 $\Delta f_{js} \approx \frac{B_p}{2}$ 时，对于 DSB、FM 干扰样式，有

$$\xi = \frac{\frac{B_j + B_p}{2} - \Delta f_{js}}{B_j}$$

对于 AM 干扰样式，有

$$\xi = \left[\beta \frac{A_{cj}^2}{A_{cj}^2 + \overline{m_j^2(t)}} + \frac{\overline{m_j^2(t)}}{A_{cj}^2 + \overline{m_j^2(t)}} \frac{B_p}{B_j} \right]$$

其中，β 是接收通道的滤波系数。

当 $\Delta f_{js} > \dfrac{B_p}{2}$ 时，对于 DSB、FM 干扰样式，有

$$\xi = \frac{\frac{B_j + B_p}{2} - \Delta f_{js}}{B_j}$$

对于 AM 干扰样式，有

$$P_{ji} = \frac{P_{jb}}{2} \frac{B_p}{B_j/2} = \frac{\overline{m_j^2(t)}}{\left[A_{cj}^2 + \overline{m_j^2(t)} \right]} \frac{B_p}{B_j} P_j$$

$$\xi = \frac{\overline{m_j^2(t)}}{\left[A_{cj}^2 + \overline{m_j^2(t)} \right]} \frac{B_p}{B_j}$$

当 $\Delta f_{js} \geqslant \dfrac{B_j + B_p}{2}$ 时，$\xi = 0$。

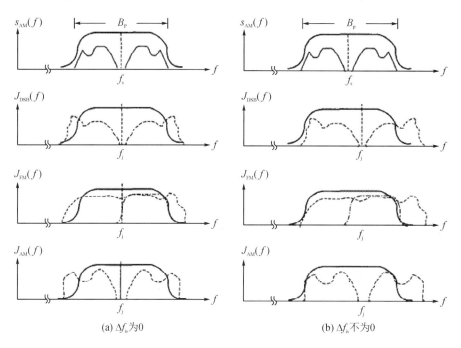

(a) Δf_{is} 为 0　　　　　　　　(b) Δf_{is} 不为 0

图 8 - 4 - 5　Δf_{is} 为 0、不为 0 时对 AM 通信的干扰分析示意图

当载频差为 0、信号和干扰均为单音调制时，输出干信比与输入干信比的关系曲线如图 8 - 4 - 6 所示。假设这三种干扰样式的带宽取值相同，结果表明，采用调频干扰样式和抑制载波的双边带调制干扰样式的干扰效果相同，并且优于调幅干扰样式。在实际中，当各种干扰信号带宽 B_j 不同时，结果又将不同，B_j 比信号带宽 B_s 大得越多，接收通道对干扰

的抑制就越多，输出干信比也就越低。

当输入干信比等于 2 时，输出干信比随着干信载频差变化的关系曲线如图 8 - 4 - 7 所示。结果表明，当载频差 $\Delta f_{js} \leqslant \dfrac{B_j - B_p}{2}$ 时，三种干扰样式的输出干信比随着载频差的增大几乎没有变化；当载频差 $\Delta f_{js} > \dfrac{B_j - B_p}{2}$ 时，采用 DSB、FM 干扰样式的输出干信比随着载频差的增大而明显下降，而采用 AM 干扰样式的输出干信比在 $\Delta f_{js} < \dfrac{B_p}{2}$ 时没有明显下降，在 $\Delta f_{fs} > \dfrac{B_p}{2}$ 时明显下降，这是由于 AM 干扰信号中载波至少占三分之二能量，载波分量不被抑制时输出干信比的影响是很小的。当载频差太大使得载波分量被接收通道抑制时，才会对输出干信比有明显的影响，否则影响很小，由此可见，当采用 AM 干扰样式时，对干信载频差的要求低于其他干扰样式。

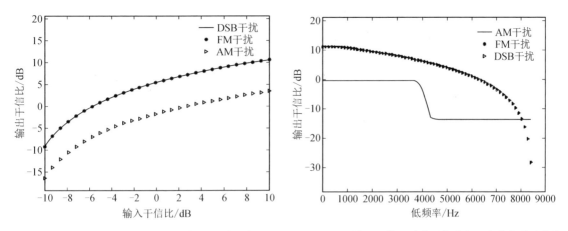

图 8 - 4 - 6　输出干信比与输入干信比的关系曲线　　图 8 - 4 - 7　输出干信比随着干信载频差变化的关系曲线

需要注意的是，在现代装备中，接收机通常具有对载波这种强分量的限幅功能，这种情况下的干扰效果又将不同。

3）接收机输入峰值干信比相同

考虑到干扰信号峰值功率受限于干扰发射机，若采用同一部干扰机发射不同样式的干扰信号，这时干扰信号的峰值功率 P_{jm} 一定，发射不同样式的干扰信号所产生的平均功率与该干扰样式的峰值因数有关，用 α_j 表示干扰信号的峰值因数，则干扰信号的平均功率为

$$P_j = \frac{P_{jm}}{\alpha_j^2} \qquad (8 - 4 - 47)$$

显然，当 P_{jm} 一定时，峰值因数越小，平均功率越大。将式(8 - 4 - 24)、式(8 - 4 - 31)和式(8 - 4 - 38)重写为

$$\left(\frac{P_{jo}}{P_{so}}\right)_{DSB} = \frac{\xi}{2}\left[1 + \frac{A_{cs}^2}{m_s^2(t)}\right]\frac{P_{jm}}{P_{sm}}\frac{\alpha_{sAM}^2}{\alpha_{jDSB}^2}$$

$$\left(\frac{P_{jo}}{P_{so}}\right)_{FM} = \frac{\xi}{2}\left[1 + \frac{A_{cs}^2}{m_s^2(t)}\right]\frac{P_{jm}}{P_{sm}}\frac{\alpha_{sAM}^2}{\alpha_{jFM}^2}$$

$$\left(\frac{P_{\mathrm{jo}}}{P_{\mathrm{so}}}\right)_{\mathrm{AM}} = \frac{\xi}{2}\left[1 + \frac{A_{\mathrm{cs}}^2}{m_{\mathrm{s}}^2(t)}\right]\frac{1}{\left[1 + \frac{A_{\mathrm{cj}}^2}{m_{\mathrm{j}}^2(t)}\right]}\frac{P_{\mathrm{jm}}}{P_{\mathrm{sm}}}\frac{\alpha_{\mathrm{sAM}}^2}{\alpha_{\mathrm{jAM}}^2}$$

设 AM 信号的峰值因数为 α_{sAM}，其基带信号的峰值因数为 α_{s}，调幅度为 m_{s}，则

$$\alpha_{\mathrm{sAM}} = \frac{\sqrt{2}(1 + m_{\mathrm{s}})\alpha_{\mathrm{s}}}{\sqrt{\alpha_{\mathrm{s}}^2 + m_{\mathrm{s}}^2}}$$

又设干扰基带信号的峰值因数为 α_{j}，调幅干扰的调幅度为 m_{j}，则三种干扰信号的峰值因数分别为

$$\alpha_{\mathrm{jDSB}} = \sqrt{2}\alpha_{\mathrm{j}}$$

$$\alpha_{\mathrm{jFM}} = \sqrt{2}$$

$$\alpha_{\mathrm{jAM}} = \frac{\sqrt{2}(1 + m_{\mathrm{j}})\alpha_{\mathrm{j}}}{\sqrt{\alpha_{\mathrm{j}}^2 + m_{\mathrm{j}}^2}}$$

在 AM 信号和 AM 干扰都是满调幅、干信载频差等于 0 且 ξ 相同的情况下，当 α_{j} 为 2 或 3 的三种干扰时，输出干信比与输入峰值干信比的关系曲线如图 8-4-8 所示。

仿真结果表明：采用调频干扰样式的干扰效果最好，调幅干扰样式次之，双边带干扰样式最差。这是由于调频信号的峰值因数最小，同样的干扰峰值功率，采用 FM 干扰将获得更大的干扰平均功率。比较图 8-4-8(a)、(b)可以发现，随着干扰基带信号峰值因数 α_{j} 的增大，双边带干扰样式的干扰效果变得更差。

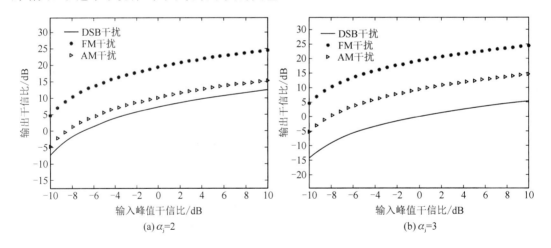

图 8-4-8　α_{j} 为 2 或 3 的三种干扰时输出干信比与输入峰值干信比的变化曲线

8.4.2　对 FM 通信信号的干扰

设调频通信信号为

$$s_{\mathrm{FM}}(t) = A_{\mathrm{cs}}\cos\left[\omega_{\mathrm{s}}t + k_{\mathrm{fs}}\int_{-\infty}^{t}m_{\mathrm{s}}(t)\mathrm{d}t\right] = A_{\mathrm{cs}}\cos[\omega_{\mathrm{s}}t + \varphi_{\mathrm{s}}(t)] \qquad (8-4-48)$$

其中，A_{cs} 为载波信号幅度；ω_{s} 为载波信号频率；$m_{\mathrm{s}}(t)$ 为基带调制信号；k_{fs} 为调频灵敏度；$\varphi_{\mathrm{s}}(t)$

为调频信号的瞬时相位，随调制信号 $m_s(t)$ 改变干扰信号的表达式（如式(8-4-3)所示)。

1. 采用非相干解调的输出干信比

调频(FM)信号有多种接收方式，这里我们主要讨论对采用鉴频器解调的调频信号的干扰效果分析。对 FM 信号采用非相干解调的干扰效果分析的模型框图如图 8-4-9 所示。

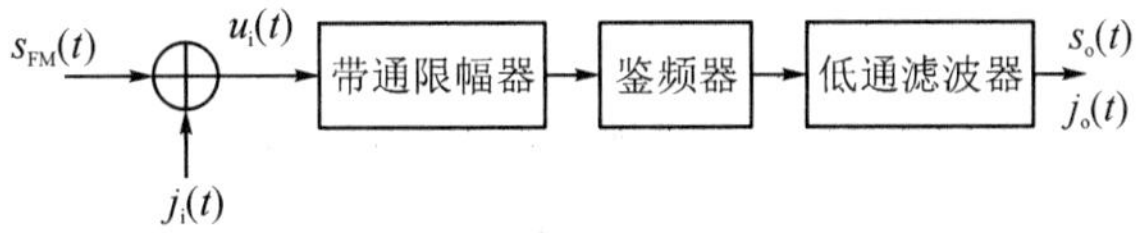

图 8-4-9　对 FM 信号采用非相干解调的干扰效果分析的模型框图

鉴频器输入端是信号与干扰的合成信号，表示为

$$u_i(t) = s_{FM}(t) + j_i(t) \tag{8-4-49}$$

与调幅信号包络检波器类似，由于鉴频器的非线性作用，输出端无法分离出信号分量与干扰分量，也分两种特殊情况分析。

1) 小干扰情况

当干扰幅度远小于信号幅度时，即 $A_{cs} \gg J(t)$，合成信号可表示为

$$
\begin{aligned}
u_i(t) &= s_{FM}(t) + j_i(t) = A_{cs}\cos[\omega_s t + \varphi_s(t)] + J(t)\cos[\omega_j t + \varphi_j(t)] \\
&= \{A_{cs} + J(t)\cos[(\omega_j - \omega_s)t + \varphi_j(t) - \varphi_s(t)]\}\cos[\omega_s t + \varphi_s(t)] - \\
&\quad\ J(t)\sin[(\omega_j - \omega_s)t + \varphi_j(t) - \varphi_s(t)]\sin[\omega_s t + \varphi_s(t)] \\
&= R(t)\cos[\omega_s t + \varphi_s(t) + \theta(t)]
\end{aligned}
$$

$$\tag{8-4-50}$$

其中

$$R(t) = \{A_{cs}^2 + J^2(t) + 2A_{cs}J(t)\cos[(\omega_j - \omega_s)t + \varphi_j(t) - \varphi_s(t)]\}^{\frac{1}{2}}$$

$$\theta(t) = \arctan\frac{J(t)\sin[(\omega_j - \omega_s)t + \varphi_j(t) - \varphi_s(t)]}{A_{cs} + J(t)\cos[(\omega_j - \omega_s)t + \varphi_j(t) - \varphi_s(t)]} \tag{8-4-51}$$

为了公式表达简便，引入中间变量 $M = (\omega_j - \omega_s)t + \varphi_j(t) - \varphi_s(t)$，则

$$R(t) = [A_{cs}^2 + J^2(t) + 2A_{cs}J(t)\cos M]^{\frac{1}{2}}$$

$$\theta(t) = \arctan\frac{J(t)\sin M}{A_{cs} + J(t)\cos M}$$

由于鉴频器之前存在带通限幅器，所以 $u_i(t)$ 经限幅之后变为等幅信号，若鉴频特性是理想的，则鉴频器的输出正比于 $\dfrac{\mathrm{d}}{\mathrm{d}t}[\varphi_s(t) + \theta(t)]$。设鉴频增益为 1，则鉴频器的输出 $s_o(t)$ 为

$$
\begin{aligned}
s_o(t) &= \varphi_s'(t) + \theta'(t) \\
&= k_{fs}m_s(t) + \frac{A_{cs}J'(t)\sin M + M'[A_{cs}J(t)\cos M + J^2(t)]}{A_{cs}^2 + J^2(t) + 2A_{cs}J(t)\cos M}
\end{aligned}
\tag{8-4-52}
$$

利用泰勒级数展开公式 $x = 2\dfrac{J(t)}{A_{cs}}\cos M \ll 1$，$\dfrac{1}{1+x} = 1 - x + x^2 - x^3 + \cdots$ 对式(8-4-52)中 $\theta'(t)$ 进行简化。

当 $x = 2\dfrac{J(t)}{A_{cs}}\cos M \ll 1$ 时，忽略展开式中 $\dfrac{J(t)}{A_{cs}}$ 三次方以上各项，则 $s_o(t)$ 近似为

$$s_{\mathrm{o}}(t) = k_{\mathrm{fs}} m_{\mathrm{s}}(t) + \frac{J'(t)}{A_{\mathrm{cs}}}\Big[\sin M - \frac{J(t)}{A_{\mathrm{cs}}}\sin 2M\Big] + M'\frac{J(t)}{A_{\mathrm{cs}}}\Big[\cos M - \frac{J(t)}{A_{\mathrm{cs}}}\cos 2M\Big]$$

$$(8-4-53)$$

式中，第一项为信号项，它的大小与基带调制信号 $m_{\mathrm{s}}(t)$ 成正比，因而其与 FM 信号的瞬时频偏成正比。输出信号功率为

$$P_{\mathrm{so}} = k^2_{\mathrm{fs}} \overline{m^2_{\mathrm{s}}(t)} \qquad (8-4-54)$$

式(8-4-53)中后两项为干扰项，两项的幅度都与信号幅度 A_{cs} 成反比，信号幅度越大，干扰作用就越小。因此，FM 系统具有较强的抑制弱干扰的能力，这就是"俘获效应"。当两个载频很接近的信号同时作用于 FM 系统时，强信号将有效地抑制弱信号，俗称"大吃小"现象。第一项干扰为

$$s_{\mathrm{jo1}}(t) = \frac{J'(t)}{A_{\mathrm{cs}}}\Big[\sin M - \frac{J(t)}{A_{\mathrm{cs}}}\sin 2M\Big] \qquad (8-4-55)$$

它与 $J'(t)$ 有关，也就是与所加干扰信号样式有关，如果干扰为等幅干扰，如等幅正弦波干扰、调频干扰等样式，$J'(t)=0$，则该项干扰输出为 0；如果干扰为幅度随调制信号变化的调幅干扰时，该项干扰输出不为 0，即 $P_{\mathrm{jo1}}\neq 0$。

第二项干扰为

$$s_{\mathrm{jo2}}(t) = \big[(\omega_{\mathrm{j}} - \omega_{\mathrm{s}}) + \varphi'_{\mathrm{j}}(t) - \varphi'_{\mathrm{s}}(t)\big]\frac{J(t)}{A_{\mathrm{cs}}}\cos\big[(\omega_{\mathrm{j}} - \omega_{\mathrm{s}})t + \varphi_{\mathrm{j}}(t) - \varphi_{\mathrm{s}}(t)\big] -$$

$$\big[(\omega_{\mathrm{j}} - \omega_{\mathrm{s}})t + \varphi'_{\mathrm{j}}(t) - \varphi'_{\mathrm{s}}(t)\big]\Big[\frac{J(t)}{A_{\mathrm{cs}}}\Big]^2\cos 2\big[(\omega_{\mathrm{j}} - \omega_{\mathrm{s}})t + \varphi_{\mathrm{j}}(t) - \varphi_{\mathrm{s}}(t)\big]$$

$$(8-4-56)$$

由式(8-4-56)可见，第二项干扰的幅度随干扰与信号载频差 $|\omega_{\mathrm{j}} - \omega_{\mathrm{s}}|$ 的增加而增大，但随着载频差的增加，当使得输出干扰分量的频率超出鉴频器后面的滤波器带宽时，两项干扰中的部分分量将被低通滤波器抑制，所以在干扰 FM 系统时，干扰与信号载频差也不能太大。若干信载频差小于等于低通滤波器截止频率，则两项干扰中的部分分量，即载频差的倍频分量均被低通滤波器抑制，只有当干信载频差小于接收机中低通滤波器截止频率的一半时，倍频分量不被低通滤波器抑制，考虑到倍频分量的幅度与 $\Big[\frac{J(t)}{A_{\mathrm{cs}}}\Big]^2$ 成正比，当干扰幅度远小于信号幅度时，影响较小，因此，可以忽略该项功率，即选择干信载频差小于等于低通滤波器截止频率即可，$\Delta_{\mathrm{js}}\leqslant B_\omega$ 下面我们将分别讨论在施加不同干扰样式时，鉴频器输出干信比以及其与鉴频器输入干信比和接收机输入干信比之间的关系。这里设基带干扰调制信号为 $m_{\mathrm{j}}(t)$，通常，$m_{\mathrm{j}}(t)$ 多采用白噪声。

（1）采用调频干扰样式。调频干扰信号可表示为

$$j_{\mathrm{FM}} = A_{\mathrm{cj}}\cos\Big[\omega_{\mathrm{j}}t + k_{\mathrm{fj}}\int_{-\infty}^{t} m_{\mathrm{j}}(\tau)\mathrm{d}\tau\Big] = A_{\mathrm{cj}}\cos\big[\omega_{\mathrm{j}}t + \varphi_{\mathrm{j}}(t)\big] \qquad (8-4-57)$$

此时，干扰信号幅度固定不变，即 $J(t)=A^2_{\mathrm{cj}}$，则鉴频器输入端的干扰功率为

$$P_{\mathrm{ji}} = \frac{1}{2}\overline{J^2(t)} = \frac{1}{2}A^2_{\mathrm{cj}} \qquad (8-4-58)$$

输入干信比为

$$\frac{P_{ji}}{P_{si}} = \frac{\frac{1}{2}A_{cj}^2}{\frac{1}{2}A_{cs}^2} = \frac{A_{cj}^2}{A_{cs}^2} \tag{8-4-59}$$

又 $J'(t)=0$，则

$$P_{jo1} = 0 \tag{8-4-60}$$

$$s_{jo2}(t) \approx \left[(\omega_j - \omega_s) + k_{fj}m_j(t) - k_{fs}m_s(t)\right]\frac{A_{cj}}{A_{cs}}\cos M$$

$$= \frac{A_{cj}}{A_{cs}}\left[(\omega_j - \omega_s)\cos M + k_{fj}m_j(t)\cos M - k_{fs}m_s(t)\cos M\right] \tag{8-4-61}$$

$$p_{jo2} = \frac{A_{cj}^2}{A_{cs}^2}\left[\frac{1}{2}(\omega_j - \omega_s)^2 + \frac{1}{2}k_{fj}^2\overline{m_j^2(t)} + \frac{1}{2}k_{fs}^2\overline{m_s^2(t)}\right] \tag{8-4-62}$$

$$P_{jo} = P_{jo1} + P_{jo2} = \frac{A_{cj}^2}{A_{cs}^2}\left[\frac{1}{2}(\omega_j - \omega_s)^2 + \frac{1}{2}k_{fj}^2\overline{m_j^2(t)} + \frac{1}{2}k_{fs}^2\overline{m_s^2(t)}\right] \tag{8-4-63}$$

输出干信比为

$$\left(\frac{P_{jo}}{P_{so}}\right)_{FM} = \frac{1}{2}\left[\frac{(\omega_j - \omega_s)^2}{k_{fs}^2\overline{m_s^2(t)}} + \frac{k_{fj}^2\overline{m_j^2(t)}}{k_{fs}^2\overline{m_s^2(t)}} + 1\right]\frac{P_{ji}}{P_{si}} \tag{8-4-64}$$

当采用调频干扰样式干扰调频通信时，输出干信比正比于输入干信比，并且随干信载频差的平方而增大；同时，输出干信比随信号调频灵敏度（即频偏）的增大而减小，随干扰调频灵敏度的增大而增大，即信号频偏越大，调频通信系统的抗干扰性能越强；而增加干扰频偏可以提高对调频通信系统的干扰效果。但同时要考虑到，一般接收机的带宽主要取决于信号频偏，所以干扰频偏一般不宜大于信号频偏，以避免接收机接收通道对干扰的抑制。

（2）采用单频正弦波干扰样式。单频正弦波干扰信号可表示为

$$j_{cw}(t) = A_{cj}\cos\left[\omega_j t + \varphi_j\right] \tag{8-4-65}$$

此时，干扰信号幅度固定不定，即 $J(t)=A_{cj}$，$\varphi_j=0$，则鉴频器输入端干扰的功率为

$$P_{ji} = \frac{1}{2}\overline{J^2(t)} = \frac{1}{2}A_{cj}^2 \tag{8-4-66}$$

输入干信比为

$$\frac{P_{ji}}{P_{si}} = \frac{\frac{1}{2}A_{cj}^2}{\frac{1}{2}A_{cs}^2} = \frac{A_{cj}^2}{A_{cs}^2} \tag{8-4-67}$$

有 $J'(t)=0$，则

$$P_{jo1} = 0 \tag{8-4-68}$$

$$s_{jo2}(t) \approx \left[(\omega_j - \omega_s) - k_{fs}m_s(t)\right]\frac{A_{cj}}{A_{cs}}\cos M$$

$$= \frac{A_{cj}}{A_{cs}}\left[(\omega_j - \omega_s)\cos M - k_{fs}m_s(t)\cos M\right] \tag{8-4-69}$$

$$P_{jo2} = \frac{A_{cj}^2}{A_{cs}^2}\left[\frac{1}{2}(\omega_j - \omega_s)^2 + \frac{1}{2}k_{fs}^2\overline{m_s^2(t)}\right] \tag{8-4-70}$$

输出端的干扰功率为

$$P_{jo} = P_{jo1} + P_{jo2} = \frac{A^2_{cj}}{A^2_{cs}} \left[\frac{1}{2}(\omega_j - \omega_s)^2 + \frac{1}{2} k^2_{fs} \overline{m^2_s(t)} \right] \qquad (8-4-71)$$

输出干信比为

$$\left(\frac{P_{jo}}{P_{so}} \right)_{cw} = \frac{1}{2} \left[\frac{(\omega_j - \omega_s)^2}{k^2_{fs} \overline{m^2_s(t)}} + 1 \right] \frac{P_{ji}}{P_{si}} \qquad (8-4-72)$$

（3）采用调幅干扰样式。调幅干扰信号可表示为

$$j_{AM}(t) = [A_{cj} + m_j(t)] \cos(\omega_j t + \varphi_j) \qquad (8-4-73)$$

其中，A_{cj} 为载波幅度，$J(t) = A_{cj} + m_j(t)$，$\varphi'_j = 0$，则鉴频器输入端的干扰功率为

$$P_{ji} = \frac{1}{2} \overline{J^2(t)} = \frac{1}{2} A^2_{cj} + \frac{1}{2} \overline{m^2_j(t)} \qquad (8-4-74)$$

输入干信比为

$$\frac{P_{ji}}{P_{si}} = \frac{A^2_{cj} + \overline{m^2_j(t)}}{A^2_{cs}} \qquad (8-4-75)$$

因为

$$J'(t) = m'_j(t) \qquad (8-4-76)$$

所以

$$s_{jo1}(t) = \frac{m'_j(t)}{A_{cs}} \left[\sin M - \frac{J(t)}{A_{cs}} \sin 2M \right] \approx \frac{m'_j(t)}{A_{cs}} \sin M \qquad (8-4-77)$$

则

$$P_{jo1} = \frac{\overline{m'_j(t)^2}}{2A^2_{cs}} \qquad (8-4-78)$$

$$s_{jo2}(t) \approx \left[(\omega_j - \omega_s) - k_{fs} m_s(t) \right] \frac{A_{cj} + m_j(t)}{A_{cs}} \cos M$$

$$= \frac{A_{ci} + m_j(t)}{A_{cs}} \left[(\omega_j - \omega_s) \cos M - k_{fs} m_s(t) \cos M \right] \qquad (8-4-79)$$

$$P_{jo2} = \frac{A^2_{cj} + \overline{m^2_j(t)}}{A^2_{cs}} \left[\frac{1}{2}(\omega_j - \omega_s)^2 + \frac{1}{2} k^2_{fs} \overline{m^2_s(t)} \right] \qquad (8-4-80)$$

输出端的干扰功率为

$$P_{jo} = P_{jo1} + P_{jo2} = \frac{\overline{m^2_j(t)}}{2A^2_{cs}} + \frac{A^2_{cj} + \overline{m^2_j(t)}}{A^2_{cs}} \left[\frac{1}{2}(\omega_j - \omega_s)^2 + \frac{1}{2} k^2_{fs} \overline{m^2_s(t)} \right]$$

$$(8-4-81)$$

输出干信比为

$$\left(\frac{P_{jo}}{P_{so}} \right)_{AM} = \frac{1}{2} \left\{ \frac{(\omega_j - \omega_s)^2}{k^2_{fs} \overline{m^2_s(t)}} + \frac{\overline{m'_j(t)^2}}{k^2_{fs} \overline{m^2_s(t)} [A^2_{cj} + \overline{m^2_j(t)}]} + 1 \right\} \frac{P_{ji}}{P_{si}} \qquad (8-4-82)$$

（4）采用双边带调幅干扰样式。双边带调幅干扰信号为

$$j_{DSB}(t) = A_{cj} m_j(t) \cos(\omega_j t + \varphi_j) \qquad (8-4-83)$$

同样，$j'(t) = A_{cj} m'_j(t)$，$\varphi'_j = 0$，则鉴频器输入端的干扰功率为

$$P_{ji} = \frac{1}{2} \overline{J^2(t)} = \frac{1}{2} A^2_{cj} \overline{m^2_j(t)} \qquad (8-4-84)$$

输入干信比为

$$\frac{P_{ji}}{P_{si}} = \frac{A_{cj}^2}{A_{cs}^2} m_j^2(t) \qquad (8-4-85)$$

因为

$$s_{jo1}(t) = \frac{A_{cj} m'_j(t)}{A_{cs}} \left[\sin M - \frac{J(t)}{A_{cs}} \sin 2M \right] \approx \frac{A_{cj} m'_j(t)}{A_{cs}} \sin M \qquad (8-4-86)$$

则

$$P_{jo1} = \frac{A_{cj}^2}{2 A_{cs}^2} \overline{m'_j(t)^2} \qquad (8-4-87)$$

$$s_{jo2}(t) \approx \left[(\omega_j - \omega_s) - k_{fs} m_s(t) \right] \frac{A_{cj} m_j(t)}{A_{cs}} \cos M$$

$$= \frac{A_{cj} m_j(t)}{A_{cs}} \{ (\omega_j - \omega_s) \cos M - k_{fs} m_s(t) \cos M \} \qquad (8-4-88)$$

$$P_{jo2} = \frac{A_{cj}^2}{A_{cs}^2} \overline{m_j^2(t)} \left[\frac{1}{2} (\omega_j - \omega_s)^2 + \frac{1}{2} k_{fs}^2 \overline{m_s^2(t)} \right] \qquad (8-4-89)$$

输出的端干扰功率为

$$P_{jo} = P_{jo1} + P_{jo2} = \frac{A_{cj}^2}{2 A_{cs}^2} \overline{[m'_j(t)^2]^2} + \frac{A_{cj}^2}{A_{cs}^2} \overline{m_j^2(t)} \left[\frac{1}{2} (\omega_j - \omega_s)^2 + \frac{1}{2} k_{fs}^2 \overline{m_s^2(t)} \right]$$

$$(8-4-90)$$

输出干信比为

$$\left(\frac{P_{jo}}{P_{so}} \right)_{DSB} = \frac{1}{2} \left[\frac{(\omega_j - \omega_s)^2}{k_{fs}^2 \overline{m_s^2(t)}} + \frac{\overline{[m'_j(t)^2]^2}}{k_{fs}^2 \overline{m_s^2(t)} \, \overline{m_j^2(t)}} + 1 \right] \frac{P_{ji}}{P_{si}} \qquad (8-4-91)$$

2) 大干扰情况

当信号幅度小于干扰幅度时，即 $A_{cs} \ll J(t)$，合成信号可表示为

$$s_i(t) = s_{FM}(t) + j(t) = A_{cs} \cos[\omega_s t + \varphi_s(t)] + J(t) \cos[\omega_j t + \varphi_j(t)]$$

$$= \{ J(t) + A_{cs} \cos[(\omega_s - \omega_j)t + \varphi_s(t) - \varphi_j(t)] \cos[\omega_j t + \varphi_j(t)] \} -$$

$$A_{cs} \sin[(\omega_s - \omega_j)t + \varphi_s(t) - \varphi_j(t)] \sin[\omega_j t + \varphi_j(t)]$$

$$= R_j(t) \cos[\omega_j t + \varphi_j(t) + \theta_j(t)] \qquad (8-4-92)$$

$$R_j(t) = \{ J(t)^2 + A_{cs}^2 + 2 A_{cs} J(t) \cos[(\omega_s - \omega_j)t + \varphi_s(t) - \varphi_j(t)] \}^{1/2} \qquad (8-4-93)$$

$$\theta_j(t) = \arctan \frac{A_{cs} \sin[(\omega_s - \omega_j)t + \varphi_s(t) - \varphi_j(t)]}{J(t) + A_{cs} \cos[(\omega_s - \omega_j)t + \varphi_s(t) - \varphi_j(t)]} \qquad (8-4-94)$$

当鉴频器增益为 1 时，鉴频器的输出为

$$s_o(t) = \varphi'_j(t) + \theta'_j(t)$$

$$= \varphi'_j(t) + \frac{[\omega_s - \omega_j + k_{fs} m_s(t) - \varphi'_j(t)] \{ A_{cs} J(t) \sin[(\omega_s - \omega_j)t + \varphi_s(t) - \varphi_j(t)] + A_{cs}^2 \}}{J^2(t) + A_{cs}^2 + 2 A_{cs} J(t) \cos[(\omega_s - \omega_j)t + \varphi_s(t) - \varphi_j(t)]}$$

$$(8-4-95)$$

由此可见，在干扰远大于信号的情况下，鉴频器的输出中已没有独立的信号项，这是由于大干扰的作用，鉴频器会把有用信号扰乱成无用的干扰。这就是"门限效应"，这种门限效应是由鉴频器的非线性解调作用引起的，输出中全部都是干扰，此时，干扰已大到足以使接收机对干扰而不是对信号有所反应，我们称干扰完全压制了信号。

2. 分析和比较

1) 解调器输入干信比相同

针对调频通信采用调频干扰样式、单频正弦波干扰样式、调幅干扰样式和双边带干扰样式的输出干信比分别为式(8-4-64)、式(8-4-72)、式(8-4-82)和式(8-4-91)，在到达接收机解调器输入干信比相同的条件下(干扰信号带宽小于等于信号带宽)，进行仿真比较。图8-4-10所示的是信号和干扰都是单音调制且载频差等于0的情况下输出干信比与解调器输入干信比的关系曲线。其中，图8-4-10(a)是干扰带宽小于调频信号带宽的情况(即宽带调频信号、窄带干扰)，图8-4-10(b)是干扰带宽与调频信号带宽相同的情况。

由图8-4-10(a)可见：在干信载频差等于0且干扰带宽小于调频信号带宽的情况下，四种干扰样式对调频通信的干扰效果基本相同。

比较图8-4-10(a)、(b)可见：在干信载频差等于0时，采用与调频信号带宽相接近的调频干扰样式的干扰效果明显优于其他几种干扰。

值得注意的是，由于单频正弦波干扰在时域上的规则性，很容易被对方发觉，采用抵消法即可消除，并且不能带来更高的输出干信比，所以实际中很少采用。

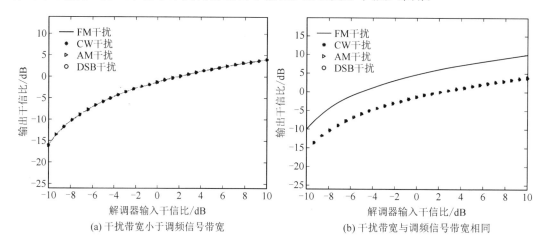

(a) 干扰带宽小于调频信号带宽　　　　　(b) 干扰带宽与调频信号带宽相同

图8-4-10　信号和干扰都是单音调制且载频差等于0的情况下输出干信比与解调器输入干信比的关系曲线

图8-4-11所示的是信号和干扰都是单音调制且载频差不等于0的情况下输出干信比与解调器输入干信比的关系曲线。其中，图8-4-11(a)是信号为窄带调频的情况，图8-4-11(b)是信号为宽带调频的情况。

由于输出干信比与载频差的平方成正比，因此，在载频差不等于0时，输出干信比随着载频差的增大而增大，但实际上，在不同条件下，干扰效果的改善程度并不相同。由图8-4-11(a)可见，对于窄带调频信号，输出干信比明显增大，但由图8-4-11(b)可见，对于宽带调频信号，输出干信比的增大并不明显，一方面说明了随着调频信号调频指数(即带宽)的增加，调频信号的抗干扰性能明显增加；另一方面说明了对于宽带调频信号，一定的干信载频差对干扰效果的影响不大，需要注意的是，载频差的存在会导致带通滤波系数增加、干扰功率利用率降低，而且要保证干信载频差小于等于鉴频器后面的低通滤波器截止频率，所以载频差也不能太大。

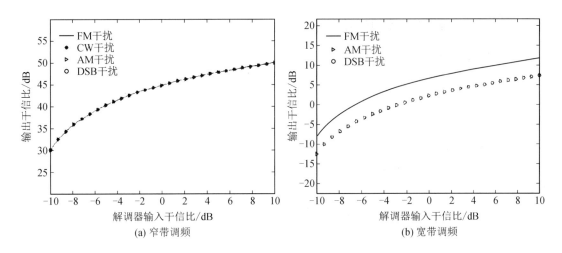

(a) 窄带调频　　　　　　　　　　　　(b) 宽带调频

图 8 - 4 - 11　信号和干扰都是单音调制且载频差不等于 0 的情况下输出干信比与解调器输入干信比的关系曲线

2) 接收机输入干信比相同

设到达接收机输入端的干扰信号功率为 P_j，则到达解调器输入端的干扰信号功率 $P_{ji} = \xi P_j$ 取决于解调器前接收通道对干扰信号的滤波情况，即带通滤波系数 ξ 的大小，$P_{ji} = \xi P_j$。在实际中，到达接收机输入干信比相同的条件下，根据解调器前接收通道的带宽、干扰信号的带宽以及干信载频差的大小，来分别考虑检波器前接收通道对各种干扰信号的滤波情况，计算 ξ 后，重新进行输出干信比的比较。根据 ξ 的类别可分别表示为

$$\left(\frac{P_{jo}}{P_{so}}\right)_{FM} = \frac{\xi_{FM}}{2}\left[\frac{(\omega_j - \omega_s)^2}{k_{fs}^2 \overline{m_s^2(t)}} + \frac{k_{fj}^2}{k_{fs}^2}\frac{\overline{m_j^2(t)}}{\overline{m_s^2(t)}} + 1\right]\frac{P_j}{P_s} \tag{8-4-96}$$

$$\left(\frac{P_{jo}}{P_{so}}\right)_{AM} = \frac{\xi_{AM}}{2}\left\{\frac{(\omega_j - \omega_s)^2}{k_{fs}^2 \overline{m_s^2(t)}} + \frac{\overline{m_j'(t)^2}}{k_{fs}^2 \overline{m_s^2(t)}\left[A_{cj}^2 + \overline{m_j^2(t)}\right]} + 1\right\}\frac{P_j}{P_s} \tag{8-4-97}$$

$$\left(\frac{P_{jo}}{P_{so}}\right)_{DSB} = \frac{\xi_{DSB}}{2}\left[\frac{(\omega_j - \omega_s)^2}{k_{fs}^2 \overline{m_s^2(t)}} + \frac{\overline{m_j'(t)^2}}{k_{fs}^2 \overline{m_s^2(t)} + \overline{m_j^2(t)}} + 1\right]\frac{P_j}{P_s} \tag{8-4-98}$$

3) 接收机输入峰值干信比相同

考虑到不同干扰信号的峰值因数不同，在到达接收机输入峰值干信比相同的条件下，则输出干信比分别为

$$\left(\frac{P_{jo}}{P_{so}}\right)_{FM} = \frac{\xi_{FM}}{2}\left[\frac{(\omega_j - \omega_s)^2}{k_{fs}^2 \overline{m_s^2(t)}} + \frac{k_{fi}^2}{k_{fs}^2}\frac{\overline{m_j^2(t)}}{\overline{m_s^2(t)}} + 1\right]\frac{P_{jm}}{P_{sm}}\frac{\alpha_{sFM}^2}{\alpha_{jAM}^2} \tag{8-4-99}$$

$$\left(\frac{P_{jo}}{P_{so}}\right)_{AM} = \frac{\xi_{AM}}{2}\left\{\frac{(\omega_j - \omega_s)^2}{k_{fs}^2 \overline{m_s^2(t)}} + \frac{\overline{m_j'(t)^2}}{k_{fs}^2 \overline{m_s^2(t)}\left[A_{cj}^2 + \overline{m_j^2(t)}\right]} + 1\right\}\frac{P_{jm}}{P_{sm}}\frac{\alpha_{sFM}^2}{\alpha_{jAM}^2}$$

$$\tag{8-4-100}$$

$$\left(\frac{P_{jo}}{P_{so}}\right)_{DSB} = \frac{\xi_{DSB}}{2}\left\{\frac{(\omega_j - \omega_s)^2}{k_{fs}^2 \overline{m_s^2(t)}} + \frac{\overline{m_j'(t)^2}}{k_{fs}^2 \overline{m_s^2(t)}\left[\overline{m_j^2(t)}\right]} + 1\right\}\frac{P_{jm}}{P_{sm}}\frac{\alpha_{sFM}^2}{\alpha_{jAM}^2} \tag{8-4-101}$$

同样，由于调频信号的峰值因数最小，在干扰发射机峰值功率一定的情况下，采用 FM 干扰的功率利用率最高，干扰效果最好。

8.4.3　对 SSB 通信信号的干扰

设 SSB 信号为

$$s_{\mathrm{SSB}}(t) = m_{\mathrm{s}}(t)\cos\omega_{\mathrm{c}}t \mp \hat{m}_{\mathrm{s}}(t)\sin\omega_{\mathrm{c}}t \qquad (8-4-102)$$

其中，$m_{\mathrm{s}}(t)$ 为基带调制信号；$\hat{m}_{\mathrm{s}}(t)$ 为 $m_{\mathrm{s}}(t)$ 的正交分量；"－"和"＋"号分别表示上、下边带。干扰信号的表达式如式(8－4－3)所示。

1. 采用相干解调的输出干信比

对单边带信号通常采用相干解调，其干扰效果分析的模型框图如图 8－4－12 所示。解调器输入端的信号功率为

$$P_{\mathrm{si}} = \overline{s_{\mathrm{SSB}}^2(t)} = \overline{\left[m_{\mathrm{s}}(t)\cos\omega_{\mathrm{c}}t \mp \hat{m}_{\mathrm{s}}(t)\sin\omega_{\mathrm{c}}t \right]^2}$$

$$= \frac{1}{2}\,\overline{m_{\mathrm{s}}^2(t)} + \frac{1}{2}\,\overline{\left[\hat{m}_{\mathrm{s}}(t) \right]^2} = \overline{m_{\mathrm{s}}^2(t)} \qquad (8-4-103)$$

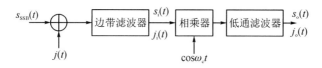

图 8－4－12　对 SSB 通信干扰效果分析的模型框图

解调器输入端的干扰功率为

$$P_{\mathrm{ji}} = \overline{j^2(t)} = \overline{\{ J(t)\cos[\omega_{\mathrm{j}}t + \varphi_{\mathrm{j}}(t)] \}^2} = \frac{1}{2}J^2(t) \qquad (8-4-104)$$

作用到解调器输入端的为信号与干扰之和，即

$$
\begin{aligned}
u_{\mathrm{i}}(t) &= s_{\mathrm{SSB}}(t) + j_{\mathrm{i}}(t) \\
&= m_{\mathrm{s}}(t)\cos\omega_{\mathrm{c}}t \mp \hat{m}_{\mathrm{s}}(t)\sin\omega_{\mathrm{c}}t + J(t)\cos[\omega_{\mathrm{j}}t + \varphi_{\mathrm{j}}(t)] \\
&= \{ m_{\mathrm{s}}(t) + J(t)\cos[(\omega_{\mathrm{j}} - \omega_{\mathrm{c}})t + \varphi_{\mathrm{j}}(t)] \}\cos\omega_{\mathrm{c}}t \\
&\quad \mp \{ \hat{m}_{\mathrm{s}}(t) + J(t)\sin[(\omega_{\mathrm{j}} - \omega_{\mathrm{c}})t + \varphi_{\mathrm{j}}(t)] \}\sin\omega_{\mathrm{c}}t \qquad (8-4-105)
\end{aligned}
$$

在解调器中与本地载波 $\cos\omega_{\mathrm{c}}t$ 相乘，可得

$$u_{\mathrm{i}}(t)\cos\omega_{\mathrm{c}}t = \frac{1}{2}\{ m_{\mathrm{s}}(t) + J(t)\cos[(\omega_{\mathrm{j}} - \omega_{\mathrm{c}})t + \varphi_{\mathrm{j}}(t)] \}(1 + \cos 2\omega_{\mathrm{c}}t)$$

$$\mp \frac{1}{2}\{ \hat{m}_{\mathrm{s}}(t) + J(t)\sin[(\omega_{\mathrm{j}} - \omega_{\mathrm{c}})t + \varphi_{\mathrm{j}}(t)] \}\sin 2\omega_{\mathrm{c}}t \qquad (8-4-106)$$

经低通滤波器后输出为

$$s_{\mathrm{o}}(t) = \frac{1}{2}m_{\mathrm{s}}(t) + \frac{1}{2}J(t)\cos[(\omega_{\mathrm{j}} - \omega_{\mathrm{c}})t + \varphi_{\mathrm{j}}(t)] \qquad (8-4-107)$$

式中，第一项为信号项；第二项为干扰项。

输出端的信号功率为

$$P_{\mathrm{so}} = \left[\frac{1}{2}m_{\mathrm{s}}(t) \right]^2 = \frac{1}{4}\,\overline{m_{\mathrm{s}}^2(t)} \qquad (8-4-108)$$

输出端的干扰功率为

$$P_{\mathrm{jo}} = \overline{\left\langle \frac{1}{2}J(t)\cos[(\omega_{\mathrm{j}} - \omega_{\mathrm{c}})t + \varphi_{\mathrm{j}}(t)] \right\rangle^2} = \frac{1}{8}\,\overline{J^2(t)} \qquad (8-4-109)$$

所以，输出干信比为

$$\frac{P_{\mathrm{jo}}}{P_{\mathrm{so}}} = \frac{\frac{1}{8}\overline{J^2(t)}}{\frac{1}{4}\overline{m_{\mathrm{s}}^2(t)}} = \frac{1}{2}\frac{\overline{J^2(t)}}{\overline{m_{\mathrm{s}}^2(t)}} \tag{8-4-110}$$

由式(8-4-103)和式(8-4-104)可得解调器的输入干信比为

$$\frac{P_{\mathrm{ji}}}{P_{\mathrm{si}}} = \frac{\frac{1}{2}\overline{J^2(t)}}{\overline{m_{\mathrm{s}}^2(t)}} = \frac{1}{2}\frac{\overline{J^2(t)}}{\overline{m_{\mathrm{s}}^2(t)}} \tag{8-4-111}$$

比较式(8-4-110)和式(8-4-111)，可得

$$\frac{P_{\mathrm{jo}}}{P_{\mathrm{so}}} = \frac{P_{\mathrm{ji}}}{P_{\mathrm{si}}} \tag{8-4-112}$$

解调器的输出干信比等于解调器的输入干信比，说明了在解调器输入干信比相同的情况下，采用任何干扰样式的解调器输出干信比都相同，因此，对 SSB 信号的干扰效果相同。

2. 分析和比较

虽然解调器的输出干信比等于解调器输入干信比，但 SSB 信号相干解调器前带通滤波器的作用是非常重要的。在到达接收机输入干信比相同的条件下，由于不同干扰样式的时域、频谱特点都不相同，必然导致经过带通滤波器后的解调器输入干信比不同，这时，干扰效果也不相同。在单边带通信的相干解调中，带通滤波器的作用同样是选择信号、抑制干扰，因此其带宽很窄，对干扰信号功率的抑制可能很大，显然，只有落入边带滤波器的干扰分量才能对信号产生干扰。设到达接收机输入端的信号功率为 P_{s}，干扰信号功率为 P_{j}，通常 $P_{\mathrm{si}}\approx P_{\mathrm{s}}$，但 $P_{\mathrm{ji}}=\xi P_{\mathrm{j}}$，则

$$\frac{P_{\mathrm{jo}}}{P_{\mathrm{so}}} = \xi\frac{P_{\mathrm{j}}}{P_{\mathrm{s}}} \tag{8-4-113}$$

对于一般的模拟调制信号，载频都在信号的频谱中心，载频差可以反映干扰与信号在频域上的重合程度，在通常情况下，载频差越小，频谱重合程度越高。而对于 SSB 信号就不是这样了，其载频低于信号的所有频率分量(上边带 USB 信号)或高于信号的所有频率分量(下边带 LSB 信号)。因此，载频差为 0，即在干扰载频瞄准 SSB 信号的载频时，频谱重合程度不高，而载频差增大到干扰载频瞄准 SSB 信号的频谱中心时，频谱重合程度反而是最高的。下面进行具体分析，设干扰的基带调制信号为 $m_{\mathrm{j}}(t)$，通常 $m_{\mathrm{j}}(t)$ 多采用均匀分布的白噪声。

1) 干信载频差为 0

干信载频差为 0 是指干扰载频瞄准 SSB 信号载频的情况。对 SSB 信号进行相干解调，需要获取相干载波干扰方一旦获得了 SSB 信号的载波，就可以引导干扰信号的载频瞄准 SSB 信号的载频实施干扰了。以上边带信号为例，信号频谱如图 8-4-13(a)所示。信号带宽为 B_{s}，通常 $B_{\mathrm{p}}\approx B_{\mathrm{s}}$，当干扰的载频对准信号的载频时，由于边带滤波器的作用，不同样式、不同带宽的干扰信号，ξ 不同，干扰效果各不相同。

对于调幅干扰样式，有

$$P_{\mathrm{ji}} \geqslant \frac{P_{\mathrm{j}}}{2}\frac{B_{\mathrm{p}}}{B_{\mathrm{j}}/2} = \frac{\overline{m_{\mathrm{j}}^2(t)}}{[A_{\mathrm{cj}}^2+m_{\mathrm{j}}^2(t)]}\frac{B_{\mathrm{p}}}{B_{\mathrm{j}}}P_{\mathrm{j}} \tag{8-4-114}$$

$$\xi_{\mathrm{AM}} = \frac{\overline{m_{\mathrm{j}}^2(t)}}{\left[A_{\mathrm{cj}}^2 + \overline{m_{\mathrm{j}}^2(t)}\right]} \frac{B_{\mathrm{p}}}{B_{\mathrm{j}}} \qquad (8-4-115)$$

对于调频干扰样式，有

$$P_{\mathrm{ji}} = \frac{P_{\mathrm{j}}}{2} \frac{B_{\mathrm{p}}}{B_{\mathrm{j}}/2} \qquad (8-4-116)$$

$$\xi_{\mathrm{FM}} = \frac{B_{\mathrm{p}}}{B_{\mathrm{j}}} \qquad (8-4-117)$$

对于单边带干扰样式，干扰与信号的频谱关系有以下两种情况：

（1）第一种情况是干扰与信号同为上边带或同为下边带的情况，如图 8-4-13(d)所示。边带滤波器的输出端干扰功率为

$$P_{\mathrm{ji}} = \frac{B_{\mathrm{p}}}{B_{\mathrm{j}}} P_{\mathrm{j}} \qquad (8-4-118)$$

$$\xi_{\mathrm{SSB}} = \frac{B_{\mathrm{p}}}{B_{\mathrm{j}}} \qquad (8-4-119)$$

（2）第二种情况是干扰为上边带、信号是下边带，或者干扰为下边带、信号是上边带的情况，如图 8-4-13(e)所示。边带滤波器的输出干扰功率为 0，$\xi_{\mathrm{SSB}} = 0$。

显然，在采用 SSB 干扰样式干扰 SSB 信号时，干扰信号的边带应与被干扰信号的边带相同。这就要求侦察不仅要获得被干扰信号的载频，而且要知道该信号是上边带还是下边带。

例如，干扰调制信号为单频正弦波、干扰的调制信号带宽等于目标信号的带宽、调幅干扰的调幅度为 1、调频干扰为窄带调频，当干信载频差为 0 时，有 $\xi_{\mathrm{AM}} = \dfrac{1}{6}$，$\xi_{\mathrm{FM}} = \dfrac{1}{2}$，$\xi_{\mathrm{SSB}} = 1$。调幅干扰的大部分干扰能量被边带滤波器抑制，干扰效率很低，此时，同为上边带或下边带的单边带干扰的干扰效果最好，调频干扰次之，调幅干扰最差。

2）干扰频谱中心瞄准信号频谱中心

当干信载频差不为 0 时，ξ 的大小与干扰信号的带宽、干扰载频的偏离方向以及偏离大小有关。若干扰信号的载频向单边带信号的频谱中心偏离，当偏离量 $\Delta f_{\mathrm{js}} = \dfrac{B_{\mathrm{s}}}{2}$ 时，干扰信号的载频就瞄准了 SSB 信号频谱中心，对于信号载频就是频谱中心的调幅、调频干扰样式来说，就等同于干扰的频谱中心瞄准了信号的频谱中心，而对于 SSB 干扰样式而言，SSB 干扰样式的频谱中心对准 SSB 信号的频谱中心，相当于载频差为 0、干扰与信号同为上边带或下边带的情况。仍以上边带信号为例，信号频谱如图 8-4-14(a)所示。信号带宽为 B_{s}，通常 $B_{\mathrm{p}} \approx B_{\mathrm{s}}$。下面只给出了当干扰频谱中心瞄准信号频谱中心时边带滤波器对各种干扰信号的抑制情况，并比较干扰效果。

对于调幅干扰样式，调幅干扰的频谱如图 8-4-14(b)所示。显然，调幅干扰的载波不被抑制，上、下边带被抑制的情况与干扰信号的带宽有关，经边带滤波器后的干扰功率为

$$P_{\mathrm{ji}} = P_{\mathrm{jc}} + P_{\mathrm{jb}} \frac{B_{\mathrm{p}}}{B_{\mathrm{j}}} = \left\{ \frac{A_{\mathrm{cj}}^2}{A_{\mathrm{cj}}^2 + \overline{m_{\mathrm{j}}^2(t)}} + \frac{\overline{m_{\mathrm{j}}^2(t)}}{\left[A_{\mathrm{cj}}^2 + \overline{m_{\mathrm{j}}^2(t)}\right]} \frac{B_{\mathrm{p}}}{B_{\mathrm{j}}} \right\} p_{\mathrm{j}}$$

$$\xi_{\mathrm{AM}} = \frac{A_{\mathrm{cj}}^2}{A_{\mathrm{cj}}^2 + \overline{m_{\mathrm{j}}^2(t)}} + \frac{\overline{m_{\mathrm{j}}^2(t)}}{\left[A_{\mathrm{cj}}^2 + \overline{m_{\mathrm{j}}^2(t)}\right]} \frac{B_{\mathrm{p}}}{B_{\mathrm{j}}}$$

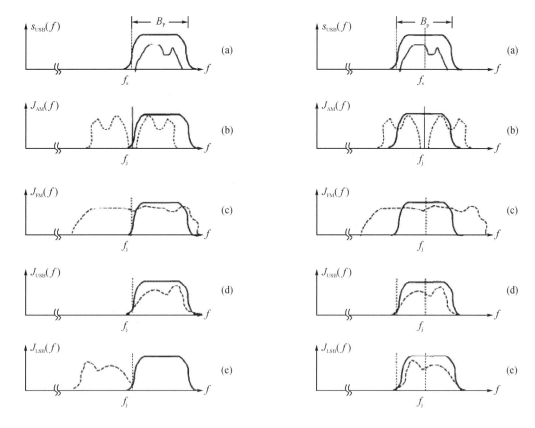

图 8 - 4 - 13　载频差为 0 时的频谱示意图　　　图 8 - 4 - 14　载频差不为 0 时的频谱示意图

对于调频干扰样式，调频干扰的频谱如图 8 - 4 - 14(c) 所示。则边带滤波器的输出干扰功率为

$$P_{ji} = \frac{B_P}{B_j} P_j \qquad (8 - 4 - 120)$$

$$\xi_{FM} = \frac{B_P}{B_j} \qquad (8 - 4 - 121)$$

对于单边带干扰样式，如图 8 - 4 - 14(d)、(e) 所示。干扰效果与载频差为 0，并且干扰与信号同为上边带或下边带的情况完全相同，此时，不仅边带滤波器的输出干扰功率与式(8 - 4 - 118) 相同，而且不需要侦察获取目标信号的载频和边带特点，是一种简单有效的干扰方案。

例如，设干扰调制信号为单频正弦波、干扰的调制信号带宽等于目标信号的带宽、调幅干扰的调幅度为 1、调频干扰为窄带调频，当干扰频谱中心瞄准信号频谱中心时，有 $\xi_{AM} = \frac{5}{6}$，$\xi_{FM} = \frac{1}{2}$，$\xi_{SSB} = 1$。此时，采用单边带干扰样式的干扰效果最好，调幅干扰次之，调频干扰最差。

以上分析可见：无论是从干扰效果、还是从实现难度的角度考虑，干扰频谱中心瞄准信号频谱中心的情况都优于干扰载频瞄准信号载频的情况，尤其是调幅干扰样式的干扰效率明显提高。

同样，考虑到调频信号的峰值因数最小，在干扰发射机峰值功率一定的情况下，仍然是采用 FM 干扰的输出干信比最高，干扰效果最好。

8.5　对数字通信信号的干扰技术

8.5.1　对 2ASK 通信信号的干扰

二进制振幅键控（2ASK）信号是由数字终端设备发出的二进制符号"1""0"控制载波有、无的一种信号。其数学表达式为

$$u_s(t) = \begin{cases} u_s\cos\omega_s t, & \text{发"1"码} \\ 0, & \text{发"0"码} \end{cases} \qquad (8-5-1)$$

由于信号仅有载波有或无两种状态，所以 2ASK 信号又称为通断键控（OOK）信号。其波形如图 8-5-1 所示。发"1"码时有信号称为传号，发"0"码时无信号称为空号。2ASK 信号是数字调制信号中出现最早、最简单的信号。它的解调可采用相干解调或非相干解调，由于其非相干解调电路简单而被广泛应用。在实际中，人工莫尔斯电报就是一种常见的 2ASK 信号。对莫尔斯电报的解调，一般多采用差拍检波，以便人工收听。

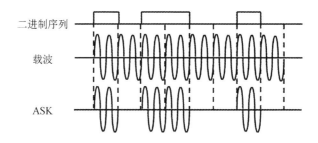

图 8-5-1　2ASK 信号的波形图

1. 单频正弦波干扰

首先我们来看一下，采用与 2ASK 信号载波频率相等的单频正弦波对 2ASK 信号的干扰。为了判别是传号还是空号，首先给出判别的准则，设接收采用择大判决准则，即当接收到的信号电平大于某一门限电平时判别为传号（即 1），小于这一门限则判别为空号（即 0）。设干扰为

$$u_j(t) = U_j\cos(\omega_j t + \varphi_j) \qquad (8-5-2)$$

其中，$\omega_j = \omega_s$。

选择干扰振幅 U_j 作为判决门限电平，当收到的信号幅度 U_s 大于 U_j 时，为传号；当小于或等于 U_j 时，为空号。在此条件下分析正弦波对 2ASK 的干扰。

首先看 2ASK 信号发空号的情况，此时信号为 0，接收到的仅仅是干扰，以干扰振幅为门限，则接收判为空号，可以正确接收，此时的误码率为

$$P(1/0) = 0 \qquad (8-5-3)$$

2ASK 信号为传号时的情况就要复杂一些了,此时接收到的信号是干扰与信号的合成。因为 $\omega_j = \omega_s$,所以合成矢量(简称合成矢)是干扰矢量(简称干扰矢)与信号矢量(简称信号矢)的矢量和。借助于矢量图,设信号矢量为 **OA**,干扰矢量为 **OJ**,则合成矢量 **OR = OA + OJ**,如图 8-5-2 所示。由判决准则,当 |**OR**| ≤ |**OJ**| 时,将产生错判,接收端会将传号误判为空号。由图 8-5-2 可知,只有在图中上、下两圆相交时才有产生错判的可能。当 $U_j < \dfrac{U_s}{2}$ 时,即当干扰信号的幅度小于 2ASK 信号幅度的一半时,图 8-5-2 中上、下两圆不相交,所以无误码发生,则此时的误码率为

$$P(0/1) = 0 \quad \left(U_j < \frac{U_s}{2}\right) \tag{8-5-4}$$

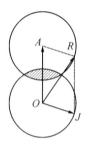

图 8-5-2　传号时的合成矢量图

当 $U_j \geqslant \dfrac{U_s}{2}$ 时,图 8-5-2 中上、下两圆相交,将有可能产生误码。一般 2ASK 为传号时,载波的相位是随机的,所以干扰与信号的相位差也是随机的。若考虑信道随机衰落对干扰的影响,即干扰的幅度在 0 到最大值 |**OJ**| 之间随机取值,于是,合成矢量的终端(合成矢矢端)将随机地落在图 8-5-2 中上面那个以 A 为圆心、AR 为半径的圆内,则误码将发生在两圆相交重叠的阴影区内。所以此时的错误接收概率为图 8-5-2 中阴影区的面积 S' 与上面圆的面积 S 之比,即

$$P(0/1) = \frac{S'}{S} = \frac{2}{\pi}\left[\arccos\frac{U_s}{2U_j} - \frac{U_s}{2U_j}\sqrt{1 - \left(\frac{U_s}{2U_j}\right)^2}\right] \quad \left(U_j \geqslant \frac{U_s}{2}\right) \tag{8-5-5}$$

根据编码原则,一般数字通信中的传号、空号的概率相等,则总的错误接收概率为

$$P_e = \frac{1}{2}P(1/0) + \frac{1}{2}P(0/1) = \begin{cases} 0 & \left(U_j < \dfrac{U_s}{2}\right) \\[2mm] \dfrac{1}{\pi}\left[\arccos\dfrac{U_s}{2U_j} - \dfrac{U_s}{2U_j}\sqrt{1 - \left(\dfrac{U_s}{2U_j}\right)^2}\right] & \left(U_j \geqslant \dfrac{U_s}{2}\right) \end{cases}$$

$$\tag{8-5-6}$$

式(8-5-6)仅考虑了信道衰落对干扰的影响,而忽略了对信号的影响。当考虑信道衰落对 2ASK 信号的影响时,错误接收概率只可能比式(8-5-6)更高,所以对干扰来说,这种忽略是可以的。若不考虑信道衰落对干扰的影响,则当 $U_j \geqslant \dfrac{U_s}{2}$ 时,传号时合成矢量的终端将随机地落到图 8-5-2 中靠上面那个圆的圆周上,而错码将发生在两圆相交的下弧线

上。此时的错误接收概率为

$$P_e = \begin{cases} 0, & U_j < \dfrac{U_s}{2} \\ \dfrac{1}{2\pi}\arccos\dfrac{U_s}{2U_j}, & U_j \geqslant \dfrac{U_s}{2} \end{cases} \qquad (8-5-7)$$

式(8-5-7)为不考虑信道衰落影响时的错误接收概率。

　　无论是式(8-5-6)还是式(8-5-7)，都是在以干扰可能达到的最大幅度为判别准则下得到的。由此不难看出，欲使干扰奏效，干扰幅度必须大于信号幅度的一半。应当指出的是，判别准则不同，则干扰带来的错误接收概率也不同。

2. 随机振幅键控干扰

　　随机振幅键控干扰有与式(8-5-1)的 2ASK 信号相同的信号表达式，也可把它称为 2ASK 干扰。同样以干扰的最大幅度为判别传号、空号的门限。

　　当 2ASK 信号发空号时，若干扰也为空号，则接收的一定是零电平，此时肯定是正确接收，错误接收概率 $P(1/0)_0 = 0$。

　　当信号为空号，而干扰为传号时，接收到的仅仅是干扰。由于判别准则是大于干扰的幅度为传号，所以此时也不可能产生错判，$P(1/0)_1 = 0$。

　　当信号为传号，而干扰为空号时，此时虽无干扰存在，但判决门限电平 U_j 是固定的，因受信道衰落的影响，信号幅度会随机起伏。若 $U_s > U_j$，判为传号是正确的；若 $U_s \leqslant U_j$，则把传号误判为空号。故在这种情况下的错误接收概率为

$$P(0/1)_0 = \begin{cases} 0 & U_j < U_s \\ 1 & U_j \geqslant U_s \end{cases} \qquad (8-5-8)$$

当信号为传号，干扰也为传号时，干扰对信号的影响与正弦波干扰时的情况相同。此时的错误接收概率 $P(0/1)_1$ 在考虑信道衰落对干扰的影响时，与式(8-5-5)中的 $P(0/1)$ 相同。

　　以上我们分别讨论了干扰与信号间可能发生的四种情况，设这四种情况等概率发生，则总的错误接收概率为

$$\begin{aligned} P_e &= \frac{1}{4}P(1/0)_0 + \frac{1}{4}P(1/0)_1 + \frac{1}{4}P(0/1)_0 + \frac{1}{4}P(0/1)_1 \\[4pt] &= \begin{cases} 0, & U_j < \dfrac{U_s}{2} \\[8pt] \dfrac{1}{2\pi}\left(\arccos\dfrac{U_s}{2U_j} - \dfrac{U_s}{2U_j}\sqrt{1-\left(\dfrac{U_s}{2U_j}\right)^2}\right), & \dfrac{U_s}{2} \leqslant U_j < U_s \\[8pt] \dfrac{1}{4} + \dfrac{1}{2\pi}\left(\arccos\dfrac{U_s}{2U_j} - \dfrac{U_s}{2U_j}\sqrt{1-\left(\dfrac{U_s}{2U_j}\right)^2}\right), & U_j \geqslant U_s \end{cases} \end{aligned}$$

$$(8-5-9)$$

　　比较式(8-5-6)与式(8-5-9)可知，无论何种干扰，当干扰幅度小于信号一半时，干扰对 2ASK 信号无影响。当 $\dfrac{U_s}{2} \leqslant U_j < U_s$ 时，正弦波干扰比采用 2ASK 干扰产生的误码率要高出一倍，这是由于 2ASK 干扰出现传号的概率比正弦波干扰时少一半的原因而引起的。而当干扰幅度大于信号幅度时，由于 2ASK 干扰中始终有一个 25% 的错误接收概率，所以

2ASK 干扰要比正弦波干扰效果好。

对于干扰人工莫尔斯电报来说，由于随机振幅键控干扰（即 2ASK 干扰）与 2ASK 信号是同一种信号，人耳比较难区别，尤其是在两者频率相同的情况下。由人耳听觉特性的掩蔽效应可知，强度强的会掩蔽强度弱的，所以在用 2ASK 干扰 2ASK 信号时，用幅度作为判别依据是可行的，故式(8-5-9)对干扰人工莫尔斯电报也适用，随机振幅键控干扰比单频正弦波干扰要好。但需指出的是，人耳对声音具有极强的分辨能力，故要求干扰与信号有很高的频率重合度。

除了上述两种干扰外，对 2ASK 信号还可以采用其他形式的干扰。由于 2ASK 信号主要用于人工莫尔斯电报，而人工莫尔斯电报的报速很慢，所以它的信号带宽很窄，其他形式干扰的边频容易受到带通滤波器的抑制，所以，一般其他形式的干扰不会比采用 2ASK 干扰的效果好。

3. 载频差对干扰的影响

当干扰与信号间存在载频差时，干扰矢与信号矢之间就不再是相对静止的了，而是有了相对的运动，如图 8-5-3 所示。

若载频差 $\Delta f = |f_\text{j} - f_\text{s}| \neq 0$，合成矢 **OR** 将有相对运动，则可能会产生合成矢矢端开始在阴影区，经一段时间（如一个码元持续时间）后合成矢矢端移出了阴影区。当然也可产生相反的状况，即从空白区移入阴影区。载频差 Δf 对干扰的影响，体现在由于存在 Δf 经一段时间后合成矢矢端移出或移入阴影区给判别带来的影响。合成矢矢端在阴影区驻留的时间越长，说

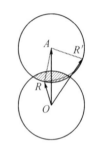

图 8-5-3 $\Delta\omega = |\omega_\text{j} - \omega_\text{s}| \neq 0$ 时合成矢的变化

明有效干扰的持续时间越长，则干扰效果越好；反之，则干扰效果越差。

当某一码元的合成矢矢端落入阴影区内时，若合成矢的相对移动在一个码元持续时间内仍未移出阴影区，则这时的载频差 Δf 对干扰效果没有影响。所以，载频差对干扰的影响与阴影区的大小及一个码元持续时间宽度有关。

由图 8-5-3 可得，阴影区所对应的上、下两段弧所对的圆心角 θ 为

$$\theta = 2\arccos \frac{U_\text{s}}{2U_\text{j}} \qquad (8-5-10)$$

其中，U_s 为信号的幅度，即上、下两圆的圆心距 OA。U_j 为干扰的幅度，即上、下两圆的半径（两圆的半径相等）。

设信号的一个码元持续时间为 τ，当干扰与信号的载频差 $\Delta\omega = |\omega_\text{j} - \omega_\text{s}|$ 时，一个码元持续时间内合成矢移动的相位为 $\Delta\omega \cdot \tau$。若要合成矢矢端在一个码元持续时间内不移出阴影区，则

$$\Delta\omega \cdot \tau \leqslant \theta \qquad (8-5-11)$$

当载频差满足式(8-5-11)时，若合成矢矢端在上圆上的分布是均匀的，我们可以近似认为载频差对干扰无影响。即

$$\Delta f \leqslant \frac{\theta}{2\pi\tau} \qquad (8-5-12)$$

将式(8-5-10)代入，则

$$\Delta f \leqslant \frac{1}{\pi\tau}\arccos\frac{U_s}{2U_j} \qquad (8-5-13)$$

由此我们来估算当干信比大于 1 时所允许的载频差。将 $U_j = U_s$ 及 $\dfrac{U_j}{U_s} = \infty$ 代入式(8-5-13)，可得

$$\Delta f \leqslant \left(\frac{1}{3} \sim \frac{1}{2}\right)\frac{1}{\tau} = \left(\frac{1}{3} \sim \frac{1}{2}\right)R_b \qquad (8-5-14)$$

其中，$\Delta f = |f_j - f_s|$ 为干扰与信号载频差，单位为 Hz；τ 为信号码元宽度，单位为 s；R_b 为信号码元速率，单位是波特(B)。

当干扰人工莫尔斯电报时，由于人工莫尔斯电报的报速较慢，一般在 10 B～20 B，代入式(8-5-14)可得允许的载频差为 3 Hz～10 Hz。由此可见，对人工莫尔斯电报的干扰，要求干扰与信号的频率重合度非常高。

8.5.2   对 2FSK 通信信号的干扰

二进制频移键控(2FSK)信号是由两个不同频率的载波振荡传输数字信息 1、0。其表达式为

$$u_s(t) = \begin{cases} U_s\cos\omega_{s1}t, & \text{发"1"码} \\ U_s\cos\omega_{s0}t, & \text{发"0"码} \end{cases} \qquad (8-5-15)$$

对 2FSK 的信号有不同的解调方法，我们主要分析对 2FSK 信号非相干解调的干扰。非相干解调是 2FSK 信号中最常用的解调方法之一，如图 8-5-4 所示。其中的两个窄带分路滤波器可分别滤出频率为 f_{s1} 和 f_{s0} 的载波信号。包络检波器取出其幅度信息。输出采用择大判决准则。

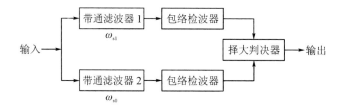

图 8-5-4   2FSK 信号非相干解调

1. 频移键控干扰

频移键控干扰就是用 2FSK 的干扰信号去干扰 2FSK 信号，干扰为

$$u_j(t) = \begin{cases} U_j\cos\omega_{j1}t & \text{发"1"码} \\ U_j\cos\omega_{j0}t & \text{发"0"码} \end{cases} \qquad (8-5-16)$$

忽略干扰与信号的频差，即 $\omega_{j1} = \omega_{s1}$，$\omega_{j0} = \omega_{s0}$。由于信号与干扰分别都有两种状态，则在分析干扰时要考虑四种情况。

首先看一下信号与干扰都为传号的情况。如图 8-5-4 所示，此时干扰与信号的合成波经带通滤波器 1 输出到择大判决器，而带通滤波器 2 无信号输出。由于合成波的幅度是干扰矢与信号矢的矢量和的模，所以，无论是干扰大于信号，还是信号大于干扰，只要干扰

与信号的幅度差较大，带通滤波器 1 就有较大的信号输出，接收机将正确接收。而当干扰
与信号的幅度基本相同时，即 $U_j \approx U_s$，在一般情况下，带通滤波器 1 有合成信号输出。但
当干扰与信号反相时，带通滤波器 1 的输出就非常小以至为 0。此时两路滤波器的输出都为
0，择大判决时就有可能产生错误，输出判为"1"码或"0"码的概率各为一半。所以干扰与信
号都为传号时的错误接收概率为

$$P(0/1)_1 = \begin{cases} 0 & |U_j - U_s| \gg 0 \\ \dfrac{1}{2}P_a & |U_j - U_s| \approx 0 \end{cases} \qquad (8-5-17)$$

其中，P_a 为干扰与信号的相位相反的出现概率，在实际情况下，$P_a \approx 0$，可以忽略。同理可
得干扰与信号都为空号时的错误接收概率 $P(0/1)_0$，有 $P(0/1)_0 = P(0/1)_1$。由式(8-5-17)可
见，当干扰与信号同为传号或同为空号时，几乎不发生错误接收。

当信号为传号、干扰为空号时，图 8-5-4 中的两路滤波器同时都有输出，择大判决的
结果将会是：当 $U_j < U_s$ 时，带通滤波器 1 的输出幅度大于带通滤波器 2 的输出幅度，判为
传号，为正确接收，即 $P(0/1)_0 = 0$；当 $U_j > U_s$ 时，带通滤波器 1 的输出幅度小于带通滤波
器 2 的输出幅度，将判为空号，为错误接收，即 $P(0/1)_0 = 1$；当 $U_j \approx U_s$ 时，两路滤波器的
输出幅度不相上下，判决的结果将是随机的，正确或错误的概率各为一半，即 $P(0/1)_0 =
1/2$。所以，此时的错误接收概率为

$$P(0/1)_0 = \begin{cases} 0 & U_j < U_s \\ \dfrac{1}{2} & U_j \approx U_s \\ 1 & U_j > U_s \end{cases} \qquad (8-5-18)$$

同理可得当信号为空号、干扰为传号时的错误接收概率 $P(1/0)_1$，有 $P(1/0)_1 =
P(0/1)_0$。设这四种情况发生的概率相等，则总的错误接收概率为

$$\begin{aligned} P_e &= \frac{1}{4}\big[P(0/1)_1 + P(1/0)_0 + P(0/1)_0 + P(1/0)_1\big] \\ &= \begin{cases} 0 & U_j < U_s \\ \dfrac{1}{4} & U_j \approx U_s \\ \dfrac{1}{2} & U_j > U_s \end{cases} \end{aligned} \qquad (8-5-19)$$

对于数字信号而言，当其误码率达到 1/2 时，收到的信号已无任何信息而言了，所以
采用 2FSK 干扰 2FSK 信号，当输入干信比达到 1 以上时，则 2FSK 通信被完全压制。

2. 双频同时击中干扰

干扰 2FSK 通信的一种常用的干扰样式是同时击中 2FSK 信号两个载频的双频干
扰，即

$$u_j(t) = U_j \cos(\omega_{j1}t + \varphi_1) + U_j \cos(\omega_{j0}t + \varphi_0) \qquad (8-5-20)$$

其中，$\omega_{j1} = \omega_{s1}$、$\omega_{j0} = \omega_{s0}$。

当双频干扰同时击中 2FSK 信号的两个载频时，不论信号是传号还是空号，干扰的情
况都是一样的。在每一瞬时的两路带通滤波器中，总有一路是干扰与信号的合成波输出，

而另一路则仅是干扰输出。当干扰的幅度大于干扰与信号合成波的幅度时,2FSK 通信就将会出现错误接收。

合成波可能的最小幅度为干扰与信号反相的时候,在 $U_j <$ $U_s/2$ 时,合成波可能的最小幅度仍大于干扰的幅度,故此时不会出现错误接收。

当 $U_j \geqslant U_s/2$ 时,就有可能出现错误接收,其合成矢量图如图 8-5-5 所示。其中,**OA** 为信号矢量,**AR** 为干扰矢量,**OR** 为合成矢量,此时 $AR \geqslant \frac{1}{2}|OA|$。图中,**AR** = **OR**,**AR'** = **OR'**,显然,**AR** 与 **AR'** 所夹圆心角 θ,就是对应出现错误接收的相位差范围。

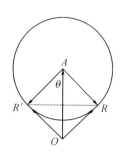

图 8-5-5　合成矢量图

$$\theta = 2\arccos \frac{\frac{1}{2}|OA|}{|AR|} = 2\arccos \frac{U_s}{2U_j} \qquad (8-5-21)$$

故可能出现的错误接收概率为

$$P_e = \frac{\theta}{2\pi} = \frac{1}{\pi}\arccos \frac{U_s}{U_j} \qquad U_j > \frac{U_s}{2} \qquad (8-5-22)$$

比较式(8-5-22)与式(8-5-19)可得,当干扰幅度大于信号幅度时,采用 2FSK 干扰效果比同时击中的双频干扰好。而当干扰幅度小于信号幅度时,则同时击中的双频干扰更好一些。

3. 噪声对干扰的影响

在分析干扰对信号的影响时,同时考虑噪声的作用,情况将变得更复杂。我们以同时击中的双频干扰来说明在考虑噪声影响时 2FSK 信号的受扰情况(即受扰矢量图),如图 8-5-6所示。此时有信号的一路输出的是信号、干扰、噪声三者的合成波,而无信号的一路输出的是干扰与噪声的合成波。由于噪声频率分量分布在整个分路滤波器窄带内,并且幅度也是随机起伏变化的,所以噪声矢量与干扰矢或合成矢之间始终存在相对运动。采用矢量图的方法定量分析含噪声时的干扰情况非常繁琐,一般利用随机过程的理论进行分析。

噪声的影响将使得择大判决的随机性增大,其影响的效果是可能加强了对信号的干扰,也可能削弱了对信号的干扰。例如,当干扰幅度略小于信号幅度的一半时,不考虑噪声影响,则不会发生错码,考虑噪声影响,就有产生错码的可能。因为噪声可能会加强了干扰幅度而削弱合成波幅度,在这种情况下,噪声表现出对干扰有加强的效果。但在有些情况下,仅干扰的作用已能够使信号产生错码,由于

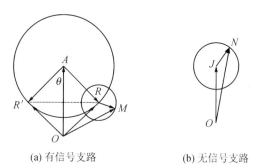

(a) 有信号支路　　　　　(b) 无信号支路

图 8-5-6　考虑噪声影响时 2FSK 信号的受扰矢量图

噪声的影响可能会又使信号正确接收了。这时噪声的影响是加强了合成波幅度而削弱干扰幅度,噪声表现为对干扰有削弱的效果。所以在考虑噪声的影响时,只能说噪声影响提高

了干扰时的错误接收概率，或者说噪声影响降低了干扰时的错误接收概率。在干扰数字调制系统时，考虑噪声的影响，错误接收概率与干信比、干噪比及信噪比都有关。

8.5.3　对 2PSK 通信信号的干扰

　　二进制相移键控(2PSK)信号是使载波相位按基带二进制数字信息"1""0"的变化而改变的一种数字调制信号。根据相位改变的规律又可分为绝对相移键控(2PSK)信号和相对相移键控(2DPSK)信号，如图 8-5-7 所示。

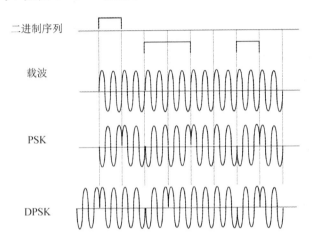

图 8-5-7　二进制相移键控信号波形

　　对 2PSK 信号而言，已调信号的相位与未调载波的相位相同时表示二进制数字信息"0"；与未调载波的相位相反时表示二进制数字信息"1"。由此可见，2PSK 信号是以一个固定初相的未调载波为参考的。所以，接收 2PSK 信号只能采用相干解调的方法，如图 8-5-8所示。2PSK 信号相对载波而言，有

$$0\ \text{相} \longrightarrow \text{数字信息"0"}$$
$$\pi\ \text{相} \longrightarrow \text{数字信息"1"}$$

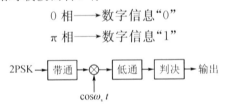

图 8-5-8　2PSK 解调器

　　由于解调需要一个与信号载波同频、同相的本地载波，实现的技术难度较大，所以2PSK 的实际应用受到限制。实际中应用较多的是 2DPSK 信号。

　　2DPSK 信号是利用相邻码元载波相位的相对变化表示二进制数字信息的。当相邻两码元中后一个码元的载波相位与前一个码元的载波相位同相时，表示二进制数字信息"0"，当后一个码元的载波相位与前一个码元的载波相位反相时，表示二进制数字信息"1"。2DPSK 信号的解调器如图 8-5-9 所示，将前一个码元延迟一个码元持续时间 τ 后，进行相乘比较。设前、后码元相位偏移为 $\Delta\varphi$，则

$$\Delta\varphi = 0 \longrightarrow \text{数字信息"0"}$$

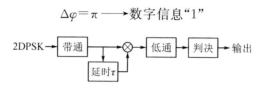

图 8-5-9　2DPSK 解调器

对于相移键控信号的判决门限，可取 $0 \sim \pi$ 的中间量 $\dfrac{\pi}{2}$。当相位偏移小于 $\dfrac{\pi}{2}$ 时，判为 "0"；当相位偏移大于 $\dfrac{\pi}{2}$ 时，判为 "1"。下面的分析中就依此判决准则。

1. 对 2PSK 信号的干扰

设 2PSK 信号为

$$u_s(t) = \begin{cases} U_s\cos\omega_s t, & \text{发 "0" 码} \\ -U_s\cos\omega_s t, & \text{发 "1" 码} \end{cases} \tag{8-5-23}$$

干扰为单频正弦干扰，即

$$u_j(t) = U_j\cos(\omega_j t + \phi_j) \tag{8-5-24}$$

其中，设 $\omega_j = \omega_s$，即干扰与信号无频差，它们之间仅存在相差。

2PSK 信号发 "0" 码时，$u_s(t) = U_s\cos\omega_s t$，而当有同频干扰 $u_j(t)$ 同时作用时，其合成矢量图如图 8-5-10 所示。图中，OA 为信号矢量，AR 为干扰矢量，OR 为合成矢量。由图可见，只有当合成矢量 OR 落到虚线以下时，即合成波与参考载波的相位差大于 $\dfrac{\pi}{2}$ 才有可能产生误码。

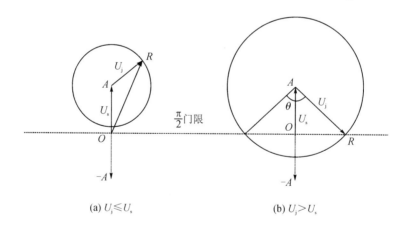

(a) $U_j \leqslant U_s$　　　　　　　　(b) $U_j > U_s$

图 8-5-10　2PSK 信号发 "0" 码时的合成矢量图

当 $U_j \leqslant U_s$ 时，由于 $|AR| \leqslant |OA|$，所以合成矢矢端仅落在虚线以上的圆周上，故不会发生错误判决，错误接收概率 $P(1/0) = 0$。$U_j > U_s$，当合成矢矢端轨迹所对应的圆心角在 θ 以内时，合成矢矢端落在虚线以下的圆周上，将出现错误判决。由几何关系可得

$$\theta = 2\arccos\frac{U_s}{U_j}, \quad U_j > U_s \tag{8-5-25}$$

此时，出现的错误接收概率为

$$P(1/0) = \frac{\theta}{2\pi} = \frac{1}{\pi}\arccos\frac{U_s}{U_j} \qquad (8-5-26)$$

当 2PSK 信号发"1"码时，$u_s(t) = -U_s\cos\omega_s t$，其合成矢量图如图 8-5-11 所示。此时的合成矢矢端轨迹为以 $-A$ 为圆心、干扰幅度 U_j 为半径的圆。同理，当 $U_j \leqslant U_s$ 时，合成矢矢端仅可能落在虚线以下，故 $P(0/1) = 0$。当 $U_j > U_s$ 时，错误接收概率为

$$P(0/1) = \frac{\theta}{2\pi} = \frac{1}{\pi}\arccos\frac{U_s}{U_j} \qquad U_j > U_s \qquad (8-5-27)$$

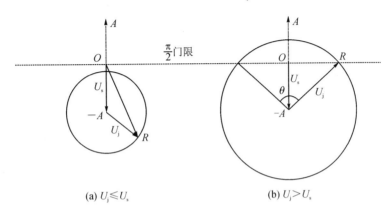

(a) $U_j \leqslant U_s$　　　　　　　　　(b) $U_j > U_s$

图 8-5-11　2PSK 信号发"1"码时的合成矢量图

当 2PSK 信号以等概率发送"1"码、"0"码时，总的错误接收概率为

$$P_e = \frac{1}{2}P(1/0) + \frac{1}{2}P(0/1)$$

$$= \begin{cases} 0 & U_j \leqslant U_s \\ \dfrac{1}{\pi}\arccos\dfrac{U_s}{U_j} & U_j > U_s \end{cases} \qquad (8-5-28)$$

由式(8-5-28)可见，2PSK 信号的错误接收概率比较低，它的抗干扰性比较强。2PSK 信号的频带利用率比较高，所以，它是一个性能良好的数字调制信号。

2. 对 2DPSK 信号的干扰

1) 正弦波干扰 2DPSK 信号

干扰选择式(8-5-24)的单频正弦干扰，并且干扰与信号的载频差为 0($\omega_j = \omega_s$)。由于干扰的相位在整个干扰作用过程中相对固定。当 2DPSK 信号发"0"码时，信号前、后码元的相位差为 0，其合成矢量图如图 8-5-12 所示。由于在 2DPSK 信号发"0"码时，干扰与信号都没有相位改变，所以它们的合成波的相位也没有变化，$\Delta\varphi \approx 0$。无论干扰大小，当 2DPSK 信号为"0"码时，不会出现错误接收，$P(1/0) = 0$。

图 8-5-12　2DPSK 发"0"码时的合成矢量图

当 2DPSK 信号发"1"码时，信号前、后码元的相位差为 π。由于信号的相位发生了变化，所以干扰与信号的合成波的相位一般也要发生变化，相位变化的大小取决于干扰与信号幅度的大小，如图 8-5-13 所示。按照 2DPSK 的判决准则，当 $\Delta\varphi<\frac{\pi}{2}$ 时，将发生错误接收，把"1"码误判为"0"码。设前一个码元信号矢量为 $\boldsymbol{OA}_1$，则后一个码元信号矢量为 $\boldsymbol{OA}_2$，前、后码元合成矢分别为 $\boldsymbol{OR}_1$、$\boldsymbol{OR}_2$，$\boldsymbol{A}_1\boldsymbol{R}_1=\boldsymbol{A}_2\boldsymbol{R}_2$ 为干扰矢量。由图 8-5-13 可知

$$\cos\Delta\varphi = \frac{|\boldsymbol{OR}_1|^2 + |\boldsymbol{OR}_2|^2 - |\boldsymbol{R}_1\boldsymbol{R}_2|^2}{2\cdot|\boldsymbol{OR}_1|\cdot|\boldsymbol{OR}_2|} \tag{8-5-29}$$

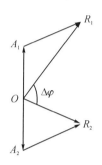

图 8-5-13　2DPSK"1"码时合成矢量图

合成矢的模 $\boldsymbol{OR}_1$、$\boldsymbol{OR}_2$ 可由干扰矢和信号矢求得。从图 8-5-13 所示的三角几何关系中可得

$$|\boldsymbol{OR}_1|^2 + |\boldsymbol{OR}_2|^2 = 2(|\boldsymbol{OA}_1|^2 + |\boldsymbol{A}_1\boldsymbol{R}_1|^2) \tag{8-5-30}$$

将式(8-5-30)代入式(8-5-29)，可得

$$\begin{aligned}
\cos\Delta\varphi &= \frac{2(|\boldsymbol{OA}_1|^2 |\boldsymbol{A}_1\boldsymbol{R}_1|^2) - 4|\boldsymbol{OA}_1|^2}{2\cdot|\boldsymbol{OR}_1|\cdot|\boldsymbol{OR}_2|} \\
&= \frac{|\boldsymbol{A}_1\boldsymbol{R}_1|^2 - |\boldsymbol{OA}_1|^2}{|\boldsymbol{OR}_1|\cdot|\boldsymbol{OR}_2|}
\end{aligned} \tag{8-5-31}$$

由判别准则可知，当 $\Delta\varphi<\frac{\pi}{2}$ 时，产生错判。根据式(8-5-31)不难看出，当 $\boldsymbol{A}_1\boldsymbol{R}_1-\boldsymbol{OA}_1>0$ 时，产生错判，即当 $U_j>U_s$ 时，产生错误接收，$P(0/1)_0=1$。

设 2DPSK 信号发"1"码和"0"码出现的概率相等，则总的错误接收概率为

$$\begin{aligned}
P_e &= \frac{1}{2}P(1/0) + \frac{1}{2}P(0/1) \\
&= \begin{cases} 0 & U_j \leqslant U_s \\ \frac{1}{2} & U_j > U_s \end{cases}
\end{aligned} \tag{8-5-32}$$

以上我们分析了正弦波干扰 2DPSK 信号的情况。由此可见，只有当前、后码元中信号与干扰的相位差发生改变，并且当干扰幅度大于信号时，才出现错误接收。由于正弦波干扰的相位在整个干扰过程中不变，所以仅在 2DPSK 信号发"1"码时才可能出现错码。

2) 相移键控干扰 2DPSK 信号

与正弦干扰不同，若采用相移键控（2PSK 或 2DPSK）干扰，当 2DPSK 信号发"0"码时，可能会因干扰反相跳变而引起错码，如图 8 - 5 - 14(a)所示。图中，**OA** 为信号矢量，**AR₁**、**AR₂** 为干扰矢量，**OR₁**、**OR₂** 为合成矢量。而当信号发 1 码时，有可能由于干扰也发 1 码反相跳变而不发生错码，如图 8 - 5 - 14(b)所示。图中 OA_1、OA_2 为信号矢量，A_1R_1、A_2R_2 为干扰矢量，OR_1、OR_2 为合成矢量。所以，若采用相移键控干扰 2DPSK 信号，只有当干扰与信号不同时，为"1"码或"0"码，并且当干扰幅度大于信号时，即在干扰与信号中只有一对前、后码元反相且 $U_j > U_s$，才出现错误接收。此时的错误接收概率为

$$P_e = \begin{cases} 0 & U_j \leqslant U_s \\ P_s(0)P_j(1)P(1/0) + P_s(1)P_j(0)P(0/1) & U_j > U_s \end{cases} \quad (8-5-33)$$

其中，$P_s(0)$、$P_s(1)$ 为信号发"0"码、"1"码的先验概率；$P_j(1)$、$P_j(0)$ 为干扰发"1"码、"0"码的先验概率。

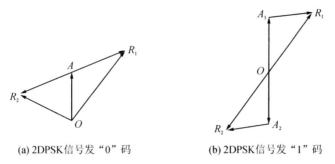

(a) 2DPSK信号发 "0" 码　　　　　　　(b) 2DPSK信号发 "1" 码

图 8 - 5 - 14　2DPSK 干扰发"1"码时的合成矢量图

当信号及干扰发"1"码、"0"码出现的概率相等，即 $P_s(0) = P_s(1) = \dfrac{1}{2}$，$P_j(1) = P_j(0) = \dfrac{1}{2}$ 时，式(8 - 5 - 33)为

$$P_e = \begin{cases} 0 & U_j \leqslant U_s \\ \dfrac{1}{4}P(1/0) + \dfrac{1}{4}P(0/1) & U_j > U_s \end{cases} \quad (8-5-34)$$

当 $P(1/0) = P(0/1)$ 时，式(8 - 5 - 34)可表示为

$$P_e = \begin{cases} 0 & U_j \leqslant U_s \\ \dfrac{1}{2} & U_j > U_s \end{cases} \quad (8-5-35)$$

比较式(8 - 5 - 35)与式(8 - 5 - 32)，采用"1"码、"0"码等概率的相移键控干扰 2DPSK 信号与采用正弦波干扰 2DPSK 信号的干扰效果相同。

以上对 2DPSK 信号干扰的分析是在干扰与信号载频差为 0 的条件下进行的。当干扰与信号的载频差不为 0 时，由于干扰与信号之间存在频差，所以干扰矢与信号矢之间有相对移动，干扰的情况与无载频差时有所不同。在 $\omega_j \neq \omega_s$ 时，$U_j < 0.707U_s$，干扰不会引起信号的错码；$U_j \geqslant 0.707U_s$，信号会因干扰而产生错码，其误码率与输入干信比的大小有关。

思　考　题

1. 通信干扰的有效性具体表现在哪几个方面？简述其具体含义。

2. 通信干扰信号有哪些特性？

3. 通信干扰系统由哪些部分组成？各部分的功能是什么？

4. 通信干扰系统的主要技术指标有哪些？其含义各是什么？

5. 通信干扰的压制系数的含义是什么？

6. 什么是最佳干扰样式？

7. 什么是欺骗式干扰？什么是压制式干扰？简述它们的特点。

8. 瞄准式干扰和拦阻式干扰有哪些主要差别？

9. 对 AM 信号的干扰可采用什么方法？

10. 对 2DPSK 信号的干扰可采用哪些方法？

第 9 章　　特殊通信系统的侦察干扰原理

9.1　直接序列扩频通信侦察干扰原理

9.1.1　直接序列扩频通信系统工作原理

直接序列扩频通信系统一般用来传输数字信号，最常采用的调制方式是二进制相移键控(2PSK)。直接序列扩频通信系统的基本结构如图 9-1-1 所示。

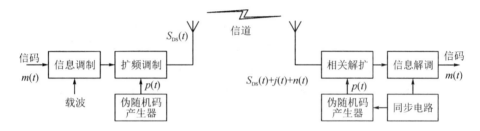

图 9-1-1　直接序列扩频通信系统的基本结构

在发送端，信码 $m(t)$，采用双极性码，T_m 是信息码宽度；信息调制采用 2PSK；扩频码 $p(t)$，也称为伪码，由伪随机码产生器产生，采用双极性码，T_p 是扩频码的宽度；载波频率 f_c，直接序列扩频信号可表示为

$$S_{DS}(t) = m(t)p(t)\cos(2\pi f_c t + \theta) \tag{9-1-1}$$

直接序列扩频信号的波形与频谱如图 9-1-2 所示。一定能量的直接序列扩频信号，由于其射频带宽得到很大的扩展，使它在单位频带上的平均能量很低，甚至淹没在噪声中，所以，在通信信道上的 DS 信号（直扩信号）具有很强的隐蔽性，可以很好地"躲避"敌方侦察系统的搜索、检测与截获。

$k = \dfrac{T_m}{T_p}$ 是整数表示扩频增益，也是每个信码宽度中扩频码的个数，扩频码的周期 $T_c = cT_p$，c 表示一个扩频码周期中扩频码元个数。在一般情况下，$\dfrac{c}{k} = \dfrac{T_c}{T_p} \cdot \dfrac{T_p}{T_m} = \dfrac{T_c}{T_m}$ 表示一个扩频周期中的信码个数，通常 $\dfrac{c}{k} \geqslant 1$ 的整数，特别当 $\dfrac{c}{k} = 1$ 时，表示一个信码宽度对应一个扩频周期。

在接收端，考虑到干扰与噪声，接收的 DS 信号为

$$r(t) = S_{DS}(t) + n(t) + j(t) = m(t)p(t)\cos(2\pi f_c t + \theta) + n(t) + j(t) \tag{9-1-2}$$

解扩后的信号为

$$r(t)p(t) = m(t)p^2(t)\cos(2\pi f_c t + \theta) + n(t)p(t) + j(t)p(t)$$

$$\overset{p^2(t)=1}{=} m(t)\cos(2\pi f_c t + \theta) + n(t)p(t) + j(t)p(t) \tag{9-1-3}$$

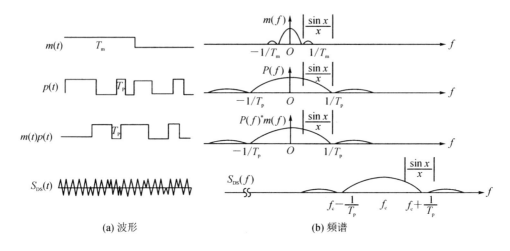

(a) 波形   (b) 频谱

图 9 - 1 - 2   直接序列扩频信号的波形与频谱

第一项是信号项：$m(t)\cos(2\pi f_c t + \theta)$ 窄带的信息调制信号，经窄带滤波器得以保留；第二项是噪声项：$n(t)p(t)$ 是宽带的，经过窄带滤波器大部分被滤出；第三项是干扰项：$j(t)p(t)$ 是宽带的，经过窄带滤波器大部分被滤出。所以，在接收端的 DS 信号具有很强的抗干扰性。

9.1.2 直接序列扩频通信侦察

由于扩频通信良好的隐蔽性和抗干扰性，使得非协作情况下扩频通信信号的检测、参数估计变得非常困难：

（1）DS 信号一般占用的频带比较宽，普通的窄带侦察接收机不能与之相适应，因此，对 DS 信号的侦察必须采用射频宽开的侦察接收机，保证信号落在接收机通带内。

（2）进入射频宽开的侦察接收机的信号很多，瞬时的抽样电平无法判断 DS 信号的有无。

（3）DS 信号电平很低，常常都淹没于噪声之中，无法从频谱上直接观察出信号是否存在，也不能利用信号的包络大小判断信号的存在。

对直接序列扩频通信的侦察主要包括信号检测、参数估计、信号解扩、信号解调等步骤。信号解调需要进行调制方式识别，在掌握扩频码序列的情况下，信号解扩是比较容易的；DS 信号的检测过程与参数的估计是相伴的，因此下面重点讨论 DS 信号的检测。如何从噪声中发现 DS 信号的存在并从中检测出来并进行参数估计，成为侦察 DS 信号的一个难点。

通信侦察无法得到扩频通信的伪码速率、符号周期、信噪比、载频等先验知识，因此 DS 信号侦察接收机采用的是非最优的、非相关的检测器。多年来，人们提出了很多检测方法，如能量检测算法、相关检测算法、高阶谱循环累积量分析法、周期谱密度（谱相关）分析方法等，这里对其中的几种方法进行介绍。

1. 能量检测法

DS 信号的能量检测法如图 9 - 1 - 3 所示。将输入信号 $r(t)$ 首先通过一个宽带的带通滤

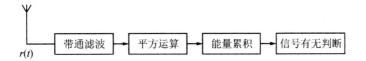

图 9 - 1 - 3　DS 信号的能量检测法

波器，取出感兴趣的频段，然后进行平方运算，通过积分器对一时间段 T 内进行能量积累。

有 DS 信号，则

$$r(t) = S_{DS}(t) + n(t)$$

无 DS 信号，则

$$r(t) = n(t)$$

能量检测法的基本思想是信号加噪声的能量大于噪声的能量，即

$$E\{[S_{DS}(t) + n(t)]^2\} > E\{[n(t)]^2\}$$

通过估计环境噪声的能量 $E\{[n(t)]^2\}$ 作为判决门限；当 $E\{[r(t)^2]\}$ 大于门限时，判为有信号；当 $E\{[r(t)]^2\}$ 小于门限时，判为无信号。

能量检测是侦察中最早的非协作检测方法，是一种不需要对信号做任何假设的盲检测算法，但它只能给出信号的大致频带，并且在不知道是否存在 DS 信号时，环境噪声的能量 $E\{[n(t)]^2\}$ 估计及带宽选取都是比较困难的。

2. 平方倍频检测法

DS 信号的平方倍频检测法如图 9 - 1 - 4 所示。

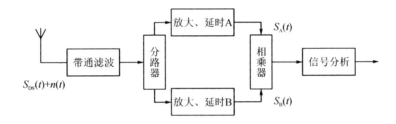

图 9 - 1 - 4　DS 信号的平方倍频检测法

1) 信道上存在一个 DS 信号

假设信道上存在一个载频为 f_0、2PSK 调制的 DS 信号，则接收信号为

$$r(t) = S_{DS}(t) + n(t) = m(t) p(t) \cos(2\pi f_0 t + \theta) + n(t)$$

其中，$n(t)$ 表示接收机宽带内的加性噪声；$m(t)$ 表示信息码（双极性）；$p(t)$ 表示扩频码（双极性）。当然，对于侦察而言以上的参数都是未知的。

接收信号 $r(t)$ 经过分路、两路宽带放大器后可得

$$S_A(t) = A \cdot m(1 - \tau_A) p(t - \tau_A) \cos[2\pi f_0(t - \tau_A) + \theta] + A \cdot n(t - \tau_A)$$

$$S_B(t) = B \cdot m(1 - \tau_B) p(t - \tau_B) \cos[2\pi f_0(t - \tau_B) + \theta] + B \cdot n(t - \tau_B)$$

其中，A、B 分别是两路宽带放大器的增益；τ_A、τ_B 分别是两路宽带放大器的延时。$S_A(t)$ 和 $S_B(t)$ 送入相乘器经过相乘后，其输出为

$$
\begin{aligned}
y(t) = S_A(t)S_B(t) = & AB \cdot m(t-\tau_A)n(t-\tau_B) + \\
& AB \cdot m(t-\tau_A)p(t-\tau_A)\cos[2\pi f_0(t-\tau_A)+\theta] \cdot n(t-\tau_B) + \\
& AB \cdot m(t-\tau_B)p(t-\tau_B)\cos[2\pi f_0(t-\tau_B)+\theta] \cdot n(t-\tau_A) + \\
& AB \cdot m(t-\tau_A)m(t-\tau_B)p(t-\tau_A)p(t-\tau_B)\cos[2\pi f_0(\tau_B-\tau_A)] + \\
& AB \cdot m(t-\tau_A)m(t-\tau_B)p(t-\tau_A)p(t-\tau_B)\cos[2\pi \cdot 2f_0 t + f_0(\tau_B-\tau_A)+2\theta]
\end{aligned}
$$

$$(9-1-4)$$

在式$(9-1-4)$中

第一项 $AB \cdot m(t-\tau_A)n(t-\tau_B)$ 仍为宽带噪声；

第二项 $AB \cdot m(t-\tau_A)p(t-\tau_A)\cos[2\pi f_0(t-\tau_A)+\theta] \cdot n(t-\tau_B)$ 是带有乘性噪声的 DS 信号；

第三项 $AB \cdot m(t-\tau_B)p(t-\tau_B)\cos[2\pi f_0(t-\tau_B)+\theta] \cdot n(t-\tau_A)$ 与第二项一样，是带有乘性噪声的 DS 信号；

第四、第五项：

$$
\begin{aligned}
& AB \cdot m(t-\tau_A)m(t-\tau_B)p(t-\tau_A)p(t-\tau_B)\cos[2\pi f_0(\tau_B-\tau_A)] + \\
& AB \cdot m(t-\tau_A)m(t-\tau_B)p(t-\tau_A)p(t-\tau_B)\cos[2\pi \cdot 2f_0 t + f_0(\tau_B-\tau_A)+2\theta]
\end{aligned}
$$

$$(9-1-5)$$

由式$(9-1-5)$可知，当 $\tau_A \neq \tau_B$ 时，第四、第五项表现为宽带性质，$y(t)=S_A(t)S_B(t)$ 中没有明显的信号分量。

调整 A 路信号与 B 路信号的延时差，使 $\tau_A = \tau_B + k \cdot T_m$，其中，$k=0,1,\cdots$（$k$ 为整数），如果

$$
m(t-\tau_A)m(t-\tau_B) = \pm 1
$$
$$
p(t-\tau_A)p(t-\tau_B) = \pm 1
$$

式$(9-1-5)$化简为 $AB + AB\cos[2\pi \cdot 2f_0 t + 2\theta]$，第四、第五项包括直流 AB 和频率为 $2f_0$ 的窄带连续波 $AB\cos[2\pi \cdot 2f_0 t + 2\theta]$。可以从频域或者时域检测是否存在 DS 信号。

从频域检测 DS 信号就是在乘法器之后对 $y(t)=S_A(t)S_B(t)$ 进行功率谱分析，如图 $9-1-5$ 所示，寻找高于门限功率点对应频率 f_d，判定 DS 信号的频率 $f_0 = \dfrac{f_d}{2}$。

图 $9-1-5$ $y(t)=S_A(t)S_B(t)$ 信号功率谱示意图

从时域检测 DS 信号就是在乘法器之后采用扫频的窄带带通滤波器，式(9-1-4)中第一项、第二项、第三项为宽带噪声，经过窄带滤波器输出均为窄带噪声；当扫频窄带滤波器的中心频率与 $2f_0$ 偏离时，第四、第五项输出为 0；当扫频窄带滤波器的中心频率与 $2f_0$ 一致时，第四、第五项输出为 $AB\cos(2\pi \cdot 2f_0 t + 2\theta)$。信号分析检测扫频窄带滤波器的输出，一旦带通滤波器输出信号超过检测门限，确定信道上存在 DS 信号，此时检测滤波器的中心频率，判定 DS 信号的频率 $f_0 = \dfrac{f_{\mathrm{BF}}}{2}$。

从 $\tau_A = \tau_B$ 的情况开始，调整 A 路信号与 B 路信号的延时差，检测到带通滤波器在频率为 $2f_0$ 处输出信号再次超过检测门限的情况，如图 9-1-6 所示。计算 $\Delta T = |\tau_A - \tau_B|$，可以估计出扩频码周期 T_c，在很多时候，扩频码周期 T_c 与码元宽度 T_m 是一致的。

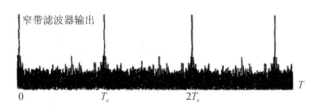

图 9-1-6　不同延时条件下窄带滤波器输出信号强度示意图

2) 信道上存在多个 DS 信号

如果信道上存在多个 DS 信号，并且其中的 m 个进入侦察接收机的通频带，则 $r(t) = \sum\limits_{i=1}^{m} S_i(t) + n(t)$，其中，$n(t)$ 表示接收机宽带内的加性噪声，$S_i(t)$ 表示接收机宽带内第 i 个 DS 信号，$S_i(t) = A_i m_i(t) p_i(t) \cos(2\pi f_i t + \theta_i)$，$m_i(t)$ 表示第 i 个 DS 信号的信息码，$p_i(t)$ 表示第 i 个 DS 信号的扩频码，f_i 表示第 i 个 DS 信号的载波频率。

为了简化算法，假设两路宽带放大器的延时 $\tau_A = \tau_B = 0$，$s(t)$ 经过分路、两路宽带放大器后可得

$$S_A(t) = S_B(t) = \sum_{i=1}^{m} S_i(t-\tau) + n(t-\tau)$$

$$\overset{\tau=0}{=} \sum_{i=1}^{m} A_i m_i(t) + p_i(t) \cos[2\pi f_i(t) + \theta_i] + n(t) \qquad (9-1-6)$$

将 $S_A(t)$ 和 $S_B(t)$ 送入相乘器经过相乘后，其输出为

$$y(t) = S_A(t) \cdot S_B(t) = \left[\sum_{i=1}^{m} S_i(t) + n(t) \right]^2$$

$$= n^2(t) + 2n(t) \sum_{i=1}^{m} S_i(t) + \left[\sum_{i=1}^{m} S_i(t) \right]^2 \qquad (9-1-7)$$

第一项是噪声项的平方，即 $n^2(t)$，仍然为宽带噪声，窄带滤波器输出为窄带噪声；

第二项 $2n(t) \sum\limits_{i=1}^{m} S_i(t)$ 是多个带有乘性噪声的 DS 信号，窄带滤波器输出为窄带噪声；

第三项是信号项的平方，即

$$\left[\sum_{i=1}^{m} S_i(t)\right]^2 = \left\{\sum_{i=1}^{m} A_i(t)m_i(t)p_i(t)\cos[2\pi f_i(t)+\theta_i]\right\}^2$$

$$= \sum_{i=1}^{m}\sum_{j=1}^{m} A_i A_j m_i(t)m_j(t)p_i(t)p_j(t)\cos[2\pi f_i(t)+\theta_i]\cos[2\pi f_j(t)+\theta_j]$$

$$= \sum_{i=1}^{m} A_i^2(t)m_i^2(t)p_i^2(t)\cos^2[2\pi f_i(t)+\theta_i] +$$

$$\sum_{i=1}^{m}\sum_{\substack{j=1\\i\neq j}}^{m} A_i A_j m_i(t)m_j(t)p_i(t)p_j(t)\cos[2\pi f_j(t)+\theta_i]\cos[2\pi f_j(t)+\theta_j] \quad (9-1-8)$$

在式（9-1-8）中，第一项为 $i=j$ 时，$m_i(t)m_j(t)=m_i^2(t)=1$，$p_i(t)\cdot p_j(t)=p_i^2(t)=1$，则

$$\sum_{i=1}^{m} A_i^2(t)m_i^2(t)p_i^2(t)\cos^2[2\pi f_i(t)+\theta_i] = \sum_{i=1}^{m}\frac{A_i^2}{2} + \sum_{i=1}^{m}\frac{A_i^2}{2}\cos[2\pi\cdot 2f_i(t)+2\theta_i]$$

包括直流 $\sum_{i=1}^{m}\dfrac{A_i^2}{2}$ 和频率 $2f_1$、$2f_2$、$\cdots$、$2f_m$ 处的多个窄带单频连续波信号。

在式（9-1-8）中，第二项，当 $i\neq j$ 时，$m_i(t)m_j(t)\neq 1$。如果：

（1）$f_i\neq f_j$，表示不同频的 DS 信号，$p_i(t)$ 和 $p_j(t)$ 的码型可相同，也可不同，但一般不会同步；$p_i(t)\cdot p_j(t)\neq 1$，在频率为 f_i+f_j 和 f_i-f_j 处表现为低幅度的宽带信号，经窄带的带通滤波器输出为窄带噪声。

（2）$f_i=f_j$，表示同频的码分复用的 DS 信号，$p_i(t)\neq p_j(t)$ 且正交；$p_i(t)\cdot p_j(t)\neq 1$，在直流和频率为 $2f_i$ 处表现为低幅度的宽带信号，经窄带带通滤波器输出为窄带噪声。

事实上，通信侦察接收机采取宽带射频接收，只能根据输出信号判断信道上存在多少个 DS 信号，多少常规信号，以及每个信号对应工作频率的大小。

如果从频域检测 DS 信号，就是在乘法器之后对宽带输出进行功率谱分析，寻找高于门限功率点对应的所有频率 f_{d_i}，判定 DS 信号的频率 $f_{o\_i}=\dfrac{f_{d\_i}}{2}$。

如果从时域检测 DS 信号，就是在乘法器之后采用扫频的窄带带通滤波器，同时检侧带通滤波器输出信号的大小，一旦带通滤波器输出信号超过检测门限，确定信道上存在 DS 信号，检查滤波器的中心频率 f_{BF_i}，判定 DS 信号的频率 $f_{o\_i}=\dfrac{f_{BF\_i}}{2}$。根据 i 的个数，确定信道上同时在哪些频率上存在 DS 信号。

3）常规信号与 DS 信号同时存在

假设信道上 $r(t)=A\cos(2\pi f_1 t+\theta)+Bm(t)p(t)\cos(2\pi f_0 t+\theta)+n(t)$，即常规信号和 DS 信号同时存在，其中，$Bm(t)p(t)\cos(2\pi f_0 t+\theta)$ 表示接收机宽带内的 DS 信号，$A\cos(2\pi f_1 t+\theta)$ 表示接收机宽带内的常规信号，$n(t)$ 表示接收机宽带内的加性噪声。为了简化算法，假设两路宽带放大器的延时 $\tau_A=\tau_B=0$，$S(t)$ 经过分路、两路宽带放大器后可得 $S_A(t)$ 和 $S_B(t)$，将它们送入相乘器经过相乘后，其输出为

$$y(t) = S_A(t) \cdot S_B(t)$$
$$= [Bm(t)p(t)\cos(2\pi f_0 t + \theta) + A\cos(2\pi f_1 t + \theta) + n(t)]^2$$
$$= B^2 m^2(t)p^2(t)\cos^2(2\pi f_0 t + \theta) + A^2\cos^2(2\pi f_1 t + \theta) + n^2(t) +$$
$$2ABm(t)p(t)\cos(2\pi f_0 t + \theta)\cos(2\pi f_1 t + \theta) +$$
$$2Bm(t)p(t)\cos(2\pi f_0 t + \theta)n(t) + 2A\cos(2\pi f_1 t + \theta)n(t) \quad (9-1-9)$$

第一项 $B^2 m^2(t)p^2(t)\cos^2(2\pi f_0 t + \theta)$ 为 DS 信号在频率为 $2f_0$ 处产生的连续波, 窄带滤波器中心频率为 $2f_0$ 时有输出;

第二项 $A^2\cos^2(2\pi f_1 t + \theta)$ 为常规信号, 窄带滤波器中心频率为 $2f_1$ 时有输出;

第三项 $n^2(t)$ 为宽带噪声, 窄带的带通滤波器输出为窄带噪声;

第四项 $2ABm(t)p(t)\cos(2\pi f_0 t + \theta)\cos(2\pi f_1 t + \theta)$ 为扩频信号, 经窄带带通滤波器输出为窄带噪声;

第五项 $2Bm(t)p(t)\cos(2\pi f_0 t + \theta)n(t)$ 为含噪的扩频信号, 经窄带带通滤波器输出为窄带噪声;

第六项 $2A\cos(2\pi f_1 t + \theta)n(t)$ 为含噪的常规信号, 窄带的带通滤波器有输出。

由此可见, 当常规信号和 DS 信号同时存在时, 不仅 DS 信号在其载波二倍频处有输出, 常规信号在原信号频率和载波二倍频处均有输出, 因此这种方法很难将同时存在的常规信号和扩频信号分开。

侦察时不可能预先知道信道上信号情况, 侦察设备首先对接收信号进行频谱分析, 找出常规信号所在频率, 然后对信号进行平方倍频法检测, 测量超出门限的输出信号中心频率 f_{BF_i}, 最后分析判断输出信号中心频率 f_{BF_i} 对应的是普通的常规信号还是 DS 信号; 如果 f_{BF_i} 等于常规信号频率或常规信号频率的两倍, 我们可以认为 f_{BF_i} 由常规信号产生; 否则, 判定 DS 信号的频率 $f_{o\_i} = \dfrac{f_{BF\_i}}{2}$。值得注意的是, 当 DS 信号的载频与常规信号的载频相同时, 采用这种方法进行 DS 信号频率判别可能会造成 DS 信号的漏检。

3. 用数字相关法进行参数估计

宽带侦察接收机的接收信号 $r(t) = A \cdot m(t)p(t)\cos(2\pi f_0 t + \theta) + n(t)$, 对信号进行解调, 噪声经过解调器仍然为噪声, 得到基带的接收信号 $s(t) = A \cdot m(t)p(t) + n(t)$ 并进行宽带高速 A/D 转换, 得到数字序列 $\{s(n)\}$, 截取其中较长的一段, 即

$$s(i) = A \cdot m(i)p(i) + n(i) \quad (i = j+1, j+2, \cdots, j+M)$$

其中, j 是数字序列 $\{s(n)\}$ 中的起始位置, 可以从 $j = 0$ 开始。

在 A/D 转换时, 采样速率为 f_s, 采样间隔 $T_s = \dfrac{1}{f_s}$, 在一个扩频码周期 T_c 中, 采样点数为 $\dfrac{T_c}{T_s} \leqslant M$; 在一个信码 T_m 中, 采样点数为 $\dfrac{T_m}{T_s}$。

1) 扩频码周期估计

计算其自相关函数, 即

$$R(q) = \frac{1}{M-q} \sum_{i=q+1}^{M} s(i) \cdot s(i-q)$$

$$= \frac{1}{M-q} \sum_{i=q+1}^{M} [A \cdot m(i)p(i) + n(i)] \cdot [A \cdot m(i-q)p(i-q) + n(i-q)]$$

$$= \frac{A}{M-q} \sum_{i=q+1}^{M} n(i) \cdot m(i-q)p(i-q) + \frac{A}{M-q} \sum_{i=q+1}^{M} n(i-q)m(i)p(i) +$$

$$\frac{1}{M-q} \sum_{i=q+1}^{M} n(i-q)n(i) + \frac{A^2}{M-q} \sum_{i=q+1}^{M} m(i)p(i)m(i-q)p(i-q) \quad (9-1-10)$$

其中，$q = 0, 1, 2, \cdots, M-1$。

假设信道上不存在 DS 信号，则 $A=0$，$s(i)=n(i)$，则 $R(q) = \frac{1}{M-q} \sum_{i=q+1}^{M} n(i) \cdot n(i-q)$。改变 q 的大小，得到自相关函数序列 $R(q)$，$q = 0, 1, 2, \cdots$。由于噪声与噪声不具有相关性，$R(q)$ 不会出现峰值。假设信道上存在 DS 信号，则 $A \neq 0$，为方便起见，假设 $A=1$，则中频数字序列 $S(i) = m(i)p(i) + n(i)$。

改变 q 得到自相关函数序列 $R(q)$，$q = 0, 1, 2, \cdots, M-1$。式 $(9-1-10)$ 的前三项由于噪声与信号、噪声与噪声不具有相关性，改变 q 不会对 $R(q)$ 出现峰值的大小和位置产生影响。式 $(9-1-10)$ 的第四项为

$$R_{ss}(q) = \frac{1}{M-q} \sum_{i=q+1}^{M} m(i)p(i)m(i-q)p(i-q)$$

在改变 q 的过程中，如果 $q \neq \frac{T_c}{T_s}$，则 $p(i)p(i-q) = \pm 1$，$R_{ss}(q)$ 很小，不会出现峰值；如果 $q = \frac{T_c}{T_s}$，$p(i)p(i-q) = 1$，$R_{ss}(q) = \frac{1}{M-q} \sum_{i=q+1}^{M} m(i)m(i-q)$，因为一个扩频周期中的信码个数 $\frac{T_c}{T_m}$ 通常为大于等于 ± 1 的整数，特别当 $T_c = T_m$ 时，$m(i)m(i-q) = 1$ 和 $m(i)$ $m(i-q) = -1$ 第四项 $R_{ss}(q)$ 出现峰值，即相关峰。继续改变 q，当 q 为 $\frac{T_c}{T_s} = \frac{T_m}{T_s}$ 的整数倍时，$p(i)p(i-q) = 1$，无论 $m(i)m(i-q) = 1$ 或者 $m(i)m(i-q) = -1$，第四项仍然出现相关峰。

侦察计算自相关函数序列 $R(q)$，$q = 1, 2, \cdots$。查找 $R(q)$ 中是否存在明显的相关峰，判断是否存在 DS 信号。如果存在 DS 信号，可以根据相邻相关峰之间的位置差 ΔK，计算一个扩频码周期 T_c 内采样点的个数，即 $\Delta K T_s = T_c$，可以估计扩频码周期 T_c 和信息码的宽度 T_m，进而得到信息码的码元速率 $R_m = \frac{1}{T_m}$。

2）信码估计

根据估计的扩频码周期 T_c，计算在一个扩频码周期 T_c 中，采样点数 $K = \frac{T_c}{T_s}$，如果采样点 M 足够大，$\{s(n)\}$ 中包含多个信息码，第一个信码与第 p 个信码的相关值为

$$R_x(p) = \sum_{i=0}^{M} s(i) \cdot s(i + P \cdot K) \quad P \geqslant 2$$

如果 $R_x(p) > 0$，第 p 个信码与第一个信码相同；如果 $R_x(p) < 0$，第 p 个信码与第一个信码相反，这样估计出的信息码序列 $m_e(i)$，根据一个信号中的采样点数 $K = \dfrac{T_c}{T_m} = \dfrac{T_m}{T_s}$ 恢复信息码序列 $m_e(t)$，当然，估计出的 $m_e(t)$ 与真实的信息码序列 $m(t)$ 可能一致，也可能相反。

3）扩频码估计

将估计出的信息码序列 $m_e(t)$ 与信号载频相乘，$S_{PSK} = m_e(t)\cos(2\pi f_0 t)$ 是信息码序列的 PSK 调制信号，接收的 DS 信号 $r(t) = A \cdot m(t)p(t)\cos(2\pi f_0 t + \theta) + n(t)$，则

$$r(t)S_{PSK} = [A \cdot m(t)p(t)\cos(2\pi f_0 t + \theta) + n(t)]m_e(t)\cos(2\pi f_0 t)$$

$$= A \cdot m(t)p(t)\cos(2\pi f_0 t + \theta)m_e(t)\cos(2\pi f_0 t) + n(t)m_e(t)\cos(2\pi f_0 t)$$

因为 $m_e(t)$ 与 $m(t)$ 可能一致，也可能相反，$m_e(t)m(t) = \pm 1$，则

$$r(t)S_{PSK} = \pm \frac{1}{2}p(t)\cos\theta + \left[\pm \frac{1}{2}p(t)\cos(2\pi \cdot 2f_0 t + \theta)\right] + n(t)m(t)\cos(2\pi f_0 t)$$

经低通滤波器，输出 $\dfrac{\cos\theta}{2}p(t)$，即得基带的扩频码序列 $p(t)$，对扩频码序列进行分析，可以得到扩频码宽度 T_p、DS 信号带宽 B_{DS} 等。

DS 信号的检测、参数估计方法研究一直是通信对抗侦察的难点，上面仅仅从原理上进行了分析，实际中还有许多问题需要解决。目前，直扩信号参数估计包括伪随机码周期估计、伪随机码速率估计、伪随机码估计、信码估计等，其中，伪随机码周期估计方法有二次功率谱方法和倒谱法等；伪随机码速率的估计方法有幂律包络检波法、预滤波延时相乘法、相关积累法和周期谱法等；伪随机序列的估计算法有特征分析法、神经网络法、相位叠加法等；在估计出伪随机序列的前提下，信码估计也就不是问题了。如何实现在低信噪比情况下 DS 信号的检测与参数估计问题，需要比较强的理论，这里不详细进行讨论。

9.1.3　对直接序列扩频通信的干扰

直扩通信信号的带宽很宽，但载频在通信过程中是固定不变的，因此，我们可以将直扩通信看成是一种特殊的定频通信，对直扩通信可以采用常规的瞄准式干扰；在直扩通信系统中，伪码同步是实现相关解扩、进行信息解调（即对信息码解调）的关键前提，因此，我们还可以采用对直扩伪码同步的灵巧式干扰。

在一定的条件下，对 DS 信号的瞄准式干扰是有效的，DS 信号的频谱很宽，对 DS 信号的瞄准式干扰又可以分为单频干扰、干扰信号带宽窄于 DS 信号带宽的部分频带干扰、干扰信号带宽大于等于 DS 信号带宽的宽带干扰、与 DS 信号的扩频码序列相同或相近的相关干扰。

在直扩通信系统中，衡量系统抗干扰性能的指标是处理增益，因此，通常我们用 DS 系统对干扰的处理增益 $G_j = \dfrac{P_{so}/P_{jo}}{P_{si}/P_{ji}}$ 来比较不同干扰样式对 DS 通信的干扰效果。P_{so}/P_{jo} 和

P_{si}/P_{ji} 分别为相关解扩器的输出信干比与输入信干比。G_j 越高，表示 DS 系统的抗干扰能力越强，干扰效果越差。

对 DS 信号干扰效果分析的模型框图如图 9-1-7 所示。叠加了干扰的 DS 信号，经接收通道后送入相关解扩器，DS 信号被解扩还原为仅受信码调制的窄带信号，而干扰信号和噪声与本地相关伪码 $p(t)$ 相乘，其时域表达式见式(9-1-2)。由于干扰与伪码 $p(t)$ 不相关，根据频域卷积定理，相乘器输出干扰的功率谱密度为

$$S_{jo}(f) = S_{ji}(f) * S_P(f) = \int_{-\infty}^{\infty} S_{ji}(v) \cdot S_P(f-v)dv$$

其中，$S_{ji}(f)$、$S_{jo}(f)$ 分别为相乘器输入、输出干扰的功率谱密度；$S_P(f)$ 为本地相关伪码 $p(t)$ 的功率谱密度，当扩频码为码长很长的 m 序列时，其功率谱密度近似为

$$S_P(f) = T_P \left(\frac{\sin \pi f T_P}{\pi f T_P} \right)^2 = T_P \mathrm{Sa}^2(\pi f T_P) \tag{9-1-11}$$

显然，相乘器输出干扰的频谱宽度将大于或至少等于扩频码的宽度，被展宽后的干扰再经窄带滤波后，大部分的干扰频谱分量将被滤除，设窄带滤波器的中心频率为 f_c，带宽 B_m，则

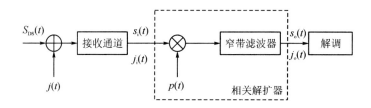

图 9-1-7　对 DS 信号干扰效果分析的模型框图

相关解扩后的输出干扰功率为

$$P_{jo} = \int_{f_c - \frac{B_m}{2}}^{f_c + \frac{B_m}{2}} S_{jo}(f)df \tag{9-1-12}$$

1. 瞄准式干扰

1）单频干扰

单频干扰的一般表达式为 $j_{cw}(t) = A_{cj}\cos(w_j t + \varphi_j)$，其功率谱密度可表示为 $S_{ji}(f) = \frac{P_j}{2}[\delta(f-f_j) + \delta(f+f_j)]$。与本地相关伪码进行相关解扩的结果是将相关伪码的频谱在频率上搬移一个 f_j，若相关伪码为 m 序列，则相乘输出干扰的功率谱密度为

$$S_{jo}(f) = S_{ji}(f) * S_P(f) = \frac{1}{2} P_j T_P \mathrm{Sa}^2[\pi(f-f_j)T_P] \tag{9-1-13}$$

相关解扩后的输出干扰功率为

$$P_{jo} = \int_{f_c - \frac{B_m}{2}}^{f_c + \frac{B_m}{2}} S_{jo}(f)df = \frac{1}{2} \int_{f_c - \frac{B_m}{2}}^{f_c + \frac{B_m}{2}} P_j T_P \mathrm{Sa}^2[\pi(f-f_j)T_P]df < \frac{1}{2} P_j T_P B_m \tag{9-1-14}$$

当单频干扰的频率 f_j 与 DS 信号的频谱中心相重合时，P_{jo} 最大，DS 系统对单频干扰的处理增益为

$$G_j = \frac{P_{so}/P_{jo}}{P_{si}/P_{ji}} = \frac{P_{ji}}{P_{jo}} > \frac{2P_j}{P_j T_P B_m} = \frac{B_{DS}}{B_m} = k \qquad (9-1-15(a))$$

或

$$G_j > 10 \lg k \qquad (\mathrm{dB}) \qquad (9-1-15(b))$$

参照通信原理的分析结论，对于采用 BPSK 调制方式的 DS 系统的误码率可表示为

$$P_e = \frac{1}{2} \mathrm{erfc} \left[\sqrt{\frac{P_{so}}{P_{jo} + N_o}} \right] = \frac{1}{2} \mathrm{erfc} \left[\sqrt{G_j \cdot \frac{P_{si}}{P_{ji}} \cdot \frac{1}{1 + \frac{N_o}{P_{jo}}}} \right] \qquad (9-1-16)$$

由此可见，在输入干信功率比一定的条件下，对单频干扰的处理增益越大，系统的误码率越小，干扰效果越差。

2）部分频带干扰

部分频带干扰是指干扰信号带宽比整个 DS 信号的频谱要窄，设部分频带干扰的带宽为 B_j，到达接收机输入端的干扰信号平均功率为 P_j，由于部分频带干扰的带宽通常远小于 DS 信号带宽，因此，在干信载频差不大的情况下，干扰信号功率不会被接收机通带所抑制，即 $P_{ji} = P_j$。

为了分析方便，这里将输入干扰信号的能量按带内均匀谱来近似处理，设均匀功率谱密度为 j_0，则

$$S_{ji}(f) = \begin{cases} j_0, & |f| \leqslant B_j \\ 0, & |f| > B_j \end{cases} \qquad (9-1-17)$$

输入干扰信号功率可表示为 $P_{ji} = j_0 B_j$。经过接收机相关解扩后，DS 信号解扩还原为仅受信码调制的窄带信号，而干扰信号与本地相关伪码相乘后被展宽，带宽近似等于伪码序列带宽与干扰带宽之和，即 $B'_j \approx B_{DS} + B_j$。相乘器输出干扰功率谱密度为

$$S_{jo}(f) = S_{ji}(f) \cdot S_P(f) \qquad (9-1-18)$$

扩展后的干扰信号再经过窄带滤波器，输出的干扰功率与滤波器带宽 B_m 有关。相关解扩后的输出干扰功率为

$$P_{jo} = \int_{f_c - \frac{B_m}{2}}^{f_c + \frac{B_m}{2}} S_{jo}(f) \mathrm{d}f < B_m \frac{P_j}{B_{DS} + B_j} \qquad (9-1-19)$$

令 K 为干扰信号带宽 B_j 与滤波器带宽 B_m 之比，$\frac{B_j}{B_m} = K$，则 $P_{jo} < \frac{P_j}{K+k}$ 同样，当部分频带干扰的频谱中心瞄准 DS 信号频谱中心时，P_{jo} 最大。由此可以求出直扩系统对瞄准 DS 载频的部分频带干扰的处理增益为

$$G_j = 10 \lg \frac{P_j}{P_{jo}} > 10 \lg \frac{P_j}{P_j/(k+K)} = 10 \lg(k+K) > 10 \lg k \quad (\mathrm{dB}) \ (9-1-20)$$

单频干扰是部分频带干扰的特例。从处理增益上看，DS 系统对部分频带干扰的处理增益略大于单频干扰，但在扩频增益 k 很大时，K 可以忽略，考虑到单频干扰的规则性等不利因素，因此，采用部分频带干扰多于单频干扰。

部分频带干扰的干扰样式既可以是采用随机噪声调制或伪随机码键控的任一种通信体

制的干扰信号，也可以是未调制的随机噪声干扰，还可以是多频干扰，其干扰效果主要取决于干扰带宽。

部分频带干扰无需掌握直扩通信的伪随机码及其参数，仅需通过信号检测掌握直扩通信中心频率即可实施干扰，因此在技术上较易实现，但所需干扰功率较大。此外，部分频带瞄准式干扰不易长时间实施，因为直扩通信系统接收机利用信号与干扰在频域上的差异，可以采用自适应窄带干扰抵消技术、窄带陷波技术等措施，在接收机输入端有效地抑制这种干扰，而使直扩通信仍能正常工作。

3）宽带干扰

设宽带干扰的带宽为 B_j，到达接收机输入端的干扰信号平均功率为 P_j，由于宽带干扰的带宽接近、甚至大于等于 DS 信号带宽，必须考虑干扰信号功率受接收机通带抑制的情况，即 $P_{ji}=\xi P_j$，$\xi \leqslant 1$。

同样，宽带干扰信号经过接收机相关解扩后频谱被展宽，输出干扰信号带宽 $B_j'\approx B_{DS}+B_j$。扩展后的干扰信号再经过窄带滤波器，输出的干扰功率与滤波器带宽 B_m 有关，假设干扰信号的能量按带内均匀谱处理，则解扩器输出干扰功率为

$$P_{jo} < \frac{B_m}{B_{DS}+B_j}P_{ji} = \frac{\xi P_j}{k+K} \tag{9-1-21}$$

由此可以求出直扩系统对宽带干扰的处理增益为

$$G_j > 10\lg \frac{P_s}{\xi P_j/(k+K)} - 10\lg \frac{P_s}{P_j} > 10\lg \frac{k+K}{\xi} > 10\lg(k+K) \quad (dB) \tag{9-1-22}$$

例 1　当干扰带宽 B_j 等于 DS 信号带宽 B_{DS}，并且干信载频差为 0 时，$\xi=1$，经相关器被展宽的输出干扰信号带宽 $B_j'\approx 2B_{DS}$，$K-\frac{B_j}{B_m}-k$，$P_{jo}<\frac{B_j}{B_m'}P_{ji}\approx\frac{\xi P_j}{2k}-\frac{P_j}{2k}$，处理增益为

$$G_j = 10\lg \frac{k+K}{\xi} > 10\lg 2k = 10\lg k + 3 \quad (dB)$$

由此可见，采用带宽等于 DS 信号带宽的宽带干扰，欲达到同样的干扰效果，其干扰功率要比窄带干扰大。当干信载频差不为 0 时，$\xi<1$，处理增益变大，干扰效果变差。

例 2　当干扰带宽 B_j 大于 DS 信号带宽时，$\xi<1$，经相关器被展宽的输出干扰信号带宽仍近似等于 $2B_{DS}$，处理增益为

$$G_j = 10\lg \frac{2k}{\xi} > 10\lg k + 3 \quad (dB)$$

处理增益变大，干扰效果变差。

例 3　采用频率在一定范围内的多频干扰对 DS 系统的干扰效果取决于多频干扰的频率范围，当多频干扰的频率范围小于 DS 信号带宽 B_{DS}，并且干信载频差不大时，使得 $\xi=1$，则多频干扰相关展宽的输出干扰信号带宽为 $B_{DS}<B_j'<2B_{DS}$，经过窄带滤波器输出的干扰功率为

$$\frac{P_j}{2k} < P_{jo} = \frac{B_m}{B_j}P_{ji} < \frac{P_j}{k}$$

处理增益为

$$10\lg k < G_j < 10\lg k + 3 \quad (dB)$$

由此可见，从处理增益的角度看，对直扩通信采用宽带干扰的干扰效果不如窄带干扰，尤其是带宽大于 DS 信号带宽 B 时，干扰功率势必受到接收机前端滤波系统抑制，干扰效果更差。

宽带干扰与部分频带干扰相似，其干扰样式既可以是采用随机噪声调制或伪随机码键控的任何一种通信体制的干扰信号，也可以是未调制的随机噪声干扰，还可以采用宽度较窄的周期脉冲干扰。

4）相关干扰

根据对扩频码序列的瞄准程度，相关干扰又分为完全相关伪码干扰和相关伪码干扰两类。完全相关伪码干扰是指干扰方掌握了欲干扰的某特定信道的直扩通信伪码序列图案，并采用此伪码序列调制的干扰信号对该直扩通信实施的瞄准式干扰。此时，在频域上，干扰瞄准了信号的载频和频宽；在时域上，干扰和信号的伪码速率相同，伪码序列图案相同，且两者精确同步，即时域波形相同，故完全相关伪码干扰又称为波形瞄准式干扰。

显然，完全相关伪码干扰进入接收机后，将和有用信号一样被解扩和恢复。也就是说，干扰信号经相关解扩与滤波后，干扰与 DS 信号一样不被衰减，有 $P_{jo} = P_{ji} = P_j$。在无损耗系统中和不考虑噪声的情况下，直扩通信系统接收机对完全相关伪码干扰的处理增益为

$$G_j = 10\lg \frac{P_{ji}}{P_{jo}} = 0 \ \text{(dB)} \qquad (9-1-23)$$

由此可见，当接收系统无处理增益时，会出现一种最佳的干扰样式。然而，采用此种干扰样式需要完全掌握通信系统所使用的扩频码，同时使进入接收机的干扰和有用信号的扩频码同步，这显然是十分困难的。因为扩频系统所使用的伪码序列都有一定长度，破译伪码序列是十分困难的。退一步而言，即使掌握了伪码序列，如何保证与接收机的伪码保持同步仍然是不易做到的。这其中包括通信发射机和干扰发射机离接收机距离不同而带来的相位差所形成的同步困难。

如果干扰方无法掌握敌方的伪码序列，但能掌握该系列直扩通信电台所采用的伪随机码产生器的类型，即伪码序列的类型，则可采用一种与其有一定相关性的伪码序列调制的干扰，在同步较好时，也能达到令人满意的干扰效果，这种干扰就称为相关伪码干扰。设干扰为扩频码 $q(t)$、码宽 T_q、载频 f_j 的 DS 干扰信号，首先，该干扰能够进入 DS 接收机，即要求 $f_j \approx f_c$，$T_q \approx T_p$，与本地相关伪码 $p(t)$ 进行相关解扩，由式（9-1-2）得到相乘器输出的干扰信号为

$$J(t)q(t)\cos(2\pi f_j t + \varphi_j)p(t) = J(t)\cos(2\pi f_j t + \varphi_j)p(t)q(t) \qquad (9-1-24)$$

虽然 $p(t)q(t) \neq 1$，但干扰方为实施最佳相关干扰，总是研究并选择与信号伪码序列能产生最大互相关值的干扰伪码序列，即 $p(t)q(t) \neq 0$。序列的互相关性越大，相关后干扰能量越集中于中心频率处，则通过窄带滤波器的干扰能量越多；并且当干扰载频接近 DS 信号中心频率，相关解扩后干扰的中心频率不会偏离窄带滤波器中心频率太远，这时，通过窄带滤波器的干扰能量就更多，干扰效果也随着输出干扰功率的增加而更好。当然，直扩通信系统接收机对相关伪码干扰的处理增益通常会大于 0 dB，干扰效果要低于完全相关干扰，但对伪码情报的要求低，实现的可行性更大。

2. 对直扩通信同步系统的灵巧式干扰

1）直扩同步

直扩同步是直扩通信系统正常工作的前提，也是直扩通信的致命弱点之一，因此，对直扩同步的干扰属于高效率的灵巧式干扰。

直扩同步涉及的内容主要包括网同步、伪码同步、位同步、帧同步等。其中，伪码同步指是收、发双方的扩频码序列的精确同步，是直扩通信能否实现解扩的关键所在，因此，对直扩伪码同步的干扰能够以较小代价获取有效干扰，是对直扩通信系统实施灵巧式干扰的主要目标之一。

直扩通信系统的相关解扩，不仅要求信码比特间的码元同步，还要求收、发双方的扩频码序列的"起点"对齐，即相位同步，相位同步要求收发双方的伪码相位差必须在 1 比特的范围内，这样相关检测器才有解扩信号输出。实现了相关解扩，即完成了伪码同步后，就可以像常规的数字通信系统一样，通过可靠的位同步、帧同步，实现有效的信息解调和解帧。

一旦对直扩伪码同步的干扰有效，接收机的本地扩频码序列同步被破坏，接收机不能有效地对扩频信号进行解扩，也不可能实现解调、解帧，输出端无有用信息输出，此时的 DS 接收系统对该干扰无处理增益而言，因此，我们可以认为对直扩伪码同步的灵巧式干扰是一种绝对最佳干扰样式。

2）对直扩伪码同步的灵巧式干扰

直扩通信系统的伪码同步分为两个基本过程：同步捕获和同步跟踪。其中，同步捕获又称起始同步，是实现伪码同步的关键环节，只有达到起始同步，系统才能进入跟踪状态，因此对同步捕获的干扰是很有意义的。

在同步捕获阶段，接收端没有发送端扩频码的相位先验信息，必须通过不断改变本地伪码信号的相位来对码相位的不确定区域进行扫描搜索，这就给对同步捕获的干扰提供了可能。当本地伪码信号的相位与接收到的 DS 信号扩频码序列的相位基本一致时，即相位误差落入了跟踪范围内（一般该误差小于码片宽度的一半），说明捕获成功，同步系统停止搜索进入跟踪状态。

DS 通信系统采用的伪随机码序列的最基本的特征就是具有尖锐的自相关特性和尽可能小的互相关特性，扩频码捕获就是利用其尖锐的自相关特性来完成的。通常，将接收到的 DS 信号与本地扩频码序列进行相关运算，由同步判决电路不断地检测相关器的输出，如果相关器输出相关峰信号超过判决门限，说明本地参考信号可能已经与接收到的扩频信号同步。如果干扰方施加的干扰信号能够进入接收机的相关器，使得相关峰的检测出现"漏检"（当相位对齐时，判决为不同步）和"虚警"（当相位未对齐时，判决为同步）的概率增加，或者捕获时间延长，都可以认为对直扩伪码同步的干扰有效。对同步捕获的干扰方式也分为压制性干扰和欺骗性干扰两大类。

（1）对同步捕获的压制性干扰。滑动相关器搜索法是直扩通信系统实现同步捕获的基本方法，其原理框图如图 9-1-8 所示。

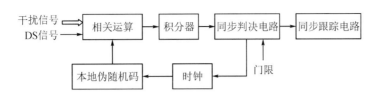

图 9-1-8 滑动相关器搜索法的原理框图

接收机在同步搜索的过程中，通过调整本地伪随机码产生器的时钟速率，使之以不同于发射端的伪码速率工作，这就使得收、发伪码之间产生相对"滑动"。若接收端码速率大于发射端码速率，则接收端伪码相对于发射端伪码滑动超前；反之，若接收端码速率小于发射端码速率，则接收端伪码滑动滞后。一旦达到同步，即两个伪码序列重合时，相关器就会产生较大的相关峰信号输出。同步判决电路不断将相关器输出与判决门限相比较，如果相关峰值超过判决门限，控制电路便停止伪码滑动，启动同步跟踪电路。

正因为这种滑动搜索的方式，给对同步捕获的压制性干扰提供了可能。如果干扰方施加一个瞄准程度较高的压制性干扰信号，进入接收机的相关器，这时只要干扰功率达到一定要求，必然使得相关峰的检测电路工作异常，出现"漏检"和"虚警"的概率明显增大，或者捕获时间明显增加，干扰有效。

滑动相关器搜索法的最大优点是电路简单、技术成熟。缺点是同步时间长，因为它是一个码元一个码元地滑动过去的，当码相位的不确定性大时，相当费时间，很难满足快速同步的要求。

（2）对同步捕获的欺骗性干扰。滑动相关器搜索法的搜索时间如果过长，就失去了实用价值。目前，在滑动相关器的基础上出现了一些改进的同步捕获方法，以缩短序列的不确定性，降低滑动相关的时间。例如，目前普遍采用同步头法（同步引导法）来完成起始同步，这种方法使用了一种特殊的码序列，称为"同步头"，由于这种同步头很短，使得完成起始同步的搜索时间缩短。发射机在发出数据信息之前先发同步头，供每一个用户接收，建立起同步，并且一直保持住，然后再发信息数据。

正因为同步头很短的原因，使得同步头法有一个明显的弱点，就是同步建立时间和抗干扰能力之间有矛盾。因为同步头可以迅速地建立同步，但是同步头也容易被敌人破获，受到敌方干扰，引起假同步的可能性较大，从而给对同步捕获的欺骗性干扰提供了可能。

干扰方根据破获的同步头及其速率，引入一定偏差后重新调制到估计的载波频率上再生出欺骗式干扰信号发射出去。为了保证欺骗干扰有效，可以采用相位微扫技术或步进相位技术，使得干扰信号的初相周期性地滑动，如每周期移动半个码元宽度，从而保证干扰信号码与扩频接收机本地码的相位差小于一个码元，扩频接收机在进行同步捕获、跟踪调整的过程中，原本不同步的两路伪码经过一定时间后，可能在某一时刻干扰码会与本地码相位同步。这时只要干扰功率达到一定要求，扩频接收机将会出现与信号本地码同步、与欺骗干扰信号同步（"虚警"）、或者直接将欺骗干扰信号解扩等多种随机情况，从而周期性地破坏接收机的同步环路、延长捕获时间，其结果是一方面可能造成接收机同步被破坏（"漏检"或"虚警"的概率增大）；另一方面可能使接收机接收到的信息因加上干扰噪声而被破坏（"误码率"增大），甚至迫使其与欺骗干扰信号同步（"虚警"），从而达到以低功率实现对 DS 系统灵巧式干扰的目的。

9.2 跳频通信侦察干扰原理

9.2.1 跳频通信系统工作原理

通信系统如果在一个频率点上工作时间较长，很可能被敌人侦察或干扰，为了防止通信信号被对方截获，保证信号的安全传递，跳频通信系统在发送信号的同时，不断改变发射机和接收机工作频率，而且频率跳变的规律是随机的，这样使得通信对抗方进行侦察、截获和干扰的难度大大增加了。由于信号频率的不断跳变，必然要占据很大的频带宽度，所以跳频通信属于扩频范畴。

跳频通信系统的基本结构如图 9-2-1 所示。在发送端，信码 $m(t)$ 可以是模拟信号，也可以是数字信号，经调制后成为中频信号，中频频率 f_i；将信码 $m(t)$ 的通信时间分成 N 个时间段(时隙)，在每个时间段内，变频器根据伪随机码产生器产生的伪码 $p(t)$ 选定不同的本振频率 $f_{L1}，f_{L2}，\cdots，f_{LN}$，混频器输出射频信号的载频 $f_{c1}＝f_{L1}－f_i，f_{c2}＝f_{L2}－f_i，\cdots，f_{cN}＝f_{LN}－f_i$。

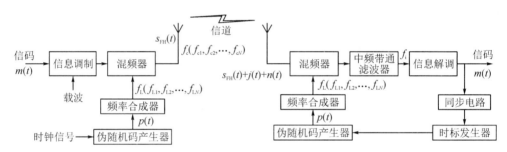

图 9-2-1　跳频通信系统的基本结构

在接收端，在每个时间段内，变频器按照与发射端同样的由伪随机码产生器产生的伪码 $p(t)$ 选定本地参考信号 $f_{L1}，f_{L2}，\cdots，f_{LN}$，因为发射机和接收机的码序列变化一致(习惯上称为同步)，接收到的跳频信号 $f_c(f_{c1}，f_{c2}，\cdots，f_{cN})$ 与本地参考信号 $f_L(f_{L1}，f_{L2}，\cdots，f_{LN})$ 混频后，通过接收机的中频带通滤波器，得到一个恒定的差频信号 $f_i＝f_{L1}－f_{c1}＝\cdots＝f_{LN}－f_{cN}$ (固定中频)，再经中放和解调便可恢复原发送端的信码 $m(t)$。

在 N 个时间段内的某一时间段 j，跳频信号是载频为 f_{cj} 的窄带信号，其占用的带宽就是跳频信号的瞬时信号带宽 B_{cj} 载波，f_{cj} 是随时间跳变的，所以称其为跳频载波或者时变载波频率；每秒内跳频载波变化的次数被称为跳频速率 V_h；每次频率跳变前在一个载波频率点上停留的时间段被称为载波驻留时间 T_h；在整个通信时间段内，跳频信号的载频遍及了 $f_{c1}，f_{c2}，\cdots，f_{cN}$，占用的总频带宽度范围被称为系统带宽。跳频载波每次变化的大小是随机的，跳频载波之间的最小频率间隔被称为信道间隔，一般要求跳频载波每次跳变的频率变化量为信道间隔的整数倍。

跳频信号的调制方式可以采用模拟调制或者数字调制。跳频系统除了可以采用模拟信息调制外，更多地采用数字信息调制方式。

（1）模拟调制通常采用调幅/跳频（AM/FH），调频/跳频（FM/FH）和调相/跳频（PM/FH）等方法。在接收端，首先要"解跳"，即把跳变信号变成固定的中频信号，然后再对固定中频信号按常规的方式解调。AM/FH 信号的波形"包络"起伏大，一般使用较少；PM/FH信号的"包络"恒定，隐蔽性和保密性较好，但 PM/FH 信号通过载波的相位变化来传输信息，由于接收端产生的跳频本振信号的每一载频的初相是随机的，一般很难达到和发射机"理想"同步，实现 PM/FH 信号的解调是比较困难的，应用较少；FM/FH 信号的"包络"恒定，隐蔽性和保密性较好，只要跳频信号的发送与接收高度相干（理想同步），就能保证信号在"解跳"后的中频信号不发生相位跳变，实现信号的解调。

（2）数字调制通常采用振幅键控/跳频（ASK/FH），频率键控/跳频（FSK/FH）和相位键控/跳频（PSK/FH）等。ASK/FH 信号由于包络幅度不恒定，使用不多；PSK/FH 信号的解调，由于接收机的载波跳变时参考相位的不确定性，难以实现信息码的解调判决；FSK/FH 信号由于具有包络恒定，隐蔽性、保密性较好的特点而成为跳频系统最普遍采用的调制方式。

例如，2FSK 用二进制信息码（"0"或"1"）来控制载波频率在两个固定频率 f_a、f_b 之间变化，在 FSK/FH 跳频系统中，当跳频载波 f_{cj} 时，实际发生频率应为

$$f_{cj} + \frac{|f_a - f_b|}{2}$$

或者

$$f_{cj} - \frac{|f_a - f_b|}{2}$$

单位时间可以传送的信息比特数是数字信号的信息速率 R_b，R_b 与跳频速率 v_h 比较，$\frac{R_b}{v_h}$ 表示每跳传送的信息速率，如果 $\frac{R_b}{v_h} \leqslant 1$，表示快跳频；如果 $\frac{R_b}{v_h} > 1$，表示慢跳频。

9.2.2 跳频通信侦察

军用跳频电台的频率范围很宽，侦察接收机与通信发射机的频率合成器之间难以保持相位相干，跳频通信的内调制方式通常采取 MFSK、DPSK，工作时最高频率与最低频率之间所占的频带宽度（跳频带宽）一般都非常宽，即可以全频段跳频，也可以分频段跳频；同时工作的跳频网台一般有多个，在复杂多变的通信信号环境中，还有大量的定频电台同时工作，由于 FH 信号的瞬时工作频率不断地跳变，具体频率不确定，因此，对跳频通信侦察应该包括：对 FH 信号的截获、分选、拼接，然后进行信号参数估计、调制方式分析、解调等处理。

1. 跳频信号的截获

跳频信号区分于其他信号的最大特点就是它的频率随时间做伪随机跳变，一方面，常规通信体制的搜索接收机中选频电路带宽窄，信号在选频电路中的建立和消失的过渡时间大；另一方面，FH 信号的侦察接收要求接收机有很高的扫频速率。因此常规通信体制的搜索接收机不适于对 FH 信号的搜索与截获。

只有敌方电台进行跳频通信时，跳频侦察设备才进行跳频信号的接收与处理，但敌方

电台何时开始工作事先未知，因此，跳频信号的截获实质上是跳频信号的盲检测问题。

　　在不知道跳频信号的功率、跳频图案、载波相位、跳变时刻、跳频速率等参数的实际侦察中，截获 FH 信号通常采用射频带宽很宽的接收机，将某个侦察频带中的所有信号同时送入接收机，然后通过一定的技术手段将不同频率上的信号区分出来，从根本上解决扫频速率与实际电路惰性矛盾的问题。

　　跳频信号侦察设备不仅要截获跳频信号，还要进行参数估计、信号分选，因此，需要采用侦察系统截获跳频信号。

　　按照各个部分的功能，跳频信号侦察系统一般包括信号截获席位、信号分析席位、测向席位等，如图 9 - 2 - 2 所示。

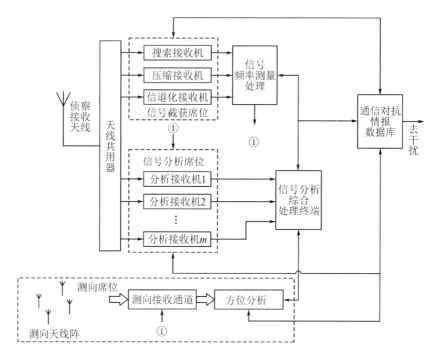

图 9 - 2 - 2　跳频信号侦察系统的配置示意图

1）信号截获席位

　　信号截获席位的任务主要是利用频率侦察设备，对信号进行频率测量，将测量到的信号频率送入通信对抗情报数据库、分析席位和测向席位。信号截获席位常用的接收机主要有搜索接收机、压缩接收机、信道化接收机、射频宽带数字化接收机等。其中，搜索接收机主要用于定频信号的搜索截获；压缩接收机完成跳频信号的快速截获，压缩接收机以串行形式输出信号，采用高速逻辑器件和电路处理接收机的输出，配以分析接收机实现跳频网台的分选与识别；信道化接收机可以在快速截获信号的同时进行信号的分析；目前在信号频率测量处理中主要采用数字的方法进行处理，融进了数字化接收机的内容。

　　信号截获席位的配置、各种接收机的数目根据被侦察对象的工作频率范围、跳频速率范围等性质的不同而有所不同，它们既可以组合在一起构成组合接收机，也可以按照任务分工分开配置。

2）信号分析席位

信号分析席位的任务主要是根据信号截获席位分配的频率，对目标信号进行分选、拼接、参数估计、调制方式分析、解调等处理，并将结果送入通信对抗情报数据库和搜索席位。信号分析席位主要采用数字化的分析接收机。信号分析席位的工作分为两个方面：一方面，协助截获席位完成信号的检测，将定频信号与跳频信号分离；另一方面，完成截获信号的分选、跳频信号的拼接、参数估计、调制方式分析、解调等。

信道上存在大量信号，并且信号存在时间很短、频率变化很快，根据侦察对象的工作频率范围、跳频速率范围等性质的不同，配置多台分析接收机配合工作。

3）测向席位

测向席位的任务主要是根据信号截获席位或者分析席位分配的目标信号及其对应频率，对目标信号进行测向和定位。对于跳频信号的测向一般选用多接收通道的相位干涉仪测向体制，保证测向的准确度和实时性。

通信对抗情报数据库的任务主要是分析、融合、保存、更新各席位送来的侦察结果，可为各侦察席位提供数据源，也可为通信干扰提供必要的引导参数。通信对抗情报数据库可以配置在信号分析席位上，也可以配置成专门的情报分析席位。

2. 跳频信号的分选与参数估计

随着战场综合管理手段的使用，通信资源利用率得到提高，网络配置灵活、合理，跳频信号的复杂性越来越突出，增强了跳频通信的抗干扰和反侦察能力，进而加大了跳频信号识别和分选的难度。如何从同时存在的大量跳频网台信号中分选出各个跳频网台的信号，为实施干扰或恢复信息提供支援，是跳频通信侦察的一个难题。

对跳频信号的分选与信号参数估计既相互牵制，又相互促进，分选的基础是信号参数估计，分选后特定跳频信号的信号拼接、参数估计、调制方式分析与解调是跳频信号侦察的目的，也是对该跳频信号进行干扰的依据。

对跳频信号分析的方法、算法很多，如基于到达时间的算法、基于聚类循环的算法、基于最大时间相关处理的算法、基于时频分析的频谱瀑布图方法、基于周期谱和子波变换的特征提取算法等。跳频信号是一种频率随时间做伪随机跳变的非平稳信号，时频联合分析可以描述信号频率随时间变化的规律，使我们掌握在某一特定时间、频率范围内信号能量的多少，并能够计算在某一特定时间的频率分布，实现定频、跳频信号的检测、特征参数的提取。

1）定频信号与跳频信号的分离

在通信信号实际空间传输的过程中存在各种干扰和噪声，接收信号发生失真和畸变，观测信号呈现随机特性，需要对信号的有无及存在时间进行检测，达到区分跳频信号与定频信号的目的。

在战场环境下的一定的侦察范围内，大量的定频电台和多个跳频网台同时工作，截获到的信号中有跳频信号，更多的是定频信号。在通信工作时间内，定频信号的工作频率比较稳定，而跳频信号的频率在一定范围内随机跳变。侦察系统首先将定频信号与跳频信号进行分离；然后提取搜索期间出现的、所有定频信号的频率和对应幅度，对定频信号进行分析处理，估计其特征参数、分析其调制方式并解调；最后对跳频信号估计出信号时间、频率、方位、幅度等跳频信号分选的基本特征参数。

　　侦察系统在工作频率范围内进行全方位的搜索、截获,根据侦察接收的信号数据进行时间截断,按照帧的时频分析结果,可得到不同时间段内接收信号的幅度—频率关系。提取一定时间段内接收信号的时间—频率关系(如图 9-2-3 所示)。提取一定时间段内接收信号的幅度—频率关系(如图 9-2-4 所示)。

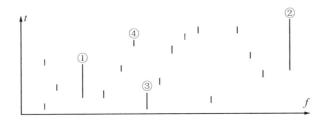

图 9-2-3　一定时间段内接收信号的时间—频率关系示意图

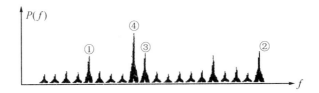

图 9-2-4　一定时间段内接收信号的幅度—频率关系示意图

　　对一定时间段内接收信号的频率进行量化,等级序号为 $i(i=1,2,3,\cdots,N)$ 共 N 个等级,统计不同频率出现的次数 x_i 以得到频率直方图(如图 9-2-5 所示)。

　　区分定频信号与跳频信号的方法是:持续定频信号的频率时间关系稳定;在截获信号的频率直方图中,该频点对应次数较多;在接收信号的幅度—频率关系图中,该频点上信号幅度比较独立(如图 9-2-3~图 9-2-5 中的①、②、③所示)。

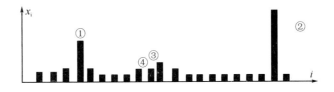

图 9-2-5　截获信号的频率直方图

　　猝发定频信号的频率出现时间较短:在截获信号的频率直方图中,该频点对应次数相对较少;在接收信号的幅度—频率关系图中,该频点上信号幅度比较独立(如图 9-2-3~图 9-2-5 中的④所示)。

　　跳频信号在各个频率点上出现次数、对应幅度大小都比较均匀。

　　2)跳频网台的分选

　　跳频通信具有很强的抗干扰能力、较好的低检测特性和很强的组网能力。对跳频信号侦察分选后还需要从截获的多个跳频信号中筛选出特定的跳频信号,完成跳频网台的分选(简称网台分选),进而将特定跳频信号进行拼接,恢复完整的信号。所以网台分选是跳频通信侦察的一个重要环节。

　　跳频信号的起止时间、驻留时间、方位、幅度等是跳频信号分选的基本特征参数。简单的信号频率一般不能作为跳频信号分选的依据，但如果将侦察信号的频率与时间关系对应，跳频信号的频率—时间关系表现为时间上连续，频率上按一定间隔（或一定间隔的整数倍）变化。跳频信号在每个频率上的持续时间，即频率驻留时间是分选不同速率跳频信号的重要依据。在跳频信号频率—时间关系图中，跳频信号的起止时间是网台分选的重要参数。

　　信号驻留时间是指 FH 信号在一个瞬时频率上的持续时间。测量各个瞬时频率信号的到达时间和结束时间，计算信号在一个瞬时频率上的持续时间，即信号驻留时间。信号驻留时间稳定，可以定为恒速跳频信号，考虑到频率合成器的换频时间，信号驻留时间一般为时隙宽度的 $0.8 \sim 0.9$，时隙宽度的倒数代表跳频速率。对于变速跳频信号，不同时隙的信号驻留时间不等，用信号驻留时间分选信号难度很大。

　　通过无线电测向来得到的信号来波方位角是网台分选的一个重要参数，特别是在正交跳频网中，各电台使用相同的跳频频率集，并且同步跳变，各电台在信号到达时间、信号驻留时间等参数具有一致性，考虑到正交跳频网中各跳频电台所处的地理位置不同，信号到达方位角是网台分选的有效办法。只要目标电台不移动，方位角参数非常稳定，即使目标电台移动或者测向不准确，在大多数情况下，方位角在后续频率跳变中也不会发生很大的突变。

　　跳频信号幅度就是侦察接收机处信号的幅度，由于不同跳频电台的发射功率、与接收机的距离、经过的信道不同，到达接收机处信号的幅度、稳定性不一样，跳频信号幅度可以作为信号分选的一个参数，但电波传播过程中产生的变化以及天线增益可能会使有些频段的信号幅度变化相当大，利用幅度分选信号更为复杂，反而不利于信号分选。

　　通信对抗侦察系统进行跳频网台分选的基本方法是：

　　(1) 根据一定时间段内接收信号的时间—频率关系，统计各个瞬时频率的到达时间，按照找相同驻留时间的原则，可以将跳速（跳频速率）不同的恒速跳频网台区分开来。

　　(2) 通过分选恒速跳频网台，筛选出变速跳频网台。

　　(3) 根据各个瞬时频率的到达时间间隔，计算出各恒速跳频网台的跳频速率。

　　(4) 根据测向定位得到的方位数据，可以将正交跳频网台分离，也可以将变速跳频网台分离。

　　(5) 根据信号幅度—频率关系，可以对位置差距较大、或者强度差距较大的跳频信号进行分离确认。

　　当然，不同类型的 FH 侦察接收系统能够测得的技术参数是不完全相同的，在实施网台分选时，选用的参数不同，分选的方法也不同。为了提高分选的可靠性，通常选用两个或更多的分选参数。

　　3) 跳频信号特征参数估计

　　经过分选后的跳频信号，需要进一步估计其相关参数。跳频频率集、跳频频率数目、跳频速率、跳频序列周期、跳频图案是反映跳频信号特点的主要参数。

　　跳频频率集是跳频电台工作时跳变载波频率点的集合，跳频频率集中频率的个数即为跳频频率数目；跳频速率是指跳频电台载波频率跳变的速率；跳频序列周期是指跳频序列不出现重复的最大长度；跳频通信中载波频率改变的规律叫做跳频图案。在一次跳频通信中，跳频频率集、跳频速率、跳频序列周期、跳频图案是预先设置好的。

在跳频信号工作的时间段内，信号跳变占用的跳频频率集及个数一定，并呈现一定的周期性。当通信对抗侦察系统检测到某指定频段存在跳频信号时，该频段可能并不包含跳频信号的所有跳频频率点，要实现对跳频信号的完全捕获，必须搜索到跳频信号所有的频率点（这点是很难达到的），确定其中心频率和跳频带宽等参数。

通信侦察只能给跳频频率集设置一个空集 $\varnothing$，然后根据对跳频通信侦察得到的 m 个信号频率填充跳频频率集合 f_1、f_2、$\cdots$、f_m，同时估计跳频频率数目 m；根据计算得到的相邻两次频率跳变的时间差 $\Delta t_k = t_{k+1} - t_k$ 为在一个频率点上的驻留时间 $t_{h\_k} \approx \Delta t_k$，进而估计跳频信号的跳频速率 $v_{h\_k} = \dfrac{1}{T_{h\_k}}$，按照每一次频率跳变发生的时刻，形成频率—时间关系图，即得到一次跳频通信的跳频图案，当跳频频率集确定以后，就可以得到跳频带宽；根据对跳频信号的分析，判断跳频信号的调制方式；根据信号频谱分析，得到信号的幅度；根据测向得到信号的来波方位角；等等。

9.2.3　对跳频通信的干扰

跳频通信具有码元驻留时间短、频带宽以及跳频图案随机变化等特点，对跳频通信的干扰效果不仅与跳频宽度、跳频信道总数、跳频速率、跳频图案等因素有关，还受到可被阻断的信道数、阻断时间与通信时间比等因素的制约。对跳频通信的干扰试验表明：

（1）跳频通信的每个频率驻留时间内，当受干扰时间与跳频驻留时间的比值大于某比例时，通信就无法进行，并且跳速不同，这个比例也不同。

（2）在跳频通信的频率集中（即跳频频率集），并不要求全部频率被阻断，只要有部分频率（信道）受到有效干扰，通信就可能无法进行，这个比例的大小也与跳速有关。

（3）受干扰时间的比例与受干扰部分频道数之间有一定依赖关系，对话音跳频通信的一些实验表明：当受干扰信道数只有总信道数的一半（50%）时，受干扰时间必须大于 90% 的通信时间，当受干扰信道数为总信道数的 75% 时，受干扰时间必须大于 50% 的通信时间，当受干扰信道数达到总信道数的 100% 时，受干扰时间大于 30% 的通信时间即可。

对跳频通信的干扰大致可分为常规的瞄准式干扰、拦阻式干扰以及对跳频通信同步系统的灵巧式干扰。显然，跳频通信的参数不同，尤其是跳频速率的快慢，采用各种干扰方式的可行性以及干扰效果都不同。

1. 瞄准式干扰

对跳频通信的瞄准式干扰是指干扰能够瞄准所有跳频点或大部分跳频点有效实施干扰的干扰方式。根据相关知识和实现途径的不同，瞄准式干扰又分为相关瞄准式干扰、频率跟踪瞄准式干扰和频率预测瞄准式干扰。

如果干扰方能够侦察获取跳频频率的跳变特征（即时频特性），可以采取相关瞄准式干扰；如果不能获取频率的跳变特征，但跳频速率不高，干扰机的反应时间能够跟上跳频信号的跳变时间，可以采取频率跟踪式干扰；如果跳频速率很高，又不能获取频率的跳变特征，但能够预测频率的跳变特征，可以采取频率预测瞄准式干扰。

1) 相关瞄准式干扰

如果能够侦察获知敌方跳频通信的频率集和跳频图案，干扰方按照其跳变规律在每个跳频频率驻留时间 T_h 内实施窄带瞄准式干扰，并且所发的干扰信号能与接收信号同频、同步跳变，这种干扰就是相关瞄准式干扰，也称为波形瞄准式干扰，如图 9 - 2 - 6 所示。

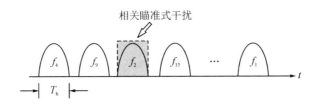

图 9 - 2 - 6　对 FH 信号的相关瞄准式干扰示意图

显然，一旦实现了波形瞄准式干扰，跳频通信的每一个频率点都会受到有效的瞄准式干扰，干扰效果最佳，干扰处理增益 $G_j = 0$ dB。

由此可见，在此种情况下，跳频系统的接收设备对干扰信号无处理增益而言，它是对跳频系统的最佳干扰样式。在实际中，即使是部分频率点的波形瞄准式干扰，只要受干扰的频率点数超过总跳频点数的一半，也是很有意义的。

应该指出的是，在已知敌方跳频通信的频率集和跳频图案时，做到在跳频的每个频率驻留时间内，使跳频信号驻留时间内受到有效干扰是完全可能的，可考虑提前一个电波传播延迟时间发射干扰信号，尽可能保证干扰的每个频率与通信的每个频率驻留时间相重合，或绝大部分时间重合。

采用这种干扰方式的误码率主要取决于解跳后信息解调所产生的误码率 P_e，误码率的大小与信息调制、解调方式以及干扰调制方式有关。

显然，这种干扰方式是以快速、准确获取跳频图案为前提的，其优点是干扰功率集中，干扰效率高，并且不影响己方通信；当然，其缺点也很明显，需要跳频通信的先验知识多。目前，许多战术跳频电台为了提高抗干扰性能和保密性能，其跳频的产生是由系统的时间信息 TOD(Time of Day)、原始密钥 PK(Prime Key)和伪随机码一起经非线性变换后，确定出跳频图案。由于跳频图案的实时性、随机性、复杂性，再加上现代电磁环境复杂多变和通信战术应用等因素，实时进行跳频网台分选和破译跳频图案是非常困难的，通过特殊渠道所得到的技术资料，可以获取敌方跳频通信的频率集和跳频图案，但由于现代先进的跳频系统，其频率集和跳频图案每隔一定周期会重新预制，及时获得较新的技术资料是困难的。

事实上，即使已知敌方跳频通信的频率集和跳频图案，很好地进行同步也是困难的，为了使接收设备对干扰信号的处理增益为 0 dB，要求接收机本地产生的码序列与干扰序列码匹配，才能正确地进行相关解跳。由于时钟漂移，干扰距离的不同，也会导致失步，因而建立很好的同步是困难的。所以，这种方法在理论上可行，在实际中很难实现。

2) 频率跟踪瞄准式干扰

频率跟踪瞄准式干扰也称为频率引导瞄准式干扰，是干扰信号在时域、空域和频域上跟随目标信号变化的一种干扰方式。其基本思路是由引导侦察接收机快速截获跳频信号，一旦侦收到一个跳频频率立即引导干扰机在该频率点上实施干扰，这就要求侦察和引导干扰均在跳频通信的一个跳频驻留时间内完成，如图 9 - 2 - 7 所示。通常，当干扰方不能掌握敌方跳频通信的频率集和跳频图案时，通过对跳频信号及时地侦收、快速分选识别，并跟随跳频频率的变化实施瞄准式干扰。

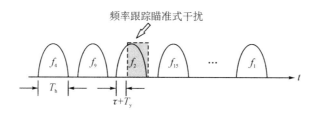

图 9 - 2 - 7　对 FH 信号的频率跟踪瞄准式干扰示意图

早期常规的定频通信，曾在战术上采用改频的方法来对抗通信干扰。频率跟踪式干扰机的出现，使得这种靠改频来对抗干扰的方法不太有效了。跳频通信就是针对频率跟踪式干扰发展而来的，显然，如果跟踪式干扰机能及时地跟踪跳频图案，并能压制每个跳频点的通信，形成相关干扰，这时，干扰处理增益也达到 0 dB，因此说跟踪式干扰仍然是针对跳频通信有巨大威力的干扰方式。

但在实际运用中，频率跟踪瞄准式干扰的干扰效果不能只看处理增益，其实，决定这种干扰是否有效的主要因素是干扰的实时性，或者实际受干扰的时间。因为这种干扰是以快速侦察和引导干扰为前提的，为了使干扰有效，一般要求引导接收机必须在信号的一半驻留时间内完成对信号的搜索、截获、分选与识别，并将干扰机的频率引导到目标信号的频率上，这样才能做到至少保证驻留时间的一半用于干扰目标信号。由于频率跳变的特点，在采用跟踪式干扰方式干扰跳频通信时，对跟踪干扰的反应时间提出了更高的要求，如果不能在每个频率驻留时间的一半时间内完成跟踪，则跟踪式干扰不能达到理想的干扰效果。因此，影响跟踪干扰效果的因素包括：信号和干扰电波传播路径差带来的时间差、信号的截获时间、信号的分选识别时间、干扰引导时间以及跳频码持续时间等。

（1）从时间方面看。对于跳速为 $1/T_h$ 的跳频通信，要保证干扰奏效，应使干扰的持续时间大于 $0.5T_h$。目前，即使采用截获速度较高的压缩接收机，其截获时间最少也在 $100\ \mu s$ 左右；若要在上百个信号中分选出某一跳频信号，分选识别时间不小于 $100\ \mu s$；干扰引导时间主要取决于频率合成器的转换时间和信号建立时间，以目前频率合成器最快的转换速度计算，干扰引导所需时间约 $10\ \mu s$，则跟踪式干扰的反应时间 $T_r \approx 210\ \mu s$，约在百微秒数量级。设信号与干扰电波传播路径差带来的时间差为 τ，相当于传播路径差小于 $12\ km$，不考虑信号建立时间时，要保证干扰奏效，应使 $\tau + T_r \leqslant \dfrac{1}{2} T_h$。所以它只能跟踪干扰跳速不超过 2000 跳/秒的跳频通信。若考虑信号的建立时间、信号与干扰电波传播路径差增大以及干扰反应时间增大等条件的改变，还会要求跳频速率更低些。

（2）从误码率方面看。对每一个跳频点而言，只能在每一跳的频率驻留后部分时间内受到干扰，因此，即使干扰有效，也只是部分时间的干扰有效，或者说在时域上只能实现部分波形相关，从而降低了干扰时间的重合度，总干扰误码率降低。

设跳频驻留时间为 T_h，每个码元受干扰的持续时间为 T_j，那么，干扰时间的重合度 $\eta_r = T_j / T_h$，$\eta_r < 1$。

若信息解调所产生的误码率为 P_e，则总误码率降低为

$$P_{eN} = \frac{T_j}{T_h} P_e$$

再考虑到干扰跳频点的击中概率 $P_k = \dfrac{k}{N}$，k 为被击中的跳频点数目，则总误码率降低为

$$\eta_r = \frac{T_j}{T_r} P_e P_h = \frac{T_j}{T_h} \frac{k}{N} P_e$$

这种干扰方式的优点是不需预先获取跳频图案、技术实现比较简单，干扰功率比较集中，并且不影响己方通信；缺点是侦察、引导需要占用时间资源。此外，对跳频通信实施频率跟踪式干扰，还需考虑以下因素：

① 避免己方通信受到干扰的问题。如果己方通信频率与跳频频率集中的频率点相重合，应避免对该频率点实施干扰，这会降低干扰效果，只能尽量提高在其他驻留频率上的干扰成功率。

② 误警或分选错误带来的问题。由于干扰机的检测设备误警或分选错误，造成干扰机不能对 100% 的跳频频率集实施干扰，从而降低干扰效果。

③ 跳频多网台工作的问题。若两个或两个以上的跳频网同时工作，干扰机需要实时地进行多网台的分选识别，并选择干扰哪个网。由于干扰机天线的方向性，对于每一跳，干扰机只干扰一个信道，又由于干扰机分选能力的限制，就可能出现每一跳干扰的不是同一个跳频网台信道的情况，从而导致两个网都具有非常低的干有效时间比例，以致两个网仍能进行通信。

3）频率预测瞄准式干扰

当干扰方已知敌方跳频通信的频率集和跳频图案时，可采用相关干扰；当不能掌握敌方跳频通信的频率集和跳频图案时，可采用频率跟踪式干扰。然而，当跳频速率太快来不及跟踪跳频频率的变化时，只有借助频率预测技术来预测下个跳频点的可能位置，并估计传播路径差可能带来的时间差 τ，提前发射干扰，尽可能保证干扰时间的重合度达到 1，这就是频率预测瞄准式干扰。

显然，频率预测瞄准式干扰的干扰效果主要取决于对跳频图案的预测精度，在预测精度 100% 时，等同于相关瞄准式干扰。现代快速潜在分析技术发展很快，各种快速算法层出不穷，其实时性和精度都在不断提高，可以用来进行跳频图案的实时预测，并可望达到所要求的预测精度。应用分段扫描式信道化接收机或宽带接收机。对侦察收到的跳频信息进行处理通过实时预测敌方下一个可能的工作频率，并控制快速响应瞄准式干扰机在预测频率上实施干扰。然后再通过干扰效果评价和实时侦收敌台跳频信息，不断进行预测修正，如此反复叠加，使预测值精度不断提高。一旦使敌台在 30% 以上的跳频信道上受到阻断式干扰，对于话音而言，通信就不可能有效进行了。

采用这种干扰方式的干扰效果以及影响因素与频率跟踪式干扰基本相同，区别就在干扰频率预测精度将直接影响击中概率 P_k 的大小，如果有针对性地研究和发展频率预测技术，并使其预测正确率达到一定水平，频率预测瞄准式干扰将是针对跳频通信的一种很有发展前途的对抗技术。

综合以上分析可见，在一定的前提条件下，瞄准式干扰对跳频通信可能造成很大的干扰威胁，但其有效实施所需要的前提条件比较多、甚至苛刻。例如，频率跟踪式干扰受到FH跳速、FH截获分选识别时间、干扰反应时间、干扰信号电波传输与信号电波传播的延时差等多种因素的约束，使得对跳频通信的瞄准式干扰在跳速较慢时有较好的干扰效果，但在高跳速的实战应用中难以实施、或者难以获得预想的干扰效果。

2. 拦阻式干扰

如果跳频速率很高，又不能预先获取频率的跳变特征，就只能采取拦阻式干扰方式。对跳频通信的拦阻式干扰可以采用全频段拦阻式干扰，也可以采用部分频段拦阻式干扰。

1) 全频段拦阻式干扰

全频段拦阻式干扰是指对一个跳频通信系统所占用的全部频段内所有信道的同时干扰，又可分为全频段连续拦阻式干扰和全频段梳状拦阻式干扰。

如果干扰方不知道敌方跳频通信的频率集和跳频图案等情报，只知道拦阻带宽，那么只能采用全频段连续拦阻式干扰，如图9-2-8所示。其最大问题就是随着跳频带宽的加宽功率成正比的增加，最后使干扰功率大到难以接受的程度。通常跳频通信系统占用的频带宽度远大于信息频带宽度，处理增益常达几十分贝。例如，G_p—30 dB，即要求干扰机功率比信号功率大1000倍，也就是说，在相同距离与相同天线增益时，信号功率为10 W，干扰功率则要增至10 kW。这在技术上虽然尚可实现，但在战术运用上，因体积过大和需要能量过多而感到困难。当信号功率再大，干扰距离也远于通信距离时，无论在技术上还是战术运用上都是困难的。

图9-2-8　对FH信号的全频段连续拦阻式干扰示意图

若能侦察获知敌方跳频通信的频率集和最小频率间隔，全频段拦阻式干扰应采取梳状拦阻式干扰以降低干扰功率，如图9-2-9所示。我们知道，梳状拦阻式干扰最适宜用于对频率间隔一定，并且信道固定的通信系统的全频段阻塞干扰，干扰功率在拦阻频率范围内以规定频率间隔、强度相等的方式集中在各个信道内，通常，干扰的频率间隔与跳频的最小频率间隔相匹配，当跳频通信的最小频率间隔大于单个信道的带宽时，采用梳状拦阻式干扰的功率利用率将明显优于连续拦阻式干扰。

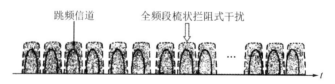

图9-2-9　对FH信号的全频段梳状拦阻式干扰示意图

当采用全频段梳状拦阻式干扰时，跳频通信系统对干扰的处理增益为

$$G_j = \frac{P_{so}/P_{jo}}{P_{si}/P_{ji}} = \frac{P_{ji}}{P_{jo}} = N$$

当采用全频段连续拦阻式干扰时，跳频通信系统对干扰的处理增益为

$$G_j = \frac{P_{so}/P_{jo}}{P_{si}/P_{si}} = \frac{P_{ji}}{P_{jo}} \geqslant N$$

式中，N 为跳频带宽内的跳频信道数目。

2）部分频段拦阻式干扰

部分频段拦阻式干扰是指通过选定最佳的频带占有系数，以较小的干扰功率对跳频通信系统实施干扰的一种干扰方式。

如果跳频通信的带宽很宽，采用全频段拦阻式干扰是不可能、不切实际的。对跳频通信的干扰试验结果已经表明，采用部分频段拦阻式干扰是可行的，当被压制的部分信道数目占跳频通信系统全部信道数的比例大到一定程度时，完全能够达到对跳频通信有效干扰的目的。另外，有些跳频通信的整个频段也不是连续的，其中某些频率区间有其他作用，如 Link 16 数据链的跳频频率变化范围为 960 MHz～1215 MHz，但其中的 1030 MHz 和 1090 MHz 是用于敌我识别(IFF)的，不应该受到干扰。

仍假设干扰功率在拦阻频率范围内均匀分布，则当采用部分频段梳状拦阻式干扰时，跳频通信系统对干扰的处理增益为

$$G_j = \frac{P_{so}/P_{jo}}{P_{si}/P_{si}} = \frac{P_{ji}}{P_{jo}} = N_1$$

式中，N_1 为部分拦阻频段内的跳频信道数目。

从干扰处理增益上看，因为 $N_1 < N$，采用部分频段拦阻式干扰的干扰效果更好，但这仅仅表示对该部分频段的拦阻效果更好，而对于整个跳频通信系统的干扰效果还与其他因素有关。

设部分频段拦阻式干扰的拦阻带宽为 B_j，则频带占有系数 η 可定义为受拦阻部分信道的数目占跳频通信系统全部信道数的比值，即

$$\eta = \frac{B_j}{B_s} = \frac{N_1}{N}$$

部分频段拦阻式干扰对于整个跳频通信系统的干扰效果除了与该部分频段的干扰效果有关外，还取决于频带占有系数、受拦阻部分频段及频率点的分布情况（或称为权重系数 ω）。设解跳后信息解调所产生的误码率为 P_e，总误码率为

$$P_{eN} = \eta \omega P_e$$

显然，频带占有系数 η 越大，干扰效果越好，但干扰总功率必然增加，在实际中应该折中考虑，选择最佳频带占有系数；受拦阻部分频段及信道频率的权重系数越大，干扰效果越好。有资料表明，某些跳频通信系统在整个跳频带宽内，所有跳频频率点的出现概率并不是相等的，在某些频段或信道上的出现概率大，因此该频段或信道的权重系数大，在选择拦阻频段时应优先考虑。

由此可见，在进行部分频段拦阻式干扰之前，必须通过侦察、监视跳频通信的跳频规

律，并合理地选择受拦阻的频段参数、信道参数等，从而以较小的干扰功率来实现对跳频通信系统全频段内部分信道的同时干扰，达到阻断跳频通信的目的。

在实际中，选择受拦阻的部分频段时，可以根据需要灵活设置，因此，部分频段拦阻式干扰可分为连续的部分频段拦阻式干扰和不连续的部分频段拦阻式干扰。前者受拦阻的部分频段是连续的，后者受拦阻的部分频段是不连续的，如图 9 - 2 - 10 所示。

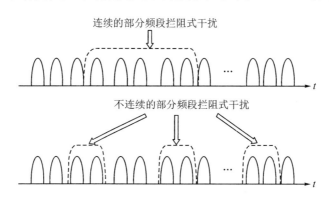

图 9 - 2 - 10　对 FH 信号的部分频段拦阻式干扰示意图

对于不连续的部分频段拦阻式干扰，总误码率 $P_{eN} = \sum_{i=1}^{k} \eta_i \omega_i P_{ei}$，$k$ 为不连续的部分频段个数。

3．对跳频通信同步系统的灵巧式干扰

1）跳频同步

跳频同步是建立跳频通信和跳频组网的前提，也是跳频通信的致命弱点之一，因此，对跳频同步的干扰属于高效率的灵巧式干扰。

跳频同步涉及的内容很多，包括跳频网间同步、跳频码同步、帧同步、位同步等，其中，跳频码同步是指本地参考跳频序列和接收 FH 信号的跳频序列在时间和相位上的严格一致，是同一跳频网内的各用户从未同步状态进入到跳频通信状态的过程。对跳频码同步的干扰能够以较小代价获取有效干扰，是对 FH 通信系统实施灵巧式干扰的主要目标之一。

跳频码同步的过程也是解跳的过程。解跳是指使通信收发双方必须在同一时刻同步地跳变到同一频道，即接收机本振与接收 FH 信号同步跳变，这时混频输出为固定中频。完成了解跳后，才可以像常规的数字通信系统一样，通过可靠的位同步、帧同步，实现有效的信息解调和解帧。

一旦对跳频码同步的干扰有效，跳频接收系统无法完成正确解跳，也不可能实现信息的解调、解帧，输出端无有用信息输出，此时的 FH 接收系统对该干扰无处理增益而言，因此，我们可以认为对跳频码同步的灵巧式干扰是一种绝对最佳干扰样式。

2）对跳频码同步的灵巧式干扰

通常，跳频信号的频率按伪随机码序列变化，即跳频图案受控于伪随机码序列，存在着频率和时间两方面的不确定性，跳频码同步的关键是要解决收发双方伪随机码产生器的同步，不仅要求收发两端跳频发生器的伪随机码相同，并且码元速率一样，码元的起止时刻匹配。在实际的 FH 通信系统中，跳频图案随着伪随机码序列随机产生，但是，无论跳频收、发信机具有多少种跳频图案，某一次跳频通信的跳频图案是确定的，将控制并产生跳频图案的信号称为跳频初始同步信息。因此，跳频码同步就是在获取跳频初始同步信息后，使通信双方在某一时刻、某一个频率上同时起跳，并按同一个跳频图案同步跳变的过程，即收发两端的跳频频率集、跳频图案、跳频速率和每个跳频点的相位都相同。

在跳频码同步的过程中，接收端必须完成跳频初始同步信息的正确接收与检测，这给干扰方对跳频码同步实施干扰提供可能。通常，实现跳频码同步的方法有同步字头法、通用定时法和自同步法等，同步字头法是指由发信机使用一组特殊的码字携带跳频初始同步信息，收信机根据跳频初始同步信息的特点从跳频信号中识别并提取出来，从而实现收发双方的同步跳变；通用定时法是指采用高精度的时钟源或精确的时间分配和保持系统作为时间标准，将跳频序列时序与准确时间对应起来，实时地控制收、发信机的频率同步跳变，又称为跳频序列的 TOD 产生方法；自同步法是指由收、发信机从跳频信号中直接提取跳频初始同步信息，发信机不必传送专门用于跳频码同步的跳频初始同步信息。

目前，传输跳频初始同步信息通常采用两种方法：第一种方法是在预先约定的固定初始同步信道上传输跳频初始同步信息；第二种方法是在 m 个跳变的频率上发送跳频初始同步信息。由此，对跳频码同步的干扰策略如下：

（1）对跳频初始同步信息的瞄准式干扰。如果采用第一种跳频初始同步信息的传输方法，即在预先约定的固定信道上传输跳频初始同步信息，那么，干扰方一旦能够侦察获取发送跳频初始同步信号的信道频率值，采用瞄准式干扰针对该固定信道实施压制，一旦干扰有效，接收端无法接收跳频初始同步信息，就可能完成跳频码同步。

当然，这种干扰的可行性主要取决于侦察获取的情报，由于发送同步信息的信道基本固定，即使变化也有规可循，一般不随机变化，因此，对跳频初始同步信息的瞄准式干扰是可行的，在相同干扰效果的情况下，所需的干扰功率一定小于对跳频通信的其他瞄准式干扰方式。

（2）对跳频初始同步信息的拦阻式干扰。如果采用第二种跳频初始同步信息的传输方法，即在 m 个跳变的频率上发送跳频初始同步信息，在实际中，由于发送跳频初始同步信息的跳频点数目比跳频频率集的频率点数目少很多，因此，采用拦阻式干扰针对传送同步信息的跳频信道实施干扰，比拦阻整个跳频频率集所需的干扰功率小得多。

（3）对跳频初始同步信息的欺骗性干扰。无论采取何种跳频码同步方案，初始同步信息一般都与通信信号不同，以便于对方识别和提取，初始同步信息通常具有以下特点：

① 为了提高正确同步概率，同步码一般比较固定，并且定时发送。

② 发送时间可能会比通信信号驻留时间长。

③ 信号格式也有所不同。

以上这些特点给针对跳频初始同步信息的侦察和欺骗性干扰提供了可能，如果通过侦察能够获取同步码的特征信息，则干扰方可以通过发送欺骗性的同步码干扰信号，使跳频通信的码同步不能实现或实现错误同步（即与欺骗性干扰信号同步）。

9.3　对其他扩频通信的对抗

随着扩频通信在军事通信中的应用而迅速发展，由直接序列扩频、跳频、跳时等扩频方式组合运用构成混合扩频通信系统，既可以综合不同扩频方式的优点，又可以为通信提供更好更强的反侦察抗干扰能力，已在军事通信领域得到应用。

9.3.1　跳时(TH)系统

跳时系统的设计思想是将通信信号的一个码元持续时间（即码元宽度）分成若干个小的时隙，然后对这些时隙进行编码，由伪随机码序列控制在哪个时隙中发送信码，形成发射时间随机跳变的通信信号。跳时系统的基本结构如图 9-3-1 所示。

由于跳时系统的通信时隙很窄，TH 信号在一个短时隙中以很高的峰值功率进发式传输，具有很宽的频带。

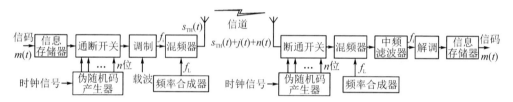

图 9-3-1　跳时系统的基本结构

与普通时分系统不同的是 TH 系统按伪随机码序列的规律控制每帧中的时隙位置，而普通时分系统在每帧中一般固定时隙位置。图 9-3-2 为跳时系统时隙分配示意图。

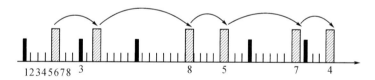

图 9-3-2　跳时系统时隙分配示意图

在跳时系统中，伪随机码控制其收、发时间窗，使得任何非同步的接收机无法截获其信息，所以说，TH 系统具有很强的反侦察、抗截获能力。另外，在一个 TH 系统发射间隙之外的时间段，可以安排其他一路或多路信号同时进行时域跳变发射，只要时隙分配合理，就可实现多路通信。由于简单的跳时系统抗干扰能力较弱，跳时技术一般与其他扩频方式组合运用构成混合扩频系统。

9.3.2　跳频/直扩(FH/DS)系统

直接扩频信号占有很宽的频谱，信号功率很低，几乎"淹没"在噪声里，跳频信号的瞬时频谱很窄，功率峰值较高，以不断跳变的频率来躲避敌方的侦察，将两者结合，使直接扩频信号的中心频率周期性地跳变，可以从两个方面提高信号的安全性，这就是跳频/直扩系统的工作思想，跳频/直扩系统的基本结构如图 9-3-3 所示。跳频/直扩信号由一系列不同时间位于不同频率上的直扩信号组成，每个直扩信号在其发送瞬间只占有整个系统频段的一部分，所以系统占用的总频谱更宽。由于跳频/直扩系统利用 FH 信号频率跳变的特点"躲避"跟踪，利用 DS 信号"隐藏"在噪声里的特点伪装自己，反侦察抗干扰能力很强。这种混合通信系统在技术上容易实现并且应用很多。

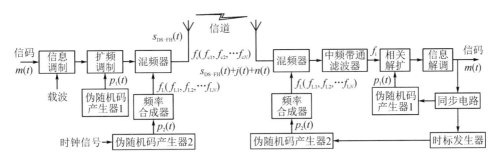

图 9 - 3 - 3　跳频/直扩系统的基本结构

在跳频/直扩系统中，信号截获席位与信号分析席位应该结合，由于很难从简单的时间—频率特性上提取出 DS 信号，最好采取多台宽带的 DS 信号分析接收机构成信道化的跳频/直扩信号侦察系统，每个 DS 信号分析接收机对应一个频率点，检测该频率点是否存在 DS 信号；对于截获的跳频/直扩信号进行分选、拼接、参数估计、调制方式识别以及解调。

通信对抗面临的实际问题是：通信对抗方几乎不可能同时掌握扩频码和跳频规律，DS 信号很难检测，即使检测出来 FH 信号也很难跟踪。因此，对跳频/直扩信号的侦察很困难，战时的实时分选识别还有待研究大功率的宽带拦阻式干扰是目前应对跳频/直扩系统的有效手段。

9.3.3　直接序列/跳频/跳时(DS/FH/TH)系统

在通信系统中，如果将信源编/解码、信道编/解码、直接序列(DS)、跳频(FH)、跳时(TH)三种扩频方式组合运用构成直接序列/跳频/跳时系统，可大大提高通信信号在战场环境中的生存能力，保证信息的可靠、有效传输。直接序列/跳频/跳时系统发射端和接收端的基本结构分别如图 9 - 3 - 4 和图 9 - 3 - 5 所示。

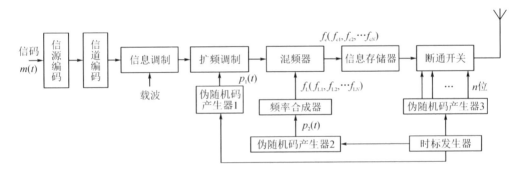

图 9 - 3 - 4　直接序列/跳频/跳时系统发射端的基本结构

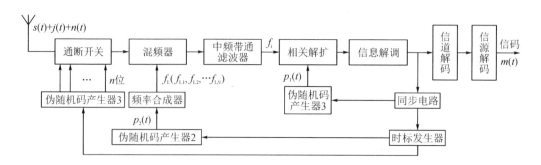

图 9-3-5　直接序列/跳频/跳时系统接收端的基本结构

在直接序列/跳频/跳时系统一般采用组网工作，多个通信终端在网中按照一定的通信协议进行工作，因此对直接序列/跳频/跳时系统的对抗已经上升为通信网络的对抗，对这类系统的侦察、干扰仍然是通信对抗的难点和热点。联合战术信息分发系统(JTIDS)就是其在战术通信中的典型应用之一。JTIDS 信号的平均能量很低，频率跳变很快，信号出现时间很短，是一种集跳频、扩频及跳时于一体的强抗干扰综合通信系统，主要用于战场条件下的通信和信息分发。

JTIDS 的载波频率工作范围为 969 MHz～1008 MHz、1053 MHz～1065 MHz、1113 MHz～1206 MHz 三个频段，包含多个通信网。在规定的通信信道上，通信网之间的工作信号是采用了不同扩频码的 DS 信号(码分多址)，不同通信网采用不同的扩频码，可以区分不同的通信网，避免相互影响；在每个通信网内部，所有成员采用相同的扩频码，可以实现互相间的通信。通信网内成员以时分方式进行区分，将 12.8 min 定为一个时元，每个时元分为 64 个时间帧，每个时间帧分为 1536 个时隙，不同网络的成员按照预选的设定(可由伪随机码序列确定)占用一个时元中的一个或多个时隙发射自己的信号，从而实现网络内的时分复用，为了避免混乱、节省系统资源，发送的每条消息一般都有精确的格式和定义。每条消息在时隙内多采用直接序列扩频/最小频移键控(DS/MSK)，并具有 51 个跳变频率。

JTIDS 信号的带宽很宽，跳频速率很高，所以对 JTIDS 信号的检测只能采用宽带检测，一般的跟踪检测速度难以满足要求。由于直接序列扩频的使用，使信号的功率很小，这就要求 JTIDS 信号检测系统具有很高的检测微弱信号的能力；否则，信号"漏侦"在所难免。

由于 JTIDS 信号采用了加密技术，密钥量很大，难以破译。又由于 JTIDS 信号中采用了多种电子反对抗措施，对它有效的干扰方式一般也比较复杂。

9.4　数据链通信侦察干扰原理

数据链通信侦察原理是指探测、搜索、截获敌方数据链通信信号，对数据链信号进行分析、识别、监视并获取其技术参数、工作特征等情报的活动。它是实施数据链对抗的前提和基础，也是通信侦察的重要内容。数据链通信侦察的主要任务包括：

(1) 对敌方无线电数据链信号特征、通联特征及组网特征的侦察。它包括侦察敌方数据链通信的工作频率集、通信体制、调制方式、信号技术参数、工作特征(如联络时间、联络代号)等内容。

（2）分析判断。通过对敌方数据链信号特征、工作特征和平台位置等参数的分析，并通过综合其他来源的情报，查明敌方数据链网络的组成、主从关系和通联特征。从而可进一步判断敌方兵力编成、行动企图等。

数据链通信干扰原理是指削弱、破坏敌方数据链设备、系统、网络及相关武器数据链系统或人员的使用效能，同时保护己方数据链设备、系统、网络及相关武器数据链系统或人员作战效能正常发挥。

9.4.1　数据链通信侦察原理

数据链通信侦察(简称数据链侦察)的目的主要有：第一是电子对抗支援。这也包括两方面，一是使用侦察设备对敌数据链信号进行搜索、截获、测量、分析、识别，以获取敌方数据链设备或系统的技术参数、功能类型、位置、用途以及相关用户等情报信息，用以直接支援数据链干扰。二是将上述所获信息进行分析处理，进而形成战场电子序列，作为电子进攻的相关情报提供给相关作战部门。所谓战场电子序列，是指敌方数据链设备的部署和变化情况以及它们的隶属关系。侦察设备对敌数据链电台足够的定位精度和发射机识别能力，可保证据此制作的电子目标地图的实用价值。在某些情况下，数据链侦察和其他通信侦察与光电、红外、雷达和人工获取的情报配合，可以使获取的情报更完善且更有价值。第二是在上述基础上，通过对目标信号的解调获取战术情报，进而形成信息情报。这是需要投入更长时间才能获得的信息情报。

1. 数据链侦察流程

数据链侦察始于通信侦察，然后综合运用各种技术手段对通信侦察采集到的数据链信号进行深入细致分析，以获取网络信息和信息参数。数据链侦察流程如图 9 - 4 - 1 所示。

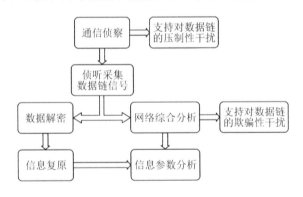

图 9 - 4 - 1　数据链侦察流程

1) Link16 数据链侦察方法

Link16 数据链采用跳频调制的方式来提高信号的抗干扰能力，因此对 Link16 数据链信号的检测识别，就要对其跳频特性进行分析和检测，并估计其跳频参数。现在对跳频信号的参数估计的研究已经趋于成熟，分析总结现有的跳频信号的参数估计方法，其大体分为时频分析方法和非时频分析方法两大类。

目前采用的非时频分析方法有：一种基于多跳自相关的跳速估计方法；一种基于最大似然的跳频信号频率和跳时估计的检测；另一种基于粗略信道化接收的跳频信号跳时估计

方法。以上三种方法只能对跳频信号的部分参数做出估计，这也是非时频分析方法的一个弊端，即不能从一个方法就把所有的参数都估计出来。而且非时频分析方法，其使用也是有限制的，需要一定的先验知识，而跳频信号的军事应用背景决定了对跳频信号获取先验知识是非常困难的，因此我们采用时频分析方法对 Link16 数据链信号的跳频特性进行参数盲估计。

常见的时频分析方法：短时傅里叶变换的方法、短时哈特莱变换、小波变换的方法、S 变换、Cohen 类时频分析方法、重排时频分析方法、Gabor 谱方法以及基于匹配追踪或原子分解的跳频信号参数盲估计方法。本节在没有任何先验知识的条件下，选择时频分析方法对 Link16 数据链信号的跳频特性进行识别。

（1）Link16 数据链信号跳频特性分析与识别算法确定。Link16 数据链信号采用固定 51 点宽间隔跳频，其最大跳频载频为 1206 MHz，根据奈奎斯特采样定理，采样频率要大于或等于信号最高频率的 2 倍，因此 Link16 数据链信号的采样频率应该大于 2412 MHz。由于本书选择对 Link16 信号一个时隙（7.8125 μs）的长度进行识别和参数估计，因此信号的总采样点是一个很大的数据量。基于时频分析的跳频信号参数估计算法中，首先要得到信号的时频图窗口。在时频分析方法中，每个时频窗口数据以矩阵的形式存放，对于一般的计算机，矩阵最大容量的数量级为 $10^4 \times 10^4$。通过以上分析得出，Link16 数据链信号一个时隙长度的时频特性不能在一个时频图窗口上显示，因此在对其进行时频特性分析前要对信号进行分段处理操作，然后再进行跳频特性分析和参数盲估计。

（2）Link16 数据链信号的预处理操作。对 Link16 数据链信号预处理的方法如下所示：

① 对 Link16 数据链信号进行采样，采样率为 f_s，$f_s > 2f_H$，$f_H = 1206$ MHz。

② 计算信号的长度，记为 len。

③ 构造一个长度为 len 的数组 S_c。

④ 将信号中不为 0 的采样点依次保存在数组 S_c 中。

⑤ 计算 S_c 中非零点的个数 n，令 $S_p = S_c(1:n)$，则 S_p 即为预处理算法的输出信号，在后续工作中，S_p 将代替 Link16 信号接受跳频特性检测。

预处理算法分析如下：

① 对于一个完整的时隙，Link16 信号经过预处理操作后，其跳时段和时间保护间隔段都会消失。本文不进行跳时检测，仅仅针对信号的一个时隙进行分析，因此该处理操作不会对信号的跳频特性检测产生影响。

② 预处理算法对 Link16 信号的跳时段、时间保护间隔段、每个脉冲中 6.6 μs 的空白段进行了删除操作，同时将每个脉冲中 6.4 μs 信息段中的零值采样点都删除了。但是这些零值采样点的存在对于跳频性能检测和参数估计并没有影响。

③ Link16 信号的脉冲周期和跳频序列周期相等是该预处理算法的理论基础。

④ Link16 数据链信号经过预处理后得到处理后信号 S_p，对信号 S_p 进行跳频检测和参数盲估计，将估计后的参数与 Link16 信号标准进行匹配，此时要匹配的跳频序列周期不再是 13 μs，而是 6.4 μs。

（3）Link16 数据链信号的分段识别算法。分析 Link16 信号的结构特点，其共有 129 个双脉冲，即 258 个单脉冲，实现了 258 次跳频。综合考虑时频分析方法的特性和 Link16 数据链信号的结构特点。步骤（2）中对 Link16 信号进行了预处理操作，将信号的跳时段、时间保护间隔段、每个脉冲的 6.6 μs 的空白时间段都删除，只保留每跳中 6.4 μs 的信息段。预处理后的信号 S_p 仍保持 258 跳的特性，跳频序列周期变为 6.4 μs。但是此时的信号 S_p 仍然不能在一个时频图窗口上显示，要对 Link16 信号的跳频特性进行分析，就要对处理后的 Link16 信号 S_p 进行分段处理。

采用的分段处理算法是：我们分析长度为一个时隙的 Link16 信号，预处理后得到信号 S_p，S_p 是具有 258 跳跳频特性的连续时间信号。对于 S_p 的 258 跳跳频时间，我们进行分段处理。将信号 S_p 分成 52 段，前 51 段每段均包含 5 个跳频序列周期，最后一段包含 3 个跳频序列周期。从 52 个分段信号中随机抽取 10 份，对抽取到的每一份进行时频分析，并进行参数估计。对于随机抽取到的每一段分段信号，如果其跳频参数均与 Link16 信号标准相匹配，则认为该信号具有 Link16 信号的跳频特征。下面介绍该分段处理算法的详细处理步骤：

① 将信号 S_p 分为 52 段，编号 $S_1 \sim S_{52}$。

② 采用 6 级 m 序列控制跳段序列的生成。

③ 将跳段序列中的每个序列号对应 $S_1 \sim S_{52}$ 信号段。

④ 采用时频分析方法，对跳段序列中的前 10 个分段信号进行时频分析。

⑤ 对步骤④中生成的 10 个时频图窗口进行参数估计。

⑥ 对 10 个时频图窗口估计的跳频序列周期求取平均值，并与 Link16 信号标准(6.4 μs)进行匹配。

⑦ 将 10 个时频图窗口中估计的跳频频率点与 Link16 信号 51 点跳频频率集中的频率进行匹配。

⑧ 对每个时频图进行跳频频率间隔检测并与 Link16 信号标准进行匹配。

该方法的算法流程图如图 9 - 4 - 2 所示。

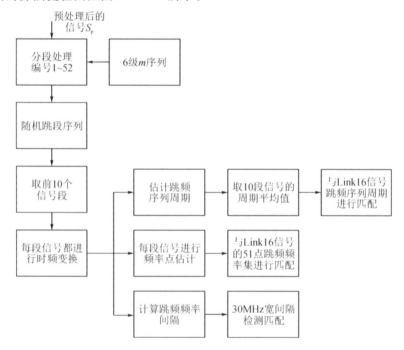

图 9 - 4 - 2　Link16 信号跳频识别算法流程图

2) Link4A 数据链的侦察方法

完成 Link4A 数据链的侦收，首先采用搜索接收机进行搜索，发现信号及其频率，然后再对该信号进行分析、特征提取和识别以及解调处理等。

Link4A 信号的主要特征有：工作频率范围为 225 MHz～399.975 MHz，采用 2FSK 调制，调制频偏较大(±20 kHz)；信号带宽为 50 kHz，占用两个 25 kHz 的标准信道；信号的持续时间为 14 ms(控制报文)和 11.2 ms(应答报文)，并有明显的信号断续特征；数据速率为 5 kb/s；同步的速率为 10 kb/s。根据 Link4A 的这些特征，并通过信号分析接收机加以提取分析后，就很容易加以识别判断。

3) Link11 数据链的侦察方法

Link11 数据链所发射的信号或者是短波调幅信号，或者是超短波调频信号，信号中包含 15 个 $\pi/4$-DQPSK 调制的音频信号和 1 个未调制的音频信号。根据 Link11 信号的这种独特频谱结构，可以在频域利用模板匹配算法对其进行识别。

用理想 Link11 信号的频谱作为模板，对接收到的信号频谱进行相关运算，当在得到的相关值超过门限值时，就认为接收的是 Link11 信号。算法的具体步骤如下：

(1) 构造一帧理想的 16 话音基带 Link11 信号，对这帧数据进行 FFT 变换，得到其频谱。

(2) 对理想信号的频谱取相对均值的中心化幅度谱，记为 $\text{temp}(f)$。

(3) 对 $\text{temp}(f)$ 进行单位化处理，记为 $\text{temp}'(f)$，作为模板。

(4) 对接收到的一帧信号进行 FFT 变换，得到其频谱，取相对均值的中心化幅度谱，记为 $\text{spec}(f)$。

(5) 对 $\text{spec}(f)$ 进行单位化处理，记为 $\text{spec}'(f)$。

(6) 采用模板 $\text{temp}'(f)$ 对 $\text{spec}'(f)$ 进行匹配，计算相关系数 ρ，其定义式为

$$\rho = |\langle \text{spec}'(f), \text{temp}'(f) \rangle|$$

其中，$|\langle \cdot \rangle|$ 表示求内积。

(7) 门限判决，如果得到的相关值超过了预先设定的门限值，则认为接收到的是 Link11 信号。

2. 数据链通信信号分选

在对数据链信号的侦察中，对数据链网络分选是一个重要的环节。在电磁环境复杂的战场上，同时工作的不仅可能有正交的多个数据链网络，还可能有多个跳频网台，和大量的定频电台，如果不从复杂的信号环境中将各个数据链网络分选出来，即使截获到所有正在工作的数据链网络的信号频率，实用意义也不大。信号的来波方位或称为信号的波达方位(DOA)，是数据链网络分选的一个重要参数，波达方位需通过无线电测向来得到。对于数据链网络而言，不同网络都使用相同的工作频率集，并且各个网络是同步跳频的，利用信号到达时间、信号驻留时间等参数无法进行分选。但是，网络中的各个数据链台所处的地理位置往往是不同的，利用 DOA 进行分选是一种有效的办法。

DOA 估计算法中最经典的是 MUSIC 算法，MUSIC 算法的基本步骤归纳如下：

（1）收集信号样本 $X(n)$，$n=0,1,\cdots,K-1$，其中 P 为采样点数，估计协方差函数为

$$\hat{R}_x = \frac{1}{P}\sum_{i=0}^{P-1}\boldsymbol{X}\boldsymbol{X}^{\mathrm{H}} \tag{9-4-1}$$

（2）对 $\hat{R}_x$ 进行特征值分解，有

$$\hat{R}_x\boldsymbol{V} = \boldsymbol{\Lambda}\boldsymbol{V} \tag{9-4-2}$$

式中，$\boldsymbol{\Lambda} = \mathrm{diag}[\lambda_0,\lambda_1,\cdots,\lambda_{M-1}]$ 为特征值对角阵，并且从大到小顺序排列。$\boldsymbol{V}=[q_0,q_1,\cdots,q_{M-1}]$ 是对应的特征向量。

（3）利用最小特征值的重数 K，按照 $\hat{D}=M-K$ 估计信号数 $\hat{D}$，并构造噪声子空间，即

$$\boldsymbol{V}_{\mathrm{N}}=[q_D,q_{D+1},\cdots,q_{M-1}]$$

（4）定义 MUSIC 空间谱为

$$\boldsymbol{P}_{\mathrm{MUSIC}}(\theta) = \frac{\boldsymbol{a}^{\mathrm{H}}(\theta)\boldsymbol{a}(\theta)}{\boldsymbol{a}^{\mathrm{H}}(\theta)\boldsymbol{V}_{\mathrm{N}}\boldsymbol{V}_{\mathrm{N}}^{\mathrm{H}}\boldsymbol{a}(\theta)} \tag{9-4-3}$$

按照式（9-4-3）搜索 MUSIC 算法的空间谱，找出 $\hat{D}$ 个峰值，得到 DOA 估计值。

尽管从理论上讲，MUSIC 算法可以达到任意精度分辨，但是也有其局限性。它在低信噪比情况下不能分辨出较近的 DOA，另外，当阵列存在误差时，对 MUSIC 算法有较大影响。

9.4.2　数据链通信干扰原理

本小节主要介绍几种针对数据链通信通用的干扰方法，还不够全面。针对某一特定数据链通信系统，可以采用几种可能的干扰方法，不同干扰方法可能各有优缺点，有些方法可能会比其他方法更有效，即"最佳"干扰方法。一种干扰方法能否干扰成功，主要取决于该数据链通信系统所采用的具体抗干扰技术。

1. 噪声调频干扰

噪声调频信号表达式为

$$j(t) = \sqrt{2J}\cos\left(2\pi\right)f_it + 2\pi K_{\mathrm{fm}}\int_0^t u(t')\mathrm{d}t' + \varphi \tag{9-4-4}$$

其中，J 为噪声调频信号的功率；f_i 为载波频率；K_{fm} 为调频斜率；$u(t')$ 为零均值，方差为 σ_{n}^2 的高斯分布的调制噪声；φ 为 $[0,2\pi]$ 均匀分布的初始相位。

设 $m_{\mathrm{fe}}=\dfrac{K_{\mathrm{fm}}\sigma_{\mathrm{n}}}{\Omega_{\mathrm{n}}}=\dfrac{f_{\mathrm{de}}}{\Omega_{\mathrm{n}}}$ 为有效调频指数，其中，$f_{\mathrm{de}}=K_{\mathrm{fm}}\sigma_{\mathrm{n}}$ 为有效调制带宽，Ω_{n} 为调制噪声带宽。

当 $m_{\mathrm{fe}}\gg1$ 时，噪声调频信号的干扰带宽为

$$\Delta f_{\mathrm{j}} = 2\sqrt{2\ln 2}K_{\mathrm{fm}}\sigma_{\mathrm{n}} \tag{9-4-5}$$

当 $m_{\mathrm{fe}}\ll1$ 时，噪声调频信号的干扰带宽为

$$\Delta f_{\mathrm{j}} = \frac{\pi f_{\mathrm{de}}^2}{\Omega_{\mathrm{n}}} = \pi m_{\mathrm{fe}}^2\Omega_{\mathrm{n}} \tag{9-4-6}$$

在噪声调制信号功率确定的情况下，通过改变 J、f_i 和 K_{fm} 可以控制干扰信号的功率、干扰频率及干扰带宽。

设 m_{fe} 为 6，载波频率为 1087.5 MHz，带宽为 245 MHz，其频谱如图 9 - 4 - 3 所示。从图 9 - 4 - 3 可以看出，噪声调频信号的功率谱能量集中，没有副瓣分量。在 $m_{fe} \geqslant 1$ 的情况下，能过改变噪声功率和 K_{fm} 可以很容易改变信号带宽，并得到宽带信号。所以一般使用噪声调频信号作为宽带干扰信号。

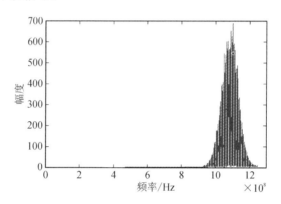

图 9 - 4 - 3　噪声调频信号频谱图

在不同带宽的噪声调频信号对 JTIDS 进行干扰，其仿真结果如图 9 - 4 - 4 所示。其中，α 表示干扰频带系数（干扰频带和跳频频带之比）。从图 9 - 4 - 4 中可以看到，信干比越大误码率越小，干扰效果越差。当信干比小于 -40 dB 时，带宽越大的信号干扰效果越好；当信干比大于 -40 dB 时，α 为 0.7 的干扰效果最好。这说明在使用噪声调频信号干扰 JTIDS 时，要根据敌方信号的功率选择恰当的干扰功率，并在干扰功率一定的条件下选择适当的干扰带宽才能达到最佳的干扰效果，并不是在任何情况下干扰带宽越大，干扰效能越好。

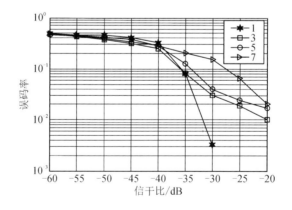

图 9 - 4 - 4　噪声调频干扰误码率

2. 点频式干扰

点频式干扰也称为单音干扰，就是在一个频率上发射干扰信号，因此其功率利用率比较高。由于 Link4A 数据链在一个频点的工作时间较长，因此可以采用单音干扰样式，并且可得到较好的干扰效果。单音干扰的数学表达式为

$$j(t) = A_j \cos(\omega_j t + \varphi) \qquad (9-4-7)$$

式中，$\omega_j = 2\pi f_j$，f_j 为干扰信号的频率；φ 为在 $(0, 2\pi)$ 上服从均匀分布的随机相位；A_j 为干扰信号幅度。

将单音干扰信号作用于 Link4A 数据链系统，可得其理论误码率为

$$\overline{P_r} = \frac{1}{2} Q\left[\sqrt{\frac{A_j^2}{2\overline{N_0}}}, \sqrt{\frac{A^2}{2N_0}}\right] \qquad (9-4-8)$$

式中，A 为信号幅度；N_0 为噪声幅度，$\overline{N_0}$ 为平均噪声幅度。

3. 扫频干扰

扫频干扰采用在整个感兴趣频谱范围内或部分频谱内扫描波形的干扰措施。这种扫频工作方式可以利用模拟"扫描"激励器或数字"步进"激励器来实现。利用模拟"扫描"激励器时，干扰波形只在一个给定的信道上出现片刻。在利用数字"步进"激励器时，干扰信号可以随机地多次驻留在一个信道上。

扫频干扰的概念类似于宽带或部分频段噪声干扰，就是用一个相对窄带的信号在某时间段上对一特定频段进行扫频或扫描。该窄带信号带宽很窄，相当于一个频点。在扫频时间段的任何时刻，干扰机的中心频率都是一个特定的频率，而且唯一受干扰的部分频谱落在该频率周围的窄带内。然而，由于信号是扫频的，所以可以在很短的时间段内干扰很宽范围内的多个频率。例如，当采用数字技术实现时，干扰机在移动到下一个所要干扰的频段之前，可能只会花 100 μs 的时间驻留在任何一个频率上。在正常情况下，这些频段应该是连续的，但实际上不一定是连续的，也就是说，这些频段实际上可以利用产生干扰波形的数字合成器进行随机选择。采用这种方法，这种干扰机能够在大约 240 ms 时间内覆盖 30 MHz～90 MHz 的整个频率范围。

这种干扰方法的实际效果类似于拦阻式干扰的效果，只是它在每一个驻留带宽内都使用干扰机的满功率。还可以将这些干扰方法分区使用，以避开己方部队正在使用的某些频段。这只有当定时技术适用于目标接收机时才有可能，这样干扰信号就可以有足够长的时间驻留在接收频率上。目标接收机的特性必须在实施有效扫频干扰时才考虑在内。

必须注意的是，目标接收机的特性对评估扫频干扰效果很重要。接收机内的滤波过程会对所需要的驻留持续时间产生重大影响。这里的所有分析都是在足够长的干扰驻留时间内进行预测的，因此，干扰效果不会因这些关系而受到影响。

用部分频段噪声波形实施扫频的主要目的就是要保证干扰能进入一个跳频目标网所处的频谱范围。假如跳频的频段为 30 MHz～90 MHz，在正常情况下，跳频数据链网络不会使用频率范围内的每一个信道，而只是使用其中的一部分，这部分就被称为跳频频率集。这些跳频频率集不需要很大，非常可能的情况是：干扰只驻留在部分频段上，而没有覆盖任何一个跳频频率集，或者只覆盖了其中很少的几个频率，这就会使部分频段干扰失效。通过用干扰波形扫描整个频率范围，就可以保证干扰机干扰整个跳频频率集。

扫频周期是扫频干扰机非常重要的参数之一。扫频一定要足够快，这样才能保证在足够短的时间周期内覆盖整个频段，或者在无干扰信号时跳频工作。换句话说，如果扫频速度不够快，就会在一个跳频信号受到干扰时，只能干扰很少的一部分信号。

　　10％的比特误码率意味着在 10 个比特中必须干扰掉一个比特，或者对于一个以 20 kb/s 的跳频速率发送数据的数据链系统来说，要产生这个比特误码率，必须有 2000 比特被干扰掉。若该系统是一个跳速为每秒 100 跳的慢跳频系统，则每一跳将含有大约 200 比特(这里忽略从一跳到另一跳需要的时间)；因此，每秒至少需要干扰掉 10 个跳频信号。从干扰机方面来说，由于这些跳频信号能出现在频谱内任何地方，所以每秒至少需要扫频 10 次。若要覆盖 VHF 范围内低频段的 60 MHz 频段宽度，就需要每秒扫频 10 次，即要求扫频速率为 600 MHz/s。由于每一个信道宽 25 kHz，如果干扰波形的宽度为一个信道宽度(25 kHz)，那么，这个扫频速率就等于每秒 24 000 个信道，在每个信道上驻留的最大时间为 42 μs；如果干扰波形的宽度为 10 个信道宽度(250 kHz)，则允许在每个信道上驻留的时间为 420 μs；若它有 100 个信道宽度(2.5 MHz)，则在每一个信道上的驻留时间可能为 4.2 ms。

　　这些数字结果的折中方案就是在总干扰功率一定的情况下，落在每个信道上的功率随瞬时带宽的增大而减少。显然，当瞬时带宽足够大且等于目标系统的总带宽时，这些结果就与宽带噪声干扰的结果相同。

4. 脉冲干扰

　　脉冲干扰是间歇式发射大功率能量的代名词，它主要用来应对直扩信号，类似于使用部分频段噪声干扰应对跳频抗干扰信号，其干扰结果大致相同。

　　脉冲干扰的概念类似于部分频段噪声干扰。短脉冲具有很宽的频谱成分，因此，当它们出现时，其就很像宽带噪声。

　　脉冲干扰的平均功率可能比这里讨论的其他干扰技术的平均功率低，但一样有效，甚至更有效。占空比决定了平均功率和峰值功率之间的关系。干扰效果取决于峰值功率，以及该信号传到接收机的频度。

5. 跟踪干扰

　　跟踪干扰总是设法将频率跟踪上跳频发射机的工作频率，识别感兴趣的目标信号，并在新的频率上实施干扰。这种干扰波形可以采用点频方式，也可以使用 FM 调制方式用噪声来调制频点。跟踪干扰也称为应答式干扰、转发式干扰。目前跟踪干扰也是针对跳频干扰的主要方法，主要是受到技术条件的限制，数据链跟踪式干扰装备的主要问题是跟踪速度跟不上跳频速率，我们的跳频干扰设备目前还处于理论上能干扰到一定跳频速率的水平，实际运用中与设计指标还存在一定的差距。

　　Torrieri(托列里)提出了采用跟踪干扰来应对跳频目标的一些基本局限性。这些局限性与通信机相对于干扰机的位置有关，这就意味着在这里隐含了时间条件。

　　电子支援(ES)系统的任务就是捕获跳频信号的跳变频率，以便使电子攻击(EA)系统能够把干扰信号瞄准该频率。在一般情况下，这是通过测量新的能量损失或增加的频谱，并在信道上进行适当的测量来实现的。能量损失意味着目标已经转移到一个新频率上工作。信道中的能量增加意味着出现了一个新信号，但该信号可能是目标，也可能不是目标。

电子支援系统很难精确、快速地找到这个新频率。即使在该频谱的信道结构受到限制的情况下，如果只测量能量，大部分目标都看起来很相似。要确定出现的新信号是否为目标信号，就需要测定每个新信号的详细技术参数。

　　传统的通信对抗手段采用的主要是功率压制的方式进行干扰。通过功率压制进行数据链对抗，干扰效率低、干扰功率分散。若采用宽带阻塞式干扰，则存在已方数据链通信会受到干扰等问题。同时，由于在设计数据链系统时充分考虑了其抗干扰能力，数据链装备的抗干扰性、信号抗截获能力等战技指标得到了不断的改善。例如，Link16 系统采用了高速跳频、直接序列扩频、MSK 调制的组合调制体制，而且采用了 RS 编码、交织等多层检、纠错编码体系，使系统具有很强的抗干扰性能。TTNT 主要采用了跳频/跳时技术，使用了一种将扩频、编码、调制相结合的高维网格编码，接收端所需的信噪比较低，并且兼具纠删和纠错功能。同时，TTNT 为了增强抗干扰能力，还采用了频谱感知技术，能够剔除掉被干扰的频点，因此仅在信号层对数据链系统进行干扰还无法满足未来的对抗效能要求。

　　由于数据链通信信号就是一种非话音数字通信信号，因而，通信侦察接收机、通信测向设备、通信干扰设备都可以用于数据链通信的侦察、测向、干扰行动。只是话音、报文的通信信号与数据链通信信号特点不同，因而近年来许多国家针对数据链的对抗需求逐渐发展成了专用的数据链对抗手段。

　　随着数据链通信技术的快速发展，传统信号层功率压制的干扰方式已不能满足未来发展要求，需要从信号层对抗向信号层、链路层、网络层和信息层综合对抗发展，因此有必要在传统通信对抗的技术基础上，针对外军数据链发展现状，发展专业化的数据链系统对抗技术。

6. 智能干扰

　　智能干扰是以信号的特定部分作为干扰目标。在使用这种技术时，必须先了解许多与特定目标信号相关的知识。这种干扰技术只设法扰乱数字信号的一部分，只选择必须要中断其通信的那部分信号即可。有些类型的数据链通信系统为了能正常地运行而必须同步，这种同步与相移键控信号的同步不同。例如，IS-95 标准采用了独立编码的 Walsh 信道来实现同步。人们可以攻击这种信道本身来削弱其同步性能。

　　同样，有些数据链信号必须跟踪所发射信号的时间和相位，有时要用独立的非扩频信道来实现这一目的。有些跳频方案只采用几个已知的捕获频率。为了使新成员能够加入网络，所以必须采用某种通信体制。因此，我们可以对接收机在捕获输入信号时间和帧信息的过程中实施对抗。直扩系统需要确定发射信号在编码序列中的位置，为了实现捕获，必须对空号进行搜索。这种方法的一个主要限制在于：如果码捕获与时间有关，则必须已知捕获的时间。同样，如果在码捕获时采用的是一个独立信道，则该信道的位置必须是已知的。蜂窝通信系统和个人通信系统采用带外信令来触发呼叫。这个信道可以被干扰，从而能阻止其在 GSM 系统中建立呼叫。有些双工寻呼系统也采用这些技术。还可以采用欺骗干扰，将虚假消息（如机动指令）送入接收机。

　　将智能干扰的概念发挥至极限，人们就可获得一种被称为"高明干扰"（Brilliant Jamming）的方法。在这种干扰方法中，人们试图去改变数字报文中的特定比特图案，从而使接收到的消息不正确却有效。

9.5　卫星通信侦察干扰原理

9.5.1　卫星电子侦察系统组成

卫星电子侦察系统一般分为空间和地面两大部分：空间部分主要有电子侦察设备、卫星平台及其相关设备；地面部分主要有地面数据接收和处理、地面卫星测控和系统管理等设备。

卫星电子侦察系统根据任务不同，可采用单星体制或星座体制。这两种体制的区别主要是对地面辐射源的测量和定位方法不同。单星体制一般采用测向定位方法（如比幅测向、干涉仪测向和短基线测向等）；星座体制一般采用测时差定位方法（如长基线定位）。

1. 单星体制侦察系统的组成

单星体制侦察是指利用单个卫星平台完成电子侦察任务。卫星电子侦察系统的任务主要是：获取辐射源信号的特征参数，确定辐射源位置。所以单星体制侦察系统除了用于特征参数测量的侦察接收机外，还必须有用于信号到达方向测量的测向接收机，卫星状态测量也是必不可少的。单星体制侦察系统的组成如图 9-5-1 所示。

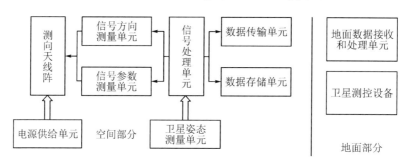

图 9-5-1　单星体制侦察系统的组成示意图

单星体制侦察系统的空间部分主要由测向天线阵、信号到达方向测量单元、信号参数测量单元、信号处理单元、数据储存和传输单元以及卫星平台等组成。测向天线阵主要接收辐射源辐射的信号，天线阵的组阵方式和数量取决于测向定位体制；信号到达方向测量单元主要测量辐射源相对卫星的方向，根据卫星轨道，由几何方法确定辐射源位置；信号参数测量单元主要测量辐射源的技术参数，包括信号频域参数（如载频、调制带宽、调制方式等）和时域参数（如信号到达时间、脉冲宽度、重复周期、调制波形、天线扫描等）；信号处理单元主要完成测量数据的融合、相关、部分参数提取以及工作方式控制；数据储存和传输单元主要将侦察数据储存，并在合适时间下传地面，以便地面综合处理。

地面部分主要由地面数据接收和处理设备以及卫星测控设备组成。其主要完成侦察数据的综合处理，包括信号分选、调制特征分析、辐射源识别和定位等。

2. 星座体制侦察系统的组成

星座体制侦察是指利用相互约束的多个卫星平台，在空间形成相对固定的星座形式，共同完成电子侦察任务。美国的"白云"系列海洋监视卫星采用了星座体制。

在星座体制侦察系统中，单个卫星仅配置信号参数测量单元，它利用 3～4 颗卫星位置差别得到的信号到达时间差来完成辐射源定位功能。星座体制侦察系统的组成如图 9-5-2 所示。

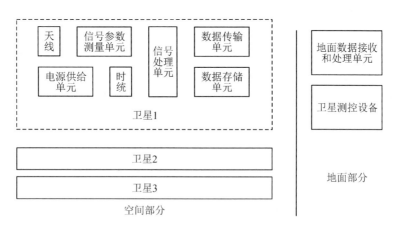

图 9-5-2　星座体制侦察系统的组成示意图

星座体制侦察系统中每个卫星不需要信号到达方向测量单元，所以，卫星上也不需要复杂庞大的天线阵，仅仅需要一个空域和频域都是宽带覆盖的天线，用于信号参数测量单元的信号接收。信号参数测量单元主要完成信号频域参数和时域参数的测量，相对单星体制，要求对信号到达时间实现高精度测量。由于星座系统采用时差定位体制，这就要求星座中各个卫星的时间严格同步，所以，各个卫星上必须装备精密的时间同步设备。

星座体制侦察系统的其他设备的功能和要求与单星体制基本相同，这里不再重复。由于星座中的每个卫星相对简单，不需要测向设备和天线阵，卫星结构可以简化，因此单颗卫星的重量可以减轻。

9.5.2　卫星电子侦察系统工作原理

卫星电子侦察系统是一个集信息截获、多重信息传输和处理于一身，涉及天上、地面、星际网的复杂系统，侦察获取的信息多，系统中的信息关系和数据处理复杂，卫星系统和地面系统的相互依赖程度高。所以，系统必须在地面管理中心的统一协调下，系统才能同步、协调、互联和可靠地运行。系统工作过程大致可以分为侦察任务设计、辐射源信号截获及参数测量、星上数据处理和储存转发、地面数据接收及综合处理等四个阶段。

1. 侦察设计任务

侦察任务设计主要是根据卫星运行轨道、卫星状态和系统资源确定侦察区域，根据对该地区雷达信号特征的基本估计，确定系统工作状态。侦察任务设计给出以下指令：

（1）星上侦察设备开关机时间。

（2）系统工作方式（如侦察、数传、同时侦察和数传等）。

（3）窄带接收机工作频点和次序。

（4）选择系统工作灵敏度。

（5）星上数据处理准则。

（6）数据下传时间及信道。

（7）地面接收站工作时间和工作方式。

（8）地面数据处理要求。

2. 辐射源信号截获及参数测量

星上侦察设备根据地面指令调整设备工作状态（开关机时间和工作参数），控制侦察设备工作。在一般情况下，宽带接收设备截获全频段辐射源信号，主要采集辐射源脉冲的频率、脉宽、脉幅和脉冲到达时间，而窄带接收设备截获指定频段辐射源信号，精确采集脉内、脉间信息等，测向接收机完成信号到达角的测量从而形成地面辐射源脉冲描述字。同时，卫星系统分别采集平台相关信息（包括卫星位置、姿态和各类遥测数据等）。

3. 星上数据处理和储存转发

卫星根据地面指定的处理规则，在星上完成相应的数据处理，并将处理结果储存到星上大容量储存器中，待卫星经过相应地面站时，将侦察数据下传地面。

4. 地面数据接收及综合处理

卫星电子侦察系统中除空间的卫星系统外，地面必须建立若干个测控站、数据接收站、系统管理协调和数据处理中心。

卫星入境前，系统管理协调中心根据卫星轨道预报当前卫星位置，制订本圈次数据接收预案（如接收站名称、时间、初始跟踪角度等）和本圈次测控预案（如测控站名称、时间、上行指令等）。卫星入境后，测控站首先捕获卫星，接收卫星遥测信号，并将遥测数据实时传送至系统管理协调中心。管理中心根据遥测数据实时分析卫星当前状态，修改上行指令，在卫星出境前，由测控站完成上行指令的注入。

数据接收站根据接收预案接收卫星下传的侦察数据，并传送至地面数据处理中心。地面数据处理中心根据侦察数据、测控数据和其他途径获取的数据进行综合处理，完成军事情报分析和上报。对周边地区的侦察，要求卫星实时下传侦察数据，数据处理中心能够实时完成数据分析，管理中心根据分析初步结论，及时调整卫星工作方式，提高军事情报的时效性。

9.5.3 卫星电子侦察系统的工作要求

1. 捕获接收信号的基本条件

通过电子侦察卫星对空间电子信号的接收，实施电子信号侦察，首先要控制侦察卫星对空间信号进行捕获接收。所谓的信号捕获接收，是指目标信号的能量能被整个卫星侦察系统有效的检测，这要求侦察系统能在空域、频域、时域和能量上对目标信号实施有效覆盖。电子侦察卫星通过对辐射源辐射信号的截获和处理，达到目标侦察的目的。

空域覆盖是指侦察系统可能侦察到电子信号的空间范围，也可以描述为被侦察信号的波束能够进入侦察天线波束内的区域。理想的空域覆盖是被侦察信号的波束主瓣进入侦察天线的主瓣；其次是被侦察信号的波束副瓣进入侦察天线的主瓣或被侦察信号的波束主瓣进入侦察天线的副瓣；最差的情况下也应使侦察天线的副瓣与被侦察信号发射天线的副瓣相交叠。影响侦察系统空域覆盖能力的主要因素有侦察平台的高度、侦察天线的口径及侦察系统的工作频率。空域覆盖能力与平台高度成正比，与天线的工作频率成反比。此外，侦察平台与被侦察信号发射平台及接收平台三者间的相对位置关系也是影响侦察系统对被侦察信号实现有效空域覆盖的关键因素。

频域覆盖是指侦察系统的有效工作频带必须保证被侦察信号的有效能量谱部分（以信号检测发现为主要侦察任务）或全部（以信号识别和解调为主要侦察任务）落入工作频带内。侦察系统频率覆盖能力的设计主要取决于侦察任务的类型和侦察对象以及系统拟采用的接收机的性能参数与工作方式（如扫频或固守、单通道或多通道等）。

如可以通过窄带接收机频率搜索的方式实现频率覆盖，也可通过宽带信道化接收机和瞬时测频接收机实现频率覆盖。

时域覆盖应包括两方面的含义：一是对某一侦察对象某次通信过程的完整控守或对某一信号的侦控时间大于信号有效识别所需时间；二是对于特定区域内通信信号及非通信信号活动情况进行连续监视和侦收。时域覆盖能力主要取决于侦察平台与侦察对象间的相对时空关系。

能量域覆盖是指侦察系统接收到的信号功率 P_R，满足下列条件之一：

信号检测条件为

$$P_R \geqslant RSS_R \tag{9-5-1}$$

信号识别条件为

$$P_R \geqslant RSS_R + DI \tag{9-5-2}$$

信号解调条件为

$$P_R \geqslant RSS_R + DM \tag{9-5-3}$$

式中，RSS_R 为侦察系统最小可检测电平；DI 为信号识别门限，一般取 $6 \sim 10$ dB；DM 为信号解调门限，一般取 10 dB~ 15 dB。

$$P_R = EIRP_T - L(r, f) + G(\theta, f, D) \tag{9-5-4}$$

式中，$EIRP_T$ 为被侦察信号天线全向有效辐射功率；$L(r, f)$ 为空间传播损耗，与被侦察目标的距离 r 和信号频率 f 有关；$G(\theta, f, D)$ 为侦察天线对被侦察信号的增益，与侦察天线主瓣中心轴方向和被侦察信号天线主瓣中心轴方向之间的空间夹角 θ、天线口径 D 及工作频率 f 有关。

不同的侦察任务对侦察系统的能量域覆盖能力有不同的要求，对于电子信号普查及空间电磁环境调查任务，只要满足式（9-5-1）的要求即可，对于电子信号详查和电子辐射源目标识别，则要满足式（9-5-2）的要求，对于以获取信号内涵情报为主要任务的系统则必须满足式（9-5-3）的要求。

2. 星载侦察设备的基本要求

由于电子侦察卫星面临的信号环境复杂，同时作用距离相对较远，侦收时间有限，所以以下是对星载侦察设备的基本要求。

1）工作带宽宽

要求侦察设备接收机具有宽的输入带宽，其理由有两个：第一，带宽宽可以减少搜索时间；第二，若输入的是个宽带信号（相位编码或跳频信号），就希望接收机的瞬时带宽能覆盖整个信号的频谱范围，否则该信号中的部分信息不可能完完全全地收集到。但是，在一般情况下，要求带宽宽将使接收机的灵敏度、动态范围和频率分辨率降低。

2）瞬时工作带宽宽

侦察接收机具有较宽的瞬时工作带宽的好处是：第一，带宽宽可以减少搜索时间，提高对信号的截获概率；第二，可以覆盖宽带信号（如相位编码、捷变频或跳频信号等）的频谱，收集信号的全部信息。

3）灵敏度高

侦察系统灵敏度高低直接决定了能否侦收到感兴趣的辐射源信号。灵敏度越高，侦收到低功率辐射源的能力越强。例如，系统的灵敏度仅仅能侦收远程警戒雷达的信号，那么，该系统必然无法侦收武器控制雷达的信号。但是，接收机的灵敏度是由接收机的射频带宽和视频带宽以及噪声系数决定的，带宽越宽、噪声系数越大，则灵敏度越低。

4）动态范围大

空间信号环境复杂，侦察对象千差万别，辐射源的天线波束主、副瓣辐射电平相差很大，要适应这样的信号环境，接收机的动态范围必须足够大。但是，一般来说，提高接收机的灵敏度会同时使其动态范围变小，因此，在接收机设计时，对灵敏度和动态范围的选择始终是要审慎权衡的。

5）截获概率高

由于空间侦察系统的平台运动速度快，对辐射源的侦察时间有限，而且重访进行重复观察周期较长，所以，截获概率高是空间侦察系统中接收机体制选择的重要指标。

6）信号适应能力强

接收系统的信号适应能力变现在两个方面：一是适应的信号密度高，取决于接收系统对信号正确检测的反应时间。其能力越强，在复杂密集的信号环境中，信号丢失的概率越低；二是适应的信号类型多，如频率捷变、分时分集、同时分集、脉内调制、脉间时域变化等信号，这有利于对现代雷达信号的侦察。为了提高对信号的适应能力，卫星侦察接收机通常采用多种接收机体制综合应用的系统。

3. 侦察信号的捕获

要提高对侦察信号的捕获能力，可以从以下三个方向入手：

（1）采用中、低轨卫星平台，以降低信号的空间传播损耗。而中、低轨侦察平台的最大问题是无法对特定区域内信号进行连续侦察，要实现连续侦察，必须采用星座组网。但对于空间波束较窄的信号，例如，对于 Ku 频段的通信卫星上行信号，单一中、低轨卫星对其有效空间覆盖时间是非常有限的，这势必需要大大增加组网卫星的数量，因此对于需要以获取信号内涵信息为侦察目的的通信信号侦察系统而言，中低卫星平台是不太适宜的，即使采用星座组网的形式，也只适用于对通信信号的普查和监视任务。

（2）提高侦察系统对被侦察信号的系统增益。可以通过提高侦察天线对目标信号的波束覆盖能力（采用多波束天线或电控扫描天线）和增大侦察天线口径来实现。如美国"流纹岩/百眼巨人"中型同步轨道电子侦察卫星天线的口径为 18.29 cm。用来窃听微波通信信号的"小屋/漩涡"卫星所采用的侦察天线口径为 38.4 m。"大酒瓶/奥里恩"大型同步轨道电子侦察卫星的天线口径扩展到了 76.2 m，另外还有一副 6.1 m 口径的抛物面下传天线。新型的"号角"信号情报卫星更是采用了一种复杂而精细的相控阵宽频带侦察天线，该天线展开后的口径尺寸达到 91.4 m。这种大型天线可同时监听上千个地面辐射源信号，其中包括俄罗斯与其核潜艇舰队之间的通信。美国新一代"大酒瓶"同步轨道信号情报卫星的天线口径甚至达到了 152 m。

（3）提高系统的接收灵敏度，尽可能地降低系统可检测电平。一般来说，同步轨道电子侦察卫星接收机的灵敏度要求达到 −125 dBm；中高轨道电子侦察卫星接收机灵敏度一般应为 −97 dBm；低轨电子侦察卫星接收机的灵敏度通常应达到 −88 dBm；另外，由于电子侦察卫星的主要任务是截获侦收各类通信、雷达及无线电测控信号，测量信号的特征参数并对辐射源测向定位，无论是雷达信号，还是通信信号，其频率覆盖范围已经从 VHF/UHF 扩展到微波和毫米波频段，因此，要求星载侦察接收机必须具有极宽的工作频率范围，现代电子侦察卫星通常都装有能够工作于不同频段的多部侦察接收机或宽频带侦察接收机。

思　考　题

1. 对直扩信号的检测有哪些主要方法？试比较它们的特点。
2. 对直接序列扩频系统的干扰主要有哪些干扰样式？试简述和比较它们的特点。
3. 简述跳频通信系统的工作原理。
4. 对跳频信号的检测有哪些主要方法？试比较它们的特点。
5. 对跳频系统的干扰方法主要有哪些？
6. 数据链通信侦察的目的是什么？
7. 数据链通信侦察的方法有哪些？在侦察时应注意什么？
8. 数据链通信干扰的方法有哪些？其原理是什么？
9. 卫星电子侦察系统由哪些部分组成？其任务和功能各是什么？
10. 简述卫星电子侦察系统的工作原理。
11. 简述卫星电子侦察系统的工作要求。

第10章　通信对抗效果分析原理

10.1　电波传播衰减及路径损耗

10.1.1　电波传播路径损耗的估算

在讨论地理环境对干扰的影响以及进行干扰发射功率概算时，都要涉及电波传播问题。无线电波在经过不同的传播路径时，传播媒质不同，传播方式不同，产生的路径损耗也不同。为参考方便，下面首先给出了理想的自由空间电波传播的路径损耗，然后给出了实际传播路径上路径损耗的估算方法。

1. 自由空间传播路径损耗的估算

对于自由空间，严格来说应指真空，但实际上通常是指充满均匀、无损耗媒质的无限大空间。该空间具有各向同性，电导率为 0，相对介电系数和磁导率都恒为 1 的特点。所以，自由空间是种理想情况。

设一点源天线（即无方向性天线）置于自由空间中，若天线辐射功率 P_r 均匀地分布在以点源天线为中心的球面上。则离开天线 r 处的电场强度 E_0 的值为 $\dfrac{\sqrt{30P_r(\omega)}}{r}$（单位为 V/m）或 $E_0 = \dfrac{173\sqrt{P_r(k\omega)}}{r}$（单位为 mV/m）。

考虑到天线的方向性，即发射天线的方向增益为 G_T，若发射天线的输入功率为 P_T，则

$$E_0 = \frac{173\sqrt{P_T(k\omega)G_T}}{r} \quad (\mathrm{mV/m}) \qquad (10-1-1)$$

式中，场强均为有效值。

在干扰分析中，我们更多关心的是接收设备的输入功率。由天线理论知，接收天线接收空间电磁波的功率 P_R 为

$$P_R = \left(\frac{\lambda}{4\pi r}\right)^2 P_T G_T G_R \qquad (10-1-2)$$

P_R 就是当天线与接收机匹配时送至接收机的输入功率。

式(10-1-2)称为自由空间的电波传播方程，它仅适用于视距通信的情况。视距通信是指发射和接收天线之间的距离，其满足视距条件：

$$R_{sr} \leqslant k(\sqrt{h_1}+\sqrt{h_2}) \quad (\mathrm{km}) \qquad (10-1-3)$$

式中，h_1 和 h_2 分别是发射天线和接收天线的高度，单位为 m；k 为与传播有关的因子，不考虑大气引起的电波折射时 $k=3.57$，考虑大气引起的电波折射时 $k=4.12$。

一般用传输路径损耗来表示电波通过传输媒质时功率的损耗情况，电波传播路径损耗的定义是：当发射天线与接收天线的方向增益都为 1 时，发射天线的输入功率 P_T 与接收天

线的输出功率 P_R 之比，记为 L，则

$$L = \frac{P_T}{P_R}\bigg|_{G_T=1,\,G_R=1} \qquad\qquad (10-1-4)$$

将式(10-1-2)代入式(10-1-4)中，得到自由空间电波传播的路径损耗，记为 L_f，即

$$L_f = \frac{P_T}{P_R} = \left(\frac{4\pi r}{\lambda}\right)^2 \qquad\qquad (10-1-5(\text{a}))$$

通常，L_f 用分贝(dB)表示，有

$$L_f = 20\lg\frac{4\pi r}{\lambda} = 32.45 + 20\lg f + 20\lg r \qquad\qquad (10-1-5(\text{b}))$$

式(10-1-5(a))表示任一传输路径上，无方向性发射天线的输入功率与无方向性接收天线输出功率之比，说明路径损耗 L 与天线增益无关。

自由空间是一种理想介质，它是不会吸收电磁能量的自由空间的路径损耗，是指电磁波在传播过程中，随着传播距离的增大，发射天线的辐射功率分布在半径更大的球面上，从而导致能量的自然扩散，它反映了球面波的扩散损耗。从式(10-1-5(b))可见，自由空间的路径损耗 L_f 只与频率 f 和传播距离 r 有关，当电波频率提高 1 倍或传播距离增加 1 倍时，自由空间的路径损耗分别增加 6 dB。

2. 实际空间传播路径损耗的估算

在实际中，电波总是在有能量损耗的媒质中传播的。这种能量损耗可能由于大气对电波的吸收式散射引起，也可能由于电波绕过球形地面或障碍物的绕射而引起。这些损耗都会使接收点的场强小于自由空间传播时的场强。在传播距离、工作频率、发射天线和发射功率相同的情况下，接收点的场强 E 和自由空间场强 E_0 之比，定义为该传播路径的衰减因子 W，即

$$W = \frac{|E|}{|E_0|} \qquad\qquad (10-1-6(\text{a}))$$

用分贝(dB)表示，即

$$W = 20\lg\frac{|E|}{|E_0|} \qquad\qquad (10-1-6(\text{b}))$$

则实际传播路径上接收点的场强 E 和功率 P_R 分别为

$$E = E_0 W = \frac{\sqrt{30P_T(\omega)G_T}}{r}W \quad (\text{V/m}) \qquad\qquad (10-1-7)$$

$$P_R = \left(\frac{\lambda}{4\pi r}\right)^2 W^2 P_T G_T G_R \qquad\qquad (10-1-8)$$

在一般情况下，有 $|E|<|E_0|$，故 $W<1$，其分贝值为负数。

由路径损耗的定义式即式(10-1-4)可得实际空间电波传播的路径损耗为

$$L = \frac{P_T}{P_R}\bigg|_{G_T=1,\,G_R=1} = \left(\frac{4\pi r}{\lambda}\right)^2 \frac{1}{W^2} = \frac{L_f}{W^2} \qquad\qquad (10-1-9(\text{a}))$$

用分贝(dB)表示，即

$$L = 20\lg\left(\frac{4\pi r}{\lambda}\right) - W = L_f - W \quad (\text{dB}) \qquad\qquad (10-1-9(\text{b}))$$

　　由式(10-1-9(b))可见，任一传输路径的路径损耗可由自由空间的路径损耗加上该路径上的衰减因子得到。因为衰减因子 W 总是小于 1，即媒质对电波能量的吸收作用使得传输损耗增加。

3. 短波频段电波传播模式及路径损耗估算

　　不同的电波传播模式(或方式)，路径损耗的估算方法不同。而电波传播模式又与电波工作频率，电波传播路径的地形、环境、媒质以及发射、接收天线的高度等因素有关，在天波传播时，还与电离层的状态有关。

　　短波 HF(3 MHz～30 MHz)频段的电波传播模式主要以地面波(简称地波)和天波两种方式为主。地面波传播是电波沿地球表面传播的方式，又称为表面波传播，如图 10-1-1 所示。天波传播是指电波由发射天线向高空辐射，经电离层反射而折回地面后到达接收点的传播方式，又称为空间波传播。

图 10-1-1　地面波传播示意图

　　1) 地面波传播

　　地面波传播方式要求天线的最大辐射方向沿着地面，采用垂直极化方式。在实际中，当天线比较低高度架设于地面(天线的架设高度比波长小得多)时，其最大辐射方向沿地球表面，这时电波主要是地面波传播方式，如图 10-1-1 所示。地面波传播方式的主要特点是信号稳定且基本不受气象条件、昼夜及季节变化等因素的影响，传播特性主要决定于大地的导电性，在传播路径无障碍物的条件下，不存在多径效应但随着电波频率的增高，传播路径损耗迅速加大。这是因为地球表面呈现球形使颠簸传播的路径按绕射的方式进行，只有当波长超过障碍物高度或与其相当时，才具有绕射作用。在实际情况中，只有长波、中波以及短波频率低端能够绕射到地表面较远的地方，短波高端频率以上的波段，由于波长小于障碍物高度，绕射能力很弱。因此，这种传播方式特别适宜于长波及超长波的传播。此外，随发射机与接收机距离的增大，电波的衰减也大大增加，一般可保证几十千米以内近距离通信的要求，广泛应用于军用近距离通信。

　　根据地面波场强的计算方法，当通信距离较近时，即 $r \leqslant \dfrac{80}{\sqrt[3]{f}}$(单位为 km)，可视为平面地波的传播，不考虑地球曲率的影响，并假设地面是均匀光滑的(实际地面由于地形地貌的起伏以及介质的变化，如海、陆等地形的变化，并不是均匀光滑的)，并且地面波传播通常采用垂直极化波(当电波沿一般地质传播时，水平极化波比垂直极化波的传播损耗要高数十分贝)，则接收点的场强为

$$E = E_0 W_d = \frac{173 \sqrt{P_T(k\omega)G_T}}{r} W_d \quad (\text{mV/m}) \qquad (10-1-10)$$

式中，W_d 表示了地面的吸收作用，故又称为地面衰减因子，与地面电特性(即地面电参数)

有关。

地面衰减因子 W_d 的计算比较麻烦，在工程上通常从贝鲁兹图表查得，下面主要通过定性分析的方法讨论地面波传播的特点及损耗的估算。

地面衰减因子(即传播损耗)与地面电特性密切相关，引入与地面电特性有关的辅助参量 ρ，ρ 称为数值距离，无量纲。ρ 值与地面电导率 σ、地面相对介电常数 ε_r 的关系为

$$\rho = \frac{\pi r}{\lambda} \frac{\sqrt{(\varepsilon_r - 1)^2 + (60\lambda\sigma)^2}}{\varepsilon_r^2 + (60\lambda\sigma)^2} \tag{10-1-11}$$

式中，λ 为波长，单位为 m；r 为传播距离，单位为 m；σ 为地面电导率，单位为 S/m；ε_r 为地面相对介电常数，不同地面媒质的电参数不同。

如果没有贝鲁兹图表，则随地面电特性的关系可近似用贝鲁兹公式来近似估算，即

$$W_d = \frac{2 + 0.3\rho}{2 + \rho + 0.6\rho^2} \tag{10-1-12}$$

显然，地面波传播有以下特点：

(1) 当 ρ 值很小时，$\rho \to 0$，$W_d \to 1$，W_d 受地面导电性能的影响不大，不论何种传播媒质，电波的衰减都很小。

(2) 当 $0 \leqslant \rho \leqslant 25$ 时，W_d 的数值随着地面导电性能的变化而变化，地面导电性能好，W_d 值大，衰减小；反之，当地面呈现介电性质时，电波的衰减增大。当地面特性一定时，则 λ 越小，W_d 值越小，电波的衰减越大。

(3) 当 $\rho \geqslant 25$ 时，$W_d \to \frac{1}{2\rho}$ 为 $W_d = \frac{1}{2\rho}$，此时，电波的衰减随 ρ 的增大而增大，则

$$W_d \approx \frac{1}{2\rho} = \frac{\lambda}{2\pi r} \frac{\varepsilon_r^2 + (60\lambda\sigma)^2}{\sqrt{(\varepsilon_r - 1)^2 + (60\lambda\sigma)^2}}$$

令

$$\varphi(\lambda) = \frac{\lambda}{2\pi} \frac{\varepsilon_r^2 + (60\lambda\sigma)^2}{\sqrt{(\varepsilon_r - 1)^2 + (60\lambda\sigma)^2}}$$

则

$$W_d \approx \frac{\varphi(\lambda)}{r} \tag{10-1-13}$$

可以得到接收点的接收功率 P_R 和路径损耗 L_d 的计算公式为

$$P_R = \left(\frac{\lambda}{4\pi r}\right)^2 W_d^2 P_T G_T G_R = \left(\frac{\lambda}{4\pi r}\right)^2 \left[\frac{\varphi(\lambda)}{r}\right]^2 P_T G_T G_R \tag{10-1-14}$$

$$L_d(dB) = L_f(dB) - W_d(dB) = 20\lg\left(\frac{4\pi r}{\lambda}\right) - 20\lg\left[\frac{\varphi(\lambda)}{r}\right] \tag{10-1-15}$$

这就说明：当 $\rho \geqslant 25$ 时，地面波传播时接收功率 P_R 与传播距离 r 的四次方成反比，电波的衰减将随传播距离的增大而迅速增加。

下面我们通过一些数据来分析和比较不同条件下，地面波传播路径损耗与传播媒质、频率范围、传播距离等之间的关系：

(1) 表 10-1-1 给出了不同频率电波在不同地面传播媒质中当传播距离 $r = 10$ km 时的数值距离 ρ。由此可见，随着电波频率的增高，传播路径损耗迅速增大。

表 10-1-1　不同地面的介电性能

频率/波长 ρ 媒质	3 kHz /100 km	30 kHz /10 km	300 kHz /1 km	3 MHz /100 m	30 MHz /10 m	300 MHz /1 m
海水($\varepsilon_r=80$, $\sigma=4$)	1.3×10^{-8}	1.3×10^{-6}	1.3×10^{-4}	1.3×10^{-2}	1.3	124
湿土($\varepsilon_r=20$, $\sigma=10^{-2}$)	5.2×10^{-6}	5.2×10^{-4}	5.2×10^{-2}	4.9	144	1490
干土($\varepsilon_r=4$, $\sigma=10^{-3}$)	5.2×10^{-5}	5.2×10^{-3}	5.2×10^{-1}	40	587	5890
岩石($\omega_r=6$, $\sigma=10^{-7}$)	4.36×10^{-2}	4.36×10^{-1}	4.36	43.6	436	4363

（2）电波在具有良导体性质的海水中传播时，损耗最小，表 10-1-2 给出了满足 $\rho\geqslant25$ 条件的最小传播距离。由此可见，短波以下频段，传播距离可达几十千米以上，说明短波在海水中传播的衰减很小。

表 10-1-2　满足 $\rho\geqslant25$ 的最小传播距离　　　　　（单位：km）

频率/波长 媒质	3 kHz /100 km	30 kHz /10 km	300 kHz /1 km	3 MHz /100 m	30 MHz /10 m	300 MHz /1 m
海水($\varepsilon_r=80$, $\sigma=4$)	2×10^5	2×10^4	2×10^3	2×10^2	20	2

（3）表 10-1-3 给出了短波频率范围内电波在不同传播媒质中满足 $\rho\geqslant25$ 条件的最小传播距离。在除海水以外的其他传播媒质中，在频率高端，数值距离 $\rho\geqslant25$ 是容易满足的，在频率低端，随着传播距离的增加，$\rho\geqslant25$ 也是能够满足的，当电波传播距离大于该最小传播距离后，使得 $\rho\geqslant25$，$W_d\approx\dfrac{1}{2\rho}$，则地面波传播时接收功率 P_R 与传播距离 r 的四次方成反比，电波的衰减随传播距离的增大而迅速增加；反之，当小于该最小传播距离时，$\rho\geqslant25$ 不满足，接收功率 P_R 不与传播距离的四次方成反比了。由此可见，缩小传播距离对于降低地面波传播的路径损耗是有利的。

表 10-1-3　满足 $\rho\geqslant25$ 的最小传播距离　　　　　（单位：km）

频率/波长 媒质	3 MHz/100 m	30 MHz/10 m
海水($\varepsilon_r=80$, $\sigma=4$)	200	20
湿土($\varepsilon_r=20$, $\sigma=10^{-2}$)	167	16.7
干土($\varepsilon_r=4$, $\sigma=10^{-3}$)	42	4.2
岩石($\varepsilon_r=6$, $\sigma=10^{-7}$)	57	5.7

（4）超短波频率范围内，通常都能够满足数值距离的条件，接收功率与传播距离的四次方成反比，路径损耗很大，因此，地面波传播方式不适宜超短波频段的传播。

（5）表 10-1-4 给出了当 $\rho=0.1$ 时，不同频率电波在不同传播媒质中的最大传播距离，即路径损耗趋近于零的最大传播距离。表 10-1-4 数据说明：对于干扰方来说，如此近的传播距离在超短波不可能实现，在短波也很难实现，只能将小型干扰机投掷或摆放到敌方阵地上，才有可能实现这种趋近于零路径损耗的传播。

表 10 - 1 - 4　满足 $\rho=0.1$ 的最大传播距离　　　（单位：km）

媒质 ＼ 频率/波长	300 kHz/1 km	3 MHz/100 m	30 MHz/10 m	300 MHz/1 m
海水($\varepsilon_r=80$，$\sigma=4$)	8×10^3	8×10^2	80	8
湿土($\varepsilon_r=20$，$\sigma=10^{-2}$)	670	67	6.7	6.7×10^{-1}
干土($\varepsilon_r=4$，$\sigma=10^{-3}$)	170	17	1.7	1.7×10^{-1}
岩石($\varepsilon_r=6$，$\sigma=10^{-7}$)	230	23	2.3	2.3×10^{-1}

当通信距离较远时，$r\geqslant\dfrac{80}{\sqrt[3]{f}}$，单位为 km，必须考虑地球曲率的影响，此时到达接收地点的地面波是沿着地球弧形表面绕射传播的。对沿着有限电导率球形地面传播的地波场强计算非常的复杂，一般工程计算是通过查表方法进行的，可根据国际无线电咨询委员会(CCIR)推荐的一套曲线作为一种计算地面波场强的方法。

2）天波传播

天波传播主要受电离层的影响，其主要特点是传输损耗小，可利用较小的功率进行远距离通信，如图 10 - 1 - 2 所示。但其信号不稳定，传播时会产生多种效应。天波传播在军事用途中，主要用于短波远距离通信。

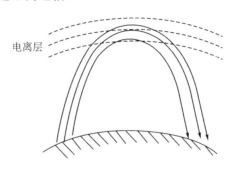

图 10 - 1 - 2　天波传播示意图

利用电离层反射实现短波天波通信，天波传播的路径损耗(单位为 dB)表示为

$$L = L_f + L_a + L_g + Y_p \qquad (10 - 1 - 16)$$

天波传播的路径损耗是工作频率、传输模式、通信距离和时间的函数，其各项损耗的物理含义如下：

(1) 自由空间路径损耗 L_f。其含义和计算方法与式(10 - 1 - 4)相同。

(2) 电离层吸收损耗 L_a。它通常是指电离层的 D 区、E 区吸收损耗，又称为非偏移吸收或穿透吸收。它与工作频率、工作点经纬度，太阳黑子数以及射线仰角有关。

(3) 大地反射损耗 L_g。在多跳模式传播情况下，电波经地面反射后引起的损耗。与电波的极化、频率、射线仰角以及地质情况等因素有关。

(4) 额外系统损耗 Y_p。它包括了除上述三种损耗以外的其他所有原因引起的损耗，即偏移吸收，E_s 层附加损耗，极化耦合损耗以及电离层聚集与散焦效应等。额外系统损耗为本地时间的函数，一般根据经验公式进行估算。

4. 超短波频段电波传播模式及路径损耗估算

1）视距传播

在超短波 VHF(30 MHz～300 MHz)频段，电波传播大多数都使用地-地视距传播模式；在 UHF(300 MHz～3000 MHz)频段，有地面与空中目标的地-空视距传播模式及空中的空-空视距传播模式。

视距传播是指发射天线和接收天线之间能相互"看见"的距离内或者说无障碍物的一条路径上，电波直接从发射点传播到接收点的一种传播方式，又称为直接波传播，如图 10-1-3 所示。视距传播大体可分为三类：第一类是地面目标间的地-地视距传播，其电波传播路径可分为两路，即一路由发射天线直接到达接收天线，称为直射波，另一路经由地面反射到达接收天线，称为反射波。第二类是地面与空中目标的地-空视距传播，它只有直射波传播方式。第三类是空中目标间的空-空视距传播，它也只有直射波传播方式。

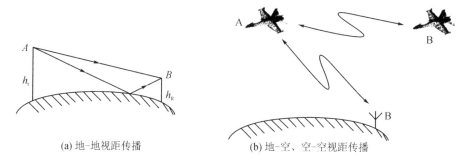

(a) 地-地视距传播　　　　　　　　(b) 地-空、空-空视距传播

图 10-1-3　视距传播示意图

视距传播的特性主要受对流层的影响，地-地传播还要受到地面电特性的影响。这种传播方式的主要特点是方向性强，信号较稳定，电波受地形地物影响大。视距传播主要用于超短波和微波通信的地面中继通信，以及地-空和空-空通信。卫星通信的传播方式也是视距传播的一种。

对于地-空视距传播模式和空-空视距传播模式，由于其不受地形的影响，并且天线又多具有较强的方向性，故可直接使用自由空间传播模式，即 $L_{k-d}=L_{k-k}=L_f$。地-地视距传播则要考虑地形的影响，它的路径损耗与发射机和接收机间的路径逼近无线电视距的程度有关。下面我们讨论地-地视距传播的路径损耗。

根据地-地视距传播场强的计算方法，可以得到光滑平面地条件下地-地视距传播接收点场强的近似公式为

$$E = E_1 \cdot 2\sin\left(\frac{2\pi h_T h_R}{\lambda r}\right) \qquad (10-1-17)$$

其中，E_1 为直射波场强，等于自由空间传播的场强 E_0；r 为传播距离，单位为 m；h_T、h_R 分别为干扰发射天线的架设高度、接收天线的架设高度。

$$W_{d-d} = 2\sin\left(\frac{2\pi h_T h_R}{\lambda r}\right) \qquad (10-1-18)$$

当 $r \gg h_T$、h_R 时，有

$$W_{d-d} \approx \frac{4\pi h_T h_R}{\lambda r} \tag{10-1-19}$$

或

$$W_{d-d} \approx 20\lg \frac{4\pi h_T h_R}{\lambda r} \tag{10-1-20}$$

此时，地-地视距传播的路径损耗为

$$L_{d-d} = L_f - W_{d-d} = 20\lg \left(\frac{4\pi r}{\lambda}\right) - 20\lg \frac{4\pi h_T h_R}{\lambda r}$$

$$= 20\lg \frac{r^2}{h_T h_R} = 40\lg r - 20\lg h_T h_R \tag{10-1-21}$$

$$P_R = \left(\frac{\lambda}{4\pi r}\right)^2 W_{d-d}^2 P_T G_T G_R = \left(\frac{\lambda}{4\pi r}\right)^2 \left(\frac{4\pi h_T h_R}{\lambda r}\right)^2 P_T G_T G_R$$

$$= P_T G_T G_R \left(\frac{h_T h_R}{R^2}\right)^2 \tag{10-1-22}$$

由此可见，地-地视距传播的路径损耗与传播距离的四次方成正比，随传播距离增加损耗迅速增大；接收功率 P_R 与传播距离 R 的四次方成反比，电波的衰减随传播距离的增大而迅速增加。因此，如果发射功率、天线增益不变，接收功率会比自由空间传播时小得多，或者说，此时传播损耗大得多。为了降低传播损耗，需要增加天线高度。从表面上看，接收功率似乎与频率无关。但是由于天线增益与频率有关，因此，接收机功率与频率是有关的。

其实，地面反射传播并不是在所有的地-地通信时都会出现。当天线的高度与波长之比小于 1 时，需要考虑地面反射波的影响；反之，如果天线有一定的高度，例如，在大于几个波长时，就近似可以采用自由空间传播模型。

此外，在光滑平面地条件下，还需要考虑地球曲率的影响，天线的架设高度 h_T、h_R 应修正为天线等效高度 h_{eT}、h_{eR}；另外，在粗糙地面，对流层大气对视距传播的影响均可以进行相应修正。

2）散射传播

散射传播（又称为散射波传播）如图 10-1-4 所示。这种传播是指当电磁波投射到低空大气层或电离层的不均匀电介质时，产生散（反）射，其中一部分到达接收点的超视距传播方式。

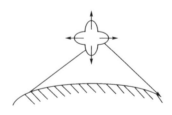

图 10-1-4　散射传播示意图

目前有对流层散射、电离层散射、流星余迹散射及人造反射层等传播方式，其中以对流层散射应用最为普遍，这种传播方式通信容量较大，可靠性较高，单跳跨距可达 300 km～800 km，一般用于无法建立超短波、微波中继站的地区。

散射传播的路径损耗主要包括传播路径上的自由空间路径损耗 L_f 和散射媒质引起的吸收损耗 L_b，表示为

$$L = L_f + L_b \quad (\text{dB}) \tag{10-1-23}$$

显然，L_b 与电波工作频率、散射媒质以及射线仰角有关。

5. 不同传播媒质路径损耗的估算

在地面波传播情况下，经常会遇到地面波在几种不同传播媒质中传播的情形。例如，舰船与岸上基站之间的通信，电波传播路径一部分经过海面，另一部分经过陆地，而陆地、海水两种传播媒质的电参数有明显差异，下面讨论这种电波经过不同传播媒质路径损耗的估算问题。

假设电波传播经过了两段不同传播媒质的路径，第一段路径的地面电参数为 ε_{r1}、σ_1，传播距离为 r_1，衰减因子为 $W_{d1}(r_1)$，第二段路径的地面电参数为 ε_{r2}、σ_2，传播距离为 r_2，衰减因子为 $W_{d2}(r_2)$，两段路径的衰减和损耗互不相关，并且满足：

$$r \leqslant \frac{80}{\sqrt[3]{f}} \quad (\text{km})$$

的条件，不考虑地球曲率的影响，如图 10-1-5 所示。

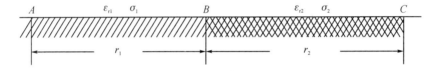

图 10-1-5　不同传播媒质地面波传播示意图

当发射机在 A 点、接收机在 C 点时，电波从 A 点传播到 C 点的衰减因子 $W_d(r_1+r_2)$ 为

$$W_d = \frac{W_{d1}(r_2)W_{d2}(r_1+r_2)}{W_{d2}(r_1)} \tag{10-1-24}$$

式中，$W_{d2}(r_1)$ 是把第一段路径用与第二段相同特性的路径代替后的衰减因子；$W_{d2}(r_1+r_2)$ 则为整个传播路径均为相同传播媒质 ε_{r2}、σ_2 的衰减因子。

当发射机在 C 点、接收机在 A 点时，电波从 A 点传播到 C 点的衰减因子 $W_d(r_1+r_2)$ 为

$$W_d = \frac{W_{d2}(r_2)W_{d1}(r_1+r_2)}{W_{d1}(r_2)} \tag{10-1-25}$$

式中，$W_{d1}(r_2)$ 是把第一段路径用与第二段相同特性的路径代替后的衰减因子；$W_{d1}(r_1+r_2)$ 则为整个传播路径均为相同传播媒质 ε_{r2}、σ_2 的衰减因子。

需要注意的是，无论发射机在 A 点还是在 C 点，电波经过不同传播媒质到达接收点的场强应根据密林顿提出的几何平均法近似计算，即接收点的场强为

$$E = \sqrt{E_{AC}E_{CA}} \tag{10-1-26}$$

10.1.2　滤波损耗和极化损耗的估算

滤波损耗 F_b 是指进入目标接收机的干扰功率与到达目标接收机处的干扰功率之比。通常，进入目标接收机的干扰功率与接收机带宽有关，假设干扰信号频谱是均匀分布的，则在实际应用中滤波损耗可近似计算为

$$F_{\mathrm{b}} = \frac{B_{\mathrm{R}}}{B_{\mathrm{j}}} \qquad (10-1-27)$$

其中，B_{R} 为目标接收机带宽（或目标信号频谱宽度）；B_{j} 为干扰信号频谱宽度。如果接收机带宽大于干扰信号带宽，则取 $F_{\mathrm{b}} = 1$，因为这时所有的干扰功率都落入了接收机通带内。通常接收机带宽都小于等于干扰信号带宽，因此，$F_{\mathrm{b}} \leqslant 1$。

1. 瞄准式干扰滤波损耗

由于瞄准式干扰针对的是特定通信信道的同频干扰，它是将干扰信号频谱瞄准敌信号频谱所实施的一种窄带干扰，滤波损耗的大小与干扰信号频谱重合程度有关。当频率重合度很高时，干扰信号功率能够绝大部分落入接收机通带内，因此，$F_{\mathrm{b}} \approx 1$。

2. 拦阻式干扰滤波损耗

由于拦阻式干扰是同时对工作频段内的多个通信信道实施的一种宽带干扰，其功率分布在整个拦阻工作频段上，实际落入到目标接收机上的功率比拦阻式干扰的功率小很多，因此，实施拦阻式干扰存在非常大的滤波损耗，而且采用连续拦阻式干扰和梳状拦阻式干扰的滤波损耗是不同的。

1）连续拦阻式干扰

对于拦阻带宽内的每一部目标接收机来说，连续拦阻式干扰的滤波损耗等于目标接收机的带宽 B_{R} 与拦阻带宽 B_{j} 之比，拦阻带宽 $B_{\mathrm{j}} = f_{\max} - f_{\min}$，其中，$f_{\max}$ 为拦阻带宽的最高频率，$f_{\min}$ 为拦阻带宽的最低频率，则

$$F_{\mathrm{b}} = \frac{B_{\mathrm{R}}}{B_{\mathrm{j}}} = \frac{B_{\mathrm{R}}}{f_{\max} - f_{\min}} \qquad (10-1-28)$$

2）梳状拦阻式干扰

对于梳状拦阻式干扰，只有当被干扰目标信号落入梳齿上时，才为有效干扰。假设梳状拦阻式干扰频谱上一个梳齿的能量全部击中了被干扰目标信号，即全部落入被干扰目标接收机的带宽内，此时干扰的滤波损耗应为拦阻带宽内梳齿数目的倒数，即

$$F_{\mathrm{b}} = \frac{1}{B_{\mathrm{j}}/F} \approx \frac{F}{B_{\mathrm{j}}} \qquad (10-1-29)$$

其中，F 为梳状拦阻式干扰中锯齿波频率，也是扫频速率；B_{j} 为拦阻带宽。

3. 极化损耗

极化损耗是由于干扰机不是以合适的极化电波发射干扰信号造成的。然而，实际中信号电波的极化方式是很难确定的，因此，极化损耗 p 也是很难确定的，在进行干扰功率概算时，一般可把它作为设计容量考虑。

10.2　侦察接收机参数

10.2.1　噪声系数

噪声系数是衡量接收机内部噪声的一个物理量，它定义为接收机输入信噪比与输出信噪比之比，即

$$N_F = \frac{\dfrac{S_{in}}{N_{in}}}{\dfrac{S_{out}}{N_{out}}} \qquad (10-2-1)$$

若接收机的增益为 G，$G = S_{out}/S_{in}$，则

$$N_F = \frac{N_{out}}{GN_{in}} = \frac{GN_{in} + \delta}{GN_{in}} = 1 + \frac{\delta}{GN_{in}} \qquad (10-2-2)$$

式(10-2-2)表明，噪声系数是接收机输出端的总噪声功率 N_{out} 与其输入端的噪声功率经接收机放大后得到的噪声功率 GN_{in} 的比。接收机输出噪声由两部分构成：一是接收机输入的噪声被放大后的输出 GN_{in}；二是接收机内部产生的噪声 δ。因此，噪声系数总是大于1的，它表示了输出信噪比恶化的程度。将式(10-2-2)写成对数形式，噪声系数的意义就更清楚，即

$$N_F = 10\lg\left(\frac{N_{out}}{GN_{in}}\right) = 10\lg(N_{out}) - 10\lg(G) - 10\lg(N_{in}) \qquad (10-2-3)$$

由此说明，由于接收机内部噪声的存在，其输出噪声功率总是大于其输入噪声功率。

接收机输出噪声是由其内部的放大器、滤波器、混频器等单元电路产生的，这些单元以级联方式完成接收机的功能。

下面讨论级联电路的噪声系数的计算问题。设两级级联电路的噪声系数和增益分别为 N_{F1}、N_{F2} 和 G_1、G_2，如图 10-2-1 所示。

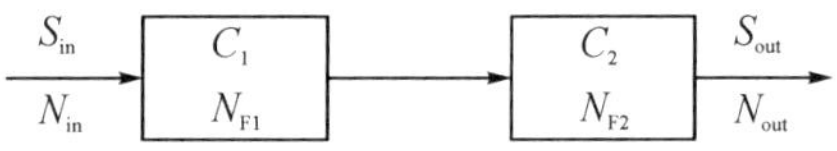

图 10-2-1　两级级联电路示意图

由式(10-2-2)可得两级电路的内部噪声分别为

$$\delta_1 = (N_{F1} - 1)G_1 N_{in} \qquad (10-2-4)$$

$$\delta_2 = (N_{F2} - 1)G_2 N_{in} \qquad (10-2-5)$$

将级联电路看成一个整体，其内部噪声为

$$\delta = (N_F - 1)G_1 G_2 N_{in} \qquad (10-2-6)$$

其中，N_F 为级联系统的噪声系数。

因为 δ、δ_1 与 δ_2 之间满足条件，即

$$\delta = \delta_1 G_2 + \delta_2 \qquad (10-2-7)$$

联立式(10-2-4)、式(10-2-5)、式(10-2-6)和式(10-2-7)可得

$$(N_F - 1)G_1 G_2 N_{in} = (N_{F1} - 1)G_1 G_2 N_{in} + (N_{F2} - 1)G_2 N_{in} \qquad (10-2-8)$$

对式(10-2-8)化简，可得级联系统总的噪声系数为

$$N_F = N_{F1} + \frac{N_{F2} - 1}{G_1} \qquad (10-2-9)$$

类似地，n 级级联电路的总噪声系数为

$$N_F = N_{F1} + \frac{N_{F2} - 1}{G_1} + \frac{N_{F1} - 1}{G_1 G_2} + \cdots + \frac{N_{Fn} - 1}{G_1 G_2 \cdots G_{n-1}} \qquad (10-2-10)$$

由式(10-2-10)可以看出，当后级电路增益很高时，总噪声系数主要取决于前级电路

的噪声系数。因此，为了降低总噪声系数，需要适当提高第一级电路的增益。同时降低它的噪声系数。接收机的第一级通常是低噪声放大器，它的增益和噪声系数对于整个接收机的噪声系数有极大的影响。此外，后级电路对总噪声系数的影响较小，其位置越接近输出，影响越小。

10.2.2　侦察接收机灵敏度

接收机灵敏度是接收机的重要指标之一，也是通信对抗侦察系统的重要指标之一。接收机灵敏度与噪声系数有关，它是指在接收机与天线完全匹配的条件下，接收机输入端的最小信号功率。由噪声系数的定义，接收机输入端的信号功率为

$$S_{in} = N_{in} N_F \frac{S_{out}}{N_{out}} \tag{10-2-11}$$

当接收机与天线完全匹配时，接收机输入端的噪声功率为

$$N_{in} = KT_0 B_n \tag{10-2-12}$$

其中，$K = 1.38 \times 10^{-23}$（单位为焦耳/度）是波尔兹曼常数；T_0 是标准温度（290 K）；B_n 是接收机等效噪声带宽（单位为 Hz）。接收机灵敏度定义为接收机输入端的最小信号功率，它表示为

$$P_{rmin} = (S_{in})_{min} = KT_0 B_n N_F \frac{S_{out}}{N_{out}} = KT_0 B_n N_F SNR_o \tag{10-2-13}$$

由此可见，接收机灵敏度与接收机等效带宽、噪声系数和输出端信噪比等有关。

接收机灵敏度经常用分贝形式表示，对全式取对数，并且将 K 和 T_0 的值代入，经过简单的计算，可以得到

$$P_{rmin} = -174 + 10\lg(B_n) + N_F + SNR_o \quad (dBm) \tag{10-2-14}$$

式中，噪声系数 N_F、输出信噪比 SNR_o 以 dB 为单位；等效噪声带宽 B_n 以 Hz 为单位。值得指出的是，式（10-2-14）中的噪声带宽、噪声系数、输出信噪比必须在同一个检测点计算。例如，在中频放大器输出端检测，则三者分别是中放带宽、中放噪声系数和中放输出信噪比。如果是在信号处理器输出检测，则它们分别是信号处理器的分析带宽、中放输出信噪比，而噪声系数包括射频通道噪声、ADC 量化噪声、信号处理器截断噪声等在内的接收机总噪声系数。

在式（10-2-14）中，信噪比是检测信噪比，没有考虑信号处理的影响。设某通信对抗侦察接收机的中频放大器输出信噪比为 8 dB，中频带宽为 2 MHz，射频前端噪声系数为 12 dB，则它的灵敏度为

$$P_{rmin} = -174 + 10\lg(2 \times 10^6) + 12 + 8 = -91 \quad (dBm)$$

考虑信号处理对信噪比的改善作用，若信号处理采用 FFT 处理，FFT 的分辨率为 25 kHz，则接收机灵敏度为

$$P_{rmin} = -174 + 10\lg(25 \times 10^3) + 12 + 8 = -110 \quad (dBm)$$

由此可见，由于信号处理提高了输出信噪比，接收机灵敏度提高了 19 dB。其本质是由于 FFT 分析的作用，等效噪声带宽由 2 MHz 下降到 25 kHz，使接收机灵敏度提高。考虑到信号处理对接收机灵敏度的贡献，将式（10-2-4）修正为

$$P_{\mathrm{rmin}} = -174 + 10\lg(B_{\mathrm{n}}) + N_{\mathrm{F}} + \mathrm{SNR_o} - G_{\mathrm{P}} \quad (\mathrm{dBm})$$

其中，G_{P} 是信号处理增益，它定义为信号处理输入、输出信噪比改善比，即

$$G_{\mathrm{P}} = \frac{\left(\dfrac{S}{N}\right)_{\mathrm{o}}}{\left(\dfrac{S}{N}\right)_{\mathrm{i}}} \tag{10-2-15}$$

对于 FFT 分析和信道化处理，信号处理增益的理论值是其输入信号带宽与输出信号带宽之比。而由于 ADC 量化噪声和信号处理截断噪声的存在，实际处理增益比理论值低 2 dB～5 dB 左右。

在接收机设计时，经常需要将灵敏度转换为噪声系数，射频前端的噪声系数为

$$N_{\mathrm{f}} = -174 + P_{\mathrm{rmin}} - 10\lg(B_{\mathrm{n}}) - \mathrm{SNR_o} \quad (\mathrm{dB}) \tag{10-2-16}$$

10.2.3　侦察作用距离与截获概率

1. 侦察作用距离

式(10-1-2)和式(10-1-22)分别是自由空间直视和地面视距传播的传播方程。在这两式中，当接收机功率为接收机灵敏度时，可以计算通信对抗侦察系统的最大作用距离。满足直视条件的自由空间的侦察系统的最大作用距离为

$$R_{\max} = \left(\frac{P_{\mathrm{T}}G_{\mathrm{T}}G_{\mathrm{R}}\lambda^2}{(4\pi)^2 P_{\mathrm{rmin}}}\right)^{1/2} \tag{10-2-17}$$

上述分析中仅考虑了随着电波传播距离增加引起的自由空间的路径损耗，是一种比较理想的条件。在实际工作中，除了路径损耗外，还存在能量损耗、极化损耗以及侦察系统自身的损耗等。能量损耗和极化损耗等通常用衰减因子表示，此时传播损耗有关修正为

$$L = L_{\mathrm{r}} + L_{\mathrm{a}} \tag{10-2-18}$$

其中，L_{r} 是能量扩散损耗；L_{a} 是除了能量扩散损耗外的其他损耗因子。对于直视条件自由空间传播情况，如空-空传播、近距离地-空传播等，损耗因子 L_{a} 为 2 dB～10 dB。对于短波地面传播情况，损耗因子为

$$L_{\mathrm{a}} = 10\lg\left(\frac{2 + \rho + 0.6\rho^2}{2 + 0.3\rho}\right) \tag{10-2-19}$$

其中，ρ 是一个无量纲的参数，有

$$\rho = \frac{\pi d}{\varepsilon^2 + (60\lambda\sigma)^2}\sqrt{(\varepsilon-1)^2 + (60\lambda\sigma)^2} \tag{10-2-20}$$

式中，ε 是地面的相对介电常数；σ 为地面电导率；d 是距离(单位为 m)；λ 是波长(单位为 m)。当 $\rho > 25$ 时，损耗因子可以简化为

$$L_{\mathrm{a}} \approx 10\lg\rho + 3 \tag{10-2-21}$$

除了考虑损耗因子外，信号传输过程中还存在其他因素会引起损耗，如通信发射机馈线损耗(3.5 dB)、侦察天线波束非矩形损失(1.6 dB～2 dB)、侦察天线宽频带增益变化损失(2 dB～3 dB)、侦察天线极化失配损失(3 dB)、侦察天线到接收机的馈线损耗(3 dB)，这些损耗加起来，L_{s} 大约是 13 dB～15.5 dB。于是总的损耗因子修正为

$$L_{\mathrm{p}} = L_{\mathrm{a}} + L_{\mathrm{s}} \tag{10-2-22}$$

在自由空间中，侦察系统的最大作用距离修正为

$$R_{\max} = \left(\frac{P_{\mathrm{T}} G_{\mathrm{T}} G_{\mathrm{R}} \lambda^2}{(4\pi)^2 P_{\mathrm{rmin}} 10^{0.1 L_{\mathrm{p}}}} \right)^{\frac{1}{2}} \qquad (10-2-23)$$

在直视条件下，对通信信号的侦察必须同时满足能量条件(即式(10-2-23))和直视条件(即式(10-1-3))，实际侦察距离是两者的最小值，即

$$R_{\mathrm{r}} = \min\{R_{\max}, R_{\mathrm{sr}}\} \qquad (10-2-24)$$

对于在超短波工作时，一般采用地面反射传播模型，对应的侦察系统的最大作用距离为

$$R_{\max} = \left(\frac{P_{\mathrm{T}} G_{\mathrm{T}} G_{\mathrm{R}} (h_{\mathrm{T}} h_{\mathrm{R}})^2}{P_{\mathrm{rmin}}} \right)^{\frac{1}{4}} \qquad (10-2-25)$$

本节讨论了不同传播条件下的侦察系统的作用距离(或称为侦察方程)，这两种情况是最常见的传播条件。此外，在雷达侦察中，由于雷达接收机接收的回波信号是双程传播，而侦察系统接收的是雷达发射的直达波，因此雷达侦察系统具有距离优势。而对于通信对抗侦察系统而言，由于通信接收机和通信对抗侦察接收机都是接收通信发射机的直达波，因此不存在距离优势，甚至在某些情况下，通信对抗侦察系统还处于距离弱势。

2. 侦察截获概率

通信对抗侦察的首要任务就是截获所处地域的感兴趣的无线电通信信号。通信信号出现的方向、频率、时间、强度等，对于通信对抗侦察设备而言是完全或者部分未知和随机的。通信对抗侦察设备实际上是使用一个空域、频域、时域、能量域窗口构成的多维搜索窗，按照一定的截获概率截获感兴趣的通信信号。所以，为了截获感兴趣的通信信号，需要满足空域重合、频域重合、时域重合和能量足够这四个截获条件。

截获条件是一个多维窗口共同重合的问题，单独一个条件比较容易满足，但是，共同满足就需要仔细的考虑和分析。例如，在综合考虑空域、频域和时域重合要求的时候，因为目标信号可能是间断工作的，并且其工作频率是某个频率在进行多维窗口搜索过程中，重合的概率就会下降。因此空域搜索速度、时域停留时间和频域搜索速度之间需要综合考虑，才能满足一定的截获概率的要求。

通信对抗侦察系统的频域截获概率主要由三个因素决定：接收机的搜索速度、信号持续时间和搜索带宽。而通信对抗侦察系统的频域截获概率 P_{fi} 定义为

$$P_{\mathrm{fi}} = \frac{T_{\mathrm{d}}}{T_{\mathrm{sf}}} \qquad (10-2-26)$$

其中，T_{d} 是通信信号的持续时间；T_{sf} 是通信对抗侦察接收机搜索完指定带宽所需的时间。设搜索带宽为 W(单位为 MHz)，接收机搜索速度为 R_{sf}(单位为 MHz/s)，则搜索时间 $T_{\mathrm{sf}} = W/R_{\mathrm{sf}}$，频域截获概率可以重新写为

$$P_{\mathrm{fi}} = \frac{T_{\mathrm{d}}}{W} R_{\mathrm{sf}} \qquad (10-2-27)$$

与频域截获的情况类似，当在空域也进行搜索时，空域截获概率与天线的扫描速度、信号持续时间和波束宽度等有关，而通信对抗侦察系统的空域截获概率 P_{ai} 定义为

$$P_{\mathrm{ai}} = \frac{T_{\mathrm{d}}}{T_{\mathrm{sa}}} \qquad (10-2-28)$$

其中，T_d 是通信信号的持续时间；T_{sa} 是通信对抗侦察天线扫描完指定空域所需的时间。设扫描空域为 Ω（单位为弧度），天线扫描度为 R_{sa}（单位为弧度/秒），则搜索时间 $T_{sa} = \Omega/R_{sa}$，空域截获概率可以写为

$$P_{ai} = \frac{T_d}{\Omega} R_{sa} \qquad (10-2-29)$$

能量域重合主要是靠接收机灵敏度来保证的，当到达通信对抗侦察接收机输入端的目标通信信号的功率大于侦察系统接收机的灵敏度时，就基本上满足了能量重合条件，我们称为目标通信信号被截获。实际上，到达通信对抗侦察接收机的目标通信信号是否被检测和截获，与到达侦察接收机输入端的目标通信信号的能量有关，还与侦察接收机灵敏度、检测门限和检测方法等因素有关。能量域截获概率是这几个主要因素的复杂函数，可表示为

$$P_{ei} = f(P_{rmin}, V_T, S_i) \qquad (10-2-30)$$

综合以上分析，通信对抗侦察系统的截获概率分别是频域、空域、时域和能量域截获概率的复合函数，即

$$P_i = f_p(P_{fi}, P_{ai}, P_{ti}, P_{ei}) \qquad (10-2-31)$$

由于频域和空域截获都是以能量重合为条件的，上述复合函数是一个复杂的关系，很难利用一个简单的数学表达式明确表示出来。在最简单的情况下，假定能量满足重合条件，即信号功率高于检测门限，并且频域和空域搜索独立，目标通信信号持续时间很长，那么系统截获概率为

$$P_i = P_{fi} \cdot P_{ai} \qquad (10-2-32)$$

我们通过一个例子来了解频域截获概率与搜索速度等因素的关系。设 $T_d=1$ s，如果要求 $P_{fi}=0.9$，$W=60$ MHz，则接收机搜索速度应该不小于 54 MHz/s。设 $T_d=0.1$ s，如果要求 $P_{fi}=0.9$，$W=180$ MHz，则接收机搜索速度应该不小于 1.62 GHz/s，这样的搜索速度是非常高的。

频域搜索速度实际上受到本振换频速度、接收机中频带宽和信号处理时间的限制。而信号处理时间又与接收机所处的信号环境、信号处理器的处理能力等因素有关。信号环境越复杂，所在区域的信号数量越多，进入接收机的信号就越多，当信号处理器能力一定时，需要的信号处理时间就越长，这样就会降低搜索速度，导致截获概率的降低。

类似地，空域的天线扫描速度实际上也受到天线伺服设备、天线波束宽度和信号处理时间的限制。能量域截获概率受到接收机灵敏度、天线增益、信号处理增益的限制。

由此可见，系统截获概率是系统的综合性能的体现，它与多种因素有关。在具体分析时，需要根据具体条件，综合考虑。

10.3　通信干扰方程及干扰功率概算

一旦通信干扰机和被干扰通信系统的位置确定以后，在干扰实施之前及其过程中，总希望能够获得干扰目标处的干信比，以判断干扰的有效性。前面我们谈过对干扰方来说是很难直接确定目标接收机的位置的，但是实际的通信系统中，某一通信台站同时都要进行收、发工作，尤其是对战术通信电台更是如此，这样就可以借助电子支援措施（ESM）来获

得被干扰目标接收机的位置信息。对战略通信电台而言,虽然可以利用遥控使同一端的发射机与接收机不在同一地点,但收、发信机的距离通常比干扰距离小得多,可将发射机的位置大致定为接收机的位置。需要说明的是,这里所说的发射机是指在同一系统中处于被干扰目标接收机一端的发射机。本节的目的就是要给出干扰机与其作用目标通信链路之间相互关系的方程,从而确定目标接收机处的干信比,以及进行干扰功率和作用距离的估算。

10.3.1 通信干扰方程

通信干扰方程就是反映目标接收机处干信比与通信被压制的压制系数之间关系的方程。通信收、发信机和干扰机之间位置关系如图 10 - 3 - 1 所示。下面我们首先推出进入目标接收机的信号功率 P_s 和干扰功率 P_j,然后建立干扰方程。

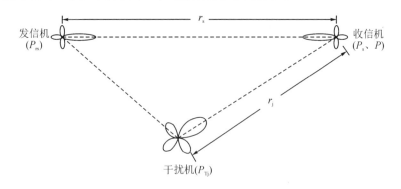

图 10 - 3 - 1 发信机—收信机—干扰机位置示意图

假设通信发射机输出的信号功率为 P_{TS},干扰发射机(即干扰机)输出的信号功率为 P_{Tj},通信电波传播路径上的路径损耗为 L_s,通信收、发信机之间的距离简称通信距离为 r_s,干扰电波传播路径上的路径损耗为 L_j,干扰发射机到通信接收机之间的距离简称干扰距离为 r_j。

假设通信接收机对于通信发射机而言是最佳接收机,因此进入目标接收机的信号功率 P_s 主要与通信传输路径上的损耗以及通信收、发信机的天线增益有关。则进入接收机的信号功率 P_s 为

$$P_s = \frac{P_{TS}G_{TS}G_{RS}}{L_s} \qquad (10-3-1(a))$$

若改用分贝值计算,则式(10 - 3 - 1(a))可表示为

$$P_s = P_{TS} + G_{TS} + G_{RS} - L_s \quad (\text{dB}) \qquad (10-3-1(b))$$

其中,G_{TS} 为通信发射机到接收机方向的天线增益;G_{RS} 为接收机到通信发射机方向的天线增益。

与信号功率 P_s 不同,进入目标接收机通带内的干扰功率 P_j 除了与干扰传输路径上的损耗以及干扰发射机、通信接收机的天线增益有关以外,还有可能存在其他损耗。这其中主要来自滤波损耗、极化损耗两方面的影响。因此,进入接收机通带内的干扰功率 P_j 为

$$P_j = \frac{P_{Tj}G_{Tj}G_{Rj}}{L_j}F_b p \qquad (10-3-2(a))$$

改用分贝表示,则

$$P_j = P_{Tj} + G_{Tj} + G_{Rj} - L_j + F_b + p \quad \text{(dB)} \qquad (10-3-2(b))$$

其中，G_{Tj} 为干扰机到接收机方向的天线增益；G_{Rj} 为接收机到干扰机的方向的天线增益；F_b 为滤波损耗；p 为极化损耗。

滤波损耗是由于接收机的带通滤波引起的。当干扰信号带宽大于接收机带宽或者干扰频率偏离信号频率时，因为接收机将抑制通带以外的干扰，使得落入接收机通带以内的干扰功率降低，这样，一部分干扰功率浪费掉了。因此，滤波损耗 F_b 定义为进入目标接收机通带内的干扰功率与到达目标接收机处的干扰总功率之比，即

$$F_b = \frac{\text{进入目标接收机通带内的干扰功率}}{\text{到达目标接收机处的干扰总功率}} \qquad (10-3-3)$$

滤波损耗反映了进入目标接收机通带内的干扰功率占接收端干扰总功率份额的多少。当全部干扰功率都进入接收机时，滤波损耗 $F_b = 1$。

干扰功率减弱的第二个因素是可能存在的极化损耗，这是由于干扰机可能不是以合适的极化电波发射干扰信号造成的。这一相对的极化损耗可以用系数 p 来表示，p 的取值范围为 $0 \leqslant p \leqslant 1$。

进入目标接收机通带内的干扰功率与信号功率之比，即干信比为

$$\frac{P_j}{P_s} = \frac{P_{Tj} G_{Tj} G_{Rj}}{P_{TS} G_{TS} G_{RS}} \frac{L_s}{L_j} F_b p \qquad (10-3-4)$$

由压制系数 k_y 的定义可知，当干扰有效时，进入目标接收机的干信比应满足：

$$\frac{P_j}{P_s} \geqslant k_y \qquad (10-3-5)$$

此时，干扰能有效压制目标信号的通信，即

$$\frac{P_j}{P_s} = \frac{P_{Tj} G_{Tj} G_{Rj}}{P_{TS} G_{TS} G_{RS}} \frac{L_s}{L_j} F_b p \geqslant k_y \qquad (10-3-6(a))$$

式（10-3-6）就称为通信干扰方程。用分贝表示为

$$P_{Tj} - P_{TS} + [(G_{Tj} + G_{Rj}) - (G_{TS} + G_{RS})] + [L_s - L_j] + [F_b + p] \geqslant 10 \lg k_y$$
$$(10-3-6(b))$$

通信干扰方程反映了通信收、发信机和干扰发射机之间的空间能量关系。在实际战术应用中，通信干扰机只能配置在战术允许的那些区域内。当通信收、发信机和干扰机战术配置一定时，干扰机的发射功率以及干扰电波的传播模式对干扰效果有很大影响，通过估算电波传播损耗，由通信干扰方程可以求得压制某通信目标所需要的最小干扰发射功率。在满足最小干扰发射功率要求的前提下，干扰发射机的辐射功率越大，干扰效果就越好；当干扰发射机的辐射功率一定时，由干扰方程可以求得压制某通信目标所允许的最大干扰距离，从而在战术上所允许的区域内更合理地配置干扰机。在满足最大干扰距离要求的前提下，干扰距离越近，干扰效果越好。

10.3.2　干扰发射功率的估算

当干扰发射机与被干扰目标之间的距离一定时，就需要估算压制该通信目标所需要的最小干扰发射功率。由通信干扰方程可得

$$P_{Tj} \geqslant P_{TS} \frac{G_{TS} G_{RS} L_j}{G_{Tj} G_{Rj} L_s} \frac{k_y}{F_b p} \qquad (10-3-7(a))$$

用分贝表示为

$$P_{Tj} \geqslant P_{Ts} + [(G_{Ts} + G_{Rs}) - (G_{Tj} + G_{Rj})] + [L_j - L_s] + 10 \lg k_y - [F_b + p]$$
$$(10-3-7(b))$$

当根据干扰方程进行干扰功率估算时，最困难的是路径损耗差的估算，若通信电波和干扰电波均采用自由空间传播模式，根据式(10-1-4)分别计算通信电波和干扰电波的路径损耗，代入式(10-3-7)就可进行干扰功率估算。

若实际空间电波传播的衰减因子为 W，则由路径损耗的表达式（即式(10-1-9(b))），可以得到路径损耗差的表达式为

$$(L_j - L_s) = 20 \lg \left(\frac{r_j}{r_s} \right) + 20 \lg \left(\frac{W_s}{W_j} \right) \qquad (10-3-8)$$

其中，W_s 为通信路径上的衰减因子；W_j 为干扰路径上的衰减因子。

一般来说，与衰减因子 W 有关的因素很多，如传播模式、环境、地形、距离以及天线高度等。在实际中，应根据干扰和通信电波的传播模式，分别确定干扰和通信路径的衰减因子，计算得到路径损耗差，代入式(10-3-7)就可进行干扰功率估算。

例如，通信电波采用地面波传播模式且 $\rho \geqslant 25$，而干扰电波采用地-地视距传播模式且 $r_j \gg h_{jT}$、h_R，计算得到路径损耗差为

$$(L_j - L_s) = \left[20 \lg \left(\frac{4\pi r_j}{\lambda} \right) - 20 \lg \frac{4\pi h_{jT} h_R}{\lambda r_j} \right] - \left[20 \lg \left(\frac{4\pi r_s}{\lambda} \right) - 20 \lg \left(\frac{\varphi(\lambda)}{r_s} \right) \right]$$
$$= 20 \lg \left(\frac{r_j}{r_s} \right) - 20 \lg \frac{4\pi h_{jT} h_R}{\lambda r_j} + 20 \lg \left(\frac{\varphi(\lambda)}{r_s} \right) \qquad (10-3-9)$$

再代入式(10-3-7)，从而完成干扰功率估算。

10.3.3　干扰距离的估算

当干扰发射机的干扰功率一定时，就需要估算压制该通信目标所允许的干扰距离。将通信干扰方程变形后可得

$$\frac{L_j}{L_s} \leqslant \frac{P_{Tj} G_{Tj} G_{Rj}}{P_{Ts} G_{Ts} G_{Rs}} \frac{F_b p}{k_y} \qquad (10-3-10(a))$$

用分贝表示为

$$[L_j - L_s] \leqslant [P_{Tj} - P_{Ts}] + [(G_{Tj} + G_{Rj}) - (G_{Tj} + G_{Rj}) + F_b + p] - 10 \lg k_y$$
$$(10-3-10(b))$$

计算得到压制该通信对应的路径损耗差后，再利用式(10-3-8)，根据干扰和通信电波的传播模式及相应的衰减因子，即可估算干扰距离。

例如，通信电波和干扰电波均采用地-地视距传播模式，并且 $r \gg h_T$、h_R，可得

$$40 \lg r_j = (L_j - L_s) + 40 \lg r_s + 20 \lg \left(\frac{h_{jT}}{h_{sT}} \right)$$

即可完成干扰距离估算，式(10-3-10)在取等号时可以得到干扰距离的最大值。

显然，干扰距离不仅与干扰发射功率与信号发射功率差、天线增益差等因素有关，还与通信距离有关，也就是说，使干扰有效的干扰距离不是孤立的绝对数值，而是对应于某一具体的通信距离才给出的。因此，用干扰距离与通信距离的相对比值来衡量干扰有效的

距离更有实用意义。

在通信干扰中，并且在有效干扰的条件下，干扰距离的最大值与通信距离之比定义为干通比，用符号 D 表示，即

$$D = \frac{r_\mathrm{j}}{r_\mathrm{s}}\bigg|_{\max} \qquad (10-3-11)$$

干通比是衡量干扰机干扰能力的重要指标，干通比越大，表明该干扰设备的干扰能力越强。在比较或评价干扰设备的干扰能力时，只讲干扰距离的绝对数值是没有意义的，不同的通信距离必然带来不同的干扰距离，比较干通比才有实际意义。

10.3.4　干扰有效配置区分析

干通比给出了干扰距离与通信距离之比的最大值，是干扰有效压制通信时的临界值。在实际中，满足式(10-3-10)条件的不只是一个点，而应该是一个区域。当通信发射机和接收机位置固定时，能够满足式(10-3-10)条件的干扰发射机所处位置构成的区域。称为通信干扰机的有效配置区。

干扰有效配置区的大小和形状与敌我双方站址的配置、电波传播模式和天线型式等因素有关。假设敌我双方站址的配置如图10-3-1所示。以通信发射机和通信接收机连线为 X 轴，中点为坐标原点，建立直角坐标系如图10-3-2所示。

设干扰发射机的坐标为 $J(x, y)$，通信接收机采用全向天线，则有效干扰时的边界方程为

$$\left(x - \frac{r_\mathrm{s}}{2}\right)^2 + y^2 = r_\mathrm{j}^2 = (D r_\mathrm{s})^2 \qquad (10-3-12)$$

这是一个以通信接收机 $R\left(\frac{r_\mathrm{s}}{2}, 0\right)$ 为圆心，以 $D r_\mathrm{s}$ 为半径的圆，干扰机位于该圆内时，干扰有效，因此，通信干扰机的有效配置区是以通信接收机为圆心，以 $D r_\mathrm{s}$ 为半径的圆形区域，如图10-3-3所示的阴影区域。

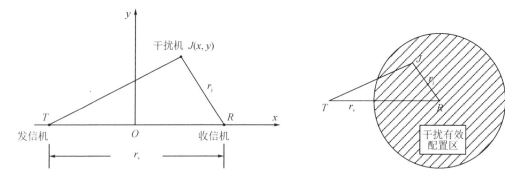

图10-3-2　敌我站址配置坐标示意图　　　图10-3-3　通信干扰机的有效配置区示意图

显然，当通信接收机采用有向天线时，干扰机的有效配置区将不再是圆形区域，有效配置区域将明显缩小，说明接收机采用有向天线可以提高其抗干扰性能，同时也给干扰机的正确配置提高了难度。

10.3.5　提高干扰发射功率利用率的措施

干扰功率是干扰能否奏效的决定性因素，在目标接收机压制系数一定的情况下，若进入目标接收机的干信功率比大于压制系数，则干扰能有效压制敌方通信，若小于压制系数，则干扰无效。因此，干扰方总是尽可能地提高进入目标接收机的干扰功率，使得干信功率比大于压制系数，从而确保能达到有效压制敌方通信的目的。

干扰方可以通过增大干扰发射功率，使得到达进入目标接收机的干扰功率增大。但由于受到干扰机辐射功率的限制，甚至会出现所需干扰功率大于干扰机辐射功率的情况。所以，必须考虑在保证有效的情况下，尽可能地降低对于干扰机发射功率的要求。这就需要通过其他措施来提高干扰发射功率的利用率，也就是说，要在保证干扰发射功率不变且干扰有效的前提下，通过其他措施来尽可能地提高进入目标接收机的干信功率比。

1. 缩短干扰距离

无论是哪种电波传播模式，电波传播的路径损耗都随着传播距离的增大而明显增大，因此，缩短干扰距离是提高干扰发射功率利用率的最有效途径之一。这是拦阻式干扰常采用摆放拦阻式干扰和投掷拦阻式干扰的原因。

2. 采用升空干扰方式

电波采用不同的传播模式，产生的路径损耗不同，在相同条件下，自由空间传播模式的路径损耗最小，实际空间传播中地—空、空—空视距传播模式的路径损耗最小，因此，降低干扰发射功率的一个有效措施就是改变干扰电波的传播模式，即升空干扰。当干扰机升空到一定高度后，电波传播不再受地形地物的影响，干扰机与接收机间的电波传播模式变为空—地或空—空视距传播模式，其路径损耗可以按照自由空间的路径损耗估算，这时干扰电波路径损耗与距离的平方成正比，则目标接收机处的干信比与干扰机至接收机之间距离的平方成反比，与采用地面波传播模式相比，路径损耗大大减少，干信比大大提高。由此带来的好处，称为升空增益。

升空增益的具体定义是：发射设备升至空中一定高度后，电波传播至接收机的路径损耗，较其置于升空时的地面投影点传播到接收机的路径损耗有所减少，这种减少相当于发射机置于地面时功率的增加，我们把由此得到的功率增加倍数称为升空增益，记为 G_h。它定义为

$$G_h = \frac{L_{地}}{L_{升}} \qquad (10-3-13)$$

升空干扰示意图如图 10-3-4 所示。设当发射机置于地面时，从 A 点到 B 点的传播距离为 r，发射设备升至空中 C 点，升空高度为 h，传播距离为 r_f。

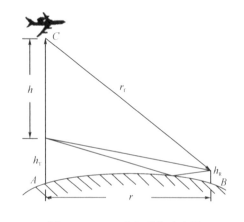

图 10-3-4　升空干扰示意图

假设升空前电波以地—地视距传播模式传播，h_T、h_R 分别为干扰发射天线的架设高度、接收天线的架设高度，则地—地(d—d)视距传播的路径损耗为

$$L_{d-d} = L_f - W_{d-d} = 20\lg\left(\frac{4\pi r}{\lambda}\right) - 20\lg\frac{4\pi h_T h_R}{\lambda r}$$

$$= 20\lg\frac{r^2}{h_T h_R} = 40\lg r - 20\lg h_T h_R \quad (\text{dB}) \qquad (10-3-14)$$

升空后的传播距离为

$$r_f^2 \approx [h + (h_T - h_R)]^2 + r^2 \qquad (10-3-15)$$

路径损耗为

$$L_f = 20\lg\left(\frac{4\pi r_f}{\lambda}\right) \qquad (10-3-16)$$

则升空增益为

$$G_h = \frac{L_{d-d}}{L_f} = \left(\frac{\lambda}{4\pi h_T h_R}\right)^2 \frac{r^4}{[h + (h_T - h_R)]^2 + r^2} \qquad (10-3-17)$$

或

$$G_h = 20\lg\frac{\lambda}{4\pi h_T h_R} + 40\lg r - 10\lg\{[h + (h_T - h_R)]^2 + r^2\}$$

$$= -22.6 + 20\lg\frac{\lambda}{h_T h_R} + 40\lg r - 10\lg\{[h + (h_T - h_R)]^2 + r^2\} \quad (\text{dB}) \qquad (10-3-18)$$

设 $h_T = 20$ m、$h_R = 10$ m、$\lambda = 10$ m，画出不同升空高度下升空增益与传播距离的关系曲线如图 10-3-5 所示。

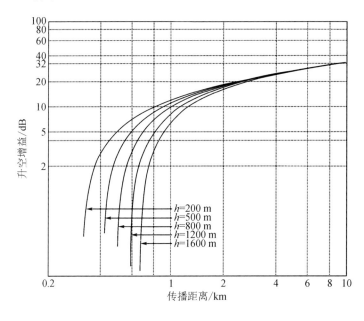

图 10-3-5　不同升空高度下升空增益与传播距离的关系曲线

由此可见，随着传播距离的增大，升空增益增大，说明升空干扰适用于传播距离较远的场合。此外，当传播距离不大时，升空高度对升空增益有一定影响，但当传播距离较远

时，升空高度的变化对升空增益没有明显的影响，这时，升空高度可以相对固定下来。由于升空干扰带来明显的效益，大力发展机载干扰或无人干扰机是今后通信干扰的主要发展趋势之一。

3. 降低干扰滤波损耗

在到达目标接收机输入端的干扰功率一定的情况下，进入目标接收机的干扰功率与滤波损耗的大小直接相关。因此，降低干扰滤波损耗是提高干扰发射功率利用率的有效措施。对于瞄准式干扰来说，主要通过提高干扰与信号频谱的重合程度来降低滤波损耗，一般瞄准式干扰的滤波损耗很小，可以忽略。

但在拦阻式干扰中，滤波损耗的影响一般来说都比较大，需要考虑其影响。在拦阻带宽不变的条件下，由于梳状拦阻式干扰的滤波损耗低于连续拦阻式干扰，应尽量采用梳状拦阻式干扰；对单部干扰机来说，当滤波损耗太大，以至于单部干扰机的发射功率无法达到时，缩小拦阻带宽也能降低滤波损耗，即部分频段拦阻式干扰。

4. 其他措施

除了以上三种主要措施外，提高干扰发射功率的利用率还可以采取其他一些措施，如增大干扰机与发信机的天线增益差，也会直接影响干扰功率和干信功率比。一方面，应尽可能地采用高增益的干扰天线；另一方面，尽可能地确定被干扰目标的地理位置，从而采用方向性干扰天线并将干扰发射天线的主瓣对准被干扰目标。但由于接收机天线的主瓣是对着发信机的，所以在天线增益上，干扰一般总不是很全面的。

针对干扰、通信都采用地波视距传播的情况，影响路径损耗的另一个因素是天线高度之比的平方。因此，干扰方应尽可能使干扰发射天线的架设高度高于发信机天线的架设高度，从而使干扰机与接收机之间的路径损耗更低，增大干信比。

若单部干扰机的发射功率不能满足压制敌方通信的要求，或者从降低单部干扰机的发射功率要求以防御己方的角度考虑，可以通过增加干扰机数目来提高到达目标接收机的干扰功率，即采用多机分布式干扰技术，达到有效压制敌方通信的目的。

10.4　通信干扰效果监视与评估

10.4.1　通信干扰效果监视

1. 通信干扰效果监视的必要性

干扰是针对对方接收机的。干扰效果是指对敌方通信信息系统、通信设备或人员产生的直接与间接破坏效应的总和。通常，干扰方一般是很难准确地确定实施干扰的效果。但如果干扰是有效的，则会出现受干扰的电磁环境变化，敌方通信被迫做出相应的改变，如改变工作频率、增大通信发射功率、停止通信等，因此，干扰方可以监测对方的变化来估计干扰的效果。此外，由于频率源不稳定性等因素的影响，在通信、干扰的持续时间内，发射机、接收机的工作频率都可能会产生频率偏移。为此，干扰方应通过随时监视被干扰目标信号的频率、检查目标信号频率的变化，并及时修正干扰发射频率对被干扰目标信号的频率偏移，尽可能保证干扰发射频率始终与被干扰信号的频率相重合，提高干扰效率。

由此可见，干扰机除了在实施干扰前，要完成频率、方位、干扰信号样式和参数的引导以及干扰输出功率估算外，在开始干扰后和整个干扰期间都必须对被干扰目标的通信状态以及通信电磁环境进行监视，尽可能地使干扰的每次实施都能随着被干扰目标信号的变化而及时调整，从而提高干扰效率，并达到防御己方的目的。

通信干扰机在实施干扰的过程中对被干扰目标及通信电磁环境变化的监视就称为"通信干扰效果监视"。通信干扰效果监视是干扰机进行有效干扰不可缺少的重要环节。

2. 通信干扰效果监视的内容

通信干扰效果监视的内容主要分为对被干扰目标通信状态的监视及通信链路所处电磁环境变化的监视两个方面，具体内容包括：

（1）被干扰目标通信是否中断。

（2）被干扰目标信号频率是否变化。

（3）被干扰目标信号的发射功率是否增大。

（4）被干扰目标通信内容是否重发。

（5）电磁环境是否变化、是否发现新信号等。

如果干扰方发现了以上这些变化，就获得了一个重要的信息：施加的干扰可能正在破坏敌方的通信，干扰有效；否则，干扰无效。干扰方针对干扰效果监视所掌握的变化情况，采取相应措施，如调整工作频率、增大干扰功率等。干扰方发现这些变化的唯一途径就是对被干扰目标的再接收和分析比较，简称观察。

如果几经观察目标信号没有动静，则要考虑这个干扰是否是有效的，可试着改变干扰机的状态以进一步观察其干扰的作用。当然，应当注意的是，被干扰方可能会故意改频或保持现状以迷惑干扰机，也可以把通信机设计为能周期地改变工作频率，如跳频通信，此时干扰方很难判别干扰是否有效。

3. 通信干扰效果监视的方法

通信干扰效果监视的方法主要是对目标信号的再接收。需要特别注意的是，通过观察接收进行干扰效果监视必须克服本身干扰机对接收机的影响，即解决收发隔离问题。因为在干扰过程中，干扰机为了达到有效干扰，发射的邻频干扰信号的强度很大，干扰方的引导接收机不但接收被干扰目标信号，同时也接收了该干扰信号，而且由于接收机与干扰机通常配置在一起，因此，该干扰信号会淹没目标信号，使得监视受到影响，甚至可能会烧毁引导接收机，致使接收机根本无法工作。

解决收发隔离问题的方法有时间隔离、相关抵消技术、自适应天线阵调零技术以及空间隔离等。显然，相关抵消技术、自适应天线阵调零技术以及空间隔离等措施虽然在理论上可行，但隔离的效果会受到很多技术条件的制约，实现的难度非常大，并且设备复杂、代价昂贵，所以实际应用较少。

目前，解决收、发隔离这一问题的通常做法就是采用时分隔离的方式，也称为间断观察或间断干扰。间断观察所需的接收时间间隙至少大于接收机对被干扰目标信号的响应时间，同时，干扰时间比间断观察的接收时间长得多，如二者之比取 10：1。此外，间断观察可以采用周期性的间断方式，但间断规律容易被对方侦察获取，从而采取措施躲避干扰。为了防止对方掌握周期性的间断规律，可以采用伪随机控制的间断观察方式。

10.4.2　通信干扰效果评估

通信干扰效果评估是对通信干扰效果的定量评定。它是指在电磁威胁环境中，通信干扰信号、干扰设备或者通信干扰环境对通信系统工作性能影响程度的定量评价与估量。

严格地说，通信干扰效果评估是评定干扰方施加的干扰在受干扰的接收端所产生的实际干扰效果。然而，在实际战斗过程中，对抗双方都无法准确评定这种实时的干扰效果，只能通过监视的结果进行干扰效果评估。

1. 通信干扰效果评估常用准则

通信干扰效果评估常用的评估准则有信息准则、功率准则、时间准则、战术运用准则和广义关联准则等。

1）信息准则

信息准则是根据通信干扰对通信系统传递信息流通量的影响，来衡量通信干扰的有效程度。

通信系统在受干扰的情况下，随着干扰功率的增加，其信道通过能力将下降。当增加到一定程度，即信道通过能力不能满足战术要求的最低值时，就可以认为通信系统被有效地干扰了。这种根据干扰前、后通信信号中所含有通信信息量的变化来衡量干扰效果的准则就是信息准则，可以反映通信系统信息传递的能力随通信干扰强度变化的情况。

2）功率准则

通信接收机从背景噪声中检测并提取信号的能力与接收机输入端的信号噪声功率比（信噪比）关系密切相关，当不存在通信干扰时，进入通信接收机输入端的信号噪声功率关系主要受传输信道的影响，输入端的信号噪声功率比为 P_s/P_n；当存在通信干扰时，通信接收机输入端的信号噪声功率关系不仅受传输信道的影响，还受通信干扰的影响，输入端的信号与干扰加噪声的功率比为 $P_s/(P_j+P_n)$，而在一般情况下，$P_n \ll P_j$，所以，通信干扰使进入接收机的信噪比大大降低了。

为了达到压制通信干扰的效果，必须使通信设备接收到的干扰信号功率比 P_j/P_s 要达到规定的压制系数 k_y，用测量通信接收系统输入端干扰信号功率的办法来推断通信干扰系统干扰效果的准则为功率准则。功率准则是指根据干扰条件下通信设备接收机干扰信号功率比 P_j/P_s 与压制系数的关系，将通信干扰机的干扰效果简单分成有效情况。

3）时间准则

当干扰作用于无线电通信系统之后，由于信息传输速率的降低，完成给定信息量传输任务所花费的时间必然增加。因此，通过检测通信系统完成给定传输任务所需时间的变化量，从而完成干扰效果检测的准则称为时间准则。

现代战争对传递作战信息的及时性要求越来越高。在实战中不必要求彻底地切断敌人所有的通信联系，只要使敌人通信系统传送战场信息的平均时间受到较大延误，失去战术意义，因此可以用平均延误时间来近似表示通信干扰的有效程度。

4）战术运用准则

根据通信干扰系统在战术使用过程中，对战斗进程和作战结果产生的影响来评价通信干扰有效程度的准则叫做战术运用准则。

在现代化高技术战争中，通信对抗面临的作战对象已不再局限于一个个独立的通信电台，而是由各种信息技术和电子技术武装起来的现代化、成建制的部队，或各种高价值目标，如空中的战略战术轰炸机、海上的现代化舰艇、地面的指挥控制通信网等，敌方为了确保战术作战任务的顺利完成，一般采用多种通信手段保证各部队或各高价值目标之间的通信畅通。因此，战术运用准则从作战对象的通信联络关系出发，在敌方各高价值目标原有联合作战效能指标的基础上，附加通信干扰平均成功概率、通信干扰倍增因子等通信干扰效果指标，来定量体现通信干扰对实战结果的影响。

5）广义关联准则

通信干扰效果是一个多元函数。它与各种各样的因素有关，有设备方面、技术方面可定量化的因素，也有操作方面、战术使用的方式与时机以及敌我双方人员的心理与水平等不定性的因素。同时干扰效果的表现也是多方面的，有直接的、有间接的，有速效的、也有经较长时间才能显现的。通信干扰的影响有些在干扰消除后也立即消除；而有些在干扰消失后仍持续相当长时间。整体评估关系十分复杂，难以完全、准确地描述，所以，对通信干扰效果的整体评估，从一定意义上讲，需要遵循广义关联准则，通信对抗双方综合作战能力对比，定性定量相结合地估计通信干扰的有效性。

2. 通信干扰效果评估方法及步骤

不同通信系统，衡量可靠性的指标不同；不同质量等级的通信系统，判断干扰是否有效的门限值也不同。理论上，模拟通信系统一般用系统输出端的信号平均功率与噪声平均功率之比即输出信噪比来衡量系统的可靠性；数字通信系统通常用差错率（误码率或误信率）来衡量系统的可靠性。在实际中，还要根据通信系统的信源不同，选取可操作的可靠性指标及门限值。

1）模拟通信系统

在模拟通信系统中，信道上传送的是模拟信号，如语音信号、图像信号等。语音通信的质量通常有"音节清晰度"和"语句可懂度"两种评价尺度，音节清晰度定义为正确地接受被传送的、相互无联系的音节的百分数。语句可懂度可以用正常讲话时每百句能听懂的百分数来表示。一般可以按条件用公式从小单元的清晰度推算出大单元的可懂度。在实际中，由于受到不同的语言内容，不同的发音人和收听人对于话音掌握熟练程度不同的影响，对于相同的音节清晰度而言，可懂度可能会有很大的不同。从军事通信及通信干扰观点看，一般采用清晰度来衡量语音通信的质量较为合理。

语音通信干扰效果的评估方法可分为主观和客观两种。长期以来，语音通信干扰效果的评估主要采用主观评价，国内外采用较多的是平均意见得分（Mean Opinion Score）评价法，简称 MOS 评价法。该方法的主要缺点是可重复性差，受人为因素影响，难以保证实时性和准确性。

从国内外技术发展来看，客观评价方法正越来越受到重视，但由于人们对语音感知过程的认识是不完全的，而且某种客观测度只适用于一定的噪声环境，目前，还不可能找到一种较为完善的测度，目前，研究人员正在寻找主、客观相结合的评价方法。

2）数字通信系统

在数字通信系统中，信道上传送的是数字信号，数字信号信息的损失可以用被干扰前、后码元的错误程度来度量。因此，对数字通信系统的干扰效果一般用误码率 P_b 或误比特率 P_e 来度量。

然而，数字通信系统传送的数字信号可以是离散消息信源，如二进制或多进制数据序列等，也可以是模拟消息信源经过模/数变换而来，如话音、符号、文本类信息等。对于后一种情况，干扰效果不仅与误比特率有关，还与模/数变换的过程有关。例如，对于模拟的话音信源而言，声码器将话音转换为二进制数字信息后进行数字通信，因此声码器的性能对恢复的话音质量有着重要的影响。又如，在中文电报通信中，通常先将电报内容中的每个文字翻译成 M 个数字（通常 $M=4$，即四个数字代表一个汉字），每个数字编成 N 位二进制码（通常 $N=4$，即四位二进制码代表一个数字），所以，表示一个文字的二进制码为 $M \times N$ 个。在对数字报文通信进行干扰时，如果通信的误码率达到 $1/(M \times N)$，则表示一个文字的 M 个代码至少错一个，在译码端必将每个文字都译错，所以，对数字报文通信的干扰，如果能够使误码率不小于 $1/(M \times N)$，则可保证电报内容全部出错，干扰效果不言而喻。实际上，整篇报文只要出错 50% 以上，就无法阅读了。

3）干扰效果评估的基本步骤

为了克服通信系统和信道的不确定性给测试和评估带来的不确定性，通信干扰效果评估应该用通信系统受干扰前后信息损失的程度来度量，即受干扰前后可靠性指标的变化量来度量干扰的效果。进行干扰效果评估的基本步骤如下：

（1）选择门限。根据受干扰通信系统所允许的可靠性指标以及该系统的威胁等级，确定出判断干扰是否有效的门限值。

（2）测试通信系统的可靠性指标。按测试大纲的要求配置并启动通信收、发射设备，测试出未受干扰条件下通信系统的可靠性指标，并要求测试结果满足通信系统对可靠性指标的要求。

（3）测试受扰通信系统的可靠性指标。启动干扰设备对该通信系统实施干扰，测试受扰通信系统的可靠性指标。将受扰前、后通信系统可靠性指标的测试结果进行比较，以通信系统通信质量的恶化程度，即受干扰前后可靠性指标的变化量作为评定干扰效果的依据。

（4）评定干扰效果。将可靠性指标的变化量与门限值相比较，并依据相应的国家军用标准，进行干扰效果的评定。

3. 通信干扰设备干扰能力评估

以上讨论了通信干扰设备对不同通信系统的干扰效果评估方法，其主要是针对某一通信系统或某一通信链路的某次通信在实施干扰时所产生干扰效果的评估。在实施干扰的过程中，由于电磁环境的复杂多变、接收设备性能的稳定性等各种因素的综合影响，可能导致相同条件下对同一目标通信系统实施干扰的干扰效果不同，即在多次通信干扰中，有的干扰效果有效，有的干扰效果可能不好，甚至无效，因此，某次通信干扰效果的评价结果只能代表该通信干扰设备实施某次干扰的干扰效果，但并不能代表该通信干扰设备的干扰能力。这里仅考虑技术方面的因素，讨论在给定战术条件及作战正常使用的前提下，以单次通信干扰效果的评价结果为基础、对多次实施干扰的干扰效果进行统计，从而完成通信干扰设备干扰能力的评估。

1）单目标干扰能力评估

通信干扰设备对单目标的干扰能力通常以干扰成功率作为评估指标，干扰成功率以干扰设备在规定条件下能够达到有效干扰的次数与实施干扰总次数之比来描述。若实施干扰总次数为有效干扰的次数为 N_b 时，可以得到此干扰装备的干扰成功率为

$$\eta = \frac{N_b}{N} \times 100\%$$

干扰成功率 η 是衡量通信干扰设备干扰能力的重要指标。

2）多目标干扰能力评估

随着通信对抗技术的发展，现代通信干扰设备很多具有一机干扰多目标的功能，一个通信干扰设备已能对单个、四个乃至更多目标进行压制性干扰，因此，一机干扰多目标能力也是通信对抗系统的主要战技指标之一。

通信干扰设备的多目标干扰能力是指在一定条件下，一个通信干扰设备对敌方的多个通信专向同时实施规定的干扰任务时所能达到预期可能目标的程度。

通信干扰站的多目标干扰能力评估，是利用一切可能的手段，定量计算和评估干扰站对敌方的多个通信专向同时实施规定的干扰任务时所能达到预期可能目标的程度。

对多目标干扰能力的判别应该从被干扰目标数量能力、每个专向的威胁等级和每个专向的干扰效果等方面综合加权进行评估，即多目标干扰能力 E_m 为

$$E_m = \lambda_0 + \sum_{i=1}^{n} \lambda_i E_i$$

式中，λ_0 是被干扰目标数量能力的加权值；λ_i 是第 i 个专向的威胁等级（即第 i 个专向的加权值）；E_i 是第 i 个专向的干扰能力；n 为被干扰目标数。

判断每个通信专向的威胁等级应该考虑的因素很多，一般应考虑通信专向的级别、通信专向的性质、通信专向的配置地域和作战时节四个因素。综合这四个主要因素，则每个通信专向的威胁系数可按下式计算，即

$$\lambda = \sum_{j=1}^{4} q_j W_{cj}$$

式中，$q_j \gg 0$，为加权系数，并且 $\sum_{j=1}^{4} q_j = 1$；W_{c1}、W_{c2}、W_{c3}、W_{c4} 分别为该通信专向的级别因子、性质因子、配置因子、作战时节因子。

以上仅从技术的角度讨论了通信干扰设备的干扰能力评估，如果还考虑通信干扰设备在战斗中的战术应用因素，那么，在综合考虑这些因素的情况下，通信干扰设备所表现出的干扰能力，应该称为通信干扰设备的战术效能或对抗效能。显然，通信干扰设备的对抗效能是指人和武器、技术和战术的综合效能。

通信干扰设备的干扰能力如何？该设备究竟能形成多强的战斗力？通信干扰设备干扰能力的评估结果将直接关系到该设备的论证、定型、生产，关系到该设备战斗力的形成，也关系到整个战斗的进程及成败，具有十分重要的军事意义。

思　考　题

1. 设通信发射天线在通信接收方向的增益为 0 dB，通信接收天线在通信发射方向的增益为 0 dB，通信距离为 10 km，通信发射机功率为 100 W；干扰发射天线在通信接收方向的增益为 5 dB，通信接收天线在干扰发射方向的增益为 0 dB，干扰距离为 20 km，干扰发射机功率为 1000 W。试计算在自由空间传播模式下的通信接收机输入干信比。

2. 设计一个车载 VHF(30 MHz～100 MHz)战术干扰系统，用于干扰空-地通信链路。如果最大干扰距离为 10 km，实施干扰后允许的最大通信距离为 1 km(即干通比 $D=10$)，通信发射机最大有效辐射功率为 100 W。试分析计算该干扰系统的干扰天线高度及其所需的干扰有效辐射功率。

3. 影响通信干扰效果的主要因素有哪些？

4. 提高干扰发射功率利用率的措施有哪些？

5. 为什么要进行通信干扰效果监视？有何必要性？

6. 通信干扰效果监视的方法有哪些？

7. 通信干扰效果评价有哪些准则？简述这些准则。

8. 对语音通信系统的干扰效能的评估可以采用主观评价和客观评价两种方式，简述这两种方式的特点。

9. 通信干扰效果评估有哪些方法？

10. 简述通信干扰设备干扰能力评估的基本步骤。

11. 设某通信发射机的发射功率为 25 W，$G_T=3$ dB，$G_R=8$ dB，$f=10$ MHz，天线高度为 10 m，侦察天线高度为 5 m，侦察接收机灵敏度为 −90 dBm。试计算该系统在地面传播条件下的最大作用距离。

12. 设某通信发射机的发射功率为 5 W，$G_T=3$ dB，$G_R=8$ dB，$f=400$ MHz，侦察接收机灵敏度为 −90 dBm。试计算该系统在自由空间的最大作用距离。

参 考 文 献

[1]　王铭三. 通信对抗原理[M]. 北京：解放军出版社，1999.

[2]　冯小平，李鹏，杨绍全. 通信对抗原理[M]. 西安：西安电子科技大学出版社，2009.

[3]　蔡晓霞，陈红，徐云. 通信对抗原理[M]. 北京：解放军出版社，2011.

[4]　樊昌信，曹丽娜. 通信原理[M]. 6版. 北京：国防工业出版社，2007.

[5]　宋铮，张建华，黄冶. 天线与电波传播[M]. 西安：西安电子科技大学出版社，2003.

[6]　王红星，曹建平. 通信对抗侦察与干扰技术[M]. 北京：国防工业出版社，2005.

[7]　郭黎利，孙志国. 通信对抗技术[M]. 哈尔滨：哈尔滨工业大学出版社，2004.

[8]　蒋建中，吴瑛. 现代测向原理[M]. 郑州：中国人民解放军信息工程大学，2006.

[9]　姚富强. 通信抗干扰工程与实践[M]. 北京：电子工业出版社，2008.

[10]　张邦宁，魏安全，郭道省. 通信抗干扰技术[M]. 北京：机械工业出版社，2006.

[11]　编写组. 电子战技术与应用：通信对抗篇[M]. 北京：电子工业出版社，2005.

[12]　栗苹，赵国庆，杨小牛，等. 信息对抗技术[M]. 北京：清华大学出版社，2008.

[13]　罗利春. 无线电侦察信号分析与处理[M]. 北京：国防工业出版社，2003.

[14]　罗景青. 阵列信号处理基本理论与应用[M]. 北京：解放军出版社，2007.

[15]　杨飞，沙斐. 无线电骚扰的幅度概率分布统计模型及其对数字通信系统干扰的算法研究[D]. 北京：北京交通大学博士学位论文，2010.

[16]　杨发权，李红艳，李赞. 无线通信信号调制识别关键技术与理论研究[D]. 西安：西安电子科技大学博士学位论文，2015.

[17]　POISEL R A. 通信电子战系统导论[M]. 吴汉平，等译. 北京：电子工业出版社，2003.

[18]　章代敏，王军. 通信信号非线性动力学检测关键技术研究[D]. 成都：电子科技大学硕士学位论文，2015.

[19]　徐毅琼，葛临东. 数字通信信号自动调制识别技术研究[D]. 郑州：解放军信息工程大学博士学位论文，2011.

[20]　王曰海，李式巨. 扩谱通信抗干扰的现代信号处理应用研究[D]. 杭州：浙江大学博士学位论文，2014.

[21]　王政德，张志国，巨乃歧. 信息作战概论[M]. 北京：解放军出版社，2005.

[22]　POISEL R A. 现代通信干扰原理与技术[M]. 陈鼎鼎，等译. 北京：电子工业出版社，2005.

[23]　朱庆厚. 无线电监测与通信对抗侦察[M]. 北京：人民邮电出版社，2005.

[24]　郁春来，万建伟. 利用空频域信息的单站无源定位与跟踪关键技术研究[D]. 长沙：国防科学技术大学博士学位论文，2008.

[25]　卢金龙，魏平. 宽带阵列信号的 DOA 估计与跟踪[D]. 成都：四川大学硕士学位论文，2011.

［26］ 俞春华，张兴敢，邱小军. 空间谱估计及其在短波测向定位中的应用研究［D］. 南京：南京大学博士学位论文，2015.

［27］ 林波，朱炬波. 阵列测向的稀疏超分辨方法研究［D］. 长沙：国防科学技术大学博士学位论文，2016.

［28］ 蔡晓霞，陈红. 一种多接收通道的增益与相移失配均衡方法［J］. 航空维修与工程2017(10)：89－97.

［29］ 毛琳，刘胜. 信息融合非线性滤波及在无源定位的应用［D］. 哈尔滨：哈尔滨工程大学博士学位论文，2011.

［30］ 吴允刚，唐振民. 多观测平台分布式目标定位与跟踪研究［D］. 南京：南京理工大学博士学位论文，2016.

［31］ 程明泉. 直接序列扩频信号检测算法的研究及FPGA实现［D］. 西安：西安电子科技大学硕士学位论文，2014.

［32］ 张荣龙. 直接序列扩频信号参数估计方法研究［D］. 成都：成都理工大学硕士学位论文，2013.

［33］ 成昊. DSSS/BPSK扩频信号盲估计的研究［D］. 成都：电子科技大学硕士学位论文，2006.

［34］ 刘若兰. 跳频通信信号检测及参数估计方法研究［D］. 成都：电子科技大学硕士学位论文，2016.

［35］ 黄世广. 超短波跳频信道的研究与仿真［D］. 西安：西安电子科技大学硕士学位论文，2011.

［36］ 高婧. 短波段跳频信号盲侦察技术研究［D］. 西安：西安电子科技大学硕士学位论文，2008.

［37］ 冯小平，李鹏，杨绍全. 短波段跳频信号盲侦察技术研究［D］. 西安：西安电子科技大学硕士学位论文，2008.

［38］ 杨杰，刘珩，卜祥元，等. 通信信号调制识别：原理与算法［M］. 北京：人民邮电出版社，2014.

［39］ 王清泉. 快速单站无源定位技术研究［D］. 南京：南京理工大学硕士学位论文，2004.

［40］ 辜永忠. 宽带信号阵列测向技术研究［D］. 成都：四川大学硕士学位论文，2007.

［41］ 刘嘉佳. 无线电测向定位算法的研究及其应用［D］. 成都：四川大学硕士学位论文，2004.

［42］ 王瑞. 无线电测向信号处理算法［D］. 西安：西安电子科技大学硕士学位论文，2006.

［43］ 曾昭勇. 基于信息融合的无源定位跟踪方法研究［D］. 合肥：电子工程学院硕士学位论文，2007.

［44］ 谭坤. 无源测向交叉定位数据关联算法研究［D］. 合肥：电子工程学院硕士学位论文，2009.

［45］ 孔祥芬. 直接序列扩频信号的检测及参数估计技术研究［D］. 成都：电子科技大学硕

士学位论文，2005.

[46]　沈雷. 复杂环境下扩频信号参数估计和识别[D]. 杭州：浙江大学硕士学位论文，2007.

[47]　李海波. 扩频信号码估计算法及其程序设计[D]. 成都：电子科技大学硕士学位论文，2007.

[48]　陈新宁. 跳频通信对抗侦察技术研究[D]. 长沙：国防科学技术大学硕士学位论文，2006.

[49]　郭听明. 超短波跳频信号数字式信道化侦测研究[D]. 长沙：国防科学技术大学硕士学位论文，2006.

[50]　楼才义，徐建良，杨小牛. 软件无线电原理与应用[M]. 北京：电子工业出版社，2014.

[51]　胡雁. JTIDS 对象研究及其干扰效能分析[D]. 成都：电子科技大学硕士学位论文，2010.

[52]　李国鑫. Link16 数据链信号的识别算法研究[D]. 西安：西安电子科技大学硕士学位论文，2014.

[53]　傅祖芸. 信息论：基础理论与应用[M]. 北京：电子工业出版社，2001.

[54]　谢希仁. 计算机网络[M]. 4 版. 北京：电子工业出版社，2003.